普通高等教育城市地下空间工程系列规划教材

地下空间工程

刘　勇　朱永全　主　编

机械工业出版社

本书共分为 7 章，系统介绍了地下空间工程的设计与施工，主要内容包括绪论、城市地下空间建筑设计、地下空间结构与构造、地下空间结构设计计算方法、地下空间结构防水、地下空间工程施工、地下工程防护。主要介绍了地下铁道、道路、停车场、储藏设施、商业街和人防等地下空间工程的功能特征与结构构造要求；地下空间规划设计和建筑设计；地下结构设计原理；明挖法、盖挖法、浅埋暗挖法、盾构法和顶进法等施工方法。结合目前地下空间建设发展，补充介绍了设计与施工的新理论、新技术和新方法。

本书理论与实践并重，经典理论、方法与现代新技术、新方法相结合，引导学生掌握理论知识，注重培养学生解决实际工程技术问题的能力。本书内容丰富、信息量大、知识结构系统。

本书可作为城市地下空间工程专业本科生的教材，也可作为相关专业研究生和从事地下工程设计与施工人员的参考书。

图书在版编目（CIP）数据

地下空间工程/刘勇，朱永全主编. —北京：机械工业出版社，2014.8
普通高等教育城市地下空间工程系列规划教材
ISBN 978 - 7 - 111 - 47556 - 9

Ⅰ.①地…　Ⅱ.①刘…②朱…　Ⅲ.①城市空间 – 地下建筑物 – 高等学校 – 教材　Ⅳ.①TU984.11

中国版本图书馆 CIP 数据核字（2014）第 170022 号

机械工业出版社（北京市百万庄大街 22 号　邮政编码 100037）
策划编辑：李　帅　责任编辑：李　帅　臧程程　林　辉
版式设计：霍永明　责任校对：刘怡丹
封面设计：鞠　杨　责任印制：李　洋
北京瑞德印刷有限公司印刷（三河市胜利装订厂装订）
2014 年 9 月第 1 版第 1 次印刷
184mm×260mm · 24 印张 · 654 千字
标准书号：ISBN 978 - 7 - 111 - 47556 - 9
定价：47.00 元

前　言

　　为了满足人类社会生产、生活、交通、环保、能源、安全、防灾减灾等的需求，地下空间，与土地及矿产资源一样，也是人类的一种宝贵的自然资源，广泛合理地利用地下空间成为21世纪城市发展的主题之一。我国城市地下空间利用已经取得了巨大的成就，在提高城市总体救灾抗灾能力、发展城市经济、改善城市环境、方便人民生活等方面都起了积极作用。城市地下空间的开发迅速，为满足城市地下空间工程专业本科教学的需求，编者编写了本书。

　　本书介绍了地下空间开发的现状与前景，主要介绍了地下铁道、道路、停车场、储藏设施、商业街和人防等地下空间工程的功能特征与结构构造要求；地下空间规划设计和建筑设计，地下结构设计原理，明挖法、盖挖法、浅埋暗挖法、盾构法和顶进法等施工方法。结合目前地下空间建设发展，补充介绍了设计与施工的新理论、新技术和新方法。

　　本书理论与实践并重，经典理论、方法与现代新技术、新方法相结合，引导学生掌握理论知识，注重培养学生解决实际工程技术问题的能力。本书内容丰富、信息量大、知识结构系统。

　　本书可作为城市地下空间工程专业本科生的教材，也可作为相关专业研究生和从事地下工程设计与施工人员的参考书。

　　本书的编写人员都具有丰富的教学经验，参加编写的有刘勇（第1、2章和第6章第6.9节）、孙明磊（第3章）、宋玉香（第4章）、张素敏（第5章）、朱永全（第6章第6.1~6.8节和第6.10节）、高新强（第7章）。本书由刘勇负责统稿，朱永全审定。

　　由于时间仓促，水平有限，书中难免有不足之处，恳请专家和读者批评指正。

编　者

目　录

第1章 绪 论

1.1 地下空间的概念

1.1.1 地下空间

大部分有关地下空间的读物基本上都有如下定义：在地球表面以下的土层或岩层中天然形成或经人工开发而成的空间称为地下空间。

地下空间是人类宝贵的自然资源之一。联合国自然资源委员会于1981年5月把地下空间确定为重要的自然资源，对世界各国地下空间的开发利用给予支持。

1983年联合国经济和社会理事会通过了利用地下空间的决议，决定把地下空间的利用包括在该组织下属的自然资源委员会的工作计划之中。

为了更好地利用地下空间，国际隧道与地下空间协会于1990年在中国成都召开的第十六届年会上提出以下有关法规方面的政策宣言草案，并于1991年在英国伦敦第十七届年会上正式通过，宣言如下：

1）地下空间与土地及矿产资源一样，也是人类的一种宝贵的自然资源，它的开发利用应认真规划，以确保这种资源不被破坏和浪费。

2）地下空间的利用是不可逆的，一旦形成，土地将不可能回到原来的状态，它的存在也势必影响将来邻近地区的使用，这些特点就要求对地下空间的规划格外重视。

3）为了决定地下空间的优先使用权，更好地处理可能发生的使用上的矛盾，给将来更重要的利用提供预留空间，国家、地区应该制定有关的准则、标准及分类。

1.1.2 城市地下空间

1991年在东京召开的"城市地下空间利用国际学术会议"上通过了《东京宣言》，提出21世纪是人类地下空间开发利用的世纪。1997年在加拿大蒙特利尔召开了第七届地下空间国际学术会议，其主题是"明天——室内的城市"。1998年在莫斯科召开了以"地下城市"为主题的地下空间国际会议。广泛合理地利用地下空间成为21世纪城市发展的主题之一。2001年11月原建设部修正后施行的《城市地下空间开发利用管理规定》中对城市地下空间所下的定义是"城市规划区内地表以下的空间"。GB/T 28590—2012《城市地下空间设施分类与代码》中对城市地下空间的定义为"城市地下空间是指为了满足人类社会生产、生活、交通、环保、能源、安全、防灾减灾等需求，而在城市规划区内地表以下进行开发、建设与利用的空间。"定义可以从以下几个层次来理解：

1）规定了城市地下空间的范围为"城市规划区内"。城市是一个不断变化的各种能量高度聚集的动态发展空间。从现代城市的发展历史来看，不同时期的城市有着不同的城市规模，这种变化更直观地反映在城市建成区和建设用地的线性甚至是跳跃性的增长上。而当前中国地下空间大规模集中开发利用的区域主要分布在城市。因此，规定的主要约束对象是城市。

2）规定了城市地下空间的竖向范围为"地表以下的空间"。现代化城市空间发展的方向之一是向地下延伸。

3）规定出台的时间。该规定最早制定于1997年，那时中国城市的土地资源供求矛盾还没有后来那么突出，城市地下空间的开发利用也更多地局限在人防和普通地下室，城市的决策者、管理者、运营者都还没有认识到地下空间对城市的重大战略意义。规定于2001年重新修订时，正是各地的开发区、科技园区使得城市的土地资源变得紧张起来的时候。地下空间的开发与国民经济发展密切相关。一般认为，人均GDP达到500美元后，就具备规模开发利用地下空间的条件；达到1000美元时，城市地下空间就进入规划和开发阶段；达到3000美元后，城市地面价格上涨，地下空间开发条件成熟，进入开发高峰时期。所谓开发地下空间的经济条件，一是城市地面价格上涨对开发地下空间的推力；二是开发地下空间的技术条件已经具备的拉力。2005年，中国人均GDP为1700美元，北京、上海等一些城市人均GDP超过3000美元，逐步形成地下空间开发热潮。

1.2 地下空间开发的历史

应该说人类最早对地下空间的开发利用可以追溯到远古人穴居的山洞。从古罗马的下水道到现代城市中的地铁，东京的地下街、蒙特利尔的地下城，以及30年前还在建造的防空洞和"新新人类"的地铁生活等，都是人类利用地下空间的成果。

1.2.1 四千年前的地下城市

土耳其卡帕多基亚的格尔里默谷地被发现有4000年以前的巨大的可居住成千上万人的地下城市，其中最著名的一座城市坐落在今天代林库尤村附近。通往地下城市的通道隐藏在村子各处的房屋下面。人们在这里可以一而再、再而三地碰到通风洞口，这些通风洞口从地下深处一直延伸到地面。整个地带布满了地道和房间。地下城市是一种立体建筑，分成许多层，代林库尤村的地下城市仅最上层的面积就有4000m²，上面的五层空间加起来可容纳1万人，人们猜测，当时整个地区曾有30万人逃到地下躲藏起来。代林库尤村的地下城市有52口通气井和1.5万条小型地道，最深的通风井深达85m，地下城市的最下层还建有蓄水池，用以储藏水源。到今天为止，人们在这一地区发现的地下城市不下36座。卡帕多基亚地下城，如图1-1所示。

图1-1 卡帕多基亚地下城

1.2.2 克里科瓦大酒窖

摩尔多瓦以葡萄种植和葡萄酒酿造闻名于东欧地区，其规模宏大、别具特色的酒窖也可称作世界酒文化历史上的顶尖之作。克里科瓦大酒窖距离摩尔多瓦首都基希讷乌市仅十几千米，始建于1953年。当时；由于摩尔多瓦国内建设需要大量石料，人们凿山取石形成许多地下隧道。酿酒专家发现，隧道中的石头具有吸湿的特性，隧道里的温度长年可保持在 12 ~ 16℃，湿度保持在 97%，最适于酒的成熟和高品质酒的储藏，地下酒窖由此诞生。克里科瓦大酒窖的总面积为 64km²，平均深 50 ~ 80m，除拥有两个生产近 10 种葡萄酒和 4 种香槟酒的工厂外，还有一个酒博物馆。酒窖的规模宏大，其隧道四通八达，宽可容纳两辆货车并行，隧道总长度超过 120km，堪称世界之最。酒窖的隧道都像城市的街道一样进行管理，昼夜灯火通明，十字路口有交通信号灯，每条隧道都以摩尔多瓦和世界的名酒命名。克里科瓦大酒窖如图 1-2 所示。

图 1-2　克里科瓦大酒窖

1.2.3　我国以往的地下空间利用

自东汉时期起，佛教沿古丝绸之路传入我国的历程，也可以视作我国古代大规模岩洞开发利用的历程。从当时的西域到中原，一路下来，至今仍能感受到那些洞窟艺术的永恒魅力。我们先辈在很早的时候就已经认识到地下空间的某些自然特性，自远古起就有将粮食储藏于地下的传统。1971 年，在洛阳东北曾发掘出公元 7 世纪隋朝建造的一座地下粮库群，整个库区面积为 4.2 万 m²，根据发掘出的遗物判断这座地下粮库一直沿用了数百年。军事目的也是我国古代地下空间的主要用途之一。1961 年在河北一个矿区曾发现一个长达 40km 的宋代地道，从布置情况和出土文物分析，这个地道主要用于军事目的。在建造上，部分地下空间有立体交叉的构造和通风竖井。但是利用现代科技有计划大规模地建设则是从 20 世纪 30 年代开始的，20 世纪 60 ~ 70 年代建设了一批地下工厂、早期人防工程和北京、天津地铁。

在我国西北地区，由于黄土高原特殊的地形、地质条件以及区域经济长期比较落后，至今仍有三四千万人居住在延续数千年的窑洞建筑中。随着对地下空间认识的不断深入，环境问题、资源问题和如何可持续发展日益成为我国发展所必须面对的课题，对窑洞这种建筑形式应认真对待、研究和引导，用现代技术加以改造，以适应现在的居住生活和环境条件，从而使这一独具东方特色的地下空间建筑长期为人类服务。西北地区窑洞如图 1-3 所示。

图 1-3　西北地区窑洞

1.3　城市建设面临的问题

1.3.1　世界及我国人口数量预测

专家们认为，2050 年世界人口数量将为 73 亿~107 亿，最有可能达到的人口总数为 90 亿左右。人们曾做过这样的计算：如果世界人口按每年 1.67% 的年增长率继续增加，到 2667 年时，地球上除了南极洲以外，所有的陆地表面都会挤满人。如果冰冷的南极也能居住的话，也只能再为 7 年中增长的人口提供一个立足之处。

目前，我国处在人口的增长势能仍需较长的时间来释放的惯性增长阶段。当前和今后十几年，我国人口仍将以年均 700 万~1000 万的速度增长。21 世纪，我国将先后迎来总人口、劳动年龄人口和老龄人口三大高峰。国家统计局数据表明，2010 年至 2013 年我国大陆人口净增长分别为 639 万、644 万、669 万和 668 万。2013 年年底，在我国大陆上居住着 136072 万人（不包括香港特别行政区、澳门特别行政区和台湾省）约占世界总人口的 19%。

根据第六次人口普查数据直接推算，我国综合生育率为 1.18，考虑到出生漏报，当前的综合出生率应在 1.5 以下，人口总量高峰将出现在 2027 年前后。

1.3.2　城市人口

城市人口自从城市诞生以来，就呈增长趋势。城市具有的高聚集性，是城市人口增长的动力。新中国成立时，全国有设市城市 143 个，1994 年发展到 622 个，44 年间新增城市 479 个，平均每年新增 10.9 个。其中，20 世纪 80 年代以来增长较快，1981~1990 年的 10 年间，新增城市 257 个，平均每年新增 26 个。另据统计，1949 年至 2000 年 11 月第五次人口普查时，中国城市人口从 5765 万人发展到 45844 万人，增长了 6.95 倍。

新中国成立以后，中国城市人口经历了曲折的增长过程。到 1978 年，中国的城市人口比例为 17.92%，大致相当于西欧 1890 年的平均水平。但在随后的 27 年中，国内城市人口比例逐步提升到 2005 年末的 42.99%，表明中国已经进入了城市化快速发展期。《经济观察报》经济观察

研究院的《中国城市人口增长周期研究报告》认为，有理由相信这一比例到 2025 年将接近
70%。生活在城市的人口将可能增长到 10 亿人。

1.3.3 城市发展带来的问题

随着城市的发展，人口的聚集可能造成资源紧张、环境污染。城市的两大基本特点是高密度
的人口聚落形式和开放的物质流、能量流和信息流。鉴于城市人口的高度集中，决定了其所需的
大量资源必须依靠外界输入，这些资源主要是土地资源、水资源和各种能源物资等。

土地作为一种资源，具有三个基本特征，即位置固定、面积有限和不可替代，其中与城市人
口容量关系密切的是面积的有限性。城市中的土地资源更多的是作为一种空间资源，是一种能够
为城市居民提供生活、居住、工作等各项活动所需场所的空间资源。由于城市居住、经济活动的
高密度特性和城市不可能无限扩张的限制性，决定了城市土地资源的短缺特征。

水是城市赖以生存和发展的不可缺少、不可代替的特殊资源。人类最早的文明就是流域文
明，河流哺育着人类，人类依水而居。历代著名城市无不傍水而建，并依靠必要的可供水源逐渐
发展起来。水是城市生存的首要条件，也是城市经济持续增长和人口容量多少的决定性因素。

城市对水的需求一旦大到超过了水的供应，必将面临两种结局：一种是弃城迁移，原城消
亡，如西域曾有楼兰等繁华古城，后来皆因缺水而消亡；另一种是花费高额代价引水使用，如引
滦入津工程和南水北调工程。

能源是任何城市生存的先决条件，在现代城市中，一次能源主要是煤、石油、天然气、核燃
料等化石燃料；二次能源主要是电能，它们对城市的生存和发展起着决定性作用。

（1）得寸进尺的城市 在一个"没什么大不了"的年代，城市扩张异常迅猛。据卫星遥感
资料判断和测算，1986～1995 年的 10 年间，我国 31 个特大城市的城区，实际占地规模扩大了
50.2%；而据国家土地管理局的监测数据分析，城区规模扩展都在 60% 以上，其中有的城市占
地面积成倍增长，实际上占用了大量耕地。许多城市不顾自身条件，小城市要变中，中城市要变
大，大城市要变特大，特大城市要国际化。据统计，我国 600 多个城市中有 180 个号称要建成国
际大都市。

1981 年我国城市建成区面积仅 7438km²，1998 年增加到 21380km²，2005 年增加到
32500km²，为 1981 年的 4 倍多。全国 18000 多个建制镇用地超过 20000km²，是 1990 年建制镇用
地的 2.4 倍左右。城市和集镇大多位于地表平坦、土质良好、交通便利的区域，无论是新设城镇
还是旧城镇的规模扩大，新占用的土地多为耕地，从而造成了近些年我国耕地的大量减少。

根据有关部门研究和统计，1998 年全国通过土地批租的收入为 507 亿元，1999 年为 521 亿
元，2000 年为 625 亿元，2001 年为 1318 亿元，2002 年为 2452 亿元，2003 年更是达到了 5705 亿
元。因此，在短时间内，各地出现了众多大规模的开发项目，并产生了"城市运营商"，在一定
程度上可以说出现了"造城运动"。

（2）拥挤不堪的城市 1953 年世界汽车年产量突破 1000 万辆大关，1969 年世界汽车年产量
再破 3000 万辆大关。今天，我们这个星球上拥有 65 亿人口和 7 亿辆汽车，轿车文明冲击着今天
的世界。

1956 年我国有了第一个汽车制造厂，当年产出 1600 辆，1958 年第一次造出了轿车，1960 年
汽车产量 2.2 万辆，1966 年突破 5 万辆，1971 年为 10 万辆，1980 年为 20 万辆，1992 年突破 100
万辆大关。目前，我国拥有 3000 多万辆汽车，其中轿车 1000 多万辆。如果此种上升势头继续下
去，到 2020 年，我国汽车总量将突破 1.4 亿辆。

虽然人类进入了汽车文明时代，然而从某种意义上说，汽车也许是人类最坏的发明。大量生

产汽车不但加重了汽车生产环节本身的能源消耗，也让石油价格猛涨，让道路更拥挤，让空气质量更差。堵车这一愈演愈烈的"城市病"，正发展成为严重磨损社会运行效率的顽症。

同时，汽车的过度发展也必将减少我国的耕地。汽车消费需要一系列外部配套条件（如道路、停车场等）才能实现。有关专家计算，如果我国未来汽车保有量达到日本每两人拥有一辆的水平，全国汽车保有量将增加到 6.5 亿多辆。假定我国平均每辆汽车所耗土地面积与欧洲和日本一样为 0.02hm² （200m²），6.5 亿多辆汽车就要耗去 1300 万 hm²（$13 \times 10^{10} m^2$），这已经超过我国现有 2300 万 hm²（$23 \times 10^{10} m^2$）水稻田面积的一半。

1.4 地下空间发展现状

1.4.1   国外地下空间开发利用的状况及发展趋势

1. 国外地下空间开发利用现状

从 1863 年英国伦敦建成世界上第一条地铁开始，国外地下空间的发展已经历了相当长的一段时间。国外地下空间的开发利用从大型建筑物向地下的自然延伸发展到复杂的地下综合体（地下街）再到地下城（与地下快速轨道交通系统相结合的地下街系统），地下建筑在旧城的改造再开发中发挥了重要作用。同时地下市政设施也从地下供水、排水管网发展到地下大型供水系统，地下大型能源供应系统，地下大型排水及污水处理系统，地下生活垃圾的清除、处理和回收系统，以及地下综合管线廊道（共同沟）。

随着旧城改造及历史文化建筑的扩建，在北美、西欧及日本出现了相当数量的地下公共建筑，有公共图书馆和大学图书馆、会议中心、展览中心以及体育馆、音乐厅、大型实验室等地下文化体育教育设施。地下建筑的内部空间环境质量、防灾措施以及运营管理都达到了较高的水平。地下空间的利用规划从专项规划入手，逐步形成系统的规划，其中以地铁规划和市政基础设施规划最为突出。一些地下空间利用较早和较为充分的国家，如芬兰、瑞典、挪威和日本、加拿大等，正从城市中某个区域的综合规划走向整个城市和某些系统的综合规划。各个国家的地下空间开发利用在其发展过程中形成了各自独有的特色。了解其特色和经验，对我们具有重要的参考价值。

（1）日本地下空间开发利用现状   日本国土狭小，城市用地紧张。1930 年，日本东京上野火车站地下步行通道两侧开设商业柜台形成了"地下街之端"。至今，地下街已从单纯的商业性质演变为包括多种城市功能，由交通、商业及其他设施共同组成的相互依存的地下综合体。1973年之后，由于火灾，日本一度对地下街建设规定了若干限制措施，使得新开发的城市地下街数量有所减少，但单个地下街规模却越来越大，设计质量越来越高，抗灾能力越来越强，同时在立法、规划、设计、经营管理等方面已形成一套较健全的地下街开发利用体系。日本地下街的形态分为街道型、广场型和复合型，其规模也依据面积大小及商店数目分为小型（小于 3000m²，商店少于 50 个）、中型（3000~10000m²，商店 50~100 个）、大型（大于 10000m²，商店 100 个以上）。据统计，日本至少在 26 个城市中建造地下街 146 处，进出地下街的人数达到 1200 万人/日，占国民总数的 1/9。日本是世界上兴建地下共同沟数量居于前列的国家之一。近年来，日本在新建地区（如横滨的港湾 21 世纪地区）及旧城区的更新改造（如名古屋大曾根地区、札幌的城市中心区）中都规划并实施了地下空间的开发利用。日本比较重视地下空间的环境设计，无论是商业街还是步行道在空气质量、照明乃至建筑小品的设计上均达到了地面空间的环境质量。在地下高速道路、停车场、共同沟、排洪与蓄水的地下河川、地下热电站、蓄水的融雪槽和防灾设施等市政设施方面，日本充分发挥了地下空间的作用。

（2）北美地下空间开发利用现状 北美的美国和加拿大虽然国土辽阔，但因城市高度集中，城市矛盾仍十分尖锐。美国纽约市地铁在世界上运营线路最长（443km），车站数量最多（504个），每天接待 510 万人次，每年接近 20 亿人次。纽约中心商业区有 4/5 的上班族都采用公共交通，这是因为纽约地铁突出了经济、方便和高效率等特点。纽约市大部分地铁站比较朴素，站内一般只铺水泥地面，很少有建筑以外的装饰。市中心的曼哈顿地区，常住人口 10 万人，但白天进入该地区人口近 300 万人，多数是乘地铁到达的。

四通八达、不受气候影响的地下步行道系统，很好地解决了人、车分流的问题，缩短了地铁与公共汽车的换乘距离，同时把地铁车站与大型公共活动中心通过地下道连接起来。典型的洛克菲勒中心地下步行道系统，在 10 个街区范围内，将主要的大型公共建筑通过地下通道连接起来。南方城市达拉斯，建设了一个不受夏季高温影响的有 29 条步行道的地下步行道系统，将市内主要公共建筑和活动中心通过地下通道连接起来。休斯敦市地下步行道系统也有相当规模，全长4.5km，连接了 350 座大型建筑物。

除此之外，美国地下建筑单体设计在学校、图书馆、办公楼、实验中心、工业建筑中也有显著成效。美国地下建筑单体设计较好地利用地下特性满足了功能要求，同时又合理解决了新老建筑结合的问题，并为地面创造了开敞空间。例如，美国明尼阿波利斯市南部商业中心的地下公共图书馆，哈佛大学、加州大学伯克利分校、密执安大学、伊利诺伊大学等处的地下及半地下图书馆，较好地解决了与原馆的联系并保持了校园的原有面貌。旧金山市中心叶巴布固那地区的莫斯康尼地下会议展览中心的地面上，保留了城市仅存的开敞空间，建设了一座公园。美国纽约市的大型供水系统，完全布置在地下岩层中，石方量 130 万 m^3，混凝土 54 万 m^3。除一条长 22km、直径 7.5m 的输水隧道外，还有几组控制和分配用的大型地下洞室，每一级都是一项空间布置复杂的大型岩石工程。

加拿大的多伦多和蒙特利尔市，也有很发达的地下步行道系统，以其庞大的规模、方便的交通、综合的服务设施和优美的环境享有盛名，保证了在漫长的严冬气候下各种商业、文化及其他事务交流活动的正常进行。多伦多地下步行道系统在 20 世纪 70 年代已有 4 个街区宽，9 个街区长，在地下连接了 20 座停车库、很多旅馆、电影院、购物中心和 1000 多家各类商店，此外，还连接着市政厅、联邦火车站、证券交易所、5 个地铁车站和 30 座高层建筑的地下室。这个系统中布置了几处花园和喷泉，共有 100 多个地面出入口。北美几个城市的地下步行道系统说明，在大城市的中心区建设地下步行道系统，可以改善交通、节省用地、改善环境，保证了恶劣气候下城市的繁荣，同时也为城市防灾提供了条件。它们的经验是要有完善的规划，设计要先进、管理要严格，其中重要的问题是安全和防灾，系统越大，问题越突出，必须予以足够的重视。通道应有足够数量的出入口和足够的宽度，避免转折过多，应设明显的导向标志。

（3）北欧和西欧的地下空间开发利用 北欧地质条件良好，是地下空间开发利用的先进地区，特别是在市政设施和公共建筑方面。负担瑞典南部地区供水的大型系统全部在地下，埋深30～90m，隧道长 80km，靠重力自流，芬兰赫尔辛基的大型供水系统，隧道长 120km，过滤等处理设施全在地下。挪威的大型地下供水系统，其水源也实现地下化，在岩层中建造大型储水库，既节省土地又减少水的蒸发损失。瑞典的大型地下排水系统，不论在数量上还是在处理率上，均处于世界领先地位。瑞典排水系统的污水处理厂全在地下，仅斯德哥尔摩市就有长度达 200km的大型排水隧道，拥有大型污水处理厂 6 座，处理率为 100%。在其他一些中、小城市，也都有地下污水处理厂，不但保护了城市水源，还使波罗的海免遭污染。

瑞典是首先试验用管道清运垃圾的国家，在 20 世纪 60 年代初就开始研制空气吹送系统。

1983 年在一个有 1700 户居民的小区内建造了一套空气吹送的管道清运垃圾系统，预计可以使用 60 年。由于与回收和处理系统配套建设，4～6 年就可回收投资。瑞典斯德哥尔摩地区有 120km 长的地下大型供热隧道，很多地区实现集中供热，并正在试验地下储热库，为利用工业余热和太阳能节约能源创造有利条件。

瑞典斯德哥尔摩市地下有共同沟 30km 长，建在岩石中，直径 8m，战时可作为民防工程。

芬兰的地下空间利用除了众多的市政设施外，就是发达的文化体育娱乐设施。邻近赫尔辛基市购物中心的地下游泳馆，其面积为 10210m²，1993 年完成。1993 年完成的吉华斯柯拉运动中心，面积 8000m²，可为 14000 位居民提供服务，内设体育馆、草皮和沙质球赛馆、体育舞蹈厅、摔跤柔道厅、艺术体操厅和射击馆。为了保持库尼南小镇的低密度建筑和绿化的风貌，1988 年建成的为 8000 户居民服务的 7000m² 的球赛馆也建于地下，内设标准的手球厅、网球厅，并有观众看台以及淋浴间、换衣间、存衣间、办公室。里特列梯艺术中心每年吸引 20 万参观者，内设 3000m² 的展览馆，2000m² 的画廊，以及有 1000 个座位的高质量音响效果的音乐厅。北欧地下空间的利用，与民防工程的结合是其一大特点。

巴黎建设了 83 座地下车库，可容纳 43000 多辆车，弗约大街建设有欧洲最大的地下车库，地下四层，可停放 3000 辆车。建设大量停车场是城市正常运转的重要条件，停车场建于地下可节约大量土地。巴黎的地下空间利用为保护历史文化景观做出了突出的贡献。巴黎市中心的卢浮宫是世界著名的宫殿，在无扩建用地，原有的古典建筑又必须保持，无法实现扩建要求的情况下，设计者利用被宫殿建筑包围的拿破仑广场的地下空间容纳了全部扩建内容。为了解决采光和出入口布置，在广场正中和两侧设置了三个大小不等的锥形玻璃天窗，成功地对古典建筑进行了现代化改造。巴黎的列·阿莱地区是旧城再开发充分利用地下空间的典范，把一个交通拥挤的食品交易和批发中心改造成一个多功能的以绿地为主的公共活动广场，同时将商业、文娱、交通、体育等多种功能安排在广场的地下空间中，形成一个大型的地下综合体。该综合体共四层，总面积超过 20 万 m²。

前苏联也是地下空间开发利用的先进国家，其地下空间开发利用的特点是地铁系统相当发达，莫斯科地铁系统是世界上客运量最高的，每年达 26 亿人次，以其建筑上和运营上的高质量而闻名于世，特别是其车站建筑风格，每站都有其特色，各转乘站的建筑布置相当巧妙，在多达四条线路的相汇处，乘客可以最少的时间达到换乘的目的。此外，俄罗斯的地下共同沟也相当发达，莫斯科地下有 130km 的共同沟，除煤气管外，各种管、线均有，只是截面较小（3m×2m），内部通风条件也较差。

2. 国外地下空间开发利用发展趋势

（1）综合化　国外地下空间利用发展的主要趋势是综合化，其表现首先是地下综合体的出现，欧洲、北美和日本等地区和国家的一些大城市，在新城区的建设和旧城区的再开发过程中，都建设了不同规模的地下综合体，成为具有大城市现代化象征的建筑类型之一。其次，综合化表现在地下步行道系统和地下快速轨道系统、地下高速道路系统的结合，以及地下综合体和地下交通换乘枢纽的结合。第三，综合化表现在地上、地下空间功能既有区分，更协调发展的相互结合模式。

（2）分层化与深层化　随着一些发达国家地下空间利用，先进城市的地下浅层部分已基本利用完毕，深层开挖技术和装备逐步完善，为了综合利用地下空间资源，地下空间开发逐步向深层化发展。例如，美国明尼苏达大学艺术与矿物工程系馆的地下建筑物多达 7 层，加拿大温哥华修建的地下车库多达 14 层，总面积 72324m²。深层地下空间资源的开发利用已成为未来城市现代化建设的主要课题。在地下空间深层化的同时，各空间层面分化趋势越来越强。这种分层面的地下空间，以人及其服务的功能区为中心，人、车分流，市政管线、污水和垃圾的处理分置于不同的层次，各种地下交通也分层设置，以减少相互干扰，保证了地下空间利用的充分性和完整性。

（3）城市交通和城市间交通的地下化　城市交通和高密度、高城市化地区城市间交通的地下化，将成为未来地下空间开发利用的重点。交通拥挤是 20 世纪不变的城市问题，城市道路建设赶不上机动车数量的发展也是 20 世纪城市发展的规律，发展高速轨道交通也就成为主要的选择。21 世纪人类对环境、美化和舒适的要求越来越严格，人们的环境意识和对城市的环境要求将越来越高。以前修建的高架路，如美国波士顿 1950 年建成的中央干道将转入地下。地下高速轨道交通将成为大城市和高密度、高城市化地区城市间交通的最佳选择。

据统计，城市规模越大、人口越多，采用地铁建设方式的比重越高。在轨道交通的建设方式上，人口在 200 万以上的城市采用地铁线路条数占 77.50%，运营长度占 90.5%；人口在 100 万~200 万的城市，采用地铁线路条数占 69.3%，运营长度占 64.0%。即使采用轻轨，在市区也以地下为主，郊区铁路进入市区也转入地下，如蒙特利尔。作为新一代城市间地铁项目，瑞士正在研究开发在部分真空的地下隧道中运行的磁悬浮列车（飞机机身），设计运行速度 400km/h，运量 200~800 名旅客，运行在高密度、高城市化地区城市间。1998 年完成主要研究目标，并获得应用特许，目前正处于实验室试运行阶段。

（4）各种联合掘进机（TBM）和盾构将成为地下隧道快速开挖的主要趋势　随着地下空间开发利用程度的不断扩展，开挖长大隧道以及遇到不良地层机会的增多，要求隧道开挖速度及开挖安全性越来越高，预计在硬岩采用 TBM、软岩中采用各种盾构开挖的趋势将更加明显。

（5）在钻爆法掘进中采用数字化掘进的趋势将加强　数字化掘进就是按照预定程序由计算机控制掘进，一个操作手可同时操作三个钻杆。孔位和孔深按设计程序来控制，开挖轴线测量可同时由激光完成，所以开挖断面的超挖减为最小并达到优化，提高了开挖速度。

（6）地铁隧道断面将减小、成本将降低　由于采用线性电动机牵引地铁列车，减小了行走底架的尺寸，地铁截面积将减小一半以上，从而降低地铁造价。

（7）微型隧道工程将加速发展　微型隧道是人进不去的隧道，直径一般在 25~30cm。在隧道表面入口处采用遥控方式进行开挖和支护，这种方法快速、准确、经济、安全，所以适宜用于在高层建筑下、历史文化名胜古迹下、高速公路和铁路下、河道下安设管道。目前世界上采用微型隧道技术修建的管道长度已达 5000km。由于地下管线不断增多，这种工程的应用将越来越广。

（8）市政公用隧道（共同沟）在 21 世纪将得到更广泛的应用和发展　随着城市和生活现代化程度的提高，管线种类和密度、长度将快速增加，共同沟的发展将成为必然。

（9）3S 技术在地下空间开发中的作用得到加强　由于地下空间开挖中定位和地质地理信息、勘察现代化的需要，GPS（全球定位系统）、RS（遥感系统）和 GIS（地理信息系统）技术在地下空间开发中的应用将会得到越来越广泛的推广。

1.4.2　我国城市地下空间开发利用现状

1. 开发利用现状

我国城市地下空间开发利用始于防备空袭而建造的人民防空工程。从 1950 年开始，我国人防工程建设从无到有，从小到大，有了很大的发展，取得了很大的成绩。1978 年，第三次全国人防工作会议提出了"平战结合"的人防建设方针，1986 年国家人防委、建设部在厦门联合召开了"全国人防建设与城市建设相结合座谈会"，进一步明确了平战结合的主要方向是与城市建设相结合。实行平战结合，与城市建设相结合，使人防工程除发挥战略效益外，还充分发挥了社会效益和经济效益，并成为今天以解决城市交通阻塞和缓解城市服务设施紧缺为动因的城市地下空间开发利用的主体。据 1985 年统计，平战结合开发利用的人防工程达数千万平方米，年产值和营业总额 110 多亿元，上缴国家利税 5 亿多元，超过中央财政每年对人防建设的投入。

在城市交通改善方面，地下空间的开发利用发挥了积极作用。自 20 世纪 60 年代北京建成第一条地铁线路以来，经过 40 多年的发展，中国进入了城市轨道交通的蓬勃发展时期。截至 2012 年 12 月 31 日，在中国内地已有 17 个城市拥有了 64 条建成并正式运营的城市轨道交通线路，总里程达 2008km。2012 年末，全国有 29 个城市 82 条线路（含续建段）正在紧张建设中，总里程超过 1900km。我国内地共有 53 个城市正在建设或规划新的城市轨道交通线路，总规划里程超过 14000km。2012 年内，不含续建段，新投入运营线路 10 条，其中杭州地铁 1 号线、苏州地铁 1 号线和昆明地铁机场线均是各自城市的第一条线路。这表示苏州、杭州和昆明正式加入运营城市的行列。

随着城市化进程的高速发展，城市道路系统中的隧道工程也有相当发展，如南京市中心鼓楼地下交通隧道、火车站前广场地下道、富贵山交通隧道等。我国不少城市如哈尔滨、上海、沈阳、成都、武汉、石家庄、乌鲁木齐、西安、厦门、青岛、吉林、大连、杭州、南京等地都建有数万至十多万平方米的地下综合体和地下街。哈尔滨市的数条地下街已连成一片，形成了规模不小的 25 万 m^2 的地下城。位于大连市站前广场的我国最大的城市地下综合体"不夜城"已于 1997 年建成并投入使用，其建筑面积 147000m^2，其内建有 5 层地下车库，还有购物中心、文化娱乐中心、餐饮中心等。

北京中关村西区建设时，将地上地下综合开发成高科技商务中心区——中关村广场，其总建筑面积 150 万 m^2，其中地上建筑 100 万 m^2，地下 50 万 m^2，项目总投资 150 亿元人民币。

中关村广场以海淀中街和北街为骨干，用地主体功能以金融资讯、科技贸易、行政办公、科技会展为主，并配有商业、酒店、文化、体育、娱乐、大型公共绿地等配套公共服务功能。地下为三层结构，其中一层是地下交通环廊、大型停车场以及超大型商业空间，汽车在交通环廊可以通达社区的每一个停车场，大型停车场解决了整个社区的停车问题，没有给地面造成额外压力；二层是物业和支管廊；三层是地下综合市政管廊。

中关村广场结合我国国情及自身的设计特点，营造了全国最大的立体交通网，创立了综合管廊＋地下空间开发＋地下环行车道的三位一体的地下综合构筑物模式，是将综合管廊作为载体，地下空间开发与地下环形车道融为一体的地下构筑物。此外，管廊内还专门预留了一个出口，它将与城铁春颐线接通，使有车一族或乘坐公交车的人们都可以在这里换乘地铁。这样使得中关村广场地上及地下、区内及区外均有机地形成一个整体，整个地下空间的开发集商业、餐饮、娱乐、健身、地下停车库于一体。

杭州市钱江新城核心区是以行政办公、商务贸易、金融会展、文化娱乐、商业功能为主，居住和旅游服务为辅的行政商务中心（CBD），核心区用地 4.02km²。杭州市钱江新城核心区地下空间总建筑面积约 150 万 ~200 万 m^2。其重点区域集中位于富春江路与新安江路和奉化路交叉口处的地下轨道交通站之间形成的南北轴以及市民中心东部市民公园、杭州大剧院、商务科技馆、高架城市阳台和市民中心西部中央公园、会展中心之间形成的东西轴之间。

新城地下空间功能主要包括地下交通、商业、文化、休闲、停车、防灾等。

2. 我国城市地下空间开发的形式及特点

目前我国地下空间的开发利用存在两种途径：一是旧有人防工程平战结合的改造和利用，二是新建城市地下空间，后者更具发展潜力。

地下空间开发利用的主要模式有：

（1）地铁综合体型　结合地铁建设修建集商业、娱乐、地铁换乘等多功能为一体的地下综合体，与地面广场、汽车站、过街地道等有机结合，形成多功能、综合性的换乘枢纽，如广州黄沙地铁站地下综合体。

（2）地下过街通道-商场型　在市区交通拥挤的道路交叉口，以修建过街地道为主，兼有商业和文娱设施的地下人行道系统，既缓解了地面交通的混乱状态，做到人车分流，又可获得可观的经济效益，是一种值得推广的模式，如吉林市中心的地下商场。

（3）站前广场的独立地下商场和车库-商场型　在火车站等有良好的经济地理条件的地方建造的以方便旅客和市民购物为目的的地下商场，如沈阳站前广场地下综合体。

（4）城市中心综合体型　在城市中心繁华地带，结合广场、绿化、道路，修建综合性商业设施，集商业、文化娱乐、停车及公共设施于一身，并逐步创造条件，向建设地下城发展，如上海人民广场地下商场、地下车库和香港街联合体。

（5）历史风貌和景观保护型　在历史名城和城市的历史地段、风景名胜地区，为保护地面传统风貌和自然景观不受破坏，常利用地下空间使问题得以圆满解决，如西安钟鼓楼地下广场。

（6）地下室利用型　一般高层建筑多采用箱形基础，有较大埋深、土层介质的包围，使建筑物整体稳固性加强，箱形基础本身的内部空间为建造高层建筑中的多层地下室提供了条件。将车库、设备用房和仓库等放在高层建筑的地下室中，是常规做法，改革开放以来，已累计建有超过 400 万 m^2。

（7）改建型　已建地下建筑、人防工程的改建利用是我国近年利用地下空间的一个主要方面，改建后的地下建筑常被用作娱乐、商店、自行车库、仓库等。

1.5　我国城市地下空间利用中存在的主要问题

我国在人口众多、经济落后的条件下，城市地下空间利用在 30 年左右的时间内取得了巨大的成就，在提高城市总体救灾抗灾能力、发展城市经济、改善城市环境、方便人民生活等方面都起了积极作用。但与开发利用地下空间历史悠久、经济实力雄厚的发达国家的先进城市相比，尚有不小差距。

1）缺乏整体的城市地下空间开发利用的发展战略和全面规划。城市地下空间的开发利用是一项系统工程，既要研究地上和地下的协调，各个分系统之间的配合，又要进行资源调查和需求预测，并要考虑财力和筹资的可能，是一项决策性很强的工作。当前开发利用中存在很多问题的原因是缺乏科学的整体发展战略和全面规划。城市地下空间开发利用的目标是什么？重点是什么？如何实现这些目标？最终要为城市发展解决什么问题？都不能明确地回答。所以只能囿于固有观念和认识，或停止投资方的私利追求，各行其是，分散开发，前后失调，形不成规模，形不成城市的整体效益和效率。

20 世纪 80 年代后期以来编制的"人防建设和城市建设相结合规划"，一般是作为城市人防专项规划制定的，只解决城市战时防空袭的需要，仅部分工程局部地结合了城市交通和社会服务的需要。规划中没有形成独立的分系统，既缺乏各分系统之间、各个设施之间的有机结合，也缺乏地下和地面之间的协调，更没有未来深层地下空间开发的安排。由于没有全面的规划，没有明确的城市建设的整体目标，仅依靠人防建设和城市建设相结合规划不可能有力地促进城市交通问题、城市环境问题、城市建设用地问题的总体解决，甚至造成地下空间这种不可再生的宝贵资源一定程度上的浪费、流失和破坏。

2）管理机构条块分割，形不成合力。缺乏科学的整体发展战略和全面规划的主要原因是体制上管理机构的条块分割。城市地下空间的开发利用是一项新兴事业，当前没有一个城市机构有明确的管理地下空间开发利用的职能和职责。与其有关的城市行政管理机构有建委、土地管理局、城市人防办和市政公用事业局。其中有的机构有相应延伸的地下空间的建设规划和建设管理的职责，有的则有部分职责，如城市人防办负责人防工程的规划和修建，市政公用事业局负责市政设施管线在地下的规划与建设。除上述明确的或理应延伸明确的职责外，还有如城市地下空间开发利用的战略和政策法规的制定问题、资金筹集问题、宣传教育问题等都没有明确的机构负责。上述管理部门分头领导，职能交叉，分工界限不清，因而政出多门，相互矛盾，缺乏统一的工作协调，给城市地下空间的开发利用带来很大困难。

3）城市地下空间开发利用无法可依。除人防工程建设的规划、标准和设计施工规范以外，从地下空间的所有权、使用权、管理权到地下空间开发战略、方针、政策、管理体制、建设标准、技术标准、设计施工规程等一系列问题基本上都处于无法可依的状态，一定程度上影响了地下空间的发展。没有使用权、管理权的法规，很少有人愿意涉足地下空间投资领域，而有的外商批租了地皮，则对地下空间无限制地使用，一些深层桩基和地下箱形基础影响到城市地下空间的开发利用。没有建设标准、技术标准和施工设计规程，项目达不到应有的水平，形不成系统的整体的效益，使工程事故、工程质量问题不易杜绝，出了问题既无法明确责任，也不易找到问题的原因。

4）固有观念和认识误区影响了城市地下空间开发的积极性。由于早期大搞人防工程的群众运动，在部分领导和工程技术界留下了"地下空间阴冷潮湿，缺乏安全，登不了大雅之堂"的固有观念，以及"地下建筑造价远较地面建筑大，施工难度远较地面建筑高，利用价值远较地面建筑小"的认识误区，在开发时机上存在"我国经济基础较薄弱，开发地下空间为时过早"的不符合实际的滞后观念。"可持续城市化"的发展战略尚未深入人心，粗放发展的模式还占统治地位。因此，"把一切可转入地下的设施转入地下，腾出地面改善环境"的指导思想远没有普遍树立。在当前大力加强城市基本建设的背景下，地下空间开发利用没有受到应有的重视，以致许多市中心的街区改造、大面积的绿地建设和广场建设时没有相应地开发其地下空间。

5）没有广开渠道、多种形式解决资金来源。广开渠道多方集资，已被实践证明是可行和有效的办法。由于管理体制的原因，以及观念上的滞后，在法规上没有及时制定鼓励私人和外、台、港商投资的政策，因此开发地下空间的经费来源仍然局限于政府的人防拨款和城市高层建筑的人防易地建设费，对于有的城市引进私人和外、台、港商投资以及有的城市发展沿线物业筹集开发地铁经费，收取地铁沿线房地产增值费的经验没有从积极方面加以总结、推广，影响了城市地下空间开发的规模。总的说来，城市地下空间的开发还停留在计划经济的思维定势中，而没有进入社会主义市场经济的思路轨道上来。

6）平战结合处理不当，影响了地下空间开发的积极性。对于地下空间这一自然资源有其经济资源和战略资源两重性的特点认识不足，加上国家人防法的"城市地下交通工程及其他地下工程必须兼顾人民防空需要"的条款没有实施细则，以致有的地下空间开发项目没有实现城建和人防一举两得的效果。也有不少地下空间利用项目由于"人防建设必须服从、服务于国家经济建设"的观念不强，平战转化处理不当，致使出入口太窄，建筑开间太小，造成平时使用不便，影响经济和社会效益，也影响了进一步开发地下空间的积极性。

7）已开发利用的地下空间功能较为单一，不同类型设施的开发比例不平衡。近年来地下空间开发的类别以商场居多，有的城市已从一点扩展到一条街或几条街。而城市中心区最为缺乏的地下停车场、市政设施，由于其经济效益较小，故开发很少。反过来，由于交通、市政设施的相对滞后，也影响了中心区综合效益的提高。单纯追求经济效益，地下空间开发的决策层次不高，没有从城市全局或地区全局统筹规划，造成了地下空间开发布局上的混乱与功能上的单一，即使被作为城市整体的一部分，地下工程又往往因为投资大、短期利润低等因素失去对开发者的吸引力。

8）地下空间的开发缺乏建筑师的参与。在地下空间的设计、施工中往往只有结构工程师和施工工程师，缺乏建筑师的参与，缺乏地下建筑设计规范和地下建筑设计资料，例如国内外地下建筑资料汇编及施工、设计实例等。所以现有的地下建筑除少数外，一般现代化气息不够，内部环境质量不高，达不到应有的标准，与高层地面建筑及国外先进地下建筑相比有一定差距，影响了人们在地下空间的心理感受，从而成为地下空间进一步开发的一个消极因素。

1.6 我国城市地下空间开发利用的发展趋势及前景

（1）城市轨道交通的建设必将大规模、有序化地推进地下空间资源的开发利用 根据预测分析，未来 30～50 年是我国城市轨道交通建设的鼎盛时期，在大城市中心区的基本建设模式是"地铁＋轻轨"。由于地铁建设速度的加快，带动了沿线地域城市的更新改造，与此同时，地铁站域地区的地产、房产和地下空间必将得到充分的开发利用。"十二五"时期是我国城市地铁建设与城市建设整合、高效、综合开发利用地下空间资源的重要历史时期。

（2）城市综合防灾建设必将推进地下空间的开发利用 开发利用地下空间，建设人民防空工程是我国的基本国策。根据分析预测，"十二五"期间及今后相当长的一段时间内，我国必须有计划地持续建设人民防空工程。与此同时，必须充分地挖掘各类地下建（构）筑物及地下空间的防护潜能，将战争防御与提高和平时期城市抵御自然灾害的综合防灾抗毁能力相结合，综合、科学、经济、合理、高效地开发利用地下空间资源是我国的发展方向。

（3）城市环境保护和城市绿地建设与地下空间的复合开发将是我国城市地下空间开发利用的新动向 由于我国大城市人均绿地面积普遍很低，城市更新改造过程中，"拆房建绿"是一种基本途径。为了提高绿地土地资源的利用效率，完善该地域的城市功能，充分发挥城市中心的社会、环境和经济效益，"绿地建设与地下空间"的复合开发是一种很好的综合开发模式，已经在北京、上海、大连、深圳等大城市得到很好的验证。"复合开发"是我国城市地下空间开发利用的新动向。

（4）小汽车的发展必将带动城市地下车库的建设及地下空间的开发利用 我国大城市个人小汽车拥有量的增长速度将会加快。为了解决城市中心区的公共停车和居住区的个人停车难问题，开发利用地下空间、建设各种类型的地下车库是综合考虑"环境质量、用地难、快速便捷、经济合理、安全管理"等因素的最佳途径，必将成为一种新趋势。

（5）城市基础设施的更新必将会推动共同沟的建设与地下空间的开发利用 由于共同沟为各类市政公益管线设施创造了一种"集约化、综合化、廊道化"的铺设环境条件，使道路下部的地层空间资源得到高效利用，使内部管线有一种坚固的结构物保护，使管线的运营与管理能在可靠的监控条件下安全高效地进行。随着城市的不断发展，共同沟内还可提供预留发展空间，确保沿线地域城市可持续发展的需要。尽管一次性投资大，工期较长，但是在我国的一些特大城市，尤其是城市发展定位为"国际化大都市"的一些城市将会优先发展共同沟。北京、上海、深圳等城市的建设经验是很好的例证。

（6）城市地下空间的大规模开发利用必将加快相关政策、法规建设的步伐 根据国外经验，随着地铁、地下街、地下车库、共同沟、平战结合人防工程等各类地下空间设施的大量兴建，相关政策和法规必将先行，一方面起引导作用，另一方面，将会更好地规范行为，提高效益，减少资源浪费。

(7) 城市地下空间开发利用与管理的相关科学技术将会得到飞速发展 "十二五"期间，我国将进一步实施"城市化、西部大开发、科教兴国"等战略，浅层地下空间将会在东部沿海经济发达的大城市首先得到充分的开发利用，并逐步西移。与此同时，北京、上海、广州、深圳等城市，由于地铁一期、二期、三期工程的相继建成，在大型地铁换乘枢纽地区，随着地铁车站及相邻设施的大型化、深层化、综合化、复杂化趋势，势必促进地下空间技术的创新和进步。尤其是在地下勘察技术、规划设计技术、工程建设技术（新工法、新机械、新材料）、环境保护技术、安全防灾与管理技术等方面将会得到快速发展。

第2章 地下空间建筑设计

2.1 地下空间设施分类

城市地下空间设施是指建设在城市规划区地下空间、为实现某种城市功能而规划建设的系统性设施。

国外的城市地下空间和设施按使用功能分类，主要分为三类。第一类为生活空间，包括居住设施、文化设施和体育娱乐设施；第二类为事业空间，包括商业设施、物资流通设施和研究开发设施；第三类为基础设施空间，包括交通通信网设施、环境防灾设施、处理设施和能源设施。

我国提出将城市地下空间设施以"设施功能"为分类依据划分为地下电力设施、地下信息与通信设施、地下给水设施、地下排水设施、地下燃气设施、地下热力设施、地下工业管道设施、地下输油管道设施、地下综合管沟设施、地下固体废弃物输送设施、地下公共服务设施、地下工业仓储设施、地下防灾设施、地下交通设施、地下基础、地下居住设施等16类。对这16类设施进行归纳可以分为8大类：

1）交通设施。包括城市地下通道、城市地铁和地下城市道路，主要解决城市中的交通问题。

2）商业设施。包括地下商城、地下游乐馆等，主要为城市居民解决购物、娱乐等问题。

3）地下车库。解决城市中心区的公共停车和居住区的个人停车问题。

4）市政公益管线设施。包括室内各种管线设施，主要目的是提高城市道路利用率、保护地下设施稳定运转、为以后添加设施提供预留空间。

5）城市综合防灾建设。包括人防指挥所等设施，目的是人民防空、抵御自然灾害。

6）军事工程。包括地下军事指挥中心、重要军事设施（军事光缆、通道、物资储备等）。

7）仓储设施。主要指地下油库、地下储库等，满足油品、食物等的储存和流通。

8）高层建筑地下空间。主要是地下室，目的是增加建筑面积、抗灾防震。

2.2 地铁建筑设计

2.2.1 地铁建筑物组成

地铁是一种规模浩大的交通性公共建筑，地铁建筑物根据其功能、使用要求、设置位置的不同划分成车站、区间和车辆段三个部分，这三个部分用轨道连接，构成了一个完整的地铁线路运行系统。

车站是地铁系统中一个很重要的组成部分，乘客乘坐地铁必须经过车站，它与乘客的关系极为密切；同时它又集中设置了地铁运营中很大一部分技术设备和运营管理系统，因此，它对保证地铁安全运行起着很关键的作用。车站位置的选择、环境条件的好坏、设计的合理与否，都会直接影响地铁的社会效益、环境效益和经济效益，影响到城市规划和城市景观。

区间是连接相邻两个车站的行车通道，它直接关系到列车的安全运行。区间设计的合理性、经济性对地铁总投资的影响很大，区间的线路标准和质量对乘客乘坐列车时的舒适感和列车运行速度的提高也有影响。

车辆段是地铁列车停放和进行日常检修维修的场所，它又是技术培训的基地。由各种生产、生活、辅助建筑及各专业的设备和设施组成。

为了保证安全运行和为乘客、员工提供舒适的环境，还有安装通风、空调、采暖、给水排水、供电、通信、防灾等设备的建筑物，还要建造可控制单条或多条地铁线路的运营控制中心。它们大部分和车站建在一起，也有单独修建的。

2.2.2 限界

"限界"是一种规定的轮廓线，这种轮廓线以内的空间是保证地铁列车安全运行所必需的。

隧道的大小和桥梁的宽窄，都是根据限界确定的，限界越大，行车安全度越高，但工程量和工程投资也随之增加。所以要确定一个既能保证列车运行安全，又不增大桥隧空间的经济、合理的断面是制定限界的任务和目的。

地铁的限界分为车辆限界、设备限界、建筑限界和受电弓或受流器限界。接触轨限界属于受电弓限界的辅助限界。它们是根据车辆外轮廓尺寸及技术参数、轨道特性、各种误差及变形，并考虑列车在运动中的状态等因素，经科学的分析计算确定的。

限界确定是否合理，一般是以有效面积比来衡量的。其值由隧道断面积除以车辆断面积求得。当比值为 2 ~ 3 时，认为该限界是比较经济合理的。

1. 限界含义及其制定原则

1）限界是确定行车轨道周围构筑物净空的大小，管线和设备安装相互位置的依据，是各专业共同遵守的技术规定，它应经济、合理、安全可靠。

2）限界应根据车辆的轮廓尺寸和技术参数、轨道特性、受电方式、施工方法、设备安装等综合因素进行分析计算确定。

3）限界一般按平直线路的条件进行确定。而曲线和道岔区的限界应在直线地段限界的基础上根据车辆的有关尺寸以及不同曲线半径、超高、不同的道岔类型分别进行加宽和加高。

4）在制定限界时，对结构施工、测量、变形误差，设备制造和安装误差，包括在设计、施工、运营过程中难于预计的其他因素在内的安全留量等，都应分别进行研究确定。

2. 限界基本内容

（1）限界的坐标系 限界的坐标系是二维直角坐标，车辆横断面的垂直中心线与平直轨道横断面的垂直中心线相重合为纵坐标轴 Y。平直轨道轨顶连线为横坐标 Z，两轴相垂的交点为坐标的原点 O_{YZ}。

（2）车辆轮廓线

1）车辆轮廓线的含义。车辆横断面外轮廓线，经过研究分析后确定，作为确定车辆限界及设备限界的依据，是车辆设计和制造的基本数据。

2）车体外轮廓尺寸。目前，我国地铁车辆采用标准车型和宽体车型两种。上海、广州、南京采用宽体车型，北京、天津和其他拟新建地铁的城市均采用标准车型。尽管车型不同，但其制定限界的内容和方法是相同的。GB 50157—2013《地铁设计规范》将其分为 A 型及 B 型，地铁各型车辆基本参数见表 2-1。

表 2-1　地铁各型车辆基本参数　　　　　　　　　　（单位：mm）

参数 \ 车型		A 型	B 型		
			B1 型		B2 型
			上部受电	下部受电	
计算车体长度		22100	19000		
计算车体宽度		3000	2800		
计算车辆高度		3800	3800		
计算车辆定距		15700	12600		
计算转向架固定轴距		2500	2200/2300		
地板面距走行轨面高度		1130	1100		
受流器工作点至转向架中心线水平距离	750V	—	1418	1401	
	1500V	—	—	1470	
受流器工作面距走行轨面高度	750V	—	140	160	
	1500V	—	—	200	
接触轨防护罩内侧至接触轨中心线距离	750V	—	≤74	≤86	
	1500V	—	—		

（3）车辆限界　车辆限界是指车辆最外轮廓线的限界尺寸，应根据车辆的轮廓尺寸和技术参数，并考虑其静态和动态情况下所能达到的横向和竖向偏移量，按可能产生的最不利情况进行组合确定。车辆限界按隧道内外区域，分为隧道内车辆限界和隧道外车辆限界；按列车运行区域，分为区间车辆限界、站台计算长度内车辆限界和车辆基地内车辆限界；按所处地段分为直线车辆限界和曲线车辆限界。

（4）设备限界　设备限界是指线路上各种设备不得侵入的轮廓线。它是在车辆限界的基础上再计入轨道出现最大允许误差时，引起的车辆的偏移和倾斜等附加偏移量，以及包括在设计、施工、运营过程中难于预计的因素在内的安全预留量。所有固定设备及土木工程（接触轨及站台边缘除外）的任何部分都不得侵入此轮廓线内。因此对设备选型和安装都应分别考虑其制造和安装误差，才能满足设备限界的要求。设备限界，可按所处地段分为直线设备限界和曲线设备限界。

GB 50157—2013《地铁设计规范》的附录中有 A 型、B1 型及 B2 型车限界图，包括隧道内、地面及高架直线地段的上部和下部受电车辆的轮廓线、车辆限界、设备限界与坐标值。

A 型车区间或过站直线地段车辆轮廓线、车辆限界、设备限界如图 2-1 所示，相应的地铁 A 型车辆设备限界坐标值见表 2-2。

（5）建筑限界

1）建筑限界是行车隧道和高架桥等结构物的最小横断面有效内轮廓线。在建筑限界以内、设备限界以外的空间，应能满足固定设备和管线安装的需要。建筑限界分为矩形隧道建筑限界、马蹄形隧道建筑限界、圆形隧道建筑限界、高架线及地面线建筑限界、车辆段车场线建筑限界等。在设计隧道及高架桥等结构物断面时，必须分别考虑其他误差、测量误差、结构变形等因素，才能保证竣工后的隧道及高架桥等结构物的有效净空满足建筑限界的要求，以保证列车安全高速运行。

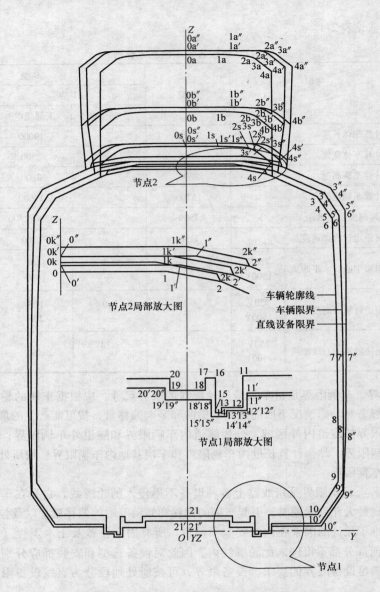

图 2-1 A 型车区间或过站直线地段车辆轮廓线车辆限界、设备限界

表 2-2 地铁 A 型车辆设备限界坐标值（隧道内区间直线地段） （单位：mm）

点号	0″	1″	2″	3″	4″	5″	6″	7″	8″	9″
Y	0	672	943	1438	1500	1575	1579	1586	1566	1548
Z	3878	3879	3824	3584	3496	3357	3311	1668	996	386
点号	10″	11″	12″	13″	14″	15″	18″	19″	20″	21″
Y	1329	835	835	732	732	654	654	425	425	0
Z	53	53	−15	−15	−47	−47	45	45	110	110
点号	0k″	1k″	2k″	—	—	—	—	—	—	—
Y	0	616	924	—	—	—	—	—	—	—
Z	3928	3929	3866	—	—	—	—	—	—	—

（续）

点号	0s″	1s″	2s″	3s″	4s″	—	—	—	—
Y	0	486	775	846	1005	—	—	—	—
Z	4071	4071	4053	4023	3887	—	—	—	—

2）盾构施工的圆形隧道和矿山法施工的马蹄形以及拱形隧道，在列车顶部控制点范围内，建筑限界以内，设备限界以外即建筑限界与设备限界之间的空间，一般取 200mm，以满足电缆管线横穿的需要。

3）在高架桥上以及隧道内可以设置侧向人行道，也可以不设置，但各国的地铁及轻轨多数都设有侧向便道。若设置便道，高架桥的桥面建筑限界及隧道建筑限界都需要留出其具体位置。一般高架桥侧向便道的宽度以 600～700mm 为宜。

GB 50157—2013《地铁设计规范》规定了制定建筑限界的若干原则，设计时应该遵守。

3. 区间直线段隧道建筑限界

（1）区间隧道的建筑限界　区间隧道的建筑限界是根据已定的车辆类型、受电方式、施工方法及地质条件等按不同结构形式进行确定的。

（2）区间直线段矩形隧道建筑限界　明挖施工的矩形隧道，其单洞单线隧道建筑限界宽度为 4100mm，高度为 4500mm，如图 2-2 所示。

（3）圆形隧道建筑限界　盾构施工的圆形隧道，不论在直线或曲线地段，只能采用同一直径的盾构，要想在直线和不同曲线半径的地段分别采用不同直径的盾构进行施工，是不可能的，所以应按最小曲线半径选用盾构直径进行施工，才能满足圆形隧道的建筑限界要求。如线路最小平面曲线半径 $R = 300m$，圆形隧道建筑限界的直径宜为 $\phi = 5200mm$，如图 2-3 所示。

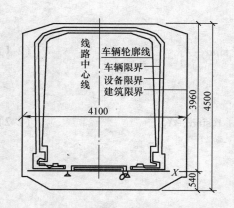

图 2-2　区间直线段矩形隧道建筑限界

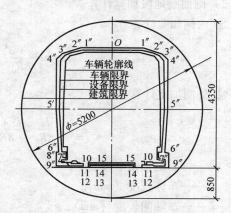

图 2-3　圆形隧道建筑限界

（4）马蹄形隧道建筑限界　马蹄形隧道断面需根据围岩条件来确定其形式，当围岩条件较好时，可采用拱形直墙式；在围岩条件较差时，要增设仰拱。仰拱曲率，可根据围岩条件、隧道埋深及其宽度、轨道构造高度、排水沟深度等条件确定。马蹄形隧道内部净空尺寸，考虑施工误差才能满足建筑限界的要求，一般在建筑限界的两侧及顶部各增加 100mm。

矿山法施工的浅埋暗挖隧道，多采用马蹄形断面，其建筑限界最大宽度可定为 4820mm，最大高度为 5160mm，如图 2-4 所示。

4. 区间曲线段及道岔区建筑限界

（1）区间建筑限界的加宽和加高

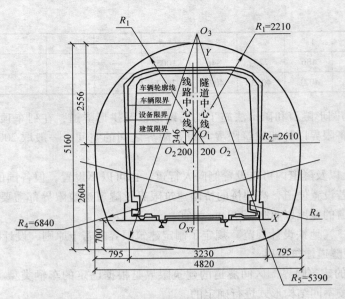

图 2-4　马蹄形隧道建筑限界

1）曲线地段的加宽。车辆在曲线轨道上运行时，由于车辆纵向中心线是直线，而轨道中心线是曲线，因此两者不能吻合，故车辆产生平面偏移。另外，曲线地段的轨道，一般都设超高，这也引起车辆的竖向中心线偏移轨道的竖向中心线。由于车辆对轨道而言，在平面和立面上都能产生一定的偏移量，故曲线的建筑限界应进行加宽。

2）圆曲线地段加宽计算。

① 内侧加宽计算

$$E_{Y内} = \frac{l^2 + a^2}{8R_0} + X_4\cos\alpha + Y_4\sin\alpha - X_4 \tag{2-1}$$

② 外侧加宽计算

$$E_{Y外} = \frac{L^2}{8R_0} - \frac{l^2 + a^2}{8R_0} + X_8\cos\alpha + Y_8\sin\alpha - X_8 \tag{2-2}$$

式中　a——固定轴距（mm）；

　　　L——车体长度（mm）；

　　　l——车轴间长度（mm）；

　　　R_0——圆曲线半径（mm）；

X_4、X_8——计算控制点的横坐标值（mm）；

Y_4、Y_8——计算控制点的纵坐标值（mm）；

$$\alpha = \arcsin\ (h_0/s)$$

式中　s——内外轨中心距离（mm）；

　　　h_0——圆曲线地段计算断面处的超高值（mm）。

以下各式中符号含义均相同。

3）缓和曲线地段加宽计算。

① 内侧加宽计算

$$\left. \begin{array}{l} E_{\text{H内}} = e_{\text{p内}} + N_{\text{H内}} \\ e_{\text{p内}} = \dfrac{X_2 l^2}{8C} \\ N_{\text{H内}} = X_4 \cos\alpha_x + Y_4 \sin\alpha_x - X_4 \end{array} \right\} \tag{2-3}$$

② 外侧加宽计算

$$\left. \begin{array}{l} E_{\text{H外}} = e_{\text{p外}} + W_{\text{H外}} \\ e_{\text{p外}} = \dfrac{(L^2 - l^2)(3X_3 + L)}{24C} \\ W_{\text{H外}} = X_8 \cos\alpha_x + Y_8 \sin\alpha_x - X_8 \end{array} \right\} \tag{2-4}$$

式中　X_2、X_3——计算断面处距离缓和曲线起点的长度（mm）。

$$\alpha x = \arcsin(h_x / s)$$

式中　h_x——缓和曲线地段计算断面处的超高值（mm）。

$$C = R_0 L_s$$

式中　L_s——缓和曲线长度（mm）。

③ 缓和曲线上内、外侧加宽计算，只有当车辆的两个转向架均在缓和曲线范围内时，式（2-3）和式（2-4）是适用的。若车辆的一个转向架在缓和曲线上，而另一个转向架在直线上或在圆曲线上时，则缓和曲线上内、外侧加宽计算应进行修正。

4）曲线地段加高计算。曲线地段的轨道，一般都设置超高，如超高设置采用外轨升高内轨降低都是超高值的一半，建筑限界的加高值可按下式计算

$$E_{\text{H高}} = Y_1 \cos\alpha + X_1 \sin\alpha - Y_1 \tag{2-5}$$

式中　X_1、Y_1——计算控制点的坐标值（mm）。

（2）道岔区建筑限界的加宽　下列计算公式适用于 9 号单开曲线尖轨道岔。计算其他类型的道岔加宽时，下面这些公式应进行修正。

1）道岔区内侧加宽量计算公式。

① 计算断面在尖轨尖端以前

$$e_{\text{内前}} = \dfrac{\left[R - \sqrt{R^2 - \left(\dfrac{2}{3}l + l_x - \dfrac{2}{3}d_x\right)^2} \right](l - d_x)}{3l} \tag{2-6}$$

② 计算断面在尖端以后至 1/2 范围内

$$e_{\text{1内后}} = \dfrac{\left[R - \sqrt{R^2 - \left(\dfrac{2}{3}l + l_x + \dfrac{2}{3}d_x\right)^2} \right](l + d_x)}{3l} \tag{2-7}$$

③ 计算断面在尖端以后，从 1/2 起至岔心范围内

$$e_{\text{2内后}} = \dfrac{l^2}{8R} + R - \sqrt{R^2 - (l_x + d_x)^2} \tag{2-8}$$

式中　d_x——计算断面距尖端的长度（mm）；

　　　l_x——导曲线理论起点至尖轨尖端的长度（mm）；

　　　R——外轨工作边导曲线半径（mm）。

④ 岔心以后的各计算断面的内侧偏移量，可对称采用岔心以前各断面的内侧偏移量。

2）道岔区外侧加宽量计算公式。

① 计算断面在尖轨尖端以前

$$e_{外前} = \frac{(L-l)\left[R - \sqrt{R^2 - \left(\frac{L+l}{2} + l_x - d_x\right)^2}\right]}{2l} -$$

$$\frac{(L+l)\left[R - \sqrt{R^2 - \left(\frac{L-l}{2} + l_x - d_x\right)^2}\right]}{2l} \tag{2-9}$$

当 $d_x \geq \dfrac{L-l}{2}$ 时，则公式中的后一项为零。

② 计算断面在尖轨尖端以后

$$e_{外后} = \frac{(L-l)\left[R - \sqrt{R^2 - \left(\frac{L+l}{2} + l_x + d_x\right)^2}\right]}{2l} -$$

$$\frac{(L+l)\left[R - \sqrt{R^2 - \left(\frac{L-l}{2} + l_x + d_x\right)^2}\right]}{2l} \tag{2-10}$$

5. 车站限界

（1）隧道内直线地段车站限界

1）车站建筑限界的确定。

① 直线站台有效长度范围内，其边缘至线路中心线的距离，应根据车厢宽度进行确定，一般站台边缘与车厢外侧面之间的空隙宜设置为100mm。

② 直线地段站台面的建筑限界高度，应为车厢地板面至轨顶的垂直距离所控制，一般站台面低于车厢地板面50～100mm较为合适。

③ 站内线路中心线至隧道边墙内侧的距离，如无特殊要求，一般都与区间相一致。

④ 车站建筑限界的高度，一般与区间相同就能满足设备限界的要求。但由于建筑装修和有些设备及管线安装的需要，车站建筑限界的高度都比区间大。

⑤ 站台有效长度范围以外的所有用房的外墙面距线路中心线的距离不宜小于1800mm，且外墙面不允许安装各种设备和管线。

2）隧道内直线地段车站限界图。车站隧道断面多为矩形和直墙拱形，其限界如图2-5所示（接触网上部受流车辆限界）。

（2）曲线地段车站限界　在曲线地段的隧道内车站，都应在直线地段车站的各有关尺寸基础上，根据所选用车辆的有关尺寸以及平面曲线半径和是否超高进行加宽。

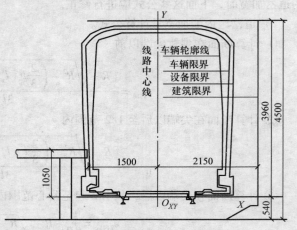

图2-5　直线车站建筑限界

2.2.3　地铁车站分类

地铁车站根据所处位置、埋深、运营性质、结构横断面形式、站台形式、换乘方式的不同进行分类。

1. 按车站与地面相对位置分类（图 2-6）

1）地下车站：车站结构位于地面以下。

2）地面车站：车站位于地面。

3）高架车站：车站位于地面高架桥上。

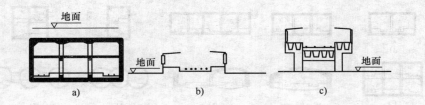

图 2-6　按车站与地面相对位置分类
a）地下车站　b）地面车站　c）高架车站

2. 按车站埋深分类

1）浅埋车站：车站结构顶板位于地面以下的深度较浅。

2）深埋车站：车站结构顶板位于地面以下的深度较深。深埋车站一般设在地面以下稳定地层或坚固地层内。

3. 按车站运营性质分类（图 2-7）

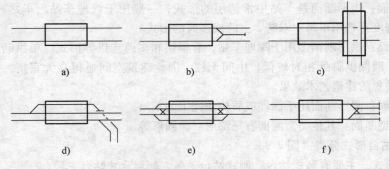

图 2-7　按车站运营性质分类
a）中间站　b）区域站　c）换乘站　d）枢纽站　e）联运站　f）终点站

1）中间站（即一般站）：中间站仅供乘客上、下车之用，功能单一，是地铁最常用的车站。

2）区域站（即折返站）：区域站是设在两种不同行车密度交界处的车站。站内设有折返线和设备。根据客流量大小，合理组织列车运行。在两个区域站之间的区段上增加或减少行车密度。区域站兼有中间站的功能。

3）换乘站：换乘站是位于两条及两条以上线路交叉点上的车站。它除具有中间站的功能外，更主要的是客流还可以从一条线路上通过换乘设施转换到另一条线路上。

4）枢纽站：枢纽站是由此站分出另一条线路的车站。该站可接、送两条线路上的客流。

5）联运站：联运站是指车站内设有两种不同性质的列车线路进行联运及客流换乘。联运站具有中间站及换乘站的双重功能。

6）终点站：终点站是设在线路两端的车站。就列车上、下行而言，终点站也是起点站（或称始发站），终点站设有可供列车全部折返的折返线和设备，也可供列车临时停留检修。如线路远期延长后，则此终点站即变为中间站。

4. 按车站结构横断面形式分类（图2-8）

车站结构横断面形式主要根据车站埋深、工程地质水文地质条件、施工方法、建筑艺术效果等因素确定。在选定结构横断面形式时，应考虑到结构的合理性、经济性、施工技术和设备条件。

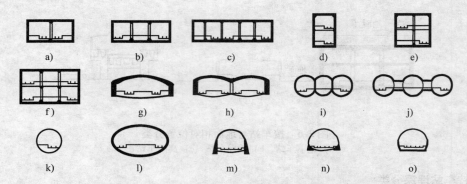

图2-8　按车站结构横断面形式分类

a）~f）矩形断面　g）、h）拱形断面　i）~k）圆形断面　l）~o）其他类型断面
a）双跨框架侧式　b）三跨框架岛式　c）五跨框架一岛一侧式　d）双层单跨框架重叠侧式
e）双层双跨框架相错侧式　f）双层三跨框架重叠岛式　g）单拱一岛二侧式　h）双拱双岛式
i）三拱立柱岛式　j）三拱塔柱岛式　k）单圆侧式　l）椭圆岛式　m）钟形式　n）、o）马蹄形式

1）矩形断面：矩形断面是车站中常选用的形式，一般用于浅埋车站。车站可设计成单层、双层或多层；跨度可选用单跨、双跨、三跨或多跨的形式。

2）拱形断面：拱形断面多用于深埋车站，有单拱和多跨连拱等形式。单拱断面由于中部起拱，高度较高，两侧拱脚处相对较低，中间无柱，因此建筑空间显得高大宽阔，如建筑处理得当，常会得到理想的建筑艺术效果。

3）圆形断面：圆形断面用于深埋或盾构法施工的车站。

4）其他类型断面：其他类型断面有马蹄形、椭圆形等。

5. 按车站站台形式分类（图2-9）

车站站台形式，主要有岛式站台，侧式站台，岛、侧混合式站台三种。

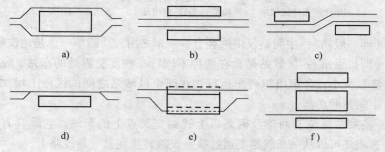

图2-9　按车站站台形式分类

a）岛式站台　b）平行相对式侧式站台　c）平行错开式侧式站台
d）上下重叠式侧式站台　e）上下错开式侧式站台　f）岛、侧混合式站台

1）岛式站台：站台位于上、下行行车线路之间，具有岛式站台的车站称为岛式站台车站（简称岛式车站，下同）。岛式车站是常用的一种车站形式，具有站台面积利用率高、能灵活调剂客流、乘客使用方便等优点，因此，一般常用于客流量较大的车站。有喇叭口（常用作车站

设备用房）的岛式车站在改建扩建时，较难延长车站。

　　2）侧式站台：站台位于上、下行行车线路的两侧，具有侧式站台的车站称为侧式站台车站（简称侧式车站，下同）。侧式车站也是常用的一种车站形式。侧式站台根据环境条件可以布置成平行相对式、平行错开式、上下重叠式及上下错开式等形式。侧式车站站台面积利用率、调剂客流、站台之间联系等方面不及岛式车站，因此，侧式车站多用于客流量不大的车站及高架车站。当车站和区间都采用明挖法施工时，车站与区间的线间距相同，故无需喇叭口，减少土方工程量，改建扩建时，延长车站比较容易。

　　3）岛、侧混合式站台：岛、侧混合式站台是将岛式站台及侧式站台同设在一个车站内，具有这种站台形式的车站称为岛、侧混合式站台车站（简称岛、侧混合式车站，下同）。岛、侧混合式站台可同时在两侧的站台上、下车，也可适应列车中途折返的要求；可布置成一岛一侧式或一岛两侧式。西班牙马德里地铁车站中多采用岛、侧混合式车站。

　　6. 按车站间换乘分类

　　车站间换乘可按换乘方式及换乘形式进行分类，不论采用何种分类，均应符合下列换乘的基本要求：

　　1）尽量缩短换乘距离，做到线路明确、简捷、方便乘客。

　　2）尽量减少换乘高差，避免高度损失。

　　3）换乘客流宜与进、出站客流分开，避免相互交叉干扰。

　　4）换乘设施的设置应满足换乘客流量的需要，宜留有扩建、改建余地。

　　5）换乘规划时应周密考虑、选择换乘方式及换乘形式，合理确定换乘通道及预留口位置。

　　6）换乘通道长度不宜超过 100m；超过 100m 的换乘通道，宜设置自动步道。

　　7）节约投资。

　　车站间换乘有以下两种分类方式：

　　（1）按乘客换乘方式分类

　　1）站台直接换乘：站台直接换乘有两种方式，一种方式是指两条不同线路分别设在一个站台的两侧，甲线的乘客可直接在同一站台的另一侧换乘乙线，如香港地铁的太子、旺角站；另一种方式是指乘客由一个车站通过楼梯或自动扶梯直接换乘到另一个车站的站台的换乘方式。这种换乘方式多用于两个车站相交或上下重叠式的车站。当两个车站位于同一个水平面时，可通过天桥或地道进行换乘。

　　站台直接换乘的换乘线路最短，换乘高度最小，没有高度损失，因此对乘客来说比较方便，并节省了换乘时间。换乘设施工程量少，比较经济。

　　换乘楼梯和自动扶梯的总宽度应根据换乘客流量的大小通过计算确定，宽度过小，则会造成换乘楼梯口部人流集聚，容易发生安全事故，宜留有余地。

　　2）站厅换乘：站厅换乘是指乘客由某层车站站台经楼梯、自动扶梯到达另一个车站站厅的付费区内，再经楼梯、自动扶梯到达另一线车站站台的换乘方式。这种换乘方式大多用于相交的两个车站。站厅换乘的换乘路线较长，提升高度较大，有高度损失，需设自动扶梯，增加了用电量。

　　3）通道换乘：两个车站不直接相交时，相互之间可采用单独设置的换乘通道进行换乘，这种换乘方式称为通道换乘。通道换乘的换乘线路长，换乘的时间也较长，特别对老弱妇幼使用不便。由于增加通道，造价较高。换乘通道的位置尽量设在车站中部，可远离站厅出入口，避免与出入站人流交叉干扰，换乘客流不必出站即可直接进入另一车站。

　　（2）按车站换乘形式分类　　按两个车站平面组合的形式分为五类，如图 2-10 所示。

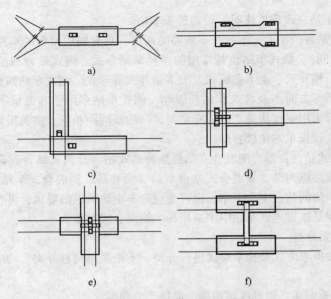

图 2-10　按车站间换乘形式分类

a)、b)"一"字形换乘　c)"L"字形换乘　d)"T"字形换乘　e)"十"字形换乘　f)"工"字形换乘

1)"一"字形换乘：两个车站上下重叠设置则构成"一"字形组合。站台上下对应，双层设置，便于布置楼梯、自动扶梯，换乘方便。

2)"L"字形换乘：两个车站上下立交，车站端部相互连接，在平面上构成"L"字形组合，相交的角度不限。在车站端部连接处一般设站厅或换乘厅。有时也可将两个车站相互拉开一段距离，使其在区间立交，这样可减少两站间的高差，减少下层车站的埋深。

3)"T"字形换乘：两个车站上下立交，其中一个车站的端部与另一个车站的中部相连接，在平面上构成"T"字形组合，相交的角度不限。可采用站厅换乘或站台换乘。两个车站也可相互拉开一段距离，以减少下层车站的埋深。北京地铁雍和宫换乘车站采用"T"字形换乘形式。环线车站与另一线车站上下立交，站台直接换乘，乘客可通过环线车站一端的换乘楼梯直接下到另一线车站的站台，换乘线路短。

4)"十"字形换乘：两个车站中部相立交，在平面上构成"十"字形组合。相交的角度不限。"十"字形换乘车站采用站台直接换乘的方式。北京地铁东四十条换乘车站采用"十"字形换乘形式。环线车站与另一线车站上下中部直接立交，站台直接换乘，两站间换乘楼梯均设在两站相交部位的站台上，乘客经换乘楼梯直接上下，换乘线路最短。

5)"工"字形换乘：两个车站在同一水平面平行设置时，通过天桥或地道换乘，在平面上构成"工"字形组合。"工"字形换乘车站采用站台直接换乘的方式。

2.2.4　地铁车站平面设计

1. 地铁车站的组成

地铁车站由车站主体（站台，站厅，生产、生活用房），出入口及通道，通风道及地面通风亭等三大部分组成。车站主体是列车在线路上的停车点，其作用是供乘客集散、候车、换车及上、下车，它又是地铁运营设备设置的中心和办理运营业务的地方。出入口及通道是供乘客进、出车站的建筑设施。通风道及地面通风亭的作用是保证地下车站具有一个舒适的地下环境。对地下车站来说，这三部分必须具备；高架车站一般由车站、出入口及通道组成；地面车站可以仅设车站和出入口。

地铁车站功能复杂、涉及面广、设备及辅助设施多、专业性强。归纳起来，由下列部分组成车站建筑。

(1) 乘客使用空间 乘客使用空间在车站建筑组成中占有很重要的位置，它是车站中的主体部分，此部分的面积占车站总面积 50% 左右。乘客使用空间是直接为乘客服务的场所，主要包括站厅、站台、出入口、通道、售票处、检票口、问讯、公用电话、小卖部、楼梯及自动扶梯等。

乘客使用空间的布置位置对决定车站类型，总平面布局，车站平面、结构横断面形式，功能是否合理，面积利用率，人流路线组织等的设计有较大的影响。

乘客使用区设有自动扶梯，楼梯，自动售、检票设施，通风管道及建筑装修，因此这部分的投资所占的费用比重较大。

(2) 运营管理用房 运营管理用房是为了保证车站具有正常运营条件和营业秩序而设置的办公用房。由进行日常工作和管理的部门及人员使用，是直接或间接为列车运行和乘客服务的，主要包括站长室、行车值班室、业务室、广播室、会议室、公安保卫室、清扫员室。运营管理用房与乘客关系密切，一般布置在邻近乘客使用空间的地方。

(3) 技术设备用房 技术设备用房是为了保证列车正常运行、保证车站内具有良好环境条件及在事故灾害情况下能够及时排除灾害的不可或缺的设备用房。它是直接和间接为列车运行和乘客服务的，主要包括环控房、变电所、综合控制室、防灾中心、通信机械室、信号机械室、自动售检票室、泵房、冷冻站、机房、配电以及上述设备用房所属的值班室、工区用房、附属用房及设施等。技术设备用房是整个车站的心脏所在地。由于这些用房与乘客没有直接联系，因此，一般可布设在离乘客较远的地方。

(4) 辅助用房 辅助用房是为了保证车站内部工作人员正常工作生活所设置的用房，是直接供站内工作人员使用的，主要包括厕所、更衣室、休息室、茶水间、盥洗室、储藏室等，这些用房均设在站内工作人员工作的区域内。

2. 地铁车站建筑平面布局

地铁车站建筑总平面布局主要解决在车站中心位置及方向确定以后，根据车站所在地周围的环境条件、城市有关部门对车站布局的要求、选定的车站类型，合理地布设车站出入口、通道、通风道等设施，以便使乘客能够安全、迅速、方便地进出车站。同时还要处理地铁车站、出入口及通道、通风道及地面通风亭与城市建筑物、道路交通、地下过街道或天桥、绿地等的关系，使之相互协调统一。

地铁车站建筑平面布局的影响因素很多，设计中所遇到的问题也很复杂，有时受到客观条件的限制使方案很难达到理想的效果，因此在进行建筑总平面布置时应从以下几个方面深入研究，并进行技术经济比较，以选择最优方案。

(1) 前期工作 前期工作包括调查、收集、分析设计资料和项目功能要求，构思、落实设计方案。该项工作是做好车站总平面布局的关键步骤。

1) 收集设计资料，主要包括：地铁线路、车站位置及该站的客流资料；有关城市道路、公交站点资料；批准的用地范围内现状总平面图及规划总平面图；有关城市地下过街道或天桥的位置；有关城市地下管网、地下建筑物、地下构筑物资料；有关地区的文物古迹、古树及有保留价值的建筑物、构筑物的资料；其他有关资料。

2) 现场调查研究，掌握第一手资料，补充完善收集到的资料。

3) 与有关单位密切配合协作，协商解决设计中的问题。

4）考虑初步设想和构思。

（2）车站总平面布局

1）车站出入口、地面通风亭位置的选定。车站出入口的位置，一般都选在城市道路两侧、交叉路口及有大量人流的广场附近。出入口宜分散均匀布置，出入口之间的距离尽可能大一些，使其能够最大限度地吸引更多的乘客，方便乘客进入车站。

单独修建的地面出入口和地面通风亭，其位置应符合当地城市规划部门的规划要求，一般都设在建筑红线以内。如有困难不能设在建筑红线以内时，应经过当地城市规划部门的同意，再选择其位置。地面出入口的位置不应妨碍行人通行。

车站出入口宜设在火车站、公共汽车站、电车站附近，便于乘客换车。

车站出入口与城市人流路线有密切的关系。应合理组织出入口的人流路线，尽量避免相互交叉和干扰。车站出入口不宜设在城市人流的主要集散处，以便减少出入口被堵塞的可能。

车站出入口应设在比较明显的部位，便于乘客识别。

单独修建的车站出入口和地面通风亭，与周围建筑物之间的距离应满足防火距离的要求。如确有困难，不能满足防火距离要求时，应按规范规定采取分隔措施，加设防火墙、防火门窗。建筑物与车站出入口、地面通风亭之间的防火距离应根据建筑物的类别及耐火等级来确定。对一、二级耐火等级的多层民用建筑物，其间的防火距离不应小于 6m；一、二级耐火等级的工业建筑物，其间的防火距离不应小于 10m。一、二级耐火等级的高层主体建筑的防火距离不应小于 13m；一、二级耐火等级高层建筑的附属建筑物，其防火距离不应小于 6m。

车站出入口和地面通风亭不应设在易燃、易爆、有污染源并挥发有害物质的建筑物附近，与上述建筑物之间的防火安全距离应符合有关规范的规定。

车站主要出入口应朝向地铁的主客流方向。大商场、大型公交车站、大中型企业、大型文体中心、大居住区等都是地铁乘客的主要来源地和主客流方向。

在现有建筑群中建造车站出入口及地面通风亭时，应尽量少拆除建筑物，应优先保留新建的有保留价值的建筑物，以减少拆迁费用。

有条件时，车站出入口可以与附近的地下商场等建筑物相连通，方便乘客购物和进入车站。车站出入口也可设在附近建筑物的首层，方便乘客进、出车站。

2）车站出入口与城市过街地道、天桥、下沉广场相结合。当地铁车站出入口位于城市过街地道、天桥附近时，为了方便乘客，节约投资，可以将两者合并在一起修建。这种地铁车站出入口兼城市过街地道，一般宜设在车站的端部，这样布置不致影响车站的管理和对站内人流路线造成干扰。从总的方面看，与城市过街地道、天桥结合的车站出入口，对城市建设和地铁运营都是有利的。地铁车站出入口修建在城市下沉广场附近时，车站出入口可以直接设在下沉广场内，如下沉广场内设有商业网点，对乘客会十分方便。

3）远期、近期工程应统一规划，统一设计。在进行车站建筑总平面布局时，应根据车站远期发展的需要，结合地区条件和具体情况，采取一次建成或者分期实施的方式修建。远期、近期工程应统一规划、设计。

2.2.5 地铁车站建筑设计

1. 车站

（1）车站规模 车站规模主要指车站外形尺寸大小、层数及站房面积大小。车站规模主要根据本站远期预测高峰小时客流量、所处位置的重要性、站内设备和管理用房面积、列车编组长度及该地区远期发展规划等因素综合考虑确定，其中客流量大小是一个重要因素。车站规模一般分为 3 个等级。在大城市中，车站规模按 3 个等级设置；在中等城市中，其规模可以设为两个等级。车站规模等级适用范围见表 2-3。

表 2-3　车站规模等级适用范围

规模等级	适 用 范 围
1 级站	适用于客流量大，地处市中心区的大型商贸中心、大型交通枢纽、大型集会广场，大型工业区及位置重要的政治中心地区各站
2 级站	适用于客流量较大，地处较繁华的商业区、中型交通枢纽、大中型文体中心、大型公园及游乐场、较大的居住区及工业区各站
3 级站	适用于客流量小，地处郊区各站

注：客流量特别大，有特殊要求的车站，其规模等级可列为特级站。

　　车站规模的大小，将直接影响到地铁工程造价的高低。规模太大，则不经济；规模太小，又不能满足运营的需要和远期的发展，造成使用上的不便及改建的困难。因此，在确定车站规模等级的时候，应谨慎研究和考虑。

　　（2）车站功能分析　车站的建筑布置，应能满足乘客在乘车过程中对其活动区域内的各部位使用上的需要。将乘客进、出站的过程用流线的形式表示出来，这种流线叫做乘客流线。乘客流线是地铁车站的主要流线，也是决定建筑布置的主要依据。站内除乘客流线外，还有站内工作人员流线、设备工艺流线等。这些流线具体地、集中地反映出乘客乘车与站内房间布置之间的功能关系。

　　为了能够合理地进行车站平剖面布置，设计人员必须要了解和掌握这种功能关系。现将地铁车站各部分的使用要求进行功能分析并绘制成地铁车站功能分析图，如图 2-11 所示。

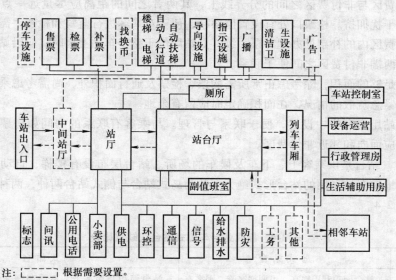

注：┈┈ 根据需要设置。

图 2-11　地铁车站功能分析图

　　（3）站厅　站厅的作用是将由出入口进入的乘客迅速、安全、方便地引导到站台乘车，或将下车的乘客同样地引导至出入口出站。对乘客来说，站厅是上下车的过渡空间。乘客在站厅内需要办理上下车的手续，因此，站厅内需要设置售票、检票、问讯等为乘客服务的各种设施。站厅内设有地铁运营、管理用房。站厅又具有组织和分配人流的作用。

1）站厅的位置：站厅的位置与人流集散情况、所处环境条件、车站类型、站台形式等因素有关。站厅设计的合理与否，将直接影响到车站使用效果及站内的管理和秩序。

站厅的布置方式有以下4种，车站站厅布置示意图如图2-12所示。

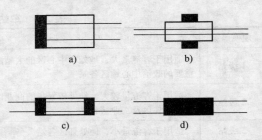

① 站厅位于车站一端：这种布置方式常用于终点站，且车站一端靠近城市主要道路的地面车站。

② 站厅位于车站两侧：这种布置方式常用于侧式车站，客流量不大时采用此种布置方式。

③ 站厅位于车站两端的上层或下层：这种布置方式常用于地下岛式车站及侧式车站站台的上层，高架车站站台的下层。客流量较大时采用此种布置方式。

图 2-12　车站站厅布置示意图
a）站厅位于车站一端　b）站厅位于车站两侧
c）站厅位于车站两端的上层或下层
d）站厅位于车站上层

④ 站厅位于车站上层：这种布置方式常用于地下岛式车站和侧式车站，适用于客流量很大的车站。

2）站厅设计：根据车站运营及合理组织客流路线的需要，站厅划分为付费区及非付费区两大区域。付费区是指乘客需要经购票、检票后方可进入的区域，然后到达站台。非付费区也称免费区或者公用区，乘客可以在本区内自由通行。付费区与非付费区之间应分隔。付费区内设有通往站台层的楼梯、自动扶梯、补票处，在换乘车站，尚需设置通向另一车站的换乘通道。非付费区内设有售票、问讯、公用电话等，必要时，可增设金融、邮电、服务业等机构。进、出站检票口应分设在付费区与非付费区之间的分界线上，其两者之间的距离应尽量远一点，以便分散客流，避免相互干扰拥挤。检票口处宜设置监票亭，便于对乘客进行监督和检查。需要补票的乘客可以到设在付费区内的补票处办理补票手续。如站厅位于整个车站上层时，应沿站厅一侧留一条通道，使站厅两端非付费区之间便于联系。

站厅应有足够的面积，除考虑正常所需购票、检票及通行面积外，尚需考虑乘客作短暂停留及特殊情况下紧急疏散的情况，在面积确定时应留有余地。

站厅内车站用房宜集中设置，便于联系与管理。与乘客有联系的房间如售票、问讯、站长室、公安室等应面向和邻近非付费区。

（4）站台　站台是供乘客上、下车及候车的场所。站台层布设有楼梯、自动扶梯及站内用房。当前各国地铁车站采用的站台形式绝大多数为岛式站台与侧式站台两种，两种站台的优缺点比较列表于表2-4。

表 2-4　岛式站台与侧式站台优缺点比较

项目	岛式站台	侧式站台
站台使用	站台面积利用率高，可调剂客流，乘客有乘错车的可能	站台面积利用率低，不能调剂客流，乘客不易乘错车
站台设置	站厅与站台需设在两个不同高度上，站厅跨过线路轨道	站厅与站台可以设在同一高度上，站厅可以不跨过线路轨道
站内管理	管理集中，联系方便	站厅分设时，管理分散，联系不方便
乘客中途折返	乘客中途改变乘车方向比较方便	乘客中途改乘车方向不方便，需经天桥或地道
改扩建难易性	改建扩建时，延长车站很困难，技术复杂	改建扩建时，延长车站比较容易

（续）

项目	岛式站台	侧式站台
站内空间	站厅、站台空间宽阔完整	站厅分设时，空间分散，不及岛式车站宽阔
喇叭口设置	需设喇叭口	不设喇叭口
造价	较高	较低

站台主要尺寸按下列方法确定：

1）站台长度：站台长度分为站台总长度及站台有效长度两种。站台总长度根据站台有效长度和站台层房间布置的位置以及需要由站台进入房门的位置而定，是指每侧站台的总长度。站台有效长度是指远期列车编组总长度与列车停站时的允许停车距离不准确值之和。站台有效长度也称为站台计算长度，它是供乘客上下车的有效长度，也是列车停站位置。由于列车采用的自动停车设备的先进程度不同，司机操作熟练程度也有差别，因此，允许列车停车的理论位置与实际位置有一定距离的不准确差别。此停车距离不准确值在我国规定为 1～2m。各国地铁列车停车距离不准确值有所不同，前苏联地铁规范规定为 6～10m，而上海地铁由于引进自动停车新技术，此值要求为 ±0.3m。

2）站台宽度：站台宽度主要根据车站远期预测高峰小时客流量大小、列车运行间隔时间、结构横断面形式、站台形式、站房布置、楼梯及自动扶梯位置等因素综合考虑确定。

岛式站台，楼梯及自动扶梯沿站台中间纵向布置，两侧布设站台。侧站台是乘客上下车及候车的场所，在站台有效长度范围内，其面积应不小于远期预测上行及下行高峰小时客流人数所需的面积。中间集散厅为通路，且布设有楼梯及自动扶梯，剩余面积不多，因此不作为上下车及候车面积。

侧式站台，楼梯及自动扶梯、车站用房均可布置在站台有效范围之外，在此情况下，站台宽度应满足乘客上下车、候车及进出站通路所需面积要求。

拱形结构车站，由于站内不设立柱，站台宽度不考虑立柱宽度。矩形端面车站，站台设有立柱，则站台宽度应考虑立柱宽度及数量。

岛式车站两端喇叭口内布置有设备用房，设备用房的最小宽度决定站台的最小宽度。侧式站台不存在这个问题。

距站台边缘 400mm 处有 80mm 宽的安全线，此范围是为保障乘客安全而设置的安全区域。因此，安全线以外的部分不作为乘客使用的面积。

自动扶梯的宽度和数量，对站台宽度有一定的影响。

为了缩短车站总长度，往往将车站用房布置在站台有效长度范围以内。设在站台有效长度范围内的房间长度不得超过车厢长度的 1/2。在此范围内侧站台宽度不得小于 2m。

综合上述诸因素，为了保证车站安全运营和安全疏散的基本要求，GB 50157—2013《地铁设计规范》中规定了车站各部位的最小宽度和最小高度尺寸，见表 2-5 和表 2-6。

表 2-5　车站各部位的最小宽度

名　　　　称	最小宽度/m
岛式站台	8.0
岛式站台的侧站台	2.5
侧式站台（长向范围内设梯）的侧站台	2.5
侧式站台（垂直于侧站台开通道口设梯）的侧站台	3.5

（续）

名　　称		最小宽度/m
站台计算长度不超过 100m 且楼梯、扶梯不伸入站台计算长度	岛式站台	6.0
	侧式站台	4.0
通道或天桥		2.4
单向楼梯		1.8
双向楼梯		2.4
与上、下均设自动扶梯并列设置的楼梯（困难情况下）		1.2
消防专用楼梯		1.2
站台至轨道区的工作梯（兼疏散梯）		1.1

表 2-6　车站各部位的最小高度

名　　称	最小高度/m
地下站厅公共区（地面装饰层面至吊顶面）	3
高架车站站厅公共区（地面装饰层面至梁底面）	2.6
地下车站站台公共区（地面装饰层面至吊顶面）	3
地面、高架车站站台公共区（地面装饰层面至风雨棚底面）	2.6
站台、站厅管理用房（地面装饰层面至吊顶面）	2.4
通道或天桥（地面装饰层面至吊顶面）	2.4
公共区楼梯和自动扶梯（踏步面沿口至吊顶面）	2.3

站台宽度按下列公式计算，并不得小于表 2-5 中所列车站站台最小宽度尺寸。

岛式站台宽度：

$$B_{\rm d} = 2b + nz + t \tag{2-11}$$

侧式站台宽度：

$$B_{\rm c} = b + z + t \tag{2-12}$$

式中　b——侧站台宽度（m）；按式（2-13）、式（2-14）计算，并取两者之间的较大值。

$$b = \frac{Q_{\rm 上}\rho}{L} + b_{\rm a} \tag{2-13}$$

$$b = \frac{Q_{\rm 上,下}\rho}{L} + M \tag{2-14}$$

式中　$Q_{\rm 上}$——远期或客流控制期每列车超高峰小时单侧上车设计客流量（人）；

$Q_{\rm 上,下}$——远期或客流控制期每列车超高峰小时单侧上、下车设计客流量（人）；

ρ——站台上人流密度，按 $0.33\sim0.75{\rm m}^2$/人计算；

L——站台计算长度（m）；

M——站台边缘至屏蔽门（安全门）立柱内侧距离（m），无屏蔽门（安全门）时，$M=0$；

$b_{\rm a}$——站台安全防护带宽度，取 $0.4{\rm m}$；采用屏蔽门（安全门）时用 M 代替 $b_{\rm a}$ 值。

n——横向柱数；

z——纵梁宽度（含装饰层厚度）（m）；

t——每组楼梯与自动扶梯宽度之和（含与纵梁间所留空隙）（m）。

3）站台高度：站台高度是指线路走行轨顶面至站台地面的高度。站台实际高度是指线路走行轨下面结构底板面至站台地面的高度，包括走行轨顶面至道床底面的高度。站台高度主要根据车厢地板面距轨顶面的高度而定。

4）站台层设计：站台有效长度范围内为乘客使用区，该区域可划分成上下车与候车区及疏散通路两部分，其设置与站台形式有关。岛式站台疏散通道设在中间，两侧作为乘客上下车与候车区域；侧式站台内侧作为疏散通道，外侧是乘客上下车与候车区域。上述布置方式可减少上下车和候车乘客与进出站客流之间的相互干扰和影响。

布设在站台层与站厅层的楼梯与自动扶梯，如有多组时，其位置应使每组所承担的客流量大致相等。

站台两端布置车站用房，其中大部分为技术设备用房。

（5）车站主要设施

1）楼梯：地铁车站中楼梯是最常用的一种竖向交通形式。在客流不大的车站，当两地面高差在 6m 以内时，一般采用步行楼梯；大于 6m 时，考虑乘客因高差较大，行走费力，宜增设自动扶梯。

楼梯宽度计算

$$m = \frac{NK}{n_2 n} \tag{2-15}$$

式中　m——楼梯宽度（m）；

　　　N——预测上客量（上行 + 下行）（人/h）；

　　　K——超高峰系数，取 1.2 ~ 1.4；

　　　n_2——楼梯双向混行通过能力，取 3200 人/（h·m）；

　　　n——利用率，选用 0.7。

上述公式根据目前的经济条件，以向上出站疏散客流乘自动扶梯，向下进站客流走步行楼梯的模式而计算，在实际使用中，步行梯也有向上的疏散客流，在有条件设置上、下都使用自动扶梯的情况下，步行梯的宽度计算将作适当调整，相当部分的进站客流将被自动扶梯分担，因此步行梯宽度将缩小，根据 GB 50157—2013《地铁设计规范》，在公共区中的步行楼梯宽度不得小于 1.8m。

另外所设计楼梯的总宽度（包括自动梯宽度）必须满足灾害时安全疏散时间的要求。

楼梯宽度安全疏散时间（min）计算

$$t = 1 + \frac{M+N}{n_1 n + n_3 m} < 6 \tag{2-16}$$

式中　M——下客总量（一列车的下客量，上行或下行中取大的总量）；

　　　N——站台候车上客总量（上行 + 下行）；

　　　n_1——自动梯输送能力，8100 人/（h·台）；

　　　n——自动梯台数；

　　　n_3——楼梯上行通过能力（单向），3700 人/（h·m）；

　　　1——1min，人们遇到灾害时所需的反应时间。

乘客使用的楼梯踏步高度宜采用 135 ~ 150mm，宽度宜采用 300 ~ 340mm，一般都采用高 150mm，宽 300 ~ 320mm。楼梯每梯段不应超过 18 步，不得少于三步。休息平台长度为 1200 ~ 1800mm。楼梯最小宽度单向通行时为 1800mm，双向通行时为 2400mm。当楼梯净宽度大于 3000mm 时，中间应设栏杆扶手。踏步至顶板的净高不应低于 2400mm。楼梯井栏杆（板）的高度不宜小于1100mm。

车站用房区内，上下层中间至少应设一座楼梯。除设在出入口的楼梯外，站厅层至站台层供乘客使用的楼梯应设在付费区内。

地铁车站中的楼梯应坚固、安全、耐用，并采用非燃材料制成。踏步采取防滑措施。

布置楼梯时应参考下列规定：

① 楼梯与检票口在同一方向布置时，扶梯距检票口的净距宜不小于6m。

② 楼梯与自动扶梯并列布置时，其相互之间的位置没有规定，一般将楼梯下踏步最后一级与自动扶梯工作点取平。

设在车站用房区供车站工作人员使用的楼梯应设封闭楼梯间。楼梯宽度不应小于1200mm。封闭楼梯间应符合建筑防火规范规定。

2）自动扶梯：GB 50157—2013《地铁设计规范》中规定，车站出入口、站台至站厅应设上、下行自动扶梯，在设置双向自动扶梯困难且提升高度不大于10m时，可仅设上行自动扶梯。每座车站应至少有一个出入口设上、下行自动扶梯；站台至站厅应至少设一处上、下行自动扶梯。

当站台至站厅及站厅至地面上、下行均采用自动扶梯时，应加设人行楼梯或备用自动扶梯。布置自动扶梯时，应参考下列规定。

自动梯台数（N_1）的计算

$$N_1 = \frac{NK}{n_1 n} \tag{2-17}$$

式中　N——预测下客量（上行 + 下行）（人/h）；

　　　n_1——每小时输送能力8100 人/（h·m）（自动梯性能为梯宽1m，提升速度为0.5m/s，倾角为30°）；

　　　n——楼梯的利用率，选用0.8。

自动扶梯相对布置时，两自动扶梯工作点间距离不小于20m。

自动扶梯工作点至墙的距离不小于：站台层为8.5m；出入口为6m。

自动扶梯与楼梯相对布置时，其间的距离不宜小于15m。

自动扶梯工作点至检票口的距离不应小于10m。

分段设置自动扶梯时，两段间距离不应小于8.5m。

3）电梯：有无障碍设计要求及在车站用房区内，站厅层至站台层之间宜设垂直电梯，以方便残疾人并运送站内小型机具、设备和物件。电梯应设封闭室并符合防火规范要求。

4）售票、检票设施：售、检票设施这里主要是指乘客使用的售票、检票系统。

进出站检票口的数量必须根据高峰小时客流量来计算。

检票口计算公式

$$N_2 = \frac{M_2 K}{m_2} \tag{2-18}$$

式中　N_2——检票口数量；

　　　M_2——高峰小时进站客流量（上行和下行）或出站客流量总量；

　　　m_2——检票机每台每小时检票能力，取1200 人/（h·台）。

售票口、自动售票机、检票口一般都设在站厅层，也有些车站的地面出入口面积比较大，并且与车站用房、通风亭组合成地面厅，因此，也可以将售票口、自动售票机设在地面厅内。在人工售票的车站内应设置售票室。

自动售票机设置的位置与站内客流路线组织、出入口位置、楼梯及自动扶梯布置有密切的关系，应沿客流进站方向纵向设置。

售票口、自动售票机应布设在便于购票、比较宽敞的地方，尽量减小客流路线的交叉和干扰。

检票机应垂直于客流方向布置。进站检票口、检票机应布置在通过站台下行客流方向的一侧；出站检票口、检票机应布置在站台层上行客流方向的一侧，宜靠近出入口。

布置售、检票口时应参考下列规定：①售票机距出入口不小于 5m；②售票机距检票机不小于 6m；③检票口应设在付费区与非付费区的交界处。

5）各部位通过能力　车站各部位最大通过能力是确定该部位宽度尺寸及应设数量的依据。这些部位有通道，楼梯，自动扶梯，售票、检票口等。通过能力以单位时间通过的人数来计算。

各国地铁车站各部位最大通过能力有所不同。GB 50157—2013《地铁设计规范》指出车站各部位最大通过能力宜符合表 2-7 的规定。

表 2-7　车站各部位最大通过能力

部 位 名 称			最大通过能力/（人次/h）
1m 宽楼梯	下行		4200
	上行		3700
	双向混行		3200
1m 宽通道	单向		5000
	双向混行		4000
1m 宽自动扶梯	输送速度为 0.5m/s		6720
	输送速度为 0.65m/s		不大于 8190
0.65m 宽自动扶梯	输送速度为 0.5m/s		4320
	输送速度为 0.65m/s		5265
人工售票口			1200
自动售票机			300
人工检票口			2600
自动检票机	三杆式	非接触 IC 卡	1200
	门扉式	非接触 IC 卡	1800
	双向门扉式	非接触 IC 卡	1500

2. 车站出入口及出入口通道

（1）出入口分类　根据地铁车站出入口的布置形式、位置、使用性质的不同分类如下：

1）按平面形式分类，如图 2-13 所示。

①"一"字形出入口：指出入口、通道"一"字形排列。这种出入口占地面积小，结构及施工简单，布置比较灵活，人员进出方便，比较经济。由于口部较宽，不宜修建在路面狭窄地区。

②"L"形出入口：指出入口与通道呈一次转折布置。这种形式人员进出方便，结构及施工稍复杂，比较经济。由于口部较宽，不宜修建在路面狭窄地区。

③"T"形出入口：指出入口与通道呈"T"形布置。这种形式人员进出方便，结构及施工稍复杂，造价比前两种形式高。由于口部比较窄，适用于路面狭窄地区。

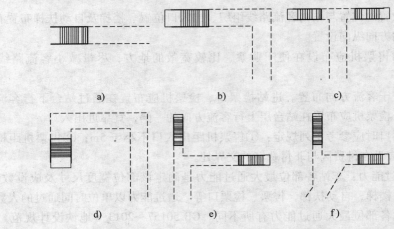

图 2-13　车站出入口按平面形式分类

a)"一"字形出入口　b)"L"形出入口　c)"T形出入口"

d)"Π"形出入口　e)、f)"Y"形出入口

④"Π"形出入口：指出入口与通道呈两次转折布置。由于环境条件所限，出入口长度按一般情况设置有困难时，可采用这种布置形式的出入口。这种形式的出入口人员要走回头路。

⑤"Y"形出入口：这种出入口布置常用于一个主出入口通道有两个及两个以上出入口的情况。这种形式布置比较灵活，适应性强。

2）按口部围护结构形式分类。

①敞口式出入口：口部不设顶盖及围护墙体的出入口称为敞口式出入口。从行人安全考虑，除入口方向外，其余部分设栏杆、花池或挡墙加以围护。

敞口式出入口应根据当地情况设置，采取措施妥善解决风、砂、雨、雪、口部排水及踏步冻冰防滑问题。

②半封闭式出入口：口部设有顶盖、周围无封闭围护墙体的出入口称为半封闭式出入口。适用于气候炎热、雨量较多的地区。

③全封闭式出入口：口部设有顶盖及封闭围护墙体的出入口称为全封闭式出入口。全封闭式出入口有利于保持车站内部的清洁环境，便于车站运营管理。在寒冷地区多采用这种形式的出入口。

3）按口部修建形式分类。

①独建式出入口：独立修建的出入口称为独建式出入口。独建式出入口布局比较简单，建筑处理灵活多变，可根据周围环境条件及主客流方向确定车站出入口的位置及入口方向。

②合建式出入口：地铁出入口设在不同使用功能的建筑物内或贴附修建在建筑物一侧的出入口称为合建式出入口。合建式出入口应结合地铁车站周围地面建筑布设情况修建。出入口与建筑物如同步设计及施工，其平面布置及建筑形式容易取得协调一致；如不同步进行，设计及施工将会受到一些条件的限制，往往会产生一些不尽合理的情况，造成一定的复杂性。

4）按使用性质分类。

①普通出入口：供地铁乘客使用的车站出入口称为普通出入口。普通出入口功能单一、结构简单、平面形式比较灵活。

②战备出入口：指为战备而设的专用出入口。

③平战结合出入口：主要为战备而设，在平时又可兼作车站乘客使用的出入口称为平战结合出入口。这种出入口应做成全封闭式出入口，并应符合战备出入口的要求。

（2）普通出入口的设计

1）出入口的设置。

① 出入口数量的确定：车站出入口数量应根据车站规模、埋深、平面布置，地形地貌，城市规划，道路、环境条件并按照车站远期预测高峰小时客流量计算，并根据吸引与疏散客流的要求，综合考虑确定。

一般情况下，浅埋地下车站的出入口数量不宜少于 4 个；深埋地下车站出入口的数量不宜少于 2 个。对于客流量较小的车站，若是浅埋，其出入口数量可以酌情减少，但不应少于 2 个。对于地下浅埋车站分期修建出入口的，第一期修建的出入口数量不应少于 2 个，每端的出入口不宜少于 1 个。

② 主要尺寸的确定：出入口宽度按车站远期预测超高峰小时客流量计算确定。根据出入口位置、主客流方向以及可能产生的突发性客流，应分别乘以不均匀系数。车站出入口宽度的总和，应大于该站远期预测超高峰小时客流量所需的总宽度。出入口的最小宽度不应小于 2.5m。兼作城市地下人行过街道的车站出入口，其宽度应根据城市过街客流量加宽。

车站出入口地面与站厅地面高差较大时，宜设置自动扶梯。

出入口宽度按下式进行计算

$$B_{tn} = \frac{Mab_n}{C_t N} \tag{2-19}$$

式中　B_{tn}——出入口楼梯宽度（n 表示出入口序号）；

　　　M——车站高峰小时客流量；

　　　a——超高峰系数，取值为 1.2 ~ 1.4；

　　　b_n——出入口客流不均匀系数，取值为 1.1 ~ 1.25（n 表示出入口序号）；

　　　C_t——楼梯通过能力；

　　　N——出入口数量。

式（2-19）计算结果为楼梯净宽度，出入口宽度应根据平面布置及结构情况确定。

2）出入口口部设计。

① 简单出入口：除出入口口部外不设其他房间的出入口称为简单出入口。这种出入口仅供乘客进出车站之用，不设售检票设施。简单出入口可设计成敞口式、半封闭式和全封闭式。可以独建，也可以与其他建筑物合建在一起，或与车站地面通风亭组建在一起。

② 地面站厅：将车站的一部分用房、售检票设施、地面通风亭与出入口组合在一起，修建成地面站厅的形式，这种形式的出入口称为地面站厅。地面站厅可以单独修建，也可以与其他建筑物合建在一起。

（3）平战结合出入口的设计

1）出入口的设置。平战结合出入口的位置应根据环境条件选择，因地制宜。出入口应朝向主人流方向，有些出入口宜隐蔽，必要时对有些出入口还要进行伪装，既考虑平时使用的方便，又要兼顾附近人流在战时能够迅速安全地进入地铁车站。

出入口之间的距离尽可能增大，一般应设在建筑物倒塌范围之外。口部建筑不应采用敞口式出入口。出入口宜采用轻型结构。通向出入口的通路应便捷畅通，应远离火灾危险性大的建筑物，宜设在地势较高的无污染且通风良好的地方。

出入口数量除按照普通出入口的确定条件考虑外，还应考虑一定数量的在战时进入地铁车站的人数。

2）出入口口部设计。平战结合出入口口部可分为不需要隐蔽伪装的出入口及需要隐蔽伪装的出入口两种。前者可按普通出入口的口部处理,后者可以按照不同条件分别处理。对于后者的建筑处理,主要有出入口与室外工程设施相结合,与建筑物相结合,与建筑小品相结合,与绿化相结合等,其形式可以有多种变化。

(4)出入口通道。连接出入口与车站站厅的通行道路称为出入口通道。

1)出入口通道分类。

① 地道式出入口通道:设在地面以下的出入口通道称为地道式出入口通道。地下出入口通道力求短、直,通道的弯折不宜超过三处,弯折角不宜大于90°。浅埋地下车站,当出入口下面的地面与车站站厅地面高差较小时,其坡度小于12%可设置坡道;其坡度大于12%宜设置踏步;如高差太大,可考虑设置自动扶梯。深埋地下车站出入口通道内应设自动扶梯。出入口通道长度不宜超过100m,超过时应采取能满足消防疏散要求的措施,有条件时宜设置自动步道。

② 天桥式出入口通道:设在地面高架桥上的出入口通道称为天桥式出入口通道。通道上可设楼梯踏步或自动扶梯。天桥式出入口通道可做成敞开式(两侧设栏杆或栏板)、半封闭式、全封闭式,可根据当地气候等条件选定。

2)出入口通道设计。出入口通道宽度应根据各出入口已确定的客流量及通道通过能力经计算确定。如出入口通道与城市人行过街道合建,其宽度还应另加过街人流所需的宽度。

出入口通道内如设有楼梯踏步或自动扶梯,设置楼梯或自动扶梯处的出入口通道宽度应根据其通过能力加宽。

地下车站宜采用地道式出入口通道,高架车站多采用天桥式出入口通道。

地道式出入口通道的埋深一般受城市地下管网埋深的影响较大,天桥式出入口通道的设计应考虑城市景观问题及车辆限界问题。

出入口通道地面宜做成不小于0.5%的纵坡,以利排水,其净高一般为2.6m。

3. 车站通风道

地下车站由于四周封闭、客流量大、机电设备多、湿度较大,站内空气污浊,为了及时排除车站内的污浊空气,给乘客创造一个舒适的环境,所以在地下车站内需要设置环控系统。地面车站及高架车站都修建在地面以上,原则上采用自然通风方式。

(1)车站通风道 为了缩短地下车站的总长度,节约资金,环控设备大多数设在车站以外的车站通风道内。环控设备主要有通风机、冷冻机组、控制设备、通风管道及附属设备等,一般分两层布置。

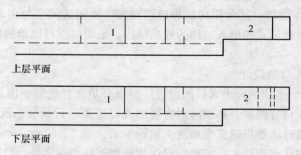

图2-14 车站通风道平面示意图
1—机房 2—风道

通风道的数量根据当地气候条件、车站规模、温湿度标准等因素由环控专业计算确定。地下车站一般设有1~2个车站通风道。如地下车站附近设有地下商场等公用设施,应根据具体情况增设通风道。除地下车站设有车站通风道外,地下区间隧道还设有区间通风道。

车站通风道的平面形式及长宽高等尺寸应根据工艺布置、车站所在地的环境条件、道路及建筑物设置情况等因素综合考虑决定，如图 2-14 所示。

车站的送风方式有端部纵向送风、侧面横向送风、顶部送风及混合送风几种。车站的通风管道可设在车站吊顶及站台板下的空间内。地下车站附属用房另设有小型通风机进行局部通风。

（2）地面通风亭　通风道在地面口部所设的有围护结构的建筑物称为地面通风亭，简称通风亭。为防止雨雪、灰砂、地面杂物等被风吹入通风道内，并从安全考虑，地面通风亭一般均设有顶盖及围护墙体，墙上设门，供运送设备及工作人员出入使用。地面通风亭上部设通风口，风口外面可设或不设金属百叶窗。通风口距地面的高度一般不小于 2m，特殊情况下通风口可酌情降低，但不宜小于 0.5m。位于低注及邻近水面的通风亭应考虑防水淹设施，防止水倒灌至车站通风道内。

地面通风亭的大小主要根据风量及风口数量决定，同时还要考虑运送设备的方便。地面通风亭位置应选在地势较高、平坦且通风良好、无污染的地方。城市道路旁边的地面通风亭，一般应设在建筑红线以内。地面通风亭与周围建筑物的距离应符合防火间距的规定，其间距不应小于 5m，进风及排风口之间应保持一定距离，如进风及排风口之间的水平距离小于 5m，其高差不应小于 3m，如进风及排风口之间的水平距离大于 5m，其高差可以不作规定。

地面通风亭可设计成独建式或合建式，其建筑处理尽量与周围环境协调。

4. 残疾人设施

为了体现"以人为本"的设计理念，地铁车站内应实施无障碍设计。针对地铁车站设置的不同位置，采取两种不同的设计方法，一种是车站位于道路路面以下，出入口位于道路的两侧，残疾人乘坐的轮椅可挂于楼梯旁设置的轮椅升降台下达至站厅层，然后再经设置于站厅的垂直升降梯下达到站台，另外也可以直接自地面设置垂直升降梯，经残疾人专用通道到达站厅，然后再经设置于站厅的垂直升降梯下达到站台。为盲人设置盲道，自电梯门口铺设盲道通至车厢门口。另一种是车站建于街坊内的地下，车站的垂直升降梯可直接升至地面，因此，在地面直接设有残疾人出入口，以方便残疾人使用。

供残疾人使用的垂直电梯应符合下列要求：

1）位置选择及数量：供残疾人使用的垂直电梯可设在通行方便的一个地面出入口内，电梯入口、出口方向尽量不要设在乘客进出的方向上。如出入口通道内设有踏步，则应另设供残疾人通行的坡道。坡道宽度不小于 1.2m，坡度不大于 1:12。由站厅层至站台层，供残疾人使用的垂直电梯在站厅层应设在非付费区内，在站台层应设在付费区的乘客使用区内。

2）主要尺寸：电梯轿厢尺寸不得小于 1.4m×1.4m，电梯门净宽不小于 0.8m。电梯设候梯厅，其面积不应小于 1.5m×1.5m。

3）出入口电梯候梯厅地面应较室外地面高 150～450mm，有必要时应考虑防水淹措施，高差处应设不大于 1:12 的坡道。

4）轿厢内设可供残疾人操作的升降按钮。轿厢下部墙壁宜设 400mm 高的护墙板。正对入口的墙宜设镜面。

对于视力残疾的人来说，一般设有"盲人道"或安装音响信号设施。"盲人道"采用 600mm 宽的预制带有凸起条形或圆点的导向块材，盲人可用手杖反馈的触感决定前进或停止。安设音响信号设施，所需费用较高，目前国外有些国家采用。

"盲人道"的铺设位置，应从城市道路的"盲人道"引到地面出入口，沿出入口通道，引至站厅层残疾人专用电梯，然后到达站台层的侧站台，侧站台至停车车门之间，也应在地面上铺设"盲人道"。

2.3 城市地下道路系统建筑设计

2.3.1 概述

随着城市综合实力的不断增强，地下空间的开发利用成为趋势和必然。作为城市地面道路系统的延伸和补充，地下道路系统也将随着城市的不断发展发挥越来越重要的作用。城市地下道路系统目前正日益得到广泛重视，原因有：虽然轨道交通运量大、安全准时，但是不能满足出行的个性需求，在时间效率和舒适度上都不如汽车；在立体交通系统中，高架道路会造成大量的环境问题，而地下道路系统对噪声和尾气等能集中地处理，具有抵御外部灾害的积极特性，并且还可以不受雨雪、大雾等天气的影响。因此，地下道路成为目前研究和实践的重点。

近年来，一些城市开发地下空间以商场、娱乐场所等见效快的居多，并从一个点扩展至一条街或几条街，开发者在经济上取得效益，所以开发积极性高。而城市地下交通空间却十分缺乏，我国城市地下交通空间总体处于相对滞后的状态。一方面由于人们对地下交通空间解决城市问题的能力缺乏了解；另一方面，对地下交通空间的综合效益认识不足，而对实施的必要性和可能性心存怀疑。正确认识地下交通空间的综合效益是城市规划师、城市设计师研究的问题，更是决策者考虑的问题。

2.3.2 地下车行道路

1. 城市地下道路分类

城市中大量机动车和非机动车行驶的道路系统，一般不宜转入地下空间，因为工程量很大，造价过高，即使是在经济实力很强的国家，在相当长的时期内也不易普遍实现。当然，在长远的未来，如果能把城市地面上的各种交通系统大部分转入地下，在地面上留出更多的空间供人们居住和休息，符合开发城市地下空间的理想目标。现阶段，在城市的交通量较大的地段，可建设适当规模的地下车行道路（又称城市隧道）。

一种情况是当城市高速道路通过市中心区，在地面上与普通道路无法实现立交，也没有条件实行高架时，在地下通过才是比较合理的；但应尽可能缩短长度，减小埋深，以降低造价和缩短进、出车的坡道长度。例如，日本东京的高速道路4号线在东京站附近转入地下，与"八重洲"地下街统一规划建设，从地下街的二层通过，路面标高 -8.7m，两条双车道隧道，各宽7.3m 如图2-15所示，使车站附近的地面交通和城市景观有了很大改善。

另一种情况是城市的地形起伏较大，使地面上的一些道路受到山体阻隔而不得不绕行，从而增加了道路的长度。这时如果在山体中打通一条隧道，将道路缩短，从综合效益上看是合理的。我国的重庆、厦门、南京等城市，都有这种穿山的城市道路隧道。当城市道路遇到河流阻隔时，通常架桥通过，但是在一定条件下，建造跨越江河的隧道比建桥更合理。香港与九龙之间的交通往来频繁，但过去由于海峡相隔，要经轮渡才能通过，修建了海底隧道后，缩短了渡海时间，也比轮渡安全。上海由于黄浦江的分隔，使浦东地区发展缓慢。在20世纪70年代修建了第一条越江隧道，当时从战备的角度考虑较多，实际上在平时使用中，对沟通黄浦江两侧的交通发挥了很大作用。20世纪80年代初，又开始建设第二条越江隧道，以解决浦东区与市中心区之间的客运交通问题。

我国城市交通特别拥挤的地段，为了解决机动车与非机动车的分流问题，可考虑修建少量地下自行车道。郑州市二七广场的改建规划中，就有这样的设想，如图2-16所示。自行车隧道跨

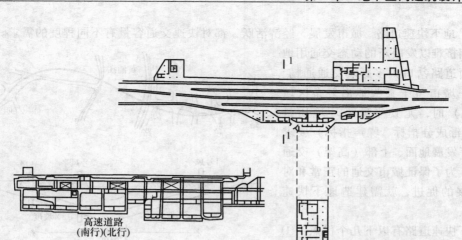

高速道路
(南行)(北行)

1—1

图 2-15　日本东京"八重洲"地下街中心的 4 号高速道路地下段

度小，结构简单，可利用自然通风，故造
价要比机动车隧道低得多，建造起来比较
容易。

（1）越江（海）城市道路隧道　这类
城市道路隧道在许多国家的发达城市或地
区中得到应用，具有最大的现实意义。越
海隧道在日本等国家很普遍（日本四岛已
由地下交通系统联成一体），然而规模最
大、意义最深远的仍将首推英吉利海峡隧
道，全长近 50km。

当城市中有较大的江、河贯穿时，越
江隧道是城市地下交通体系的重要组成。
图 2-17 为上海市延安东路越江隧道示意
图，隧道全长 2261m，隧道以外经 11.3m
的盾构进行施工，车道宽 7.5m，净高
4.5m，每小时通过能力 5 万人次。

（2）地下立交道路　当道路与铁路相
交时，两条道路交叉而又都需要具有速度

图 2-16　郑州市二七广场地下自行车道规划方案

快、大容量交通特定点时，其他任意不同的交通方式交叉而需避免平交时（如机动车与非机动
车道、非机动车道与铁路等），都可考虑通过使用地下立交道路来解决问题。

地下立交道路一般距离较短，所以在我国也多有使用。值得一提的是，我国大城市交通问题
中的自行车（非机动车）交通问题一直占据较大比例，当需在城市的某交通岔口进行立交改造
时，利用自行车道对通风和净高要求低的特点，可以将自行车道建于地下，当实现横跨铁路线交
通立交工程时，尤应如此。例如，跨铁路立交的两种方案，一是机动车、非机动车全都通过地下
横跨铁路线；二是机动车利用高架桥，非机动车（包括摩托车）利用地下隧道，前者投资大，
但占地少，对地面景观的影响小，后者反之。

（3）地下快速道路　城市发展，经济活跃，都对快速交通容量有不同程度的需求。但当地面空间拥挤难以发展新的动态交通用地时，地面道路岔口太多影响交通通畅、快速时，城市位于某些地形复杂区域（如山地）时，尤其当城市环境质量（空气有毒成分指标、噪声指标）要求已限制了发展地面、上部（高架）交通体系时，为了保证城市交通的正常和对城市发展的促进，就需建造地下快速道路。

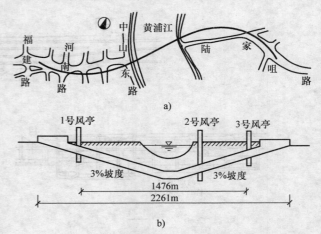

图 2-17　上海市延安东路越江隧道示意图
a）平面图　b）纵剖面图

地下快速道路有以下几个优点：①改善相邻的环境；②有利于地面景观的保护；③实现快速道路地下空间的多功能用途（利用街道与快速道路之间的地下空间修建停车和其他公共设施）。

（4）半地下道路　半地下道路的结构形式有堑壕构造和 U 形挡墙构造两种，它的最主要特点是：①有利于减少噪声和排放废气；②能得到充足的日照和上部的开敞空间；③在绿化带等自然气息较足的地区，能与周围环境较好地和谐共存；④缺点主要是排水、除雪不易；⑤造价介于全地下道路与地面道路之间。图 2-18 所示为半地下道路的三种断面类型。

例如，我国重庆市是著名的山城，其道路弯多、坡陡，自行车使用不便，市民出行以公交为主，地面交通拥塞情况严重，近年来，修建地下交通网的意见逐渐得到了重视。有学者提出图 2-19 所示的重庆市中心地下道路方案，一期道路全长 13.62km，由一条主干道、五条支干道构成，每条干道由两条单向行驶的隧道构成，隧道净宽 7m，净高 6.3m。方案中存在一些值得商榷的问题（如通风、防灾等），但其积极意义仍然值得肯定。

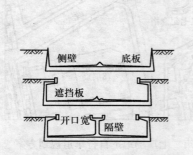

图 2-18　半地下道路的三种断面类型

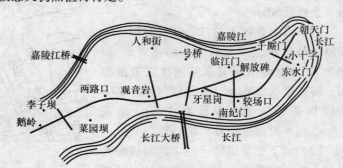

图 2-19　重庆市中心地下道路方案

2. 建筑限界

城市地下道路的最小建筑限界应为道路净高线和两侧侧向净宽边线组成的空间界限，如图 2-20 所示。

城市地下道路的最小净高应符合表 2-8 规定。

城市地下道路的行车道宽度可按设计速度和服务车型划分，考虑到工程造价以及建设条件等因素影响，断面可适当压缩，当采用小客车专用道时，车行道宽度应不小于表 2-9 规定，分车带最小宽度见表 2-10。

3. 横断面设计

城市道路的典型横断面由机动车道、路缘带等组成，特殊断面还可包括人行道、非机动车道、应急车道以及检修道等。城市地下道路根据横断面布置一般可分为单层式和双层式地下道路。城市地下道路不宜采用在同一通行孔布置双向交通，对于设计速度大于40km/h的地道采用双向交通时，必须采用安全措施，确保运营安全。

（1）人行和非机动车道

1）城市地下道路同孔内设置非机动车道或人行道时要满足以下规定：

① 必须设置安全隔离设施，与机动车道分隔。

② 可利用检修道布置非机动车道和人行道，非机动车道与人行道宜采取隔离措施，人行道应高出车行道边缘不小于15cm，保障行人安全。

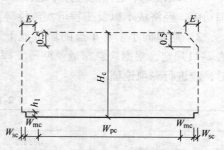

图2-20　城市地下道路建筑限界

E——建筑限界顶角宽度，不应大于机动车道或非机动车道的侧向净宽

H_c——机动车车行道最小净高

W_{mc}——路缘带宽度

W_{pc}——机动车道路面宽度

h_1——防撞侧石高度

W_{sc}——安全带宽度

表 2-8　城市地下道路的最小净高

服务车型		净空高值/m
小客车专用	一般值	3.5
	极限值	3.2
混合车型		4.5

表 2-9　小客车专用地下道路的一条机动车车行道最小宽度

设计速度/(km/h)	80	≤60
车道宽度/m	3.25	3.00

表 2-10　分车带最小宽度

类别		中间带		两侧带	
设计速度/(km/h)		≥60	<60	≥60	<60
路缘带宽度/m	机动车道	0.50	0.25	0.50	0.25
	非机动车	—	—	0.25	0.25
安全带宽度 W_{sc}/m	机动车道	0.50	0.25	0.25	0.25
	非机动车	—	—	0.25	0.25
侧向净宽 W_1/m	机动车道	1.00	0.50	0.75	0.50
	非机动车	—	—	0.50	0.50
分隔带最小宽度/m		2.00	1.50	1.50	1.50
分车带最小宽度/m		3.00	2.00	2.50(2.00)	2.00

③ 地下道路长度不宜超过500m。

④ 应考虑地下道路内部空气环境对行人的影响。

2）承担快速路功能的城市地下道路禁止在同一断面内设置非机动车道或人行道。

（2）应急车道

1）城市地下道路的应急车道设置的形式和宽度应根据设计速度、服务车型、设计的预期发挥功能、经济成本以及工程可实施性等方面综合论证，灵活确定。

2）对单向小于3车道的城市地下道路宜在行车方向的右侧设置应急车道，宽度不宜小于表2-11规定，根据应急车道预期所发挥的功能选择一般值或最小值，当条件受限不能满足要求时，应进行专项论证。

表 2-11　连续式应急车道宽度

车道类型		一般值/m	最小值/m
	混行车道	3.0	2.0
	小客车专用车道	2.5	1.5

3）设置连续式应急车道困难时，宜设置应急停车港湾，如图2-21所示，应急停车港湾的设置应满足下列要求：

① 位置不宜设置在曲线内侧等行车视距受影响路段。

② 间距宜在500m左右，根据具体地质、地形等建设条件状况可适当调整确定。

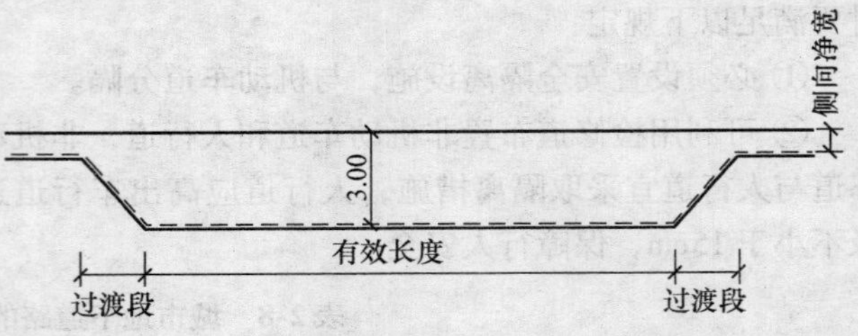

③ 宽度不应小于3.0m。

④ 有效长度不应小于30m，过渡段长度不应小于5m。

⑤ 对于多点进出的城市地下道路，可利用变速车道两端合理布置应急停车港湾。

图 2-21　应急停车港湾

4）单向单车道的城市地下道路应设置连续式应急车道，宽度不小于2.5m。

4. 平面及纵断面设计

（1）平面设计　道路平面线形宜由直线、平曲线组成，平曲线宜由圆曲线、缓和曲线组成。应处理好直线与平曲线的衔接，合理地设置缓和曲线、超高、加宽等。城市地下道路洞口内外3s设计速度行程长度范围内的平面线形应保持一致，当条件困难时，应在洞口外设置线形诱导和光过渡等安全措施。

城市地下道路的圆曲线最小半径应符合表2-12的规定。一般情况下，应采用大于或等于不设超高最小半径值；当条件受限时，可采用设超高最小半径的一般值；当条件特别困难时，可采用设超高最小半径的极限值，并采取交通工程等措施来保证行车安全。采用超高时，最大超高值不应小于4%。

表 2-12　城市地下道路的圆曲线最小半径

设计速度/(km/h)	80	60	50	40	30	20
极限最小半径/m	300	150	100	70	40	20
一般最小半径/m	500	300	200	120	70	30
不设超高最小半径/m	1000	600	400	300	150	70

平曲线、圆曲线与缓和曲线最小长度应符合表2-13的规定。直线与圆曲线或大半径圆曲线与小半径圆曲线之间应设缓和曲线。缓和曲线应采用回旋线。当设计速度小于40km/h时，缓和曲线可采用直线代替。当圆曲线半径大于表2-14不设缓和曲线的最小圆曲线半径时，直线与圆曲线可直接连接。

表 2-13　平曲线、圆曲线与缓和曲线最小长度

设计速度/(km/h)		100	80	60	50	40	30	20
平曲线最小长度/m	一般值	260	210	150	130	110	80	60
	极限值	170	140	100	85	70	50	40
圆曲线最小长度/m		85	70	50	40	35	25	20
缓和曲线最小长度/m		85	70	50	45	35	25	20

表 2-14　不设缓和曲线的最小圆曲线半径

设计速度/(km/h)	100	80	60	50	40
不设缓和曲线的最小圆曲线半径/m	3000	2000	1000	700	500

（2）纵断面设计　城市地下道路洞口内外各 3s 设计速度行程长度范围内的纵断面线形应保持一致，当条件困难不能满足上述要求时，应采用较大半径竖曲线。

1）城市地下道路纵坡度应小于或等于表 2-15 规定推荐值，当受条件限制时，经技术经济论证后最大纵坡可适当加大，但应不大于表 2-15 规定的限制值。当采用较大纵坡时，应对行车安全、通风设备和运营费用、工程经济性等作充分论证。

表 2-15　地下道路最大纵坡

设计速度/(km/h)	80	60	50	40	30	20	10
最大纵坡推荐值(%)	3	4	4.5	5	7	8	9
最大纵坡限制值(%)	5			6	8	9	10

2）地形条件或其他特殊情况受到限制，特别困难时，或为小汽车专用地下道路或设置爬坡专用车道的地下道路时，经技术论证后，可在表 2-15 基础上增加 1%。

3）积雪或冰冻地区承担快速路功能的城市地下道路洞口敞开段最大纵坡不应大于 3.5%，其他等级道路最大纵坡不应大于 6%，在洞口敞开段应采取相应措施，在确保路面不积雪结冰的情况下，可不受此条规定。

4）城市地下道路最小纵坡不应小于 0.2%。

5）对于长度小于 100m 的短距离城市地下道路纵坡设计可不受表 2-15 限制，可采用与衔接地面道路相同的指标。

6）城市地下道路接地口处宜与接线道路设置反向纵坡，形成"驼峰"，防止地面道路的雨水等侵入地下道路，其高程应高于周边路面 20~50cm。

5. 出入口设计

（1）出入口间距

1）城市地下道路的出入口间距应能保证主路交通不受分合流交通的干扰，并应为分合流交通加减速及转换车道提供安全可靠条件。

2）城市地下道路相邻出入口端部之间的距离，应大于或等于表 2-16 规定值。

表 2-16　城市地下道路出入口间距　　　　　（单位：m）

设计速度/(km/h)	出-出	出-入	入-入	入-出
80	610	210	610	1020
60	460	160	460	760

（续）

设计速度/(km/h)	出-出	出-入	入-入	入-出
50	190	90	230	550
40	160	70	190	450

3）地下车库联络道出入口接入间距不应小于表 2-17 规定值。

表 2-17　地下车库联络道出入口接入间距

设计速度/(km/h)	30	20
接入间距推荐值/m	45	30

4）地下车库的出入口应避免设置在进出地下车库联络道的匝道纵坡上，与匝道坡道起止线距离不宜小于 50m。

（2）分合流端

1）城市地下道路出入口的分合流端宜设置在平缓路段，应避免设置在平纵组合不良路段，分合流端附近主线的平曲线、竖曲线应采用较大半径，当条件受限时应进行停车视距检查与验算。

2）主线分流鼻之前应保证判断出口所需的识别视距，识别视距不应小于 1.5 倍的主线停车视距。

3）主线汇流鼻之前应保证主线车辆判断入口位置所需的视距，识别视距不应小于 1.5 倍的主线停车视距。

4）匝道接入主线入口处应设置与主线直行车道隔离段，从汇流鼻端起隔离，长度不应小于主线的 1 倍停车视距值（见图 2-22）。

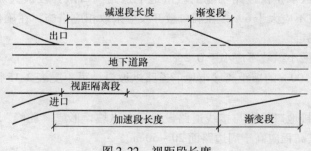

图 2-22　视距段长度

5）地下道路设计应避免在驾驶人进入地下道路后的视觉变化适应范围内设置合流点，应保证合流点（入口）与地下道路主入口（洞口）距离（见图 2-23），不小于表 2-18 规定。

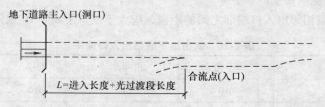

图 2-23　地下道路主入口（洞口）与合流点（入口）的距离

表 2-18　地下道路主入口（洞口）与合流点（入口）最小间距

设计速度/(km/h)	进入长度/m	过渡段长度/m	最小间距/m
80	90	75	165
60	40	45	85
≤40	10	25	35

（3）变速车道　城市地下道路减速车道长度可参考 CJJ 152—2010《城市道路交叉口设计规程》，不应小于表 2-19 规定值，加速车道长度应充分考虑匝道车辆对主线车辆的认识感知过程，保证充足视距，不应小于表 2-20 规定值。

表 2-19　减速车道长度

主线设计速度/(km/h)	80	60	50	40	30	20
减速车道长度/m	80	70	50	30	20	15

表 2-20　加速车道长度

主线设计速度/(km/h)	80	60	50	40	30	20
加速车道长度/m	180	120	100	70	50	40

下坡路段减速车道和上坡路段加速车道，其长度应按 CJJ 152—2010《城市道路交叉口设计规程》规定的修正系数予以修正。

平行式变速车道渐变段的长度应不小于表 2-21 的规定值。

表 2-21　平行式变速车道渐变段的长度

主线设计速度/(km/h)	80	60	50	40	30	20
渐变段长度/m	60	50	40	35	25	20

城市地下道路衔接减速车道的匝道部分宜采用较高线形指标。城市地下道路变速车道设计不宜仅靠增大变速车道长度来满足变速要求，宜与衔接匝道的平纵线形进行综合考虑，减小匝道与主线设计速度差，在满足变速要求前提下，合理控制变速车道长度。

（4）集散车道

1）地下道路入口与出口之间路段宜设置集散车道，当出入口端部间距不能满足表 2-16 要求时，应设置集散车道，并保证集散车道长度满足交织要求。

2）集散车道与直行车道应采用分隔设施或标线分隔。

3）地下车库联络道两侧均有接入地块，出入口间距较近时宜采用"主线车道＋两侧集散车道"布置形式，若仅单侧有接入地块，宜采用"主线车道＋一侧集散车道"布置形式。

（5）地下道路与地面道路衔接　地下道路接地点处与邻接地面道路上的平面交叉口距离应满足以下要求：

1）与无信号控制平面交叉口的距离不小于 2 倍停车视距。当在视线条件好、具有明显标志条件下，可以适当降低至 1.5 倍停车视距。

2）与信号控制交叉口的停车线距离不小于 1.5 倍停车视距，条件受限时不小于 1 倍停车视距。

3）城市地下道路主出口与邻接地面道路出口匝道分流端距离（见图 2-24）应不小于 1.5 倍主线停车视距。

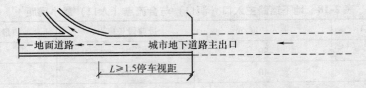

图 2-24 地下道路主出口与邻接地面道路匝道分流端距离

城市地下道路出口引道应按以下要求布设：

1）受地面道路通行能力影响时，宜对出口引道段进行车道拓宽。

2）出口近地面段宜分成两条车道以上，按车辆驶离出口后左、右转及直行交通量的大小划分出口段的车道功能。

3）城市地下道路的匝道引道出口至地面交叉口停车线距离应根据红灯期间车辆排队长度以及匝道与地面道路转换车道所需的交织段长度综合确定，还应满足视距要求。

4）地下道路主线引道出入口布置应考虑实施的经济性和便利性，可集中布置在中央，但离路口展宽段距离较近需按转向拓宽分车道渠化，避免交织。

5）城市地下道路两端引道入口附近设置一定空间以供救援车辆的停放以及应急物资设备材料的放置。

6. 地下交叉道口

1）城市地下道路之间交叉宜分别通过地下匝道接入地面，在地面设置地面平面交叉口或立体交叉。在无条件时，可在地下设置地下平面交叉口或地下简易立交来实现各个方向的转换。

2）在地下设置地下平面交叉口或地下简易立交时应进行专项论证。

3）设置地下平面交叉口时，应采用信号控制交叉口，并保证交叉口视距三角范围内不存在任何影响驾驶员视线的障碍物。

4）城市地下道路之间采用地下立体交叉时，应尽量选择结构形式简单、分岔数量少、交叠层次少、视距良好的隧道洞室组合，保证行车运营的交通组织。

2.3.3 地下步行系统

交通拥挤，人满为患，不能舒坦地活动，是居民对城市中心地区环境最突出的意见。要提高城市中心区的环境质量，首先要解决交通问题。城市中心区交通矛盾的最终解决应是建立一种完全独立于其他交通流的步行活动空间，这是今后城市中心区交通发展的必由之路。步行是一种最基本的交通方式，而且是一种最有利于环境保护的交通方式。"以人为本"的地下步行交通具有维护地上景观、人车分流、缓和交通、全天候步行的优点。同时，城市地下步行交通不仅仅是解决城市中心交通矛盾的有效手段，而且已成为体现对人关怀、改善城市环境的重要标志。

地下步行道路是指修建于地下的供行人公共使用的步道。而由多条这样的步行道路，有序地、有组织地组合在一起，就形成了地下步行系统。

地下步行道有两种类型，一种是供行人穿越街道的地下过街横道，功能单一，长度较小；另一种是连接地下空间中各种设施的步行通道，例如地铁车站之间，大型公共建筑地下室之间的连接通道，规模较大时，可以在城市的一定范围内（多在市中心区）形成一个完整的地下步行道系统。

地下过街道的功能与地面上的过街天桥相同，二者各有优缺点。在街道保持现状的情况下，建过街天桥较为适当，因为建造和拆除都比较容易，不影响今后街道的改建。地下过街道一旦建成，很难改建或拆除，因此最好与街道的改建同时进行，成为永久性的交通设施。我国从 1980

年以来，已有二十几个城市建设了近百处人行立交设施，其中多数为天桥。从使用效果看不如地下过街道，地下过街道一般埋置较浅，上下时比天桥省力，不影响城市景观，所以效果较好。北京天安门广场的地下过街横道是目前规模最大的，长 80m，宽 12m，还设有供残疾人使用的坡道。

我国现有的城市地下过街道，多是单纯为解决交通问题而独立建造的，与地面街道的改造和地下空间的综合利用没有联系起来，以致在某些情况下，可能成为城市再开发的障碍。在国外，地下步行道多与地下商业街、地下停车库等结合在一起，发挥综合的作用。近年在我国吉林市、长春市及哈尔滨市等城市，在市中心广场或干道交叉口处结合城市改建而建设的几处地下商业街，都具有交通和商业双重功能，是值得提倡的。图 2-25 是吉林和长春的地下过街道与地下商业街结合的示意。

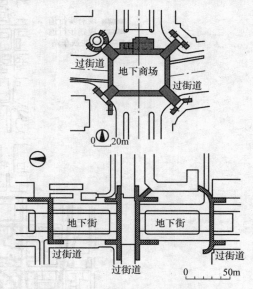

图 2-25　地下过街道与地下商业街结合的示意

在美国和加拿大的一些大城市，为了改善地面交通，并结合当地的气候条件在中心区的地下空间中，与地下轨道交通系统相配合，形成规模相当大的地下步行道系统，很有自己的特色。

美国的纽约和芝加哥是发展较早的城市，分别在 1868 年和 1898 年开始有了地铁。纽约地铁在线路长度和车站数量上都是世界上规模最大的，市内有近 500 个地铁车站，一些车站间的地下连接通道因年代已久、环境和安全条件都较差，已不适应现代城市的要求。新建和改建的地下通道主要集中在市中心的曼哈顿（Manhattan）地区，把地铁车站、公共汽车站和地下综合体连接起来。曼哈顿地区面积 8km²，常住人口 10 万人，但白天进入这一地区的人口近 300 万人，其中多数是通过乘坐这里的 19 条地铁线到达的，地面上还有 4 个大型公共汽车终始站。在交通量如此集中的曼哈顿区，地下步行道系统在很大程度上解决了人、车分流问题，缩短了地铁与公共汽车的换乘距离，同时把地铁车站与大型公共活动中心从地下连接起来，形成一个四通八达、不受气候影响的步行道系统，这对于保持中心区的繁荣是有益的。1974 年建成的洛克菲勒中心（Rockefeller Center）的地下步行道系统，在 10 个街区范围内，将主要的大型公共建筑在地下连接起来。芝加哥的情况与纽约相似，但规模较纽约要小。

美国南方城市达拉斯（Dallas）和休斯敦（Houston）都是近几十年中发展起来的大城市，由于人口和车辆的迅速增加，原有街道十分拥挤，在交通高峰时间内，人行道宽度只能满足步行人流需要的一半，在车行道上造成人车混杂的局面。达拉斯市气候不良，大风频繁，夏季气温高达 38℃，因此，政府决定建设一个不受气候影响的地下步行道系统，将市内主要公共建筑和活动中心在地下连接起来。到 1982 年，已经建成步行道 19 条，连接办公楼 13000m²，商店 70000m²，还有旅馆（共 13000 个房间）和停车库（共 10000 个停车位）。在这以后仍在继续发展，所连接的建筑面积还将增加一倍。达拉斯市除地下步行道系统外，还有不少大型建筑物通过空中走廊互相连通，形成一个空中、地面、地下三个层面的立体化步行道系统，很有现代化城市的特点和风貌。休斯敦市的地下步行道系统也有相当的规模，全长 4.5km，连接了 50 座大型建筑物，系统简图如图 2-26 所示。

加拿大的多伦多（Toronto）和蒙特利尔（Montreal）等城市，也有很发达的地下步行道路系

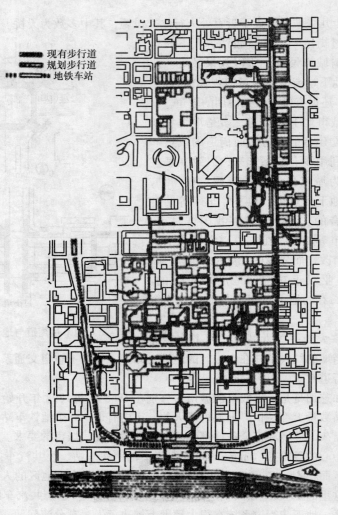

图 2-26　美国休斯敦市地下步行道系统

统，除 20 世纪 60～70 年代的经济高速增长因素外，主要影响因素就是那里漫长的严冬气候。多伦多市伊顿百货公司（T. Iaton Company）将其所属的几家商店用 5 条地下通道连接起来，后来随着火车站的建设又有所发展。1954 年开始的大规模建造地铁，20 世纪 60 年代末到 70 年代初金融区进行了再开发，同时地下步行道在 4 个街区宽、9 个街区长的范围内形成系统，两端的最长距离为 2.4km。1974～1984 年又进行了第三期建设，形成了今天的规模。加拿大多伦多市地下步行道系统如图 2-27 所示。这个通道网在地下共连接 30 座高层办公楼的地下室、20 座停车库、3 家旅馆、2 家电影院和 2 家百货公司，以及 1000 家左右的各类商店；此外还连接着市政厅、联邦火车站、证券交易所和 5 个地铁车站。在整个系统中，布置了几处花园和喷泉，共有 100 多个地面出入口。多伦多地下步行道系统以其庞大的规模、方便的交通、综合的服务设施和优美的环境，已在世界上享有盛名。

　　北美几个城市地下步行道系统的成功经验说明，在一定的经济、社会和自然条件下，在大城市的中心区建设地下步行道系统，可以改善交通，节省用地，繁荣城市，改善环境，综合效益很好，同时也为城市防灾创造了有利条件。但是要做到这一点，首先要有一个完善的规划，其次是设计要先进，管理要严格；其中重要问题是安全和防灾，系统越大，这个问题越突出，必须给予足够的重视，通道应有足够数量的出入口和满足疏散要求的宽度，避免转折过多，应设明显的导向标志，防止迷路。

最后应当说明的是，尽管加拿大和美国在建设大规模地下人行道路系统上有很多成功的经验，但不可否认的是也存在一些令人不安的问题。因此在规划地下人行道网络时，其连通的程度、规模、范围等，都应从本城市的具体情况出发，同时在防灾、通风、照明等技术上要有可靠的保障。在我国条件下，规划地下步行道系统，至少应考虑以下几个方面的问题：

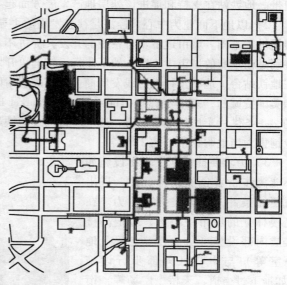

图 2-27　加拿大多伦多市地下步行道系统

除少数处于严酷气候条件下的城市外，一般大城市不宜规划大规模的以连通为主要功能的地下步行道系统，更不应盲目追求连通后形成的所谓"地下城"。

当需要设置地下步行道时，应控制其直线长度和转弯次数，并设置完善的导向标志，以减少迷路危险。

应严格按有关防火规范要求设置防火分区和防烟分区，并在安全距离内设置直通地面的疏散出口。

在步行道一侧或两侧，宜布置一些商业服务设施，以减少步行时的枯燥感和便于安全管理，降低犯罪率。

在已建成的高层建筑地下室之间，由于在产权、使用功能、地面标高等方面很不一致，勉强连通是没有必要的。

地下步行道的投资方必须落实，步行道的产权、使用权、管理权必须得到法律保障。

1. 地下步行系统的组成

地下步行区一般设置在城市中心的行政、文化、商业、金融、贸易区，这些区域应有便捷的交通与外界相接，如公交车枢纽站和地铁车站。区域内各建筑物之间由地下步道连接，四通八达，形成步行者可各取所需而无后顾之忧的庞大空间。

地下步行系统按使用功能分类，主要有：①设置于步行人流流线交汇点、步道端部或特别的位置处，作为地下步行系统的主要大型出入口和节点的下沉式广场、地下中庭；②满足人流商业需求的地下商业街；③起连通地铁站、地下停车场和其他地下空间的专用地下道等，如图 2-28 所示。

2. 地下步行系统的布局

（1）地下步行系统布局原则

1）以地铁（换乘）站为节点。发展地铁的同时给地下空间的发展带来了机遇，将地面建筑项目与地

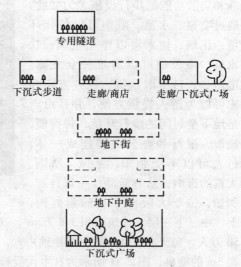

图 2-28　地下步行系统的组成

下设施有效地组合以获得共同的发展。地铁车站成为人流量与商业设施、服务及公共空间的连接纽带。地铁站在支持和促进该处房地产发展方面起了重要的作用。

2）以地下商业为中心。经济是社会发展的主导因素之一，经济的持续发展为城市建设的发展提供了基础。城市地下步行系统的开发，促进不动产的开发，创造就业机会，繁荣城市经济，特别是在现有的城市中心区，地下步行系统的再开发有助于中心区的振兴与发展，其发展模式为在地铁站台、地下步行道沿线发展商业，在改善封闭通道中枯燥感的同时，还可获得经济效益。如美国费城的"东方走廊"（The Gallery at Market East），如图 2-29 所示，它包括大型地下停车场、一条供货车用的地下通道，地下步行街及地铁站设施等，据统计，该地下交通空间的综合商业销售为当地购物中心的 2 倍。

3）力求便捷。地下步行设施如不能为步行者创造内外通达、进出方便的条件，就会失去吸引力。在高楼林立的城市中心区，应把高楼楼层内部设施（如大厅、走廊、地下室等）与中心区外部步行设施（如地下过街道、天桥、广场等）衔接，并通过这些步行设施与城市公交车站、地铁站、停车场等交通设施相连，共同组成一个连续的、系统的、功能完善的城市交通系统。例如，多伦多的地下步道系统。图 2-30 所示为多伦多地下步行系统一角。

图 2-29　美国费城的"东方走廊"

4）环境舒适宜人。充满情趣和魅力的地下步行系统能够使人心情舒畅，有宾至如归之感，有休息功能和集散功能的步行设施尤为如此。通过喷泉、水池、雕塑可以美化环境；花坛、树木可以净化空气；饮水机、垃圾桶可以满足公众之需；电话亭、自动取款机、各种方向标志可以为游人提供方便，并且由于是地下全封闭的步行环境，将商厦、超市、银行和办公大楼连成一体，行人可以不受骄阳、寒风、暴雨、大雪的影响，从容活动，一切自如。例如，位于大阪市中心的彩虹街，

图 2-30　多伦多地下步行系统一角

上、中、下三层，建筑面积 3.8 万 m²，通过 38 个出入口疏散到地面，310 家商店，可同时容纳50 万人，每天有 170 万人次乘地铁出入，地下街内有 4 个广场，其中彩虹广场有 2000 多支可喷高 3m 的喷泉，图 2-31 所示为日本大阪彩虹广场。

5）经济适用。国内外凡设置先进、齐全步行系统的地方必定是金融、贸易和商业、服务最

集中的地区。为之投入的建设资金和运营成本一般都能产出高额的效益。如北美大城市的步行区
无一例外地都拥有现代化的购物中心，它们通常
都是以一幢或数幢规模庞大的，集购物、观光、
娱乐、休闲于一体的建筑群为主体，并辅助各类
地下、地上步道相连。表 2-22 所列为东京池袋站
地区地下步行系统的组成情况。

图 2-31　日本大阪彩虹广场

　（2）地下步行系统布局模式

　1）双棋盘格局。地下步道位于街区内，形成
与地面道路错位的双棋盘格局，其优点是：由于
地下步行系统的大部分均由建筑内的步道构成，
建筑内的中庭充当地下步行系统的节点广场，地
下步行系统的特色跟随地面建筑而自然获得，识
别性较强，适合于街区内的建筑普遍较大、基地
较完整的新兴大城市中心区。这种模式多见于美国和加拿大的城市。

表 2-22　东京池袋站地区地下步行系统的组成情况

建筑物名称	使用性质	地上层数	地下层数
东武霍普中心	百货店/停车场	—	3
池袋地下街	百货店/停车场	—	3
三越百货店	百货店	7	2
伯而哥	百货店	8	3
西武百货店	百货店	8	3
东武会馆	事务所/商业街	8	3
东武会馆增建	事务所/商业街	11	4
东武会馆别馆	事务所/商业街	9	3

　2）单棋盘格局。地下步道位于街道下，形成与地面道路重叠的单棋盘格局，其优点是：由
于基本在道路下建设，避免了与众多房地产所有者在用地、施工、使用管理方面的纠纷；但缺点
是：开挖施工对城市交通影响较大，地下步行系统的特色、识别性较难获得，适合于街区内建筑
物规模较混杂、基地较零碎的城市中心区。以日本城市最为典型，如图 2-32 所示。

　日本采取单棋盘地下步行系统的原因是：一方面，日本建筑基地普遍较小，地下室较小，难
以在其中再开辟地下公共步道，同时，同一街区中有较多地下室，分属不同业主，街区内开辟公
共步道面临更多的协调困难，在道路下建设地下街则阻力较小；另一方面，日本政府严格保护私
有土地权利。日本地下街大发展之时，也就是经济大发展之时，地价涨到很高，东京中心 3 个区
内的 3 条高速公路，造价的 92% ~ 99% 用于土地费用。地下公共步道如果穿过私人用地或私人
建筑地下室，政府需支付昂贵的土地费用，迫使地下街只能在公共用地下开发。相对来说，美国
的私有土地所有权则是一种相对的权利，政府拥有较多的控制权。表 2-23 对美国、加拿大与日
本地下步行系统的特点作了比较。

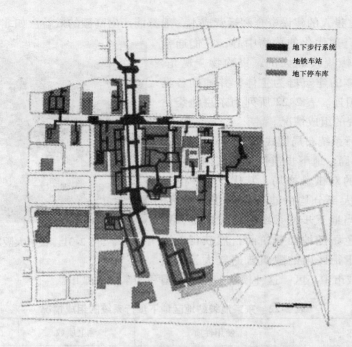

图 2-32 东京地下步行系统的单棋盘格局

表 2-23 美国、加拿大与日本地下步行系统的特点比较

美国、加拿大地下街	日本地下街
双棋盘格局	单棋盘格局
建筑间直接相互连接较多	建筑通过地下街间接相连
建筑地下室面积普遍较大	建筑地下室面积普遍较小
与私人建筑兼用，难分彼此	独立的公共设施，界限分明
建筑下	空地下
方向感、识别性高	方向感、识别性低

2.4 地下停车设施系统

1. 概述

地下停车场是指建筑在地下用来停放各种大小机动车辆的建筑物，也称地下停车库。我国是人口大国，城市交通中自行车成为重要的交通工具之一，因此城市地下也建设有用于停放自行车的停车场。目前，大规模地下空间的开发均有停车场的规划，主要原因是城市汽车总量在不断增加，而相应的停车场不足，城市汽车"行车难，停车难"的现象已经十分普遍。城市地下停车场宜布置在城市中心区或其他交通繁忙和车辆集中的广场、街道下，充分利用地下空间建设停车场，使其对改善城市交通起积极作用，主要解决城市停车难的问题。

2. 地下停车场的类型与特点

（1）公用停车场和专用停车场

1）公用停车场：是供车辆暂时停放的场所，具有公共使用性质，是一种市政服务设施。在我国有城市社会停车场，其特点是需要量大，分布面广，是城市停车设施的主体，既要有一定的容量，又要保持适当的充满度和较高的周转率；既要使车辆进出和停放方便，又要尽可能提高单位面积的利用率，保证公用停车场发挥较高的社会和经济效益。

2）专用停车场：一种是停车场，直接为本单位的旅客、顾客和职工服务；另一种以停放载重车为主，包括消防车、救护车、事业车等。对于大型旅馆和某些文娱、体育设施，停车已成为建筑功能不可缺少的内容；而对于商店和办公楼，停车场则属于一种服务和福利设施，只要达到一定规模，都应拥有自己的专用停车场。

（2）单建式和附建式地下停车场　从地下建筑与地面建筑的关系上看，地下停车场可分为单建式和附建式两种类型。

单建式地下停车场一般建于广场、公园、道路、绿地或空地之下，主要特点是不论其规模大小，除少量出入口和通风口外不占地面空间，顶部覆土后仍是城市开敞空间。而且单建式地下停车场可建在广场、街道，或建筑物非常密集的地段，甚至可以利用一些沟、坑、旧河道修建地下停车场，填平后为城市提供新的绿地，美化城市。单建式地下停车场的柱网尺寸和外形轮廓不受地面建筑物使用条件的限制，故在结构合理的前提下，可以完全按照车辆行驶和停放的技术要求确定，以提高停车场的面积利用率。选择城市广场、公园或沟坑作为单建式地下停车场的场址是比较合适的。

附建式地下停车场是利用地面高层建筑及其裙房的地下室布置的地下停车场。这种类型的地下停车场使用方便，布置灵活，节省用地，较适合于做专用停车场，但设计中最大的困难在于选择合适的柱网尺寸，使之能同时满足地下停车和地面建筑使用功能的要求。常将地下停车场布置在低层部分的地下室中，由于低层部分的功能一般需要较大的柱网尺寸（如餐厅、舞厅、商场等），与停车技术要求较一致。

（3）建在土层和岩层中的地下停车场　在城市下土层很厚、土质很好、地下水位不高或浅埋工程与原有的浅层地下设施有较大矛盾时，可以考虑用暗挖在土层中建造深埋地下停车场，而且最好与城市地下交通系统一起建设，否则在结构、施工、垂直运输等方面将需付出很大代价，使用也不如浅层工程方便。

岩层中建造的地下停车场，与在土中浅埋的停车场有很大不同，主要特点是布置比较灵活，一般不需要垂直运输，当地形和地质条件比较有利时，规模几乎不受限制，对地面上和地下的其他工程基本上没有影响，节省用地的效果明显。

（4）坡道式和机械式地下停车场　地下停车场按照车辆在车场内的运输方式分为坡道式停车场和机械式停车场。

坡道式停车场的造价比机械式要低得多，既可以保证必要的进、出车速度，又不受机、电设备运行状况的影响，运行成本较低。它的主要缺点是用于停车场内交通运输的面积占整个停车场建筑面积的比重很大，两者的比例接近于 0.9∶1，使面积的有效利用率大大低于机械式停车场，并相应增大了通风量和需要较多的管理人员。

机械式停车场（全机械化、自动化）把每台车所需要的停车面积和空间压缩到最小，停车场实际上成为一种停放车辆的容器，基本上不需要通风，人员不进入停车间，减少了许多安全问题，这样就充分发挥了机械工停车的优势。

机械式停车场由于受机械运转条件的限制，进车或出车需要间隔一定时间（1～2min），不像坡道式停车场可以在坡道上连续进出车（最快可每 6s 进出一辆车），因而在交通高峰时间内可能出现等候现象，这是机械式停车的主要局限性，同时由于机电设备造价高，在每个停车位的造价指标方面，机械式停车场显然处于不利地位。

坡道式停车场与机械式停车场有关指标的比较，见表 2-24。

表 2-24　坡道式停车场与机械式停车场有关指标的比较

车场	占地面积/m²	每辆车平均需要面积/m²	建筑体积/m³	通风和照明用电量/kW·h
坡道式停车场	100	100	100	100
机械式停车场	27	50～70	42	17

3. 地下停车场的规划布局

地下停车场规划应纳入整个城市规划当中，应当结合城市的交通现状及发展，与不同等级的城市道路相配合，满足不同规模的停车场需要，以便对城市中心区的交通起到调节和控制作用。大型地下停车场的修建要适应城市规划和城市发展的需要，设置在商业繁华、人口密集之地，既可减轻地面交通压力，又可适应商业发展的需要，投资虽然增加，但投资回收也快。

（1）建设规模　地下停车场的规模，即停车合理容量的确定，涉及使用、经济、用地、施工等许多方面。不同的城市，不同的停车需求量，应做综合的分析比较确定建设规模。当单个地下停车场的建设规模确定后，还应按表 2-25 的规定进行地下停车场的规模分级，以便于进一步按有关规范进行规划设计。由于大型汽车一般不适于停放在地下停车场中，故表中只对停放小型车和中型车的地下停车场实行了规模分级。

表 2-25　地下停车场的规模分级

规模等级	小型车地下停车场/台	中型车地下停车场/台
一级	>400	>100
二级	201～400	51～100
三级	101～200	26～50
四级	26～100	10～25

（2）停车需求量预测　为了比较准确地确定地下停车场的建设规模，对城市停车需求量进行一定时期内的预测是必要的。停车需求量直观预测框图如图 2-33 所示，一个地区的交通状况，必然受到周围地区甚至整个城市所有因素的影响。因此，应当对均匀度、充满度、用地结构、路网结构等 4 个相关因素进行量化分析。

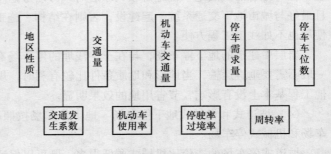

图 2-33　停车需求量直观预测框图

（3）选点要求

1）地下停车场的规划设计应在城市建设和人防工程总体规划的指导下进行，宜选在水文、工程地质条件好的，道路畅通的位置。

2）地下停车场车辆进出频繁，是消防重点之一，且有一定噪声，须按《建筑设计防火规范》设一定的防火距离和卫生间距，出口不宜靠近医院、学校、住宅建筑。表 2-26 为停车场的防火间距，表 2-27 为地下停车场与其他建筑物的卫生间距。

3）寒冷地区停车库门应避免朝北，正对冬季主导风向；门口应有足够的露天场地作为停车、调车、洗车等用，当地下停车场位于岩层中时，岩层厚度、岩性、走向、边坡及洪水位等应予考虑。

4）与地下街、地铁车站等大型地下设施相结合。

5）专业地下停车场、有特殊要求的地下停车场应考虑其特殊性。如消防地下停车场对出入、上水要求较高。地下停车场要考虑三防要求，人车疏散、出入口数量和位置、服务用房及设施、消防给水等应符合 GB 50067—1997《汽车库、修车库、停车场设计防火规范》。

表 2-26　地下停车场的防火间距

防火间距/m 汽车库名称和耐火等级		停车库、修车库、厂房、库房、民用建筑		
		一、二级	三级	四级
停车库	一、二级	10	12	14
修车库	三级	12	14	16
停车场		6	8	10

注：停车库与其他建筑的防火间距见 GB 50045—1995《高层民用建筑设计防火规范（2005 年版）》、GB 50067—1997《汽车库、修车库、停车场设计防火规范》、GB 50028—2006《城镇燃气设计规范》、GB 50016—2006《建筑设计防火规范》。

表 2-27　地下停车场与其他建筑物的卫生间距

间距/m 名称	Ⅰ～Ⅱ	Ⅲ	Ⅳ
医疗机构	250	50～100	25
学校、幼托	100	50	25
住宅	50	25	15
其他民用建筑	20	15～20	10～15

注：附建式地下停车场及设在单位大院内的汽车库除外。

6）地下停车场一般应做到平时和战时均能使用，地下停车场选点应与人防工程结合，应设两个出入口（存放量少于 25 辆的停车库可设一个出入口）。汽车库选址不应低于 30% 的绿化率。特大型（大于 500 辆）地下停车场入口不应少于 3 个，应设独立的人员专用出入口，两出入口之间的净距应大于 15m。出入口宽度双向行驶时不应小于 7m，单向行驶时不应小于 5m。出入口不应直接与地面主干道连接，应设于城市次要干道上，且距服务对象不大于 500m。出入口距离城市道路规划红线不应小于 7.5m，出入口边线内 2m 处视点的 120°范围内至边线外 7.5m 以上不应有遮挡视线障碍物。

4．地下停车场设计

（1）主要技术标准

1）地下停车场组成。地下停车场大体由下列建筑物组成：停车间、通道、坡道或机械提升间、调车场地、洗车设备间等，如图 2-34 所示。每种设施的数目要因地制宜，辅助设施与停车间分开安排，尽量少影响停车作业。

2）地下停车场平面布置。地下停车场的平面布置，主要是进行停放汽车的停车室、各种动线及各项设施的布置与规划。按使用要求，一般地下停车场平面布置的内容分成以下 3 个部分。

① 通风设备区：进、排风口，进、排风室，除尘、过滤室等。

② 车库区：车辆出入口、地下停车厅、车道、人行道、蓄电池充电间、保养修理间、工具配件间、供配电间、储水库、油料储藏库等。

③ 办公区：值班室、通信室、休息室、卫生间、储藏室、人员掩护室等。

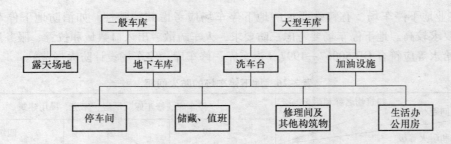

图 2-34　地下停车场组成

地下停车场的平面布置，主要取决于停放汽车的停车场及其各项设施的布置。

（2）地下停车场平面布置原则　地下公共停车场的使用面积平均按每辆 20～40m² 估算（表 2-28），辅助设备的面积可按停车间的 10%～25% 估算，坡道面积在总建筑面积中的比例，视车库的容量而定。停车间占总建筑面积的比例，应达到一个定值，专用车库占 65%～75% 比较合适，公共车库占 75%～85% 为宜。

表 2-28　地下停车场每辆车所需占地尺寸

车型	标准车型尺寸/m			停放方式	车位尺寸/m			安全距离/m				
	a	b	h		A	B	H	C	D	E	F	G
小客车	4.90	1.80	1.60	单间停放	6.10	2.80	3.00	0.70	0.50	0.60	0.40	—
				开敞停放	5.30	2.30	2.00	0	0.50	0.50	0	0.30

1）车型。停车场类型确定后，停车间及通道坡道设计的最主要依据是所选定的基本车型。一座停车场，不可能服务太多车型。否则会影响车库建筑面积和空间的利用率，运行也不易管理。因此，设计时，一般要选定一种用于本车库的标准车型。当然，该车型在尺寸和性能上应具有一定的代表性。国外，一般选择几种较典型的小汽车作为本车库的标准车型。如日本，将小汽车分为特大、大、中、小和轻型 5 种，停车场主要满足中型车的停车需要，同时规定了中型车的控制尺寸，使之与停车场的设计相协调。

我国进口汽车数量多，且型号复杂，国产车有些也正在改型过程中，因此确定标准车型比较困难。同时，停车需求，除小汽车外，还有相当数量的旅行车、工具车、载重车，所以宜将标准车型分为小汽车型和载重车型两大类。小汽车的标准车型，以大、中型车为主，其尺寸亦可适应部分旅行车和工具车的需要。对于载重车，则以 2t 和 5t 载重量的车型为主。至于大型客车（如公共汽车）和载重量超过 5t 的载重车，则不宜停放在地下停车场和地面多层停车场中。表 2-29 所列为国内停车场标准车型参考尺寸。

表 2-29　国内停车场标准车型参考尺寸

车型		全长/m	全宽/m	全高/m	车型	全长/m	全宽/m	全高/m
小汽车	大型	6.0	2.0	2.0	载重车　5t	7.0	2.5	2.5
	中型	4.9	1.8	1.8	2t	4.9	2.0	2.2

2）车位尺寸。车辆停放时，除本身所占空间外，周围须留有一定余量，以保证在停车状态时能打开一侧车门和在行驶、调车过程中不发生碰撞。这时每台车所需占用的空间称为停车位，一般以平面尺寸表示，停车位是停车场设计的主要依据之一。

3）车辆存放和停放方式。车辆停驶方式主要指车辆进出车位的方式。车辆存放方式，对停车的方便程度、占用面积多少有影响。图 2-35 显示存放角度大小与单车停车占用面积呈反比，与车辆进出方便程度呈正比。停车方式是指车辆进、出车位时所需采取的驾驶措施，如前进停车、前进出车，前进停车、后退出车，后退停车、前进出车等，如图 2-36 所示。表 2-30 是根据我国情况计算出的不同停车方式所需停车面积。目前，国内外停车场较普遍地采用倒进顺出的90°停车方式。

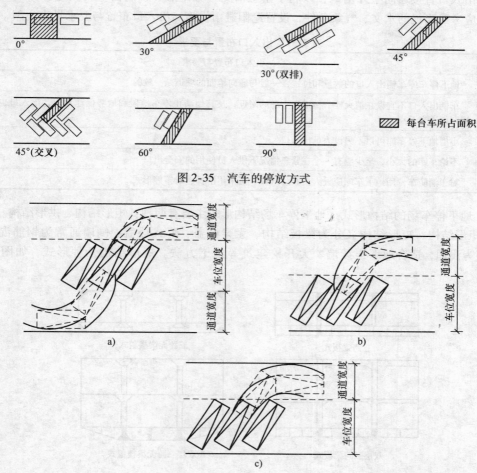

图 2-35　汽车的停放方式

图 2-36　汽车的停车方式
a）前进停车、前进出车　b）前进停车、后退出车　c）后退停车、前进出车

表 2-30　不同停车方式时每台车所需停车面积　　　　　　　（单位：m²/台）

停车方式 车型	0°	30°	45°	60°		90°	
	前进停车	前进停车	前进停车	前进停车	后退停车	前进停车	后退停车
小型车	25.8	26.4	21.4	20.3	19.9	23.5	19.3
中型车	41.4	40.9	34.9	40.3	33.5	41.9	33.9

（3）出入口布置与要求　出入口的数量和位置应满足 GB 50225—2005《人民防空工程设计规范》和 GB 50067—1997《汽车库、修车库、停车场设计防火规范》等要求。地下车库出入口设计，必须贯彻"以人为本"的理念，以优化空间环境、创造美好居住环境、提高人们生活质

量为目标，避免进入地下空间时的种种不良心理因素和各种不便，同时要利于通风采光，进行各方面的综合考虑，汽车出入口应选择距小区主要出入口较近，易于辨认到达，对行人影响较小的位置设置。大型住宅小区车库出入口宜分散布置，既利于汽车的安全疏散，又便于小区内不同位置车辆以最近距离到达车库出入口，减少小区地面车流量，出入口的设计数目往往多于规范上的规定，以方便小区居民到达地下车库，遇意外事故及战时便于疏散人群；另外，应至少设置一个人员独立出入口直接通向室外空地，以利于紧急情况（如地震、核袭击）时使用。出入口在设计时，还应考虑当地的水文、气象条件，设置遮阳避雨设施。出入口布置与要求见表2-31。

表 2-31　出入口布置与要求

项次	出入口布置与要求
1	地下停车库车辆出入口的数量和位置，一般与通向地面的坡道是一致的
2	车辆出入口不宜设在消火栓、街道安全岛的附近，及其他禁止停车地段和地势低洼地段，出入口也不宜朝向街道交叉点
3	小型地下停车库可以不另设人员出入口
4	不论车库的大小，至少应有一个在紧急情况下供人员使用的安全出口
5	对于消防车专用地下车库应设人员紧急入口，可采用滑梯、滑竿等形式

（4）地下停车场的结构形式　地下停车场结构形式主要有两种：矩形结构、拱形结构。

1）矩形结构。矩形结构又分为梁板结构、无梁楼盖、幕式楼盖。侧墙通常为钢筋混凝土墙，大多为浅埋，适合地下连续墙、大开挖建筑等施工方法。矩形结构几种形式，如图2-37所示。

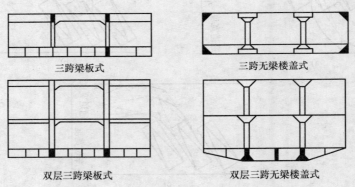

三跨梁板式　　　　　　　　三跨无梁楼盖式

双层三跨梁板式　　　　　　双层三跨无梁楼盖式

图 2-37　矩形结构几种形式

2）拱形结构。拱形结构又分幕式结构、拱形结构、预制拱板、拱与矩形混合式等多种类型，特点是占用空间大、节省材料、受力好、施工开挖土方量大，适合深埋，相对来说，不如矩形结构采用得广泛，如图2-38所示。

（5）停车间的柱网布置　柱网尺寸受两方面影响：一是停车技术要求，二是结构设计要求。综合分析柱网尺寸的影响因素进而确定一个最经济合理的布置方案，是停车场设计的主要内容之一。一般以停放一辆车平均需要的建筑面积作为衡量柱网是否合理的综合指标，并同时满足以下几点基本要求：

1）适应一定车型的存放、停驶和行车通道布置等各种技术要求，并保留一定灵活性。

2）保证足够的安全距离，使车辆行驶通畅，避免碰撞和遮挡。

3）尽可能缩小与停车位无关的面积。

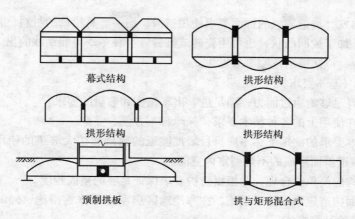

幕式结构　　　　　　　　拱形结构

拱形结构　　　　　　　　拱形结构

预制拱板　　　　　　　拱与矩形混合式

图 2-38　拱形结构

4）结构合理、经济、施工简便。

5）尽可能减少柱网种类，统一柱网尺寸，并应保持与其他部分柱网的协调一致。

在停车间柱网单元中，跨度包括停车位所在跨度（简称车位跨）和行车通道所在跨度（简称通道跨）。停车间柱距的最小尺寸如图 2-39 所示。

（6）地下停车场线路设计

1）通道设计。行车通道的宽度取决于车型、停放角度和停车方式，应根据一定设计车型的转弯半径等有关参数，由计算方法或几何作图法求出在某种停车方式时所需的行车通道最小宽度，再结合柱网布置适当调整后确定一个合理尺寸，一般不应小于 3m。

前进停车、后退出车时的行车通道宽度制图方法如图 2-40 所示。

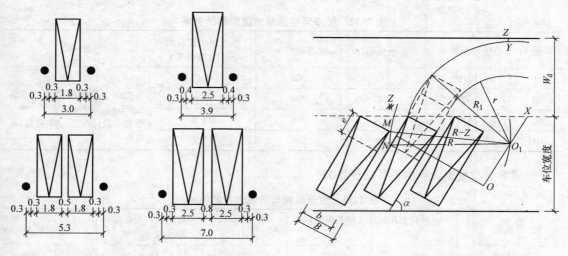

图 2-39　停车间柱距的最小尺寸（单位：m）　　　图 2-40　行车通道宽度制图方法

2）坡道设计。坡道是地下停车场与地面连接或层间连接的通道。一般分斜道坡道和螺旋坡道两种。车道坡度一般都规定在 17% 以下，特殊情况下可适当加大。

① 斜道坡道。其纵坡限制在 17% 以下，有条件时应尽量降低坡度。如与进出口直接相连时，应尽可能采用缓坡。为了行驶平稳，最好在斜道两端 3.6m 范围内设置缓和曲线。

② 螺旋坡道。为了充分利用地下停车场的占用空间，出入口的升降坡道或各层的连接通道可以采用螺旋坡道。螺旋坡道的平面面积小，布置灵活，得到广泛应用。

从行车安全出发，坡道底板的饰面要求使用抗滑、耐磨、易检修的材料，目前多使用混凝土路面或砂浆涂层，加工成凹凸状，也可用瓷砖或缸砖等。在冬季可能结冰的出入口地段，应在路面下设置加热装置，以防空滑危险事故发生。

3）设计原则（基本要求）。

① 走道应具有足够的通过能力，满足进、出车速度和数量的要求。

② 满足坡道在使用上的各种技术要求，保障行车方便、安全。

③ 在保证基本要求的前提下，不应盲目增加坡道的数量和扩大坡道的使用面积及净高；同时应充分利用由坡道斜面形成的不规则室内空间。

④ 坡道的结构应简单、合理，并根据防护要求保证足够的坚固程度。

⑤ 坡道的地面构造应采取防滑措施，在寒冷地区应考虑融冰雪措施，同时应考虑坡道内光线与地面以上光线的过渡措施。

⑥ 有防护要求的地下停车场，坡道结构应在防护区以内，口部应采取与防护等级相应的防护措施。

4）坡道的数量与位置。坡道的数量与进出车数量、速度和安全要求、车辆在库内水平行驶的长度，出入口位置及数量等有关。坡道的通过能力取决于坡道类型、坡度、宽度，行驶技术等因素。据日本和德国资料，单车线坡道单向最大通过能力为 500 ~ 600 辆/h。日本建议取 200 ~ 400 辆/h，一般可取 300 辆/h。坡道进或出车速度可以按每小时 300 辆小轿车进行设计。根据防火要求，容量超过 25 辆的车库至少应有两条布置在不同方向上的坡道，但在场地狭窄，布置两条坡道确有困难时，可布置一条车线坡道，另设一套备用的机械升降设施，除此之外，确定通道数量时还应考虑坡道面积对停车间面积的影响，不能使通道面积比重占得太大。

停车场容量与坡道面积的关系见表 2-32。

表 2-32 停车场容量与坡道面积的关系

容量/台	总使用面积/m²	停车间面积/m²	坡道面积/m²	坡道面积在总面积中比重（%）	备 注
10	1018	512	506	49.7	按两条直线坡道计，每条长 63m，宽 4m，坡度 10%，中型车设计车型，90°停放
25	1603	1097	506	51.6	
50	2470	1974	506	29.5	
100	4235	3729	506	11.9	

坡道数量与坡道面积的关系见表 2-33。

表 2-33 坡道数量与坡道面积的关系

坡道数	总使用面积/m²	停车间面积/m²	坡道面积/m²	坡道面积在总面积中比重（%）	备 注
2 条坡道	1603	1097	506	31.6	均按容量为 25 台计算
1 条坡道	1350	1097	253	18.7	
1 条坡道加回车道	1462	1097	365	24.9	

坡道位置，如图 2-41 所示。

5）纵向坡度。坡道的坡度直接关系到车辆进出和上下的方便程度及安全程度，对坡道的长度和面积也有一定影响。坡道的纵向坡度应综合反映车辆的爬坡能力、行车安全、废气发生量、场地大小等多种因素。随着国内外汽车质量的提高，可适当加大以往设计中使用的纵向坡度。曲线坡道一般选 6% ~ 12% 。地下停车场坡道的纵向坡度见表 2-34。

6）坡道的长度、宽度、高度。坡道的长度取决于坡道升降的高度和所确定的纵向坡度。坡道应由几段组成，如图 2-42 所示。在计算坡道面积时，应按实际总长度计算；在进行总平面和平面布置时，可按水平投影长度考虑。

坡道的宽度一方面影响到行车的安全，同时对坡道的面积大小也有影响，因此过窄或过宽都是不合理的。

坡道的净高一般与停车间净高一致，如果坡道的结构高度较小，又没有其他管、线占用空间，则可取车辆高度加上到结构构件最低点的安全距离（不小于 0.2m）。

（7）地下停车场的辅助设施、交通安全及防火

1）地下停车场的辅助设施。洗车设施（除寒冷地区外）一般应设在地面。洗车场地坪标高应低于坡道口 0.15 ~ 0.30m。

修理设施，战时不停车的地下公共停车场的修理间应放在地面上。地下专用停车场的修理间也宜放在地面以上。地下专用停车

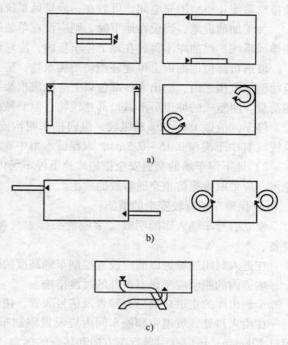

图 2-41　坡道位置
a）在主体建筑物内　b）在主体建筑物外
c）在主体建筑内、外都有

场的修理间若放在地下应放在停车间附近，并设置一两个检修坑或液压检修台。检修坑尺寸一般长 8m，宽 0.8 ~ 1.0m，深 1.2m，坑内侧墙设灯槽和工具槽，端部设集水坑，修理间面积应视停车场的规模而定。

表 2-34　地下停车场坡的道纵向坡度

车型	直线坡道（%）	曲线坡道（%）	备　注
小型车	10 ~ 15	8 ~ 12	高质量汽车可取上限值
中型车	8 ~ 13	6 ~ 10	

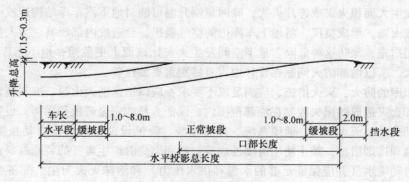

图 2-42　直线坡道的分段组成

充电间面积约为 $10 \sim 13m^2$，若该设施放在地下，则应设置防火墙、防火门，并设单独的防酸排风系统。小型的充电间，可放在一般排风系统的终端附近。

关于加油设施，当设在地下时，则应设在单独的密封房间内，并设置防火墙、防火门和单独的排风系统，燃油库不得放在地下停车场内，应埋设在主体建筑之外。

坡道口部位地面以上可建轻型防雨构筑物，防止雨水落入。如果主要坡道出入口位于周围建筑物倒塌范围之内，则出入口部位以上应做成框架结构，以形成一个坚固的棚架承受冲击波及倒塌荷载。明堑式的坡道可不做口部建筑物，但要做好排水和防水。

停车间应做 $1\% \sim 2\%$ 的纵坡，纵向排水明沟或暗沟应均匀布置，干沟与支沟组成一个排水系统（其中干沟深 $0.15 \sim 0.3m$），以保证水集中到污水池，经沉淀、除污后排走。

2）地下停车场的交通安全措施。地下停车场内车辆人员往来，对车辆和人员都有交通安全隐患，应采取措施防止交通事故的发生。

① 保障车辆行驶安全的措施：

设立引导车辆入库的明显文字或箭头标志（夜间应有照明），以及门内外互相联系的信号设备。

在进入封闭的坡道以前应设置控制车辆高度的装置，防止车上装载的物件过高，发生碰撞。坡道内的照明应考虑室内外的过渡措施。

车辆出库的走道口处应有警告及信号装置，使外部车辆和行人注意躲避。

在出入口处、坡道中和停车间内应设置限制车速的标志，库内车速以 $5km/h$ 为宜，一般不超过 $10km/h$；还应有引导行车方向和转弯的标志，以及上、下坡的标志。

地面上要用明显的颜色划分出行车线、停车线和车位轮廓线，并在柱和墙上写出车位编号。

采用后退停车、前进出车的停车方式时，车位后端应设车轮挡，与端线的距离为汽车后悬尺寸减 $200mm$，高度为 $150 \sim 200mm$。

② 保障人员安全的措施：

车辆安全行驶，保证驾驶员的安全。

人员经常行走的路线应尽可能与车行线分开，特别应避免与频繁的车行线交叉。

当人行道与车行线在一起时，应在车行线一侧划出 $1m$ 左右的人行线。

人行道与车行线交叉时，应在地面上画出人行横道标志。

③ 地下停车场防火：

地下停车场或车库防火问题特别重要，良好的防火措施是为了防止和减少火灾对汽车库、停车场的危害，以保障人员与财产的安全。

发生在地下车库外部的火灾，一般不至于向地下空间蔓延，除出入口部分外，受到波及的可能性小。如发生大面积火灾或连片火灾，除因急剧升温可能对地下汽车库结构造成一定程度破坏外，一旦形成火爆，形成负压，将地下车库内的空气吸出，会造成内部缺氧。为人员掩蔽，应采取必要的密闭措施，预防这种危险。地下空间发生火灾比地面上更危险；地下车库的规模越大，危险性就越大。所以内部防火问题在设计中占有特别重要的位置。

地下汽车库的防火、灭火措施，应满足以下要求：应以迅速消灭火源，控制蔓延为原则；尽可能把火灾和火灾造成的损失控制在局部范围内；保证人员的安全疏散和撤离；设置火灾自动报警装置和手动按铃。灭火系统、通风系统、排烟系统、隔绝设施等均应与自动报警系统联系起来；采取隔烟和排烟措施；禁止使用可燃性建筑材料和燃烧时产生毒气的装修材料；停车间的灭火设备应以自动喷水（并应保证足够的水源和供水压力）和泡沫灭火为主，配备必需的消火栓和手提式灭火器，或采用卤代烷 1301 灭火系统；保证防火应急照明电源。

2.5 地下储藏设施

2.5.1 概述

地下仓库是修建在地下的储物建筑物，作短期或长期存放生活资料与生产资料用。地下环境对于许多物质储存有突出的优越性，具有防空、防爆、抗震、防辐射等防护性能，以及热稳定性、密闭性等特点，地下仓库具有良好的隔热保温、储品不易变质、能耗小、维修和运营费用低、节省材料、占地面积小和库内发生事故时对地面波及较小、储存成本低、质量高、经济效益显著、节省地面仓库用地、运输距离短等突出优点，这是建造各种地下仓库十分有利的条件。联合国经社理事会（ESC）自然委员会第八届会议（1983 年 6 月）通过的决议中指出："地下空间，特别是在储存水、燃料、食物和其他的物品，以及在供水、污水处理和节能方面的潜力应予以足够重视。"但是其初期投资大、工期长，因此，拟建造地下仓库应与建造地面仓库进行技术经济比较后确定。尤其地下粮库，对防火、防水、温度、湿度，避免发芽、霉变和色香味的恶化，防虫蛀和鼠害等要求高，给消防带来了极大的挑战。尽管如此，近年来，随着人口的增长，土地资源的相对减少，环境、能源等问题的日益突出，地下仓库还是发展很快。其数量约占整个地下空间利用量的 40% 以上。

斯堪的那维亚国家是世界上最先发展地下仓库的国家，利用有利的地质条件，大量建造大容量地下石油库、天然气库、食品库、车库等。近年又在发展地下储热库和地下深层核废料库。斯堪的那维亚国家已拥有大型地下油、气库 200 余座，其中不少单库容量超过 100 万 m^3。瑞典在 20 世纪 60 ~ 70 年代，以每年 150 万 ~ 200 万 m^3 的速度建设地下油、气库，在当时就已经完成了 3 个月能源战略储备任务。在 20 世纪 80 年代末，瑞典开始研究内衬岩洞储气库，1988 年开始做了一个小型的试验储槽，试验压力达到了 50MPa。成功后，又于 1998 年建造了一个中型工业性放大储槽，容积为 40000m^3，设计压力为 20MPa，已经投入使用。目前正在建设一套商业用 LRC 储气库，总库容 40000m^3，单个储槽容积 10 万 m^3。在地下空间开发利用的储能、节能方面，美国、英国、法国、日本成效也比较显著。

我国远在 5000 ~ 6000 年前的仰韶文化时期，就采用了口小底大的袋状地窖储粮。公元 605 年，在洛阳兴建的含嘉仓和兴洛仓，即由为数众多的地下小粮仓组成，说明我国古代已利用地下自然条件储存粮食，且具有较大的规模。我国从 20 世纪 60 年代末期开始，地下仓库的建设发展较快，取得了很大成绩，已建成相当数量的地下粮库、冷库、物资库、燃油库。1973 年开始规划设计第一座岩洞水封燃油库。1977 年建成投产，效果良好，是当时世界上少数几个掌握地下水封储油技术的国家之一。进入 21 世纪以来，伴随经济的增长，能源需求日益增长，以天然气为例，消费量以年均 16% 以上的速度增长，2030 年需求量将达到 3500 亿 m^3 左右。防止供应中断，确保供应安全是必须面对的问题。国外经验证明，发展地下储气库是解决问题的最佳途径。目前，我国大港油区建成了 6 座地下储气库，工作气量 20 亿 m^3，中石油也已规划了 10 座储气库，工作气量达到 224 亿 m^3，我国石油需求量也在迅速增加，预计到 2015 年我国石油对外依存度上升到 50% 以上，进口量将超过 3×10^8t。石油作为战略资源必须大量储存，而国内储备量较少，为加强国内石油安全，应对突发事件，我国于 2003 年正式启动建立石油储备体系。按照国际能源组织的建议计算，到 2015 年我国应确保有 5000 万 t 以上的石油储备量，至少需建设约 72000m^3 储备库。石油储备库的建设势在必行。合理规划、因地制宜地利用当地的地下空间资源开发地下仓库，将具有深远的意义。

地下仓库有很多分类方法。按照用途与专业可分为国家储备库、城市民用库、运输转运库等。按照民用仓库储存物品的性质，又可分为一般性综合仓库、食品仓库、粮食和食油仓库、危险仓库和其他类型的仓库。根据储品的不同，有地下粮库，油品、药品库，地下冷藏库，地下物资仓库，地下燃油、燃气库，地下军械、弹药库等。地下冷藏库有高温储库和低温储库，燃油储库根据油品和所用建材种类不同，有地下金属储油库和非金属储油库。

由于地下仓库储存的物资不同，其仓储原则与设计要求也有所不同。本节仅对地下燃油、燃气库，地下粮库，地下冷库等加以简单介绍。

2.5.2 地下燃油、燃气库

1. 燃油、燃气地下仓储原则与要求

燃油制品主要有航空煤油、航空汽油、车用汽油、柴油、煤油等，称为燃料油或轻油。一般在储存燃料油的同时，要求按5%～8%的比例储存一定数量的润滑油，称为重油或黏油，这些燃料不仅是常规能源的主要组成部分，还是重要的战略物资。把液体燃料储备在地下，具有容量大、损失少、安全和经济的特点，因此在各类地下仓库中，液体燃料库始终占有较大的比重，并有着巨大的发展潜力。

液体燃料与储存相关的特性有密度、黏度、温度、压力、易燃性、可燃性、挥发性等。如液体燃料的密度一般都小于$1g/cm^3$，因此遇水时总是浮在水的上部，不相混合，这一特点利于在稳定地下水位以下，靠水和液体的压力差来储存液体燃料，而且不会造成流失。

不同油品的黏度不同，轻油黏度小，重油黏度大。同一种油品的黏度随温度高低会有所变化，温度高时黏度较小，温度低时则黏度较大，低到一定程度时，有的油品就要凝固，失去流动性。因此这种油品，在输油管和储油罐中一般应采取加热或保温措施。燃料油易燃，因此储存时必须解决好防火和防爆问题，严防明火、偶然打火及静电火花等。

液体燃料在一定温度或压力下可变成气体而挥发。挥发量随温度升高而增加。挥发的气体会从容器的缝隙逸出，造成储存的损耗及空气污染。因此，在储存液体燃料时，提高容器的保温和密闭性能对于减少挥发和减轻污染是很重要的。

地下油库布置，根据油库的特点应注意如下几个问题：

（1）满足储油工艺的运输的要求　地下油库的布置首先要保证工艺流程的合理和交通运输的便利。工艺流程的合理主要表现在作业区与储存区的关系上，如距离的远近，高差的大小，输油管道是否短、顺等。对于战备地下油库，发油应做到自流，即使电源被切断，或地上作业区一部分遭到破坏仍可照常发油，保证战时需要。要自流发油，就必须使作业区与储存区之间有必要的高差，使输油管保持一定的坡度。

（2）保证必要的防火、防爆距离　防火、防爆是油库布置的特殊要求之一，必须按照规定保证各个区之间和各种建筑物之间的防火、防爆距离。表2-35列出地面大型油库油罐区与相邻建筑物间的防火距离，半地下油罐可相应减小25%，完全地下时这些距离可减小50%。

表2-35　地面大型油库油罐区与相邻建筑物间的防火距离

建筑物名称	耐火等级	至油罐区最小距离/m
装卸油码头	一	100
装卸油铁路站台	一	40
泵站、化验室	Ⅰ、Ⅱ	30
罐桶间	Ⅰ、Ⅱ	30

（续）

建筑物名称	耐火等级	至油罐区最小距离/m
桶装库	Ⅰ、Ⅱ	40
桶装露天堆场	—	40
一切其他建筑物	Ⅰ、Ⅱ	60
高压线	—	不小于电杆高度的 1.5 倍

（3）满足防护和隐蔽的要求　有山地的城市地下油库主体应尽可能选在山体中；洞口设于隐蔽处。

燃油、燃气地下库存方式可有：岩石中金属罐油库、地下水封石洞油库、软土水封油库；地下储气还有枯竭油气层储气、地下含水层储气、地下洞穴储气等方式。

2. 燃油、燃气库结构形式与特征

油库是指用以储存油料的专用设备，应按油料具有的特异性，选用相对应的油库进行储藏。油库的主要作用有：

1）生产基地用于集结或中转油料。

2）供销部门用于平衡消费流通领域。

3）企业部门用于保证生产。

4）国家战略储备。

地下油库可分为以下几种类型：

1）开凿硐室储库。如岩石中金属罐油库、地下水封岩洞油库、地下岩盐洞式油库、软土水封油库等。

2）岩盐溶淋洞式油库。

3）废旧矿坑油库。

4）其他油库，包括冻土库、海底油库、爆炸成型油库等。

目前，油库仍以开挖形成地下空间进行储藏者为多，即以开凿洞室储库为主。

（1）岩石中金属罐油库　岩石金属罐油库须按功能进行明确分区，油库规划方案中，应有铁路或公路通过库区，必要时库区应备有铁路专用线，行政区、生活区应布置在作业区的上风方向，各区之间力争联系方便。图 2-43 为某山城地下金属油库规划方案示例。

油库的地下储油区由岩石中的洞罐、操作间、通道、风机房等组成。洞罐有立式罐和卧式罐两种类型。立式罐罐体为圆柱形，顶为半球形或割球形，岩洞衬砌后安装钢油罐或其他金属罐。钢罐与洞壁间留出 0.7～0.9m 的空隙，顶部留 1.0～1.2m 间隙，以便施工和维修，所以也称为离壁钢罐。

卧式罐又分离壁和贴壁两种。卧式离壁罐与立式罐基本相同，只是由于钢油罐是卧式横放，故岩洞为一般的直墙拱顶洞室。卧式贴壁罐是在洞室的衬砌和底板上贴上一层钢板或丁腈橡胶板，直接储油（后者已属非金属油罐），这种类型可提高石洞罐的有效容积，节约钢材约 70%，降低造价 30%～40%，但由于钢板检漏问题和丁腈橡胶粘结质量问题还没有很好解决，尚未能普遍推广使用。

立式离壁钢罐的大小以钢油罐的有效容积计，从 100～5000m³ 不等，最大已达到 10000m³。罐容量越大，每储 1m³ 油的用钢量就越小（表 2-36），但是到 2000m³ 以上时，差别逐渐减小，再加上钢罐安装和地质条件等因素的限制，目前较多采用的有 2000m³、3000m³、5000m³ 等几种。

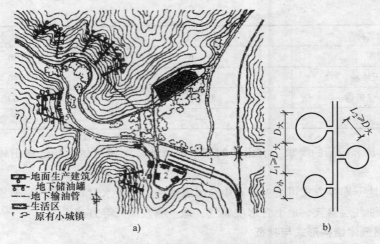

图 2-43　岩洞钢油库的典型布置
a）总平面　b）洞罐与通道的布置

表 2-36　立式离壁钢罐不同罐形尺寸与耗钢量比较

罐形	混凝土衬砌尺寸/mm					钢罐尺寸/mm			钢消耗量/（kg/m³ 储油）
	D_2	D_3	H_2	H_3	f_2	D_1	H_1	f_1	
100	—	—	—	—	—	5234	5965	455	47.57
500	9820	10200	11740	6390	2600	9530	9988	1148	26.93
1000	13770	14170	12220	7720	3070	12370	10469	1659	23.87
2000	16650	17050	15580	10520	4270	15250	13756	2050	19.77
3000	18560	18960	17150	13470	3280	17174	15436	2281	20.76
5000						22722	13227	2597	20.61

　　立式罐的结构形式一般采用混凝土贴壁衬砌作侧墙，钢筋混凝土离壁球壳顶，顶部支承在拱脚处岩石槽中的圈梁上。侧墙一般不考虑受力，与顶部脱开，故有的工程结合当地条件采用浆砌块石或预制混凝土砌块。衬砌结构需要大量材料，施工复杂，工期长，因此在可能条件下，应尽量使用喷射混凝土或喷锚结构。立式离壁钢罐的洞罐（混凝土衬砌）及钢油罐的形式、尺寸见图 2-44 和表 2-36。

　　洞罐的底板要承受整个钢油罐的荷载，采用混凝土或钢筋混凝土底板，厚 150～300mm，板上做一层弹性面层（例如沥青砂），板下做一定厚度的卵石滤水层，自圆心向四周找坡，到衬砌侧墙处做出排水明沟，如图 2-45 所示。

　　以立式钢罐为主的地下油库储油区，从平面上看多采用葡萄串形布置，即由一条或数条通道将许多立式洞罐串联起来，称为罐组。洞罐可以在通道的一侧，也可以在两侧，以充分利用主通道，缩短管线，图 2-46 所示是常见的平面布置。

　　当两洞罐在通道一侧时，罐间距应等于或大于大罐的直径尺寸（指毛洞尺寸）。如在通道两侧，则相邻两洞（最靠近的）间距也应等于或大于其中的大罐直径尺寸。

　　由主通道和立式洞罐组成的罐组的规模要适当。规模太小，即洞罐很少时，通道所占比重较大，是不经济的；过大则洞罐开挖的工作面受到通道出渣能力的限制，影响施工速度，内部管线布置也较复杂。根据我国经验，主通道轴线总长在 300～500m，容量 30000～50000m³，由 10 余个洞罐组成的罐组比较经济合理。

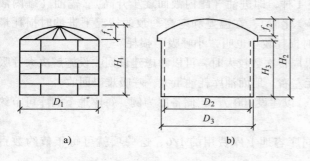

图 2-44 立式离壁钢罐形式
a）钢油罐外形 b）洞罐（混凝土衬砌）剖面

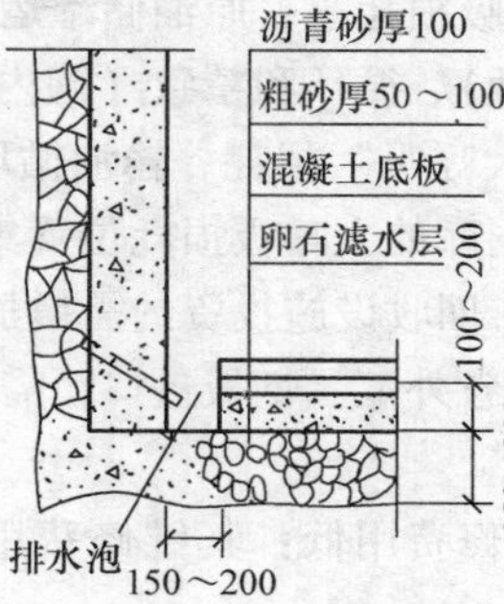

图 2-45 立式洞罐底板和排水沟构造

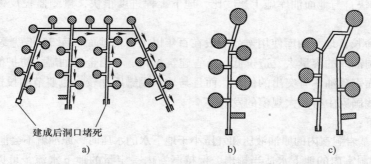

图 2-46 以立式洞罐为主的地下油库平面布置形式和布置要求
a）罐组 b）将原通道加宽 c）增加一条通道

（2）地下水封岩洞油库 地下水封岩洞油库是利用油比水轻，油、水不相混合的特性，在稳定的地下水位以下完整坚硬岩石中开挖洞罐。不衬砌而直接储油，依靠岩石的承载力和地下水的压力将油品封存在洞罐中。

地下水封岩洞油库技术 1948 年始于瑞典，当时瑞典利用一座废矿坑储存燃料重油，创造了变动水位法水封油库的储油技术。1950 年瑞典开始建造第一座人工挖掘的岩洞水封油库，此后，瑞典大力发展这种油库，并很快推广到北欧一些自然条件与瑞典相似的国家，形成了比较成熟的储油工艺和建造技术，进一步在其他国家（包括我国在内）得到应用与推广。

近年来，岩洞水封储存技术又有新的发展，为了在平原和沿海土层较厚的地区使用水封储油技术，我国和日本等国正在研究试验在土层中建造水封油库，甚至可以在地下水位以上建造人工注水的水封油库。

水封岩洞油库主要优点有：

1）安全性好：抗震性好，操作竖井封闭性强，正常操作无油气外漏，平时无着火可能，一旦着火，也很容易扑救。

2）节省投资：当库容达到一定规模时（一般大于或等于 10 万 m³），比地上洞库投资节省，黄岛、大连两处各 300 万 m³ 的油库其投资比地面油库投资分别节省约 4 亿 ~5 亿元人民币。

3）适合战备要求：地下洞库一般都处在地下水位线下 20 ~30m，一般的枪、炮、炸弹对其不会有破坏。

4）占地面积小：地下洞库一般建在山体的岩石中，地面设施很少，以黄岛建 300 万 m³ 油库为例，地下洞库占地约 300m²，而地上库占地要 5800m²。地下洞库的建设可解决用地紧张这一矛盾。

5）呼吸损耗小：原油储罐运行工况有4种，即进油（罐内液面逐步升高）、输油（罐内液面逐步降低）、循环和精致（罐内液面不断变化时），在温差和空高一致的情况下进油时损耗最大也叫"大呼吸"损耗，输油循环和静止时损耗较小也叫"小呼吸"损耗。

地下洞库的大呼吸损耗位置集中，如果周转次数较大时，可以考虑建设回收设施解决大呼吸损耗问题，回收设施投资约需增加500万元左右。地面油库耗油量大，呼吸难以回收。

6）节省外汇：钢板进口，需大量外汇，以建设300万 m³ 储备库为例，每座地下洞库可节约600万美元。

7）维修费用低：其维修费用只占相同库容地上库费用的1/6，这一项就可每年节约数百万元。

8）对自然景观破坏小，特别是在山区，不需要大量地开山。

9）建设速度快：与地面油库施工速度比，地下工程进度很快，量测监控反馈技术对快速施工具有很大作用。

10）使用寿命长：地下油库使用寿命一般在百年以上，而地面油库25年就要大修或重建。

地下水封岩洞油库的容量大、造价低、节省建筑材料、不用金属油罐、防护能力强、污染程度低，不仅比地面钢罐油库有突出的优点，而且与地下钢罐库比较，也要节约投资、节省钢材和木材，因此在一些国家中得到大规模的发展。

它的原理如下：

1）当储藏在基岩洞室内的原油液压和气压小于地下水的水压时，原油就不会泄漏到洞室外。

2）将渗透到洞室内的地下水适当排出，保持洞室内一定量的地下水流，可以维持一定的原油存储量。

3）可以人工补给地下水，只需调节水封就能够长期安全、定量地储藏原油。

根据水封油库原理，建造地下水封岩洞油库，必须具备以下3个基本条件：

1）岩石完整、坚硬，岩性均一，地质构造简单。

2）在适当深度有稳定的地下水位存在，而水量又不很大。

3）所储存的油品密度小于1g/cm³，不溶于水，并且不与岩石或水发生化学作用。

因此，只要符合这3个基本要求，任何油品或其他液体燃料，都可以用这种方法在地下大量、长期储存。但该法对工程地质和水文地质条件要求严格，施工通道土石方量较大，而且不能自流发油，除此，不宜用做收发油作业频繁的使用性油库。

地下水封岩洞油库的洞室一旦形成后，围岩中的水便流向洞室，在洞室周围形成降水漏斗，当向洞室注入油品后，降水曲线会随着油面上升逐渐恢复，如图2-47a所示，此时，在洞罐壁石上存在着压力差，且在任一高度上，水压力均大于油压力，如图2-47b所示，根据洞罐内水垫层厚度是否固定可分为两类储油方法，如图2-48所示。

1）固定水位法。洞内水垫层厚度固定（0.3~0.5m），水面不因储油量多少而变化，水垫层的厚度由泵坑周围的挡水墙高度控制，水量过多时，则水漫过挡水墙，流入泵坑，水泵由水面位置自动控制。

2）变动水位法。洞罐水垫层厚度不固定，随储油量的多少而变化，油面位置固定在洞罐顶部。储油时，随进油，随排水；发油时，边抽油，边进水，罐内无油时，则被水充满。泵井设在洞罐附近，利用连通管原理进行注水和抽水。

固定水位法不需大量注水、排水，运营费用低，但在油面低的情况下，上部空间大，除油品挥发损耗外，还存在爆炸危险。储存原油、柴油、汽油比较适用。

变动水位法的优缺点与固定水位法相反，由于是利用水位的高低调节洞罐内的压力，因此，

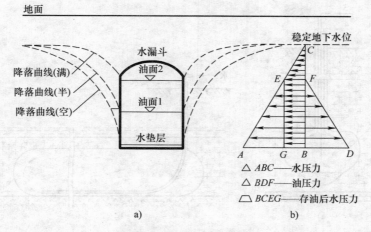

图 2-47　水封岩洞油库原理
a）降水曲线随着油面上升逐渐恢复　b）水压力均大于油压力

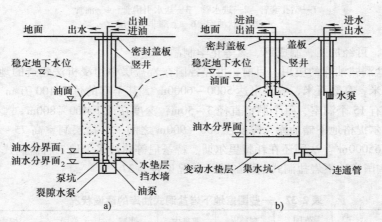

图 2-48　水封岩洞油库储油方法
a）固定水位法　b）变动水位法

对于航空煤油、液化气等要求在一定压力下储存的液体燃料比较适用。

（3）地下岩盐洞式油库

1）地下岩盐洞式油库的形成原理。地下岩盐洞式油库是在岩盐层中用水浸析的方法构筑洞室，来储藏石油的一种储存方法。石油在岩盐层中不渗透，长期储存性质不变。开挖费用低，又无需维修，因此成为一种理想的储油方法，在北美和欧洲一些国家得到应用。

该方法是用水通过钻孔浸析岩盐。使之成为设计形状和容量的储存油库。图 2-49 所示为岩盐层中油库的形成状况，其中，图 2-49a 表示在厚岩盐层中，用水浸析形成的椭球状洞库的过程。从地面钻进垂直钻孔，此孔可达数百米，并在钻孔中下套管 1。由进水管 2 注水溶解、浸析岩层，然后由管 3 把岩盐的溶液抽出，这样在岩盐层中逐渐形成了洞室 5。岩盐经溶解后形成的 $1m^3$ 的盐水中可含盐约 $313 \sim 315kg$，获取 $1m^3$ 盐液约耗水 $6 \sim 7m^3$。

当洞室达到设计形状和大小后，液体燃料即可经管 4 储入椭球洞室之中。此种类型的岩盐洞库要求的岩盐层厚度一般大于 50m。

如果岩盐层的厚度有限，约为 $30 \sim 50m$ 时，如图 2-49b 所示，可应用倾斜钻孔沿岩盐底板行进并逐渐水平钻进，再通过注水和抽出盐水，在层内逐渐形成坑道式油库。

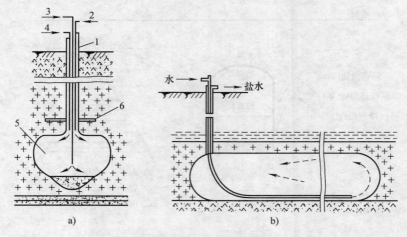

图2-49 地下岩盐式油库的形成原理
a) 厚岩盐层的椭球状油库   b) 有限厚度岩盐储层的坑道式油库
1—钻孔套管 2—进水管 3—盐水引出管 4—油管
5—椭球状油库 6—上部非盐岩层

抽出的盐水,可经加工,制成钙、氯等化学制品。

2) 地下岩盐洞式油库的应用。目前,世界各国在岩盐层中用浸析法建造的地下储油库,其尺寸宽可达数十米,高数百米,容量可达 $5000\sim6000\mathrm{m}^3$,甚至有的达到 100 万 m^3 以上,有的在一个储油库内设有 15 个洞室,每个洞室直径 $3\sim50\mathrm{m}$,深度在地下 $400\sim800\mathrm{m}$。

法国马赛马尔提格地下储油库,深度在 $300\sim900\mathrm{m}$ 之间,岩盐层洞室高 $75\sim480\mathrm{m}$,其容量变动在 $88000\sim365000\mathrm{m}^3$。法国还在耗特里尔斯、特圣尼等建造多个地下岩盐洞式油库。至 20 世纪 80 年代,一些国家地下岩盐洞式油库的建设状况见表 2-37。

表 2-37   一些国家地下岩盐洞式油库的建设状况

国家	英国	东德[①]	加拿大	挪威	美国	法国	西德[①]
建造总容量/万 m^3	1500	700	1400	100	8000	600	1000

① 1990 年东德、西德统一。

(4) 软土水封油库   把混凝土结构的储油容器,埋置于稳定的地下水位以下的软土中,利用地下水的压力封存罐内油品的方式称为软土水封油库,如图 2-50 所示。常用油品饱和蒸气压力见表 2-38。在我国的北京、上海、天津、广州等城市建造有这类油库,为平原地区隐蔽储油提供了一种新的方式。

软土水封油库工作原理及分类与水封岩洞油库类同,也可分为固定水位法和变动水位法储油。但因这类油库多作为使用性油罐,收发油作业频繁,因此一般采用固定水位法。不过若储存轻质油品,又作为储备性油罐,则应采用变动水位法,这样对罐体结构有利。

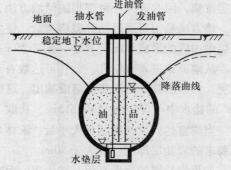

图 2-50 软土水封油库

软土水封油库库址选择应考虑到:

1) 交通运输方便。

2) 水文与地质条件适宜:应选于非地层断裂带和

滑坡区的稳定地区；罐体位置周围不宜有厚砾石层和流砂层，最好埋置于黏土层中；油罐基础应选在土体强度大且均匀的地层上；罐体设于地表附近的水量适中、流速不大、有稳定水位的潜水层中，还应考虑地下水位开发长远规划对水封效果的影响。

表 2-38　常用油品饱和蒸气压力

油气压力 p_0/m 水柱①　　温度℃　油品	–10	0	10	20	30	40	50
车用汽油	1.40	2.00	2.80	3.80	5.10	7.00	9.20
航空用油	0.90	1.30	2.00	2.80	3.90	5.30	7.10
航空煤油	—	0.09	0.14	0.28	0.42	0.70	1.10

① m 水柱（mH$_2$O）= 9806.65Pa。

3）符合环境保护的要求。库区应具有排放和处理污水的条件，防止污染附近水源，并考虑到因降水引起地表、道路沉降开裂问题。

罐体埋深是指罐顶与地下水位之间的高差（H），如图 2-51 所示，H 应满足下式

$$H \geqslant 2h_g$$

$$h_g = \frac{p_0}{\gamma}$$

式中　h_g——油气压头（m 水柱）；

　　　p_0——油气压力（m 水柱），参见表 2-38；

　　　γ——油品重度。

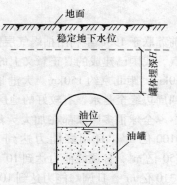

图 2-51　罐体埋深

$H \geqslant 2h_g$ 是已考虑到了地下水渗流过程的压头损失和地下水位可能产生的变动影响后的罐体埋深。

罐体设计内容包括选择合理的罐体形状、确定几何尺寸，附属建筑（如竖井、泵坑、操作间及连接方式）的设计。

罐体宜选用空间结构与拱形结构；罐体尺寸主要取决于容量，通常容量大于 500m³，认为比较经济；在结构受力合理的前提下，罐体高度宜小，使罐体呈矮胖型，以减小埋深，减小荷载，有利于施工。

对于地下水位很低或水位变化无常的地区，可以采用人为造成静水压头高过罐内油位的、利用水压封存罐内油品的人工水封油罐，如图 2-52 所示。

（5）地下储气　地下储气是利用地下气密的多孔岩层或洞穴来储存燃气。它是储存大量燃气最经济和比较安全的方法。地下储气库的主要作用是：调节燃气的季节供需不平衡，保证供气高峰的需求；使长距离输气管线和设备均衡运行，以提高管线和设备的利用率，降低输气成本；在发生事故等紧急情况下保障供气。地下储气库应该靠近大量用气的地区建设。气体液化后，体积大为缩小，有利于储存，为了使天然气或石油气在液态状态下储存，储库应能提供低温或超压条件。例如，在常压下，保存液化天然气必须 –161℃ 的低温；在常温下，液化石油气必须在超压为 0.25～0.8MPa 的条件下储存。

世界上第一个天然气地下储气库 1915 年建成于加拿大。美国 1916 年开始在枯竭气层储气。

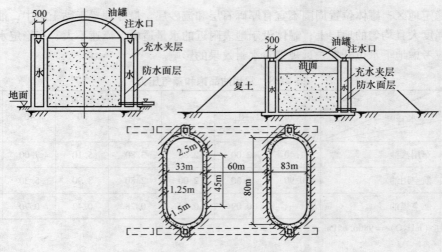

图 2-52　人工水封油罐

前苏联于 1958 年利用枯竭气层储气。我国第一个地下储气库在大庆油田，也是利用枯竭气层储气，我国已建成的真正意义上的地下储气库是大张坨储气库，该气库位于大港油田，距天津东南 50km，距北京约 150km。大港地下储气库全部为凝析油枯竭气层储气库，位于地下 2300m 处，四周边缘全是水，有较好的地层密封性。

全球很多国家都在加大天然气地下储气库开发建设，到 2000 年，全世界总工作气量达到 3100 亿 m³，日调峰能力达到 44.6 亿 m³。西欧各国，约有地下储气库 78 座，工作气量约 550 亿 m³，日调峰能力达到 10.9 亿 m³，东欧及中亚各国，约有地下储气库 67 座，工作气量约 1310 亿 m³，日调峰能力达到 10 亿 m³。特别是近年由于受天然气市场变化的刺激，世界地下储气库容呈迅猛上扬势头，截至 2004 年，全世界地下储气库总数达 610 座。地下储气库技术得到了世界各国的高度重视，其相关技术也得到了快速发展。如寻找适于建库地质体的四维地震勘探技术、垫底气设计技术、大井眼井和水平井技术、盐穴储气库技术、线性岩层洞穴建库技术、储气库优化运行技术等。

以下主要介绍枯竭油气层储气、地下含水层储气、地下洞穴储气等地下储气方式，以及现在广泛使用的 LNG 的地下储罐、LPG 的地下储罐和内衬岩洞储气（LRC）技术。

1）枯竭油气层储气。利用枯竭油气层作储气库，一般不需要建设费用，可利用原有的井注气和采气。储气库中必须存有部分气体作为垫层气，而枯竭油气层通常都有残留气体可直接利用，不必再填充垫层气。这是一种最经济的储气库，地下储气库中有 80% 以上属于此种类型。

2）地下含水层储气。利用背斜含水砂层构造来储气，构造平缓但面积较大时也可用于储气。含水砂层应有较大的厚度、孔隙率和渗透率，合适的深度。渗透性对燃气注入和采出的速度有重大意义。渗透率高，排气时水能很快压回，可回收一部分消耗于注气的能量。

3）地下洞穴储气。盐穴储气是向盐岩层注入淡水，将盐岩层溶解，再将盐水排出，形成溶洞进行储气。这种储气库密闭性能好，储气压力高，采气率大。但与含水层储气库比，储气容量小，单位容量投资高。也可利用废矿井储气，但要求盖层和矿井密闭，此方法一般储气压力较低，故这种储气库的数量很少。

4）LNG 的地下储罐。LNG 是英语液化天然气 Liquefied Natural Gas 的缩写，主要成分是甲烷。LNG 无色、无味、无毒且无腐蚀性，其体积约为同质量气态天然气体积的 1/600，LNG 的质量仅为同体积水的 45% 左右，热值为 52 亿 Btu/t(1Btu = 1055.06J)。

LNG 的地下储罐有如下优点：

① 占地面积小，能高效利用有限的土地资源。

② LNG 不会泄至地上。

③ 外观不会给周围危险感，易被公众接受。

5）LPG 的地下储罐。LPG 是英语液化石油气 Liquefied Petroleum Gas 的缩写。LPG 是丙烷和丁烷的混合物，通常伴有少量的丙烯和丁烯。同质量气态石油气加压冷却制成液体时，体积约缩减为原来的 1/250。低温常压储藏一般采用特殊钢制成的双层箱储罐。LPG 油罐的储藏量都比较小。

6）内衬岩洞储气（LRC）。内衬岩洞储气的英文是 Lined Rock Cavern，简称 LRC。LRC 是在比较坚硬的岩石中人工挖出一个洞室，利用岩石的高抗压性，在洞内做一层比较薄的钢内衬，该内衬主要起密封作用，储存气体。瑞典于 1988 年开始做小型的试验储槽，试验压力达到了 50MPa。成功后，又于 1998 年建造了一个中型工业性放大储槽，容积为 40000m³，设计压力为 20MPa，已经投入使用。目前正在建设一套商业用 LRC 储气库，总库容 40 万 m³，单个储槽容积 10 万 m³。

LRC 原理：在地下 100~200m 深的有内衬的岩石洞室中储存高压气体，高压气体所产生的荷载主要由围岩承受，内衬仅仅起到密封作用，承受的压力微乎其微。LRC 系统是一个完全密闭的系统，气体一直被封闭在管道和钢内衬洞室内，不与围岩接触。LRC 由地下部分及地面部分（气体处理装置）两部分组成，地下部分由一个或多个储气洞室、连接储气洞室的竖井和隧道组成。每座岩洞的开挖形状类似于直立的圆柱体，拱顶呈半圆形，底部呈稍扁半圆形，如图 2-53 所示。最大储存压力取决于场地岩石条件，一般在 15~30MPa 之间。在岩石条件较好的情况下，岩洞直径一般在 35~45m 之间，高 60~100m，洞顶覆盖层 100~130m。单个洞室工作气体达到 1200 万~5000 万 m³。在岩石条件稍差的情况下，岩洞尺寸和储备压力有所减小。

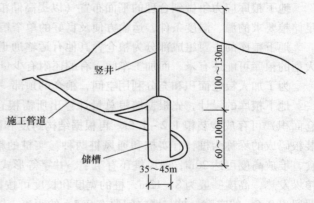

图 2-53　LRC 示意图

洞壁设计是 LRC 的核心技术，由一系列相互作用的单元构成。在钢衬和混凝土之间设滑动层以减少摩擦，为钢衬提供防腐保护；混凝土层可将洞室内高压气体的压力传递到围岩体上，均衡分散变形，同时为钢衬提供平整的基面；钢筋网可分散切向应变，使混凝土层不产生过大裂纹；用低强度渗水混凝土保护排水系统，改善排水系统和围岩之间的水力联系，减少混凝土层与岩石表面的互锁；当库内压力降低时，排水系统可使钢衬承受的水压力降低，避免钢衬变形，系统可以监测洞库气密性、洞壁上的荷载；每一个洞室通过安装在垂直竖井内的燃气管道和地面设施相连。

LRC 技术优势：LRC 总库容可以调整；垫底气量少，垫底气量只是储气量的 10%；采出气体无需净化；周转率高；输送能力强，满足应急调峰需要；选址灵活，适应多种地质条件。

LRC 技术缺点：与地下盐穴储气、枯竭油气井储气、含水层储气等方式比较造价偏高。但比地上储气造价要低，仅是地上储气造价的 1/10。

2.5.3 地下粮库、冷库、商品库及水库

1. 地下粮库

地下粮库的主要任务是尽可能长时间和尽可能多地储存粮食，保证战时粮食供应并兼顾平时的使用。粮食储藏的最合适的条件是温度为 15℃ 左右，相对湿度在 50% ~ 60% 之间，而地下储粮可以用较少的投资满足上述条件。

战时的储存主要为原粮，存粮数量和粮库规模应在总体规划中确定。地下粮库有大型的战略储备库，长期储存，不周转，一般建于山区岩石中；也有中、小型的周转库，建于城市地下。

粮食储存的基本要求：具有可靠的防火设施和防火洞库；保证在储存期间保持规定的温度、湿度，防止霉烂变质、发芽；具备良好的密封性与保鲜功能，既不发生虫、鼠害，又能保持一定新鲜度，便于检测。

地下环境为储存粮食提供了非常有利的条件。地下粮库具有存粮多、存期长、节省人力、减少损耗、质量稳定等特点，存粮保鲜程度和营养价值都高于相同存期的地上粮库的存粮。地下储粮的优点：储粮品质好，稳定性强；虫霉少，损耗降低；管理方便，不必翻仓。不足之处在于一次性投资较高和缺乏对其内部环境参数的监测手段。

粮库主要有单建式地下粮仓、散装地下粮库（特点是容量较大）。可以借助有利地形、地质条件来建造岩层中大型粮库，它在构造处理上是在混凝土衬砌内另做衬套，架空地板。

地下粮库应力争做到合理的平面布置（以提高储粮面积的比例和粮仓储粮的效率），能够满足储粮要求的温、湿度条件，运输方便及良好的单个粮仓设计。

地下粮库的主要组成部分为粮仓，其他有运输通道、运输设备及少量管理用房、风机房等；大型的粮库可能还有米、面加工车间，有的还附有少量的食油库或冷藏库。

为了加大粮仓面积和充分利用空间，粮仓的顶部一般采用跨折板结构。

地下粮库的设计，先根据储粮总量计算出所需粮仓总面积。一般每平方米储粮面积（即粮仓面积）可存放袋装粮 1.2 ~ 1.5t。再根据结构跨度和码垛方式、运输方式确定粮仓的宽度。袋装粮码成的垛称为桩，有实桩和通风桩两种。实桩的粮袋互相靠紧，适用于长期储存的干燥粮食，堆放高度可达 20m，通风桩还有工字、井字等形式，使粮袋间留有一定空隙以便通风，避免粮垛发热，高度一般为 8 ~ 12m，桩的宽度和长度可按排列的粮袋尺寸和数量确定。桩和桩之间要留出 0.6m 的空隙，桩与墙之间要有 0.5m 的距离，以便人员通过。粮仓的长度一般不受限制，可按储存品种、密闭要求、管理要求等适当确定。

2. 地下冷库

地下冷库是建在地下用于低温条件下储存物品的仓库，又称地下冷藏库，主要存放食品、药品、生物制品等。地下冷库按照所要求的温度条件的不同，有"高温"冷库和"低温"冷库。"高温"冷库主要用于蔬菜、水果等的保鲜，库内温度为 0℃ 左右。低温冷库用于储存易腐烂变质的食品，如肉类、鱼类、蛋类等，库内温度为 - 30 ~ - 2℃。地下冷库可建在岩石或土中，有单建或附建式冷库。不论哪种类型，地下环境都为冷库提供了十分有利的条件，地下冷库具有如下优点：密闭性能好、温度稳定、节约材料、降低投资、少耗能源、节省维修和运营费用、防护力强、利于备战，还可以节约土地，保护环境。因此，地下冷库得到世界各国的重视。截至 2008 年，全球总体冷藏库容量大约是 2.4777 亿 m^3，增长幅度最大的地区分别为法国、德国、荷兰、西班牙和巴西。这些国家在 2008 年的冷库总容量约为 1.8 亿 m^3。世界各地的冷藏库行业在继续快速增长。增加冷藏容量成为了一个全球的趋势。我国自 20 世纪 70 年代初开始兴建第一座地下冷库以来，到 2008 年各类生鲜品年总产量约 7 亿 t，冷冻食品的年产量在 2500 万 t 以上，总

产值 520 亿元以上，冷藏企业约 2 万家（包括加工企业内的冷库车间及冷藏库），全国冷库容量达 900 万 t 左右。但是地下冷库也有一定的局限性，表现在地下冷库的选址常常受到地理和地形条件的限制；地下冷库需要较长的预冷期，在这期间的能耗较大；如果建筑布置不合理，围护结构散冷面积过大，运行能耗并不一定比地面冷库小。

（1）地下冷库的原理　地下冷库的原理是利用一般制冷装置冷却洞内的空气，然后四周的岩心中的热量传递给空气，逐渐深入扩展到岩石内部，在洞室周围岩体中形成一定范围的低温区，积蓄巨大的冷量，并维持洞室内稳定的低温。地下冷库可以少用或不用隔热材料，温度调节系统也较地面冷库简单，运营费用比地面冷库低得多。根据资料统计分析得知，地下冷库的运营费用比地面冷库的要低 25% ~ 50%。

（2）冷库的设计原则与要求

1）地下冷库的位置选择。地下冷库，是埋置在地表以下一定深度的岩土体中，形成相对稳定温度场的一种建筑工程。位置选择十分重要，会影响到地下冷库的能耗大小和稳定性。地下冷库位置选择是一个综合性问题，地下冷库位置条件如下：

① 地形地貌条件：地下冷库应选择在山体中，以山形完整，地表切割破坏少，无冲沟、山谷和洼地的浑圆状山体为佳，应能满足冷库的埋深要求，库体部位的地表高差不要过大或过小，以 2 ~ 6m，边坡角度约 55° ~ 75° 为宜。

当地年温差越小，气温越低，岩石日照越少越好。地形上阴坡比阳坡好。地面无多层建筑物，无不均匀动荷载作用影响，不受地表洪水及其他动力地质作用（如滑坡、崩塌）的影响。

② 地质条件：应选在地质构造简单，稳定性好，无区域性断裂通过，无强烈地震影响，非液化，山体无滑动，无岩浆、火山活动的区域（地震基本烈度不超过 7 度的地区）。

围岩以选在地质构造简单，岩层变位变形轻微，断层节理小、间距大、组数少，无断层破碎带和节理密集带，或者它们充填胶结程度好，连通性差，产状平缓，倾角小，岩石单一，岩质均匀，层厚大，层理、层面不发育，且连接性好、倾角小的地段为佳。

在水平岩层或平缓岩层中（倾角小于 15°），如果是不同性质不同强度的岩层相间，洞轴线应尽量在层厚大、强度高的岩层中通过，即应选择较硬、完整、层厚较大的岩层作顶板。

在倾斜岩层中，如果倾角较大，洞轴线一般应与岩层走向垂直或大锐角相交，如果倾角较小（小于层面内摩擦角），无节理切割，层间连接好时，洞轴线也可平行岩层走向，视岩层的组合性质、地应力的方向和需要而定。

地下冷库要特别注意水文地质条件的选择，要求地下水少、补给来源有限、水温低、压力小、水质好。为此，地下冷库应选择在无储水汇水构造、地下水径流、排泄条件差、围岩透水性小、上部有隔水层、地下水位低于洞底标高 3 ~ 4m 处。

2）地下冷库的埋置深度选择。基本原则：满足防护要求，有利于备战；满足围岩稳定要求，有利于支衬与施工；满足制冷要求，有利于节约能源和提高使用效果。

从围岩稳定性考虑，地下冷库的埋置深度见表 2-39。

表 2-39　根据围岩稳定性确定地下冷库的埋置深度

围岩稳定性		埋置深度（B 为洞跨）
围岩类别	稳定系数 F	
稳定	>8	$(1.2 ~ 1.8)B$
基本稳定	5 ~ 7	$(1.8 ~ 2.2)B$
稳定性差	2 ~ 5	$(2.2 ~ 2.5)B$

3）冷库设计原则。

① 确定地下部分规模、技术要求、冷藏物品的种类。

② 按照制冷工艺要求进行布局，把制冷工艺与功能结合起来。

③ 高度以 6 ~ 7m 为宜，洞体宽度不宜大于 7m。

④ 选址要考虑地形、地势、岩性及环境情况，应选择山体厚、排水通畅、稳定、导热系数小的地段。

环境布置以处理好巷道的合理使用为主。

巷道设计应考虑作为通道和冷藏堆货两用处理，即适当加大巷道断面，配置供冷设备：在生产旺季巷道内可堆放物资，淡季作为走道使用，巷道地面应耐水、耐磨、防冻、防滑，库壁喷砂浆，保持库内湿度及隔热效果。

设计要充分考虑顶、底板和侧壁热绝缘措施。在我国则应根据不同的三大地温区（即北部、西部低温区，黄河、长江、流域中温区，南部高温区）进行确定。

绝缘构造设计，应充分利用地下冷库热稳定性好，不受外界热波动影响的优点，尽量减少耗冷量、降低经营费用：既要使来自岩体的各种水不冻结，又要绝对地防止水渗入库内或浸入绝缘材料中。例如，在我国南方高温地区可在冷藏洞库内砌筑加气混凝土块或贴软木或贴聚氨酯泡沫塑料等绝缘材料。

当低温库体中需设置"高温"巷道和"高温"库房时（如水果库），应在两种不同库温的连接处作好隔热处理。并在"高温"库房前端设置回笼间，门口安装空气幕，减少热湿交换。如条件可能，可在巷道内安装排风设备，加大室内空气流速，减少蒸汽在建筑物表面产生凝结水。

地下冷库的防水、排水措施：岩体整体性好，不砌拱圈的洞库，主要防上方地面雨水，避免洞库顶部形成蓄水现象，在库内壁喷射防水砂浆，巷道内挖排水暗沟；岩体整体性差、渗水较严重的洞库，防、排水应以排为主兼顾封堵。为防壁表面出现冷凝水，可采用封闭式"高温"巷道，防止洞外空气直接进入洞库，以保证库内空气温度在零点以下，避免产生凝结水。

（3）地下冷库的平面、横断面设计　地下冷库的平面布置要因地制宜、生产流程合理、缩短运输及供冷管线、把功能使用和制冷工艺要求统一起来，力求经济、可靠、安全、适用。尽可能集中和缩小洞间的距离，减小通道的长度，总平面布置应避免"分散式"或"放射式"，尽量采用"集中式"或"封闭式"，平面尽量方正，以减少库体在水平方向上的传冷量，最好布置成"目"字或"田"字形，如图 2-54 所示。同时，在保证岩体稳定的条件下，尽量缩小两洞库的间壁厚度，使储库冷藏间集中，减少耗冷量，在保证工艺使用要求的前提下，主库洞轴线要力求与掩体的结构面垂直。特别应注意不要将主库的轴线与大的构造断裂线的方向重合。

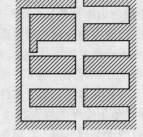

图 2-54　冷库平面布置示意图

实践和热工理论计算结果表明，大间库房的洞壁耗冷量比同样库温的小间库房洞壁的耗冷量要小。因此，洞体宽度在一般情况下以不小于 7m 为宜。

冷藏库房净高的确定，应考虑下列因素：储品的存放高度（用人工堆放，以 4 ~ 5m 计）、储品距供冷设备（排管）的距离（一般为 0.2 ~ 0.3m，如果在拱顶采用拱形顶排管，则取大值）、供冷设备距洞顶的距离（当洞顶为平顶可取 0.3m，为半圆拱或三心圆拱，库内又全部采用平排顶管，则取 1.5 ~ 2.5m）、供冷设备本身的高度。洞体高度以 6 ~ 7m 为宜。

（4）结构设计　地下冷库多为深埋式，一般为直墙拱顶结构，拱轴线形状应力求简单，以便于施工。同一跨度的拱轴线应相同，并采用局部加筋的措施来适应不同的地质条件。

衬砌常用锚喷结构，砖、块石贴壁衬砌结构，离壁式现浇混凝土衬砌结构，厚拱薄墙现浇混凝土衬砌（半衬砌），贴壁直墙式现浇混凝土衬砌和装配式钢筋混凝土衬砌等。现普遍采用锚喷结构，使造价有所降低。

衬砌结构沉降缝设置应位于软硬相差悬殊的地层交界处，在 8 度及 8 度以上地震区的断裂处，在同一条洞室围岩级别高低相差悬殊之处。温差变化显著或口部地段，生产工艺等引起洞室内温差不显著，但施工期间衬砌材料收缩较大，又没有采取有效措施减少材料收缩影响的地段，均应设置伸缩缝。

岩石中冷库不需要做复杂的保温构造，土中浅埋的地下冷库仍需采用高效保温材料，如各种泡沫塑料制品，设置保温结构，但库容量相对减小，造价提高约 10% ~ 15%。

3. 地下商品库

商品库一般有商店用品库，生产厂家堆放商品库，运输站、码头的临时堆放库。总之，这些库的商品进出频繁，储留时间短，取货与存货较快，有些大的仓库可直接用集装箱堆放。

如建在岩石中，一般造价仅为地面相同建筑物的 30% ~ 50%。由于岩层的低温性可保持较长时间，所以能源消耗相当于地面的 50%，地下商品库有不可比拟的巨大优势。

4. 地下水库

到 2025 年，世界上将有 1/3 的国家和地区面临水资源短缺问题。然而每年却有大量的雨洪径流泄入海洋。季风气候地区，降水只集中在短短的几个月里，大量的淡水没有得到有效利用。我国属大陆季风气候，降水高度集中，大部分地区在 6 ~ 9 月的降水量占全年的 60% ~ 80%。南方地区年最大降水量一般为年最小降水量的 2 ~ 4 倍，北方地区为 3 ~ 8 倍。因此，水资源中大约 2/3 的水是洪水径流量；南方水资源丰富，北方水资源缺乏。

调蓄水资源是解决这些矛盾的重要途径之一。除了利用江河湖泊等天然地表水体外，世界各国越来越多地通过修建水库调蓄水资源。目前地表水库发挥了重要作用，并带来了巨大的经济利益，但也有不少问题。例如，库区泥沙淤积降低了水库调蓄能力，甚至导致洪灾加剧；水库蒸发损失造成水资源的巨大浪费；水库壅水及水库渗漏导致库区地下水位抬升，引起次生沼泽化和盐渍化，触发滑坡崩塌，破坏洄游鱼类的生态环境；库区移民造成了沉重的社会经济负担等。基于以上原因，发达国家正在放弃修建地表水库，甚至考虑拆除一些已建水库，转而利用地下水库调蓄水资源。地下水库将水蓄存在地下岩土的空隙中，造价也远远低于同等规模的地表水库。

地下储水为蓄水于土壤或岩石的孔隙、裂隙或溶洞中，用水时再把水取出。国外又叫"含水层人工补给"或"含水层储存与回采"。地下储水的方式有如下几种：

1）把水灌注在未固结的岩土层和多孔隙的冲积物中，包括河床堆积、冲积扇及其他适合的蓄水层等。

2）把水灌注于已固结了的岩层中，如能透水的石灰岩或砂岩蓄水层等。

3）把水灌注于结晶质的岩体中。

4）把水储存于人工岩石洞穴或蓄水池里。

瑞典、荷兰、德国、澳大利亚、日本、伊朗等国，都在实施地下水人工补给，以解决国内水资源短缺问题。瑞典、荷兰和德国的人工补给含水层工程，在总供水中所占的份额分别达到 20%、15% 和 10%。美国正在实施"含水层储存回采 ASR 工程计划"，到 2002 年 7 月，正在运行的 ASR 系统共有 56 个，而建成的系统则有 100 个以上。美国国家研究理事会水科学与技术委员会和美国地质调查局水资源研究分委会，还把"含水层储存与回采 ASR 工程"作为"区域和全国尺度地下水系统调查"最优先资助的领域之一。

我国已经开始实施地下水库调蓄工程，如北京西郊、山东龙口等地都已经修建了地下水库，积累了一些经验。处于永定河冲洪积扇上部的北京西郊地下水库，是个多年调节型地下水库。该地下水库利用旧河道、平原水库、深井、废弃砂石坑进行回灌，取得了一定的效果，使得永定河河床地下水位上升 $2 \sim 3m$。山东龙口黄水河地下水库，建成于 1995 年，是国内第一个设计功能较为完整的地下水库，通过修建拦河闸、地下坝及大量引渗设施，联合调蓄地表水与地下水。据估算，此工程每年可增加地下水 1193.4 万 ~ 5967.0 万 m^3，起到了阻断海水入侵的作用，同时也改善了库区的生态环境。

2.5.4 地下废料仓库

1. 非核废料仓库

（1）环境要求及屏障要求　在这类仓库储藏的废料可能是无毒的或者是有毒的，以专门的容器或大量散装形式交付，以及原生产状态处理或存放。

非核废料范畴是：工业废料、燃烧废料的残渣、低公害的大量材料，例如，来自燃煤设备烟气除硫的石膏、不能再循环使用的危险废料。

许多国家有专门的法规定义和分类非核废料，规定短期及长期情况下的环境要求，包括储存废料不应对生物圈或对人类生存和健康造成任何危险，尤其地下水不应遭到污染。

对屏障有以下要求：

1）废料经分解使放射物减到最少，废料不与周围环境起化学反应。

2）对高度有毒废料提供专门性屏障，例如用惰性的金属容器。

3）构筑长期保持稳定的处置室和有效地关闭进出坑道和钻孔。

4）如仓库可以防止污染物外泄或进入地层，则天然地质屏障满足要求。

屏障的形式和数量取决于存放废料的种类、现场具体地层条件和需要的环境保护标准，取决于选择可回收还是不可回收方式。

（2）地下仓库结构　地下仓库选址取决于地层条件、渗透性、废料特性、长期安全性、可回收性等的要求。地下仓库结构多为竖井、岩盐溶解后的洞室、硬岩体中的废矿山等经加工而成。

1）明挖回填仓库和露天坑。明挖回填或露天坑型仓库，是利用竖井或深沟槽经混凝土壁加固并完成废料处置后再大量覆土而成的。

用内部隔墙可隔离不同种类的废料，并做专门的混凝土保护层，这些废料多是松散型和较低毒性的，从这类储藏设施中废料容易回收。

2）采掘形成的岩石洞室。在低渗透性岩体中，开挖洞室，用容器或以松散体存放。完成废料处置后，用密闭门关闭所有地道和竖井入口。长期环境保护由岩石质量和加固岩石等工程措施来保证。

3）溶解开采得到的岩盐洞。通过深钻孔注入淡水溶解岩盐，产生洞室，其表面是任意的，它的构造可以监测。例如利用声波方法监测。

废料处置应在洞室已经除去水分后进行。必须谨慎地控制废料处理过程，废料必须呈粒状或泥浆状。处置作业完成后，密封钻孔和洞室顶板，这种方法处理的废料不能进行检查和回收。

4）矿山通道（房柱式采掘）。矿山通道可用任何种类处理好的废料充填，包括提供第一道屏障的容器内废料，所有入口和钻孔必须完全密封，运行期间可实现检查和回收。

密实的回填、长期蠕变收敛可增强矿山通道的稳定性。

5）钻孔和竖井。对于少量高度有毒废料的储藏，从进入平巷或作业室前方需掘进约 1m 直径的垂直钻孔到合格处置条件的地层。废料容器可放入钻孔和敞开空间内，回填封闭。如用较大直径竖井代替钻孔，则可以洞室方式堆积松散体废料。为保证长期安全性，各钻孔和竖井必须采取密封措施。

2. 核废料仓库

随着原子能技术的研究与应用，原子能电站的数量正在不断增加，所占的发电量的比重也越来越大，但如何处理和储存高放射性的核废料是亟待解决的问题。地下空间封闭性好，可解决这类问题。

地下核废料储存库大致分为两类：储存高放射性废物，一般构筑在地下 1000m 以下的均质地层中；储存低放射性废物，大都构筑在地下 300m 以下的地层中。

由于这种储库的要求标准高，必须在库的周围进行特殊的构造处理，以防对外部环境和地下水的污染。在库址选择上，要通过仔细勘察和选择最佳地层后，才能最后确定。要保证把该废料严密地封存在地下数千年，不至于影响生态环境。

2.6　地下街

2.6.1　概述

地下街是城市建设发展到一定阶段的产物，也是在城市发展过程中所产生的系列固有矛盾状况下，解决城市可持续发展问题的一条有效途径。由各国城市地下街建设的经验可知：城市空间容量饱和后，只有向地下开发，获取空间资源，才能解决由城市用地紧张所带来的系列矛盾。同时，地下街也承担了城市所赋予的多种功能，是城市的重要组成部分。伴随着地下街建设规模的不断扩大，将地下街同各种地下设施综合考虑，如将城市地铁、地下停车场、地下管线综合管廊、地下人行道及地下商业设施等与城市地下街结合，形成具有城市功能的地下综合体，是未来地下城的雏形。

1. 定义

"地下街"最初在日本是因为与地面上的商业街相似得名。在地下街发展初期，其主要形态是在地铁车站中的步行通道两侧开设一些商店，经过几十年的变迁，从内容到形式都有很大的发展和变化，实际上已成为地下城市综合体，但至今在日本仍沿用"地下街"这个名词。

为了加强管理，贯彻政府对地下街建设的方针政策，日本建设省和劳动省曾分别给出了地下街的定义。

日本建设省的定义：地下街是供公共使用的地下步行通道（包括地下车站检票口以外的通道、广场等）和沿这一步行通道设置的商店、事务所及其他类似设施所形成的一体化地下设施（包括地下停车场），一般建在公共道路或站前广场之下。

日本劳动省的定义：地下街是在建筑物的地下室部分和其他地下空间中设置商店、事务所和其他类似设施，即把供群众自由通行的地下步行通道与商店等设施结为一个整体。除这样的地下街外，还包括各种延长形态的商店。

在我国，有些专著这样定义："修建在大城市繁华的商业街下或客流集散量较大的车站广场下，由许多商店、人行通道和广场等组成的综合性地下建筑，称地下街"或者"城市地下街是建设在城市地表以下的，能为人们提供交通、公共活动、生活和工作的场所，并相应具备配套一体化综合设施的地下空间建筑"。我国专著中对地下街涵义的理解，随着功能的变化而改变，随着地下街功能的增加逐渐演变为城市地下综合体。

2. 地下街的类型

（1）**按规模分类** 地下街按规模分类，根据建筑面积的大小和其中商店数量的多少，可以分为：

1）小型——面积在 3000m² 以下，商店少于 50 个，如日本的福冈博多车站地下街。

2）中型——面积在 3000 ~ 10000m²，商店 30 ~ 100 个，如日本东京的涩谷地下街。

3）大型——面积在 10000m² 以上，商店 100 个以上，如东京八重洲地下街。

（2）**按形态分类** 地下街按形态分类，根据地下街所在位置和平面形态，可以分为：

1）街道型——多处在城市中心区较宽阔的主干道下，平面为狭长形，如成都市顺城街地下街、哈尔滨东大直街地下步行街。

2）广场型——一般位于车站前的广场下，与车站或在地下连通，或出站后再进入地下街。平面接近矩形，特点是客流量大，停车需要量大，地下街主要起将地面上人与车分流的作用，如石家庄火车站广场地下街。

3）复合型——街道型与广场型的复合，兼有街道型和广场型两类的特点，规模庞大，内部布置比较复杂，如日本横滨站地下街。

（3）**按在城市中的作用分类** 德国人肖勒在研究日本地下街时，按在城市中的作用，分为通路型、商业型、副中心型和主中心型四类，也在一定程度上反映了日本地下街的特点。

（4）**按功能分类** 根据地下街的功能可分为地下商业街、地下娱乐街、地下步行街、地下展览街及地下工厂街等。我国目前建设最多的是地下商业街和文化娱乐街。随着地下街发展的综合化、大型化，将逐渐形成大型的地下综合体。

3. 地下街的功能

日本地下街的形成和发展都不是偶然的，是在国民经济发展的总背景下，城市发展到一定阶段的产物，同时日本的国情也赋予了地下街在城市中的特殊地位，日本地下街承担了多种城市功能，不但在城市生活中发挥着积极的作用，而且在国际上的知名度很高，成为现代化城市的一个橱窗。

地下街的城市功能主要表现在以下四个方面，其中改善城市交通是主要功能。

（1）**地下街的城市交通功能** 一般来说，一个城市的中心商业区的地面交通都是繁忙拥挤的，地下街能够很好地解决地面交通的矛盾，在带来经济效益的同时，使这个区域的交通得到治理和改善。从地下街的基本类型和形态上就可以明显地看出其在城市交通中的作用。

地下街所在的位置一般都邻近车站、中心商业区、广场、街道等，这些位置交通量大，停车需求较多。有效地将人、车分流，提供地面交通与地下交通的转换枢纽，是大多数城市地下街建设的主要目的之一。与城市交通设施改造相结合的地下商业街，改善了城市交通状况（静态交通、动态交通），吸引了地面人流的进入、分流，尤其是对于地面交通"瓶颈"负荷大的地方，使人车混杂、车行缓慢的情况得到缓解。

（2）**地下街对城市商业的补充作用** 从地下街的组成情况看，商业在地下街中一般占 1/4 左右，面积相对并不很大，但是所创造的经济效益却是最高的，社会效益也很显著。地下商业街与地面大型商业建筑的布置形式和经营方式有所不同，大部分地下商业街都是中小型商店或餐饮娱乐店的一种综合体，它们对促进该区域经济发展、提高经济效益起着补充和丰富的作用。

（3）**地下街在改善城市环境上的作用** 城市是一个大环境，空气、阳光、绿地、水面、气候、空间、交通状况、人口密度、建筑密度等，都对城市环境质量的高低发生影响。地下街的建设虽然并不涉及以上所有因素，但是城市再开发和地下街的建设，使城市面貌有很大的改观；地面上的人、车分流，路边停车的减少，开敞空间的扩大，绿地的增加，小气候的改善，容积率的控制等，对改善城市环境的综合影响是相当明显的。

（4）地下街的防灾功能　从地下空间的防灾特性看，与地面空间相比，具有对多种城市灾害防护能力强的优势。城市地下空间的防灾特性主要体现在两个方面：一是为地面难以抗御的灾害做好准备；二是在地面受到严重破坏后，保存城市的部分功能。例如在受到核武器攻击后，能够为城市居民提供避难场所，城市中的重要设施能够继续工作。除水灾外，城市地下街对多种城市灾害的防护能力均优于地面空间。在日本，城市地下街是其地下空间开发利用的重要内容，因为城市地下街是城市防灾空间的重要组成部分，在城市防灾、救灾中起到了积极的作用。

2.6.2　地下街的建筑设计

1. 地下街功能分析及组成

地下街的主要功能和作用是缓解由城市繁华地带所带来的土地资源的紧缺、交通拥挤、服务设施缺乏的矛盾。广义来讲，它包括的内容比较多，由许多不同领域、不同功能的地下空间建筑组合在一起，但就目前实践的状况看，地下街主要由以下几个部分组成。

1）地下步行道系统，包括出入口、连接通道（地下室、地铁车站）、广场、步行通道、垂直交通设施、步行街等。

2）地下营业系统，如商业步行街、文化娱乐步行街、食品店步行街等，设计可按其使用功能性质进行。

3）地下机动车运行及存放系统，地下街常配置地下停车场及地下快速路，使地面车辆由通道转快速路后可通过，也可停放在车库。快速路和步行道不宜设在同一层。虽然在同层设置的实例也有，即像地面街道一样，中间为机动车道，两侧为步行道，但污染严重，此种状况应该避免。

4）地下街的内部设备系统，包括通风、空调、变配电、供水、排水等设备用房和中央防灾控制室、备用水源、电源用房。

5）辅助用房，包括管理、办公、仓库、卫生间、休息、接待等房间。

（1）地下街功能分析　从规模上划分地下街的功能组成有很大差别，小型地下街功能较单一，仅有步行道和商场及辅助管理用房，而大型地下街则包含公路及停车设施、相应防灾及附属用房。小型、中型及大型地下街的功能分析图，如图 2-55 所示。

由功能分析图可以看出，超大型地下街是一个人流、车流、购物、存车的综合系统，且人流可由地下公交、地铁换乘，这种地下街就是目前所称的地下综合体。

（2）地下街的组成　地下街各组成部分之间在面积上应保持合理的比例，反映出地下街各功能的主次关系。表 2-40 列出了日本 6 大城市地下街的组成情况和各部分的比例关系。

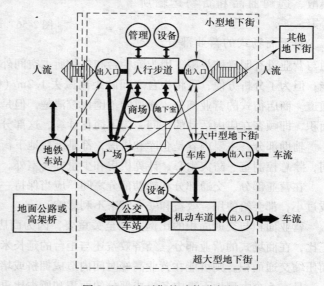

图 2-55　地下街的功能分析图

表 2-40   日本 6 大城市地下街的组成情况和各部分的比例关系

城市	地下街总面积/m²	公共通道		商店		停车场		机房等	
		面积/m²	比例（%）	面积/m²	比例（%）	面积/m²	比例（%）	面积/m²	比例（%）
东京	223082	45116	20.2	48308	21.6	91523	41.1	38135	17.1
横滨	89622	20047	22.4	26938	30.1	34684	38.6	7993	8.9
名古屋	168968	46979	27.8	46013	27.2	44961	26.6	31015	18.4
大阪	95798	36075	37.7	42135	43.9	—	0	17588	18.4
神户	34252	9650	28.1	13867	40.5	—	0	10735	31.4
京都	21038	10520	50.0	8292	39.4	—	0	2226	10.6

地下街内商店面积一般不应大于公共通道面积，同时商店与通道面积之和大致等于停车场面积，也可用公式表示为

$$A \leqslant B$$
$$A + B = C$$

式中　　A——商店面积；

B——通道面积；

C——停车场面积。

地下街中的商业部分又可分为营业部分、交通部分和辅助部分，各部分的具体内容和相互关系如图 2-56 所示。

营业部分：商业部分的主体，商店（或商场）是必不可少的内容。

交通部分：顾客出入、人流集散、选购商品和货物运输所必需。

对于商场式的营业部分，交

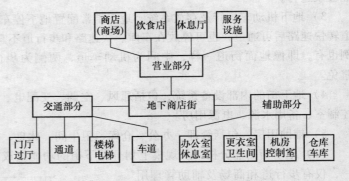

图 2-56　地下街中商业部分组成图解

通与营业没有明确的界限，因为除柜台和售货所占空间外，其余部分同时具有购物和通行两种功能；但为了分析方便，可将柜台之间的距离减去 1.2m（即相对柜台前各站一排人），看作步行通道。商店街式的营业部分，通道的范围比较清楚，但是在商店以内，实际上仍存在一部分交通面积，即顾客在店内活动的空间，为了简化计算，这部分面积可计入商店面积。

辅助部分：主要内容是仓库和机房，都是维持地下街正常运营所必需的，而行政管理用的房间，除总控制室、防灾中心、计算机房和少量办公室外，一般不应放在造价昂贵的地下街中。

在营业部分、交通部分和辅助部分之间，应当保持一个合理的比例关系，任何一个部分过大或过小，都会给使用、效益和安全带来不利影响。

营业面积与交通面积的比例关系至关重要，因为商店（或商场）的经济效益与营业面积成正比，在商场式的营业部分，经济效益还与柜台的延长米数成正比；但是如果过分看重经济效益而压缩交通面积，则可能在营业高峰时间内造成拥挤或堵塞，对购物和防灾都是不利的。

日本 5 个大型地下街中各组成部分的面积和所占比重的情况见表 2-41。

表 2-41　日本 5 个大型地下街中各组成部分的面积和所占比重的情况

地下街名称	总建筑面积/m²	营业面积/m²		交通面积/m²		辅助面积/m²
		商店	休息厅	水平	垂直	
东京八重洲地下街	35584	18352	1145	11029	1732	3326
	100%	51.6%	3.2%	31.0%	5.0%	9.2%
大阪虹之町地下街	29480	14160	1368	8840	1008	4104
	100%	48.0%	4.6%	30.0%	3.4%	14.0%
名古屋中央公园地下街	20376	9308	256	8272	1260	1280
	100%	45.7%	1.3%	40.6%	6.1%	6.3%
东京歌舞伎町地下街	15637	6884	—	4014	504	4235
	100%	44.0%	—	25.7%	3.2%	27.1%
横滨波塔地下街	19215	10303	140	6485	480	1807
	100%	53.6%	0.8%	33.7%	2.5%	9.4%
平均值(%)	100	48.6	2.0	32.2	4.0	13.2

注：休息厅含门厅面积。

从表 2-41 可以看出，日本地下街营业面积与交通面积之比平均为 1:0.72。关于仓库，一方面，如果仓库面积过小，可能出现商品供应时断时续现象，在一定程度上影响地下街的营业收入，但另一方面，加大仓库面积势必相对减小营业面积，这种减小对营业额的影响要比前者大得多。日本地下街中仓库的面积一般较小，与营业面积之比为 1:16.7，这是因为日本有专门为商业服务的集中仓库网点，故在商店内只需要少量周转仓库。

2. 地下街的建筑空间组合

空间组合涉及的因素很多，牵涉的面也很广，这里只能就主要影响因素谈一下组合特点。

(1) 组合原则

1) 建筑功能紧凑、分区明确。在进行空间组合时，要根据建筑性质、使用功能、规模、环境等不同特点、不同要求进行分析，使其满足功能合理的要求。此时可借助功能关系图进行设计，如图 2-57 所示。

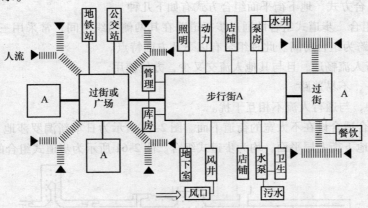

图 2-57　地下街功能关系图

功能关系图中主要考虑人员流线的关系，通常有"十"字形地下步行过街（日本常做成休息广场）及普通非交叉口过街。地下街很重要的是人流通行，所以人流通行是地下街主要的功能。在步行街两侧可设置店铺等营业性用房。在靠近过街附近设水、电、管理用房。库房和风井则可根据需要按距离设置。

2）结构经济合理。地下街结构方案同地面建筑有差别，常做成现浇顶板、墙体、柱承重，没有外观，只有室内效果。

地下街横断面形状主要有三种，如图2-58所示。

图 2-58　地下街的三种断面形式

a）拱形断面　b）平顶断面　c）拱平顶结合断面

拱形断面是地下工程中最常见的横断面形状，优点是工程结构受力好，起拱高度较低，拱中空间可充分利用，能充分显示地下空间的特点，如图2-58a所示。

平顶断面由拱形结构加吊顶组成，也可直接将结构的顶板做成平的，如图2-58b所示。

拱平顶结合断面在中央大厅做成拱形断面，而在两边做成平顶的，如图2-58c所示。

地下街的结构形式主要有矩形框架、直墙拱顶和梁板式结构。

矩形框架采用较多。由于弯矩大，一般采用钢筋混凝土结构，其特点是跨度大，可做成多跨多层形式，中间可用梁柱代替，方便使用，节约材料。

直墙拱顶，即墙体为砖或块石砌筑，拱顶为钢筋混凝土。拱形有半圆形、圆弧形、抛物线形多种形式。此种形式适合单层地下街。

梁板式结构顶、底板为现浇钢筋混凝土结构，围墙为砖石砌筑。

具体采用何种结构类型应根据土质及地下水位状况，建筑功能及层数、埋深、施工方案来确定。

3）管线及层数空间组合。要考虑管线的布置及占用空间的位置，建筑竖向是否多层，如有地下公路等也会受到影响。

（2）平面组合方式　地下街平面组合方式有如下几种。

1）步道式组合。步道式组合即通过步行道并在其两侧组织房间，常采用三连跨式，中间跨为步行道，两边跨为组合房间。此种组合有以下几方面特点。

① 保证步行人流畅通，且与其他人流交叉少，方便使用。

② 方向单一，不易迷路。

③ 购物集中，与通行人流不相互干扰。

此种方式组合适合设在不太宽的街道下面。图2-59所示为日本新潟罗莎地下街，图2-60所示为哈尔滨秋林地下街上层平面，均为步道式组合。图2-61所示为步道式组合的几种形式。

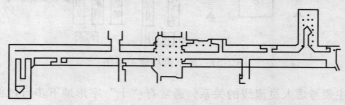

图 2-59　日本新潟罗莎地下街

2）厅式组合。厅式组合即没有特别明确的步行道，其特点是组合灵活，可以在内部划分出

人流空间，内部空间组织很重要，如果内部空间较大，很容易迷失方向，类似超级商场。应注意的是人流交通组织，避免交叉干扰，在应急状态下做到疏散安全。

厅式组合单元常通过出入口及过街划分，如超过防火区间则以防火区间划分单元，图 2-62 所示为日本横滨东口地下街，建造于 1980 年，总建筑面积 40252m²，商业规模为 120 个店铺，建筑面积 9258m²，地下二层车库能存 250 台车。我国石家庄站前广场地下街也为厅式组合。

3）混合式组合。混合式组合即把厅式与步道式组合为一体。混合式组合是地下街组合的普遍方式，其主要特点是：

① 可以结合地面街道与广场布置。

② 规模大，能有效解决繁华地段的人、车流拥挤问题，地下空间利用充分。

③ 彻底解决人、车流立交问题。

④ 功能多且复杂，大多同地铁站、地下停车设施相联系，竖向设计可考虑不同功能。

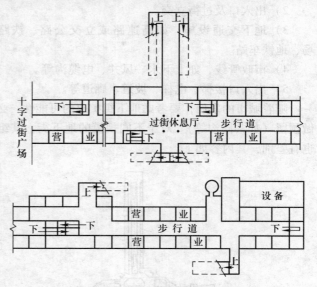

图 2-60　哈尔滨秋林地下街上层平面

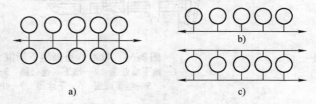

图 2-61　步道式组合的几种形式
a）中间步道　b）单侧步道　c）双侧步道

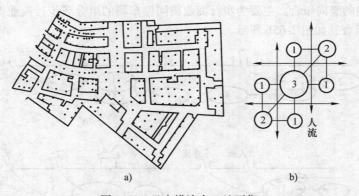

图 2-62　日本横滨东口地下街
a）地下街实例　b）厅式组合示意

图 2-63 为混合式组合示意图。图 2-64 所示为日本东京八重洲地下街，采用混合式组合方式，建造于 20 世纪 60 年代，分两期，建筑面积为 66101m²，有 215 个店铺，车库容量为 570 个车位，有市政水、电廊道，并在地下二层设有市区高速公路，而且车辆能直接停在车库。

（3）竖向组合设计　地下街的竖向组合比平面组合功能复杂，这是由于地下街要解决人流、车流混杂与市政设施缺乏的矛盾。地下街竖向组合主要包括以下几个内容：

1) 分流及营业功能（或其他经营）。

2) 出入口及过街立交。

3) 地下交通设施，如高速路或立交公路、铁路、停车场、地铁车站。

4) 市政管线，如上下水、风井、电缆沟等。

5) 出入口楼梯、电梯、坡道、廊道等。

随着城市的发展，要考虑地下街扩建的可能性，必要时应做预留（如共同沟等）。对于不同规模的地下街，其组合内容也有差别，其内容如下。

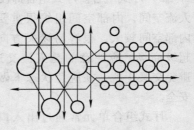

图 2-63　混合式组合示意图

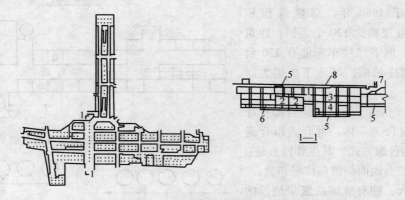

图 2-64　日本八重洲地下街混合式组合示意图
1—地下商业街　2—地下高速公路　3—停车场　4—变配电
5—电缆廊道　6—下水道　7—出入口　8—地面

1) 单一功能的竖向组合。单一功能指地下街无论几层均为同一功能，如上下两层均可为地下商业街（哈尔滨秋林地下街上下两层均为同一功能商业街，如图 2-65a 所示）。

2) 两种功能的竖向组合。主要为步行商业街同停车场的组合或步行商业街同其他性质功能（如地铁站）的组合，如图 2-65b 所示。

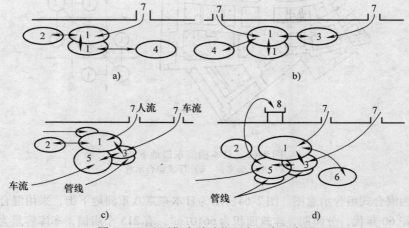

图 2-65　地下街多种功能竖向组合示意图
a) 同一功能竖向组合　b) 两种功能竖向组合　c) 三种功能竖向组合　d) 多于三种功能竖向组合
1—营业街及步行道　2—附近地下街　3—停车库　4—地铁站（浅埋）
5—高速公路　6—地铁线路（深埋）　7—出入口　8—高架公路

3）多种功能的竖向组合。主要为步行街、地下高速路、地铁线路与车站、停车库及路面高架桥等共同组合在一起，通常机动车及地铁设在最底层，并设公共设施廊道，以解决水、电的敷设问题，如图 2-65c、d 所示。

图 2-66a 所示为日本东京歌舞伎町地下街，由顶层步行道、商场，及中层车库，底层地铁车站三种功能组合在一起。图 2-66b 所示为单一功能组合的日本横滨戴蒙德地下街，两层均为商场及步行道。图 2-66c 所示为三层三种功能组合的日本大阪虹之町地下街，顶层为步行道、商场，中层为地铁中间站台，底层为地铁车站。图 2-66d 所示为两种功能组合的日本新潟罗莎地下街，顶层为步行道、商场，底层为地铁车站。

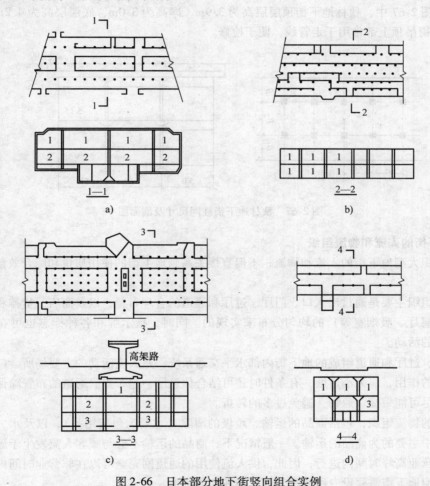

图 2-66　日本部分地下街竖向组合实例
a）三种功能组合地下街（日本东京歌舞伎町）　b）单一功能地下街（日本横滨戴蒙德）
c）三种功能组合（日本大阪虹之町）　d）两种功能组合（日本新潟罗莎）
1—商店　2—停车场　3—地铁车站

3. 地下街的平面柱网及剖面

地下街平面柱网主要由使用功能确定，如仅为商业功能，柱网选择自由度较大，如同一建筑内上下层布置不同使用功能，则柱网布置灵活性差，要满足对柱网要求高的使用条件。

日本在设计地下街时，通常考虑停车柱网，因为 90°停车时最小柱距 5.3m，可停 2 台车，7.6m 可停 3 台车。日本地下街柱网实际大多设计为（6+7+6）m×6m(停 2 台车)和(6+7+6)m

×8m(停3台车)，这两种柱网不但满足了停车要求，对步行道及商店也是合适的。在设计没有停车场的地下街时通常采用7m×7m方形柱网。

哈尔滨秋林地下街，如图2-67所示，采用的跨度是$B_1 \times B_2 \times B_1 = 5.0m \times 5.5m \times 5.0m$，柱距$A = 6.0m$，属于双层三跨式地下商业街。

地下街剖面设计层数不多，大多为2层，极少数为3层。层数越多，层高越高，则造价越高。因为层数及层高影响埋深，埋深大，则施工开挖土方量大，结构工程量和造价也相应增加。

一般为了降低造价，通常条件允许建成浅埋式结构，减小覆土层厚度及整个地下街的埋置深度。日本地下商业街净高一般为2.6m左右，通道和商店净高有差别，目的是保证有一个良好的购物环境。图2-67中，秋林地下街顶层层高为3.9m，净高为3.0m，底层层高为4.2m，净高为3.3m。地下街吊顶上部常用于走管线，便于检修。

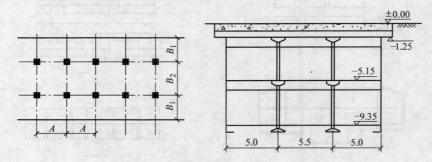

图2-67 秋林地下街柱网尺寸及剖面图

4. 地下街的人流和物流组织

合理组织大型地下街的人流和物流，不但直接关系到地下街的使用质量和综合效益，也是防灾所必需。

人流的组织主要是通过出入口、门厅、过厅和通道的合理布置，以及商店、货摊和其他服务设施（如休息厅、吸烟室等）的均匀分布来实现的。同时，指示牌和各种标志也可在一定程度上引导人流的活动。

由门厅、过厅和通道组成的地下街内部水平交通系统，是人流活动的主要场所。门厅和过厅起集散人流的作用，应大小适度，有条件时还可结合休息厅一起布置。通道的布置除保证足够的宽度外，应尽可能短捷、通畅，避免过多的转折。

地下街的物流组织，包括商品的运输、垃圾的清除（主要为包装用品），以及水、电、气的输送等，其中主要的为商品的运输。一般情况下，商品的运输不会与顾客人流发生矛盾，因为货运不可能在营业高峰时间内进行，因此，供人流使用的通道网完全可以在非营业时间内让货运使用；但是大型地下街需要设专用的货车停车场和卸货场地。

5. 注意事项

（1）公用地下通道 应尽量采用形状简明的直线布局，使利用者方便并便于避难。在所有地点应有两个方向的避难口。公共地下人行道的宽度，由下式计算决定。

$$W = P/1600 + F$$

式中 W——地下公共人行道的有效宽度（m）；

P——预测20年后最大小时步行者人数（人/h）；

F——富余宽度，常采用2m，没有店铺等时采用1m。

通往厕所、机械室、防灾中心等的通道宽度可根据实际情况决定。地下通道长度超过60m

时，考虑避难方便，每隔 30m 设一直通地面的台阶，并在端部加设台阶。

（2）台阶　要保证通向地面的台阶有效宽度不小于 1.5m。当台阶出入口设在地面人行道上时，人行道宽度要在 5m 以上。设计时还要充分考虑残疾人群使用的可能。

（3）地下广场　地下街因与自然空间隔离，与地面的位置关系难以确认，紧急时难以认准避难方向。因此，以公共设施为中心，在其周围的主要设施上应设置导向标志，而广场空间就是具有特色的印象标志。地下广场应设有自然排烟等通风设施，在火灾发生的初期避难时使用。原则上，在公共地下人行道的端部及其所有地段，每隔 50m 都应设置对防灾有效的地下广场，根据地下广场分布的店铺面积，设置防灾所需的排烟、采光等设施，并至少应有两个直通地面的台阶。

（4）店铺　地下街中店铺（包括机械室、防灾中心）的总面积，不能超过公共地下人行道（包括广场、台阶）的总面积。店铺的种类原则上以经销货物为主，应极力限制以火为能源的店铺（如饮食店等），店铺一般布置在街的两侧，店铺之间应设有耐火的墙壁、顶棚。

（5）防灾中心　从防灾及报警出发，要对地下街进行经常监视，以防止灾害发生。万一发生火灾时，能迅速有效地使设备发挥其功能，以防止二次灾害。因此，应设置进行集中控制的防灾中心。

防灾中心设在易于掌握地下街全貌的位置，并应便于通往地面。

（6）附属设施　设在地面的给排气口等设施，应放在道路区域之外，并且不妨碍地面交通及景观。为便于日常检查、维修，水泵室、电气室等机械室应置于合理处；其他附属设施，如厕所、导向板、电话等，都应考虑使用者的方便而设置。

第3章 地下空间结构与构造

3.1 地下空间结构分类

地下空间结构的形式主要由使用功能、地质条件和施工技术等因素确定。施工方法对地下空间结构的形式也会起重要影响。

结构形式首先由受力条件来控制，即在一定条件下的围岩压力、水土压力和一定的爆炸与地震等动载下求出最合理和经济的结构形式。地下空间结构断面可以有如图3-1所示的几种形式：矩形隧道，适用于工业、民用、交通等建筑物的使用限界，但直线构件不利于抗弯，故在荷载较小，即地质较好、跨度较小或埋深较浅时常被采用；圆形隧道，当受到均匀法向压力时，弯矩为零，可充分发挥混凝土结构的抗压强度，当地质条件较差时应优先采用。其余五种形式是介于以上两者的中间情况，按具体荷载和尺寸决定采用哪种形式。例如顶压较大时，则可用直墙拱形结构，大跨度结构需用落地拱，底板常做成仰拱式。

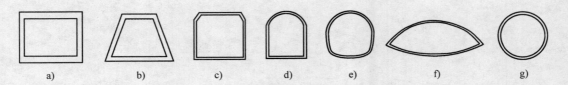

图 3-1　地下空间结构断面形式
a）矩形　b）梯形　c）多边形　d）直墙拱形　e）曲墙拱形　f）扁圆形　g）圆形

结构形式也受使用要求的制约，一个地下建筑物必须考虑使用需要。如人行通道，可做成单跨矩形或拱形结构；地铁车站或地下车库等应采用多跨结构，既减小内力，又利于使用；飞机库则中间部位不能设置柱，而常用大跨度落地拱；在工业车间中，矩形隧道接近使用限界；当欲利用拱形空间放置通风等管道时，也可做成直墙拱形或圆形隧道。

施工方案是决定地下空间结构形式的重要因素之一，在使用要求和地质条件相同的情况下，由于施工方法不同而采取不同的结构形式。

3.1.1 按结构形状划分

地下空间结构可按结构形状划分为拱形结构、框架结构、圆形和矩形结构、薄壳结构、异形结构等，如图3-2所示。

3.1.2 按地质情况划分

地下空间结构根据地质情况的差异可分为土层与岩层地下空间结构。

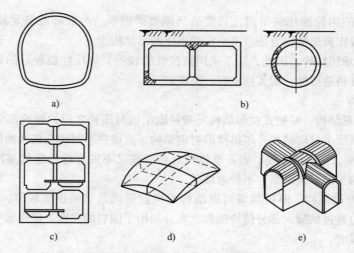

图 3-2 地下空间结构的形式
a) 拱形结构 b) 圆形和矩形结构 c) 框架结构 d) 薄壳结构 e) 异形结构

1. 土层地下空间结构

（1）浅埋式结构 平面呈方形或长方形，当顶板做成平顶时，常用梁板式结构。浅埋地下通道常采用板式、梁板式、矩形结构、浅拱形结构、多边形结构。地下指挥所可以采用平面呈条形的单跨或多跨结构。为节省材料及使结构受力合理，顶部可做成拱形；如一般人员掩蔽部常做成直墙拱形结构；如平面为条形的地铁等大中型结构，常做成矩形框架结构。

（2）附建式结构 附建式结构是房屋下面的地下室，一般有承重的外墙、内墙（地下室作为大厅用时则为内柱）和板式或梁板式顶底板结构。

（3）沉井（沉箱）结构 沉井施工时需要在沉井底部挖土，顶部出土，故施工时沉井为一开口的井筒结构，水平断面一般做成方形，也有圆形，可以单孔也可以多孔，下沉到位后再做底顶板。与沉井施工不同的是，沉箱内部为一封闭结构，充满气压，以控制地下水的作用，其出土有专用通道。

（4）地下连续墙结构 先建造两条连续墙，然后在中间挖土，修建底板、顶板和中间楼板。

（5）盾构结构 盾构推进时，以圆形衬砌最适宜，故常采用装配式圆形衬砌，也有做成方形、半圆形、椭圆形、双圆形、三圆形的。

（6）沉管结构 一般做成箱形结构，两端加以临时封墙，托运至预定水面处，沉放至设计位置。

（7）其他结构 除上述地下空间结构之外，还包括顶管结构和箱涵结构等。在城市管道埋深较大、交通干线附近和周围环境对位移、地下水有严格限制的地段常采用顶管结构，施工更为安全和经济。而在铁路和公路交叉口，为了不影响交通，需修建立交地道，一般采用箱涵结构。对于大断面的浅埋通道，一般先采用管幕围护，再采用箱涵结构。

2. 岩层地下空间结构

岩层地下空间结构形式主要包括直墙拱形、圆形、曲墙拱形等。此外，还有一些其他类型的结构，如喷锚结构、穹顶结构、连拱衬砌结构、复合衬砌结构等。最常用的是拱形结构，这是因为它具有以下优点：

1）地下空间结构的荷载比地面结构大，且主要承受竖向荷载。因此，拱形结构就受力性能而言比平顶结构好（如在竖向荷载作用下弯矩小）。

2）拱形结构的内轮廓比较平滑，只要适当调整拱曲率，一般都能满足地下建筑的使用要求，并且建筑布置比圆形结构方便，净空浪费也比圆形结构少。

3）拱主要是承压结构。因此，适于采用抗拉性能较差，抗压性能较好的砖、石、混凝土等材料构筑。这些材料造价低，耐久性良好，易维护。

（1）拱形结构

1）贴壁式拱形结构。贴壁式拱形结构是指衬砌结构与围岩之间的超挖部分应进行回填的衬砌结构，其包括拱形半衬砌结构、厚拱薄墙衬砌结构、直墙拱形衬砌结构及曲墙拱形衬砌结构。

① 半衬砌结构。岩层较坚硬，岩石整体性好而节理又不发育的稳定或基本稳定的围岩，通常采用半衬砌结构，即只做拱圈，不做边墙。

② 厚拱薄墙衬砌结构。厚拱薄墙衬砌结构的构造形式是它的拱脚较厚，边墙较薄。这样，可将拱圈所受的力通过拱脚大部分传给围岩，充分利用了围岩的强度，使边墙受力大为减小，从而减小了边墙的厚度。

③ 直墙拱形衬砌结构。直墙拱形衬砌结构由拱圈、竖直边墙和底板组成，衬砌结构与围岩的超挖部分都进行密实回填。一般适用于洞室口部或有水平压力的岩层中，在稳定性较差的岩层中也可采用。

④ 曲墙拱形衬砌结构。当遇到较大的竖向压力和水平压力时，可采用曲墙拱形衬砌结构。若洞室底部为较软弱地层，有涌水现象或遇到膨胀性岩层时，则应采用有底板或带仰拱的曲墙拱形衬砌结构。

2）离壁式拱形衬砌结构。离壁式拱形衬砌结构是指与岩壁相离，其间空隙不做回填，仅拱脚处扩大延伸与岩壁顶紧的衬砌结构。离壁式拱形衬砌结构防水、排水和防潮效果均较好，一般用于防潮要求较高的各类储库，稳定的或基本稳定的围岩均可采用离壁式拱形衬砌结构。

（2）喷锚支护　在地下建筑中，可采用喷混凝土、钢筋网喷混凝土、锚杆喷混凝土或锚杆钢筋网喷混凝土加固围岩，这些加固形式统称为喷锚支护。喷锚支护可以做临时支护，也可作为永久衬砌。目前，在公路、铁路、矿山、市政、水电、国防各部门中已被广泛采用。

（3）穹顶结构　穹顶结构是一种圆形空间薄壁结构。它可以做成顶、墙整体连接的整体式结构；也可以做成顶、墙互不联系的分离式结构。穹顶结构受力性能较好，但施工比较复杂，一般用于地下油罐、地下回车场等。它较适用于无水平压力或侧壁围岩稳定的岩层。

（4）连拱衬砌结构　连拱衬砌结构主要适用于洞口地形狭窄，或对两洞间距有特殊要求的中短隧道，按中墙结构形式不同可分为整体式中墙和复合式中墙两种形式。

（5）复合衬砌结构　复合衬砌结构通常由初期支护和二次支护组成，为满足防水要求须在初期支护和二次支护间增设防水层。一般认为复合衬砌结构围岩具有自支撑能力，支护的作用首先是加固和稳定围岩，使围岩的自支承能力可充分发挥，从而可允许围岩发生一定的变形和由此减薄支护结构的厚度。

3.1.3　按施工方法划分

地下空间结构按施工方法可划分为敞开式（又称大开挖式）、暗挖式、盾构式、沉井式、连续墙式、沉箱（管）式、逆作式、顶管（箱）式等。

（1）敞开式　敞开式是指直接在地面开挖所要建造的地下空间结构基坑，在基坑内建造完工程后将土回填的一种方法，基坑边坡可采用放坡、直立或支撑的形式防止土的塌落。

（2）暗挖式　暗挖式常用于土中埋深较大的情况下，通过竖井在土中挖掘空间而建造的结构，此种方式又称为矿山法。

（3）盾构式　盾构式是在地下采用隧道掘进机进行施工的一种方法，结构断面常用圆形，顶管工具头也属盾构范畴。其特点是可穿越海底、水底等地下修建隧道，隐蔽、自动化与机械化程度高，劳动强度低。

（4）沉井式　沉井式是在地面预先建造好结构，然后通过在井内不断挖土使结构借助自重克服土摩阻力不断下沉至设计标高的一种方法，常用于桥梁墩台、大型设备基础、地下仓（油）库、地下车站及国防工事等地下工程的建筑施工。

（5）连续墙式　连续墙式是指在施工时先分段建造两条连续墙，然后在中间挖土并由底至上建造底板、楼板、顶板及内部结构的一种施工方法。

（6）沉箱（管）式　沉箱（管）式是指将预制好的结构运至预定位置，并使之下沉到设计标高的施工方法。

（7）逆作式　逆作式是在地下工程施工时不设支护体系，以结构构件作挡墙及支撑，自上而下依次开挖和施工柱墙、顶板、楼板、基础的一种方法，其特点是施工作业面小，可尽快恢复地面交通，对周围环境影响小，结构断面常为矩形。

（8）顶管（箱）式　顶管（箱）式是在所要建造的地下空间结构的起点和终点设置工作井（常采用沉井），在工作井壁设有孔作为预制管节的进口与出口，通过千斤顶将预制管节按设计轴线逐节顶入土中，对于较长距离的情况，顶管常分段进行，该方法在城市中不影响交通及附近地面设施。

由于施工方法对结构的影响较大，常需要进行施工阶段与使用阶段的结构分析与设计。

3.1.4　按与地面建筑的关系划分

城市建设中大部分地面建筑带有地下建筑，这种地面地下相连的地下建筑称为附建式（地下室）结构，反之称为单建式结构。目前，我国建设的多层建筑大多建有地下室，高层建筑则必须建有地下建筑。

3.1.5　按埋深划分

根据地下空间结构在土中的埋深分为浅埋与深埋地下空间结构。深浅的定义较为模糊，较为不严格的概念认为，地下空间开发深度分为浅层（小于或等于10m）、次浅层（10～30m）、次深层（30～50m）、深层（大于或等于50m）。深埋与浅埋的界限是十分必要的，但我国目前还没有统一的划分方法。

3.2　地铁结构与构造

3.2.1　区间隧道的结构与构造

1. 结构形式及选择

（1）明挖法修建的隧道衬砌结构　明挖法施工的隧道结构通常采用矩形断面，一般为整体现场浇筑或装配式结构，其优点是内轮廓与地铁建筑限界接近，内部净空可以得到充分利用，结构受力合理，顶板上便于敷设城市地下管网和其他设施。

1）整体式衬砌结构。结构断面分单跨、双跨等形式，图3-3所示为我国地铁采用过的结构形式。由于其整体性好，防水性能容易得到保证，故可适用于各种工程地质和水文地质条件，但施工工序较多，速度较慢。

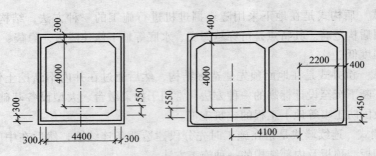

图 3-3　明挖法修建的整体式衬砌结构

2）预制装配式衬砌结构。预制装配式衬砌结构的形式应根据工业化生产水平、施工方法、起重运输条件、场地条件等因地制宜选择，目前以单跨和双跨较为通用，图 3-4a 所示为构件拼装式，图 3-4b 所示为整体预制式。关于装配式衬砌各构件之间的接头构造，除了要考虑强度、刚度、防水性等方面的要求外，还要求构造简单、施工方便。装配式衬砌的接头构造如图 3-5 所示。装配式衬砌整体性较差，对于有特殊要求（如防护、抗震）的地段要慎重选用。

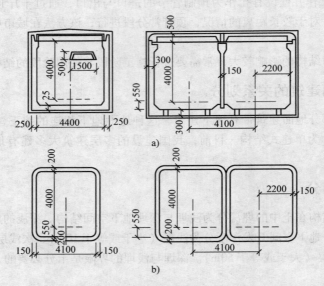

图 3-4　明挖法修建的装配式衬砌结构

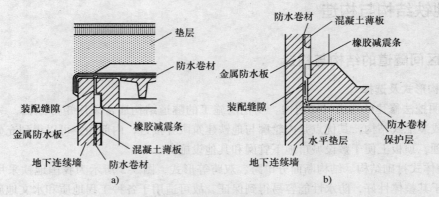

图 3-5　装配式衬砌的接头构造

3）区间喇叭口衬砌结构。喇叭口衬砌结构通常都采用整体式钢筋混凝土结构，图3-6表示非对称型喇叭口衬砌结构。

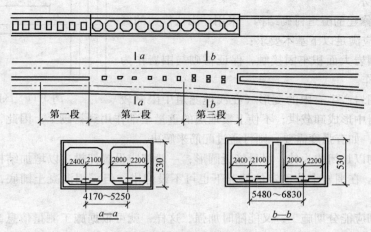

图3-6 非对称型的喇叭口衬砌结构

4）渡线隧道、折返线隧道。为满足运营需要，进行列车折返调度、换线、停车等作业，区间隧道内需设置单渡线、交叉渡线，如图3-7、图3-8所示。隧道断面需适应岔线线间距的渐变，并对结构物要进行特殊设计。

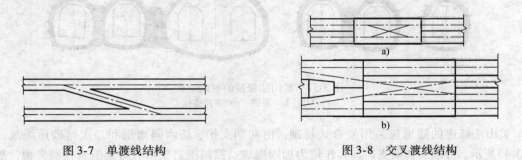

图3-7 单渡线结构   图3-8 交叉渡线结构

5）联络通道及其他区间附属结构物。根据国内外地铁运营中的灾害事故分析发现，列车有可能在区间隧道内发生火灾而又不能被牵引到车站时，乘客必须在区间隧道下车。为了保证乘客的安全疏散，两条单线区间隧道之间应设置联络通道，如图3-9、图3-10所示，这样可使乘客通过联络通道从另一条隧道疏散到安全出口。这种通道也可供消防人员和维修人员使用，或供敷设管线等使用。

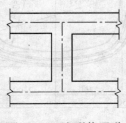

图3-9 正交联络通道

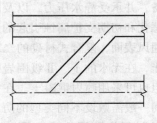

图3-10 斜交联络通道

为了排出区间隧道的渗漏水、维修养护用水等，在线路的最低点需设置排水站。根据通风、环控系统的设计要求，有时还需设置区间风道等附属结构物，如图3-11所示。

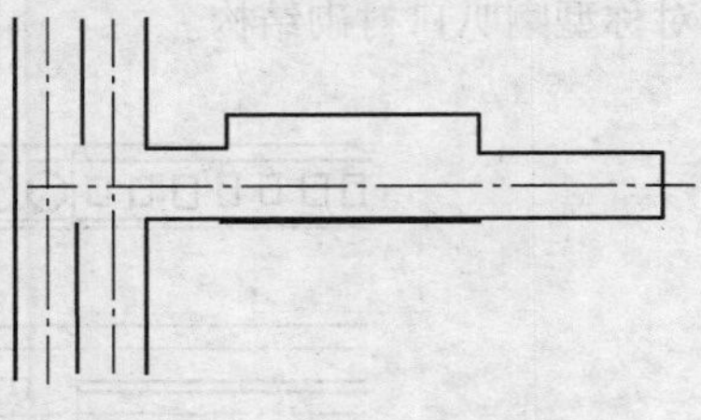

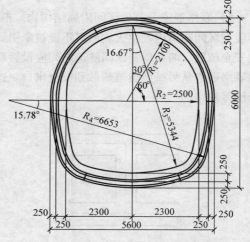

（2）矿山法修建的隧道衬砌结构　采用矿山法修建的区间隧道衬砌结构应满足以下基本要求：

1）须能与围岩大面积牢固接触，保证衬砌与围岩作为一个整体进行工作。

图3-11　区间风道

2）要允许围岩产生有限的变形（在浅埋隧道中限制较严格），能在围岩中形成卸载拱，不使上覆地层的重量全部作用到衬砌上。因此，现代隧道衬砌的刚度相对偏小，如有强度需要，则可通过配筋来解决。

3）隧道衬砌以封闭式为佳，尽量接近圆形，一般都应设置仰拱，以增加结构抵抗变形的能力和整体稳定性。在围岩十分稳定的情况下也可不设仰拱，但需用混凝土铺底，其厚度不得小于20cm。

4）隧道衬砌应能分期施工，又能随时加强，这样，就可根据施工测量信息，调整衬砌的强度、刚度和施作时间，包括仰拱闭合和后期支护的施工时间，主动"控制"围岩变形。区间隧道采用矿山法施工时，一般采用拱形结构，其基本断面形式为单拱、双拱和多跨连拱，如图3-12所示。前者多用于单线或双线的区间隧道或联络通道，后两者多用在停车线、折返线或喇叭口岔线上。

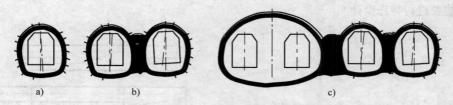

图3-12　矿山法修建的衬砌结构
a）单拱　b）双拱　c）多跨连拱

矿山法修建的隧道应采用复合式衬砌，由初期支护、防水隔离层和二次衬砌所组成，如图3-13所示。外层为初期支护，其作用为加固围岩、控制围岩变形、防止围岩松动失稳，是衬砌结构中的主要承载单元。一般应在开挖后立即施作，并应与围岩密贴。所以最适宜采用喷锚支护，根据围岩条件，选用锚杆、喷混凝土、钢筋网和钢支撑等单一或组合而成，GB 50157—2013《地铁设计规范》对此有具体规定。内层为二次衬砌，通常在初期支护变形稳定后施作。因此，它的作用主要为安全储备，并承受静水压力，以及因围岩蠕变或围岩性质恶化和初期支护腐蚀引起的后续荷载，提供光滑的通风表面，复合式衬砌的二次衬砌应采用钢筋混凝土，在无水的Ⅰ、Ⅱ级围岩中可采用模注混凝土，但也可采用喷射混凝土。在初期支护和二次衬砌之间一般需敷设不同类型的防水隔离层。防水隔离层的材料应选用抗渗性能好、化学性能稳

图3-13　单线区间隧道的复合式衬砌

定、抗腐蚀及耐久性好并具有足够的柔性、延伸性、抗拉和抗剪强度的塑料或橡胶制品。为了控制水流和作为缓冲垫层，可在塑料或橡胶板后加一层无纺布或泡沫塑料。近几年也有采用复合式防水卷材的防水层。

在干燥无水和不受冻害影响、围岩完整、稳定地段的非行车隧道衬砌亦可采用单层喷锚支护，但此时对喷混凝土的内部净空应考虑结构补强的预留量。

当岩层的整体性较好，基本无地下水，防水要求不高，从开挖到衬砌这段时间围岩能够自稳，或通过锚喷临时支护围岩能够自稳时，对Ⅰ、Ⅱ级围岩单线中区间隧道和Ⅰ级围岩中的双线区间隧道可采用整体现浇混凝土衬砌，有条件时也可采用装配式衬砌，不做初期支护和防水隔离层。对不受冻害和水压力作用的稳定围岩，整体式衬砌可做成等截面直墙式。对软弱围岩，宜做成等截面或变截面曲墙式。

一般要求在衬砌做好后向衬砌背后注浆，充填空隙，改善衬砌受力状态，减少围岩变形。同时衬砌混凝土本身需有较高的自防水性能。

矿山法也可用来修建折返段等特殊地段的隧道。

（3）盾构法修建的隧道衬砌与构造　盾构法修建的隧道衬砌有预制装配式衬砌、双层衬砌、挤压混凝土整体式衬砌三大类。在满足工程使用、受力和防水要求的前提下，应优先使用装配式钢筋混凝土单层衬砌。

1）预制装配式衬砌。预制装配式衬砌是用工厂预制的构件（称为管片），在盾构尾部拼装而成的。管片种类按材料可分为钢筋混凝土、钢、铸铁管片以及由几种材料组合而成的复合管片。

钢筋混凝土管片的耐久性和耐压性都比较好，而且刚度大，由其组成的衬砌防水性能有保证，所以在用盾构法修建的各种隧道中得到了广泛的应用。其缺点是质量大，抗拉强度较低，在脱模、运输、拼装过程中容易将其角部碰坏。

钢管片的强度高，具有良好的焊接性，便于加工和维修，质量小也便于施工。与混凝土管片相比，其刚度小、易变形，而且钢管片的抗锈性差，在不做二次衬砌时必须有抗腐、抗锈措施。

铸铁管片强度高，防水和防锈蚀性能好，易加工，和钢管片相比，刚度也较大，故在早期的地铁区间隧道中得到了广泛的应用。

钢和铸铁管片价格较贵，现在除了在需要开口的衬砌环或预计将承受特殊荷载的地段采用外，一般都应采用钢筋混凝土管片。

按管片螺栓手孔成型大小，可将管片分为箱形和平板形两类。箱形管片是指因手孔较大而呈肋板形结构的管片，如图 3-14 所示。手孔较大不仅方便了接头螺栓的穿入和拧紧，而且也节省了材料，使单块管片质量减轻，便于运输和拼装。但因截面削弱较多，在盾构千斤顶推力作用下容易开裂，故只有金属管片才采用箱形结构。当然，直径和厚度较大的钢筋混凝土管片也有采用箱形结构的。

在箱形管片中纵向加劲肋是传递千斤顶推力的关键部位，一般沿衬砌环向等距离布置，加劲肋的数量应大于盾构千斤顶的台数，其形状应根据管片拼装和是否需要灌注二次衬砌而定。

平板形管片是指因螺栓手孔较小或无手孔而呈曲板形结构的管片，如图 3-15 所示。由于管片截面削弱较少或无削弱，故对千斤顶推力具有较大的抵抗力，对通风的阻力也较小。无手孔的管片也称为砌块。现代的钢筋混凝土管片多采用平板形结构。

箱形管片的纵向接缝（径向接缝）和横向接缝（环向接缝）一般都是平面状的。为了减少管片在盾构千斤顶推力和横向荷载作用下的损伤，钢筋混凝土管片间的接触面通常比相应的接缝轮廓小些。

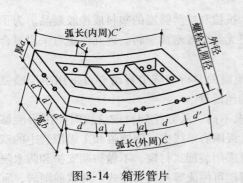

图 3-14　箱形管片

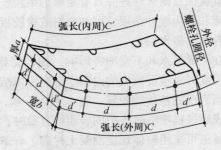

图 3-15　平板形管片

平板形管片的接缝除了可采用平面状外，为提高装配式衬砌纵向刚度和拼装精度，也有采用榫槽式接缝，如图 3-16 所示。当管片间的凸出和凹下部分相互吻合衔接时靠榫槽即可将管片相互卡住。当衬砌中内力较大时，管片的径向接缝还可以做成圆柱状的，使接缝处不产生或少产生弯矩，如图 3-17 所示。

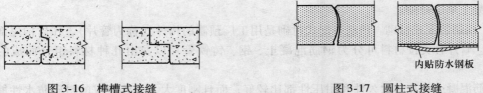

图 3-16　榫槽式接缝　　　　　　　　　　　　　图 3-17　圆柱式接缝

衬砌环内管片之间以及各衬砌环之间的连接方式，从其力学特性来看，可分为柔性连接和刚性连接。前者允许相邻管片间产生微小的转动和压缩，使衬砌环能按内力分布状态产生相应的变形，以改善衬砌的受力状态；后者则通过增加连接螺栓的数量，力图在构造上使接缝处的刚度与管片本身相同。实践证明，刚性连接不仅拼装麻烦、造价高，而且会在衬砌环中产生较大的次应力，带来不良后果，因此，目前较为通用的是柔性连接，常用的有以下几种形式：

① 单排螺栓连接：按螺栓形状又可分为弯螺栓连接、直螺栓连接和斜螺栓连接三种，如图 3-18所示。

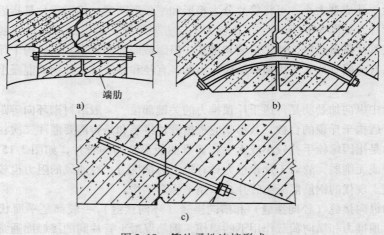

图 3-18　管片柔性连接形式
a）直螺栓连接　b）弯螺栓连接　c）斜螺栓连接

弯螺栓连接多用于钢筋混凝土管片平面形接缝上，由于它所需螺栓手孔小，截面削弱少，原以为接缝刚度可以增加，能承受较大的正负弯矩，但实践表明，弯螺栓连接容易变形，且拼装麻烦，用料又多，近年来有被其他螺栓连接方式取代的倾向。

直螺栓连接是最常见的连接方式。设置单排直螺栓的位置，要考虑它与管片端肋的强度相匹配，即在端肋破坏前，螺栓应先屈服，同时又要考虑施工因素影响。一般设在 $h/3$ 处（h 为管片厚度），且螺栓直径也不应过小。

斜螺栓连接是近几年发展起来的用于钢筋混凝土管片上的一种连接方式，它所需的螺栓手孔最小，耗钢量最省，如能和榫槽式接缝联合使用，管片拼装就位也很方便。

从理论上讲，连接螺栓只在拼装管片时起作用，拼装成环并向衬砌背后注浆后，即可将其卸除。但在实践中大多不拆，其原因是拆除螺栓费工费时，得不偿失，其次是为了确保管片衬砌的安全。不准备拆除的螺栓，必须要有很高的抗腐、抗锈能力。试验表明，采用锌粉酪酸进行化学处理形成的保护膜和氧化乙烯树脂涂层效果较好，可以有 100 年以上的保护效果（在海岸地带）。

② 销钉连接。销钉连接可用于纵向接缝，也可用于横向接缝。所用的销钉可在管片预制时埋入，也可在拼装时安装。销钉的作用除临时稳定管片，保证防水密封垫的压力外，在安装管片时还起导向作用，将相邻衬砌环连在一起。用销钉连接的管片形状简单，截面无削弱，建成的隧道内壁光滑平整。和螺栓连接相比既省力、省时，价格又低廉，连接效果也相当好。

销钉是埋在衬砌内的，不能回收，故通常都用塑料制成。

③ 无连接件。在稳定的不透水地层中，圆形衬砌的径向接缝也可不用任何连接件连接。因管片沿隧道径向呈一楔形体，外缘宽内缘窄，在外部压力作用下，管片将相互挤紧，而形成一个稳定的结构。

2）双层衬砌。为防止隧道渗水和衬砌腐蚀，修正隧道施工误差，减少噪声和振动以及作为内部装饰，可以在装配式衬砌内部再做一层整体式混凝土或钢筋混凝土内衬。根据需要还可以在装配式衬砌与内层之间敷设防水隔离层。国内外在含地下水丰富和含有腐蚀性地下水的软土地层内的隧道，大都选用双层衬砌，即在隧道衬砌的内侧再附加一层厚 250 ～ 300mm 的现浇钢筋混凝土内衬，主要解决隧道防水和金属连接杆件防锈蚀问题，也可使隧道内壁光洁，减少空气流动阻力。

3）挤压混凝土衬砌。挤压混凝土衬砌（Extrude Concrete Lining，简称 ECL）就是随着盾构向前推进，用一套衬砌施工设备在盾尾同步灌注的混凝土或钢筋混凝土整体式衬砌，因其灌注后即承受盾构千斤顶推力的挤压作用，故称为挤压混凝土衬砌。

挤压混凝土衬砌可以使用素混凝土或钢筋混凝土，但应用最多的是钢纤维混凝土。

挤压混凝土衬砌一次成型，内表面光滑，衬砌背后无空隙，故无需注浆，且对控制地层移动特别有效。但因挤压混凝土衬砌需要较多的施工设备，而且混凝土制备、配送，钢筋架立等工艺较为复杂，在渗漏性较大的土层中要达到防水要求尚有困难。故挤压混凝土衬砌的应用尚未广泛。

4）盾构法施工时特殊地段的衬砌。

① 曲线段衬砌。在竖曲线和水平曲线地段上，需要在标准衬砌环之间插入一些楔形衬砌环，以保证隧道向所需的方向逐渐转折，如图 3-19 所示。

楔形衬砌环的楔入量 Δ，即楔形衬砌环最大宽度与最小宽

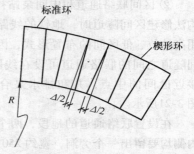

图 3-19　曲线段的管片衬砌

度之差，或楔入角 θ，即楔入量与衬砌外径 $D_{外}$ 之比，$\theta = \dfrac{\Delta}{D_{外}}$，除应根据曲线半径 R、衬砌直径、管片宽度和在曲线段使用楔形衬砌环所占的百分比确定外，还要按盾尾间隙量进行校核。实践中采用的楔入量和楔入角见表 3-1，可供参考。

表 3-1 楔入量、楔入角

衬砌环外径 $D_{外}$	$D_{外} < 4\text{m}$	$4\text{m} \leqslant D_{外} < 6\text{m}$	$6\text{m} \leqslant D_{外} < 8\text{m}$	$8\text{m} \leqslant D_{外} < 10\text{m}$	$10\text{m} \leqslant D_{外} < 12\text{m}$
楔入量/mm	15 ~ 45	20 ~ 50	25 ~ 60	30 ~ 70	32 ~ 80
楔入角	15′ ~ 60′	15′ ~ 45′	10′ ~ 35′	10′ ~ 30′	10′ ~ 25′

通常，一条线路上有很多不同半径的曲线，按不同的曲线半径来设计楔形环势必造成类型太多，给制造增加麻烦，甚至无法制造。例如，曲线半径为3000m时，楔形衬砌环的楔入量 $\Delta = 2.01\text{mm}$，制造楔入量如此小的钢筋混凝土管片，精度不易控制，造价依然高。因此，常用的方法是根据线路上的最小曲线半径设计一种楔形环，然后用优选的方法将标准环和楔形环进行排列组合，以拟合不同半径的曲线段，并使线路拟合误差，即隧道推进轴线与设计轴线的偏差，达到最小（小于或等于10mm）。在进行排列组合时，楔形衬砌环与标准衬砌环的组合比最好不要大于2:1，否则暗榫式对接区间过长，易于变形，从构造和施工两方面来看都不可取。此时，可以重新设计楔形衬砌环以满足上述要求，或采用楔形垫板，如图 3-20 所示，即在标准衬砌环背向盾构千斤顶的环面上，分段覆贴不同厚度的石棉橡胶板，使其在施工阶段千斤顶推力作用下成为一个合适的斜面，以调整楔形衬砌环的拟合精度或组合比。由于覆贴料厚度小，不会减弱弹性密封垫的止水效果。

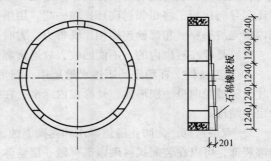

图 3-20 楔形垫板

拟合曲线用的楔形衬砌环或楔形垫板也可用来修正蛇行。所谓蛇形即盾构在施工中，由于地质条件变化或操作不当，使施工轴线或左或右地偏离轴线，其轨迹似蛇行的曲线。此时，就需要根据已成环的衬砌的坐标和后续施工的设计轴线情况，在一段范围内采用楔形衬砌环或楔形垫板来修正线路位置，使线路偏差控制在允许范围内。

② 区间联络通道和中间泵站衬砌。采用盾构法修建区间隧道时，地铁的线路纵断面常采用高站位、低区间的布置形式，因此，两条区间隧道之间的联络通道可设在线路的最低点，接近区间的中点，并和排水泵合并建造，如图 3-21 所示。

在设置联络通道的地段，两个区间隧道的内侧均要留出一个旁洞，宽约 250 ~ 400cm。为了承受洞门顶和底部拱圈传来的荷载，旁洞上

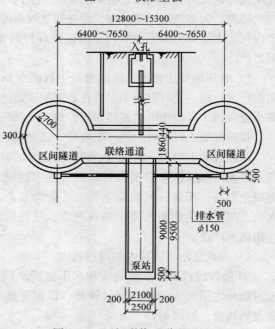

图 3-21 区间联络通道和泵站

下均需设置过梁以及支撑过梁的壁柱，从而在旁洞四周形成一个坚固的封闭框架。由于框架受力复杂，加工精度要求高，故通常采用钢管片或铸铁管片拼装而成。

旁洞的开口部分在盾构通过时临时填充管片堵塞，使衬砌环仍为封闭的，以改善其受力条件，防止泥沙涌入，联络通道施工前，再将填充管片拆除形成旁洞，于是荷载完全传到框架上。

一般情况下，联络通道和中间泵站都采用矿山法施工，为了加强其防水性能多采用封闭的复合式衬砌。联络通道衬砌的各项设计参数可按计算确定，也可按工程类比法确定。

中间泵站一般设在联络通道中部底板下，其集水池有效容积宜按不小于 10min 的渗水量与消防废水量之和确定，且不得小于 $30m^3$。

用矿山法修建区间隧道时，其联络通道和中间泵站也可采用类似的衬砌结构，只不过两侧区间隧道的旁洞框架采用钢筋混凝土结构，相对来说较为简单。

③ 渡线和折返线衬砌结构。采用盾构法修建区间隧道时，渡线和折返线隧道一般和车站一起采用明挖法或暗挖法施工，故其衬砌结构与明挖法或暗挖法施工相同。也有在盾构通过后再采用矿山法修建的。

（4）特殊地段隧道衬砌结构

1）沉埋结构。地铁穿越江、河、湖、海时，往往采用预制沉埋法施工，这一方法的要点是先在干船坞或船台上分段制作隧道结构，然后放入水中，浮运至设计位置，逐段沉入水底预先挖好的沟槽内，处理好各节段的接缝（见图 3-22），使其连成整体贯通隧道。

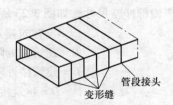

图 3-22　沉埋节段与变形缝

沉埋结构横断面有圆形和矩形两大类，断面形状设计要从空间的充分利用和结构受力合理两方面综合考虑。当隧道为位于深水中（大于 45m）的单、双线隧道时，宜用圆形或双层钢壳混凝土结构；水深在 35m 之内的通行地铁车辆和机动车的多车道隧道，宜用普通混凝土或纵向施加预应力的钢筋混凝土矩形框架结构；水深介于 35～45m 之间时，要进行详细对比予以选择。

每节沉管的长度依据所在水域的地形、地质、航运、航道、施工方法等要求确定，一般控制在 100～130m 范围内，最长的已达到 268m。

断面尺寸根据使用要求、与其他交通结构合建要求、埋深、地质条件、施工方法等确定。

管段结构构造除受力要求外，还应考虑管段浮运、沉放、波浪力、基础形式及地基性质的影响。

沉管段结构的外轮廓尺寸还要考虑浮力设计，既要保证一定的干舷，又要保证一定的安全系数。沉管结构混凝土等级一般为 C30～C50，采用较高的等级主要是抗剪的需要。沉管结构中不容许出现通透性裂缝，非通透性裂缝的宽度应控制在 0.15～0.2mm，因此不宜采用 HRB400 级或 HRB400 级以上的钢筋。

当隧道的跨度较大，或者水、土压力较大（300～400kPa）时，顶、底板受到的弯矩和剪力很大，此时可采用预应力结构。一般为简化施工，尽量采用普通钢筋混凝土结构。

沉管段连接均在水下进行，一般有水中混凝土连接和水压压接两种方式。按变形状况可分为刚性接头和柔性接头，对于地震区的沉管隧道宜采用特殊的柔性接头，这种接头既能适应线位移和角变形，又具有足够的轴向抗拉、抗压、抗剪和抗弯强度。

管段沉放和连接后，应对管底基础进行灌沙或以其他方法予以处理。

2）顶进法施工的区间隧道结构。浅埋地铁线路在穿越地面铁路、地下管网群、交通繁忙的城市交通干线、交叉路口及其他不允许挖开地面的区段时，常采用顶进法施工。

顶进法施工一般分为顶入法、中继间法和顶拉法3种，各种方法对其相应结构及构造有不同要求。

顶进法施工的区间隧道结构形式根据工程规模、使用要求、工程地质情况、施工方法合理选用，一般多选用箱形框架结构。其正常使用阶段的结构强度可参照明挖框架结构设计，垂直荷载应注意地面动载的影响，对施工阶段的结构强度，要验算千斤顶推力的影响及顶进过程中框架可能受扭的应力变化，在刃角、工作坑、滑板、后背等设计中除强度、刚度、稳定性满足要求外，还应考虑施工各阶段受力特性及构造措施。

2. 构造要求

（1）明挖法修建的隧道衬砌构造

1）截面几何尺寸的拟订。区间隧道截面几何尺寸包括内部净空尺寸和结构断面厚度两部分，它是根据结构使用要求、限界尺寸、施工方法及工程地质和水文地质条件而确定的。

2）内部净空尺寸的确定。区间隧道内部净空尺寸根据建筑接近限界、曲线半径、超高、道床、线间安全距离、施工误差、结构变形等影响因素确定，隧道内任何设施及附属建筑物都必须设置在建筑限界以外。

内部净空尺寸，如图3-23所示，并可用下列各式求得

$$A = 建筑接近限界宽度/2 + （至侧墙间的富余量） + a \tag{3-1}$$

$$B = 建筑接近限界宽度/2 + （至中间柱或墙间的富余量） + b \tag{3-2}$$

$$C = 建筑接近限界宽度/2 + （至中间柱或墙间的富余量） + a \tag{3-3}$$

$$D = 建筑接近限界宽度/2 + （至侧墙间的富余量） + b \tag{3-4}$$

$$H = 建筑接近限界高度/2 + （至顶板下表面间的富余量） + h \tag{3-5}$$

式中　　a——曲线内侧总加宽量；

　　　　b——曲线外侧总加宽量；

　　　　h——由曲线引起的超高量。

富余量一般包括施工误差、测量误差及结构变形量等。

3）隧道结构断面厚度尺寸的拟订。计算箱形框架内力时，一般根据设计经验或用类比法，先假定框架截面尺寸，然后进行计算。如果发现强度不足或配筋过大，应重新进行断面尺寸拟定和计算。影响断面厚度的主要因素有混凝土和钢筋的设计强度、荷载状况、建筑物的高宽尺寸以及钢筋的配置方式等。

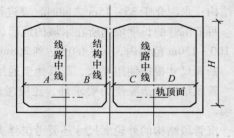

图3-23　内部净空尺寸

断面尺寸的假定，大致可按以下步骤进行，首先假定顶板的截面厚度（大约为跨度的1/8~1/10）。再概略计算出顶板荷载和在该荷载作用下产生的最大正、负弯矩，然后根据弯矩进行配筋；底板的厚度根据地层有无地下水，其厚度为顶板厚度加、减5cm；侧墙厚度根据施工、防水及结构的匀称要求，通常不宜小于40cm。最后按整体框架进行精确计算。由于区间隧道很长，其标准断面要进行多方案比较，以达到方便施工和降低工程造价的目的。

4）整体式钢筋混凝土框架结构配筋要求。根据内力计算求得各控制截面上的弯矩、剪力及轴力后，按照钢筋混凝土结构的偏心受压或受弯构件的抗弯、抗剪、抗裂要求进行配筋计算，然后按下列要求进行配筋。

① 最小配筋率。明挖法施工的地下空间结构周边构件和中楼板每侧暴露面上分布钢筋的配筋率不宜低于0.2%，同时分布钢筋的间距也不宜大于150mm。

② 钢筋直径。现场绑扎钢筋和预制钢筋骨架的形状、尺寸应考虑到加工、运输和基坑内施工的安全和方便，选用的受力钢筋直径一般不宜大于 32mm，受弯构件中钢筋直径不宜小于 14mm，受压构件中不宜小于 16mm，一般构造钢筋直径不小于 12mm，箍筋直径不小于 8mm。

③ 钢筋间距。框架结构的受力钢筋间距应不大于 250mm，受力钢筋的水平净距不得小于钢筋直径或 30mm，多于 2 排钢筋时，应增加 1 倍；纵向分布钢筋间距可采用 10 ~ 30cm，要便于施工；箍筋间距应满足规范要求。

④ 钢筋的混凝土保护层厚度。钢筋的混凝土保护层厚度应根据结构类别、环境条件和耐久性要求等确定。

钢筋的弯起、锚固、搭接也应按规范设置。其他构造钢筋要根据结构受力特点进行配置。

(2) 矿山法修建的隧道衬砌构造

1) 隧道衬砌内轮廓线形状和尺寸拟定。衬砌内轮廓线形状应使结构轴线尽可能符合在外荷载作用下所产生的压力线。此外，在设计衬砌内轮廓线形状时，还要考虑衬砌模板制造的难易和是否便于在曲线地段进行加宽。从理论上分析和实践经验得出：当区间隧道衬砌主要承受竖向荷载和不大的水平荷载时，衬砌拱部轴线宜采用单心圆弧线或三心圆弧线，墙部可采用直线。当衬砌在承受竖向荷载的同时，还承受较大的水平荷载时，结构轴线宜用多段圆弧连接而成，近似圆形，但又比圆形接近建筑限界，以减少土石开挖量。上述各内轮廓线的圆心位置和半径值可通过几何分析求得。

衬砌内轮廓线尺寸应符合地铁建筑限界要求，还要考虑施工和测量误差，以及结构固有的变形量。结构变形量可根据围岩级别和隧道宽度按工程类比法确定，当无类比资料时可按表 3-2 选用。Ⅰ、Ⅱ级围岩变形量小，设计时不予考虑预留变形量。当隧道位于曲线上时，内轮廓还要予以加宽。

表 3-2　预留变形量 　　　　　　（单位：cm）

围岩级别	单线隧道	双线隧道
Ⅱ	—	1 ~ 3
Ⅲ	1 ~ 3	3 ~ 5
Ⅳ	3 ~ 5	5 ~ 8
Ⅴ	5 ~ 8	8 ~ 12
Ⅵ	由设计确定	由设计确定

注：深埋、软岩隧道取大值，浅埋、硬岩隧道取小值；有明显流变、原岩应力较大和膨胀性围岩，应根据量测数据反馈分析确定；本表取自 TB 10003—2005《铁路隧道设计规范》。

2) 衬砌截面尺寸拟定。区间隧道衬砌截面尺寸拟定包括：确定初期支护的各设计参数——锚杆类型、直径、长度、间距，喷射混凝土强度、厚度，格栅拱钢筋直径、间距，钢筋网直径和网格尺寸等；二次衬砌的各项设计参数——混凝土强度、厚度以及是否需要配筋。

初期支护设计参数的确定可按以下顺序进行：

① 采用工程类比法初步选定尺寸，如无类比资料可参照《铁路隧道设计规范》制定。

② 根据地铁区间隧道具体情况，综合研究，对初步选定的设计参数进行修正。

③ 对于有异常围岩压力和会产生超常位移的围岩，或断面形状特殊的衬砌结构，用工程类比法有困难时，则可采用解析法或数值法进行内力分析和截面设计，但在进行分析时应对边界条件和围岩参数的选取慎重研究。

④ 由于围岩特性复杂而多变，在隧道开挖前一般很难准确搞清楚，故需要在施工中根据围岩的变化情况和监控量测到的围岩动态信息，对初步选定的设计参数进行修正，其内容可参见表3-3。

表 3-3 设计变更项目

变更项目	主要措施	变更项目	主要措施
在采用支护系统内的变更	① 修正变形富余量 ② 变更喷层厚度，采用钢筋网、钢纤维 ③ 改变锚杆长度、根数 ④ 改变锚杆、钢支撑的间距	修正围岩级别	改正采用的支护系统
		封闭断面	仰拱喷混凝土、混凝土仰拱
		改变开挖方法	台阶法、环形开挖法
追加辅助构件	① 斜向锚杆、超前锚杆 ② 钢背板 ③ 开挖面喷混凝土 ④ 开挖面锚杆	改变断面	圆形断面
		采用特殊方法	注浆加固等

关于二次衬砌的强度及厚度则应根据其所在地层及在隧道结构体系中的作用而定。若二次衬砌在初期支护变形稳定后施作，对单线区间隧道一般采用 30 ~ 50cm 厚素混凝土或钢筋混凝土。当提前施作二次衬砌或地下水压力过大或地层有明显流变特征时，应通过力学分析确定二次衬砌厚度及强度。

在确定衬砌截面尺寸时，一般要将围岩较差地段的衬砌向围岩较好地段延伸 5 ~ 10m。

同时，还应注意：在明显的软硬地层分界处和区间隧道与车站隧道接头处，都应设置变形或沉降缝，初期支护和二次衬砌的结构缝应设在一处。沉降缝的构造要能保证沉降缝两侧结构自由变形，但这种相对位移又不能过大而造成钢轨断裂。

（3）盾构法修建的隧道衬砌构造

1）横截面内轮廓尺寸。采用盾构法修建区间隧道时，无论是在直线上还是曲线上，均使用同一台盾构施工，中途无法更换。因此，其横截面的内轮廓尺寸在全线是统一的，故除要根据建筑限界、施工误差、道床类型、预留变形等条件决定外，还要按线路的最小曲线半径进行验算，保证列车在最困难条件下也能安全通过。

2）管片厚度。衬砌管片厚度应根据地层条件、隧道外径 D 的大小、埋置深度、管片材料、隧道用途、施工工艺、受荷载情况以及衬砌所受的施工荷载（主要为盾构千斤顶顶力）等因素计算确定，一般取（0.040 ~ 0.060）D。为了充分发挥围岩自身的承载能力，现代的隧道工程中都采用柔性衬砌，其厚度相对较薄。根据日本经验，单层的钢筋混凝土管片衬砌，管片厚度一般为衬砌环外径的5.5%左右。北京地铁区间隧道钢筋混凝土管片厚度为 300mm，上海地铁区间隧道钢筋混凝土管片厚度为 350mm，广州地铁管片厚度为 300mm，约为衬砌环外径的 5% ~ 6%。

3）管片宽度。管片宽度的选择对施工、造价的影响较大。当宽度较小时，虽然搬运、组装以及在曲线上施工方便，但接缝增多，加大了隧道防水的难度，增加了管片制作成本，而且不利于控制隧道纵向不均匀沉降。管片宽度太大则施工不便，也会使盾尾长度增长而影响盾构的灵活性。因此，过去单线区间隧道管片的宽度控制在 700 ~ 1000mm，但随着铰接盾构的出现，管片宽度有进一步提高的趋势，目前控制在 1 000 ~ 1500mm。例如，北京地铁区间隧道管片宽度采用 1200mm，上海地铁区间隧道的管片宽度为 1000m，广州地铁区间隧道采用铰接式盾构施工，故其管片宽度为 1200mm。

4）衬砌环的分块。衬砌环的组成，一般有两种方式。一种是由若干标准管片（A）、两块相邻管片（B）和一块封顶管片（K）组成。另一种是由若干块 A 型管片、一块 B 型管片和一块 K

型管片构成，如图 3-24 所示，相邻管片一端带坡面，封顶管片则两端或一端带坡面。从方便施工，提高衬砌环防水效果角度看，第一种方式较好。

封顶块的拼装形式有径向楔入和纵向插入两种。径向楔入时，封顶块的两个径向边必须呈内八字形或者至少平行，受载后有向下滑动的趋势，受力不利。采用纵向插入时，封顶块不易向内滑动，受力较好，但在拼装封顶块时，需加长盾构千斤顶行程。封顶块的位置一般设在拱顶处，但也有设在 45°、135°甚至 180°（圆环底部）处的，视需要而定。

衬砌环的拼装形式有错缝和通缝两种，如图 3-25 所示。错缝拼装可使接缝分布均匀，减少接缝及整个衬砌环的变形，整体刚度大，所以是一种较为普遍采用的拼装形式。但当管片制作精度不够高时，管片在盾构推进过程中容易被顶裂，甚至顶碎。在某些场合（如需要拆除管片修建旁通道时）或有某些特殊需要时，则衬砌环通常采用通缝拼装形式，以便于结构处理。

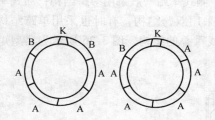

图 3-24　管片分块方式

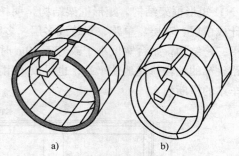

图 3-25　管片拼缝形式
a）通缝　b）错缝

由上述可知，从制作成本、防水、拼装速度等方面考虑，衬砌环分块数越少越好，但从运输和拼装方便而言，又希望分块数多些。在设计时应结合隧道所处的围岩条件、荷载情况、构造特点、计算模型（如按多铰柔性圆环考虑，分块数应多些，按弹性匀质圆环考虑，分块数宜少）、运输能力、制作拼装方便等因素综合考虑决定。地铁单线区间隧道，衬砌环以分 6 块为宜，双线区间隧道宜采用 8 块。北京、上海、广州地铁区间隧道都是分 6 块，即 3 块标准块、2 块邻接块和 1 块封顶块。

5）螺栓和注浆孔的配置。组装管片用的螺栓分为纵向连接螺栓和环向连接螺栓两种。在柔性连接中，纵、环向的连接螺栓通常都布置一排，螺栓孔的设置不得降低管片强度，并应方便螺栓紧固作业。螺栓直径一般为 16～36mm，螺栓孔直径必须大于螺栓直径 4～8mm，见表 3-4。以销钉代替螺栓时，孔径的富余量见表 3-5。

表 3-4　螺栓直径与螺栓孔直径的关系

螺栓直径/mm[①]	27	30	33
螺栓孔直径/mm[②]	32～33	35～38	38～41

注：本表取自日本《隧道标准规范（盾构篇）》。
① 螺纹的公称直径。
② 最狭部分的孔径。

表 3-5　销钉直径与销钉孔直径的关系

销钉直径/mm[①]	18	18	20	22	24	27	30	33	36
销钉孔直径/mm[②]	19	21～23	23～25	25～27	27～29	30～32	33～36	36～39	39～41

注：本表取自日本《隧道标准规范（盾构篇）》。
① 螺纹的公称直径。
② 最狭部分的孔径。

采用错缝拼装形式时，为了曲线地段施工方便，一般将纵向连接螺栓沿圆周等距离布置。

为了均匀地向衬砌背后进行回填注浆，管片上还应设置一个以上的注浆孔，注浆孔直径一般由所用的注浆材料决定，通常其直径为 50～100mm。如注浆孔兼作起吊孔使用，则应根据作业安全性和是否便于施工确定其位置及孔径大小。

3.2.2 地铁车站的结构与构造

1. 车站结构形式及选择

（1）明挖法施工的车站结构

1）结构形式。明挖车站可采用矩形框架结构或拱形结构。车站结构形式的选择应在满足运营和管理功能要求的前提下，兼顾经济和美观，力图创造出与交通建筑相协调的氛围。

① 矩形框架结构。矩形框架结构是明挖车站中采用最多的一种形式，根据功能要求，可以设计成单层、双层、单跨、双跨或多层、多跨等形式。侧式车站一般采用多跨结构；岛式车站多采用三跨结构，站台宽度小于或等于 10m 时站台区宜采用双跨结构，有时也采用单跨结构；在道路狭窄的地段修建地铁车站，也可以采用上、下行线重叠的结构。图 3-26 所示为典型矩形框架车站的横断面。

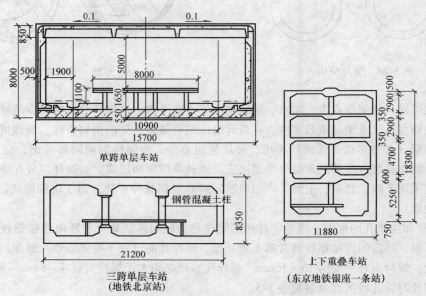

图 3-26 明挖矩形框架车站（单位：mm）

② 拱形结构。一般用于站台宽度较窄的单跨单层或单跨双层车站，可以获得良好的建筑艺术效果。白俄罗斯首都明斯克的地铁在宽 10m 站台的车站中，采用了多种形式的单拱车站，如图 3-27a 所示。顶盖为变截面的无铰拱，地下连续墙直接作为主体结构的侧墙，变截面的底板与墙体铰接。图 3-27b 所示为莫斯科地铁在拱形覆土较薄的车站中采用的一种断面形式。结构由具有拱形顶板的变截面单跨斜腿刚架和平底板组成，墙角与底板之间采用铰接，并在其外侧设有与底板整体浇筑的挡墙，用以抵抗刚架的水平推力。上海地铁 1 号线的衡山路车站是拱形车站的一种变化方案，该站站台宽度仅为 8m，站台区采用双层单跨结构，折线形拱顶板既保留了拱形结构受力和建筑上的优点，施工也较为简单；由于可将地下管线布置在折板外的三角区内，使车站埋深较平板结构减小约 0.8m。

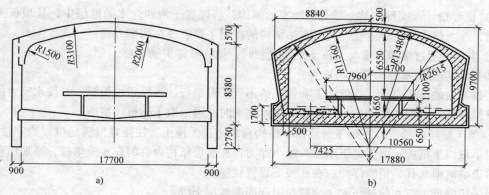

图 3-27 明挖拱形车站（单位：mm）
a）明斯克地铁东站 b）莫斯科地铁车站

2）整体式结构与装配式结构。明挖地铁车站视其结构构件成型方法的不同可有表 3-6 的分类。

表 3-6 明挖地铁车站的成型方法

结构成型方法		适用的施工方法
整体现浇结构	1、2	1—放坡开挖
与围护墙组合的现浇结构	3	2—以钢板桩、工字钢、灌注桩、搅拌桩等作为基坑开挖的临时支护
装配式结构	1、2	3—以连续墙或灌注桩作为主体结构侧墙或侧墙的一部分
部分装配式结构	1、2、3	

现浇钢筋混凝土具有防水性和抗震性好，能适应结构体系的变化，不需要大型起吊和运输设备的优点，在我国地铁工程中获得了广泛的应用；但也存在混凝土浇筑质量不易控制，施工效率低，工程进度慢等缺点。装配式结构在前苏联采用较多。由于构件批量生产，质量较易控制，而且可以提高施工进度，尤其适用于定型车站的修建，但接头是防水的薄弱部位。所以后来又发展了一种底板和边墙采用现浇构件，顶板和内部梁、板、柱等采用装配式

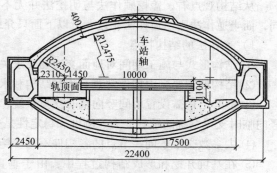

图 3-28 单拱全装配式车站（单位：mm）

构件的部分装配式结构，图 3-28 所示为单拱全装配式车站，图 3-29 所示为现浇与装配式相结合的车站。

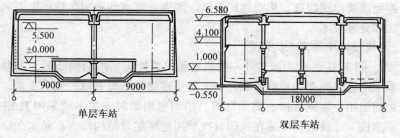

单层车站

双层车站

图 3-29 现浇与装配式相结合的车站（单位：mm）

3）抗浮设计。明挖车站一般是高而宽的结构，当埋置于饱和含水的地层中，且顶板上覆土较薄时，浮力的作用不容忽视，其对车站结构的作用主要表现在两个方面：

① 当浮力超过结构自重与上覆土重量之和时，结构整体失稳上浮。

② 导致结构底板等构件应力增大。

明挖车站的结构设计，应就施工和使用的不同阶段进行抗浮稳定性检算，并按水反力的最不利荷载组合计算结构构件的应力。当不能满足要求时，可采取下列抗浮措施：

① 施工阶段。通常，在施工阶段由于结构自重小且无覆土，往往难以满足抗浮稳定性要求，一般可采取以下措施：降低地下水位，减小浮力；在底层结构内临时充水或填砂，增加压重；在底板中设临时泄水孔，消除浮力；在底板下设置拉锚。

当采用降低地下水位减压时，应避免引起周围地层下沉。

② 使用阶段。为了提高车站结构使用阶段的抗浮稳定性，可采取以下措施：增加结构厚度；在结构内部局部用混凝土填充，增加压重；在底板下设置拉锚；在底板下设置倒滤层。

抗浮稳定安全系数，应结合各城市类似工程的实践经验，一般多在 1.05～1.20 之间选用。

图 3-30 所示为车站抗浮措施实例。

（2）盖挖法施工的车站结构 盖挖法是在先开挖修建的顶盖和边墙保护下开挖修建，盖挖法施工的车站按基坑开挖与结构浇筑顺序的不同，有 3 种基本的施工方法：盖挖顺作法、半逆作法和逆作法。顺作法是挖到底部标高后由上而下建筑主体结构；逆作法则是施作结构顶板后依次逐层向下开挖和修筑边墙和楼板直至底层。

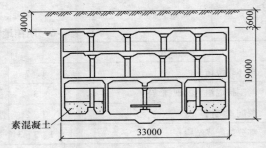

图 3-30 车站抗浮措施实例（单位：mm）

从结构观点看，盖挖顺作法与明挖法并无不同，而半逆作法则与逆作法相近，所以下面只介绍与逆作法有关的结构问题。

1）逆作法的结构特点。

① 结构形式与施工期间对地面交通的要求关系密切。

② 结构的主要受力构件常兼有临时结构和永久结构的双重功能。

③ 多跨结构需设置中间竖向临时支撑系统，与侧墙共同承担结构封底前的竖向荷载。中间竖向临时支撑系统的承载能力、刚度和稳定性是关系工程成败的关键。

④ 大多数交汇于同一节点的各构件不同步施工，必须考虑它们之间的连接问题。

⑤ 在基坑开挖和形成结构过程中，由于垂直荷载的增加和土体卸载的影响，将会引起边、中桩的沉降，因此必须根据上部框架结构抵抗不均匀沉降的能力及节点连接的精度要求，严格控制边、中桩的绝对沉降量及差异沉降量。

⑥ 用逆作法施工的侧墙和立柱的混凝土施工缝，由于混凝土硬化过程中的收缩和自身下沉的影响，不可避免地要出现裂缝，将对结构强度、刚度、防水性和耐久性产生不利影响，必须采用特殊施工方法和处理技术。

2）逆作法结构设计中的几个问题。

① 结构形式。图 3-31 所示为国内外一些典型盖挖逆作法车站的横断面。上海地铁 1 号线常熟路站是我国采用逆作法施工的地铁车站之一，地下连续墙既是基坑的侧壁支护，又是主体结构的侧墙，槽段之间采用十字钢板接头防渗抗剪，中间竖向临时支撑系统采用 H 钢立柱和钢管打入桩基础。北京地铁 1 号线永安里站在我国首次采用桩墙组合结构作为车站永久结构的侧墙。天安门站边墙灌注桩和中间立柱均采用条形基础，不仅较常规方法缩短了桩长，避免了水下成桩的

困难，而且减少了施工占路时间。比利时安特卫普地铁车站在暗挖的导洞内用顶管法修建顶板及人工开挖的边墙后，再用连续墙法修建地下水位以下的墙体。

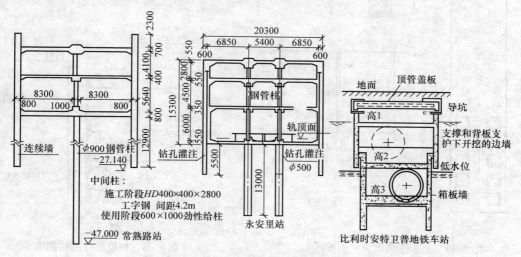

图 3-31　盖挖逆作法车站结构实例（单位：mm）

② 侧墙。现代逆作地铁车站的重要特征之一，就是基坑的临时护壁与永久结构的侧墙合二为一或作为侧墙的一部分，多由地下连续墙或钻孔灌注桩与内衬墙组合而成。

表 3-7 所列为我国采用逆作法施工的车站的侧壁支护及侧墙形式。图 3-32 所示为连续墙十字钢板接头、图 3-33 示出了桩墙组合结构侧墙的典型构造。

表 3-7　我国采用逆作法施工的车站的侧壁支护及侧墙形式

站　名	结构形式	侧壁支护	临时支撑
常熟路站	双层双跨	一字形地下连续墙，十字钢板接头，墙厚 0.8m	顶板以下一道、站厅一道、站台层两道横撑
陕西南路站	双层三跨	一字形地下连续墙，十字钢板接头，墙厚 0.8m	顶板以下一道、站厅一道、站台层两道横撑
黄陂路站	双层三跨	一字形地下连续墙，钢板接头，墙厚 0.8m	顶板以上一道、站厅一道、站台层一道横撑
三山街站	双层三跨	一字形地下连续墙，圆形接头，墙厚 0.8m，预留 0.2m 厚内衬	站厅层一道、站台层两道横撑
永安里站	三层三跨	$\phi0.6m@1.0m$ 分离式钻孔灌注桩加 0.45m 厚内衬	站台层设锚杆一道
大北窑站	三层三跨	一字形地下连续墙，圆形接头，墙厚 0.6m，预留 0.2m 厚内衬	
天安门车站	三层三跨	$\phi0.8m@2.0m$ 挖孔桩加 0.5m 厚内衬	

③ 中间竖向临时支撑系统。

a. 设置的必要性。

逆作法施工的地铁车站，施工期间竖向力的传递有两种方法：利用基坑两侧的挡墙传递竖向力，此时车站主体为一单跨结构；设置中间竖向临时支撑系统，与基坑两侧挡墙共同传递竖向力。

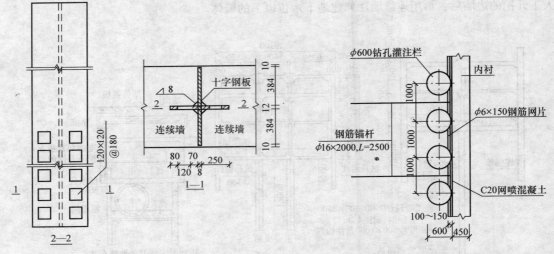

图 3-32　地下连续墙十字钢板接头
构造图（单位：mm）

图 3-33　桩墙组合结构侧墙
（永安里车站）（单位：mm）

　　实际工程多采用第二种方法。当站台宽度较窄，或设置中间竖向临时支撑系统不够经济（如底板以下软弱地层很厚，持力层很深），或需严格限制施工占路时间，必须尽快恢复路面时，可采用第一种方法。

　　b. 系统的组成。

　　中间竖向临时支撑系统由临时立柱及其基础组成。

　　c. 系统的设置方式有 3 种，如图 3-34 所示。在永久柱的两侧单独设置临时柱；临时柱与永久柱合一；临时柱与永久柱合一，同时增设临时柱。

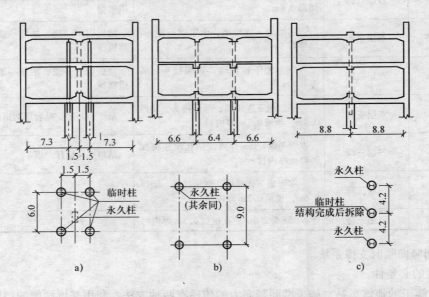

图 3-34　中间竖向临时支撑系统的设置方式（单位：mm）
a）在永久柱的两侧单独设置临时柱　b）临时柱与永久柱合一
c）临时柱与永久柱合一，同时增设临时柱

第一种方式多见于早期修建的逆作车站，临时立柱的布置及选型不受永久柱的制约，可以根据临时柱的承载能力灵活地调整其间距。优点是施工占路时间较短，且对临时柱施工精度的要求较低；但由于立柱的间距较密，构件较多，不仅给暗挖土方作业带来困难，而且还增加了作业程序。

第二种方式在施工顶板前需在永久柱部位修建临时柱，临时柱兼作永久柱或永久柱的一部分。通常每根临时柱施工期间承受的竖向荷载高达 5000～6000kN 或更大，为把荷载顺利地传递给地基，并把地基沉降控制在结构变形允许范围之内，必须合理选定竖向临时支撑系统的形式、施工方法及施工机具，并严格控制施工精度。此种布置方式可以简化暗挖作业的施工程序，缩短工期并减少投资；随着施工技术水平的提高和施工机械的发展，目前已为大多数逆作法车站采用。

当柱的设计荷载很大时，可采用第三种方式。

我国已施工的逆作车站的中间竖向临时支撑系统，除常熟路站采用第三种方式外，其余均为第二种方式。

④ 临时立柱的选型。多采用钢管混凝土柱或 H 钢柱。H 钢柱与楼板梁的连接较简单，可作为宽度较窄的梁，且桩柱之间的空隙较大，有利于人工操作，但钢材一般需进口，在强度、稳定性及柱下基础混凝土的浇筑等方面也不如钢管柱，可在柱下桩直径较小时采用，例如与钢管桩配合使用。

钢管混凝土柱可直接作为永久柱；H 钢柱则作为永久柱的劲性钢筋。

⑤ 柱下基础。柱下基础可采用条基或桩基。条基是在施工中柱前，在车站柱底部的暗挖小隧道内完成的。柱下基础采用最多的是灌注桩；其中扩底桩具有承载能力高、可提高施工效率和节约混凝土用量等优点。在某些情况下还可避免桩身通过含水地层带来的施工困难。当地层特别软弱或为含水砂层、砂砾石等难以采用扩底桩时，可选用直桩；当成桩能力受到限制、灌注桩难以满足设计要求的承载能力时，可采用其他形式的桩，如钢管打入桩或异形桩等。上海地铁 1 号线的 3 座盖挖逆作车站，单桩设计轴力高达 6000～8000kN，若采用灌注桩，要求直径 1.2m、桩端贯入地表以下 60～80m，当时上海不具备这样的成桩能力，且施工质量难以控制。而采用钢管打入桩，不仅可以减小桩径和桩长，而且解决了桩底沉降控制及立柱就位对中时需要采取护壁措施，工人方能下到柱底的难题，省掉了清淤、桩底注浆、吊放钢筋笼及浇筑水下混凝土等项作业；钢管桩的缺点是用钢量大、废弃多且造价较高，城市中打桩的振动和噪声也受到严格限制。

（3）矿山法施工的车站结构　矿山法施工的地铁车站，视地层条件、施工方法及其使用要求的不同，可采用单拱式车站、双拱式车站或三拱式车站，根据需要可作成单层或双层。此类车站的开挖断面一般为 150～250m²，由于断面较大，开挖方法对洞室稳定、地面沉降和支护受力等有重大影响，在第四纪土层中开挖时常需要采取辅助施工措施。

1）单拱车站隧道。如图 3-35 所示，这种构造形式由于可以获得宽敞的空间和宏伟的建筑效果，在岩石地层中采用较多；近年来国外在第四纪地层中也有采用的实例，但施工难度大、技术措施复杂、造价也高。

2）双拱车站隧道。双拱车站有两种基本形式，即双拱塔柱式和双拱立柱式。

双拱塔柱式车站在两个主隧道之间间隔一定距离开有横向联络通道，双层车站还可在其中布置楼梯间。两个主隧道的净距一般不小于 1 倍主隧道的开挖宽度。塔柱式车站具有工期短、断面小、施工难度小、投资小、使用功能良好、建筑形式美观以及装修独特的优势，虽然使用功能较标准双层岛式车站稍弱，但在客流量较小的情况下，完全满足地铁使用功能的需要。

图 3-36 示出了青岛地铁国棉九厂站的横断面。该站埋置于坚硬完整的花岗岩地层中（局部

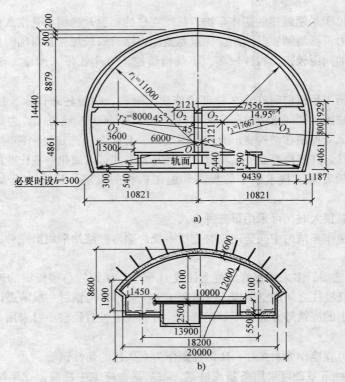

a)

b)

图 3-35　重庆地铁单拱车站方案（单位：mm）

a）重庆朝沙线地下轻轨车站　b）大拱脚、薄边墙单拱车站

有破碎带），无地下水，上覆岩石厚 9～11m，采用复合式衬砌。横通道净宽 4.5m，中心间距 21～23m。青岛地铁 3 号线敦化路站受地势条件与站间距所限，埋置较深，顶部埋深 18.4～24.4m，位于微风化花岗岩中，因地制宜采用端进式分离车站，站台层采用双洞单层暗挖形式，分离岛式站台。车站两端厅无设备用房，站台层仅保留必要设备用房，其余设备管理用房结合地上开发明挖外挂。车站主隧道采用直墙式拱形断面，开挖断面宽 9.25m，高 8.80m，横通道宽 8.30m，高 5.50m，均采用合成纤维喷混凝土单层支护结构。

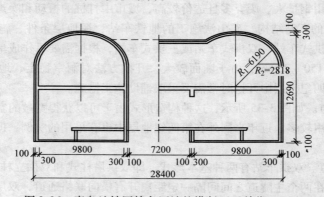

图 3-36　青岛地铁国棉九厂站的横断面（单位：mm）

双拱立柱式车站早期多用于石质较好的地层中，图 3-37 所示为纽约地铁车站的实例；随着新奥法的出现，这种形式的车站近年来在岩石地层中已经逐渐被单拱车站取代。

3）三拱车站隧道。三拱车站也有塔柱式和立柱式两种基本形式，但三拱塔柱式车站现已很少采用，土层中大多数采用三拱立柱式车站，如图 3-38 所示。

（4）盾构法施工的车站结构

1）结构形式。盾构车站的结构形式与所采用的盾构类型、施工方法和站台形式等关系密切。传统的盾构车站是采用单圆盾构或单圆盾构与半盾构结合或单圆盾构与矿山法结合修建的。单圆盾构可以是两台平行作业，也可利用一台在端头井内折返。近年来开发的"多圆盾构"等新型盾构，进一步丰富了盾构车站的形式。盾构车站的站台有侧式、岛式及侧式与岛式混用（称为复合式）等 3 种基本类型。盾构车站的结构形式可大致分类如下：

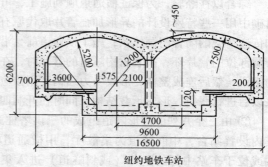

图 3-37　双拱立柱车站实例（单位：mm）

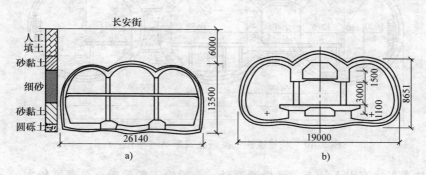

图 3-38　三拱立柱式车站实例（单位：mm）
a）西单地铁车站　b）北习志野车站

① 由两个并列的圆形隧道组成的侧式站台车站。如图 3-39 所示，每个隧道内都设有一组轨道和一个站台。两隧道的相对位置主要取决于场地条件和车站的使用要求，一般多设于同一水平，乘客从车站两端或车站中部夹在两圆形隧道之间的竖井（或自动扶梯隧道）进入站台；在两个并列隧道之间可以用横向通道连通，两隧道之间的净距应保证并列隧道施工的安全并满足中间竖井（或斜隧道）的净空要求。

车站隧道的内径主要取决于侧站台宽度、车辆限界及列车牵引受电方式。

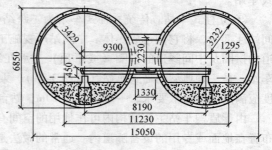

图 3-39　伦敦地铁盾构车站（单位：mm）

这种形式的盾构车站有以下特点：除横通道外，一般施工较简单；工期及造价均优于其他形式的盾构车站；总宽度较窄，可设置在较窄的道路之下；适用于客流量较小的车站。

侧式站台车站的技术难度在于横通道的设计与施工。

开挖横通道之前，除在盾构隧道内架设防止衬砌变形的临时支撑外，在软弱含水地层中还需要用注浆法或冻结法等加固土体并进行止水处理；对开洞部位的管片也需要作特殊设计或采取结构措施，把荷载转移到未开洞的衬砌上。

综合以往经验，为保证横通道顺利施工，可对盾构隧道的衬砌采取下列措施：在开洞部位的衬砌中用一些特殊设计的异形加强管片取代原有的标准管片，以便在开洞的四周形成一个能承受和传递荷载的闭合门洞体系；施工横通道前，沿开洞的四周装配预制钢筋混凝土框架，用以支撑开洞部位的管片环；拼装盾构隧道的管片时，在洞口的顶、底部逐环安装被分割为与管片环同宽的钢梁，然后连成整体，形成受力结构；用预应力钢丝束把洞顶及两侧一定范围内的管片串联起来以后进行张拉，形成承载结构，同时在开洞四周的内衬中用 H 型钢框架予以加强。

② 由三个并列的圆形隧道组成的三拱塔柱式车站。如图 3-40 所示，两侧为行车隧道并在其内设置站台，中间隧道为集散厅，用横通道将三个隧道连成一个整体。乘客从中间隧道两端或位于车站中部的竖井（或斜隧道）进入集散厅。此种形式的车站在前苏联的深埋地铁中采用较多。

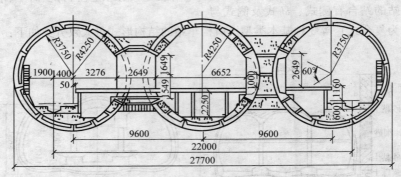

图 3-40　基辅地铁三拱塔柱式车站（单位：mm）

三拱塔柱式车站有以下特点：除横通道外，一般施工较简单；总宽度较大，一般为 28 ~ 30m，故在较宽的路段内方可使用；为复合型站台。在集散厅范围为岛式站台，集散厅以外部分由于两旁侧隧道被横通道隔开，为侧式站台。适用于中等客流量的车站；适用于工程地质和水文地质条件较差的地层；由于车站被塔柱分为 3 个单独的站厅，建筑艺术效果不如立柱式车站。

③ 立柱式车站。传统立柱式车站为三跨结构，先用单圆盾构开挖两旁侧隧道，然后施工中间站厅部分，将它们连成一体。中间站厅视施工方法的不同，可以是拱形的或平顶的。两旁侧隧道的拱圈及中间隧道的拱圈（或平顶）支承在纵梁及立柱上。这种形式的车站也被称为眼镜形车站，是一种典型的岛式车站（见图 3-41），乘客从车站两端的斜隧道或竖井进入站台。站台宽度应满足客流集散要求，一般不小于 10m，站台边至立柱外侧的距离不小于 2m。

由于盾构车站主体结构内可作他用的空间有限，除必需的管理及设备用房外，大部分设备需布置在地面或专用的设备隧道内。通常的做法是在车站的端部修建多层多跨的大型竖井结构，集中布置运营设备并兼作乘客进出站的通道，如图 3-42 所示。

传统式的立柱车站施工工序多，工程难度大，造价也高，但和三拱塔柱式车站相比，它具有总宽度较窄，能满足大客流量需求的优点。总宽度一般可以控制在 20m 左右。针对传统盾构车站存在的问题，开发了"多圆型盾构"。这种新型盾构经组装或拆卸后，即可用于地铁区间隧道，也可用于车站隧道的施工，车站断面一次开挖成型。

日本东京地铁 7 号线白金车站（图 3-43）采用盾构车站断面。车站隧道用三圆盾构修建。三圆盾构到达车站端头井后拆去其中央部分即形成两个开挖区间隧道的普通盾构。

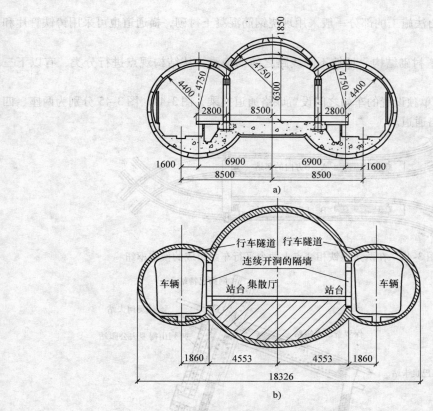

图 3-41　三拱立柱式车站（单位：mm）

a）莫斯科地铁三拱立柱车站　b）圣彼得堡地铁三拱立柱式车站

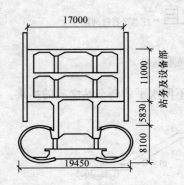

图 3-42　东京八丁沟车站（单位：mm）

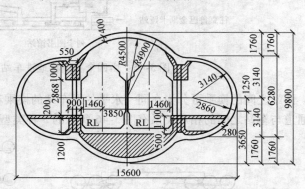

图 3-43　东京地铁 7 号线白金台车站（单位：mm）

2）衬砌形式。盾构车站用盾构施工的部分，其承载结构以往均采用球墨铸铁管片组成的装配式衬砌。随着管片生产工艺的提高及高强度等级混凝土的采用，一些埋置于稳定地层中的深埋车站的衬砌已为钢筋混凝土管片所代替。但在受力复杂的部位或结构受力较大时，如圆形结构的相交部或在浅埋车站中，目前仍多采用铸铁管片或钢板与钢筋混凝土的复合管片。当采用球墨铸铁管片时，一般不作内衬，仅在强度或刚度需要加强的部位浇筑钢筋混凝土组成复合结构（如门洞区、三拱立柱式车站的中拱等）。管片除包括封顶块、邻接块和标准块等常规类型外，在门洞区和梁柱相交节点处有时还采用异形管片。异形管片的形式与构造和横通道及中央站厅的施工方法、纵梁的结构形式等有关。

盾构车站中用矿山法施工的部分一般采用现浇钢筋混凝土衬砌，横通道也可采用铸铁管片和钢板衬砌。

（5）换乘站的隧道衬砌结构　地铁不同线路之间的换乘，从结构观点进行分类，有以下三种基本方式：

1）在两个或几个单独设置的车站之间设置联络通道换乘，图3-44、图3-45分别为两座、四座单独车站的换乘联络通道。

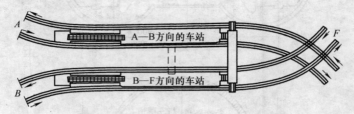

图3-44　在两条地铁相交点上两个平行车站组成的换乘枢纽

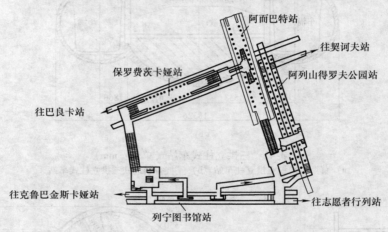

图3-45　由四个莫斯科地铁车站组成的换乘枢纽

两站之间的换乘可分为在同一水平的两车站的换乘和位于不同水平的两车站之间的换乘，换乘通道与车站之间的相对关系有图3-46所示的5种类型。

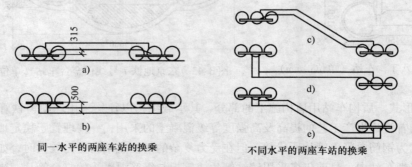

图3-46　盾构车站的通道换乘方式

2）修建供两条或多条线路使用的联合换乘站，图3-47所示为供两条线路共同使用的换乘站。

3）在两座相交车站的局部，修建公用的换乘节点。在后两种情况下，如果从线路在车站内

的位置来区分，则有：两条线路设在
同一水平上的车站；两条线路设在不
同水平上的重叠式车站；两条线路设
在不同水平上的交叉式车站。

① 两条线路设在同一水平上的车
站。在这种情况下，两条线路进入车
站的那一部分在同一水平上，区间部
分则立体交叉。车站可以做成单层，
也可做成多层。

② 两条线路设在不同水平上的重
叠式车站。可以把重叠式车站的站台
形式归纳为以下 3 种情况，如图 3-48
所示。

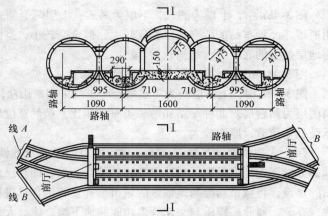

图 3-47　站台在同一水平上的圆柱形双线联合枢纽
（单位：cm）

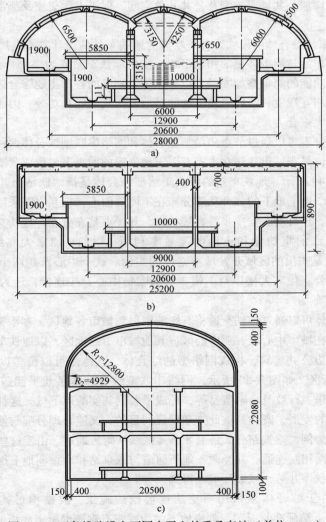

图 3-48　两条线路设在不同水平上的重叠车站（单位：mm）
a）侧式—岛式车站　b）侧式—侧式车站　c）岛式—岛式车站（青岛地铁中心站）

图 3-48a 中，上层为侧式，下层为岛式：上层两个侧式站台之间的部分作为乘客进出站的共用通道。此种车站的特点是总宽度较大，但全高较小，空间利用合理。由于列车荷载直接作用在与地层接触的底板上，结构较为经济。

图 3-48b 中，上下层均为侧式站台。

图 3-48c 中，上下层均为岛式站台。车站采用矿山法施工，为三层结构。上层为集散厅，其余两层为站台层。此种车站和第一类车站相比，虽然宽度较窄，但高度增加了，且中层楼板直接承受列车荷载，厚度较大。

（6）大规模地铁车站综合体　现代城市的发展对地铁提出了新的要求，当今很多发达国家和部分发展中国家采取了对地下空间的综合开发，即在已建或规划建设地铁的城市，结合地铁车站的建设，将城市功能与该地区的城市再开发相结合，进行整体规划和设计，建成具有交通、居住、办公、商业、娱乐与文化等多功能的地下综合体。大规模地铁车站综合体除了具有一般地铁车站所具有的特点和作用外，它有自身的优势和长处。最显著的好处是城市设计的改进、城市面貌的美化和效率的提高、城市美感的体现。首先可节省土地，留出更多的绿地；其次还有助于改变地铁单一的面貌，增加公共场所类型及公共开放空间，促进人际交流及都市复苏，提高城市居民的生活环境质量。

1）大规模地铁车站综合体的模式。传统功能的地铁车站的设计基本上局限于车站自身的基本功能，没有考虑到车站与周围环境的相互影响，使得地铁车站成为一个自我服务的封闭体系。而综合体的建设已从功能的简单叠加发展到以智能体系划分的各种主题综合体。综合体内部各种功能相互协调平衡、相互激发，使得建筑更加能动地发挥其职能和功效，因此能产生更大的经济效益，使环境产生巨大聚合力。

地铁车站的综合开发可以通过节点集结型综合体和网络串联型综合体两种模式得以体现。

节点集结型综合体是指城市建筑在占有有限土地资源的前提下，形成紧凑、高效、有序的功能组织模式，如图 3-49 所示。地铁车站的节点集结型综合体是指地铁站与其他城市功能垂直叠加，形成建筑综合体。地上地下的多种功能分布在不同层面上，相互之间采用垂直联系。此时除了有地下步行系统外，还可能有空中步行系统补充。其优点是充分发挥地铁交通促进地区高强度开发的能力，促进城市的集约化和土地的高效率利用。例如，加拿大北约克郡的牧羊中心（Sheppard Centre）就是杰出的区域开发地下空间的实例。这个中心跨越两个街区，内有 3 个地铁车站，并与地上办公、住宅大楼以及 1 幢 3 层的购物中心直接连接，还为中心的住户提供有2000 个车位的地下停车场。

网络串联型综合体可以通过地铁交通将其影响辐射到城市各地区，"网络"是指依托地铁车站的下部空间体系，在城市中心区、亚中心区或其他城市节点地区，以地铁车站为生长点，以多条地下步行道连接周边公共建筑，构成网络型的综合体，其范围可以覆盖以地铁为中心，半径500m 的整个合理步行区，如图 3-50 所示。网络串联型综合体体系几乎涵盖了市中心的所有职能，如商业、文化娱乐、行政及金融贸易等，形成了名副其实的地下城。这种各功能聚集点相互扩展，架构为一整体的发展，既达到彼此带动发展的目的，又能合理分配与使用资源及能源。以东京站八重洲地下街为例，除铁路外，还有 8 条地铁线从附近通过。由于这些地铁站可在地下换乘，由地下步行通道网相互连通，并经两条地下通道与东京站和八重洲地下街相连接，使站前广场和主要街道上交通秩序井然，城市环境也得到改善。

2）结构形式。由于综合体多采用明挖法或盖挖法施工，故结构形式以框架结构为主。图 3-51 为日本东京地下站标准断面图，整座地下站为一座有钢筋混凝土底板的 5 层 6 跨的钢框架结构。从各层便于利用，同时也考虑到由工厂预制以缩短工期等理由而采用了钢骨架结构。由于道路下面部分要设置站台、道岔等，且由于地下埋设物的缘故不能从地表直接修筑，只能在地下现浇钢筋混凝土结构。采用地下连续墙法施工，从地下 2 层开始采用逆作法施工。广州地铁公园前站是一、二号线上呈十字交叉的大型换乘车站，地下 3 层，车站结构复杂，站台形式为一岛二侧式，主体结构在换乘点处为 5 跨 3 层框架结构，地下 1 层为站厅层，地下 2 层为一号线列车运行层，地下 3 层为二号线站台层，换乘节点外均为 2 层 3 跨矩形框架结构。施工分 A、B、C、D 四个区段，分别采用明挖顺作单侧放坡、盖挖（半）逆作和明挖顺作法施工。其平面、纵断面如图 3-52、图 3-53 所示。

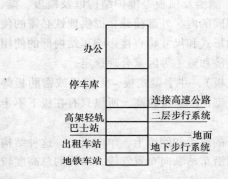

图 3-49　节点集结型城市综合体

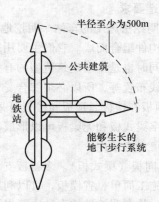

图 3-50　网络串联型城市综合体

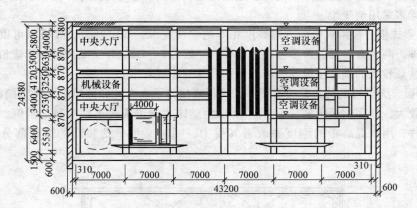

图 3-51　东京地下站标准断面图（单位：mm）

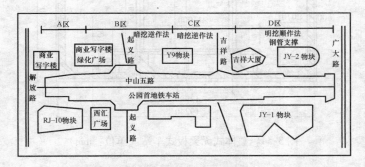

图 3-52　公园前地铁车站平面示意图

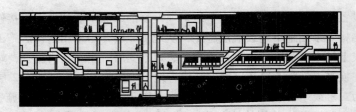

图 3-53　公园前地铁车站纵断面示意图

2. 构造要求

（1）明挖法施工的车站　明挖地铁车站结构由底板、侧墙及顶板等围护结构以及楼板、梁、柱等内部构件组合而成。它们主要用来承受施工和运营期间的内、外部荷载，提供地铁必需的使用空间，同时也是车站建筑造型的有机组成部分。构件的形式和尺寸将直接影响车站内部的使用空间和管线布置等，所以必须综合受力、使用、建筑、经济和施工等因素合理选定。

1）顶板和楼板。顶板和楼板可采用单向板（或梁式板）、井字梁式板、无梁板或密肋板等形式。井字梁式板和无梁板可以形成美观的顶棚和建筑造型，但造价较高，所以只有在板下不走管线时方可考虑采用。

① 单向板（梁式板）。多将板支承在与车站轴线平行的纵梁和侧墙上，单向受力。这种结构方案具有施工简单，省模板，可以利用底板至梁底的空间沿车站纵向布置管线，结构的总高度较小等优点，故在明挖地铁车站中获得了广泛的应用。

纵梁除采用 T 梁外，为便于横向穿管或满足建筑需要，也可采用十字梁或反梁等形式。装配式车站的顶梁多采用倒 T 梁。

② 井字梁式板。板由纵横两方向高度相等的梁所支承，双向受力，故板厚可以减薄。为使结构经济合理，两个方向梁的跨度宜接近相等，一般为 6～7m。井字梁式板由于造价较高，仅在地铁车站中荷载较大的顶、楼板或因施工特别需要时才被采用。

③ 无梁板。无梁板的特点是没有梁系，将板直接支承在立柱和侧墙上，传力简捷、省模板，但板的厚度较大，且用钢量较多。图 3-54 所示为整体式无梁板式车站横断面示例。柱帽是无梁板的重要部件，用以提高板的刚度并改善其受力，同时又是车站装饰的组成部分，多为喇叭口形。

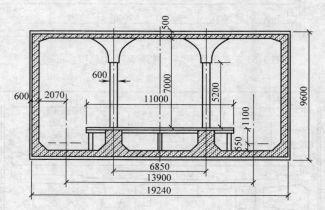

图 3-54　整体式无梁板式车站（单位：mm）

④ 密肋板。密肋板具有质量小、材料用量较少等优点。肋可以是单向的，也可以是双向正交的，间距在 1m 左右。多用于装配式结构的顶板，如图 3-55 所示。

2）底板。底板主要按受力和功能要求设置，几乎都采用以纵梁和侧墙为支承的梁式板结构，因为这有利于整体道床和站台下纵向管道的敷设。埋置于无地下水的岩石地层中的明挖车站，可不设置受力底板，但铺底应满足整体道床的使用要求。

3）侧墙。当采用放坡开挖或用于工字钢柱、钢板桩等作基坑的临时护壁时，侧墙多采用以顶、底板及楼板为支承的单向板，装配式构件也可采用密肋板。

当采用地下连续墙或钻孔灌注桩护壁时，可利用它们作为主体结构侧墙的一部分或全部。这种情况下的侧墙，视场地土质条件的不同，基本可分为两大类：一类是由灌注桩与内衬墙组成的桩墙结构，另一类是地下连续墙或地下连续墙与内衬墙组成的结构。在无水地层中，可选用分离式灌

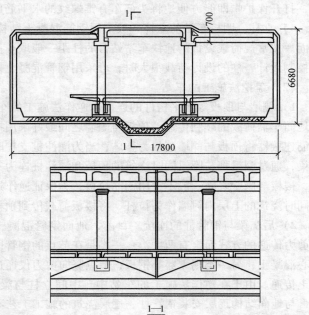

图 3-55　装配式密肋板车站（单位：mm）

注桩；在保证桩间土稳定（必要时可施作混凝土层）的前提下，选择较大的桩径从而采用较大的桩距总是经济的。当有地下水时，可结合注浆形成止水帷幕或改用相互搭接的灌注桩。但在饱和软土或流沙地层中，从提高围护结构的强度、刚度、止水性和保护环境等方面考虑，尤其当挖深超过 10m 时，多采用地下连续墙。

侧壁支护与内衬墙之间的构造视传力方式的不同，可有两种处理办法：

① 复合式结构。当侧壁支护与内衬墙之间需要敷设防水夹层时，为了保证防水效果，在支护和内衬之间、支护与板之间一般不用钢筋拉接。内衬墙的作用主要是承受地铁使用期间的水压力，并为车站提供光洁的内表面，所以在地下水位高的地层中，内衬墙往往较厚。

② 叠合式结构。地下连续墙厚度一般为 0.6～0.8m，内衬墙厚 0.35～0.40m，通过对连续墙的凿毛、清洗，当连续墙与内衬结合面的剪应力超过 7MPa 时，尚需在二者之间设置拉接钢筋以保证剪力传递。从实践结果看，内衬墙竖向裂纹较多，渗水现象时有出现，可能与其收缩变形、受到连续墙的约束及连续墙槽段之间的不均匀沉降有关。

当连续墙直接作为主体结构的侧墙或与内衬墙形成整体结构时，设计中需要考虑先期修建的连续墙与顶、楼、底板等水平构件的连接，一般有两种构造方案：

a. 在连续墙内预埋弯起钢筋，将其扳直后与水平构件的内外层主筋搭接（或焊接），浇筑混凝土后水平构件与连续墙连成一体，并通过墙上预留的凹槽传递竖向剪力。为了防止钢筋弯折时脆断，预埋钢筋必须采用韧性较好但其强度较低的 HPB300 级钢筋，且直径不宜太大、间距不能太小（一般选用直径小于 22mm，间距大于 150mm 的单排筋），钢筋扳直后又常有硬弯，因此此种接头完全视为刚接是有问题的。

b. 通过事先埋在连续墙内的钢筋连接器（接驳器）与水平构件的主筋连接。由于接驳器能可靠地传递拉力，并通过墙上预留的凹槽共同传递竖向剪力，故此种接头可视为刚接。上海地铁 1 号线后期施工的一些车站，采用了这一连接方案。接驳器实际为一套管，内腔呈锥形，一端与

连续墙内的锚固筋连接，预埋在墙内，另一端加保护帽后露在墙上预先设置的凹槽内，基坑开挖后，打开保护帽即能方便地将头部车有锥螺纹的水平筋旋入接驳器内。

4）立柱。明挖车站的立柱一般采用钢筋混凝土结构，可采用方形、矩形、圆形或椭圆形等截面。按常规荷载设计的地铁车站站台的柱距一般取6～8m。当车站与地面建筑合建或为特殊荷载控制设计，柱的设计荷载很大时，可采用钢管混凝土柱或劲性钢筋高强度混凝土柱。

（2）盖挖法施工的车站

1）侧墙与顶板等水平构件的连接。逆作法施工的车站，为了保证作用在顶板上的覆土荷载和地面车辆荷载的顺利传递，顶板与侧墙之间最好采用搭接。当采用地下连续墙支护时，应通过钢筋连接器将顶板与侧墙连接为整体；当为灌注桩支护时，在桩顶应设置刚度较大的钢筋混凝土圈梁，通过圈梁把与圈梁同时浇筑的顶板和灌注桩连为一体。当侧壁支护与内衬间敷设防水夹层时，楼板与侧壁之间一般不宜用钢筋拉接，为保证逆作过程中楼板的强度和稳定性，须利用与楼板同时浇筑的上层内衬墙作为拉杆，将楼板荷载传到顶板后转至侧墙。

2）后浇梁与钢管柱的连接。目前，地面钢管混凝土框架结构中常用的梁柱节点构造形式，就剪力传递的方式而言有两大类：一类是在节点的钢管中设穿心钢板，将节点竖向剪力直接传给核心混凝土；另一类则无穿心钢板，节点竖向剪力仅通过钢管内壁与混凝土间的黏结力向核心混凝土传递。由于在逆作法施工的车站中，中间立柱与梁柱节点必须一次就位，然后再浇筑混凝土，与地面结构逐层安装钢管柱、逐层浇筑的施工工艺不同，所以第一类节点无法在盖挖逆作法地铁车站结构内应用；第二类节点构造简单，便于混凝土浇筑，但当节点剪力很大时界面的黏结力有时尚不足以保证剪力的完全传递。为此研制了两种能满足盖挖逆作施工工艺特点且能承受较大剪力的新型节点：一种是所谓"带环形隔板的牛腿"，由环形隔板的局部承压力向核心混凝土传递剪力；另一种节点设计思想与前者相同，但节点上、下柱采用不同的直径，小直径的上柱直接坐落在大直径的下柱上，借以直接将剪力传给核心混凝土。故在逆作法施工的车站中，应按节点承受剪力的大小选用节点的形式。当节点承受的剪力大于钢管与核心混凝土间的黏结摩阻力时，应选用后两种节点，并对节点的抗剪强度进行验算。

3）梁与H型钢柱的连接。图3-56为上海地铁1号线陕西南路站和常熟路站中间H型钢柱与梁的连接图。前者的纵梁为普通钢筋混凝土结构，柱顶焊有矩形盖板，在立柱与楼板的结合处，贴有传递剪力的牛腿及加劲肋，采用扭剪型高强度螺栓将牛腿与立柱连为一体。后者为劲性钢筋混凝土结构。由于常熟路站在两根永久柱之间增设了一根临时立柱，避免了临时立柱截除时对劲性钢筋混凝土梁造成有害影响，从结构上保证了顶纵梁和中纵梁在临时立柱处连续通过。

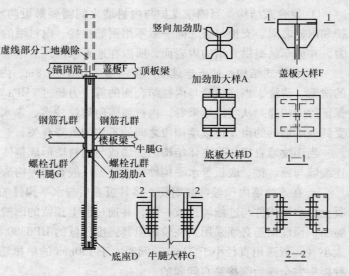

图3-56 普通钢筋混凝土梁与H型钢柱的连接

4）中间柱与其基础的连接。中间立柱应锚固在柱基混凝土内，图3-57和图3-58示出了一些典型的节点的构造方案。

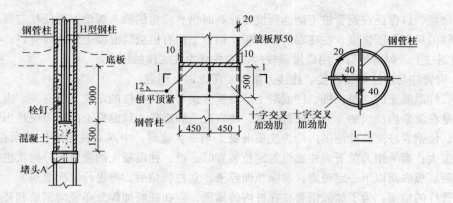

图 3-57　H 型钢柱与钢管桩的连接（陕西南路站）（单位：mm）

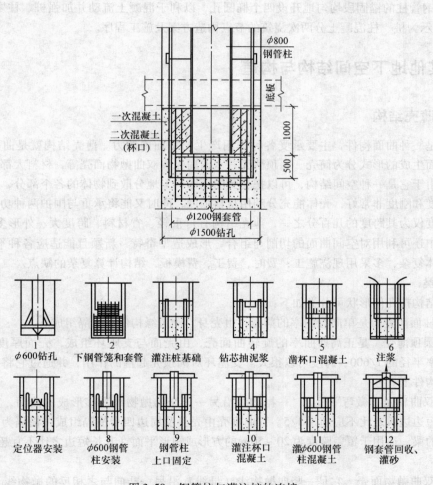

图 3-58　钢管柱与灌注桩的连接

① H 型钢柱与钢管桩的连接，如图 3-57 所示。H 型钢柱锚固在钢管桩的 C40 级混凝土内。在距底板底面约 4.5m 处，钢管桩内设有多功能钢托座，不但减少了充填混凝土的数量，而且可把中柱荷载传给地基，同时兼作立柱就位时的托座。这种钢托座的十字交叉加劲盖板上留有排气孔，用以排除沉桩过程中积聚在管内的压缩空气。设计时，H 型钢柱插入钢管桩内的深度考虑了

较大的余量，以保证在钢管桩不能达到设计标高时仍有一定的插入深度；为使柱与混凝土的接触面有足够的局部承压强度，在柱底加焊钢板，钢板上留有供浇筑混凝土用的导管口；在底板以下的 H 型钢柱上，焊有栓钉，用以增强柱的锚固并减少柱底接触压力。

② 钢管柱与灌注桩的连接。连接方案需要考虑以下问题：

桩、柱混凝土的浇筑：桩、柱混凝土的浇筑方式与中间立柱的定位方法有关。由于桩基混凝土通常是在泥浆内浇筑的，为保证其质量，浇筑应连续进行，且混凝土的顶面应超出顶梁底部一定高度，使钢管柱全高度范围内均为优质混凝土填充。这时，中间立柱的定位必须在地面完成，技术难度大；当采用人员下到柱底设置定位装置时，桩、柱混凝土的浇筑须分两次进行。第一次浇筑到距底板底面以下一定距离，凿除顶面浮渣，立柱就位后，再进行二次浇筑。

钢管柱的锚固：为了加强钢管柱在桩内的锚固，应在柱底加焊分布竖向钢筋和环向钢筋。当桩、柱混凝土孔壁之间的空隙只能靠混凝土浇筑时的重力将其充满时，锚固段不能太长，通常取 1m。可在钢管柱的锚固段均匀地开设四个椭圆孔，以利于混凝土流动并加强桩、柱之间的连接。图 3-58 所示为桩、柱混凝土分两次浇筑的节点构造方案及施工程序。

3.3 其他地下空间结构与构造

3.3.1 薄壳结构

壳，是一种曲面构件，主要承受各种作用产生的中面内的力。薄壳结构就是曲面的薄壁结构，按曲面生成的形式分为筒壳、圆顶薄壳、双曲扁壳和双曲抛物面壳等，材料大都采用钢筋和混凝土。由于它是一种空间结构，可以把受到的压力均匀地分散到物体的各个部分，减少受到的压力，强度和刚度非常好，壳体能充分利用材料强度，同时又能将承重与围护两种功能融合为一体，其厚度仅为其跨度的几百分之一，薄壳结构有自重轻、省材料、跨度大、外形多样等优点。实际工程中还可利用对空间曲面的切削与组合，形成造型奇特、新颖且能适应各种平面的建筑。但它有形体复杂，多采用现浇施工，费时，费工，费模板，结构计算复杂的缺点。

1. 分类

薄壳结构按几何形状可分类如下：

（1）柱面薄壳　是单向有曲率的薄壳，由壳身、侧边缘构件和横隔组成。

（2）圆顶薄壳　是正高斯曲率的旋转曲面壳，由壳面与支座环组成，壳面厚度做得很薄，一般为曲率半径的 1/600，跨度可以很大。支座环对圆顶壳起箍的作用，并通过它将整个薄壳搁置在支承构件上。

（3）双曲扁壳（微弯平板）　一抛物线沿另一正交的抛物线平移形成的曲面，其顶点处矢高与底面短边边长之比不应超过 1/5。双曲扁壳由壳身及周边四个横隔组成，横隔为带拉杆的拱或变高度的梁，适用于覆盖跨度为 20~50m 的方形或矩形平面（其长短边之比不宜超过 2）的建筑物。

（4）双曲抛物面壳　它是一竖向抛物线（母线）沿另一凸向与之相反的抛物线（导线）平行移动所形成的曲面。此种曲面与水平面截交的曲线为双曲线，故称为双曲抛物面壳。工程中常见的各种扭壳也为其中一种类型，因薄壳结构容易制作，稳定性好，容易适应建筑功能和造型需要，所以应用较为广泛。

2. 穹顶直墙结构

穹顶直墙衬砌结构是一种圆底薄壁空间结构。它具有良好的受力性能和较小的表面积。可以节省材料、降低造价。这种衬砌结构一般包括顶、墙整体连接的整体式结构和顶、墙互不联系的分离式结构两种。这里仅介绍常用的分离式结构,它主要用于无水平压力或水平压力较小的围岩中,但须验算环墙的强度。

(1)衬砌的结构形式与尺寸 穹顶直墙衬砌由穹顶(顶盖)、环梁(支座环)、环墙及底板组成,图 3-59 为分离式穹顶直墙衬砌示意图。

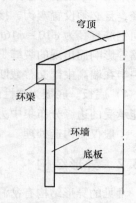

衬砌的几何尺寸,主要由使用要求、地质条件、施工条件、材料供应等因素决定。当做地下油罐用时,应使衬砌表面积小而盛油量大,即用料最省、造价最低,目前修建的油罐内径一般为墙高的 1~2 倍(地质条件好的取高值,一般硬质岩整体性较好时,取 1.5 左右为宜)。当用作回车场时,应使岔洞交于环墙,这样,即使构造简单、施工方便,也有利于受力。

图 3-59 分离式穹顶直墙衬砌示意图

穹顶通常为等厚度钢筋混凝土球面壳体,它是由一根平面圆弧绕位于同一平面且通过圆弧圆心的一根轴旋转而成的曲面,其几何尺寸计算与割圆拱相似。

穹顶一般采用矢跨比为 1/7~1/5 的扁球壳,厚度可先按 $\delta = (0.012~0.014)D_0$ 估算(D_0 是穹顶的跨度),目前常用 20~30cm。为了便于应用现有薄壳理论,δ 值不能太大,应符合 $\delta/R \leq 1/20$(R 为穹顶曲面球的计算半径)的要求。但在环梁附近的穹顶,应根据其内力大小均匀地逐渐增厚(见图 3-59),增厚区弧长一般小于 1/7.5 穹顶内缘底直径,增加的厚度不小于穹顶中央部分的厚度。

环梁为等截面圆形封闭曲梁,多采用高宽比为 1 左右的矩形截面,常用宽 $b_h \geq 60cm$,高 $h_h \geq 40cm$。

环墙一般为等截面或内斜外直的变截面,厚 20~40cm,当内外均无水平压力时,可由构造确定,否则需进行计算。

在岩石地下建筑中,底板为平板,厚度一般按构造确定,取值为 15~30cm。

(2)衬砌构造

1)穹顶。穹顶一般做成现浇钢筋混凝土结构,当跨度很小时,也可做成砌体局部辅以钢筋混凝土的结构。穹顶主要承受垂直均布荷载,在中央区弯矩很小,以经向和纬向压力为主,这个区域可以不配钢筋或按含钢率不小于 0.1% 构造配筋。环梁附近的边缘区有经向压力、纬向压力及较大的经向弯矩存在,需要配筋。钢筋混凝土穹顶的配筋,由辐射状的经向钢筋和同心圆状的纬向钢筋构成的正交钢筋网组成。当穹顶上作用集中荷载时,需根据计算设置附加钢筋网,具体的配筋可参考相关规范。

2)环梁。环梁通常是一个拉弯构件,可按偏心受拉构件设计,上下对称配筋。常用受力钢筋直径为 $\phi 12~\phi 16mm$,并配有直径 $\phi 6~\phi 8mm$、间距 25~30cm 的封闭箍筋。受力钢筋不得采用非焊接的搭接接头。

环梁直接搁置在岩台上,应采用控制爆破法开挖岩台,保证岩台稳定及设计断面。如因施工不当、地质较差等原因不能保证岩台设计断面或使岩台破裂时,在灌注环梁混凝土前需进行加固处理。

3)环墙。在无水平压力的围岩中,环墙的受力主要取决于使用要求,若无使用荷载,一般仅作构造处理;在有水平压力的围岩中,或虽无水平压力但有使用荷载(如液压等)时,环墙要产生环向拉(压)力及竖、环向弯矩,这时需配置环向钢筋和既作架立钢筋又承受竖向弯矩的竖向受力钢筋。

环向钢筋可布置成单层或双层，一般当环墙较厚时（不小于20cm），常布置成双层，配筋形式可采用单个钢筋环。单个钢筋环中如果采用搭接，搭接长度在光面钢筋时不得小于30倍钢筋直径，且必须设置弯钩，接头应当错开。常用的环向钢筋直径为$\phi 8 \sim \phi 10mm$，间距20~25cm；竖向钢筋直径为$\phi 10 \sim \phi 16mm$，间距20~30cm，一般双层配置，这对抵抗受温差变化、混凝土收缩等影响而出现的裂缝是有利的。竖向钢筋也可以分段配置或只将半数的竖向钢筋伸至墙顶，另一半在墙高中部交替截断。

4）底板。底板为弹性地基圆板。在岩石地下空间结构中，分离式穹顶直墙衬砌的底板，在可能承受的边缘分布集中力、边缘分布弯矩及液体均布压力等荷载作用下，内力很小，可不计算，一般仅做构造处理。

3.3.2 异形结构

常见的异形结构有岔洞、竖井和斜井等。

1. 岔洞

洞室在平面和空间方面纵横交错的交汇贯通处的衬砌结构，即为岔洞结构。根据地下建筑的不同使用要求，会呈现不同的布置形式，如"棋盘式""放射式"等。

岔洞结构为一空间结构体系，其受力状态或构造形式等方面非常复杂，并且岔洞处的围岩因应力集中极易失稳。

（1）岔洞形式

1）垂直正交岔洞结构。这种形式的岔洞结构平面轴线相互垂直，包括双向的十字形、T形和L形岔洞结构，如图3-60所示。

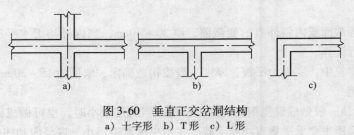

图 3-60　垂直正交岔洞结构
a）十字形　b）T形　c）L形

2）斜向交叉岔洞结构。这种形式的岔洞结构平面轴线互不垂直，且两相交轴线间的最小夹角$\alpha \geqslant 60°$，如图3-61所示。

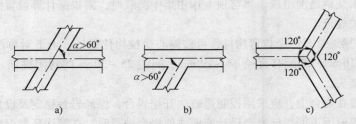

图 3-61　斜向交叉岔洞结构
a）双向贯穿交叉　b）单向交叉　c）三向交叉

3）混合式岔洞结构。这种形式的岔洞结构平面轴线有的相互垂直，有的不垂直，它是垂直正交和斜向交叉岔洞结构的混合形式，如图3-62所示。

4）放射式岔洞结构。这种形式的岔洞结构平面轴线以多于 4 条的数量交于一点，如图 3-63 所示。

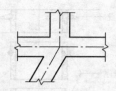

图 3-62　混合式岔洞结构　　　　　　　　　图 3-63　放射式岔洞结构

实践表明，岔洞处相交的洞室越少，且各平面轴线相互垂直时，岔洞结构的受力情况较其他平面形式有利，故设计上常采用平面垂直正交岔洞结构。其他特殊的岔洞结构形式，仅在特殊情况下才采用。

此外，针对不同的岔洞结构形式，接头形式也不同，主要的接头形式包括边墙相交的岔洞接头、拱顶平交的岔洞接头、拱部半交的岔洞接头、圆筒形岔洞接头及边墙留孔岔洞接头等。

（2）岔洞结构的构造

1）边墙相交或边墙留孔。构造的主要要求为：

① 当所留孔洞的上部墙壁高度较小时，可局部加厚边墙或配置构造钢筋。

② 所留孔洞上部的墙壁应有足够的强度，起着承受主洞室传来的围岩压力、回填荷载及衬砌自重的作用。

③ 当所留孔洞的上部墙壁强度不足时，可局部加厚边墙或按构造配置钢筋。

2）拱部相交。根据岔洞接头所处区域的地质情况，一般可采用加厚截面或按 0.2% 配筋率配置构造钢筋的办法来处理。

主要的构造要求为：

① 当跨度较小时，可加厚截面。其中，岔洞处的拱部和边墙厚度可增加 5～10cm，加厚范围一般大于或等于 3m。

② 当岔洞处的围岩稳定性较差时，如其中一个洞室的跨度不大，而另一个较大时，可在相交拱部的两侧加设拱肋，以增强岔洞结构的刚度，如图 3-64 所示。

③ 当跨度较大时，应按 0.2% 配筋率配置构造钢筋；如拱圈厚度不大于 40cm，受力筋直径不小于 12mm，间距 20～30cm；分布筋直径不小于 8mm，间距 30～50cm。如果拱圈厚度大于 40cm，受力筋直径不小于 16mm，间距 20～30cm。拱圈配筋加强范围，一般取（1/3～1/2）L（L 为岔洞跨度），但不小于 3m。

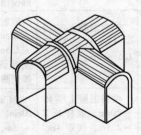

图 3-64　拱部加肋

④ 斜交拱的配筋，可通过对斜交拱的近似计算确定。斜交拱内力按两端固定在边墙上的无铰拱计算，所承受的荷载有垂直围岩压力、回填荷载、斜交拱自重，以及由搭接拱脚传给斜交拱的三角形垂直荷载。斜交拱及搭接拱均按双面配置钢筋。

2. 竖井和斜井

地下建筑中修建的垂直和倾斜的永久性辅助洞室，分别称为竖井和斜井。其功能主要是用于通风、排烟、交通运输以及设置管道等。设置斜井或竖井的常见情况是隧道较长，沿线存在埋置不深且地质良好的地段，却又不存在开挖横洞或平行导坑条件。

（1）竖井的构造　竖井是由井口、井筒及与水平洞室相邻的连接段组成。接近地表的竖井衬砌，称为井口，竖井与水平洞室相邻的连接衬砌，称为连接段，竖井其余部分，称为井筒，如图 3-65 所示。

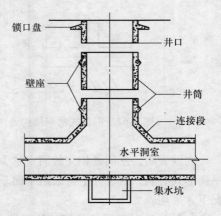

图 3-65　竖井构造图

竖井的布置应符合下列规定：

1）井口位置的高程应高出洪水频率为 1/100 的水位至少 0.5m。

2）平面位置以设在隧道中线的一侧为宜，与隧道的净距宜为 15 ~ 20m。

3）竖井断面宜采用圆形，井筒内应设置安全梯。

4）井筒与井底车场连接处（或称马头门）应能满足通过隧道内所需的材料和设备的要求。

5）竖井应根据使用期限、井深、提升量，并结合安装维修等因素，选用钢丝绳罐道、钢罐道或木罐道。

竖井的衬砌参数见表 3-8，竖井的衬砌设计应符合下列规定：

① 竖井井口应设混凝土或钢筋混凝土井颈，马头门应做模筑混凝土衬砌。

② 井口段、通过地质条件较差地段的井身段及马头门的上方宜设壁座，其形式、间距可根据地质条件、施工方法及衬砌类型确定。

表 3-8　竖井的衬砌参数

围岩级别	喷锚衬砌		支护衬砌	复合衬砌		
	$D<5m$	$5m \leqslant D \leqslant 7m$		初期支护		二次衬砌
				$D<5m$	$5m \leqslant D \leqslant 7m$	
I	喷射混凝土厚 10cm	喷射混凝土厚 10 ~ 15cm，必要时局部设锚杆	模筑混凝土或钢筋混凝土厚 30cm 或砌体厚 40cm	—	—	—
II	喷射混凝土厚 10 ~ 15cm，锚杆长 1.5 ~ 2m，间距 1 ~ 1.5m	喷射混凝土厚 15 ~ 20cm，锚杆长 2 ~ 2.5m，间距 1m，配钢筋网，必要时加钢圈梁	模筑混凝土或钢筋混凝土厚 30cm 或砌体厚 50cm	—	—	—
III	喷射混凝土厚 15 ~ 20cm，锚杆长 2 ~ 2.5m，间距 1m，配钢筋网，必要时设钢筋圈梁	喷射混凝土厚 20cm，锚杆长 2.5 ~ 3m，间距 1m，配钢筋网，加钢圈梁	混凝土或钢筋混凝土厚 40cm 或砌体厚 60cm	喷射混凝土厚 5 ~ 10cm，锚杆长 1.5 ~ 2m，间距 1m，必要时配钢筋网	喷射混凝土厚 10 ~ 15cm，锚杆长 2 ~ 2.5m，间距 1m，必要时局部配钢筋网	30cm
IV	—	—	混凝土或钢筋混凝土厚 50cm 或砌体厚 70cm	喷射混凝土厚 10 ~ 15cm，锚杆长 2 ~ 2.5m，间距 1m，必要时配钢筋网	喷射混凝土厚 15 ~ 20cm，锚杆长 2.5 ~ 3m，间距 0.75 ~ 1m，配钢筋网	40cm

（续）

围岩级别	喷锚衬砌		支护衬砌	复合衬砌		
	$D<5\text{m}$	$5\text{m}\leqslant D\leqslant 7\text{m}$		初期支护		二次衬砌
				$D<5\text{m}$	$5\text{m}\leqslant D\leqslant 7\text{m}$	
V	—	—	混凝土或钢筋混凝土厚60cm或砌体厚80cm	喷射混凝土厚15～20cm，锚杆长2.5～3m，间距0.75～1m，配钢筋网，必要时配钢圈梁	喷射混凝土厚20～25cm，锚杆长3～3.5m，间距0.5～0.7m，配钢筋网，必要时配钢圈梁	50cm

注：1. Ⅳ级围岩地段应采用特殊支护措施。
　　2. 钢筋网的钢筋宜选用 $\phi6\sim\phi8\text{mm}$，网格间距宜选用 $10\sim20\text{cm}$。
　　3. D 为竖井直径。

另外，竖井必须有相应的安全措施，应设置可靠的防坠器。

井口属于地下建筑的口部之一，它的作用是承受井口衬砌的自重和作用于井口衬砌上的地面荷载、围岩压力、水压力等。因此，井口需做衬砌。通常，可用钢筋混凝土或混凝土构筑。井口埋入地表以下的深度，按有关单位经验，当为浅表土层时，宜埋置在基岩以下 $2\sim3\text{m}$；厚表土层时，应埋置在冰冻线 0.25m 以下，并将底部扩大成盘状（锁口盘）。

井筒是竖井的主体部分，通常采用喷锚结构。当井筒采用其他材料构筑永久衬砌结构时，沿井筒全长，需根据地质条件、衬砌结构类型等确定每隔一定深度是否需要用混凝土构筑一圈井筒壁座。井筒壁座能将衬砌结构的重量和其他荷载传递给支撑壁座的围岩。但在较好的围岩中，当采用现浇混凝土衬砌时，由于井筒与围岩间存在着黏结抗剪力，实际上足以支撑一定高度的井筒，故一般可不做壁座。如在表土层和破碎带较厚的情况下，则需穿过软弱层，将壁座搁置在较好的围岩上。

连接段一般为钢筋混凝土构筑而成。竖井与正洞的连接有两种形式，一种是竖井的轴线在正洞的上方与正洞直交；一种是竖井的轴线在正洞的一侧与正洞以平洞连接，平洞长度一般为 15～20m。此外，竖井底部应设置集水坑，以便于抽水机将积水定时排出洞室。

竖井断面形式，一般为圆形。但在特殊用途的竖井中，有矩形、椭圆形以及多跨闭合形框架等形式。从受力特点看，圆形竖井通常是最有利的结构形式；矩形和多跨闭合框架形式的衬砌结构弯矩较大，需要较厚的截面尺寸，此时，竖井衬砌的截面仅承受轴向压力，而无弯矩作用；椭圆形竖井衬砌结构的受力性能介于上述两种形式之间。

（2）斜井的构造　斜井的布置应符合下列规定：

1）斜井不得设在可能被洪水淹没处，井口位置的高程应高出洪水频率 1/100 的水位至少 0.5m；如设于山沟低洼处，必须有防洪措施。

2）斜井提升方式应根据提升量、斜井长度及井口地形选择。各种提升方式的斜井倾角规定如下：①箕斗提升不大于 35°；②串车提升不大于 25°；③胶带输送机提升不大于 15°。

3）与隧道中线连接处的平面交角宜采用 40°～50°。

4）井身纵断面不宜变坡，井口和井底变坡点应设置竖曲线，竖曲线半径宜采用 12～20m。

5）斜井必须设置宽度不小于 0.7m 的人行道，倾角大于 15° 时应设置台阶。斜井井口段和地质较差的地段，宜作衬砌。斜井平导横洞及风道衬砌参数可参见表 3-9。

另外，斜井必须有相应的安全措施；并在适当位置设挡车设备，严防溜车。倾角在 15° 以上的斜井应有轨道的防滑措施。

表 3-9　斜井平导横洞及风道衬砌参数

围岩级别	喷锚衬砌	模筑混凝土衬砌	复合衬砌	
			初期支护	二次衬砌
Ⅰ	5cm	20cm	不支护，局部喷射混凝土或水泥砂浆护面	20cm
Ⅱ	5cm	20cm	局部喷射混凝土，厚度5cm	20cm
Ⅲ	10cm，局部锚杆长2～2.5m	25～30cm	喷射混凝土厚5～8cm，局部设锚杆，长2m	20cm
Ⅳ	—	35～40cm	喷射混凝土厚8～10cm，拱部设锚杆，长2～2.5m，间距1～1.2m，必要时拱部设钢筋网	25～30cm
Ⅴ	—	45～50cm，必要时设仰拱	喷射混凝土厚10～15cm，设系统锚杆，长2.5～3m，间距1m，设钢筋网	35～40cm，必要时设仰拱

注：1. Ⅳ级围岩地段应特殊设计。
2. 喷锚衬砌仅适用于地下水不发育、无侵蚀性并能保证光面爆破效果的Ⅰ～Ⅲ级围岩地段。
3. 适用于通道宽度不大于5m，当通道宽度大于5m时另行设计。

　　斜井的工作状态，除与地质条件等因素有关外，还取决于斜井轴线与水平线间的夹角。通常斜井的倾角主要取决于提升方式和提升量，并需结合斜井长和井口地形，规范中规定的是不同提升方式的最大倾角。此外，斜井口和井底设置竖曲线是为了斜井的运渣车辆能顺利通过变坡点，不致发生脱轨脱钩现象，以保证牵引和运输的顺畅。

　　斜井坡度较大，出渣、进料的运输安全要特别强调，规范规定斜井运输车辆一般不允许人员乘坐，且必须设置不小于0.7m宽的人行道供上下班工人行走。如洞内发生紧急情况，作为紧急出口，人行道更是不可少，并尽可能地设置台阶，通常斜井倾角大于15°时应设置台阶。

第4章 地下空间结构设计计算方法

4.1 地下空间结构荷载

4.1.1 地下空间结构荷载的分类及其组合

地下空间结构所承受的荷载，按其作用特点及使用中可能出现的情况分为以下三类，即永久（主要）荷载、可变（附加）荷载和偶然（特殊）荷载。

1. 永久（主要）荷载

该荷载也称为长期作用恒载，主要包括结构自重、回填土层重力、围岩压力、弹性抗力、静水压力（含浮力）、混凝土收缩和徐变影响力、预加应力及设备自重等。围岩压力和结构自重是衬砌承受的主要静荷载，弹性抗力是地下空间结构所特有的一种被动荷载。

2. 可变（附加）荷载

可变（附加）荷载又分为基本可变荷载和其他可变荷载两类。基本可变荷载，即长期的、经常作用的变化荷载，如起重机荷载，设备重力，地下储油库的油压力，车辆、人群荷载等。其他可变荷载，即非经常作用的变化荷载，如施工荷载（施工机具荷载，盾构千斤顶推力，注浆压力）等。

3. 偶然（特殊）荷载

偶然（特殊）荷载是指偶然发生的荷载，如地震力或战时发生的武器爆炸冲击动荷载。

对于一个特定的地下空间结构，上述几种荷载不一定同时存在，设计中应根据荷载实际可能出现的情况进行组合。所谓荷载组合，是指将可能同时出现在地下空间结构上的荷载进行编组，取其最不利组合作为设计荷载，以最危险截面中最大内力值作为设计依据。

GB 50157—2013《地铁设计规范》根据结构类型给出了荷载分类，见表 4-1，但对于各项荷载的取值有的尚无明确规定，原则上要求考虑施工和使用过程中发生的变化，根据 GB 50009—2012《建筑结构荷载规范》及相关规范确定。

表 4-1 我国规定的作用于地下空间结构上的荷载分类

荷 载 分 类	荷 载 名 称
永久荷载	结构自重
	地层压力
	结构上部和破坏棱体范围内的设施及建筑物压力
	水压力及浮力
	混凝土收缩及徐变影响

（续）

荷 载 分 类		荷 载 名 称
永久荷载		预加应力
		设备重力
		地基下沉影响
可变荷载	基本可变荷载	地面车辆荷载及其动力作用
		地面车辆荷载引起的侧向土压力
		人群荷载
	其他可变荷载	温度变化荷载
		施工荷载
偶然荷载		地震影响
		沉船、抛锚或河道疏浚产生的撞击力等灾害性荷载
		人防荷载

注：1. 设计中要求考虑的其他荷载，可根据其性质分别列入上述三类荷载。
　　2. 表中所列荷载本节未加说明者，可按国家有关规范或根据实际情况确定。

4.1.2　围岩压力

1. 围岩压力及其影响因素

（1）围岩压力的概念　围岩压力是指引起地下开挖空间周围岩体和支护变形、破坏的作用力，它包括由地应力（即原岩应力）引起的围岩应力以及围岩变形受阻而作用在支护结构上的总作用力。围岩压力也称为地压。由围岩压力引起的围岩与支护的变形、流动和破坏等现象称为围岩压力显现或地压显现。因此，从广义上理解，围岩压力既包括围岩有支护情况，也包括无支护情况；既包括在普通的传统支护上所显示的性态，也包括在锚喷和压力注浆等现代支护方法中所显示的性态。从狭义上理解，围岩压力是指围岩作用在衬砌上的压力。

由于围岩压力是围岩的变形或破坏造成的，其大小和分布与导致围岩变形或破坏的诸多因素有关。精确地确定围岩压力，目前仍是一个比较困难的问题。事实上，围岩压力和支护结构本来是一对相互作用和动态协调变化的"作用体"，完全用结构工程中的压力或荷载概念来理解，是不尽合理的。但是为了采用结构力学方法进行地下空间结构设计，仍要明确"压力"或"荷载"的概念，否则将无法进行计算。

（2）围岩压力的影响因素　围岩压力的影响因素基本上与围岩分类因素大致相同，如岩体结构、岩石强度、地下水、洞室跨度、形状、支护类型与刚度、施工方法、洞室埋置深度和支护时间等因素。

2. 围岩压力分类

（1）概述　围岩压力是地下空间结构设计中的主要荷载之一。围岩压力的研究最早开始于14世纪，当时用来研究地下采矿工程中出现的一系列问题，如地层移动、地表沉陷及坑道支撑等。以后，随着采矿事业和其他地下工程的发展，围岩压力的研究也相应得到发展。目前，它已成为岩体力学研究极为重要的内容。目前应用较广的分类是把围岩压力分成松动压力、变形压力、冲击压力和膨胀压力四大类。

（2）松动压力　由于开挖导致围岩松动或塌落的，岩体以重力的形式直接作用在支护结构上的压力称为松动压力。这种压力表现为荷载的特有形式，即顶压大，侧压小。

松动压力通常由下述三种情况形成：

1）在整体稳定的岩体中，可能出现个别松动掉块的岩石对支护结构造成的落石压力。

2）在松散软弱的岩体中，隧道顶部和两侧片帮冒落对支护结构造成的散体压力。

3）在节理发育的裂隙岩体中，围岩某些部位的岩体沿软弱结构面发生剪切破坏或拉坏，形成了局部塌落松动压力。

影响松动压力的因素很多，如围岩地质条件、岩体破碎程度、开挖施工方法、爆破作用、支护不及时、回填密实程度、洞形和支护形式等。而岩体破碎与临空面不利组合所构成的不稳定岩体也容易造成松动压力。

（3）变形压力　松动压力是以重力形式直接作用在支护结构上的，而变形压力则是由于围岩变形受到支护结构的抑制作用产生的。所以变形压力除与围岩应力有关外，还与支护时间及其刚度密切相关。按其成因可进一步分为下述几种情况：

1）弹性变形压力。当采用紧跟开挖面进行支护的施工法时，由于存在着开挖面的"空间效应"而使支护结构受到一部分围岩的弹性变形作用，由此而形成的变形压力称为弹性变形压力。

2）塑性变形压力。由于围岩塑性变形（有时还包括一部分弹性变形）而使支护受到的压力称为塑性变形压力，这是最常见的一种围岩形变压力。

3）流变压力。围岩产生显著的随时间增长而增加的变形或蠕变。压力是由岩体的蠕变变形引起的，有显著的时间效应，它能使围岩鼓出、闭合，甚至完全封闭。

变形压力主要是围岩变形的根本所在，所以变形压力的大小，既决定于原岩应力的大小和岩体的力学性质，也决定于支护结构刚度和支护的时间。

（4）膨胀压力　含有某些膨胀矿物的岩体具有吸水膨胀崩解的特性，这种由于围岩膨胀变形引起的压力称为膨胀压力。围岩吸水膨胀、体积增大，既有物理性质，也有化学性质。膨胀压力与变形压力的根本区别在于围岩变形是由吸水膨胀引起的。从现象上看，它与流变压力有相似之处，但两者的机理完全不同，因此，对它们的处理方法也不尽相同。

岩体膨胀性，主要决定于其蒙脱石、伊利石和高岭土的含量。同时，还依赖于外界水的渗入和地下水的活动特征。岩层中蒙脱石含量越高，有水源供给，膨胀性也就越显著。

（5）冲击压力　冲击压力又称岩爆，它是在工程开挖过程中，围岩积累了大量的弹性变形能，在外界扰动下突然释放所产生的压力。由于冲击压力是岩体能量的积累与释放，所以它与弹性特性紧密相关。弹性模量较大的岩体在高地应力的作用下，易于积累大量的弹性变形能，一旦遇到适宜条件，就会突然猛烈地大量释放。

根据地压分类以及形成的原因，松动压力可以近似地处理为作用在结构上的荷载。松动压力主要出现在两类岩层中：

1）松散岩层。由于围岩质量低，自稳性差，开挖引起的二次应力导致部分围岩产生松动破坏。拱顶的松动岩体在自重的作用下发生冒落。在实施衬砌结构后，该岩体荷载作用在衬砌上，使衬砌结构产生内力和变形。因此，在松散岩层中的松动压力是由应力引起的，故称"应力控制型"破坏岩体。

2）坚硬节理岩体。岩石中的断层、剪切错动带等结构面切割围岩成不同大小和形状各异的块体。在地应力不太高的环境中（如浅埋工程），潜在的滑移块体（又称关键块体或危石）也是在重力作用下发生冒落或滑移。因此产生了作用在支护结构上的荷载。危石规模、塌滑方式受控于岩体节理面和软弱面与隧道临空面。因此，称此类岩体为"结构控制型"破坏岩体。如坚硬节理岩体就可能产生这类松动压力。

3. 深埋和浅埋地下空间结构的判断

因围岩压力的计算有不同的模式，要确定围岩压力，首先要区分深埋和浅埋隧道（地下空间结构）。对于铁路隧道而言，可以按照经典围岩压力理论、地质条件、施工方法等因素综合判定埋深的界限

$$H_p = (2.0 \sim 2.5)h_p \tag{4-1}$$

式中　H_p——深埋与浅埋隧道分界深度；

　　　h_p——荷载等效高度，$h_p = q/\gamma$；

　　　q——深埋隧道垂直均布压力（kN/m^2）；

　　　γ——围岩重度（kN/m^3）。

在矿山法施工的条件下，软岩取 $H_p = 2.5h_p$，硬岩取 $H_p = 2.0h_p$。

4. 深埋地下空间结构围岩松动压力的计算

对于深埋地下空间结构，天然拱可以形成且岩体的变形没有波及地表，可以把主动围岩压力的计算归结为确定天然拱的形状和范围。当然，也可以对围岩变形作出其他假设，并借以计算主动围岩压力。本章主要介绍三种方法：第一种是以工程现场塌方统计为基础的经验公式，第二种是假定天然拱性质的理论计算，第三种则是没有借助天然拱概念而对地层变形作出其他假设的理论计算。

（1）TB 10003—2005《铁路隧道设计规范》所推荐的方法　根据以往铁路隧道的塌方资料统计所反映的围岩松动范围的大小，通过对塌方资料的统计分析获得围岩松动压力的经验估算公式。当然，塌方资料的背景不同或统计分析的前提假定不同，所得经验公式也不同。例如，对于在不产生显著偏压力及膨胀性压力的围岩中用钻爆法开挖的、高跨比小于 1.7 的隧道，经过对417 个塌方数据库的统计与回归，可以得到铁路双线隧道围岩竖向均布松动压力的计算表达式为

$$q = \gamma h = \gamma \cdot \{0.45 \times 2^{s-1}[1 + i(B-5)]\} \tag{4-2}$$

与之相应的侧向压力 e 的计算公式为

$$e = \xi q \tag{4-3}$$

式中　γ——围岩的重度（kN/m^3）；

　　　S——围岩的级别；

　　　B——坑道宽度（m）；

　　　h——围岩压力计算高度（m）；

　　　i——B 每增减 1m 时的围岩压力增减率，当 $B < 5m$ 时，取 $i = 0.2$；$B > 5m$ 时，可取 $i = 0.1$；

　　　ξ——视围岩级别不同而按经验取值的侧向压力系数，$0 \leqslant \xi \leqslant 1.0$。

实际上，作用在铁路隧道结构上的松动围岩压力往往是很不均匀的。这是因为：围岩的变形和破坏受岩体结构控制，局部塌方往往是主要的。

（2）普氏理论　普氏理论假定围岩为松散体（岩体不同程度地被节理、裂隙等软弱结构面所切割），是一种基于天然拱概念的围岩压力理论，即围岩的垂直均布压力为

$$q = \gamma h^* \tag{4-4}$$

式中　h^*——天然拱的高度。

既然假设天然拱是压力拱，拱轴线即为压力线，截面上力矩处处为 0；那么在一定条件下可以推出（详见孙钧和侯学渊合著的《地下结构》，科学出版社，1987）：天然拱的轴线为二次抛物线，拱的高度为

$$h^* = \frac{b^*}{f} \tag{4-5}$$

式中　b^*——天然拱的半跨度；

　　　f——普氏提出的岩石坚固性系数。

关于天然拱的跨度，参考图4-1，在坚硬完整的岩体中，洞室的跨度就是天然拱的跨度，即 $b^* = b_t$（b_t 为洞室跨度的一半）；在松散破碎的岩体中，按照松散体主动极限平衡的理论，在有衬砌时洞室侧壁围岩塌落最多只能发展到与垂直线成（$45° - \varphi/2$）角度的斜面，相应的天然拱跨度为 $b^* = b_t + h_t \tan(45° - \varphi/2)$（$h_t$ 为洞室的高度）。

岩石坚固性系数即是岩石的似摩擦系数，可以表示为

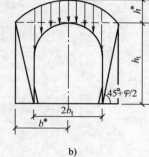

图4-1　普氏理论中天然拱的范围
a）坚硬完整岩体　b）松散破碎岩体

$$f = \tan\varphi^* = \frac{\tau}{\sigma} = \frac{c + \sigma\tan\varphi}{\sigma} \tag{4-6}$$

式中　φ^*、φ——岩石的似摩擦角和内摩擦角；

　　　c——岩石的黏聚力；

　　　τ、σ——岩石的抗剪强度和剪切破坏时的正应力。

可以按朗肯主动土压力理论计算作用在结构上的围岩侧向压力。参考图4-1，围岩侧向压力沿高度线性变化，不计岩石的黏聚力，洞顶和洞底的围岩侧向压力可以分别表示为

$$e_1 = \gamma h^* \tan^2(45° - \varphi/2) \tag{4-7}$$

$$e_2 = \gamma(h^* + h_t)\tan^2(45° - \varphi/2) \tag{4-8}$$

普氏理论一般对松散、破碎围岩较适用。在松软地层（如淤泥、软黏土等）中或结构埋深太浅，不能使用普氏理论。

（3）太沙基理论　太沙基理论也把洞室围岩看作松散体，但没有天然拱的概念，而是在假定洞室上方岩体变形形态的基础上按平衡条件推导出围岩压力的计算表达式。

如图4-2所示，假定：①洞室上方岩体因洞室变形而下沉，产生错动面 OAB 和 $O'A'B'$；②竖向压应力 σ_v 是均布的，且侧向压应力 $\sigma_h = k\sigma_v$（k 为侧压力系数）。对图4-2中深度 h 处厚度为 dh 的微分条带，取竖向力系的平衡而得到一元一阶常微分方程，积分并利用地表处竖向应力为0的边界条件，得

$$\sigma_v = \frac{\gamma b}{k\tan\varphi}1 - e^{-\frac{kh\tan\varphi_0}{b}} \tag{4-9}$$

式中　b——上方岩体水平方向变形范围的一半。

这是一个随深度 h 按指数衰减的函数；随 h 趋近无限大，σ_v 趋于定值。洞室顶部的围岩竖向压力为

$$q = \sigma_v \big|_{h = h_c \to \infty} = \frac{\gamma b}{k\tan\varphi} \tag{4-10}$$

式中　h_c——洞室的埋深（m）。

太沙基取 $k = 1 \sim 1.5$。若用 $k = 1$，不计岩石黏聚力（完全松散体，$c = 0$），并用岩石坚固性系数 f 取代 $\tan\varphi$，则式（4-10）与普氏理论的围岩竖向压力相同。

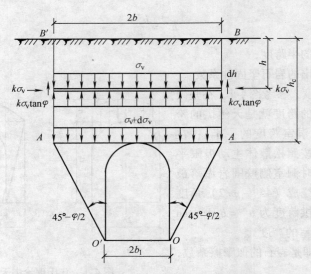

图 4-2　太沙基地压理论假定的围岩变形形态

洞室高度范围内的围岩侧向压力可以采用朗肯主动土压力理论计算，在洞顶和洞底处，围岩侧向压力可以分别表示为

$$e_1 = q\tan^2(45° - \varphi/2) \tag{4-11}$$

$$e_2 = (q + \gamma h_1)\tan^2(45° - \varphi/2) \tag{4-12}$$

式中　q——按式（4-10）计算的洞室顶部的围岩竖向压力。

5. 浅埋地下空间结构围岩松动压力的计算

一般来说，对于埋深较浅的洞室（如山岭铁路或公路隧道的洞口地段、明挖或暗挖的浅埋地铁车站和区间隧道等），开挖会引起整个上覆地层的变位，如果不及时支撑，地层就会大量变形和塌落，波及地表而形成一个沉陷区。参照图 4-3，按平衡条件可得

松动围岩压力 = 支护结构反力 = 滑动岩体的重力 – 滑移面上的摩擦阻力

式中，滑移面上的摩擦阻力与具体的埋深情况有关。

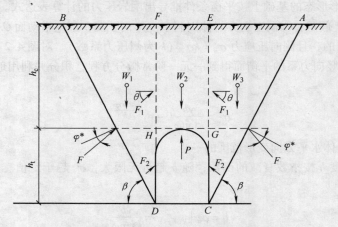

图 4-3　浅埋洞室的主动围岩压力

对于一般的浅埋洞室，滑移面上的摩擦阻力较为显著，计算松动围岩压力时必须计入。滑移面上摩擦阻力的计算当然与滑移面的位置和摩擦性质有关，不同的滑移面假定可以得到不同的围

岩松动压力计算表达式。对于图 4-3 中滑移面 AC 和 BD 所代表的假设滑移形式，可以推导出围岩竖向均布压力为

$$q = \gamma h_{\text{c}}(1 - \frac{\lambda h_{\text{c}} \tan\theta}{2b_{\text{t}}}) \tag{4-13}$$

围岩侧向压力按梯形分布，洞顶与洞底值为

$$e_1 = \gamma h_{\text{c}} \lambda \tag{4-14}$$

$$e_2 = \gamma(h_{\text{c}} + h_{\text{t}})\lambda \tag{4-15}$$

$$\lambda = \frac{\tan\beta - \tan\varphi^*}{\tan\beta[1 + \tan\beta(\tan\varphi^* - \tan\theta) + \tan\varphi^* \tan\theta]} \tag{4-16}$$

式中　　φ^*——岩石的似摩擦角；

$\qquad\theta$——洞室跨度内正上方土柱（$EFHG$）所受外侧滑移三棱体（ACE 和 BDF）的夹持力（F_1）与水平方向的夹角（即洞顶土体 $EFHG$ 与两侧三棱土体 ACE 和 BDF 之间的摩擦角）；

$\qquad\beta$——使该夹持力极小（偏于安全）时滑移面（AC 和 BD）的倾角，$\tan\beta = \tan\varphi_0$

$$+ \sqrt{\frac{(\tan^2\varphi_0 + 1) \tan\varphi_0}{\tan\varphi_0 - \tan\theta}}。$$

注意：式（4-16）中的围岩侧压力系数，与通过极限平衡假定得到的朗肯土压力系数不同。θ 与 φ^* 不同，因为 EG 和 FH 面上并没有发生破裂，所以 $0 < \theta < \varphi^*$，按经验取值。

值得指出的是，上面把滑移面取为平面只是一种假定，如果假定其他形式的滑移面形状，通过类似的推导，将会得到不同的围岩压力表达式。

6. 围岩弹性抗力

前面所讲的松动围岩压力和结构自重等均属主动荷载。地下空间结构除承受主动荷载作用外，还承受一种被动荷载，即围岩的弹性抗力。

结构在主动荷载作用下要产生变形，如图 4-4 所示的曲墙拱形结构，在主动荷载（垂直荷载大于水平荷载）作用下，产生的变形如虚线所示。在拱顶，其变形背向地层，在此区域内围岩对结构不产生约束作用，所以称为"脱离区"。而在靠近拱脚和边墙的部位，结构产生压向地层的变形，由于结构与围岩紧密接触，围岩将阻止结构的变形，从而产生了对结构的反作用力，对这个反作用力习惯上称"弹性抗力"。因此，围岩的弹性抗力是在主动荷载作用下，衬砌向围岩方向的变形而引起的围岩被动力。弹性抗力就其作用性质来说是被动的，但对结构来讲，它也可以被看做是一种荷载。弹性抗力作用的范围称为"抗力区"。

围岩弹性抗力的存在是地下空间结构区别于地面结构的显著特点之一。因为地面结构在外力作用下，

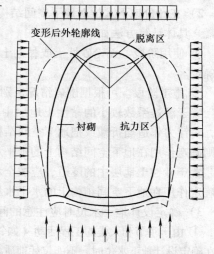

图 4-4　衬砌在外力作用下变形规律图

可以自由变形，不受外界的约束，而地下空间结构在外力作用下，其变形要受围岩的约束。所以地下空间结构设计必须考虑结构与围岩之间的相互作用，这使得地下空间结构设计与计算变得复杂，但这只是问题的一个方面；另一方面，由于围岩弹性抗力的存在，限制了结构的变形，以致结构的受力条件得以改善，使其变形小而承载能力有所增加。

因为弹性抗力是由结构与围岩的相互作用产生的，所以弹性抗力的大小和分布规律不仅决定于结构的变形，还与围岩的物理力学性质有着密切的关系。如何确定弹性抗力的大小和其作用范围（抗力区），目前有两种理论：一种是局部变形理论，认为弹性地基（围岩）某点上施加的外力只会引起该点的沉陷；另一种是共同变形理论，即认为弹性地基上的一点的外力，不仅引起该点发生沉陷，而且还会引起附近一定范围的地基发生沉陷。后一种理论较为合理，但由于局部变形理论计算较为简单，且一般能够满足工程精度要求，所以目前多采用局部变形理论计算弹性抗力。

在局部变形理论中，以熟知的文克尔（E. Winkler）假设为基础，认为围岩的弹性抗力与结构变位成正比，即

$$\sigma = k\delta \tag{4-17}$$

式中　　σ——弹性抗力强度（MPa）；

k——围岩弹性抗力系数（MPa/m）；

δ——衬砌结构朝围岩方向的变位值（m）。

4.1.3　水压力

作用在地下空间结构上的水压力可根据施工阶段和长期使用过程中地下水位的变化，区分不同围岩条件，按静水压力计算或把水作为土的一部分计入土压力。

静水压力对不同类型的地下空间结构将产生不同的荷载效应，对圆形或接近圆形的结构而言，静水压力使结构的轴力加大，对抗弯性能差的混凝土结构来说，相当于改善了它的受力状态。因此，验算结构的强度时，则须按可能出现的最低水位考虑。反之，验算结构的抗浮能力时，则须按可能出现的最高水位考虑。可见地下水位对结构受力影响很大，需慎重处理。

水压力的确定还应注意以下问题：

1）作用在地下空间结构上的水压力，原则上应采用孔隙水压力，但孔隙水压力的确定比较困难，从实用和偏于安全考虑，设计水压力一般都按水头高度的静水压力计算。

2）在评价地下水位对地下空间结构的作用时，最重要的三个条件是水头、地层特性和时间因素。具体计算方法如下：

① 使用阶段。无论砂性土或黏性土，都应根据正常的地下水位按安全水头和水土分算的原则确定。

② 施工阶段。可根据围岩情况区别对待：

置于渗透系数较小的黏性土地层中的隧道，在进行抗浮稳定性分析时，可结合当地工程经验，对浮力作适当折减或把地下空间结构底板以下的黏性土层作为压重考虑；并可按水土合算的原则确定作用在地下空间结构上的水平水压力。

置于砂性土地层中的隧道，应按全水头确定作用在地下空间结构上的浮力，按水土分算的原则确定作用在地下空间结构上的水平水压力。

3）确定设计地下水位时应注意的问题：

① 由于季节和人类的工程活动（如邻近场地工程降水影响）等都可能使地下水位发生变动，所以在确定设计地下水位时，不能仅凭地质勘察取得的当前结果，必须估计到将来可能发生的变化。尤其近年来对水资源保护的力度加大，需要考虑结构在长期使用过程中城市地下水回灌的可能性。

② 地形影响：在盆地和山麓等处，有时会出现不透水层下面的水压力变高的情况，使地下水压力从上到下按线性增大的常规形态发生变化。

③ 符合结构受力的最不利荷载组合原则：由于超静定结构某些构件中的某些截面是按侧压力或底板水反力最小的情况控制设计的，所以在确定设计地下水位时，应分别考虑最高水位和最

低水位两种情况。

计算静水压力有两种方法，一种是和土压力分开计算；另一种是将其视为土压力的一部分和土压力一起计算。水土分算时，地下水位以上的土采用天然重度 γ，水位以下的土采用有效重度 γ' 计算土压力，另外再计算静水压力的作用。水土合算时，地下水位以上的土与前者相同，水位以下的土采用饱和重度 γ_s 计算土压力，不计算静水压力。其中土的有效重度 γ' 为

$$\gamma' = \gamma_s - \gamma_w \tag{4-18}$$

式中　γ_w——水的重度，一般 $\gamma_w \approx 10 \text{kN/m}^3$。

两种计算静水压力的方法的差异示于图 4-5 中。

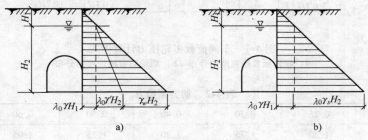

图 4-5　两种计算静水压力的方法
a) 水土分算　b) 水土合算
注：λ_0 为侧压力系数。

4.1.4　地面车辆荷载及其冲击力计算方法

1. 竖向压力

一般情况下，地面车辆荷载可按下述方法简化为均布荷载：

单个轮压传递的竖向压力（见图 4-6）

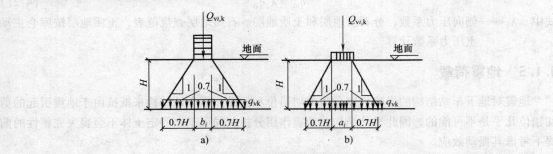

图 4-6　车辆荷载单轮压力计算图式
a) 顺轮胎着地宽度的分布　b) 顺轮胎着地长度的分布

$$q_{vk} = \frac{\mu_D Q_{vi,k}}{(a_i + 1.4H)(b_i + 1.4H)} \tag{4-19}$$

两个以上轮压传递的竖向压力（见图 4-7）

$$q_{vk} = \frac{n\mu_D Q_{vi,k}}{(a_i + 1.4H)\left(nb_i + \sum_{j=1}^{n-1} d_{bj} + 1.4H\right)} \tag{4-20}$$

式中　q_{vk}——地面车辆传递到计算深度 H 处的竖向压力标准值（kN/m^2）；

　　　$Q_{vi,k}$——车辆的 i 个车轮承担的单个轮压标准值（kN）；

a_i、b_i——i 个车轮的着地分布长度和宽度；

d_{bj}——沿车轮着地分布宽度方向，相邻两个车轮间的净距（m）；

n——车轮的总数量；

μ_D——动力系数，可参照表 4-2 选用。

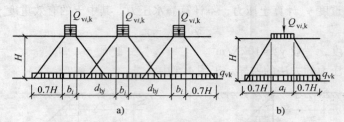

图 4-7 车辆荷载多轮压力计算图式

a）顺轮胎着地宽度的分布 b）顺轮胎着地长度的分布

表 4-2 动力系数 μ_D

覆盖层厚度/m	0.25	0.30	0.40	0.50	0.60	≥0.70
动力系数 μ_D	1.30	1.25	1.20	1.15	1.05	1.00

注：本表取自 GB 50332—2002《给水排水工程管道结构设计规范》。

当覆盖层厚度较小时，即两个轮压的扩散线不相交时，可按局部均布压力计算。

在道路下方的浅埋暗挖隧道，地面荷载可按 10kPa 的均布荷载取值，并不计冲击力的影响。当无覆盖层时，地面车辆荷载则应按集中力考虑，并用影响线加载的方法求出最不利荷载位置。

2. 水平压力

地面车辆荷载传递到地下空间结构上的水平压力，可按下式计算

$$q_{hk} = \lambda_a q_{vk} \tag{4-21}$$

式中 λ_a——侧向压力系数，分石质地层和土质地层。石质地层查规范表，土质地层按库仑主动土压力系数计算。

4.1.5 地震荷载

地震对地下车站结构的影响可以分为剪切错位和振动。靠车站结构来抵抗由于地震引起的剪切错位几乎是不可能的，因此车站结构的地震作用分析仅局限于在假定土体不会丧失完整性的前提下考虑其振动效应。

只有埋设于松软地层中的重要地铁结构物才有必要和可能进行地震响应分析和动力模型试验，对一般地铁结构都采用实用方法，即静力法或拟静力法。静力法或拟静力法就是将随时间变化的地震力或地层位移用等代的静地震荷载或静地层位移代替，然后用静力计算模型分析地震荷载或强迫地层位移作用下的结构内力。

地震中的地层位移通常都是基岩的剪切位移引起的，一般都发生在地质构造带的附近。另外错位还包括其他原因，例如液化、滑坡或地震诱发的土体失稳引起的较大土体位移。用结构来约束较大的土体位移几乎是不可能的，有效的办法是尽量避开这些敏感部位，如果做不到这一点，则应把震害限制在一定范围，并在震后容易修复。

在衬砌结构横截面的抗震设计和抗震稳定性验算中采用地震系数法（惯性力法），即静力法；验算衬砌结构沿纵向的应力和变形则用地层位移法，即拟静力法。

等代的静地震荷载包括：结构本身和洞顶上方土柱的水平、垂直惯性力以及主动土压力增量。

由于地震垂直加速度峰值一般为水平加速度的 1/2～2/3，而且也缺乏足够的地震记录，因此对震级较小和对垂直地震振动不敏感的结构，可不考虑垂直地震荷载的作用。只有在验算结构的抗浮能力时才计及垂直惯性力。

水平地震荷载可分为垂直和沿着隧道纵轴两个方向进行计算：

1. 隧道横截面上的地震荷载（垂直隧道纵轴）

（1）结构的水平惯性力 作用在构件或结构重心处的地震惯性力一般可表示为

$$F = \frac{\tau}{g} Q = K_c Q \tag{4-22}$$

式中 τ——作用于结构的地震加速度；

g——重力加速度；

Q——构件或结构的重力；

K_c——与地震加速度有关的地震系数。

对于隧道结构，我们可以将其具体化并简化如下：

1）马蹄形曲墙式衬砌（见图 4-8），其均布的水平惯性力为

$$\left. \begin{array}{l} F_1^1 = \eta_c K_h \dfrac{m_1 g}{H} \\[2mm] F_1^2 = \eta_c K_h \dfrac{m_2 g}{f} \end{array} \right\} \tag{4-23}$$

式中 η_c——综合影响系数，与工程重要性、隧道埋深、地层特性等有关，规范中建议，对于岩石地基，$\eta_c = 0.2$，非岩石地基，$\eta_c = 0.25$；

K_h——水平地震系数，7 度地区，$K_h = 0.1$；8 度地区，$K_h = 0.2$；9 度地区，$K_h = 0.4$；

m_1——上部衬砌质量；

H——上部衬砌的高度；

m_2——仰拱质量；

f——仰拱的矢高。

2）圆形衬砌（见图 4-9），其均布的水平惯性力为

$$F_1 = \eta_c K_h \frac{mg}{D} \tag{4-24}$$

式中 m——衬砌质量；

D——衬砌外直径。

3）矩形衬砌（见图 4-10），其水平惯性力分三部分

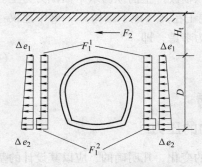

图 4-8 马蹄形衬砌的地震荷载图式

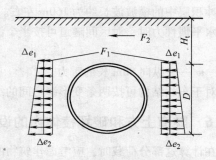

图 4-9 圆形衬砌的地震荷载图式

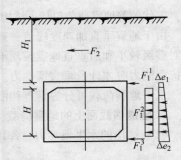

$$F_1^1 = \eta_c K_h m_t g$$

$$\left.\begin{array}{c} F_1^2 = \eta_c K_h \dfrac{m_w g}{h} \\ \\ F_1^3 = \eta_c K_h m_b g \end{array}\right\} \qquad (4\text{-}25)$$

图 4-10 矩形框架的地震荷载图式

式中　F_1^1、F_1^3——顶、底的水平惯性力，作为集中力考虑，

　　　　　　　作用在顶、底板的轴线处；

　　　　F_1^2——边和中墙的水平惯性力，按作用在边墙

　　　　　　　上的均布力考虑；

　　　m_t、m_b——顶和底板质量；

　　　　m_w——边、中墙质量；

　　　　h——边墙净高。

（2）洞顶上方土柱的水平惯性力

$$F_2 = \eta_c K_h m_{上} g \qquad (4\text{-}26)$$

式中　$m_{上}$——上方土柱的质量（kg）。

（3）主动侧向土压力的增量　地震时地层的内摩擦角要发生变化，由原来的 φ 值减小为（$\varphi - \beta$），其中 β 为地震角，在 7 度地震区 $\beta = 1°30'$；8 度处 $\beta = 3°$；9 度处 $\beta = 6°$。因此，结构一侧的主动侧向土压力增量为

$$\Delta e_i = (\lambda_a' - \lambda_a) q_i \qquad (4\text{-}27)$$

式中，$\lambda_a = \tan^2\left(45° - \dfrac{\varphi}{2}\right)$；$\lambda_a' = \tan^2\left(45° - \dfrac{\varphi - \beta}{2}\right)$。

而结构另一侧的主动侧向土压力增量可按上述值反对称布置。

（4）结构和隧道上方土柱的垂直惯性力　一般公式为

$$\left.\begin{array}{c} F_1' = \eta_c K_v Q \\ F_2' = \eta_c K_v P \end{array}\right\} \qquad (4\text{-}28)$$

式中　K_v——垂直地震系数，一般取 $K_v = \dfrac{K_h}{2} \sim \dfrac{2K_h}{3}$；

　　　Q、P——衬砌和隧道上方土柱的重力。

由于垂直惯性力仅在验算结构抗浮能力时需要考虑，因此，即可按集中力考虑。

2. 沿隧道纵轴方向的地震荷载

地震动的横波与隧道纵轴斜交或正交，或地震动的纵波与隧道纵轴平行或斜交，都会沿隧道纵向产生水平惯性力，使结构发生纵向拉压变形，其中以横波产生的纵向水平惯性力为主。地震波在冲积层中的横波波长约为 160m 左右。因此，孙钧院士在其《地下结构》一书中建议：计算纵向水平惯性力时，对区间隧道可按半个波长的结构重力考虑，即

$$T = \eta_c K_h w' \qquad (4\text{-}29)$$

式中　w'——纵向 80m 长的重力。

对于车站结构可按两条变形缝之间的结构重力来计算。

4.1.6　隧道上方和破坏棱体内的设施和建筑物的压力

在计算这部分荷载时，应考虑建筑物的现状和以后的变化，凡明确的，应以其设计的基底应力和基底距隧道结构的距离计算；凡不明确的，应在设计要求中作出规定，如上海市规定为

$20kN/m^2$。

4.2　地下空间结构计算的力学方法

4.2.1　明挖法施工的地下空间结构

采用明挖法施工的地下建筑一般采用矩形框架结构，为了保持基坑的稳定，通常要采用围护结构。因此，明挖施工的地下建筑不仅包括主体结构设计，还要包括基坑工程设计。

1. 主体结构设计

明挖箱形结构施工一般分顺作法和逆作法两种，采用顺作法施工时，即在基坑内由下而上地做好结构，然后回填土和恢复路面交通开始承载。由于回填土的密实度远不如地层原始状态，故在侧向不能提供必要的弹性抗力，明挖箱形结构一般按底板支承在弹性地基上的框架计算。为了安全可以采用主动荷载模型进行结构计算，其承受的主动荷载如图 4-11 所示。图中 q 和 e 为土压力，w 为水压力，p_o 为地面荷载。关于箱形结构基底反力，可假设结构为 Winkler 地基上的箱形结构，根据地基变形计算基底每一点的反力。弹性地基上的箱形结构一般按平面问题考虑。但在长跨比接近 1 时，应按空间结构考虑。对于平面变形问题通常都是沿纵向取单位宽度进行计算。

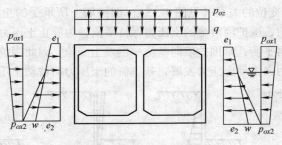

图 4-11　箱形框架主动荷载图

对框架结构的隅角部分和梁柱交叉节点处，为了考虑柱宽的影响，一般采用如图 4-12 所示的方法来计算配筋。

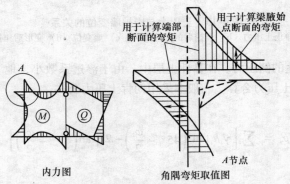

图 4-12　框架结构隅角弯矩取值图

2. 围护结构设计与计算

（1）基坑工程的设计应满足的要求

1）根据工程特点、工程地质、水文地质条件和环境保护要求确定其安全等级及地面允许最大沉降量和围护墙的水平位移控制要求，据以选择支护形式、地下水处理方法和基坑保护措施等。

2）基坑工程应进行抗滑移和倾覆的整体稳定性、基坑底部土体抗隆起和抗渗流稳定性以及抗坑底以下承压水的稳定性验算。各类稳定安全系数的取值应根据环境保护要求参照地区经验确定。

3）桩、墙式围护结构的设计应根据设定的开挖工况和施工顺序按竖向弹性地基梁模型逐阶段计算其内力及变形。当计入支撑作用时，应考虑每层支撑设置时墙体已有的位移和支撑的弹性变形。

4）桩、墙式围护结构的设计，在确定计算土压力时，应综合考虑围护墙的平面形状、支撑方式、受力条件及基坑变形控制要求等因素。长条形基坑中的锚撑式结构或受力对称的内撑式结构，可假定开挖过程中作用在墙背的土压力为定值，按变形控制要求的不同分别选用主动土压力、静止土压力或各地区的经验值；受力不对称的内撑式结构或矩形竖井结构，宜按墙背土压力随开挖过程变化的方法分析。

5）桩、墙式围护结构的设计，在软土地层中，水平基床系数的取值宜考虑挖土方式、时限、支撑架设顺序及时间等影响。

（2）荷载计算

1）土压力与围护墙变位的关系（见图4-13）。围护墙上所承受的土压力与围护墙的变位有着密切的关系。在开挖前，围护墙两侧的土压力保持平衡，为静止土压力。由于基坑开挖，围护墙上所承受的土压力不再平衡，则围护墙向基坑一侧发生变位，因此围护墙两侧的土压力性质也发生变化，墙背侧土压力向主动土压力发展，基坑侧的土压力向被动土压力发展。

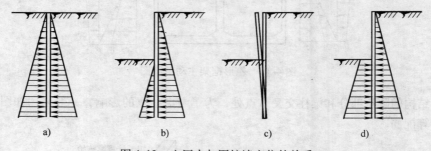

图 4-13 土压力与围护墙变位的关系
a）静止土压力 b）开挖后的静止土压力 c）墙变位 d）变形后土压力

2）黏性土地层产生的侧压力。在黏性土层中，由于渗透系数小，地下水溶于土中，因此在围护结构时宜采取水、土压力合算。一般多采用朗肯土压力公式。

主动土压力

$$p_a = \sum \left[\gamma_i h_i \tan^2\left(45° - \frac{\varphi_i}{2}\right) - 2c_i \tan\left(45° - \frac{\varphi_i}{2}\right) \right] \tag{4-30}$$

被动土压力

$$p_p = \sum \left[\gamma_i h_i \tan^2\left(45° + \frac{\varphi_i}{2}\right) + 2c_i \tan\left(45° + \frac{\varphi_i}{2}\right) \right] \tag{4-31}$$

式中 γ_i——各层土的天然重度；

h_i——各层土的厚度；

c_i、φ_i——各层土的黏聚力和内摩擦角。

3）砂性土地层产生的侧压力。因砂性土层的渗透系数较大，宜将水、土压力分开计算，土压力采用朗肯土压力，水压力则采用全水压力

土压力

$$p_a = \sum \left[\gamma_i h_i \tan^2 \left(45^\circ - \frac{\varphi_i}{2} \right) - 2c_i \tan \left(45^\circ - \frac{\varphi_i}{2} \right) \right] \tag{4-32}$$

式中　γ_i——地下水位以上的土层用天然重度，地下水位以下的土层用浮重度；

$\quad\quad h_i$——各层土的厚度；

c_i、φ_i——各层土的黏聚力和内摩擦角。

水压力：

① 作用于围护墙上的净水压力：墙底处水压力为零，如图 4-14 所示。

$$u_c = \frac{2(H+i-j)(d-i)}{2d+H-i-j} \gamma_w \tag{4-33}$$

式中　γ_w——水的重度。

② 渗透情况下的水压力，如图 4-15 所示。

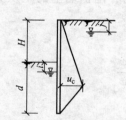

图 4-14　假设墙底处水压力
为 0 时水压力计算图示

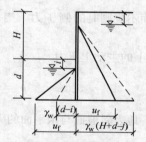

图 4-15　渗透情况下的水压力计算图示
（图中实线为稳定水压）

$$u_f = \frac{2(H+d-j)(d-i)}{2d+H-i-j} \gamma_w \tag{4-34}$$

4）地面荷载引起的侧压力。

① 均布的地面荷载产生的侧压力，如图 4-16a 所示。

$$\sigma_h = q \tan^2 \left(45^\circ - \frac{\varphi}{2} \right) \tag{4-35}$$

式中　q——地面均布荷载（kPa）。

② 集中荷载产生的侧压力，如图 4-16b 所示。

$m > 0.4$ 时
$$\sigma_h = \frac{1.77V}{H^2} \cdot \frac{m^2 n^2}{(m^2+n^2)^3} \tag{4-36}$$

式中　V——地面集中荷载（kN）。

$m \leqslant 0.4$ 时
$$\sigma_h = \frac{0.28V}{H^2} \cdot \frac{n^2}{(0.16+n^2)^3} \tag{4-37}$$

③ 线荷载作用下产生的侧压力，如图 4-16c 所示。

$m > 0.4$ 时
$$\sigma_h = \frac{4}{\pi} \cdot \frac{q}{H} \cdot \frac{m^2 n}{(m^2+n^2)^2} \tag{4-38}$$

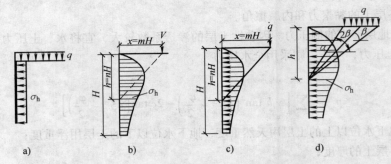

图 4-16 地面荷载引起的侧压力计算图示

a）地面均布荷载　b）集中荷载　c）线荷载　d）条形荷载

$m \leq 0.4$ 时
$$\sigma_h = \frac{q}{H} \cdot \frac{0.203n}{(0.16 + n^2)^2} \qquad (4-39)$$

式中　q——线荷载（kN/m）。

④ 条形荷载作用下产生的侧压力，如图 4-16d 所示。

$$\sigma_h = \frac{2q}{\pi}(2\beta - \sin2\beta\cos2\alpha)$$

5）地面不规则时的侧压力。当基坑外侧的地面不规则时，围护墙上的土压力如图 4-17 所示。

围护墙上的主动土压力

$$p_a = \gamma z\cos\beta \frac{\cos\beta - \sqrt{\cos^2\beta - \cos^2\varphi}}{\cos\beta + \sqrt{\cos^2\beta - \cos^2\varphi}} \qquad (4-40)$$

式中　β——地表斜坡面与水平面的夹角（°）。

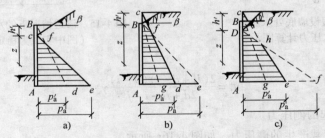

图 4-17 地面不规则情况主动土压力

（3）地层水平反力系数的确定　对于单道及多道支撑的围护结构，其内力计算一般采用竖向弹性地基梁方法。基坑开挖面以下土层的水平抗力（基坑侧）σ_x 等于该点的地层水平反力系数 K_x 与该点的水平位移 x 的乘积，即

$$\sigma_x = K_x x \qquad (4-41)$$

图 4-18 列举了三种不同的地层反力系数 K_x 沿深度变化的规律。

1）常数法：假定地层反力系数沿深度方向均匀分布。这是我国学者张有龄在 20 世纪 30 年代提出的方法。

2）m 法：假定土的地层反力随深度成正比增加。

3）K 法：假定围护结构在土中弹性曲线的第一个横向位移零点以下的地层反力系数为一常数，而地面至第一横向位移零点之间的地层反力系数随深度按直线增大。

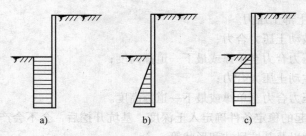

图 4-18　地层反力系数

a) 常数法　b) m 法　c) K 法

表 4-3 提供了地层水平反力系数的参考值。

表 4-3　地层水平反力系数 K_x

土性	黏性土或粉性土				砂性土			
	淤泥质	软	中等	硬	极软	松	中等	密实
地层水平反力系数 $K_x / (kN/m^3)$	3000 ~ 15000	15000 ~ 30000	30000 ~ 150000	150000 以上	3000 ~ 15000	15000 ~ 30000	30000 ~ 100000	100000 以上

（4）围护结构的稳定分析——入土深度的确定　对于基坑工程，为了确保施工阶段基坑的稳定性，都必须将墙伸入基底以下某一长度，这段长度称为入土深度。对于板桩墙之类的围护结构，入土的那部分材料是可以回收的，但对于地下连续墙或桩墙工程，入土部分则无法回收。因此，为了节省工程造价，在保证安全要求的前提下，应尽量减短入土深度。归纳起来主要是基坑的整体失稳、隆起失稳、管涌失稳、底鼓失稳等几方面的问题。图 4-19 列举了几种基坑失稳的形态。

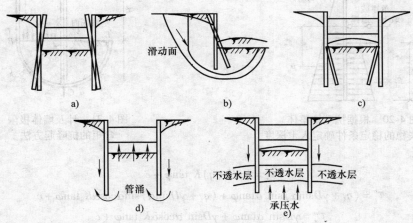

图 4-19　几种基坑失稳的形态

a) 支撑强度、刚度不够　b) 整体滑动失稳　c) 踢脚引起隆起失稳　d) 砂地层管涌失稳　e) 底鼓失稳

对 4-19a 所示的基坑失稳形态，只要保证足够的支撑强度和刚度及安装精度，同时保证墙体强度、刚度和施工质量即可避免。

1）根据抗基坑整体滑动失稳的稳定条件确定入土深度。在整体失稳时，坑底被动侧达到被动土压力（假定滑裂面通过墙底），如图 4-20 所示。

安全系数
$$F = \frac{P_p L_p}{P_a L_a} \geqslant (1.05 \sim 1.2) \tag{4-42}$$

在求 P_a 时，不计上部土压力。

式中　　P_p——被动侧被动土压力合力；

$\quad\quad L_p$——被动土压力合力至单撑或最下一道撑高度；

$\quad\quad P_a$——主动侧主动土压力合力；

$\quad\quad L_a$——主动土压力合力至单撑或最下一道撑高度。

2）根据基坑抗隆起的稳定条件确定入土深度。基坑开挖后，会不会产生隆起失稳，取决于地质条件、桩入土深度以及基坑尺寸和形状等。

① 计及墙体极限弯矩的抗隆起方法。此法认为开挖面以下的墙体能起到帮助基底抵抗基底土体隆起的作用，并假定沿墙体底面滑动，认为墙体底面以下的滑动面为一圆弧，如图 4-21 所示。产生滑动的力为土体重量 γH 及地面荷载 q。抵抗滑动力则为滑动面上的土体抗剪强度，对于非理想黏性土来说，其内摩擦角 $\varphi \neq 0$。因此在计算滑动面上的抗剪强度时应采用 $\tau = \sigma \tan\varphi + c$ 的公式，不能只单纯考虑 $\tau = c$（c 为黏聚力）。

图 4-21 中滑动面上土体抗剪强度 τ 中 σ 值如何选用，作如下处理：在 AB 面上的 σ 应该是水平侧压力，实际上此面上的水平侧压力值介于主动土压力与静止侧压力之间，因此近似地取为 $\sigma = \gamma z \tan^2 (45° - \varphi/2)$，而没有减去 $2c\tan (45° - \varphi/2)$，这是为了近似地反映实际土压力。况且在开挖深度较大的情况下，后者比前者要小得多。对于 BC 滑动面上的法向应力 σ_n 则由两部分组成，即为土体自重在滑动面法向上的分力加上该处水平侧压力在滑动面法向上的分力，水平侧压力的计算公式与 AB 相同。对于 CE 面亦如此。图 4-21 中的滑动面上 AB、BC、CE 各段的抗剪强度分别为

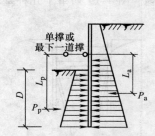

图 4-20　根据抗基坑整体
滑动失稳的稳定条件确定入土深度

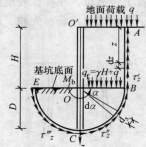

图 4-21　计及墙体极限
弯矩的抗隆起方法

$$\tau'_z = (\gamma H + q) K_a \tan\varphi + c$$

$$\tau''_z = (q_f + \gamma D \sin\alpha) \sin^2\alpha \tan\varphi + (q_f + \gamma D \sin\alpha) \sin\alpha \cos\alpha K_a \tan\varphi + c$$

$$\tau'''_z = \gamma D \sin^3\alpha \tan\varphi + \gamma D \sin^2\alpha \cos\alpha K_a \tan\varphi + c$$

将滑动力与抗滑动力分别对圆心 O 取力矩，得滑动力矩

$$M_s = \frac{1}{2}(\gamma H + q) D^2 \tag{4-43}$$

抗滑动力矩　　$$M_r = \int_0^H \tau'_z dz \cdot D + \int_0^{s_1} \tau''_z ds \cdot D + \int_0^{s_2} \tau'''_z ds \cdot D + M_h$$

对上式积分并经整理后得

$$M_r = K_a \tan\varphi \left[\left(\frac{\gamma H^2}{2} + qH \right) D + \frac{1}{2} q_f D^2 + \frac{2}{3} \gamma D^2 \right]$$

$$+ \tan\varphi \left[\frac{\pi}{4} q_{\text{f}} D^2 + \frac{4}{3} \gamma D^3 \right] + c(HD + \pi D^2) + M_{\text{h}} \tag{4-44}$$

式中　D ——入土深度；

　　　H ——基坑开挖深度；

　　　q ——地面荷载；

γ、c、φ ——土体重度、黏聚力和内摩擦角；

　　　M_{h} ——基坑底面处墙体的极限抵抗力矩，可采用该处的墙体设计力矩。

$$q_{\text{f}} = \gamma H + q \,;\, K_{\text{a}} = \tan^2 \left(45° - \frac{\varphi}{2} \right)$$

$$s_1 = \overparen{BC} \,;\, s_2 = \overparen{EC}$$

因此抗隆起安全系数公式为

$$K_{\text{s}} = \frac{M_{\text{r}}}{M_{\text{s}}} \tag{4-45}$$

计算时可采用试算法选定入土深度 D，即可给定数个 D 值，按式（4-44）～式（4-46）验算抗隆起安全系数，求得安全系数 K_{s} 为最小时的入土深度即为所求的入土深度。为达到稳定要求，必须满足 $K_{\text{s}} \geqslant 1.7$。

实践证明，上述方法较适用于中等强度和较软弱的黏性土层中的地下墙工程。但由于假定滑动面通过墙底，故在 D 过小时这样的假定显然是不合理的，与实际情况不符合。因此当 $\dfrac{D}{H} < 0.4$ 及 $H < 5\text{m}$ 时，宜采用下面方法。

② 同时考虑 c、φ 的抗隆起法。在许多验算抗隆起安全系数的公式中，验算抗隆起安全系数时，仅仅给出了纯黏性土（$\varphi = 0$）或纯砂性土（$c = 0$）的公式，很少同时考虑 c、φ。显然对于一般的黏性土，在土体抗剪强度中应包括 c 和 φ 的因素。因此参照 Prandtl 和 Terzaghi 的地基承载力公式，并将墙底面的平面作为极限承载力的基准面，其滑动形状如图 4-22 所示。

建议采用下式进行抗隆起安全系数的验算，以求得入土深度

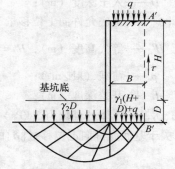

图 4-22　同时考虑 c、φ 的抗隆起法

$$K_{\text{s}} = \frac{\gamma_2 D N_{\text{q}} + c N_{\text{c}}}{\gamma_1 (H + D) + q} \tag{4-46}$$

式中　D ——墙体入土深度；

　　　H ——基坑开挖深度；

　　　γ_1 ——坑外地表至围护墙底各土层天然重度的加权平均值；

　　　γ_2 ——坑内底以下至围护墙底各土层天然重度的加权平均值；

　　　c ——坑内底土体的黏聚力；

　　　q ——地面荷载；

N_{q}、N_{c} ——地基承载力的系数。

用 Prandtl 公式，N_{q}、N_{c} 分别为

$$\left. \begin{aligned} N_{\text{qp}} &= \tan^2 \left(45° + \frac{\varphi}{2} \right) \text{e}^{\pi\tan\varphi} \\ N_{\text{cp}} &= (N_{\text{qp}} - 1) \frac{1}{\tan\varphi} \end{aligned} \right\} \tag{4-47}$$

用 Terzaghi 公式为

$$N_{qT} = \frac{1}{2}\left[\frac{e^{(\frac{3}{4}\pi - \frac{\varphi}{2})\tan\varphi}}{\cos(45° + \frac{\varphi}{2})}\right]^2 \left.\begin{matrix} \\ \\ \\ \\ \end{matrix}\right\}$$

$$N_{cT} = (N_{qT} - 1)\frac{1}{\tan\varphi}$$

(4-48)

要求 $K_s \geqslant 1.7$。

实践证明，本法基本上可适用于各类土质条件。

虽然本验算方法将墙底面作为求极限承载力的基准面带有一定的近似性，但对于地下连续墙在基坑开挖时作为临时挡土结构来说是安全可靠的。当地下空间结构物的底板、顶板等结构建成后，就不必考虑隆起问题了。

③ 模拟试验研究经验公式。施工实践表明，即使基底地层处于弹性受力状态，基底也有一定数量的向上位移。事实上对地基极限承载力取某安全度的状态，也存在一定量的位移值。也就是说，地基在失稳前已产生了相当数量的位移，基坑底有一定量的向上位移并不表示基坑已失稳。

同济大学通过模拟试验建立了基底向上位移 δ 与荷载 p 以及地层的 c、φ、γ 和地下墙的入土深度 D 与开挖深度 H 的关系式

$$\frac{D}{H} = \frac{1}{[0.08[\delta] + 2.33 + 0.00134\gamma H' - 0.051\gamma c^{-0.04}(\tan\varphi)^{-0.54}]^2}$$

(4-49)

式中　D——入土深度（m）；

$[\delta]$——基底允许向上位移量（cm）；

H'——等代高度（m），$H' = \left(H + \frac{p}{\gamma}\right)$；

p——荷载（kN/m²）；

H——开挖深度（m）；

c、φ、γ——土体的黏聚力（kPa）、内摩擦角（°）、重度（kN/m³）。

关于基底允许向上位移量 $[\delta]$ 的选取，可采用表 4-4 中的数值。

表 4-4　基底允许向上位移量 $[\delta]$

地表沉降控制要求	$[\delta]$	地表沉降控制要求	$[\delta]$	地表沉降控制要求	$[\delta]$
一般	$0.01H$	较高	$(0.004 \sim 0.005)H$	很高	$0.002H$

由于试验仅模拟了基坑一侧的墙体和土层，所测得的位移值 δ 也只是一侧影响而产生的，故经验公式较适用于宽基坑工程。而且试验只针对一种厚度 60cm 的墙体，若厚度大于 60cm 的墙体，仍可用此经验公式，所得结果是偏于安全的。

3）根据抗管涌的稳定条件确定入土深度。当基坑面以下的土为疏松的砂土层，而且又作用着向上的渗透水压，如果由此产生的动水坡度大于砂土层的极限动水坡度时，砂土颗粒就会处于冒出状态，基坑底面丧失稳定。这种现象叫做管涌，如图 4-23 所示。如果我们增加入土深度，就能增加流线长度从而降低了动水坡度，因而增加入土深度对防止管涌是有利的。这里介绍一种较简便可行的计算方法。

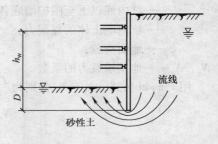

图 4-23　管涌产生示意图

当符合下列条件时，基坑是稳定的，不会发生管涌现象

$$K_s i < i_c, \quad K_s = 1.5 \sim 2.0 \qquad (4\text{-}50)$$

式中　i——动水坡度，可近似按下式求得

$$i = \frac{h_w}{L} \cdot \frac{1}{2} \qquad (4\text{-}51)$$

式中　h_w——墙体内外面的水头差（m）；

　　　L——产生水头损失的最短流线长度（m），$L \approx h_w + 2D$。

　　　i_c——极限动力坡度，可用下式计算

$$i_c = \frac{G_s - 1}{1 + e} \qquad (4\text{-}52)$$

式中　G_s——土颗粒相对密度；

　　　e——土的孔隙比。

4）抗底鼓稳定分析。如果在基底下有薄的不透水层，而且在不透水层下面有较大水压的滞水层，当土重不足以抵挡下部的水压时，基底就会发生隆起，墙体就会失稳，如图 4-24 所示。所以在围护设计、施工前，必须查明地层情况及滞水层水头情况。底鼓的稳定验算可按以下规则进行。

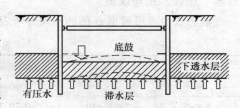

图 4-24　有压水产生地基底隆起

先考虑上覆土层重力与滞水层水压力的平衡，此时的安全系数取 1.05。当不满足此条件时，可考虑上覆土层重力及其与支护壁的摩擦力与滞水层水压力的平衡，土与围护壁间的摩擦系数根据具体的工程条件确定，土作用于围护壁上的正压力可采用主动土压力，这是偏于安全的，安全系数可取 1.1 ~ 1.2。若不能满足稳定条件，则应采取一定的措施以防止基坑的失稳，常见的有下面几种：①用隔水挡土墙隔断滞水层；②用深井点降低承压水头；③做有压顶的抗拔桩。

（5）围护结构的计算方法

1）计算工况的选择。要进行围护结构的内力、变形计算，首先要确定基坑开挖的工况，图 4-25 以二道钢管支撑为例，说明如何确定一个基坑的计算工况。计算工况不仅要考虑基坑开挖的情况，还需要考虑基坑回筑的工况。

2）计算方法。围护结构的计算方法归纳起来有以下四个大类：

① 古典方法：如假想梁法、1/2 分割法、太沙基法等。它的特点是土压力已知，不考虑墙体变位和支撑变形。

② 支撑轴力、墙体弯矩、变位不随开挖过程而变化的方法：如山肩邦男法等。它的特点是土压力已知，考虑墙体变位，不考虑支撑变形。

③ 支撑轴力、墙体弯矩、变位随开挖过程而变化的方法：如弹性法、弹塑性法、塑性法、叠加法等。它的特点是土压力已知，考虑墙体变位，考虑支撑变形。

工况一：第一次开　工况二：第二次开　工况三：开挖到基底
挖至第一道撑底　　挖至第二道撑底

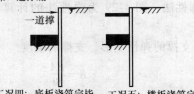

工况四：底板浇筑完毕，　工况五：楼板浇筑完毕，
拆除第二道撑底　　　拆除第一道撑底

图 4-25　计算工况的选择

④ 共同变形理论：如森重马法等。它的特点是土压力随墙体变位而变化，考虑墙体变位，考虑支撑变形。

目前工程实际中应用较多的为第 3 类方法，下面就上述各类方法中较为典型的计算方法做一个介绍。

① 假想梁法（又称等值梁法）：

假定：挡墙在基底以下有一假想铰，假想铰把挡墙划分为两段假想梁，上部为简支梁（例如单支撑结构），下部为一次超静定结构，这样就可以求得挡墙的内力。

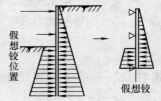

采用假想梁法可以求解多支撑（锚杆）挡墙的内力（见图 4-26），其关键问题在于假想铰位置的确定。有下面三种方法：假定为被动土压力的合力点；假定主、被动土压力相等那点；采用日本"国铁"的建议值。

假想铰位置可根据 N 值的不同参考表 4-5。

图 4-26　假想梁法计算简图

表 4-5　假想铰位置

砂性土	黏性土	假想铰位置	砂性土	黏性土	假想铰位置
—	$N < 2$	$Q = 0.4h$	$15 \leqslant N < 30$	$10 \leqslant N < 20$	$Q = 0.2h$
$N < 15$	$2 \leqslant N < 10$	$Q = 0.3h$	$30 \leqslant N$	$20 \leqslant N$	$Q = 0.1h$

注：h 为最下道支撑至基底面的距离。

② 1/2 分割法：假定每道支撑只承受跨中那部分的水、土压力。则每道支撑的轴力就等于所分担的水、土压力图面积（见图 4-27）。支撑轴力已知后，不难求得墙体的弯矩。

③ 太沙基法：太沙基假定挡墙受力后，在每道横撑（第一道横撑除外）支点以及基底处形成塑性铰。由此挡墙成为静定的连续梁，如图 4-28 所示。

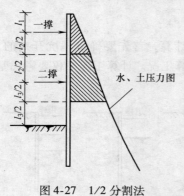

图 4-27　1/2 分割法

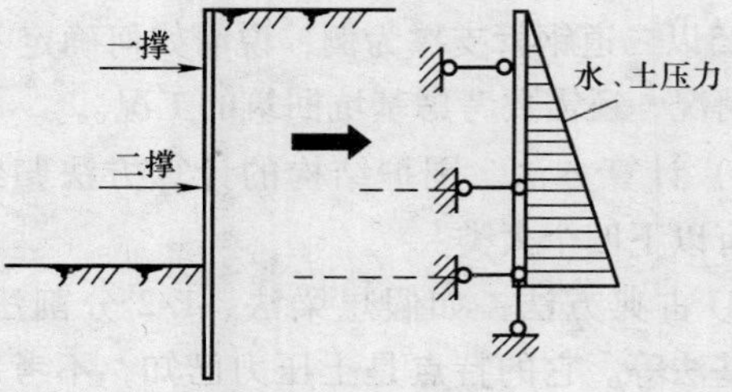

图 4-28　太沙基法

④ 弹性法：图 4-29 为弹性法的计算图式。弹性法的基本点：

考虑支撑的弹性变形，支撑的刚度

$$K = \frac{EA}{Sl} \tag{4-53}$$

式中　l——支撑长度的一半；

E——支撑的弹性模量；

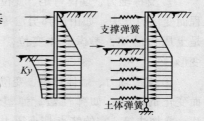

图 4-29　弹性法计算简图

  A——支撑的截面积；

  S——支撑间距。

主动侧的土压力已知（开挖面以上为三角形分布，开挖面以下为矩形分布）。

基底下被动土压力，符合 $\sigma = Ky$（扣除主动侧三角形土压力后）。

挡土结构作为有限长弹性体，墙底可以自由、铰接、固定。

⑤ 弹塑性法：

弹塑性法的基本假定：除同弹性法外，主动侧土压力有两种图式（见图 4-30）；基底以下分为两个区：塑性区（达到被动土压力）、弹性区（符合文克尔假定）。

⑥ 塑性法（见图 4-31）：本法的基本假定：除同弹性法外，主动侧土压力在基坑开挖面以下为矩形；基底下仅考虑塑性区，假定塑性区最深点为铰接点，弯矩为零，弃去以下的墙体。

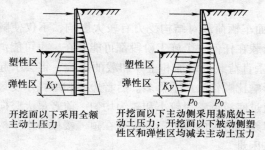

图 4-30　弹塑性法

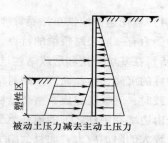

图 4-31　塑性法

⑦ 叠加法：叠加法的特点是：随着开挖面的进程，不断施加释放应力，墙体的总应力、总变位为各阶段值之和。计算图式如图 4-32 所示。

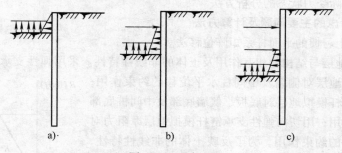

图 4-32　叠加法

a）第一次开挖求得墙体变形及墙体应力 δ_1、σ_1　b）设第一道撑，第二次开挖求得 δ_2、σ_2

c）设第二道撑，第三次开挖求得 δ_3、σ_3

  用这些方法对多道支撑深基坑进行内力、变位分析时，其结果较实际情况误差大。随着计算机的普及，在工程实际中越来越多地采用有限单元法。因为在使用有限元对挡土结构分析时，可有效地计入基坑开挖过程中的多种因素。挡土结构有限元分析法有两类：弹性链杆有限元法和弹性理论平面问题的有限元法，而前者应用较多。

4.2.2　盖挖法施工的地下空间结构

  这里以盖挖逆作车站为例，介绍多跨多层矩形框架考虑施工步骤的计算方法。

1. 盖挖逆作车站结构受力特点

  1）盖挖逆作地铁车站的修建是一个分步施工的过程。结构的主要受力构件，常兼有临时结构和永久结构的双重功能。其结构形式、刚度、支承条件和荷载情况随开挖过程不断变化。结构受力与施工方法、开挖步骤和施工措施关系密切，而且荷载效应有继承性，即这一施工过程在结构中产生的内力和变形，是前面各施工过程受力的继续，使用阶段的受力是施工阶段受力的继续。

2）边墙作为挡土结构主要承受横向荷载，同时也承受水平构件传递的竖向荷载，中柱主要承受竖向荷载。施工阶段竖向荷载在中柱和边墙之间分配；结构封底后，竖向荷载在中柱、边墙和底板之间分配。

3）盖挖逆作法多以钻孔灌注桩或地下连续墙为基坑的支护，成桩（墙）过程中对地层极少扰动，又以顶、楼板顶替横撑，基坑开挖引起的墙体变形较小，与一般放坡开挖或顺作法施工的地下空间结构相比，当地层较稳定时，施工期间作用在坑底以上墙面的土压力更接近于静止土压力。

4）盖挖逆作地铁车站通常埋置较浅，地面车辆荷载对结构受力有较大影响，不仅使隧道结构的受力有一般公路桥梁的特点，而且车辆荷载在任何一个施工阶段都可能存在，也可能消失。

5）在基坑开挖和形成结构过程中，由于垂直荷载的增加和土体卸载的影响，将会引起边墙和中柱的沉降，由此而产生的对结构体系的影响比顺作法严重得多。后者边墙和中柱承受最大竖向荷载时，底板已完成，整个结构的沉降可通过底板调整得较小和较为均匀。前者最大竖向荷载完全由边墙和中柱之下的地基承受。竖向支撑系统过大的沉降，不仅会在顶、楼板等水平构件中产生较大的附加应力，而且会给节点连接带来困难。

上述特点表明，适用于放坡开挖顺作的整体结构分析方法，即不考虑施工过程、结构完成后一次加载的计算模式，或虽然考虑施工阶段和荷载变化的影响，却忽略了结构受力继承性的分析方法都与结构实际的受力状态相距甚远。必须根据盖挖逆作法的施工工艺及结构受力特点，建立新的、能够反映实际受力状态的分析方法。

2. 结构分析考虑的主要问题及计算方法

1）采用工程上习惯的平面杆系矩阵位移法。

2）应能反映地层与结构的相互作用及土体的非线性特性。采用弹性支承链杆模型，用水平弹性支承链杆模拟地层对侧墙及中间柱水平位移的约束作用；用竖向弹性支承链杆模拟地层对底板、侧墙底部及中间桩底部垂直位移的约束作用；用切向弹性支承链杆模拟地层摩阻力对侧墙及中间桩位移的约束作用。为了反映土体的非线性特性，支承链杆的等效刚度可采用最简单的理想弹塑性模式（见图 4-33）。当反力 $R \leqslant R_0$ 时，支承链杆刚度为常数 K，当 $R \geqslant R_0$，$K=0$。其中 R_0 为地基的极限承载力。

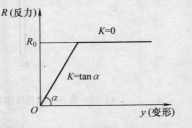

图 4-33　支承链杆的弹性模式

3）为了能确切模拟分步开挖过程及使用阶段不同的受力状况，将结构受力的变化过程划分为若干个相对独立的阶段进行计算。分段原则是：结构组成、支撑情况有较大变化或结构受力情况有很大变化时。

4）应能反映结构受力的继承性。对于形式、刚度、支承条件和荷载不断变化的盖挖逆作结构体系，可采用叠加法进行受力分析。即对每一个施工步骤或受力阶段，都按结构的实际支承条件及构件组成建立计算简图，只计算由于荷载增量（或荷载变化）引起的内力增量，这一施工步骤完成后结构的实际内力应是前面各步荷载增量引起的内力的总和。关键问题是如何根据盖挖逆作的施工工艺确定引起体系内力改变的每一个荷载增量。一般可归纳为如下几种情况：

支撑的拆除：相当于在原体系的拆撑处反向施加这一支撑力。

坑底土挖除：如图4-34所示，当在边墙全高范围作用着不平衡侧土压力，并分别用水平支承链杆和切向支承链杆模拟坑底以下土体对墙体变形的约束作用时，假定作用在边墙迎土面一侧的土压力为定值（主动土压或静止土压），则基坑从 h_1 开挖至 h_2 深度引起的荷载增量由两部分组成。第一部分为基坑侧因开挖引起的静止土压力的减少，相当于在挖除土体的部位对体系反向施加这一压力的减少值。第二部分为被挖除土体中弹性抗力的释放（包括水平向和切向弹性抗力），相当于在开挖部位对体系反向施加这些弹性抗力。

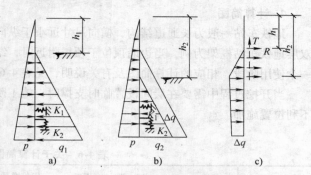

图4-34　坑底土开挖中所受荷载

a）基坑开挖到 h_1 深度时作用在侧墙上的荷载及侧墙的支承条件
b）基坑开挖到 h_2 深度时作用在侧墙上的荷载及侧墙的支承条件
c）基坑从 h_1 挖到 h_2 深度时作用在侧墙上的荷载增量 Δq、R、T

p—作用在迎土面上的主动土压力或静止土压力
q_1—作用在开挖面上的静止土压力（基坑深度 h_1）
q_2—作用在开挖面上的静止土压力（基坑深度 h_2）
Δq—开挖面静止土压力增量，$\Delta q = q_2 - q_1$
K_1—土体等效水平弹簧刚度　K_2—土体等效剪切弹簧刚度
R—水平弹簧的卸载　T—剪切弹簧卸载

活载效应：活载是一种可变荷载，它们只在当前的计算阶段起作用。所以对每一个计算阶段，都必须计算无可变荷载和只有可变荷载作用的两种荷载工况，将它们与前面各步无可变荷载的计算结果叠加，即可求得当前阶段包括活载影响在内的体系的实际受力状态。在计算活载效应时，应按使结构构件可能出现的最不利内力进行加载。因此，对每个计算阶段的可变荷载工况，都可能有若干种的活载加载模式。此外，当结构顶板以上覆土小于1m时，应利用影响线原理，找出地面车辆活载横向的最不利加载位置。

结构自重：仅当构件在计算简图中第一次出现时考虑。

在施工过程中，架设支承、构件刚度的增加和结构构件的施作等，假定都是在各受力阶段结构变形已稳定的情况下进行的，如果忽略混凝土在硬化过程中的收缩对体系的影响，则可以认为这些作业都不改变原体系的受力状态。

3. 计算参数的确定

在地下空间结构计算中，侧土压力及地基弹性抗力系数是两个重要参数，可参考已有研究成果并结合工程设计经验合理选用。

（1）侧土压力　侧土压力的大小与墙体的变形情况有关，在主动土压力和被动土压力之间变化，可按以下两种方式之一处理。

1）边墙全高范围作用不平衡侧土压力，开挖面以上视为无约束的构件，开挖面以下为弹性地基梁。迎土侧的已知外荷载视墙体变形大小可考虑为主动土压力或静止土压力。通常，在饱和软土地层中，施工阶段取主动土压力，使用阶段取静止土压力；当地层较稳定时，施工阶段也可取静止土压力。基坑侧开挖面以下取静止土压力时，它与墙体水平抗力叠加以后不应大于被动土压力。

2）边墙全高范围按弹性地基梁计算，并作用不平衡土压力，以静止土压力为初始计算荷载，墙体的有效土压力为计算荷载与土体水平弹性抗力的代数和，且不应小于主动土压力和大于被动土压力。

（2）地基弹性抗力系数　抗力系数是地层反力和位移之间的一种概念性关系，它不仅与地层条件有关，而且与构件的受载面积、形状和变形方向等有关。现有的一些有关基床系数的经验公式，大多与土壤的变形模量发生关系，可根据试验、经验公式或查表选用。

4. 计算简图

地铁车站一般为长通道结构，横向尺寸远小于纵向尺寸，故可简化为平面问题求解。以三跨双层地铁车站框架为例，当边墙顶位于顶板附近时，结构计算一般可分为三个主要的施工过程和一个使用阶段，相应的计算简图及有关说明，见表4-6及图4-35。

当开挖过程中需要在层间设置临时支撑时，施工阶段的受力状态也相应增加，荷载则需按最不利位置施加。

表4-6　关于计算简图的说明

受力阶段		支撑条件	荷载增量		内力变形增量		体系实际内力及变形
			工况1（静载）	工况2（活载）	工况1	工况2	
施工阶段	(1) 施工过程1	1. 坑底以下土体对墙和中间桩的等效水平弹簧及切向弹簧支撑 2. 土体对墙底和桩底的等效竖向弹簧支撑	1. 结构自重，覆土重 2. 不平衡侧土压力	地面施工荷载或施工车辆荷载 p_1 及其引起底侧土压力 s_1	a_1	a_2	$A_1 = a_1$ $A_2 = A_1 + a_2$
	(2) 施工过程2	同上	1. 楼板自重 2. 开挖引起的不平衡侧土压力增量及弹性抗力的卸载	p_1、s_1 及楼板施工荷载 p_2	b_1	b_2	$B_1 = A_1 + b_1$ $B_2 = A_1 + b_1 + b_2$
	(3) 施工过程3	同上，底板土体等效竖向弹簧及切向弹簧支撑	底板自重	p_1、s_1 及 p_2	c_1	c_2	$C_1 = B_1 + c_1$ $C_2 = B_1 + c_1 + c_2$
使用阶段（4）		同上，但底板竖向弹簧反力小于水浮力的部分应取消竖向弹簧及切向弹簧支撑	1. 侧墙：使用阶段侧土压力与施工完成时侧土压力的差值 2. 楼板：重量 3. 底板：道床重；取消弹簧的部分以水浮力作为外荷载	1. 地面车辆荷载 p_3 及其引起的侧土压力 s_3 2. 楼板：人群荷载 p_4	d_1	d_2	$D_1 = C_1 + d_1$ $D_2 = C_1 + d_1 + d_2$

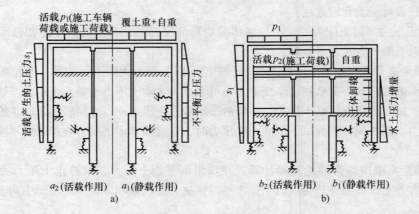

图4-35　盖挖逆作车站考虑施工步骤的内力分析图式
a) 挖开至楼板　b) 开挖至底板底

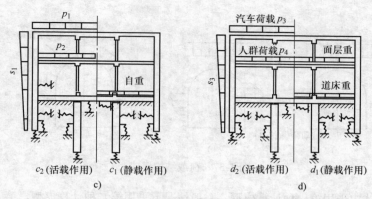

图 4-35　盖挖逆作车站考虑施工步骤的内力分析图式（续）

c）封底　d）平时使用荷载作用

4.2.3　暗挖法施工的地下空间结构

1. 计算模型分类

关于暗挖法施工的地下空间结构内力计算，目前有两种不同的设计理念，一种认为围岩的作用只是向结构施加荷载，而结构的作用只是承受荷载；另一种则认为围岩既是荷载又有承载能力，而结构的作用是调整围岩从而与之共同维持洞室的稳定性。相应地，地下空间结构的内力计算模型可以划分为如下两种类型：

（1）荷载-结构模型　荷载-结构模型认为围岩对支护结构的作用只是产生作用在结构上的荷载（包括主动的围岩压力和被动的弹性抗力），以计算支护结构在荷载作用下产生的内力和变形。荷载-结构模型是仿效地面结构的计算模式，即将荷载作用在结构上，用一般结构力学的方法来进行计算，长期以来，地下支护结构一直沿用这种计算方法，至今仍在使用。传统支护结构原理认为，结构上方的岩层最终要塌落。因此，作用在支护结构上的荷载就是上方塌落岩体的重量。然而一般情况下岩层由于支护结构的限制并不会塌落，而是由于围岩向支护结构方向产生变形而受到支护结构阻止才使支护结构产生压力。这种情况下作用在支护结构上的荷载是未知的，应用荷载-结构模型就有困难。所以荷载-结构模型只适用于浅埋情况（见图 4-36a）及围岩塌落而出现松动压力的情况（见图 4-36b）。

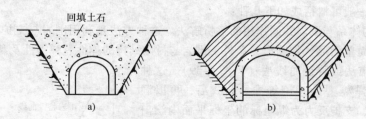

图 4-36　隧道浅埋和围岩塌落情况

荷载-结构模型还可按荷载不同细分成如下几种模式：

1）主动荷载模型（见图 4-37a）。

2）主动荷载 + 被动荷载模型（见图 4-37b）。

3）量测压力模型（见图 4-37c）。

前两种模型考虑岩层重力作用在结构上，这种荷载通常是根据松散压力理论或经验确定的。

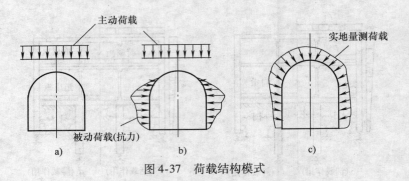

图 4-37　荷载结构模式

在没有抗力的土体中采用第一种计算模型，一般情况下采用第二种计算模型。第二种模型考虑了结构与岩体的相互作用，已经局部地体现了地下工程支护结构的受力特点。为了保证地层抗力的存在，应当使地层与结构之间保持紧密接触。

第三种模型是反馈计算中的一种方法，即根据现场实测获得的围岩压力，以此作为荷载对支护结构进行计算，这种荷载已经反映了结构与围岩的共同作用。

（2）地层结构模型　该模型主要用于由于围岩变形而引起的压力（见图 4-38），压力值必须通过支护结构与围岩共同作用而求得，这是反映当前现代支护结构原理的一种计算方法，需采用岩石力学方法进行计算。应当指出，支护结构体系不仅是指衬砌与喷层等结构物，而且包含锚杆、钢筋网及钢拱架等支护结构在内。

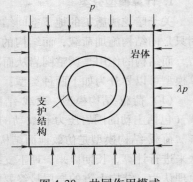

图 4-38　共同作用模式

这类模型的计算方法通常有数值解法和解析解法两类。

数值解法是把围岩视作弹塑性体或黏弹塑性体，并与支护结构一起采用有限元或边界元数值法求解。数值解法可以直接算出围岩与支护结构的应力和变形状态，以判断围岩是否失稳和支护结构是否破坏。数值解法往往有多种功能，能考虑岩体中的节理裂隙、层面、地下水渗流及岩体膨胀性等影响，是目前理论计算法中的主要方法。

解析解法主要适用于一些简单情况下，以及某些简化情况下的近似计算。目前，国内外这类方法已经很多，一般可概括成如下几种：

1）支护结构体系与围岩共同作用的解析解法。这种方法是利用围岩与支护衬砌之间的位移协调条件，求得简单洞形（如圆形）条件下围岩与衬砌结构的弹性、弹塑性及黏弹性解。

2）收敛-约束法或特征曲线法（见图 4-39）。这种方法的原理是按弹塑-黏性理论等推导公式后，再以洞周位移为横坐标、支护反力为纵坐标的坐标平面内绘出表示围岩受力变形特征的洞周收敛线，并按结构力学原理在同一坐标平面内绘出表示支护结构受力变形特征的支护限制线，得出以上两条曲线的交点，根据交点处表示的支护抗力值进行支护结构设计。

3）剪切滑移楔体法。这种方法基于 Robcewicz 提出的"剪切破坏理论"。该理论认为，围岩稳定性的丧失，主要发生在洞室主动岩压方向的两侧，并形成剪切滑移

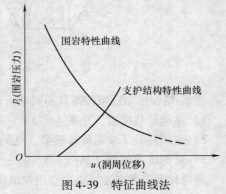

图 4-39　特征曲线法

楔体。由于地下洞室开挖在侧压系数 $\lambda < 1$（$\lambda = \sigma_h / \sigma_v$，$\sigma_h$ 为水平初始地应力；σ_v 为铅垂初始地应力）的条件下，岩体的破坏过程如图 4-40 所示。首先两侧壁的楔形岩块由于剪切而分离，并向洞内移动（见图 4-40a），而后上部和下部岩体由于楔形岩块滑移造成跨度加大，上下岩体向洞内挠曲（见图 4-40b），甚至移动（见图 4-40c）。支护结构的设计按照由锚杆、喷射混凝土及钢拱架提供的支护抗力与塑性滑移楔体的滑移力达成平衡这一条件进行。

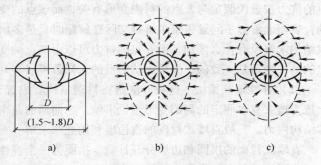

图 4-40　剪切滑移楔体法

上述前两种方法其实质基本上是一致的，都是应用围岩与支护体系共同作用原理，按弹性、弹塑性或黏弹性理论求解，其不同点主要在于前者多采用数解法，后者采用图解法。

剪切滑移楔体法只是一种近似的工程计算法，假定条件很多，数学上推演不严格，但它适用于非轴对称情况，而且在某些条件下可得到工程实践和模型试验的验证。如果计算原则与力学分析基本合理，作为近似计算是可行的。

2. 荷载结构计算方式

隧道支护结构计算的主要内容有：按工程类比方法初步拟定断面的几何尺寸；确定作用在结构上的荷载，进行力学计算，求出截面的内力（弯矩 M 和轴向力 N）；验算截面的承载力。

由前述知，隧道支护结构计算采用荷载-结构模式，即在主动荷载及被动荷载（弹性抗力）共同作用下的拱式结构。衬砌结构在主动荷载作用下产生的弹性抗力的大小和分布形态取决于衬砌结构的变形，而衬砌结构的变形又和弹性抗力有关，所以衬砌结构的计算是一个非线性问题，必须采用迭代解法或某些简化的假定，使问题得以解决。为此，由于对弹性抗力的处理方法不同，而有几种不同的计算方法，下面分别加以介绍。

（1）假定抗力区范围及抗力分布规律法（简称"假定抗力图形法"）　如果经过多次计算和经验积累，基本上掌握了某种断面形式的衬砌在某种荷载作用下的变形规律，以后再计算同类荷载作用下的同类衬砌结构时，就可假定衬砌结构周边抗力分布的范围及抗力区各点抗力变化的图形，只要知道某一特定点的弹性抗力，就可求出其他各点的弹性抗力值。这样，在求出作用在衬砌结构上的荷载后，其内力分析也就变成了通常的超静定结构问题。这种方法适用于曲墙式衬砌和直墙式衬砌的拱圈计算。图 4-41 为曲墙式衬砌结构采用"假定抗力图形法"求解衬砌截面内力的计算图式。它是一个在主动荷载（垂直荷载大于侧向荷载）及弹性抗力共同作用下，支承在弹性地基上的无铰高拱。拱两侧的弹性抗力按二次抛物线分布，只要知道特定点，即最大抗力点 h（最大跨度处）截面的弹性抗力值 σ_h，其他各截面的弹性抗力值可通过与 h 点弹性抗力值

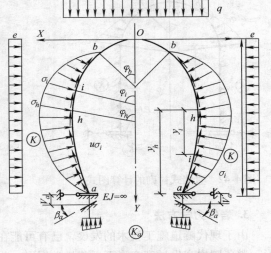

图 4-41　曲墙式衬砌结构采用"假定抗力图形法"求解衬砌截面内力的计算图式

σ_h 有关的函数关系式求出。因此解题关键在于不但要求结构内力，还要求 h 点的抗力值。但是 h 点的抗力按温氏假定与 h 点的衬砌变形有关，而该点的变形又是在外荷载和抗力共同作用下得到的，表面上看似乎问题很难求解，实际在解题时只是多出 h 点的一个未知的抗力值。其他问题与拱结构求解没有什么区别，而 h 点的抗力可以由该点的变形谐调来求解，即 h 点的衬砌变形与该点的地层变形是一致的，故最大抗力点的未知数可以多列出一个方程来求解。

（2）**弹性地基梁法**　这种方法是将衬砌结构看成置于弹性地基上的曲梁或直梁。弹性地基上抗力按文克尔假定的局部变形理论求解。当曲墙的曲率是常数或为直墙时，可采用初参数法求解结构内力。一般直墙式衬砌的直边墙利用此法求解。

直墙式衬砌的拱圈和边墙分开计算。拱圈为一个弹性固定在边墙顶上的无铰平拱，边墙为一个置于弹性地基上的直梁，计算时先根据其换算长度，确定是长梁、短梁或刚性梁，然后按照初参数方法来计算墙顶截面的位移及边墙各截面的内力值。计算图式如图 4-42 所示。

（3）**弹性支承法**　弹性支承法的基本特点是将衬砌结构离散为有限个杆系单元体，将弹性抗力作用范围内（一般先假定拱顶 90°～120°范围为脱离区）的连续围岩，离散成若干条彼此互不相关的矩形岩柱，矩形岩柱的一个边长是衬砌的纵向计算宽度，通常取为单位长度，另一边长是两个相邻的衬砌单元的长度一半的和。因岩柱的深度与传递轴力无关，故不予考虑。为了便于计算，用一些具有一定弹性的支承来代替岩柱，并以铰接的方式支承在衬砌单元之间的节点上，它不承受弯矩，只承受轴力。弹性支承的设置方向，当衬砌与围岩之间不仅能传递法向力且能传递剪切力时，则在法向和切向各设置一个弹性支承。如衬砌与围岩之间只能传递法向力时，则沿衬砌轴线设置一个法向弹性支承。但为了简化计算工作，可将弹性支承由法向设置改为水平方向设置。对于弹性固定的边墙底部可用一个既能约束水平位移，又能产生转动和垂直位移的弹性支座来模拟。图 4-43 为隧道衬砌结构内力分析的一般计算图式。将主动围岩压力简化为节点荷载，衬砌结构的内力计算，可采用矩阵力法或矩阵位移法，编制程序进行分析计算。

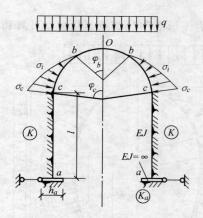

图 4-42　直墙式衬砌的计算图式

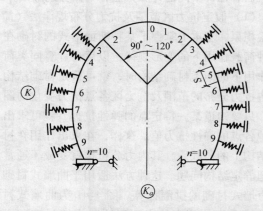

图 4-43　隧道衬砌结构内力分析的一般计算图式

3. 岩体力学方法

由于现代隧道施工技术的发展，已有可能在隧道开挖后立即给围岩以必要的约束，抑制其变形，避免围岩产生过度变形而引起松动坍塌。此时，隧道开挖所引起的应力重分布，可由围岩和支护结构体系共同承受，从而达到新的应力平衡。

岩体力学方法主要是对锚喷支护进行预设计。这种方法的出发点是支护结构与围岩相互作用，组成一个共同承载体系，其中围岩为主要的承载结构，支护结构为镶嵌在围岩孔洞上的承载环，只是用来约束和限制围岩的变形，两者共同作用的结果是使支护结构体系达到平衡状态。它的计算模式为地层-结构模式，即处于无限或半无限介质中的结构和镶嵌在围岩孔洞上的支护结构（相当于加劲环）所组成的复合模式。它的特点是能反映出隧道开挖后的围岩应力状态。

目前对这种模式的求解方法主要有数值法、剪切滑移破坏法和特征曲线法。

（1）用岩体力学进行分析的思路及基础知识

1）分析思路。岩体力学方法是把围岩和支护结构看作一个支承体系，分析在洞室开挖以后，支护设置前后这个体系中的应力（相应的位移）变化情况，并据以判断是否稳定。

在洞室开挖以前，围岩处于初始应力状态，也称初始应力场 $\{\sigma\}^0$，它通常总是稳定的。开挖以后，地应力自我调整，且出现相应位移，称二次应力场及位移场（$\{\sigma\}^2$，$\{u\}^2$），这时，如果其应力水平及位移小于岩体的强度及允许值，那么岩体处于弹性状态，仍是稳定的。一般地说，无须施作支护结构来增加整个体系的支撑能力。反之，围岩的一部分出现塑性以至松弛，就要适时修筑支护，给围岩以反力并约束其自由位移，这样两者结合成一个体系，应力再次调整，围岩出现三次应力场及位移场（$\{\sigma\}^3$，$\{u\}^3$），支护结构中相应地出现了内力及位移（$\{F\}$，$\{\delta\}$），据（$\{F\}$，$\{\delta\}$），判断结构的安全状况。

完整分析流程如图 4-44 所示。

2）弹性阶段围岩二次应力场及位移场的计算。由于围岩性质十分复杂多变，洞室开挖引起的应力调整也是十分复杂的，加上不同的洞室尺寸及开挖方法的影响，使得理论分析计算十分困难，不得不借助一些简化假设，简化后和工程实际有所差异，但仍可定性地反映其变化规律，目前所用假设大多有：

① 围岩为均质、各向同性的连续介质。

② 只考虑自重形成的初始应力场。

③ 隧道形状以规则的圆形为主。

④ 隧道埋设于相当深度，看作无限平面中的孔洞问题。

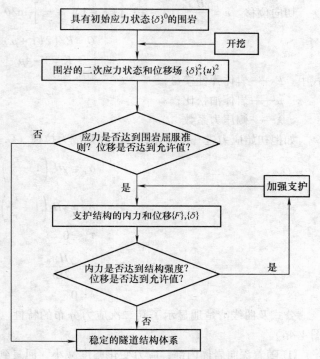

图 4-44　岩体力学方法分析流程

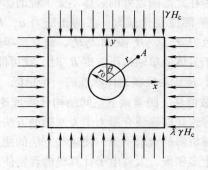

图 4-45　岩体力学方法的计算模型

在这样假设下，计算模型如图 4-45 所示，这在弹性理论中有现成的解答，即基尔西（G. Kirsch）公式。

$$
\begin{aligned}
\text{径向应力} \quad & \sigma_r = \frac{\gamma H_c}{2}\left[(1+\lambda)\left(1-\frac{r_0^2}{r^2}\right)+(1-\lambda)\left(1-\frac{4r_0^2}{r^2}+\frac{3r_0^4}{r^4}\right)\cos2\theta\right] \\
\text{切向应力} \quad & \sigma_\theta = \frac{\gamma H_c}{2}\left[(1+\lambda)\left(1-\frac{r_0^2}{r^2}\right)-(1-\lambda)\left(1+\frac{3r_0^4}{r^4}\right)\cos2\theta\right] \\
\text{剪应力} \quad & \tau_{r\theta} = \frac{\gamma H_c}{2}(1-\lambda)\left(1+\frac{2r_0^2}{r^2}-\frac{3r_0^4}{r^4}\right)\sin2\theta \\
\text{径向位移} \quad & u = \frac{\gamma H_c r_0^2}{4Gr}\left\{(1+\lambda)+(1-\lambda)\left[(K+1)-\frac{r_0^2}{r^2}\right]\cos2\theta\right\} \\
\text{切向位移} \quad & v = \frac{\gamma H_c r_0^2}{4Gr}(1-\lambda)\left[(K-1)+\frac{r_0^2}{r^2}\right]\sin2\theta
\end{aligned}
\right\} \tag{4-54}
$$

$$
G = E/[2(1+\mu)]
$$
$$
K = 3-4\mu
$$

式中　E——岩体弹性模量；

μ——岩体泊松比；

λ——侧压力系数。

如把初始应力进一步简化，$\lambda=1$，则成为拉梅（G. Lame）解

$$
\left.
\begin{aligned}
& \sigma_r = \gamma H_c\left(1-\frac{r_0^2}{r^2}\right) \\
& \sigma_\theta = \gamma H_c\left(1+\frac{r_0^2}{r^2}\right) \\
& \tau_{r\theta} = 0 \\
& u = \frac{\gamma H_c r_0^2}{2Gr} \\
& v = 0
\end{aligned}
\right\} \tag{4-55}
$$

公式及曲线清楚地显示了其二次应力分布的特性（见图 4-46）。

① 随着深向岩体内部，应力变化幅度减小，回复到初始应力状态，如 $r=6r_0$ 处，其变化只有 3% 左右，因此可以大致认为在此范围以外的岩体不受工程的影响。

② 孔壁部位变化最大，法向正应力 σ_r 从 γH 变到 0，而切向正应力 σ_θ 从 γH_c 变到 $2\gamma H_c$，而且呈单向受压状态。当该值大于岩体的单轴抗压强度 R_c 时，就可能出现屈服破坏。$\gamma H_c/R_c$ 遂成为反映岩体状态的一个指标。

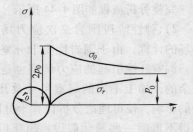

图 4-46　岩体挖开后的二次应力状态
（图中 $p_0 = \gamma H_c$）

（2）**数值法**　随着地下空间结构计算理论研究工作的进展，人们开始采用地层结构法和收敛限制法等这些以连续介质力学为基础的方法来设计和研究地下空间结构。然而由于在以上领域已经取得解析解的成果不多，使这些方法的使用范围还相当有限。

近二十多年来，大型电子计算机的普遍使用使数值计算方法有了很大的发展，大大深化和扩大了岩土工程问题的计算理论。其中，有限单元法是一种发展最快的数值方法。

有限单元法可用于处理很多复杂的岩土力学和工程问题，例如岩土介质和混凝土材料的非线性问题，岩土中节理、裂隙等不连续面对分析计算的影响，土体的固结和次固结，地层和地下空间结构的相互作用，洞室位移和应力随时间增长变化的黏性特征，分步开挖施工作业对围岩稳定

性的影响，渗流场与初始地应力和开挖应力的耦合效应，以及地下空间结构的抗爆和抗震动力计算等。这些问题的合理解决，对地下工程的优化设计和评价围岩与地层的稳定性就有了较为可靠的理论依据。

弹性力学平面问题的有限单元法已为广大读者所熟悉。本节主要介绍岩土工程材料非线性问题有限单元法，包括岩土地质材料和混凝土的非线性本构模型及弹塑性问题的求解方法。

1）基本概念。将岩土介质和衬砌结构离散为仅在节点相连的诸单元。荷载移至节点，利用插值函数考虑连续条件，由矩阵力法或矩阵位移法方程组统一求解岩土介质和衬砌结构的应力场和位移场的方法称为有限单元法。

在平面问题中，离散岩土介质常用的单元有常应变三角形单元、六节点三角形单元、矩形单元和四边形等参数单元等，这些单元各有优缺点，目前应用最广的是四边形等参数单元，因为它既具有较高的精度，又能灵活地适应复杂的边界形状。离散衬砌结构的常用单元一般是杆件单元。如结构厚度较大，也可采用上述的各种单元。

求解岩土工程问题采用的有限单元法一般是矩阵位移法，取用的基本未知数是单元节点的位移。为了在节点位移值与单元内任意点的位移值之间建立联系并保持元素之间的连续性，需要根据插值函数建立位移模式。位移模式的合理选择与单元的类型有关，将它们规定为坐标的函数。

弹性力学有限单元法的基本方程一般可以用能量泛函极值的方法得到。

将作用在弹性体节点上的外荷载记为 $\boldsymbol{R}$，弹性体节点的位移记为 $\boldsymbol{\delta}$，刚度记为 $\boldsymbol{K}$，则在外荷载作用下弹性体的变形能 U 为

$$U = \frac{1}{2}\boldsymbol{\delta}^{\mathrm{T}}\boldsymbol{K}\boldsymbol{\delta} \tag{4-56}$$

外荷载的势能 W 为

$$W = \boldsymbol{\delta}^{\mathrm{T}}\boldsymbol{R} \tag{4-57}$$

变形体的总势能 Π 为

$$\Pi = U - W = \frac{1}{2}\boldsymbol{\delta}^{\mathrm{T}}\boldsymbol{K}\boldsymbol{\delta} - \boldsymbol{\delta}^{\mathrm{T}}\boldsymbol{R}$$

根据最小势能原理，对能量泛函 Π 得变分取为零，得

$$\boldsymbol{K}\boldsymbol{\delta} = \boldsymbol{R} \tag{4-58}$$

式（4-58）即为一组线性代数方程组，可用直接法或迭代法进行求解节点位移，从而进一步计算出岩土介质与衬砌结构的应力。

当岩体介质与衬砌结构材料的本构特征呈非线性关系时，刚度矩阵 $\boldsymbol{K}$ 与材料的变形情况有关，即此时 $\boldsymbol{K}$ 已不是常量矩阵，而是 $\boldsymbol{\delta}$ 的函数。处理非线性问题的一般方法是将本构关系曲线分段线性化，并将应力应变关系改用增量形式表达。显而易见，在每一分段的范围内，应力增量与应变增量之间的关系仍可简化为线性关系，故在一般岩土工程问题的分析计算中，式（4-58）仍为基本方程式。

图 4-47a 所示是计算范围，图 4-47b 所示是大致单元划分，图 4-47c 所示是显示三角形单元节点处的内力、位移分量。要注意的是假设相邻单元互相铰接，因此不传递弯矩，也不出现转角位移。

2）开挖效果的模拟。岩体在开挖洞室之前都具有初始应力，开挖以后，在洞壁处应力解除。如果在开挖同时，设置一能与围岩密贴结合、共同作用的支护结构，那么这一结构可等同于那部分刚挖去的岩体，约束周围岩体因应力场调整而产生的位移，而自己也产生相应位移及应力。这种效果称为开挖效果，在作整体有限元分析时应反映出来。反映的方法常是在洞室支护结

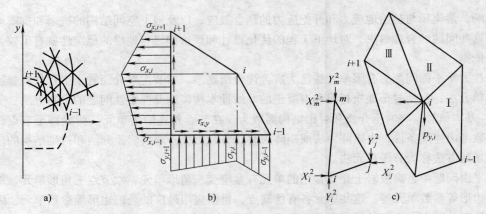

图 4-47　开挖过程中释放荷载假设

构周边各节点加上"等效释放荷载"。它是由地层初始应力产生的，经过推算，其值等于初始应力的合成（转置到各单元节点），而方向则作用在支护结构上。

如果分部开挖，则要把前部开挖后的应力重分布状态作为初始应力，再用同样方法，计算后部开挖造成的"等效释放荷载"。

3）岩体材料的非线性性质。通常计算中，我们都假设岩体处于弹性状态，这时各单元的应力和应变呈直线关系。这样计算比较简单，而且在应力水平不高的情况下也是接近实际的。但是当应力达到一定水平时，岩体会呈现塑性，这个应力水平就是前面所讲的屈服准则。到时，弹性矩阵值将随应力变化而变化。此外，有的岩体还有明显的黏性，这又把时间因素引了进来。这些统称为非线性问题，如何恰当地考虑各种力学性质，综合在应力、应变关系中反映出来，即是岩体的非线性本构模型。各国学者针对不同岩体，提出了不少简繁不一的本构模型，这些非线性本构模型的计算当然比线性模型要复杂得多，但现今力学及计算工具是能够解决的。非线性问题还有如何处理裂隙岩体，以上分析我们一直把岩体作为连续介质，其实在节理发育的岩体中，介质具有各向异性及明显的软弱面，就不能简单地使用连续介质条件下导出的公式了。为了模拟这种节理分布状态，学者们提出了无拉应力本构模型、节理单元模型等，这样计算当然更复杂了，但都得到过良好的计算成果。

（3）收敛—约束法

1）圆形衬砌的弹—塑性计算理论。

① 围岩应力。由于洞室开挖以前地层中存在初始应力场，因而对洞室周围地层进行应力分析时必须考虑初始应力场的作用。假设地层中存在的初始应力场仅是自重应力场，则在弹性受力阶段按平面应变问题进行圆形洞室周围地层的应力分析时，可取如图 4-48a 所示的计算简图。

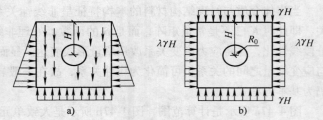

图 4-48　圆形衬砌的弹—塑性计算理论

理论研究表明，如洞室埋深为圆形衬砌半径的二十倍以上（即图中的 $R_0/H \leqslant \dfrac{1}{20}$），则图 4-48a 可简化为图 4-48b。在工程设计实践中，一般认为洞室埋深为半径的五倍时即可按图 4-48b 进行应力分析，该图也可用于分析存在构造应力的岩石地层中的圆形衬砌。对于浅埋隧道，按图 4-48b 计算所得的结果也可供设计时参考。

处于弹性受力阶段的单孔圆形洞室在双向等压受力状态时的计算简图如图 4-49a 所示，洞室周围地层的应力可采用以下的拉梅公式进行计算

$$
\left.\begin{array}{l}
\sigma_r = p_0\left(1 - \dfrac{R_0^2}{r^2}\right) + p_i\dfrac{R_0^2}{r^2} \\[3mm]
\sigma_\theta = p_0\left(1 + \dfrac{R_0^2}{r^2}\right) - p_i\dfrac{R_0^2}{r^2}
\end{array}\right\}
\tag{4-59}
$$

式中　σ_r——洞室周围地层的径向应力；

　　　σ_θ——洞室周围地层的切向应力；

　　　p_0——作用在无穷远处的双向等压荷载；

　　　R_0——圆形洞室的半径；

　　　r——洞周地层任意点离洞室中心的距离；

　　　p_i——在圆形洞室周边上作用的径向压力。

图 4-49b 即为当 $p_i = 0$ 时按以上公式绘出的围岩应力分布图，图 4-49c 为由 p_i 引起的（$p_0 = 0$）围岩应力分布图。由图可见，当垂直荷载和水平荷载均为 p_0 时地层的初始应力状态为 $\sigma_r = \sigma_\theta = p_0$，开挖洞室后孔周的 $\sigma_r = 0$，$\sigma_\theta = 2p_0$，相应于应力集中系数为 $K = 2$。

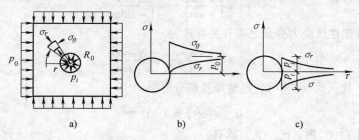

图 4-49　围岩应力

地层的初始应力场一般为双向不等压的应力场。取图 4-50 作为计算简图，则由齐尔西公式可写出洞周地层应力分量的表达式为

$$
\left.\begin{array}{l}
\sigma_r = \dfrac{1}{2}p_0\ (1 + \lambda)\ \left(1 - \dfrac{R_0^2}{r^2}\right) + \dfrac{1}{2}p_0\ (1 - \lambda)\ \left(1 - 4\dfrac{R_0^2}{r^2} + 3\dfrac{R_0^4}{r^4}\right)\cos2\theta \\[3mm]
\sigma_\theta = \dfrac{1}{2}p_0\ (1 + \lambda)\ \left(1 + \dfrac{R_0^2}{r^2}\right) - \dfrac{1}{2}p_0\ (1 - \lambda)\ \left(1 + 3\dfrac{R_0^4}{r^4}\right)\cos2\theta \\[3mm]
\tau_{r\theta} = \dfrac{1}{2}p_0\ (1 - \lambda)\ \left(1 + 2\dfrac{R_0^2}{r^2} - 3\dfrac{R_0^4}{r^4}\right)\sin2\theta
\end{array}\right\}
\tag{4-60}
$$

式中　λ——侧压力系数；

　　　θ——洞室周围地层任意点和圆心的连线与水平轴的夹角；

　　　$\tau_{r\theta}$——洞室周围地层任意点的径向和切向剪应力。

② 塑性区应力。在双向等压受力状态时圆形衬砌周围地层塑性区的外形为圆形，如图 4-51a 所示。

图 4-51b 为塑性区的脱离体图。图中 σ_r 表示弹性区地层对塑性区地层的作用力，p_i 表示衬砌对塑性区地层

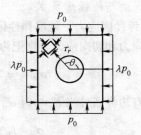

图 4-50　地层的初始应力场计算简图

的作用力。因结构及荷载均为轴对称，可知 σ_r、p_i 也为轴对称。图 4-51c 所示为按极坐标体系在地层塑性区中取出的单元体。将塑性区的径向应力记为 σ_{rp}，切向（即环向）应力记为 $\sigma_{\theta p}$，则由单元体静力平衡条件 $\sum F_r = 0$ 可得方程式

$$r\frac{\mathrm{d}\sigma_{rp}}{\mathrm{d}r} + \sigma_{rp} - \sigma_{\theta p} = 0 \tag{4-61}$$

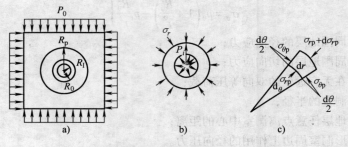

图 4-51 塑性区应力

以极坐标表示的莫尔—库仑准则可写为

$$\sigma_\theta = \frac{1+\sin\varphi}{1-\sin\varphi}\sigma_r + \frac{2c\cos\varphi}{1-\sin\varphi} \tag{4-62}$$

由此可知，在塑性区应力分量之间有关系式为

$$\sigma_{\theta p} = \frac{1+\sin\varphi}{1-\sin\varphi}\sigma_{rp} + \frac{2c\cos\varphi}{1-\sin\varphi} \tag{4-63}$$

将式（4-63）代入式（4-61），经整理及积分可得

$$\sigma_{rp} + c\cot\varphi = A \cdot r^{\frac{2\sin\varphi}{1-\sin\varphi}} \tag{4-64}$$

因有边界条件 $r = R_0$ 时，$\sigma_{rp} = p_i$，故有

$$A = \frac{p_i + c\cot\varphi}{R_0^{\frac{2\sin\varphi}{1-\sin\varphi}}} \tag{4-65}$$

将式（4-65）代入式（4-63）、式（4-64），整理即得地层塑性区内力的计算式为

$$\left.\begin{array}{l}\sigma_{rp} = c\cot\varphi\left[\left(\dfrac{r}{R_0}\right)^{\frac{2\sin\varphi}{1-\sin\varphi}} - 1\right] + p_i\left(\dfrac{r}{R_0}\right)^{\frac{2\sin\varphi}{1-\sin\varphi}} \\[3mm] \sigma_{\theta p} = c\cot\varphi\left[\dfrac{1+\sin\varphi}{1-\sin\varphi}\left(\dfrac{r}{R_0}\right)^{\frac{2\sin\varphi}{1-\sin\varphi}} - 1\right] + p_i\left(\dfrac{r}{R_0}\right)^{\frac{2\sin\varphi}{1-\sin\varphi}} \cdot \dfrac{1+\sin\varphi}{1-\sin\varphi}\end{array}\right\} \tag{4-66}$$

由式（4-66）可见，塑性区应力只与代表地层特性的常数 c、φ 及衬砌对地层塑性区的作用力有关，而与荷载 p_0 无关。

③ 弹性区应力。地层弹性区的脱离体如图 4-52 所示，将地层弹性区的径向应力和切向应力分别记为 σ_{rt} 和 $\sigma_{\theta t}$，则由弹性理论可写出

$$\sigma_{rt} = \frac{B}{r^2} + A \; ; \quad \sigma_{\theta t} = -\frac{B}{r^2} + A$$

因有边界条件当 $r \to \infty$ 时 $\sigma_{rt} = p_0$，可得 $A = p_0$，由此可将上式可改写为

$$\sigma_{rt} = p_0 + \frac{B}{r^2} \; ; \quad \sigma_{\theta t} = p_0 - \frac{B}{r^2}$$

由边界条件 $r = R_p$ 时 $\sigma_{rt} = \sigma_{rp}$，可得

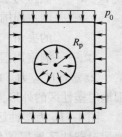

图 4-52 塑性区半径

$$B = c\cot\varphi\Big[\Big(\frac{R_\mathrm{p}}{R_0}\Big)^{\frac{2\sin\varphi}{1-\sin\varphi}}-1\Big]R_\mathrm{p}^2 + p_i\Big(\frac{R_\mathrm{p}}{R_0}\Big)^{\frac{2\sin\varphi}{1-\sin\varphi}}R_\mathrm{p}^2 - p_0 R_\mathrm{p}^2 \tag{4-67}$$

由此即得弹性区地层径向应力与切向应力的表达式分别为

$$\left.\begin{array}{l} \sigma_{rt} = c\cot\varphi\Big[\Big(\frac{R_\mathrm{p}}{R_0}\Big)^{\frac{2\sin\varphi}{1-\sin\varphi}}-1\Big]\Big(\frac{R_\mathrm{p}}{r}\Big)^2 + p_i\Big(\frac{R_\mathrm{p}}{R_0}\Big)^{\frac{2\sin\varphi}{1-\sin\varphi}}\Big(\frac{R_\mathrm{p}}{r}\Big)^2 + p_0\Big(1-\frac{R_\mathrm{p}^2}{r^2}\Big) \\[2mm] \sigma_{\theta t} = p_0\Big(1+\frac{R_\mathrm{p}^2}{r^2}\Big) - c\cot\varphi\Big[\Big(\frac{R_\mathrm{p}}{R_0}\Big)^{\frac{2\sin\varphi}{1-\sin\varphi}}-1\Big]\Big(\frac{R_\mathrm{p}}{r}\Big)^2 - p_i\Big(\frac{R_\mathrm{p}}{R_0}\Big)^{\frac{2\sin\varphi}{1-\sin\varphi}}\Big(\frac{R_\mathrm{p}}{r}\Big)^2 \end{array}\right\} \tag{4-68}$$

由式（4-68）可见，地层弹性区的应力与地层特性常数 c、φ 及衬砌对塑性区地层的作用力有关。

④ 塑性区半径 R_p。由边界条件 $r = R_\mathrm{p}$ 时 $\sigma_{\theta t} = \sigma_{\theta \mathrm{p}}$，可写出

$$c\cot\varphi\Big[\frac{1+\sin\varphi}{1-\sin\varphi}\Big(\frac{R_\mathrm{p}}{R_0}\Big)^{\frac{2\sin\varphi}{1-\sin\varphi}}-1\Big] + p_i\Big(\frac{R_\mathrm{p}}{R_0}\Big)^{\frac{2\sin\varphi}{1-\sin\varphi}}\cdot\frac{1+\sin\varphi}{1-\sin\varphi}$$

$$= 2p_0 - c\cot\varphi\Big[\Big(\frac{R_\mathrm{p}}{R_0}\Big)^{\frac{2\sin\varphi}{1-\sin\varphi}}-1\Big] - p_i\Big(\frac{R_\mathrm{p}}{R_0}\Big)^{\frac{2\sin\varphi}{1-\sin\varphi}}$$

由此可得塑性区半径 R_p 的计算式为

$$R_\mathrm{p} = \Big[\frac{(p_0 + c\cot\varphi)(1-\sin\varphi)}{P_i + c\cot\varphi}\Big]^{\frac{1-\sin\varphi}{2\sin\varphi}} R_0 \tag{4-69}$$

由式（4-69）可见，塑性区半径 R_p 不仅与地层特性常数 c、φ 及外荷载 p_0 有关，而且与衬砌对塑性区地层的作用力 p_i 也有关，p_i 的值在 R_p 计算式的分母中出现，表示修筑衬砌可限制洞室周围地层塑性区的开展。

⑤ 洞周位移。设由开挖引起的洞周径向位移为 u_0，塑性区外缘（即弹性区内缘）的径向位移为 u_p，如图 4-53a 所示。

由拉梅公式可写出在 p_0 作用下弹性区内缘的应力增量为

$$\Delta\sigma_\theta = p_0\Big(1+\frac{R_\mathrm{p}^2}{r^2}\Big) - p_0 = \frac{R_\mathrm{p}^2}{r^2}p_0$$

$$\Delta\sigma_r = p_0\Big(1-\frac{R_\mathrm{p}^2}{r^2}\Big) - p_0 = -\frac{R_\mathrm{p}^2}{r^2}p_0$$

因有

$$\varepsilon_\theta = \frac{1-\mu^2}{E}\Big(\Delta\sigma_\theta - \frac{\mu}{1-\mu}\Delta\sigma_r\Big) = \frac{u}{r}$$

可得由 p_0 引起的塑性区外缘的径向位移 u_p' 为

$$u_\mathrm{p}' = \frac{1+\mu}{E}p_0 R_\mathrm{p} \tag{4-70}$$

因地层塑性区对弹性区的径向作用力为 $\sigma_{r\mathrm{p}}$，由拉梅公式也可写出 $\sigma_{r\mathrm{p}}$ 产生的弹性区的附加应力为

$$\sigma_r = \sigma_{r\mathrm{p}}\frac{R_\mathrm{p}^2}{r^2};\quad \sigma_\theta = -\sigma_{r\mathrm{p}}\frac{R_\mathrm{p}^2}{r^2}$$

由此可得由 $\sigma_{r\mathrm{p}}$ 引起的塑性区外缘的径向位移 u_p'' 为

$$u_\mathrm{p}'' = -\frac{1+\mu}{E}\sigma_{r\mathrm{p}}R_\mathrm{p}$$

将上式与式（4-70）相叠加，即得

$$u_p = \frac{1+\mu}{E}\left\{ p_0 - c\cot\varphi\left[\left(\frac{R_p}{R_0}\right)^{\frac{2\sin\varphi}{1-\sin\varphi}} - 1 \right] - p_i\left(\frac{R_p}{R_0}\right)^{\frac{2\sin\varphi}{1-\sin\varphi}} \right\}R_p \qquad (4-71)$$

试验证明，岩土材料在发生塑性变形时仅发生形状变化，体积变形几乎为零，相应于泊松比接近于 0.5。假设塑性区体积在变形前后保持不变，可得

$$\pi(R_p^2 - R_0^2) = \pi\left[(R_p - u_p)^2 - (R_0 - u_0)^2 \right] 2u_0R_0 - 2u_pR_p + u_p^2 + u_0^2 = 0$$

因 u_0^2、u_p^2 在式中为高阶小量，可以将其略去，故上式简化为

$$u_0 = u_p \cdot \frac{R_p}{R_0}$$

将式（4-71）代入上式，即得

$$u_0 = \frac{1+\mu}{E}\left\{ p_0 - c\cot\varphi\left[\left(\frac{R_p}{R_0}\right)^{\frac{2\sin\varphi}{1-\sin\varphi}} - 1 \right] - p_i\left(\frac{R_p}{R_0}\right)^{\frac{2\sin\varphi}{1-\sin\varphi}} \right\}\frac{R_p^2}{R_0} \qquad (4-72)$$

⑥ 衬砌位移。如图 4-53b 所示，作用在衬砌外缘的径向应力为 p_i。由弹性力学厚壁圆筒受均布压力的受力分析，可写出衬砌应力的计算式为

$$\sigma_r = \frac{p_i}{\left(\frac{1}{R_0^2} - \frac{1}{R_1^2}\right)r^2} - \frac{p_i}{\left(\frac{1}{R_0^2} - \frac{1}{R_1^2}\right)R^2}$$

$$\sigma_\theta = \frac{-p_i}{\left(\frac{1}{R_0^2} - \frac{1}{R_1^2}\right)r^2} - \frac{p_i}{\left(\frac{1}{R_0^2} - \frac{1}{R_1^2}\right)R^2}$$

由此可得

$$\varepsilon_\theta = \frac{1-\mu_1^2}{E_1}\left(\sigma_\theta - \frac{\mu_1}{1-\mu_1}\sigma_1 \right)$$

$$= \frac{1+\mu_1}{E_1}p_i\left[\frac{R_0^2R_1^2}{(R_0^2 - R_1^2)r^2} + \frac{(1-2\mu_1)R_0^2}{R_0^2 - R_1^2} \right]$$

$$u_0 = \varepsilon_\theta R_0 = \frac{1+\mu_1}{E_1}p_i\left[\frac{R_1^2 + (1-2\mu_1)R_0^2}{R_0^2 - R_1^2} \right]R_0 \qquad (4-73)$$

⑦ 地层和衬砌之间的位移协调条件。如图 4-53c 所示，因在洞周围岩位移与衬砌位移应相等，故由式（4-72）、式（4-73）可得

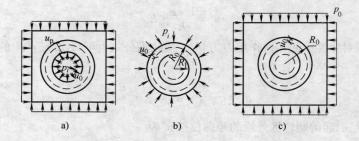

a)　　　　　　　b)　　　　　　　c)

图 4-53　位移

$$\frac{1+\mu}{E}\left\{p_0 - c\cot\varphi\left[\left(\frac{R_p}{R_0}\right)^{\frac{2\sin\varphi}{1-\sin\varphi}} - 1\right] - p_i\left(\frac{R_p}{R_0}\right)^{\frac{2\sin\varphi}{1-\sin\varphi}}\right\}\frac{R_p^2}{R_0}$$

$$= \frac{1+\mu_1}{E_1}p_i\left[\frac{R_1^2 + (1-2\mu_1)R_0^2}{R_0^2 - R_1^2}\right]R_0$$

式中　E、μ——洞室周围地层的弹性模量和泊松比；

　　　E_1、μ_1——衬砌材料的弹性模量和泊松比。

上式即为表示地层和衬砌间位移协调条件的方程式。令

$$F = -\frac{2\sin\varphi}{1-\sin\varphi}$$

则上式可改写为

$$p_i = \left\{p_0 - c\cot\varphi\left[\left(\frac{R_p}{R_0}\right)^F - 1\right]\right\}\frac{R_p^2}{R_0}\bigg/\left[D + \left(\frac{R_p}{R_0}\right)^{F+2}R_0\right] \tag{4-74}$$

$$D = \frac{E}{1+\mu} \cdot \frac{1+\mu_1}{E_1} \cdot \frac{R_1^2 + (1-2\mu_1)R_0^2}{R_0^2 - R_1^2}R_0$$

⑧ R_p 和 p_i 值的计算。将式（4-74）代入式（4-69），化简可得

$$(p_0 + c\cot\varphi)\sin\varphi R_0\left(\frac{R_p}{R_0}\right)^{F+2} + c\cot\varphi \times D\left(\frac{R_p}{R_0}\right)^F$$

$$= (p_0 + c\cot\varphi)(1 - \sin\varphi)D \tag{4-75}$$

式（4-75）为关于未知量 R_p 的高次代数方程，可用牛顿迭代法求解。令该方程的未知数为 R_p/R_0，则牛顿迭代法的迭代格式可写为

$$\left(\frac{R_p}{R_0}\right)_{K+1} = \left(\frac{R_p}{R_0}\right)_K - \frac{f(R_p/R_0)}{f'(R_p/R_0)}$$

因有式（4-75），可得

$$f'\left(\frac{R_p}{R_0}\right) = (p_0 + c\cot\varphi)\sin\varphi R_0(F+2)\left(\frac{R_p}{R_0}\right)^{F+1} + c\cot\varphi \cdot D \cdot F\left(\frac{R_p}{R_0}\right)^{F-1}$$

故可写出

$$\left(\frac{R_p}{R_0}\right)_{K+1} = \left(\frac{R_p}{R_0}\right)_K - \left[(p_0 + c\cot\varphi)\sin\varphi \cdot R_0\left(\frac{R_p}{R_0}\right)_K^{F+2} + c\cot\varphi \cdot D\left(\frac{R_p}{R_0}\right)_K^F - \right.$$

$$(p_0 + c\cot\varphi)(1 - \sin\varphi)\big]\big/\big[(p_0 + c\cot\varphi)\sin\varphi \cdot R_0(F+2)$$

$$\left(\frac{R_p}{R_0}\right)_K^{F+1} + c\cot\varphi \cdot D \cdot F\left(\frac{R_p}{R_0}\right)_K^{F-1}\bigg]_K \tag{4-76}$$

求出 R_p/R_0 后即得 R_p，代入式（4-74）即可求得 p_i。

在双向不等压的受力状态下，因洞室周围地层在出现椭圆形塑性区时，塑性区外的地层内的应力将趋于均匀，故对这种受力状态可采用折算 p 值计算塑性区的平均半径 R_p 和衬砌与地层间的平均相互作用力 p_i。

令

$$p = \frac{1+\lambda}{2}p_0$$

即可由双向等压受力状态的计算式求出塑性区平均半径 R_p 和地层与衬砌的平均相互作用力 p_i，

并可据以近似设计衬砌断面。

2）收敛—约束法原理。收敛—约束法又称特征法或变形法，它是一种以理论为基础、实测为依据、经验为参考的较为完善的隧道设计方法。该方法起源于法国，目前已引起国内外有关人员的广泛兴趣和注意，并在某些工程的设计中开始参考采用。

洞室开挖以后，洞周地层将产生变形。洞周地层的变形与外荷载、地层的性质及衬砌结构对洞周地层的支撑作用力等因素有关。将地层在洞周的变形 u 表示为衬砌对洞周地层的作用力 p_i 的函数，即可在以 u 为横坐标、p_i 为纵坐标的平面上绘出表示二者关系的曲线。因这类曲线表示洞室开挖后地层的受力变形特征，故可称为地层特征线或地层收敛线。

洞室地层对衬砌结构的作用力，即为衬砌结构受到的地层压力，其量值也为 p_i，衬砌结构的变形 u 也可表示为 p_i 的函数，并在以 u、p_i 为坐标轴的平面上绘出二者的关系曲线。这类曲线表示衬砌结构的受力变形特征，称为支护特征线。因衬砌结构发生变形的效果是对洞周地层的变形起限制作用，故支护特征线又可称为支护限制线。

在同一 u–p_i 坐标平面上同时绘出地层收敛线与支护限制线，则两条曲线交点的 u、p_i 值可作为设计计算的依据。对于衬砌结构，这时的 p_i 值为它承受的地层压力，u 值即为它所产生的变形，如在 p_i 作用下结构产生位移 u 后能保持持续稳定，即可判定结构安全可靠。与此同时，也可判定这时地层处于稳定状态。如在 p_i 作用下结构产生位移 u 后将丧失稳定，则地层也不稳定。在这种情况下，应调整结构形状和厚度等参数，或调整施作衬砌的时间，重新进行设计计算。

如上所述以地层收敛线与支护限制线相交于一点为依据的支护结构设计方法，称为收敛限制法。

图 4-54 为收敛限制法原理的示意图。图中纵坐标表示结构承受的地层压力，横坐标表示沿洞周径向位移，这些值一般都以拱顶为准测读计算。曲线①为地层特征线，曲线②为支护特征线。两条曲线交点的纵坐标即为作用在支护结构上的最终地层压力，交点的横坐标为衬砌的最终变形位移。

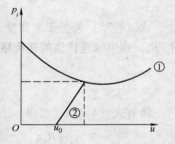

图 4-54 收敛限制法原理

因洞室开挖成形后一般需要隔开一段时间后才修筑衬砌，在这段时间内洞周地层将在不受衬砌约束的情况下产生自由变形。图 4-54 中的 u_0 值即为洞周地层（毛洞）在衬砌修筑前已经发生了的初始自由变形值。

3）确定地层收敛线的方法。

① 塑性收敛线的确定。隧道埋深较大、周围地层较差或支护不及时，都可使洞周地层出现塑性区，相应的收敛线称为塑性收敛线。

在静水压力作用下圆形洞室周围地层塑性区的外形为圆形，由式（4-72）可得在双向相等的外压 p_0 及均匀内压 p_i 作用下地层出现塑性区后洞周位移的表达式（即塑性收敛线方程）为

$$u = \frac{1+\mu}{E}\left\{p_0 - c\cot\varphi\left[\left(\frac{R_p}{R_0}\right)^{\frac{2\sin\varphi}{1-\sin\varphi}} - 1\right] - p_i\left(\frac{R_p}{R_0}\right)^{\frac{2\sin\varphi}{1-\sin\varphi}}\right\}\frac{R_p^2}{R_0}$$

其中 R_p 的计算式为

$$R_p = \left[\frac{(p_0 + c\cot\varphi)\,(1 - \sin\varphi)}{p_i + c\cot\varphi}\right]^{\frac{1-\sin\varphi}{2\sin\varphi}} R_0$$

由以上两式可知在 u–p_i 坐标平面上上述塑性收敛线的形状为曲线，如图 4-55 所示。曲线与 p_i 轴的交点仍为（0, p_0），且仍表示开挖洞体前洞周地层处于初始应力状态。曲线靠近 p_i 的一段为直线，表示洞室周围地层在位移较小时处于弹性受力状态，仅当洞周位移超过一定量值后才

进入塑性受力状态。

表示直线段的方程仍为

$$u = \frac{1+\mu}{E} a \ (p_0 - p_i) \tag{4-77}$$

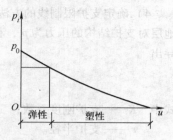

决定直线段与曲线段分界点的条件为 $R_p = R_0$，绘制曲线时应先计算 R_p，当 $R_p \leqslant R_0$ 时按式（4-77）绘制直线段；$R_p > R_0$ 时可按式（4-72）绘制曲线段。

由式（4-72）、式（4-69）及图 4-53 可见，塑性收敛线与弹性收敛线的变化趋势相同，均为当 p_i 值减小时 u 增大，表示当衬砌刚性较大时作用在衬砌上的地层压力较大，衬砌为柔性结构时地层将产生较大的变形，使作用在衬砌上的地层压力减小。

图 4-55　塑性收敛线的形状

② 松动压力线与塑性收敛线。因塑性区发展到一定程度时洞室周围的地层会对衬砌产生松动压力，因而在三次应力状态中作用在衬砌上的地层压力应为形变压力与松动压力二者之和。

对于静水压力作用下的圆形洞室，卡柯假定地层松动区是洞室的同心圆及体积力沿径向分布后，由垂直轴上的单元体的静力平衡条件推导松动压力 p_a 的计算式为

$$p_a = -c\cot\varphi + c\cot\varphi \left(\frac{R_0}{R_p}\right)^{N_\varphi - 1} + \frac{\gamma R_0}{N_\varphi - 2}\left[1 - \left(\frac{R_0}{R_p}\right)^{N_\varphi - 2}\right] \tag{4-78}$$

式中，$N_\varphi = \dfrac{1 + \sin\varphi}{1 - \sin\varphi}$，其余符号含义与前相同。由式（4-78），可得在均布松动压力 p_a 作用下洞周塑性收敛线的方程为

$$u = -p_a \left(\frac{R_p}{R_0}\right)^{\frac{2}{1-\sin\varphi}} R_0 \tag{4-79}$$

地层在洞周的最终塑性收敛线应为与外荷载 p_0 及变形压力相应的塑性收敛线和与松动压力相应的塑性收敛线的叠加塑性收敛线，如图 4-56a 所示。图中曲线③为与外荷载 p_0 及形变压力相应的塑性收敛线，曲线②为与松动压力相应的塑性收敛线，曲线①为最终塑性收敛线。

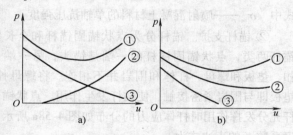

图 4-56　塑性收敛线

设计中确定收敛线时一般先由式（4-69）判断洞室周围地层是否出现塑性区。若 $R_p/R_0 < 1$ 时，则洞室周围地层处于弹性受力状态，可利用式（4-77）确定弹性收敛线。若 $R_p/R_0 > 1$，则洞室周围地层将出现塑性区。这时可先由式（4-72）得出反映外荷载与形变压力作用的塑性收敛线 $u_1 = f_1(p_i)$，即图 4-56a 中的曲线③，后由式（4-78）判断洞室周围地层是否将产生松动压力，如 $p_a > 0$ 则由式（4-79）得出反映松动压力作用的塑性收敛线 $u_2 = f_2(p_i)$，即图 4-56a 中的曲线②，叠加曲线②和③，就得到作为设计依据的最终塑性收敛线①。如 $p_a < 0$，则洞室周围地层虽然出现塑性区，却并未产生松动压力，这时候最终塑性收敛线即为曲线③。

鉴于推导卡柯公式的假定与实际情况有差别，确定与松动压力相应的塑性收敛线时也可认为松动压力仅作用于顶拱，即认为侧向只承受形变压力，底部承受的压力为形变压力与松动压力 γR_p 之差，则洞室顶部、侧向和底部将有三条不同的最终塑性收敛线，分别如图 4-56b 中的曲线①、②、③所示。底部最终塑性收敛线在经历一定位移后一般与 u 轴相交，表示底部常可不做支

护。曲线①高于曲线②，表示地层顶部比侧向更需及时支护。

4）确定支护限制线的方法。设圆形洞室的支护结构处于弹性受力状态，在静水压力作用下地层对支护结构的压力为 p_i，相应的结构径向变形为 u_i，则由半无限体薄壁圆筒弹性力学原理可导出

$$p_i = \frac{Ku_i}{r_i}$$

式中　K——支护刚度系数；

　　　r_i——支护半径。

如图 4-57 所示，将支护修筑前圆形洞室洞周的初始径向变形记为 u_0，则可导出支护限制线的表达式为

$$u = u_0 + \frac{p_i r_i}{K} \tag{4-80}$$

K 的取值与支护结构的形式有关，给出 K 即得与结构形式相应的支护限制线。

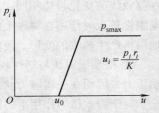

图 4-57　支护限制线

① 喷射混凝土支护。设圆形支护的内径为 r_0，厚度为 t_c，结构材料的弹性模量及泊松比分别为 E_c、μ_c，则刚度系数 K 的表达式为

$$K = \frac{E_c \left[r_0^2 - (r_0 - t_c)^2 \right]}{(1 + \mu_c) \left[(1 - 2\mu_c) r_0^2 + (r_0 - t_c)^2 \right]} \tag{4-81}$$

在一般情况下，喷射混凝土中的钢筋对 K 的影响可略去不计。结构能对地层提供的最大径向压力

$$p_{smax} = \frac{1}{2} \sigma_{cc} \left[1 - \frac{(r_0 - t_c)^2}{r_0^2} \right] \tag{4-82}$$

式中　σ_{cc}——喷射混凝土材料的单轴抗压强度。

② 锚杆支护。锚杆分为点状锚固锚杆和全长锚固锚杆两类，点状锚固锚杆的一端是锚头，另一端是螺扣、垫板和螺母，杆体和围岩并不相连。将螺母拧紧，垫板即与围岩紧密接触，使锚杆发生作用。点状锚固锚杆充分发挥作用时杆体应力的分布如图 4-58a 所示，刚度系数 K 的表达式为

$$\frac{1}{K} = \frac{s_c s_1}{r_0} \left[\frac{4l_b}{\pi d_b^2 E_b} + Q \right] \tag{4-83}$$

式中　s_c、s_1——锚杆的环向间距与纵向间距；

　　d_b、l_b、E_b——锚杆直径、净长度和弹性模量；

　　　　Q——与锚杆体、垫板、锚头的受力变形特征有关的常数。

Q 值可由试验确定，表达式为

$$Q = \frac{(u_2' - u_2) - (u_1' - u_1)}{T_2 - T_1}$$

式中　T_1、T_2——在锚杆拉拔试验中大小不同的两个拉力；

　　u_2、u_1——与拉力 T_2、T_1 相应的锚杆计算伸

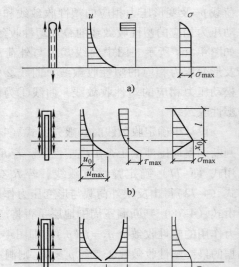

图 4-58　锚杆的应力分布
a）端部锚固锚杆
b）全长锚固锚杆（在工作过程中）
c）全长锚固锚杆（在拉拔试验中）

长值；

u_2'、u_1'——与 T_2、T_1 相应的锚杆实测伸长值。

锚杆支护对围岩能提供的最大径向压力为

$$p_{smax} = \frac{T_{bf}}{s_c s_1} \tag{4-84}$$

式中　T_{bf}——由锚杆拔出试验确定的锚杆极限强度。

全长锚固锚杆借助沿锚杆全长分布的锚杆与地层间的粘结力传递剪力。这类锚杆的拉应力在锚杆全长上并不均匀分布，如图 4-58b 所示。理论分析中可近似用锚杆体的最大拉力表示支护反力。

锚杆体最大拉力的作用点一般都在锚杆体中部偏向孔口 $0.5 \sim 1.0m$ 的范围内。设锚杆最大拉力截面离孔口的距离为 x_0，锚杆长度为 l，隧洞半径为 r_0，则有剪应力 τ 为零的条件可得

$$x_0 = \frac{l}{\ln \dfrac{l}{l+r_0}} - r_0 \tag{4-85}$$

对比图 4-58b 与图 4-58c，可知全长锚固锚杆的工作应力和进行拉拔试验时锚固锚杆的应力状态不同。全长锚固锚杆在工作过程中剪应力的方向并不上下一致。最大拉力点以上的剪应力方向向上，可阻止锚杆向外拔出；最大拉力点以下的剪应力方向向下，与锚杆向外拔出的方向一致。

由抗拔试验可得锚杆与地层间的极限抗剪力 $[\tau]$。如果以隐式表示，则 $[\tau]$ 的计算式为

$$N_1 = \int_0^l \pi d \, \tau_1 \mathrm{d}\tau \geqslant k_1 l [\tau] \pi d \tag{4-86}$$

式中　d——锚杆或锚杆孔的直径；

τ_1——在拉拔试验中作用在锚杆体上的剪应力；

k_1——剪应力 τ_1 分布的不均匀系数，由试验确定。

全长锚固锚杆的最大支护拉力为

$$N_2 = \int_{x_0}^l \pi d \, \tau_2 \mathrm{d}\tau \geqslant k_2 [\tau] (l - x_0) \pi d \tag{4-87}$$

式中　τ_2——作用在锚杆体上的工作剪应力；

k_2——剪应力 τ_2 分布的不均匀系数，由试验确定。

由最大支护拉力的数值及锚杆的分布状态，可求出与之相应的径向位移和全长锚固锚杆的支护限制线。

③ 钢拱支撑。钢拱支撑的布置形式如图 4-59 所示，刚度系数 K 的表达式为

$$\frac{1}{K} = \frac{sr_0}{E_s A_s} + \frac{sr_0^3}{E_s I_s} \left[\frac{\theta \, (\theta + \sin\theta\cos\theta)}{2\sin^2\theta} - 1 \right] + \frac{2s\theta t_B}{E_B W^2} \tag{4-88}$$

式中　　s——钢拱支撑沿洞轴纵向的间距；

A_s、I_s、E_s——钢拱支撑的断面积、惯性矩和弹性模量；

t_B、E_B——木垫块的厚度和弹性模量。其余符号含义如图 4-59 所示。

钢拱支撑能对地层提供的最大径向压力为

$$p_{max} = \frac{3A_s I_s \sigma_T}{2sr_0\theta \cdot \left\{ 3I_s + xA_s \left[r_0 - \left(t_B + \dfrac{1}{2}x \right) \right] \right\} (1 - \cos\theta)} \tag{4-89}$$

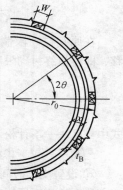

图 4-59　钢拱支撑
的布置形式

式中 σ_{T}——钢材的屈服强度；

   x——钢拱断面的高度。

④ 组合式支护。当采用上述支护形式中的两种或三种构成组合支护时，刚度系数的计算式为

$$K = K_1 + K_2 \ \text{或} \ K = K_1 + K_2 + K_3$$

式中 K_1、K_2、K_3——各支护的刚度系数。

鉴于各种支护的承载能力不同，对于组合式支护仅当各组成支护均不破坏时才可按上式求出 K 值并采用式（4-80）计算洞周收敛线。作为设计依据，一般认为支护出现一种形式的破坏时整个支护体系即失去作用。由此，确定组合支护的最大承载能力的过程为：

a. 计算 $u_{\max_1}$，计算式为 $u_{\max_1} = r_i p_{\mathrm{smax}_1}/K_1$。

b. 计算 $u_{\max_2}$，计算式为 $u_{\max_2} = r_i p_{\mathrm{smax}_2}/K_2$。

c. 计算 u_{12}，计算式为 $u_{12} = r_i p_i/(K_1 + K_2)$。

d. 若 $u_{12} < u_{\max_1} < u_{\max_2}$，可按式（4-80）写出洞周收敛线方程，其表达式为

$$u = u_0 + \frac{p_i r_i}{K_1 + K_2}$$

e. 若 $u_{\max_1} \le u_{12} < u_{\max_2}$，则 $p_{\max_{12}} = u_{\max_1}(K_1 + K_2)/r_i$。

f. 若 $u_{\max_2} \le u_{12} < u_{\max_1}$，则 $p_{\max_{12}} = u_{\max_2}(K_1 + K_2)/r_i$。

式中 $p_{\max_{12}}$ 即为由两种支护构成组合支护时对地层能提供的最大压力。

⑤ 受弯支护。图 4-60 为圆形衬砌在顶部受松动压力作用时结构变形情况的示意图。为了便于计算，取图 4-60b 作为计算简图。由杆系结构理论可得衬砌位移的计算式为

$$\Delta u = \frac{3 R_0^4 p_i}{E_1 I}\left(\frac{\pi}{8} - \frac{1}{\pi}\right) \tag{4-90}$$

由此可得刚度系数的表达式为

$$\frac{1}{K'} = \frac{3 R_0^3}{E_1 I}\left(\frac{\pi}{8} - \frac{1}{\pi}\right) \tag{4-91}$$

在原有衬砌限制线上叠加由式（4-90）所得的位移，即得最终衬砌限制线，其刚度为

$$K = \frac{1}{\dfrac{1}{K_1} + \dfrac{1}{K'}} = \frac{K_1 K'}{K_1 + K'} \tag{4-92}$$

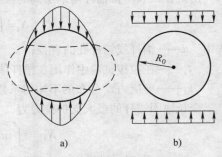

图 4-60   圆形衬砌在顶部
受松动压力作用时结构变形情况

式中 K_1——不计松动压力时的刚度系数；

   K'——仅考虑松动压力时支护的刚度系数。

⑥ 设置支护时间和结构刚度的合理选择。在不同时间设置支护和选用不同刚度的衬砌结构，可使地层特征线与支护特征线在 $u - p_i$ 坐标平面上产生不同的组合，如图 4-61 所示。图中曲线①为地层开挖后变形达到稳定时的地层特征线，斜线②~⑥则为在不同时间设置支护或衬砌刚度不同时的各种支护特征线。由图可见，地层特征线为上凹曲线，最低点为 b，如支护特征线正好在 b 点与地层特征线相交，如图中斜线④所

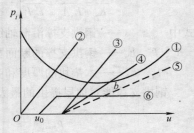

图 4-61   地层特征线与
支护特征线的组合

示，则衬砌结构上承受的地层压力最小。一般说来，在施工中严格实现使两条特征线在 b 点相交并不现实，能够达到的目标仅是两条特征线在 b 点附近相交。由于曲线①在 b 点以后上升的原因是地层施加于衬砌上的松动压力增大，意味着洞周地层将出现较大程度的破坏，因而作为收敛限制法的设计准则，应做到使支护特征线在 b 点以左附近与地层特征线相交。此外，因岩土材料物性参数的离散性较大，上述两特征线的交点也宜设计在 b 点以左一定距离的位置上，以增加安全度。

图中斜线②为在洞室开挖后立即施作支护时的支护特征线，斜线③为在洞室开挖后隔一段时间再施作支护时的支护特征线，两条斜线相互平行，表示支护刚度完全相同。对比斜线②与③，可见同一刚度的支护如设置的时间不同，作用在衬砌结构上的地层压力及衬砌位移值都将不同。鉴于地层本身具有一定的自支撑能力，适当推迟设置支护的时间将有利于减小作用于衬砌结构上的地层压力，以达到设计经济的目的。

图中斜线③与④为在同一时间设置的刚度不同的两种支护的支护特征线。对比两条斜线可见，若地层特征线与支护特征线均能在 b 点以左相交，则相应于柔性结构的斜线④将承受较小的地层压力，即柔性结构将优于刚性结构的结论并不是在任何情况下都是正确的。例如图中线⑤所示的支护特征线将与地层特征线不再相交，表示支护刚度严重不足时地层松动压力将急剧增长，使围岩破坏区的范围相应扩大。斜线⑥则表示，如衬砌结构刚度过于不足时，支护在围岩变形过程中早已破坏。可见，结构的柔性与刚性仅是相对而论的概念，在设计实践中选用柔性结构时仍需注意使结构保持必要的刚度。

显然，只有将地层特征、支护设置时间及支护刚度等因素综合考虑，才能作出合理的设计。

（4）剪切滑移破坏法　20 世纪 60 年代，奥地利的腊布塞维奇教授首先提出了剪切滑移破坏理论，指出锚喷柔性支护破坏形态主要是剪切破坏而不是挠曲破坏，且在剪切破坏前没有出现挠曲开裂。以后被奥地利学者塞特勒的模型试验所证实。

奥地利学者塞特勒对不同数量弹性支撑点的椭圆形支护系统作的受力分析表明，在靠近支护顶部有相同的集中荷载作用时，不同数量的支撑点所产生的弯矩值是不同的，支撑点越多弯矩值越小。喷射混凝土柔性支护与围岩接触紧密，可看成有无数多个支撑点，而处于无弯矩状态下工作。

1）剪切滑移体的形成。如开挖的圆形坑道，在荷载（垂直荷载大于侧向荷载）作用下，在水平直径的两侧形成压应力集中而产生剪切滑移面，随着压应力的不断增加，剪切滑移面不断地向水平直径的上下方和与最大主应力轨迹线成 $45° - \varphi/2$（φ 为围岩内摩擦角）方向扩展。由于围岩受剪而松弛，产生应力释放，当围岩的应力较小，剪切滑移面不再继续扩展时，则在坑道水平直径两端形成两个剪切楔形滑移块体，如图 4-62 所示。

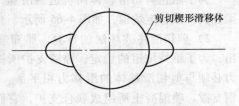

图 4-62　剪切滑移体的形成

在无支护情况下，两楔形滑移块体，由于剪切而与围岩体分离，向坑道内移动，如图 4-63a 所示。之后，上下部分围岩体由于楔形块体滑移而失去支承力，产生挠曲破坏而坍塌，如图 4-63b、c 所示，最后形成一个暂时稳定的垂直椭圆形洞室。当水平侧向压力大于垂直压力时，则形成水平椭圆形洞室。通过试验及调查发现，拱形直、曲墙式隧道，其破坏形态与圆形洞室基本相同。

剪切破坏所形成的剪切滑移体一定位于塑性圈内。设在剪切滑移线上任取一点 i，如图 4-64 所示。该点处的半径为 r，与垂直轴的夹角为 θ，当 θ 增加一个 $d\theta$ 角时，r 的增量为 dr，由于 $d\theta$、dr 值很小，近似求得

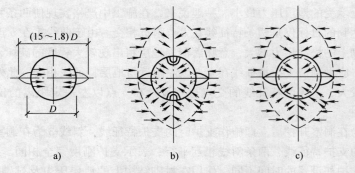

图 4-63　无支护情况下的滑移体

$$\tan\alpha = \frac{\mathrm{d}r}{r\mathrm{d}\theta}$$

则

$$\frac{\mathrm{d}r}{r} = \tan\alpha\mathrm{d}\theta$$

两边积分

$$\int_a^r \frac{\mathrm{d}r}{r} = \int_\alpha^\theta \tan\alpha\mathrm{d}\theta$$

$$\ln r\Big|_a^r = (\theta - \alpha)\ \tan\alpha$$

$$\ln\frac{r}{a} = (\theta - \alpha)\ \tan\alpha$$

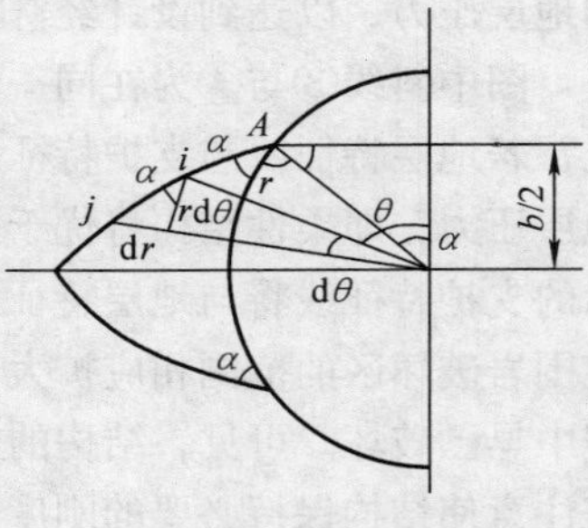

图 4-64　剪切滑移线

故

$$r = ae^{(\theta - \alpha)\tan\alpha} \tag{4-93}$$

式中　r——剪切滑移体半径；

　　　a——洞室半径。

由此知，剪切滑移体由一对对数螺旋线组成，其曲线方程式为

$$\left.\begin{array}{l} r = ae^{(\theta - \alpha)\tan\alpha} \\ b = 2a\cos\alpha \end{array}\right\} \tag{4-94}$$

在坑道中心作与中心轴成 α 角的直线交坑壁于 A 点，再由 A 点作与坑壁成 α 角的曲线即为剪切滑移线，其方程为式（4-94）。

为了阻止剪切滑移体向坑道内滑移，需修筑锚喷柔性支护以稳定坑道，如图 4-65 所示。

2）剪切滑移破坏法的计算。腊布塞维奇教授指出，为了维持坑道的稳定，锚喷支护所提供的支护抗力必须与剪切滑移体的滑移力相平衡。现假定锚杆、钢支撑、喷混凝土所组成联合支护，它们的总支护抗力可视为各支护抗力之和，即

$$p = p_1 + p_2 + p_3 + p_4 \tag{4-95}$$

式中　p——所提供的总的支护抗力；

　　　p_1——喷混凝土提供的支护抗力；

　　　p_2——钢支撑提供的支护抗力；

　　　p_3——锚杆提供的支护抗力；

　　　p_4——围岩本身提供的支护抗力。

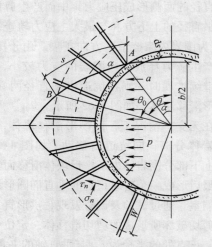

图 4-65　修筑锚喷柔性支护以稳定坑道

　　计算所得的 p 值应大于阻止剪切滑移所需的最小支护抗力值，即 $p > p_{min}$。确定 p_{min} 值的途径有：

① 由现场实测的塑性区半径 r_0 求 p_{min} 值。

② 根据坑道周边的极限位移值 $[u]$ 求 p_{min} 值。

③ 实地量测形变压力作为 p_{min} 值。

④ 根据围岩特征曲线求解 p_{min} 值。

　　假定 p 的作用方向为水平方向。

① 喷混凝土提供的支护抗力 p_1 值。喷混凝土抗力是指沿剪切面喷层所提供的平均分配在剪切区高度 b 上的抗剪力。当坑道周壁喷射混凝土后，剪切滑移体向坑道方向移动时对喷层产生水平推力。此时，如喷层的抗剪强度不足，则在剪切滑移体的上下边缘处（应力集中区）形成两个剪切滑移面，如图 4-66 所示。当剪切滑移体处于受力极限平衡状态时，其水平推力与两个剪切滑移面上的水平抗剪分力相平衡，即

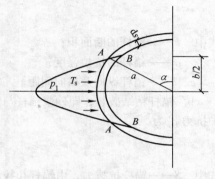

图 4-66　喷混凝土提供的支护抗力

$$p = 2T_s \cos\psi$$

而
$$p = p_1 b$$

$$T_s = \frac{\tau_s ds}{\sin\alpha_s}$$

所以
$$p_1 b = \frac{2\tau_s ds}{\sin\alpha_s}\cos\psi$$

$$p_1 = \frac{2\tau_s ds}{b\sin\alpha_s}\cos\psi \tag{4-96}$$

式中　ds——喷混凝土层厚度；

　　　τ_s——喷混凝土抗剪强度，取 $\tau_s = 0.43\sigma_c$（σ_c 为喷混凝土抗压强度）；

　　　α_s——喷混凝土剪切角，取 $\alpha_s = 30°$；

　　　b——剪切区高度；

　　　ψ——剪切滑移面的平均倾角，取经验数据。

$$\psi = (\theta_0 - \alpha)/2$$

$$\theta_0 = \alpha + \frac{1}{\tan\alpha}\ln\frac{a+W}{a}$$

　　其中，α（取 $\alpha = 60°$）、θ_0 如图 4-65 所示，a 如图 4-66 所示，b 为剪切区高度。W 为加固带厚度，取值为

$$W = (a+l)\left[\cos\left(\frac{t}{2a}\right) + \sin\left(\frac{t}{2a}\right)\tan\left(\frac{t}{2a}+\frac{\pi}{4}\right) - \frac{\sin\left(\frac{t}{2a}\right)}{\cos\left(\frac{t}{2a}+\frac{\pi}{2}\right)}\right] - a$$

式中　l——形成加固带时锚杆的有效长度；

　　　t——锚杆横向间距（见图 4-65）。

② 钢支撑提供的支护抗力 p_2 值。计算时可换成相应的喷混凝土支护抗力，即

$$p_2 = \frac{2F_s \tau_t}{b\sin\alpha_t}\cos\psi \tag{4-97}$$

式中　F_s——每米隧道钢材的当量面积；

　　　τ_t——钢材抗剪强度，取 $\tau_t = 1/2\sigma_t$（σ_t 为钢材允许抗拉强度），也可用 $\tau_t = 15 \tau_s$；

　　　α_t——钢材剪切角，一般采用 $\alpha_t = 45°$；

　　b、ψ 含义同前。

③ 锚杆提供的支护抗力 p_3 值。锚杆受力破坏有两种情况：

a. 锚杆体本身的强度不足而被拉断。这种情况下锚杆提供的平均径向支护抗力 p'_3 为

$$p'_3 = \frac{F\sigma}{et} \tag{4-98}$$

式中　F——锚杆的断面积；

　　　σ——锚杆的抗拉强度；

　　　e、t——锚杆纵向及横向间距。

b. 锚杆粘结破坏，即砂浆锚杆与锚杆孔壁之间粘结力不足而破坏。锚杆提供的平均径向支护抗力 p'_3 为

$$p'_3 = \frac{S}{et} \tag{4-99}$$

式中　S——锚杆抗拔力，由锚杆拉拔试验求得。

对 p'_3 的取值，在围岩好时取第一种情况，否则取第二种情况。

应把锚杆提供的平均径向支护抗力转化为水平方向支护抗力。

由于在 $\alpha \sim \theta_0$ 范围内的锚杆才能对剪切滑移体产生抗力，则

$$p_3 = \int_{\alpha}^{\theta_0} p'_3 a\sin\theta \mathrm{d}\theta$$

即

$$p_3 = p'_3 a(-\cos\theta) \big|_{\alpha}^{\theta_0} = p'_3 a(\cos\alpha - \cos\theta_0)$$

p_3 为集中力，现化成为剪切区高度 $b/2$ 上的分布力，则

$$p_3 = \frac{p'_3 a(\cos\alpha - \cos\theta_0)}{b/2}$$

因

$$b/2 = a\cos\alpha$$

所以

$$p_3 = p'_3 \frac{1}{\cos\alpha}(\cos\alpha - \cos\theta_0)$$

将式（4-98）或式（4-99）代入，得

$$\left.\begin{aligned} p_3 &= \frac{F\sigma}{et} \cdot \frac{1}{\cos\alpha}(\cos\alpha - \cos\theta_0) \\ \text{或}\quad p_3 &= \frac{S}{et} \cdot \frac{1}{\cos\alpha}(\cos\alpha - \cos\theta_0) \end{aligned}\right\} \tag{4-100}$$

④ 围岩本身提供的支护抗力 p_4 值。剪切滑移体滑动时，围岩在滑面上的抗滑力，其水平方向的分力在剪切区高度 $b/2$ 上的抗力 p_4 为

$$p_4 = \frac{\tau_n S'\cos\psi - \sigma_n S'\sin\psi}{b/2}$$

即

$$p_4 = \frac{2S'\tau_n\cos\psi}{b} - \frac{2S'\sigma_n\cos\psi}{b} \tag{4-101}$$

式中　S'——剪切滑移体长度，其值为

$$S' = \frac{r-a}{\sin\alpha}[\mathrm{e}^{(\frac{\pi}{2}-\alpha)\tan\alpha} - 1]$$

τ_n、σ_n——沿滑移面的剪切应力和垂直于滑移面的正应力。它们按摩尔包络线为直线时的假定

求出：

$$\left.\begin{array}{l} \tau_n = \dfrac{\sigma_1 - \sigma_3}{2}\cos\psi \\[3mm] \sigma_n = \dfrac{\sigma_1 + \sigma_3}{2} - \dfrac{\sigma_1 - \sigma_3}{2}\sin\psi \end{array}\right\} \qquad (4\text{-}102)$$

b、ψ 含义同前。

由摩尔包络线可知

$$\frac{\sigma_1 - \sigma_3}{2}\cos\psi = (c + \sigma_n)\tan\psi$$

将式（4-102）中的 σ_n 值代入上式，得

$$\sigma_1 = \sigma_3 + 2(c + \sigma_3\tan\psi)\frac{1 + \sin\psi}{\cos\psi} \qquad (4\text{-}103)$$

式（4-103）中的径向主应力 σ_3 值随剪切滑移面上的位置而变化，难以确定，所以假定 σ_3 等于各支护结构所提供的径向支护抗力之和，即

$$\sigma_3 = p_1' + p_2' + p_3'$$

式中　p_1'——喷混凝土层提供的径向支护抗力，$p_1' = \dfrac{2\mathrm{d}s\,\tau_s}{b\sin\alpha_s}$；

　　　p_2'——钢支撑提供的径向支护抗力，$p_2' = \dfrac{2F_s\,\tau_t}{b\sin\alpha_t}$；

　　　p_3'——锚杆提供的径向支护抗力，$p_3' = \dfrac{F\sigma}{et}\left(\text{或}\dfrac{S}{et}\right)$。

有了 σ_3 值即可求出 σ_1 值，进而可求出 σ_n、τ_n 值，最后按式（4-102）求出 p_4 值。

4.2.4　盾构法施工的地下空间结构

盾构隧道设计计算时，将垂直土压力作为作用于衬砌顶部的均布荷载来考虑，其大小宜根据隧道的覆土厚度、外径和围岩条件来决定。根据土压力理论及实践经验，随着隧道的埋置深度不同，土层压力的分布规律和数值大小也就不同。考虑长期作用于隧道上的土压力时，如果覆土厚度比较小时，因不能获得土的成拱效果，故采用总覆土压力。但当覆土厚度比较大时，地基中产生拱效应的可能性比较大，可以考虑在设计计算时采用松弛土压力，松弛土压力的计算，一般采用 Terzaghi 公式。关于盾构隧道浅埋和深埋的界限，目前还没有一个统一的划分办法。

设计规范规定盾构隧道的装配式衬砌宜采用接头具有一定刚度的柔性结构，应限制荷载作用下变形和接头张开量，满足其受力和防水要求。隧道结构的计算简图应根据地层情况、衬砌构造特点及施工工艺等确定，宜考虑衬砌与围岩共同作用及装配式衬砌接头的影响。在软土地层中，采用通缝拼装的衬砌结构可取单环按自由变形的弹性均质圆环、弹性铰圆环进行分析计算；采用错缝拼装的衬砌结构宜考虑环间剪力传递的影响。目前较通用的计算方法有 3 种：

1. 自由变形弹性均质圆环法

当整体式圆管结构修建在松软地层中时，地层对结构的弹性抗力很小，故假定结构可以自由变形，地基反力沿环的水平投影为均匀分布，计算图式如图 4-67 所示。在此方法中假定：

1）地层不提供侧向弹性抗力。

2）基底竖向反力按均匀分布考虑，并根据静力平衡条件计算其量值。

3）结构为弹性均质体。

（1）荷载计算

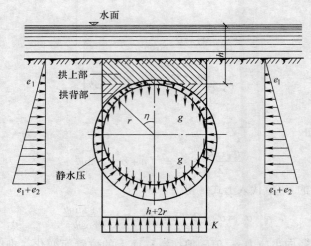

图 4-67　自由变形圆环法结构计算

1）环自重 g（kN/m）。环自重按下式计算

$$g = F\gamma_h$$

式中　F——圆环管的截面面积（m^2）；

　　　γ_h——材料的重度（kN/m^3）。

2）竖向地层（单位宽）压力。分拱上部和拱背部。

拱上部

$$q_1 = \sum_{i=1}^{n} \gamma_i h_i \qquad (4\text{-}104)$$

式中　γ_i——拱顶以上第 i 层土的重度（kN/m^3 乘单位宽 m）；

　　　h_i——拱顶以上第 i 层土的厚度（m）。

拱背部：近似地简化为均布荷载（kN/m）

$$q_2 = \frac{G}{2R_H} \qquad (4\text{-}105)$$

式中　R_H——圆环计算半径（m）；

　　　G——拱背部总地层压力（单位宽，kN），计算式为

$$G = 2\left(1 - \frac{\pi}{4}\right)R_H^2\gamma_i \qquad (4\text{-}106)$$

竖向地层压力为

$$q = q_1 + q_2 \qquad (4\text{-}107)$$

3）地层水平（单位宽）压力。地层水平压力 e，按照朗肯土压力计算公式为

$$e = \gamma h_i \tan^2\left(45° - \frac{\varphi}{2}\right) \qquad (4\text{-}108)$$

式中　h_i——土层圆环任意截面高度（m）；

　　　φ——土体内摩擦角（°）；对于砂性土体应水土分算，对于黏性土体也可水土合算。视不同工况结构变形与土体的相对位移趋势，选定主动土压力及被动土压力的朗肯土压力公式。

4）静水压

$$q_w = \gamma_w h_i \qquad (4\text{-}109)$$

式中　q_w——圆环任意点的静水压力（径向作用）（kN/m）；

　　　γ_w——水重度（kN/m³ 乘单位宽 m）；

　　　h_i——地下水位至圆环任意点的高度（m）。

5）地基反力

$$p_k = K_g + K_q + K_v + K_w \qquad (4\text{-}110)$$

式中　p_k——地基总竖向反力（kN/m）；

　　　K_g——由圆环自重产生，$K_g = \pi g$；

　　　K_q——由拱上部地层压力产生，$K_q = q_1$；

　　　K_v——由拱背部地层压力产生，$K_v = q_2$；

　　　K_w——由静水压力产生，$K_w = -\dfrac{\pi}{2} R_H \gamma_w$。

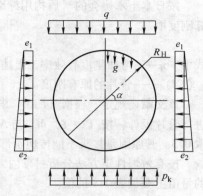

图 4-68　自由变形弹性
均质圆环计算简图

（2）内力计算　按自由变形弹性均质圆环分析衬砌内力时，结构所承受的主动荷载和基底反力如图 4-68 所示。衬砌中各截面的弯矩 M（内缘受拉为正）和轴力 N（受压为正）按结构力学解析法推求的公式见表 4-7。

表 4-7　断面内力系数

荷载	截面位置	内力		p
		M	N	
自重	$0 \sim \pi$	$gR_H^2\,(1 - 0.5\cos\alpha - \alpha\sin\alpha)$	$gR_H\,(\alpha\sin\alpha - 0.5\cos\alpha)$	g
土荷载	$0 \sim \pi/2$	$qR_H^2\,(0.193 + 0.106\cos\alpha - 0.5\sin^2\alpha)$	$qR_H\,(\sin^2\alpha - 0.106\cos\alpha)$	q
	$\pi/2 \sim \pi$	$qR_H^2\,(0.693 + 0.106\cos\alpha - \sin\alpha)$	$qR_H\,(\sin\alpha - 0.106\cos\alpha)$	
底部反力	$0 \sim \pi/2$	$p_kR_H^2(0.057 - 0.106\cos\alpha)$	$0.106p_kR_H\cos\alpha$	p_k
	$\pi/2 \sim \pi$	$p_kR_H^2(-0.443 + \sin\alpha - 0.106\cos\alpha - 0.5\sin^2\alpha)$	$p_kR_H(\sin^2 - \sin\alpha + 0.106\cos\alpha)$	
水压	$0 \sim \pi$	$-R_H^3\,(0.5 - 0.25\cos\alpha - 0.5\alpha\sin\alpha)$	$R_H^2(1 - 0.25\cos\alpha - 0.5\alpha\sin\alpha) + HR_H$	W
均布侧压	$0 \sim \pi$	$e_1R_H^2\,(0.25 - 0.5\cos^2\alpha)$	$e_1R_H\cos^2\alpha$	e_1
$\Delta_{侧压}$	$0 \sim \pi$	$e_2R_H^2\,(0.25\sin^2\alpha + 0.083\cos^3\alpha - 0.063\cos\alpha - 0.125)$	$e_2R_H\cos\alpha\,(0.063 + 0.5\cos\alpha - 0.25\cos^2\alpha)$	$e_2 - e_1$

注：H 为拱顶处地下水位埋深。

2. 考虑侧向水平弹性抗力法

处于能提供侧向弹性抗力的地层，如硬黏土、砂性土中的整体式或装配式圆形衬砌均可采用本方法进行结构内力分析。在此方法中假定：

1）地层侧向弹性抗力为水平方向作用，并呈三角形分布，上下零点在水平直径上下 45° 处，最大值 σ_k 在水平直径处，如图 4-69 所示，其余任一点的侧向水平弹性抗力 σ_i 均为 σ_k 的函数。

2）基底竖向反力按均布考虑，并根据静力平衡条件计算其量值。

3）在装配式衬砌中，若接头刚度较小，则衬

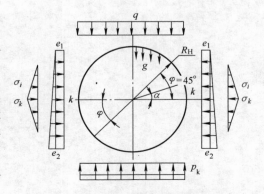

图 4-69　考虑侧向地层弹性
抗力圆环计算简图

砌的整体刚度也将有所减弱,有助于充分发挥地层的承载力,改善结构受力状态。为了使设计经济、合理,在进行内力分析时应考虑接头对刚度的影响,目前,较适用的方法为:

按 MuirWood 经验公式决定装配式衬砌的有效惯性矩。

按日本土木协会的《盾构用标准管片》(1982)中规定,如为错缝拼装的平板型管片,其计算刚度取

$$(EJ)_{\text{H}} = \eta \ (EJ)_0 \tag{4-111}$$

式中 η——弯曲刚度有效率,上述文献建议取0.8;

$(EJ)_0$——管片的原有刚度。

该文献还规定,根据 $(EJ)_{\text{H}}$ 求得衬砌中的内力 (M_{H}、N_{H}、Q_{H}),需按 $(1+\xi) M_{\text{H}}$ 与 N_{H} 进行管片设计,按 $(1-\xi) M_{\text{H}}$ 与 N_{H} 进行管片接头连接件的设计,其中的 ξ(弯矩增大系数)取0.3。其原因是接头不能传递全部弯矩,其一部分要通过错缝拼装的相邻管片传递。

按有效惯性矩方法分析衬砌内力时,衬砌环中各截面的弯矩 M 和轴力 N 仅需在表4-7所列的量值上叠加表4-8的值。

3. 弹性地基梁法或弹性支承链杆法

弹性支承链杆法使用范围和上述均质圆环法和水平弹性抗力法相同,本方法所采用假定与有关公式均和前述的暗挖马蹄形衬砌相同,其计算图式如图4-70所示。

表 4-8 σ_k 引起的圆环内力

内力	$0 \leqslant \alpha \leqslant \pi/4$	$\pi/4 \leqslant \alpha \leqslant \pi/2$
M	$(0.2346 - 0.3536\cos\alpha)\sigma_k R_{\text{H}}^2$	$(-0.3487 + 0.5\sin^2\alpha + 0.2357\cos^3\alpha)\ \sigma_k R_{\text{H}}^2$
N	$0.3536\sigma_k R_{\text{H}}$	$(-\sqrt{2}\cos\alpha + \cos^2\alpha\sqrt{2}\sin^2\alpha\cos\alpha)\ \sigma_k R_{\text{H}}$

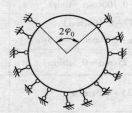

图 4-70 圆形衬砌弹性支承链杆计算简图

第5章 地下空间结构防水

地下工程长期处于地下，时刻受地下水的渗透作用和侵蚀作用，防水问题能否有效地解决不仅影响工程本身的耐久性，而且直接影响工程的正常使用。如果防水问题处理不好，致使地下水渗漏到工程内部，将会带来一系列问题：影响工程内人员正常的工作和生活；使工程内部装修和设备加快锈蚀；使用机械排除工程内部渗漏水，需要耗费大量能源和经费，而且大量的排水还可能引起地面和地面建筑物不均匀沉降与破坏等。因此，在地下工程的设计、施工阶段，甚至维护阶段，必须做好地下工程的降水和防水工作。

5.1 地下水的类型和特征

5.1.1 地下水的分类

地下水赋存于各种自然条件下，其形成条件不同，在埋藏、分布、运动、物理性质及化学成分等方面也各异。地下水的分类原则和方法有许多种。考虑到地下水的埋藏条件和含水介质的类型对地下水水量、水质的时空分布有着决定意义，故这里地下水主要是按埋藏条件和含水介质类型的不同而划分的。

所谓地下水的埋藏条件，是指含水层在地质剖面中所处的部位及受隔水层（或弱透水层）限制的情况。据此可将地下水分为包气带水、潜水和承压水。

按含水介质（空隙）的类型，可将地下水分为孔隙水、裂隙水及岩溶水。

依据上述两种分类可组合成表 5-1 所列的九种复合类型的地下水。

表 5-1 地下水分类

含水介质 埋藏条件	孔隙水	裂隙水	岩溶水
包气带水	各松散沉积物中的土壤水；存在局部隔水层上的季节性重力水（上层滞水）、过路重力水及悬留毛细水	裸露裂隙岩层中存在的季节性重力水及毛细水	裸露岩溶化岩层上部岩溶通道中存在的季节性重力水
潜水	各种松散沉积物浅部的水	裸露于地表的各类裂隙岩层中的水	裸露于地表的岩溶化岩层中的水
承压水	松散沉积物构成的山间盆地、自流斜地及堆积平原深部的水	构造盆地、向斜、单斜或断裂带裂隙岩层中的水	构造盆地、向斜、单斜或断裂带岩溶化岩层中的水

5.1.2 包气带水

地表以下与地下水面以上，岩石空隙没有充满水，包含有空气，该带称为包气带。包气带中的水包括土壤水和上层滞水。

1. 土壤水

土壤水是位于地表附近（0.5m 左右）土壤层中的水，主要为结合水和毛细水。它主要靠降水入渗、水汽的凝结及潜水补给。大气降水向下渗透，必须通过土壤层，这时渗透水的一部分就保持在土壤层里，成为所谓田间持水量（即土壤层中最大悬挂毛细水含量），多余部分呈重力水下渗补给潜水。土壤水主要消耗于蒸发和植物蒸腾。土壤水的动态变化受气候的控制，故季节变化明显。当潜水位浅时，土壤中的毛细水可以是支持毛细水，在气候干燥、地下水大量蒸发时，盐分不断积累在土壤表面，可使土壤盐渍化。气候潮湿多雨，土壤透水性不良，潜水位接近地表的地区可以形成沼泽。当地下水位较深时，这部分毛细水多为悬挂毛细水。土壤水对供水无意义，但对植物生长有重要作用。

2. 上层滞水

上层滞水是存在于包气带中，局部隔水层之上的重力水。

上层滞水的形成主要决定于包气带岩性的组合，以及地形和地质构造特征。一般地形平坦、低凹，或地质构造（平缓地层及向斜）有利汇集地下水的地区，地表岩石透水性好，包气带中又存在一定范围的隔水层，有补给水入渗时，就易形成上层滞水（见图5-1）。

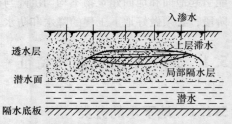

图 5-1　上层滞水示意图

5.1.3 潜水

潜水是埋藏于地表以下、第一个稳定隔水层以上、具有自由水面的含水层中的重力水（见图5-2）。潜水一般埋藏于第四系松散沉积物的孔隙中，以及裸露基岩的裂隙、溶穴中。

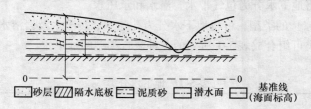

图 5-2　潜水埋藏图

潜水的自由表面称为潜水面。潜水面至地面的铅直距离称为潜水的埋藏深度（T）。潜水面上任一点的标高称该点的潜水位（H）。潜水面至隔水底板的铅直距离称潜水含水层的厚度（h），它是随潜水面的变化而变化的。

潜水的埋藏条件决定了潜水的以下特征：

1）潜水具有自由水面。因顶部没有连续的隔水层，潜水面不承受静水压力，是一个仅承受大气压力作用的自由表面，故为无压水。潜水在重力作用下，由高水位向低水位流动。在潜水面以下局部地区存在隔水层时，可造成潜水的局部承压现象。

2）潜水因无隔水顶板，大气降水、地表水等可以通过包气带直接渗入补给潜水。故潜水的分布区和补给区经常是一致的。

3）潜水的水位、水量、水质等动态变化与气象、水文、地形等因素密切相关。因此，其动态变化有明显的季节性、地区性。如降雨季节含水层获得补给，水位上升，含水层变厚，埋深变浅，水量增大，水质变淡。干旱季节排泄量大于补给量，水位下降，含水层变薄、埋深加大。湿润气候、地形切割强烈时，易形成矿化度低的淡水；干旱气候、低平地形时，常形成咸水。

4）潜水易受人为因素的污染。因顶部没有连续隔水层且埋藏一般较浅，污染物易随入渗水流进入含水层，影响水质。

5）潜水因埋藏浅，补给来源充沛，水量较丰富，易于开发利用，是重要的供水水源。

5.1.4　承压水

充满于两个稳定隔水层（弱透水层）之间的含水层中的重力水，称为承压水（见图5-3）。承压水的形成取决于地质构造。在适宜地质构造条件下，无论是孔隙水、裂隙水或岩溶水均能形成承压水。不同构造条件下，承压水的埋藏类型也不同。承压水主要埋藏于大的向斜构造、单斜构造中。向斜构造构成向斜盆地蓄水构造，称为承压盆地。单斜构造构成单斜蓄水构造，称为承压斜地。

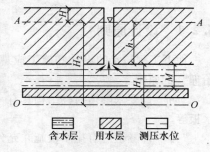

图 5-3　承压水埋藏示意图

当这种含水层中未被水充满时，其性质与潜水相似，称为无压层间水。承压含水层上部的隔水层（弱透水层）称为隔水顶板。下部的隔水层（弱透水层）称为隔水底板。顶底板之间的距离称为含水层厚度（M）。钻孔（井）未揭穿隔水顶板则见不到承压水，当隔水顶板被钻孔打穿后，在静水压力作用下，含水层中的水便上升到隔水顶板以上某一高度，最终稳定下来。此时的水位称稳定水位。钻孔或井中稳定水位的高程称含水层在该点的承压水位或测压水位（H_2）。地面至承压水位的铅直距离称为承压水位埋藏深度（H）。隔水顶板底面的高程称为承压水的初见水位（H_1），即揭穿顶板时见到的水面。隔水顶板底面到承压水位之间的铅直距离称为承压水头或承压高度（h）。承压水位高出地表高程时，承压水被揭穿后便喷出地表而自流。各点承压水位连成的面便是承压水位面。

由于承压水有隔水顶板，因而它具有与潜水不同的一系列特征。

1）承压水具有承压性。当钻孔揭露承压含水层时，在静水压力的作用下，初见水位与稳定水位不一致，稳定水位高于初见水位。

2）承压水的补给区和分布区不一致。因为承压水具有隔水顶板，因而大气降水及地表水只能在补给区进行补给，故承压水补给区常小于其分布区。补给区位于地形较高的含水层出露的位置，排泄区位于地形较补给区低的位置。

3）承压水的动态变化不显著。承压水因受隔水顶板的限制，它与大气圈、地表水圈联系较差，只在承压区两端出露于地表的非承压区进行补、排。因此，承压水的动态变化受气象（气候）和水文因素影响较小，其动态比较稳定。同时，由于其补给区的分布总是小于承压区，故承压水资源不像潜水那样容易得到补充和恢复。但当其分布范围及厚度较大时，往往具有良好的多年调节性能。

4）承压水的化学成分一般比较复杂。同潜水相似，承压水主要来源于现代大气降水与地表水的入渗。但是由于承压水的埋藏条件使其与外界的联系受到限制，其化学成分随循环交替条件的不同而变化较大。如果与外界联系密切，参加水循环积极，则其水质常为含盐量低的淡水，反之，则水的含盐量就高。如在大型构造盆地的同一含水层内，可以出现低矿化的淡水和高矿化的卤水，以及某些稀有元素或高端热水，水质变化比较复杂。

5）承压含水层的厚度，一般不随补排量的增减而变化。潜水获得补给或进行排泄时，随着水量增加或减少，潜水位抬高或降低，含水层厚度加大或变薄。承压水接受补给时，由于隔水顶板的限制，不是通过增加含水层厚度来容纳水量。而是补给时测压水位上升，排泄时，测压水位降低。也就是说，承压含水层水量增减（补排）时，其测压水位也因之而升降，但含水层的厚度则不发生显著变化。

6）承压水一般不易受污染。由于有隔水顶板的隔离，承压水一般不易受污染，但一旦污染则净化很困难。

5.2 地下空间结构防水设计

5.2.1 设计原则

地下工程防水的设计和施工应遵循"防、排、截、堵相结合，刚柔相济，因地制宜，综合治理"的原则。

"防"即要求隧道衬砌结构具有一定的防止地下水渗入的能力，如采用防水混凝土或塑料防水板等。

"排"即隧道应有排水设施并充分利用，以减少渗水压力和渗水量，但必须注意大量排水的后果，如围岩颗粒流失，降低围岩稳定性或造成农田灌溉和生活用水困难等。

"截"即隧道顶部如有地表水易于渗漏处或有坑洼积水，应设置截、排水沟和采取消除积水的措施。

"堵"即在隧道施工过程中有渗漏水时，可采用注浆、喷涂等方法堵住；运营后渗漏水地段也可以采用注浆、喷涂或嵌缝材料、防水抹面等方法堵水。

实际上目前地下工程不仅大量使用刚性防水材料，如结构主体采用防水混凝土，也大量使用柔性防水材料，如细部构造处的一些部位、主体结构加强防水层也采用柔性防水材料。因此地下工程防水方案设计时要结合工程使用情况和地质环境条件等因素综合考虑。

防水设计既要考虑如何适应地下工程种类的多样性问题，也要考虑如何适应地下工程所处地域的复杂性的问题，同时还要使每个工程的防水设计者在符合总的原则的基础上可根据各自工程的特点有适当选择的自由。

5.2.2 设计内容和要求

1. 设计内容

地下工程防水设计前应根据工程的特点和需要搜集下列资料：

1）最高地下水位的高程、出现的年代，近几年的实际水位高程和随季节变化情况。

2）地下水类型、补给来源、水质、流量、流向、压力。

3）工程地质构造，包括岩层走向、倾角、节理及裂隙，含水地层的特性、分布情况和渗透系数，溶洞及陷穴，填土区、湿陷性土和膨胀土层等情况。

4）历年气温变化情况、降水量、地层冻结深度。

5）区域地形、地貌、天然水流、水库、废弃坑井以及地表水、洪水和给水排水系统资料。

6）工程所在区域的地震烈度、地热，含瓦斯等有害物质的资料。

7）施工技术水平和材料来源。

地下工程防水设计，应包括下列内容：

1）防水等级和设防要求。

2）防水混凝土的抗渗等级和其他技术指标、质量保证措施。

3）其他防水层选用的材料及其技术指标、质量保证措施。

4）工程细部构造的防水措施，选用的材料及其技术指标、质量保证措施。

5）工程的防排水系统，地面挡水、截水系统及工程各种洞口的防倒灌措施。

2. 设计要求

1）防水设计应做到定级准确、方案可靠、施工简便、耐久适用、经济合理。

2）防水方案应根据工程规划、结构设计、材料选择、结构耐久性和施工工艺等确定。

3）防水设计应根据地表水、地下水、毛细管水等的作用，以及由于人为因素引起的附近水文地质改变的影响确定。

4）地下工程迎水面主体结构应采用防水混凝土，并应根据防水等级的要求采取其他防水措施。

5）地下工程的变形缝（诱导缝）、施工缝、后浇带、穿墙管（盒）、预埋件、预留通道接头、桩头等细部构造，应加强防水措施。

6）地下工程的排水管沟、地漏、出入口、窗井、风井等，应采取防倒灌措施；寒冷及严寒地区的排水沟应采取防冻措施。

5.2.3　地下空间结构防水等级及设防要求

1. 防水等级

地下工程的防水等级应分为四级，各等级防水标准应符合表 5-2 的规定。

表 5-2　地下工程防水标准

防 水 等 级	防 水 标 准
一级	不允许渗水，结构表面无湿渍
二级	不允许漏水，结构表面可有少量湿渍 工业与民用建筑：总湿渍面积不应大于总防水面积（包括顶板、墙面、地面）的 1/1000；任意 100m² 防水面积上的湿渍不超过 2 处，单个湿渍的最大面积不大于 0.1m²； 其他地下工程：总湿渍面积不应大于总防水面积的 2/1000；任意 100m² 防水面积上的湿渍不超过 3 处，单个湿渍的最大面积不大于 0.2m²；其中，隧道工程还要求平均渗水量不大于 0.05L/(m²·d)。任意 100m² 防水面积上的渗水量不大于 0.15L/(m²·d)
三级	有少量漏水点，不得有线流和漏泥砂 任意 100m² 防水面积上的漏水或湿渍点数不超过 7 处，单个漏水点的最大漏水量不大于 2.5L/d，单个湿渍的最大面积不大于 0.3m²
四级	有漏水点，不得有线流和漏泥砂 整个工程平均漏水量不大于 2L/(m²·d)；任意 100m² 防水面积上的平均漏水量不大于 4L/(m²·d)

各防水等级的适用范围，应根据工程的重要性和使用中对防水的要求按表 5-3 选定。

表 5-3　不同防水等级的适用范围

防 水 等 级	适 用 范 围
一级	人员长期停留的场所；因有少量湿渍会使物品变质、失效的贮物场所及严重影响设备正常运转和危及工程安全运营的部位；极重要的战备工程、地铁车站

（续）

防水等级	适用范围
二级	人员经常活动的场所；在有少量湿渍的情况下不会使物品变质、失效的储物场所及基本不影响设备正常运转和工程安全运营的部位；重要的战备工程
三级	人员临时活动的场所；一般战备工程
四级	对渗漏水无严格要求的工程

2. 设防要求

防水设防要求，应根据使用功能、使用年限、水文地质、结构形式、环境条件、施工方法及材料性能等因素确定。

明挖法地下工程的防水设防要求应按表 5-4 选用。

表 5-4　明挖法地下工程的防水设防要求

工程部位	主体结构							施工缝							后浇带					变形缝（诱导缝）					
防水措施	防水混凝土	防水卷材	防水涂料	塑料防水板	膨润土防水材料	防水砂浆	金属防水板	遇水膨胀止水条（胶）	外贴式止水带	中埋式止水带	外抹防水砂浆	外涂防水涂料	水泥基渗透结晶型防水涂料	预埋注浆管	补偿收缩混凝土	外贴式止水带	预埋注浆管	遇水膨胀止水条（胶）	防水密封材料	中埋式止水带	外贴式止水带	可卸式止水带	防水密封材料	外贴防水卷材	外涂防水涂料
防水等级 一级	应选	应选一至二种						应选二种							应选	应选二种				应选	应选一至二种				
防水等级 二级	应选	应选一种						应选一至二种							应选	应选一至二种				应选	应选一至二种				
防水等级 三级	应选	宜选一种						宜选一至二种							应选	宜选一至二种				应选	宜选一至二种				
防水等级 四级	宜选	—						宜选一种							应选	宜选一种				应选	宜选一种				

暗挖法地下工程的防水设防要求应按表 5-5 选用。

表 5-5　暗挖法地下工程的防水设防要求

工程部位	衬砌结构						内衬砌施工缝						内衬砌变形缝（诱导缝）				
防水措施	防水混凝土	塑料防水板	防水砂浆	防水涂料	防水卷材	金属防水层	外贴式止水带	预埋注浆管	遇水膨胀止水条（胶）	防水密封材料	中埋式止水带	水泥基渗透结晶型防水涂料	中埋式止水带	外贴式止水带	可卸式止水带	防水密封材料	遇水膨胀止水条（胶）
防水等级 一级	必选	应选一至二种					应选一至二种					应选	应选一至二种				
防水等级 二级	应选	应选一种					应选一种					应选	应选一种				
防水等级 三级	宜选	宜选一种					宜选一种					应选	宜选一种				
防水等级 四级	宜选	宜选一种					宜选一种					应选	宜选一种				

此外，处于侵蚀性介质中的工程，还应采用耐侵蚀的防水混凝土、防水砂浆、防水卷材或防水涂料等防水材料。处于冻融侵蚀环境中的地下工程，其混凝土抗冻融循环不得少于 300 次。

5.3　地下空间结构防水材料

5.3.1　水泥砂浆防水层

防水砂浆包括聚合物水泥防水砂浆、掺外加剂或掺合料的防水砂浆，可用于地下工程主体结构的迎水面或背水面，不应用于受持续振动或温度高于 80℃的地下工程防水。材料应符合下列规定：

1）应使用硅酸盐水泥、普通硅酸盐水泥或特种水泥，不得使用过期或受潮结块的水泥。

2）砂宜采用中砂，含泥量不应大于 1%，硫化物和硫酸盐含量不应大于 1%。

3）拌制水泥砂浆用水，应符合 JGJ 63—2006《混凝土用水标准》的有关规定。

4）聚合物乳液的外观：应为均匀液体，无杂质、无沉淀、不分层。聚合物乳液的质量要求应符合 JC/T 1017—2006《建筑防水涂料用聚合物乳液》的有关规定。

5）外加剂的技术性能应符合现行国家有关标准的质量要求。

防水砂浆主要性能应符合粘结强度、抗渗性、抗折强度、干缩率、吸水率、冻融循环、耐碱性、耐水性的要求。

5.3.2　卷材防水层

卷材防水层包括高聚物改性沥青类防水卷材和合成高分子类防水卷材两大类，其中高聚物改性沥青类防水卷材又包括弹性体改性沥青防水卷材、改性沥青聚乙烯胎防水卷材、自粘聚合物改性沥青防水卷材三种；合成高分子类防水卷材包括三元乙丙橡胶防水卷材、聚氯乙烯防水卷材、聚乙烯丙纶复合防水卷材和高分子自粘胶膜防水卷材四种。卷材防水层的厚度应符合表 5-6 的规定。

表 5-6　不同品种卷材防水层的厚度

卷材品种	高聚物改性沥青类防水卷材			合成高分子类防水卷材			
	弹性体改性沥青防水卷材、改性沥青聚乙烯胎防水卷材	自粘聚合物改性沥青防水卷材		三元乙丙橡胶防水卷材	聚氯乙烯防水卷材	聚乙烯丙纶复合防水卷材	高分子自粘胶膜防水卷材
		聚酯毡胎体	无胎体				
单层厚度/mm	≥4	≥3	≥1.5	≥1.5	≥1.5	卷材≥0.9 粘结料≥1.3 芯材厚度≥0.6	≥1.2
双层总厚度/mm	≥(4＋3)	≥(3＋3)	≥(1.5＋1.5)	≥(1.2＋1.2)	≥(1.2＋1.2)	卷材≥(0.7＋0.7) 粘结料≥(1.3＋1.3) 芯材厚度≥0.5	—

"带自粘层的防水卷材"是一类在高聚物改性沥青防水卷材、合成高分子防水卷材的表面涂有一层自粘橡胶沥青胶料，或在胎体两面涂盖自粘胶料混合层的卷材，采用水泥砂浆或聚合物水泥砂浆与基层粘结（湿铺法施工），构成自粘卷材复合防水系统，其特点是：使胶料中的高聚物

与水泥砂浆及后续浇筑的混凝土结合，产生较强的粘结力；可在潮湿基面上施工，简化防水层施工工序；采用"对接附加自粘封口条连接工艺，可使卷材接缝实现胶粘胶"的模式。自粘聚合物改性沥青防水卷材是以高聚物改性沥青为主体材料，整体具有自粘性的防水卷材。其中，"自粘聚合物改性沥青聚酯胎防水卷材"是"弹性体改性沥青防水卷材"的延伸产品，因卷材的沥青涂盖料具有自粘性能，故称本体自粘卷材，其特点是采用冷粘法施工。自粘橡胶沥青防水卷材是一种以 SBS 等弹性体和沥青为基料，无胎体，以树脂膜为上表面材料或无膜（双面自粘），采用防粘隔离层的卷材，厚度以 1.5mm 或 2.0mm 为宜。这种卷材具有良好的接缝不透水性、低温柔性、延伸性、自愈性、粘结性，以及冷粘法施工等特点。

聚乙烯丙纶复合防水卷材是由卷材与聚合物水泥防水粘结材料复合构成防水层，可在潮湿基面上施工。高分子自粘胶膜防水卷材是在一定厚度的高密度聚乙烯膜面上涂覆一层高分子胶料复合制成的一种自粘性防水卷材，归类于高分子防水卷材复合片中树脂类品种（FSZ），其特点是具有较高的断裂拉伸强度和撕裂强度，胶膜的耐水性好，一、二级的防水工程单层使用时也能达到防水要求，采用预铺反粘法施工，由卷材表面的胶膜与结构混凝土发生粘结作用，卷材的搭接缝和接头要采用配套的粘结材料。

高聚物改性沥青类防水卷材的主要物理性能应满足可溶物含量、拉伸性能、低温柔度、热老化后低温柔度和不透水性的要求，各项具体指标见 GB 50108—2008《地下工程防水技术规范》。合成高分子类防水卷材的主要物理性能应满足断裂拉伸强度、断裂伸长率、低温弯折性、不透水性、撕裂强度和复合强度（表层与芯层）的要求。粘贴各类防水卷材应采用与卷材材性相容的胶粘材料，其粘结质量应符合规范要求。

防水卷材的品种规格和层数，应根据地下工程防水等级、地下水位高低及水压力作用状况、结构构造形式和施工工艺等因素确定。

卷材防水层应铺设在混凝土结构的迎水面，一是保护结构不受侵蚀性介质侵蚀，二是防止外部压力水渗入结构内部引起钢筋锈蚀，三是克服卷材与混凝土基面的粘结力小的缺点。

卷材防水层宜用于经常处在地下水环境，且受侵蚀性介质作用或受振动作用的地下工程，处于干旱少雨地区或在地下水位以上的工程，可以采取其他防水措施。

5.3.3　涂料防水层

涂料防水层包括无机防水涂料和有机防水涂料。无机防水涂料主要是水泥类无机活性涂料，包括掺外加剂、掺合料的水泥基防水涂料和水泥基渗透结晶型防水涂料。水泥基防水涂料中可掺入外加剂、防水剂、掺合料等，水泥基渗透结晶型防水涂料是一种以水泥、石英砂等为基材，掺入各种活性化学物质配制的一种新型刚性防水材料。它既可作为防水剂直接加入混凝土中，也可作为防水涂层涂刷在混凝土基面上。该材料借助其中的载体不断向混凝土内部渗透，并与混凝土中某种组分形成不溶于水的结晶体充填毛细孔道，大大提高混凝土的密实性和防水性。有机防水涂料主要为高分子合成橡胶及合成树脂乳液类涂料，包括反应型、水乳型、聚合物水泥等涂料。聚合物水泥防水涂料，是以有机高分子聚合物为主要基料，加入少量无机活性粉料制成的双组分防水涂料，具有比一般有机涂料干燥快、弹性模量低、体积收缩小、抗渗性好的优点。

涂料防水层应具有良好的耐水性、耐久性、耐腐蚀性及耐菌性，且应无毒、难燃、低污染，无机防水涂料应具有良好的湿干粘结性和耐磨性，有机防水涂料应具有较好的延伸性及较大适应基层变形能力。

无机防水涂料由于凝固快，与基面有较强的粘结力，最宜用于背水面混凝土基层上做防水过渡层。有机防水涂料常用于地下工程主体结构的迎水面，这是充分发挥有机防水涂料在一定厚度时有较好的抗渗性，在基面上（特别是在各种复杂表面上）能形成无接缝的完整的防水膜的长处，又能避免涂料与基面粘结力较小的弱点。有些有机涂料的粘结性、抗渗性均较高，可用于地下工程的背水面。

5.3.4　塑料防水板

塑料防水板防水层由塑料防水板与缓冲层组成。

塑料防水板可选用乙烯-醋酸乙烯共聚物、乙烯-沥青共混聚合物、聚氯乙烯、高密度聚乙烯类或其他性能相近的材料。塑料防水板幅宽宜为 2~4m，厚度不得小于 1.2mm，且因长期处于地下并要长期发挥其防水性能，故应具有良好的耐刺穿性、耐久性、耐水性、耐腐蚀性、耐菌性。

缓冲层宜采用无纺布或聚乙烯泡沫塑料，缓冲层材料的性能指标应符合相关规定。铺设前，必须先铺设缓冲层，这样一方面有利于无钉铺设工艺的实施，另一方面防止防水板被刺穿。有一种把无纺布和塑料板结合在一起的防水板称为复合防水板，其铺设一般采用吊铺或撑铺，质量难以保证，为保证防水层施工质量，应先铺垫层，再铺设防水板，真正达到无钉铺设。

暗钉圈应采用与塑料防水板相容的材料制作，直径不应小于 80mm。

塑料防水板防水层可根据工程地质、水文地质条件和工程防水要求，采用全封闭、半封闭或局部封闭铺设，一般在初期支护结构趋于基本稳定后，在复合式衬砌的初期支护和二次衬砌之间铺设。

塑料防水板防水层宜用于经常受水压、侵蚀性介质或受振动作用的地下工程防水。

5.3.5　金属防水层

金属板包括钢板、铜板、铝板、合金钢板等。金属板防水层应采取防锈措施。金属板的拼接应采用焊接，拼接焊缝应严密。金属板和焊条应由设计部门根据工艺要求及具体情况确定。

主体结构内侧设置金属防水层时，金属板应与结构内的钢筋焊牢，也可在金属防水层上焊接一定数量的锚固件，如图 5-4 所示。

主体结构外侧设置金属防水层时，金属板应焊在混凝土结构的预埋件上。金属板经焊缝检查合格后，应将其与结构间的空隙用水泥砂浆灌实（图 5-5）。

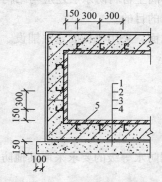

图 5-4　金属板防水层
1—金属板　2—主体结构
3—防水砂浆　4—垫层　5—锚固筋

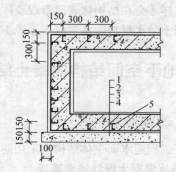

图 5-5　金属板防水层
1—防水砂浆　2—主体结构
3—金属板　4—垫层　5—锚固筋

金属防水层可用于长期浸水、水压较大的水工及过水隧道，所用的金属板和焊条的规格及材料性能，应符合设计要求。

如今随着工程塑料、高分子防水材料的不断面世，它的应用在减少，但由于它有可以替代模板、强度高等长处，故仍在很多海底沉管隧道工程的底板使用（包括我国香港、广州新建的沉管隧道）。同时，为防止海水腐蚀，往往还设阴极保护。

5.3.6 膨润土防水材料防水层

膨润土与淡水反应后，膨胀为自身质量的 5 倍、自身体积的 13 倍左右，靠粘结性和膨胀性发挥止水功能，这里的淡水是指不会降低膨润土膨胀功能且不含有害物质的水。

膨润土防水材料包括膨润土防水毯和膨润土防水板及其配套材料。国内的膨润土防水材料目前有三种产品，一是针刺法钠基膨润土防水毯，由两层土工布包裹钠基膨润土颗粒针刺而成的毯状材料，如图 5-6a 所示，表示代号为 GCL-ZP。二是针刺覆膜法钠基膨润土防水毯，是在针刺法钠基膨润土防水毯的非织造土工布外表面上复合一层高密度聚乙烯薄膜，如图 5-6b 所示，表示代号为 GCL-OF。三是胶粘法钠基膨润土防水毯（也称为防水板），是用胶粘剂把膨润土颗粒粘结到高密度聚乙烯板上，压缩生产的一种钠基膨润土防水毯，如图 5-6c 所示，表示代号为 GCL-AH。

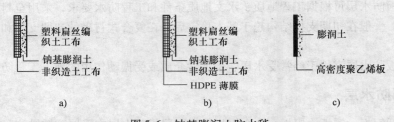

图 5-6　钠基膨润土防水毯
a）针刺法钠基膨润土防水毯　b）针刺覆膜法钠基膨润土防水毯　c）胶粘法钠基膨润土防水毯

防水层两侧应具有一定的夹持力。膨润土防水材料在有限的空间内吸水膨胀才能防水，膨润土材料防水层两侧的夹持力不应小于 0.014MPa，如果膨润土材料防水层两侧的密实度（一般在85% 以上）不够，膨润土不能正常发挥止水功能。另外膨润土材料防水层两侧不能有影响密实度的其他物质，如聚苯板、聚乙烯泡沫塑料等柔性材料。膨润土材料防水层还应与结构物外表面密贴，这样才会在结构物表面形成胶体隔膜，从而达到防水的目的。

膨润土防水材料防水层应用于地下工程主体结构的迎水面，采用机械固定法铺设。

5.4 地下空间结构混凝土结构防水

5.4.1 主体防水

地下工程迎水面主体结构应采用防水混凝土，并应根据防水等级的要求采取其他防水措施。

1. 防水混凝土设计抗渗等级

防水混凝土是通过调整配合比，或掺加外加剂、掺合料等方法配制而成的一种混凝土，其抗渗等级根据素混凝土室内试验测得，而地下工程结构主体中钢筋密布，对混凝土的抗渗性有不利影响，为确保地下工程结构主体的防水效果，将地下工程结构主体的防水混凝土抗渗等级定为不小于 P6，见表 5-7。

表 5-7 防水混凝土设计抗渗等级

工程埋置深度 H/m	设计抗渗等级	工程埋置深度 H/m	设计抗渗等级
$H < 10$	P6	$20 \leqslant H < 30$	P10
$10 \leqslant H < 20$	P8	$H \geqslant 30$	P12

注：1. 本表适用于 Ⅰ、Ⅱ、Ⅲ 类围岩（土层及软弱围岩）。

2. 山岭隧道防水混凝土的抗渗等级可按国家现行有关标准执行。

防水混凝土的施工配合比应通过试验确定，试配混凝土的抗渗等级应比设计要求提高 0.2MPa。防水混凝土应满足抗渗等级要求，还应根据地下工程所处的环境和工作条件，满足抗压、抗冻和抗侵蚀性等耐久性要求。

2. 防水混凝土的材料要求

1）水泥品种宜采用硅酸盐水泥、普通硅酸盐水泥，采用其他品种水泥时应经试验确定；在受侵蚀性介质作用时，应按介质的性质选用相应的水泥品种；不得使用过期或受潮结块的水泥，并不得将不同品种或强度等级的水泥混合使用。

2）宜选用坚固耐久、粒形良好的洁净石子；最大粒径不宜大于 40mm，泵送时其最大粒径不应大于输送管径的 1/4，吸水率不应大于 1.5%；不得使用碱活性集料；石子的质量要求应符合 JGJ 52—2006《普通混凝土用砂、石质量及检验方法标准》的有关规定。

3）砂宜选用坚硬、抗风化性强、洁净的中粗砂，不宜使用海砂；砂的质量要求应符合 JGJ 52—2006《普通混凝土用砂、石质量及检验方法标准》的有关规定。

4）用于拌制混凝土的水，应符合 JGJ 63—2006《混凝土用水标准》的有关规定。

5）防水混凝土可根据工程需要掺入减水剂、膨胀剂、防水剂、密实剂、引气剂、复合型外加剂及水泥基渗透结晶型材料，其品种和用量应经试验确定，所用外加剂的技术性能应符合国家现行有关标准的质量要求。

6）防水混凝土可根据工程抗裂需要掺入合成纤维或钢纤维，纤维的品种及掺量应通过试验确定。

7）防水混凝土中各类材料的总碱量（Na_2O 当量）不得大于 $3kg/m^3$；氯离子含量不应超过胶凝材料总量的 0.1%。

3. 防水混凝土结构

1）结构厚度不应小于 250mm。

2）裂缝宽度不得大于 0.2mm，并不得贯通。

3）钢筋保护层厚度应根据结构的耐久性和工程环境选用，迎水面钢筋保护层厚度不应小于 50mm。

防水混凝土应采用机械振捣，避免漏振、欠振和超振，且应连续浇筑，少留施工缝。当留设施工缝时，应符合下列规定：

1）墙体水平施工缝不应留在剪力最大处或底板与侧墙的交接处，应留在高出底板表面不小于 300mm 的墙体上。拱（板）墙结合的水平施工缝，宜留在拱（板）墙接缝线以下 150～300mm 处。墙体有顶留孔洞时，施工缝距孔洞边缘不应小于 300mm。

2）垂直施工缝应避开地下水和裂隙水较多的地段，并宜与变形缝相结合。

施工缝防水构造形式如图 5-7～图 5-10 所示。当采用两种以上构造措施时可进行有效组合。

遇水膨胀止水条（胶）应与接缝表面密贴；选用的遇水膨胀止水条（胶）应具有缓胀性能，7d 的净膨胀率不宜大于最终膨胀率的 60%，最终膨胀率宜大于 220%；采用中埋式止水带或预埋式注浆管时，应定位准确、固定牢靠。

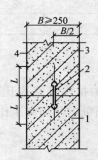

图 5-7 施工缝防水构造（一）
1—先浇混凝土 2—中埋止水带
3—后浇混凝土 4—结构迎水面
注：钢板止水带 $L \geqslant 150mm$；
橡胶止水带 $L \geqslant 200mm$；
钢边橡胶止水带 $L \geqslant 120mm$。

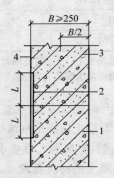

图 5-8 施工缝防水构造（二）
1—先浇混凝土 2—外贴止水带
3—后浇混凝土 4—结构迎水面
注：外贴止水带 $L \geqslant 150mm$；
外涂防水涂料 $L = 200mm$；
外抹防水砂浆 $L = 200mm$。

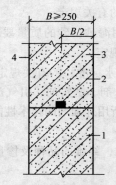

图 5-9 施工缝防水构造（三）
1—先浇混凝土 2—遇水膨胀止水条（胶）
3—后浇混凝土 4—结构迎水面

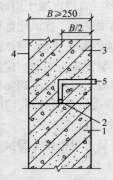

图 5-10 施工缝防水构造（四）
1—先浇混凝土 2—预埋注浆管
3—后浇混凝土 4—结构迎水面 5—注浆导管

5.4.2 细部构造防水

1. 变形缝

变形缝应满足密封防水、适应变形、施工方便、检修容易等要求。用于伸缩的变形缝宜少设，可根据不同的工程结构类别、工程地质情况采用后浇带、加强带、诱导缝等替代措施。

变形缝处混凝土结构的厚度不应小于 300mm。变形缝的宽度宜为 20~30mm。用于沉降的变形缝最大允许沉降差值不应大于 30mm。

变形缝的防水措施可根据工程开挖方法、防水等级按表 5-4 和表 5-5 选用。变形缝的几种复合防水构造形式，如图 5-11~图 5-13 所示。

2. 后浇带

后浇带应在其两侧混凝土龄期达到 42d 后再施工，采用补偿收缩混凝土浇筑，其抗渗和抗压强度等级不应低于两侧混凝土。后浇带应设在受力和变形较小的不允许留设变形缝的工程部位，其间距和位置应按结构设计要求确定，宽度宜为 700~1000mm。

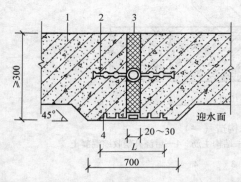

图 5-11　中埋式止水带与外贴防水层复合使用

1—混凝土结构　2—中埋式止水带
3—填缝材料　4—外贴止水带

注：外贴式止水带 $L \geqslant 300\text{mm}$；
外贴防水卷材 $L \geqslant 400\text{mm}$；
外涂防水涂层 $L \geqslant 400\text{mm}$。

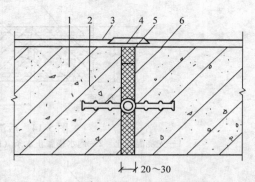

图 5-12　中埋式止水带与嵌缝材料复合使用

1—混凝土结构　2—中埋式止水带
3—防水层　4—隔离层
5—密封材料　6—填缝材料

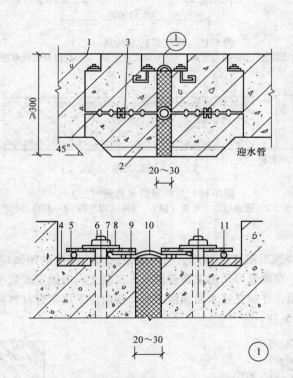

图 5-13　中埋式止水带与可卸式止水带复合使用

1—混凝土结构　2—填缝材料　3—中埋式止水带　4—预埋钢板　5—紧固件压板
6—预埋螺栓　7—螺母　8—垫圈　9—紧固件压块　10—Ω 型止水带　11—紧固件圆钢

　　采用掺膨胀剂的补偿收缩混凝土，膨胀剂掺量不宜大于 12%，膨胀剂的掺量应根据不同部位的限制膨胀率设定值经试验确定。水中养护 14d 后的限制膨胀率不应小于 0.015%。后浇带混凝土应一次浇筑，不得留设施工缝；混凝土浇筑后应及时养护，养护时间不得少于 28d。

　　后浇带两侧可做成平直缝或阶梯缝，其防水构造形式宜采用图 5-14 ~ 图 5-16。

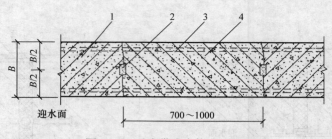

图 5-14　后浇带防水构造（一）

1—先浇混凝土　2—遇水膨胀止水条（胶）　3—结构主筋　4—后浇补偿收缩混凝土

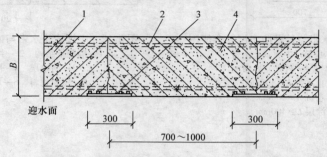

图 5-15　后浇带防水构造（二）

1—先浇混凝土　2—结构主筋　3—外贴式止水带　4—后浇补偿收缩混凝土

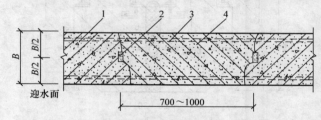

图 5-16　后浇带防水构造（三）

1—先浇混凝土　2—遇水膨胀止水条（胶）　3—结构主筋　4—后浇补偿收缩混凝土

3. 穿墙管（盒）

穿墙管（盒）应在浇筑混凝土前预埋，与内墙角、凹凸部位的距离应大于 250mm。结构变形或管道伸缩量较小时，穿墙管可采用主管直接埋入混凝土内的固定式防水法，主管应加焊止水环或环绕遇水膨胀止水圈，并应在迎水面预留凹槽，槽内应采用密封材料嵌填密实。其防水构造形式宜采用图 5-17 和图 5-18。

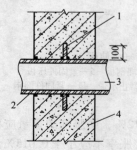

图 5-17　固定式穿墙管防水构造（一）

1—止水环　2—密封材料
3—主管　4—混凝土结构

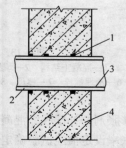

图 5-18　固定式穿墙管防水构造（二）

1—遇水膨胀止水圈　2—密封材料
3—主管　4—混凝土结构

结构变形或管道伸缩量较大或有更换要求时，应采用套管式防水法，套管应加焊止水环，如图 5-19 所示。

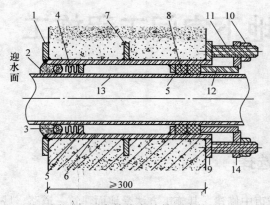

图 5-19　套管式穿墙管防水构造

1—翼环　2—密封材料　3—背衬材料　4—充填材料　5—挡圈　6—套管　7—止水环
8—橡胶圈　9—翼盘　10—螺母　11—双头螺栓　12—短管　13—主管　14—法兰盘

4. 孔口

地下工程通向地面的各种孔口应采取防地面水倒灌的措施。人员出入口高出地面的高度宜为 500mm，汽车出入口设置明沟排水时，其高度宜为 150mm，并应采取防雨措施。

窗井的底部在最高地下水位以上时，窗井的底板和墙应做防水处理，并宜与主体结构断开。窗井或窗井的一部分在最高地下水位以下时，窗井应与主体结构连成整体，其防水层也应连成整体，并应在窗井内设置集水井。无论地下水位高低，窗台下部的墙体和底板应做防水层。

通风口应与窗井同样处理，竖井窗下缘离室外地面高度不得小于 500mm。

第6章 地下空间工程施工

6.1 施工方法的选择

地下空间工程多在城市中修建，其施工方法受地面建筑、道路、城市交通、环境保护、施工机具以及资金条件等因素的影响特别大，其施工技术要求高、难度大、造价高。自1860年以来，包括地铁的地下空间工程经过一百多年的实践，在不断吸取先进科技成果的基础上，创造了适应各种围岩条件和环境要求的施工方法，使城市地下空间工程的建设得到了很大的发展。我国地下空间工程建设起步较晚，但在不良地质条件下的地下空间工程施工中却取得了许多可贵的经验，为地下空间工程施工技术的发展作出了贡献。

地下空间工程施工方法应结合工程地质、水文地质、地形地貌、环境条件、埋深、安全、投资、施工进度等因素，进行经济技术比较后确定。地下工程和地面工程不同，在初步设计、施工图设计之前，设计要对基本的施工方法进行确认，在确定施工方法基础上所作的设计才是切实可行的。施工方法、工艺方案选择得当，施工机械配套合适，工程往往成功一半。反之若选用施工机械不当，施工方法不合理，就会导致施工中遇到许多困难，甚至失败，不得不改用其他施工方法。目前国内外常用的施工方法见表6-1。

表6-1 地下空间工程施工方法一览表

序号	施工方法	环境场地要求	优点	缺点	发展方向
1	明挖法	施工场地要开阔，附近建筑物较少，地层为软岩或土体	进度快，工作面大，便于机械和大量劳动力投入	破坏环境生态，影响交通，带来尘土和噪声污染	(1) 建立有效井点降水系统 (2) 建立可靠的支撑系统 (3) 实现大型土方机械、混凝土搅拌及预制拼装式结构
2	盖挖法	施工地段交通繁忙，要求阻断交通时间短，多用于浅埋地下空间工程	占用场地时间短，对地面干扰较小，施工安全	施工工序复杂，交叉作业，施工条件差	(1) 建立合理的施工管理网络、交叉施工和流水作业线 (2) 采用地下小型施工机具 (3) 提高钻孔桩柱施工质量控制和桩柱转换技术
3	钻爆法（传统矿山法）	施工地段为岩石或坚硬土体	对地面干扰小	劳动强度高，环境恶劣，施工安全风险大	(1) 采用多臂钻孔台车、自动装药引爆装置 (2) 采用光面爆破，喷锚支护，监控数据反馈指导设计和施工
4	浅埋暗挖法（新奥法）	软弱地层，有时需对地层进行超前预支护或预加固	对地面干扰小，造价较高，便于小型机具作业	机械化程度低，劳动强度高，环境恶劣，施工安全风险大	(1) 发展可靠的浅层地基处理技术 (2) 小型灵活的地下开挖机械 (3) 采用可靠的临时支护措施和机具

（续）

序号	施工方法	环境场地要求	优点	缺点	发展方向
5	盾构法	施工地段为软弱地层	对地面影响小，机械化程度高，施工安全，工人劳动强度低，进度快	机械设备复杂，价格昂贵，施工工艺繁琐，需专业施工队伍	（1）开发适用不同地质条件、自动更换刀盘的气压、土压、泥水平衡盾构，超前探测排障技术 （2）采用钢纤维挤压混凝土衬砌 （3）开发三维仿真计算机管理系统，管理信息化、自动化 （4）研制自动导向、中途对接异型盾构
6	沉管法	跨越江河湖海，软地基	造价高，速度快，隧道断面大	占用航道，要有专门的驳船，下沉、对接机具，水下作业，风险大	（1）实现大型涵管制作及驳运技术 （2）实现水下定位、对接、防水技术
7	掘进机法（TBM）	施工地段为坚硬岩石地质	速度快，机械化程度高，安全，对地面无干扰	造价高，技术复杂，刀具易磨损	（1）开发国产高性能掘岩机 （2）改进高强合金刀具 （3）完善后配备系统 （4）改进超前不良地质探测与加固系统
8	顶进法	传统交通繁忙道路、地面铁路、地下管网等障碍物地区	不中断地面交通	需较大箱涵预制与顶进场地	开发多节长距离顶进技术

6.1.1　明挖法

我国修建城市地下空间工程的前期，在一般的软土地层中，使用此法较多。这种方法是将地面挖开，形成露天的基坑，然后在基坑中修筑隧道和车站结构，最后回填土石，恢复地面。

明挖法可分为敞口明挖和有围护结构的明挖。敞口明挖也称为无围护结构基坑明挖，适用于地面开阔，周围建筑物稀少，地质条件好，土质稳定且在基坑周围无较大荷载，对基坑周围的位移和沉降无严格要求的情况。一般采用大型土方机械施工和深井泵及轻型井点降水。而具有围护结构的明挖适用于施工场地狭窄，土质自立性较差，地层松软，地下水丰富，建筑物密集的地区。采用该方法施工时可以较好地控制基坑周围的变形和位移，同时可以满足基坑开挖深度大的要求。目前 GB 50157—2013《地铁设计规范》规定土层中的地铁车站应优先采用有围护结构的基坑明挖方法施工，地面空旷且隧道埋深浅的区间隧道，可采用明挖法施工。

6.1.2　盖挖法

采用明挖法修建城市地下空间工程，其最大的缺点是对城市交通及居民生活干扰较大，而在交通繁忙的地段修建地下工程，尤其是修建有综合功能的大型地下工程，需要减少施工对地面交通的影响，或需要严格控制基坑开挖引起的地面沉降时，则可采用盖挖法施工。盖挖法的施工程序是：先施工结构桩、柱→开挖顶部土体并修顶盖→回填并恢复路面→在顶盖保护下开挖下部土体→修筑底板、边墙及内部结构，即先盖后挖。

盖挖法除施工程序与一般方法不同外，还具有如下特点：

1）当结构边墙先施工时，盖挖法的盖板支撑墙既为结构的永久性边墙，又兼有基坑围护的双重作用，因而可简化施工程序，降低工程造价。另外，边墙用混凝土等刚性材料修筑，其变形量小，因而可靠近地面建筑物的基础施工，而不致对其产生影响。

2）采用盖挖法施工，占地宽度比一般明挖法小，且无振动和噪声。

3）盖挖法的顶盖一般均距地表面很近，这可缩短从破坏路面、修筑顶盖到恢复路面所需的时间，从而最大限度地减少对地面交通的干扰。对宽度较大的双跨或三跨结构尚可对顶盖进行横向分段施工，以利地面交通。

4）盖挖法由于自上而下修建，先修的顶盖成为基坑内的一道横撑，如为多层结构，则盖板将起到支撑的作用，从而可免去或减少施工时的水平支撑系统。

5）此法是在松软地层中修建地下多层建筑物的较好方法之一。普通明挖法如基坑开挖过深，支护亦困难，而盖挖法只要将边墙修筑至一定深度，便可自上而下逐层开挖，逐层建筑，使修筑地下多层结构比较容易实现。

盖挖法施工按其施工流程可分为：

1. 盖挖顺作法

在路面交通不能长期中断的道路下修建地下空间结构时，可采用盖挖顺作法。该方法是于现有道路上，按所需要的宽度，由地面完成挡土结构后，以定型的预制标准覆盖结构（包括纵、横梁和路面板）置于挡土结构上维持交通，往下反复进行开挖和架设横撑，直至设计标高。然后依序由下而上建筑主体结构和防水措施，回填和恢复管、线、路。

2. 盖挖逆作法

如果平面尺寸较大、对环境保护要求高、覆土较浅、周围沿线建筑物过于靠近，为尽量防止因开挖基坑而引起的邻近建筑物沉降，或需要及早恢复路面交通，但又缺乏定型覆盖结构时，可采用盖挖逆作法施工。即先施作围护结构及中间桩柱支撑，开挖表层后施作结构顶板，依次逐层向下开挖和修筑边墙及楼板，直至底层底板和边墙。

3. 盖挖半逆作法

该方法类似逆作法，其区别仅在于顶板及恢复路面完成，向下挖土至设计标高后先建筑底板，再依次序向上逐层建筑侧墙、楼板。

6.1.3 新奥法及浅埋暗挖法（矿山法）

传统矿山法是指用钻眼爆破的方法修筑隧道的暗挖施工方法，随着技术的发展，除钻爆法外，现代矿山法还包括新奥法、浅埋暗挖法等施工方法。矿山法适于岩石地层及具备一定自稳能力的第四纪地层的地下空间结构的施工。

地下空间结构位于基岩地区，围岩具有一定的自稳能力，可采用新奥法施工，即以喷射混凝土、钢筋网、钢架和锚杆作为主要支护手段，充分发挥围岩的自承能力，使其与支护结构成为一个完整的支护体系。新奥法是目前广泛采用的一种方法，在我国目前的地下空间工程修建中使用较多，已经积累了比较成熟的施工经验，工程质量也可以得到较好的保证。使用此方法进行施工时，对于岩石地层，可采用分步或全断面一次开挖，锚喷支护和复合衬砌。对于土质地层，一般需对地层进行预支护或加固后再开挖、支护、衬砌。

浅埋暗挖法是在新奥法基础上发展起来的施工方法，主要用在松软地层。一般采用超前预支护加固地层，分部开挖，架立钢拱架、喷射混凝土等联合支护，然后施做防水层，最后用模筑混凝土施作二次衬砌。

6.1.4 盾构法

盾构法是隧道暗挖施工法的一种。在地铁中采用盾构法施工始于1874年，自20世纪60年代以来，盾构法在日本得到了迅速的发展，1989 年我国上海地铁一号线工程正式采用盾构法修建地铁区间隧道，目前我国的广州地铁、深圳地铁、上海地铁、南京地铁和北京地铁等均有采用盾构法修建的地段。盾构机是这种施工方法的主要施工机械，它是一个既能承受围岩压力又能在地层中自动前进的圆筒形隧道工程机械，目前也有少数为矩形、马蹄形和多圆形断面的盾构机。该施工方法适于第四纪地层、湿陷性黄土、海相沉积地层等无侧限抗压强度中等偏低的地层和软岩地层的隧道施工；在砾岩和含有大量粗颗粒漂石、块石地层应慎用。

6.1.5　沉管法

沉管法又叫预制管段沉放法，是一种修筑水底隧道的施工方法。该方法先在预制场（船厂或干坞）制作沉放管段，管段两端用临时封墙密封，待混凝土达到设计强度后拖运到隧址，此时设计位置上已预先进行了沟槽的浚挖，设置了临时支座，然后沉放管段。待沉放完毕后，进行管段水下连接，处理管段接头及基础，然后覆土回填，再进行内部装修及设备安装。

沉管隧道的使用历史始于 1910 年美国的底特律河隧道，迄今为止，世界上已有 100 多条（包括正在修建的）沉管隧道，其中横截面宽度最大的为比利时亚伯尔隧道 53.1m；沉埋长度最长的是美国海湾地区交通隧道，长达 5825m。我国修建沉管隧道起步较晚，已建成的有上海金山供水隧道、宁波甬江隧道、广州珠江隧道、香港地铁隧道、香港东港跨港隧道以及台湾的高雄港隧道，上海外环线过黄浦江水下隧道也于 2003 年 6 月建成通车。

沉管隧道的优点有以下几个方面：

1）隧道结构的主要部分在船台或干坞中浇筑，因此就没有必要像普通隧道工程那样在遭受土压力或水压力荷载作用下的有限空间内进行衬砌作业，从而可制作出质量均匀且防水性能良好的隧道结构。

2）由于沉管隧道的密度小，其有效重度一般为 5 ~ 10kN/m³，再加上附加压重以及混凝土防护层，隧道重度可增至 20kN/m³ 左右。而隧道所作用的未扰动地基土层的有效应力约为 30 ~ 100kN/m²。由此可见，地层的承载力几乎不成问题。

3）由于隧道在水底位置，对船舶的航行和将来航路的疏浚影响不大，所以隧道可以埋在最低限度的深度上，从而使隧道的全长缩短至最低限度。

4）因为管段制作采用的是预制方式，且浮运与沉放的机械装置大型化，这样对施工安全与大断面隧道的施工都较有利，且大大缩短了工期。

沉管隧道的缺点为：

1）由于管段的浮运、沉放以及沟槽的疏浚、基础作业，大部分依靠机械来完成，对于平静的波浪，在流速较缓的情况下施工是不成问题的。可是如果情况相反，而且隧道截面较大时，就会带来一系列的问题，诸如管段的稳定、航道的影响等。

2）对于地基的承载力是不成问题的，但对于沉放管段底面与基础密贴的施工方法还应继续改进，以免沉陷与不均匀沉降的产生。

3）由于橡胶衬垫的发展，沉放管段之间在水下的连接得到发展，但是对于有些地质条件所带来的不均匀沉降和防水等问题须进一步研究。

6.2　明挖法施工

6.2.1　概述

明挖法是修建地下工程常用的施工方法，它具有施工作业面多、进度快、工期短、工程造价相对其他施工方法较低的特点。而且由于技术成熟，明挖法施工可以很好地保证工程质量。因此，在地面交通和环境要求允许的条件下，应尽可能采用明挖法施工。明挖顺作法的施工步骤如图 6-1 所示。

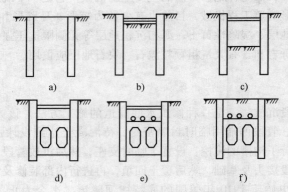

图 6-1　明挖顺作法施工步骤
a) 基坑围护　b) 开挖及第一道撑　c) 开挖　d) 结构施工　e) 埋设物放置　f) 回填和恢复路面

明挖法施工的基坑可以分为：敞口放坡基坑和有围护结构的基坑两类，在这两类基坑施工中，又可采用不同的维护基坑边坡稳定的技术措施和围护结构：

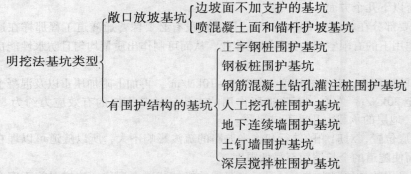

在选择基坑类型时，应根据隧道所处位置、隧道埋深、工程地质和水文地质条件，因地制宜地确定。若基坑所处地面空旷，周围无建筑物或建筑物间距很大，地面有足够空地能满足施工需要，又不影响周围环境时，则采用敞口放坡基坑施工。因为这种基坑施工简单、速度快、噪声小、无需作围护结构。如果基坑很深、地质条件差、地下水位高，特别是处于繁华的市区，无足够空地满足施工需要时，则可采用有围护结构的基坑。

1. 敞口放坡开挖

放坡开挖断面分全放坡与半放坡两种，全放坡开挖断面不设任何形式的支护结构，而用放坡方法保持土坡稳定，其优点是不必设置支护结构，缺点是土方挖、回填量较大，而且占用场地大。半放坡开挖与全放坡开挖断面的区别主要是基坑底部可设置一定高度的直槽，如果土质较差，必须在直槽中打设悬臂式钢桩以加强土壁稳定，这种方法与全放坡开挖断面比较，可少挖一部分土方。

基坑开挖施工过程中，由于开挖等施工活动导致土体原始应力场的平衡状态遭到破坏，当土体抗剪强度下降或附加应力超过极限值时，便会出现土体的快速或渐进位移，即发生边坡失稳。因此，在采用敞口放坡的基坑修建地下工程时，保证基坑边坡的稳定是整个施工过程的关键。否则一旦边坡坍塌，不但地基受到震动，影响承载力，而且也会影响周围地下管线、地面建筑物和交通安全。

（1）基坑边坡失稳的破坏形式　大量计算和实际观测表明，基坑边坡破坏形式与地层的性质、地面荷载以及边坡的形状等因素有密切关系。

1）沿近似圆弧的滑动面滑动，这种破坏常常发生在较为均质的黏性土层。

2）沿近乎平面的滑动面滑移，这种破坏常常发生在无黏性土层。

（2）影响基坑稳定的因素　基坑边坡坡度是直接影响基坑稳定的重要因素，当基坑边坡土体中的剪应力大于土体的抗剪强度时，边坡就会失稳坍塌。其次施工不当也会造成边坡失稳，主要表现为：

1）没有按设计坡度进行边坡开挖。

2）基坑边坡坡顶堆放材料、土方以及运输机械车辆等增加了附加荷载。

3）基坑降排水措施不力。地下水未降至基底以下，而地面雨水、基坑周围地下给水排水管线漏水渗流至边坡的土层中，使土体湿化，土体自重加大，增加土体中的剪应力，且改变土体的 c、φ 值，降低其抗剪强度。

4）基坑开挖后暴露时间过长，经风化而使土体变松散。

5）基坑开挖过程中，未及时刷坡，甚至挖了反坡，使土体失去稳定。

（3）保持基坑边坡稳定措施

1）根据土层的物理力学性质确定边坡坡度，并于不同土层处做成折线形或留置台阶。

2）做好降排水和防洪工作，保持基底和边坡的干燥。

3）严格控制在基坑边坡坡顶 10~20m 范围堆放材料、土方和其他重物以及较大的机械等荷载。

4）基坑开挖过程中，随挖随刷边坡，不得挖反坡。

5）基坑放坡坡度受到限制而采用围护结构又不经济时，可采用坡面土钉、挂金属网喷混凝土或抹水泥砂浆护面。

6）暴露时间在 1 年以上的基坑，一般需采用护坡措施。

（4）基坑边坡坡度的确定　确定基坑边坡坡度的常用方法有土力学的边坡稳定计算法和查表法，还可根据计算资料综合整理而得出的图解曲线查得。

在地下工程建设中，一般在地质条件良好、土质较均匀而地下水位低或通过降水将地下水位维持在基底面以下时，常采用查表法确定基坑边坡的坡度。根据《建筑地基基础设计规范》并结合北京地铁一、二期工程施工经验给出表 6-2、表 6-3，施工时可以用作参考。

表 6-2　岩石基坑边坡坡度

岩石类别	风化程度	坡度值（高度比）	
		8m 以内	8~15m
硬质岩石	微风化	1:(0.1~0.2)	1:(0.2~0.35)
	中等风化	1:(0.2~0.35)	1:(0.35~0.5)
	强风化	1:(0.35~0.5)	1:(0.75~1.00)
软质岩石	微风化	1:(0.35~0.5)	1:(0.5~0.75)
	中等风化	1:(0.5~0.75)	1:(0.75~1.00)
	强风化	1:(0.75~1.00)	1:(1.00~1.25)

表 6-3 土质基坑边坡坡度

土的类别	密实度或状态	坡度值（高宽比）		
		5m 内	5～10m	10～15m
碎 土	密实	1:(0.35～0.5)	1:(0.5～0.75)	1:(0.75～1.0)
	中密	1:(0.5～0.75)	1:(0.75～1.0)	1:(1.0～1.25)
	稍密	1:(0.75～1.0)	1:(1.0～1.25)	1:(1.25～1.5)
粉 土	$S_r \leqslant 0.5$	1:(1.0～1.25)	1:(1.25～1.5)	1:(1.5～1.75)
黏性土	坚硬	1:(0.75～1.0)	1:(1.0～1.25)	1:(1.25～1.5)
	硬塑	1:(1.0～1.25)	1:(1.25～1.5)	1:(1.5～1.75)

2. 有围护结构的基坑

目前地下工程施工中所采用的围护结构种类很多，其施工方法、工艺和所用的施工机械各不相同。因此，应根据基坑深度、工程地质和水文地质条件、地面环境等，特别要考虑城市施工这一特点，综合比较后确定。围护结构的类型及其特点见表 6-4。

表 6-4 围护结构的特点

类 型	特 点
桩板式墙	(1) H 型钢间距在 1.2～1.5m (2) 造价低，施工简单，有障碍时可改变间距 (3) 止水性差，地下水位高及坑壁不稳的地方不适用 (4) 无支撑时开挖深度可达到 6m 左右；有支撑时一般开挖深度在 10m 以内
钢板桩墙	(1) 成品制作，可反复使用 (2) 施工简便，但施工有噪声 (3) 刚度小，变形大，当与多道支撑结合时，在软弱土层中也可采用 (4) 新的时候止水性尚好，如有漏水现象，需增加防水措施
钢管桩	(1) 截面刚度大于钢板桩，在软弱土层中开挖深度可增大 (2) 需有防水措施
预制混凝土板桩	(1) 施工简便，但施工有噪声 (2) 需辅以止水措施 (3) 自重大，受起吊设备限制，不适合大深度基坑。国内用于 10m 以内的基坑
灌注桩	(1) 刚度大，可用在深大基坑 (2) 施工对周边地层、环境影响小 (3) 需与止水措施配合使用，如搅拌桩、旋喷桩等
地下连续墙	(1) 刚度大，开挖深度大，适用于所有地层 (2) 强度大，变位小，隔水性好，同时可兼作主体结构的一部分 (3) 可邻近建筑物、构筑物使用，环境影响小 (4) 造价高
SMW 桩	(1) 强度大，止水性好 (2) 内插的型钢可拔出且反复使用，经济性好
稳定液固化墙	国内尚未使用，日本应用较广
水泥搅拌桩挡墙	(1) 无支撑，墙体止水性好，造价低 (2) 墙体变位大

注：SMW 桩为水泥土灌注桩内插型钢。

6.2.2 地下连续墙施工

地下连续墙是一种较为先进的地下工程结构形式和施工工艺。它是在地面上利用特制的成槽机械，沿着开挖工程的周边（如地下结构的边墙），在泥浆（又称稳定液，如膨润土泥浆）护壁的情况下进行开挖，形成一定长度的沟槽，再将制作好的钢筋笼放入槽段内，采用导管法进行水下混凝土浇筑，形成一个单元的墙段，各墙段之间采用特定的接头方式（如用接头管或接头箱做成的接头）相互连接，形成一道连续的地下钢筋混凝土墙。地下连续墙围护结构呈封闭状，在基坑开挖后，加上支撑或锚杆系统，可以挡土和止水，方便了主体结构的施工，目前一般多将地下连续墙作为建筑的承重结构部分。

地下连续墙工艺具有如下优点：

1）墙体刚度大、整体性好，因而既可用于基坑围护也可用于主体结构。

2）适用于各种地质条件。目前在我国除岩溶地区和承压水头很高的砂砾层难以采用外，在其他各种土质中皆可应用。在一些复杂的条件下，它几乎成为唯一可采用的有效的施工方法。

3）可减少工程施工时对环境的影响。地下连续墙施工时，振动小，噪声低；对周围相邻的工程结构和地下管线的影响较小，对沉降和位移较易控制。

4）可进行逆筑法施工，有利于加快施工速度，降低工程造价。

但是地下连续墙施工方法也有一些不足之处，主要表现在：

1）对泥浆废液的处理，不但会增加工程费用，而且如果泥水分离技术不完善或处理不当会造成新的环境污染。

2）槽壁坍塌问题。地下水位急剧上升，护壁泥浆液面急剧下降，土层中有软弱疏松的砂性夹层，泥浆的性质不符合要求或已经变质，施工管理不善等均可能引起槽壁坍塌和邻近地面沉降，危害邻近工程结构和地下管线的安全。同时也可能使墙体混凝土体积超方、墙面粗糙和结构尺寸超出允许界限。

3）地下连续墙如果仅用作施工时的临时挡土结构，则造价可能较高，不够经济。

一般来说，当在软土地质条件下基坑开挖深度大于 10m，基坑周围建筑或地下管线对位移和沉降要求较高，或围护结构可用作主体结构的一部分，或结构采用逆筑法施工时，可采用地下连续墙。

1. 地下连续墙分类

地下连续墙按其填筑的材料，分为土质墙、混凝土墙、钢筋混凝土墙（又有现浇和预制之分）和组合墙（预制钢筋混凝土墙板和现浇的混凝土的组合，或预制钢筋混凝土墙板和自凝水泥膨润土泥浆的组合）；按其成墙方式，分为排桩式、壁板式、桩壁组合式；按其用途分为临时挡土墙、防渗墙、用作主体结构兼作临时挡土墙的地下连续墙、用作多边形基础兼作墙体的地下连续墙。

排桩式地下连续墙是把钻孔灌注桩并排连接所形成的地下连续墙，其施工工艺与钻孔灌注桩相同。壁板式连续墙是指在专用挖槽机械挖成的狭长槽段中（一般充满护壁泥浆），现浇钢筋混凝土而成的平面形墙，各幅墙体之间用锁口管或钢筋、钢板搭接，连接成整体。

预制钢筋混凝土连续墙是在挖好的沟槽内，相互连续地依次插入预制的钢筋混凝土墙板，然后用特殊的固化浆将其固定在沟槽内而成的。这种固化泥浆所固有的固化性能为：成槽时充满沟槽以维持槽壁的稳定性，但不能对挖槽造成障碍，也不允许妨碍预制墙板的插入，待预制墙板安装就位后，沟内泥浆逐渐硬化，但在下一个相邻槽段开挖时，不能过硬以致妨碍成槽作业。也就是说，经过一定时间后，随着固化泥浆强度的逐渐增加，才能将墙板固定在槽内。由此可知，预制地下连续墙成败的关键是对固化泥浆的管理，这是法国 Soletanche 公司的专利。

目前，我国应用最多的还是现浇钢筋混凝土壁板式连续墙，也是本书介绍的主要内容。

2. 地下连续墙施工方法简述

地下连续墙逐段施工，且周而复始地进行。每段的施工方法大致可分为 5 部分。

1）利用专用挖槽机械开挖地下连续墙槽段，在进行挖槽过程中，沟槽内始终充满泥浆，以保证槽壁的稳定，如图6-2a所示。

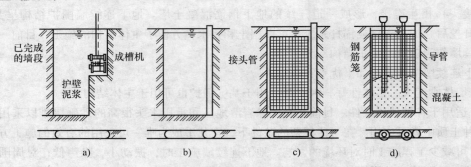

图6-2 地下连续墙施工程序示意
a）成槽 b）放入接头管 c）放入钢筋笼 d）浇筑混凝土

2）当槽段开挖完成后，在沟槽端头放入接头管（又称锁口管），如图6-2b所示。

3）将事先加工好的钢筋笼插入槽段内，下沉到设计高度。当钢筋笼太长，一次吊沉有困难时，须将钢筋笼分段焊接，逐段下沉，如图6-2c所示。

4）插入用于水下灌注混凝土的导管，进行混凝土灌注，如图6-2d所示。

5）待混凝土初凝后，及时拔去接头管。这样，便形成一个单元的地下连续墙。

3. 地下连续墙的结构与构造

支护基坑的连续墙，按其受力特性，又可分为4种形式：仅用来挡土的临时围护结构；既是临时围护结构又作为永久结构的边墙，即所谓单层墙；作为永久结构边墙一部分的叠合墙（叠合面可传递剪力）；作为永久结构边墙部分的复合墙（复合面不传递剪力）。由于地下连续墙的作用不同，所以它和主体结构的连接方式也不同，如图6-3所示。

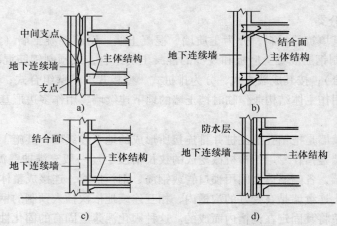

图6-3 地下连续墙与主体结构结合方式
a）临时墙 b）单层墙 c）叠合墙 d）复合墙

（1）现浇钢筋混凝土壁板式连续墙 壁板式连续墙厚度视地质条件、基坑深度、挖槽设备而定，有40cm、60cm、80cm、100cm、120cm等多种。

墙体配筋按强度和抗裂性计算而定，目前，国内多采用普通钢筋混凝土结构。为了保证混凝土在钢筋间自由流动，其间距应不小于80mm，保护层通常设计成：临时墙大于60mm，永久性墙体大于100mm。为了增加连续墙的抗弯能力，可采用预应力钢筋混凝土墙体。

（2）预制钢筋混凝土连续墙　预制墙板一般都为预应力钢筋混凝土，其形状和尺寸应符合墙的使用要求。其形状虽有多种变化，但其尺寸则受吊装能力限制。

4. 地下连续墙稳定性分析

地下连续墙的稳定性分析包括两部分：其一是泥浆槽壁的稳定性分析，以保证在成槽和灌注混凝土过程中不致发生槽壁大范围坍塌；其二是基坑稳定性分析，以保证在基坑施工中不发生土体失稳和坍塌，这是保护周围岩土环境的基本工作。

（1）泥浆槽壁的稳定性分析　泥浆护壁的基本原理：首先是泥浆在壁面上形成不透水的膜，将泥浆与周围土隔开，防止泥浆流失，也能挡住地下水流入槽内。其次是泥浆对槽壁产生静液压力，通过不透水膜对壁面起支护作用，以平衡外侧的水、土压力。最后是电渗力的作用，被不透水膜隔开的泥浆与土之间会产生电位差，促进膨润土颗粒向壁面移动，电渗力也能对槽壁起支承作用。

沟槽开挖后尽管有泥浆护壁，但壁面仍会产生变形，而且由于土的流变性，壁面变形会随时间而增长。壁面变形的大小与方向视地层性质与泥浆参数而异，但向槽内的变形是不利的，若施工中泥浆管理不周或设计不合理，这种变形就有可能发展成槽壁坍塌。

由上述内容可知，影响泥浆槽壁稳定性的因素有地层性质、槽内泥浆液位高度、泥浆相对密度、地下水位、槽边荷载、一次成槽长度、槽的深度等。为了保证槽壁的稳定性，就需要找出上述各因素间的定量关系，这就是泥浆槽壁的稳定性分析。

一些专著和教材中介绍过的泥浆稳定分析方法有二维楔形分析法和考虑拱效应的三维分析方法等两种。二维楔形分析法中，槽壁的稳定条件可按楔形土体滑动的假定来分析。实际上滑动楔形土体的形状不可能是正楔形体，由于受沟槽两端面的约束作用，在槽壁外的土体中会产生拱效应，土体是沿着三维曲面滑动的，拱效应有利于槽壁稳定，在分析中必须予以考虑。两种方法的计算公式和简化方法可参考有关专著。

应该指出，上面所述的稳定条件，在一般情况下可为槽壁的稳定条件提供依据。但实际工程中，也可能出现不一致的情况。根据经验，泥浆的静液压力，似乎占槽壁稳定力的 70%～90%，因为泥浆还有一定的抗剪力，故分析结果偏于安全。若安全系数相差太多，只可采用诸如加大泥浆相对密度，在分析中考虑泥浆的抗剪力等方法。

（2）基坑的稳定性分析　基坑在施工过程中的失稳现象可分为坑底隆起、流砂、管涌和土基隆起等。在前面围护结构设计中已有叙述，这里不再赘述。

5. 成槽设备

成槽设备是地下连续墙施工的主要设备。由于地质条件变化很多，目前还没有一种可以适合所有地质条件的成槽机。因此，根据不同的土质条件和现场情况，选择不同的成槽机是极为重要的。

目前使用的成槽机，按成槽机理可分为抓斗式、回转式和冲击式三种。主要的成槽机分类见表 6-5。

表 6-5　主要的成槽机分类

分类	操作方式			代表性机种
	成槽装置	挖土操作	升降方式	
抓斗式	蛤式抓斗	机械式、油压式	钢索、钢索导杆	重力式抓斗
回转式	垂直多轴头水平多轴头	反循环式	钢索	BW 型多头钻牙轮钻
冲击式	重锤凿具	正反循环	钢索导杆	自制简易锤

（1）**抓斗式成槽机**　抓斗式成槽机以其斗齿切削土体，将土渣收容在斗体内，出槽后开斗放出土渣，再返回到挖土位置，重复往返动作，即可完成挖槽作业，这种机械是最简单的成槽机械。抓斗式挖槽的施工工艺如图6-4所示。

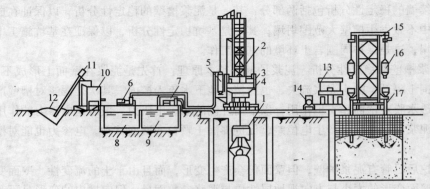

图6-4　地下连续墙用抓斗式挖槽机施工时的工艺

1—导板抓斗　2—机架　3—出土滑槽　4—翻斗车　5—潜水电站　6、7—吸泥泵　8—泥浆池
9—泥浆沉淀池　10—泥浆搅拌机　11—螺旋输送机　12—膨润土　13—接头管顶升架
14—油泵车　15—混凝土灌注机　16—混凝土吊斗　17—混凝土导管

（2）**回转式成槽机**　以回转的钻头切削土体进行挖掘，钻下的土渣随循环的泥浆排出地面。钻头回转方式与挖槽面的关系有直挖和平挖两种；按钻头数目来分，有单钻头和多钻头之分，单钻头多用来钻导孔，多钻头多用来挖槽。

多钻头钻机是由日本一家公司研制并生产出来的，称为BW钻机。我国参考BW钻机结合我国实际，设计制造了SF型多钻头钻机。这种钻机是一种采用重力下放、泥浆反循环排渣、电子测斜纠偏和自动控制钻进成槽的机械，具有一定的先进性。图6-5所示为多钻头施工工艺。

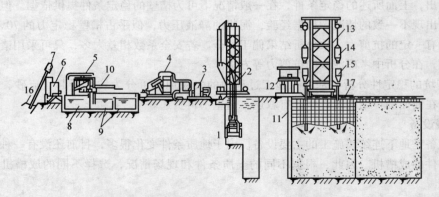

图6-5　地下连续墙用多钻头成槽机施工时的工艺

1—多头钻　2—机架　3—吸泥泵　4—振动筛　5—水力旋流器　6—泥浆搅拌机
7—螺旋输送机　8—泥浆池　9—泥浆沉淀池　10—补浆用输浆管　11—接头管
12—接头管顶升架　13—混凝土灌注机　14—混凝土吊斗
15—混凝土导管上的料斗　16—膨润土　17—轨道

回转式成槽机的排土方式一般均为反循环形式，排泥泵为潜水式，功率较高，钻机用钢索吊住，边排泥边下放，泵的能力可以选择，大的可以将卵石、漂石吸出，挖槽的速度是极快的。与其他挖槽机相比，这类机械的机械化程度较高，零部件很多，维修保养要求较高，需要熟练的操作技术。

（3）冲击式成槽机　冲击式成槽机有各种形式的钻头，通过上下运动或变换运动方向，冲击破碎地基土，借助泥浆循环把土渣带出槽外。

冲击钻机依靠钻头的冲击力破碎地基土，所以不但对一般土层适用，对卵石、砾石、岩层等地层也适用。另外，钻头的上下运动保持垂直，所以挖槽精度也可保证。

6. 地下连续墙的施工方法

地下连续墙的施工由诸多工序组成，其中修筑导墙、泥浆的制备和处理、钢筋笼的制作与吊装以及水下混凝土浇筑是主要的工序。

（1）导墙施工

1）导墙的作用。导墙作为地下连续墙施工中必不可少的构筑物，具有以下作用：

① 控制地下连续墙施工精度。导墙与地下连续墙中心相一致，规定了沟槽的位置走向，可作为量测挖槽标高、垂直度的基准。

② 成槽时起挡土作用。由于地表土层受地面荷载影响，容易塌陷，导墙起到挡土作用。为防止导墙在侧向土压作用下产生位移，一般应在导墙内侧每隔 1~2m 架设上下两道支撑。

③ 重物支承台。施工期间承受钢筋笼、灌注混凝土用的导管、接头管以及其他施工机械的静、动荷载。

④ 维持泥浆液面稳定的作用。导墙内存储泥浆，为保证槽壁的稳定，要使泥浆液面始终保持高于地下水位一定的高度。

2）导墙的形式。导墙一般采用现浇钢筋混凝土结构。但也有钢制的或预制钢筋混凝土的装配式结构，目的是要能重复使用。但根据工程实际，采用现场浇筑的混凝土导墙容易做到底部与土层贴合，防止泥浆流失。而其他预制式导墙较难做到这一点。图 6-6 所示为各种形式的现浇钢筋混凝土导墙。

其中图 6-6a、b 所示导墙的断面最简单，适用于表层土质良好（如密实的黏性土等）和导墙上荷载较小的情况。

图 6-6c、d 所示导墙为应用较多的两种，适用于表层土为杂填土、软黏土等承载能力较弱的土层。图 6-6e 所示导墙适用于作用在导墙上的荷载很大的情况，可根据荷载大小计算确定其伸出部分长度。图 6-6f 所示导墙适用于邻近建筑物的情况，有相邻建筑物的一侧应适当加强。

当地下水位很高而又不采用井点降水时，为确保导墙内泥浆液面高于地下水位 1m 以上，需将导墙上提而高出地面。在这种情况下，需在导墙周边填土，可采用图 6-6g 所示的导墙。

在确定导墙形式时，应考虑如下因素：

① 表层土的特性：表层土是密实的还是松散的，是否为回填土，土体的物理性质如何，有无地下障碍物等。

② 荷载情况：成槽机械的重量与组装方法，钢筋笼的重量，挖槽与浇筑混凝土时附近的静载与动载情况。

③ 地下连续墙施工时对邻近建筑物可能产生的影响。

④ 地下水位的高低及地下水位的变化情况。

3）导墙的施工。导墙一般采用 C20 混凝土浇筑，配筋通常为 $\phi 12 \sim \phi 14mm$，间距 200mm。当地表土层在导墙施工期间能保持外侧土壁垂直自立时，则以土壁代替外模板，避免回填土，以防槽外地表水渗入槽内。如果表土开挖后外侧土壁不能垂直自立，则外侧需设模板。导墙外侧的回填土应用黏土回填密实，防止地表水从导墙背后渗入槽内，引起槽段塌方。

地下连续墙两侧导墙内表面之间的净距，应比地下连续墙厚度略宽，加宽量一般为 40mm 左右。导墙顶面应高于地面 100mm 左右，以防雨水流入槽内稀释及污染泥浆。

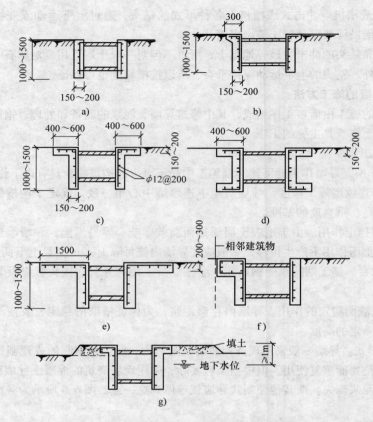

图 6-6　各种形式的现浇钢筋混凝土导墙

现浇钢筋混凝土导墙拆模以后，应沿其纵向每隔1m左右设上、下两道木支撑，将两片导墙支撑起来，在导墙的混凝土达到设计强度之前，禁止任何重型机械和运输设备在旁边行驶，以防导墙受压变形。

（2）泥浆护壁

1）泥浆的组成与作用。在地下连续墙挖槽过程中，泥浆的作用为：护壁、携砂、冷却机具和切土润滑，其中以护壁最为重要。泥浆的正确使用，是保证挖槽的关键。

泥浆具有一定的密度，在槽内对槽壁有一定的静水压力，相当于一种液体支撑。泥浆能渗入土壁形成一层透水性很低的泥皮，有助于维护土壁的稳定性。

泥浆具有较高的黏性，能在挖槽过程中将土渣悬浮起来。这样就可使钻头时刻钻进新鲜土层，避免土渣堆积在工作面上影响挖槽效率，又便于土渣随同泥浆排出槽外。

泥浆既可降低钻具因连续冲击或回转而上升的温度，又可减轻钻具的磨损消耗，有利于提高挖槽效率并延长钻具的使用时间。

挖槽筑墙所用的泥浆不仅要有良好的固壁性能，而且要便于灌注混凝土。如果泥浆的膨润土浓度不够、密度太小、黏度不大，则难以形成泥饼，难以固壁，难以保证其携砂作用。但如果黏度过大，会发生泥浆循环阻力过大、携带在泥浆中的泥砂难以除去、灌注混凝土的质量难以保证以及泥浆不易从钢筋笼上去除等弊病。泥浆还应有一定的稳定性，保证在一定时间内不出现分层现象。

目前在我国，地下连续墙用的护壁泥浆主要是膨润土泥浆，其成分为膨润土、水和一些掺合物，配合比见表6-6。

表 6-6　膨润土泥浆的通常配合比

成　分	材料名称	通常用量（质量分数）	每 1m³ 泥浆材料用量
固体材料	膨润土	8% ~ 10%	60 ~ 80kg
增黏剂	CMC（甲基纤维素）	0 ~ 0.05%	0 ~ 5kg
分散剂	Na_2CO_3、FCl	0 ~ 0.05%	0 ~ 5kg
加重剂	重晶石粉	必要时才用	—
防漏材料	石、锯末、化纤短料	必要时才用	—
溶剂	水	余量的 100%	加水至 1m³

2）泥浆的性能指标。泥浆对地下连续墙的施工影响很大，新配置的泥浆和循环泥浆的性能及质量控制指标应满足表 6-7 要求。

表 6-7　泥浆性能指标

指标名称	新制备的泥浆	测定方法	使用过的循环泥浆	测定方法
黏　度	19 ~ 21s	500/700mL 漏斗法	19 ~ 25s	500/700mL 漏斗法
相对密度	< 1.05	泥浆重度计	< 1.20	泥浆重度计
失水量	< 10mL/30min	失水量计	< 20mL/30min	失水量计
泥皮厚度	< 1 mm	失水量计	< 2.5 mm	失水量计
稳定性	100%	500 mL 量筒	—	—
pH 值	8 ~ 9	pH 试纸	11	pH 试纸

3）泥浆的制备和处理。

①泥浆的需要量。地下连续墙施工中所需的泥浆量，决定于一次同时开挖槽段的大小、泥浆的各种损失及制备和回收处理泥浆的机械能力。一般参考类似工程的经验决定。作为参考可用下列经验公式估算

$$Q = \frac{V}{n} + \frac{V}{n}\left(1 - \frac{K_1}{100}\right)(n - 1) + \frac{K_2}{100}V \tag{6-1}$$

式中　Q——泥浆总需要量（m^3）；

　　　V——设计总挖土量（m^3）；

　　　n——单元槽段数量；

　　　K_1——浇筑混凝土时的泥浆回收率（%），一般为 60% ~ 80%；

　　　K_2——泥浆消耗率（%），一般为 10% ~ 20%，包括泥浆循环、排土、形成泥皮、漏浆等泥浆损失。

②泥浆的制备。地下连续墙施工时所采用的泥浆多用搅拌方法制备，而高速回转式搅拌机是常用的搅拌机械，它通过高速回转（200 ~ 1000r/min）叶片，使泥浆产生激烈涡流，从而把泥浆搅拌均匀。

③泥浆的再生处理。在地下连续墙施工中，泥浆与地下水、泥土和混凝土接触。因此，泥浆中的膨润土、掺合料等成分会被消耗，而且还会混入一些土渣和电解质离子等，使泥浆污染而质量恶化。应根据泥浆的恶化程度，决定舍弃或进行再生处理。

被污染的泥浆，应根据具体情况进行处理，而处理方法主要有机械处理和重力沉淀处理，最好是两种方法组合使用。先经重力沉降处理，利用渣土和泥浆的密度差使土渣沉淀，再使用振动筛和旋流器，将粒径大和密度大的颗粒分离出去。经处理后合乎标准的泥浆可重复使用，其渣土应废弃。

重力沉降处理是利用泥浆和土渣的密度差使土渣沉淀的方法。沉淀池的容积越大或停留时间越长，沉淀分离的效果越显著。所以最好采用大沉淀池。其容积一般为一个单元槽段的有效容积的 2 倍以上，沉淀池设在地上或地下均可，要考虑循环、再生、舍弃、移动等操作方便，再结合现场条件进行合理配置。机械处理方法通常是使用振动筛和旋流器。

振动筛是通过强力振动将土渣与泥浆分离的设备。经过振动筛除去较大土渣的泥浆，还带有一定量的细小砂粒。旋流器使泥浆产生旋流，砂粒在离心力作用下聚集在旋流器内壁，再在自重作用下沉落排渣。给浆压力一般控制在 25 ~ 35kPa。旋流器的尺寸取决于泥浆的处理量、黏度、相对密度、土颗粒的混入率等，通过底部阀门来调节处理效果。

无法再回收使用的废弃泥浆，在运走以前，应对泥浆进行预处理，通常进行泥水分离。

废弃泥浆的泥水分离是现场或在指定地方通过化学方法和机械方法，将含水量较大的废弃泥浆分离成水和泥渣两部分，水可排入河流或下水道，泥渣可用作填土，从而减少废弃泥浆的运输量。

（3）成槽　成槽是地下连续墙施工中的关键工序，因为槽壁形状基本上决定了墙体外形，所以挖槽的精度又是保证地下连续墙施工质量的关键之一，特别是垂直度，必须保证设计要求。GB 50157—2013《地铁设计规范》中规定，连续墙墙面倾斜度不宜大于 1/300，局部突出也不宜大于 100mm，且墙体不得侵入主体结构隧道净空。成槽工时约占地下连续墙施工工期的一半，因此提高成槽效率也能加快施工进度。

1）槽段长度的确定。地下连续墙施工时，预先沿墙体长度方向把墙体划分为若干个某种长度的施工单元，这种施工单元称为"单元槽段"。

在实际施工中，确定单元槽段长度应综合考虑以下因素：

① 地质条件：当土层不稳定时，为减少槽壁坍塌，应减小槽段长度，以减短成槽时间。

② 地面荷载：如附近有高大建筑物和较大的地面荷载时，也应缩减槽段长度，以缩小槽壁的开挖面和缩短暴露时间。

③ 起重机械的起重能力：根据起重机的起重能力估算钢筋笼的尺寸和质量，以此推算槽段的长度。

④ 单位时间内供应混凝土的能力：一般情况下一个槽段长度内的混凝土，宜在 4h 内浇筑完毕，即

$$槽段长度（m）=4h 混凝土的最大供应量/单位槽段长度所需混凝土$$

⑤ 泥浆池（罐）的容积：一般情况下泥浆池（罐）的容积应不小于每一槽段容积的 2 倍。

⑥ 工地所占用场地面积以及能够连续作业的时间：例如，在交通繁忙而又狭窄的街道上施工，或仅允许在晚上进行作业的情况，为缩短每道工序施工时间，不得不减小槽段的长度。

此外槽段的划分也应考虑槽段之间的接头位置，一般情况下接头应避免设在转角处及地下连续墙与内部结构的连接处，以保证地下连续墙有较好的整体性。槽段的长度多取 3 ~ 8m，但也有取 10m 甚至更长的情况。

2）槽壁的稳定。地下连续墙施工时，应始终保持槽壁的稳定，自成槽开始到浇筑混凝土完毕不应发生槽壁坍塌。槽壁稳定主要靠泥浆的静水压力，在目前只能用泥浆的静水压力和理论计算的土压力值比较，以此来判断槽壁的稳定。

泥浆护壁仍是目前地下连续墙施工中保持槽壁稳定的主要方法。选用适当的材料和配合比，能得到良好性能的泥浆，保持与外压平衡，可保持槽壁稳定。但实际上随着泥浆在沟槽内搁置的时间的延长，其性质会发生变化。因此，尽管地基土压力和地下水压力没有变化，如长时间搁置，泥浆压力也会减小，泥浆和外压之间的平衡也将丧失。

在地下连续墙施工安排中，不可忽视泥浆在槽内放置的时间，所谓放置的时间指成槽结束到

浇筑混凝土前的这段时间，一般条件下为 2~3d。在这段时间内无需采取特别措施。但是要控制泥浆的性质、泥浆液面的高度以及地下水位的变化等。如需搁置较长的时间，应增加膨润土的掺量，增加密度。同时应防止因为沉淀使密度减小，以便使泥浆形成良好的泥皮或渗透沉积层。在搁置时间内仍需进行泥浆质量控制，注意泥浆液面和地下水的变化，防止雨水的流入。

① 泥浆相对密度。泥浆相对密度是泥浆的一项极为重要的指标，必须严格控制。泥浆密度宜每 2 h 测定一次。一般新制备的泥浆相对密度应小于 1.05；在成槽过程中由于泥浆混入泥土，相对密度上升，但为了能顺利地浇筑混凝土，希望在成槽结束后，槽内泥浆的相对密度不大于 1.15，槽底部泥浆的相对密度不大于 1.25。泥浆相对密度过大，不但影响混凝土的浇筑，而且由于其流动性差而使泥浆循环设备的功率消耗增大。

② 泥浆的黏度。泥浆要有一定的黏度才可确保槽壁稳定。黏度可用漏斗形黏度计进行测定。不同的土质，有无地下水，挖槽方式，泥浆循环方式等对泥浆的黏度有不同的要求。砂质土中的黏度应大于黏性土，地下水丰富的土层应大于无地下水的土层。泥浆静止状态下的成槽，尤其是用大型抓斗上下提拉的成槽方式，因为容易使槽壁坍塌，故黏度要大于泥浆循环成槽时的数值。下面分别将静止状态下使用的泥浆黏度实例和循环状态下使用的实例列表 6-8、表 6-9 供参考（当地下水丰富或槽壁放置时间较长时，要取较大值）。

表 6-8 泥浆漏斗黏度

地基条件	泥浆性能	对策	漏斗黏度经验值/s
$0<N<2$，软弱的黏土、粉土层	需增大泥浆相对密度或水不能侵入的性能	用高含量高密度的陶土泥浆，掺加重晶石	100 以上
N 值较高，全部是黏土或粉土	保持最低的黏度和失水量，仅使黏土或粉土不被冲洗掉即可	泥浆浓度为 5%~6%，掺加少量的 CMC	25~33
一般粉土层或含砂粉土层	黏度、凝胶强度和失水量都不用过高	泥浆浓度为 7%~8%，掺加较少的 CMC	30~38
一般砂层	黏度、凝胶强度和失水量都用标准值	泥浆浓度 8%~10%，掺加 CMC	35~50
全部地层 N 值较低，黏土质粉土较多	泥浆浓度较低，增多 CMC	泥浆浓度为 7%~9%，掺加较多的 CMC	40~50
有地下水流出或潜流，预计有坍塌层	增大泥浆密度，提高黏度	泥浆浓度 10%~12%，掺加 CMC、重晶石及其他外加剂	80 以上

注：N 为标准贯入击锤数。

表 6-9 泥浆漏斗黏度（泥浆循环状态）

土 质 分 类	漏斗黏度/s
含砂粉土层	25~30
砂质黏土层	25~30
砂质粉土层	27~34
砂层	30~38
砂砾层	35~44

3）成槽要领。在成槽过程中，要特别注意以下几个方面的问题，以保证成槽顺利进行：

① 确保场地平整以及地表层的地基承载力。

② 确保作业场内的各种施工机械能够正常运转。

③ 随时调整并确保成槽机的垂直度。

④ 及时供应质量可靠的护壁泥浆。

⑤ 预先钻孔导向。

⑥ 加强槽底清淤工作。为了给下道工序（如安装接头管、钢筋笼、浇筑混凝土）提供良好条件，确保墙体质量，应对残留在槽底的土渣、杂物进行清除。

清淤一般采用吸水泵、空气压缩机和潜水泥浆泵等设备，如图6-7a、b、c所示，当下钢筋笼后则可用混凝土导管压清水或泥浆清淤，如图6-7d所示。

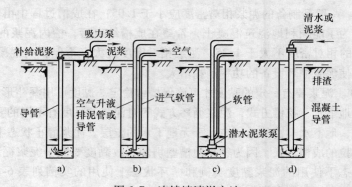

图 6-7　连续墙清淤方法
a）吸水泵清淤　b）空气压缩机清淤　c）潜水泥浆泵清淤
d）利用混凝土导管压清水或泥浆清淤

（4）钢筋混凝土施工要点

1）钢筋笼的加工和吊放。根据地下连续墙墙体钢筋的设计尺寸，再按照槽段的具体情况，来决定钢筋笼的制作。钢筋笼最好按照单元槽段组成一个整体。

组装钢筋笼时要预先确定好插入导管的位置，留有足够的空间。由于这部分空间要上下贯通，因而周围须增设箍筋、连接筋以资加固。另外为了使钢筋不卡住导管，应将纵向主筋放在内侧，而横向副筋放在外侧。纵筋放在槽内时，应距槽底0.1~0.2m。纵筋底端应向里弯曲，钢筋最小间距应保持在100mm以上。

为了保证保护层达到规定厚度，可在钢筋笼外侧焊上用扁钢弯成的定位块，用以固定钢筋笼的位置。定向块应设置在里外两侧，在水平方向上设置两个以上，在竖直方向上约5m设置一个。

钢筋笼长度除特殊情况外，一般不超过10m，倘若钢筋笼过长，要增加剪力斜撑加固。

钢筋笼与其他结构连接时，预留筋应先弯曲并用塑料布盖住，待混凝土浇筑完毕后，以及将来的土体开挖后再定位。

在地下连续墙拐角处的钢筋必须做成L形，接头不应留在拐角处而应放置在直墙部位。

下钢筋笼之前一定要将孔底残渣清除干净。稳定液的各项指标要符合规定。

起吊钢筋笼时，顶部要用一根横梁，其长度和钢筋笼尺寸相适应。钢丝绳必须吊住4个角，为使钢筋笼在起吊时不产生弯曲变形，一般用2台起重机同时操作。为使钢筋笼不在空中晃动，钢筋笼下端可系绳索，用人力控制。

钢筋笼插入槽段时最重要的是对准单元槽段的中心。必须注意不要因为起重机的操作不当或风的吹动，使笼子摆动而损坏槽壁壁面。

2）混凝土浇筑要点。地下连续墙的墙体混凝土浇筑是采用直升导管浇筑水下混凝土方法浇筑的。导管与导管采用螺扣连接，也可采用消防用橡皮管的快速接头，以便于在钢筋笼中顺利升降。

槽段的混凝土是利用混凝土和泥浆的相对密度差浇筑下去的，故必须保证相对密度差在1.1以上。混凝土的相对密度是2.3，槽内泥浆的相对密度应小于1.2，倘若大于1.2就要影响浇筑质量。混凝土要有良好的和易性且不发生离析。

导管的数量与槽段长度有关，槽段长度小于 4m 时，可使用一根导管；大于 4m 时，应使用两根或两根以上的导管。导管间距应根据导管直径确定，使用 150mm 导管时，间距 2m；使用 200mm 导管时，间距 3m。导管应尽量靠近接头。导管埋入混凝土的深度要大于 1.5m，小于 9m，仅当混凝土浇灌到地下连续墙墙顶附近，导管内的混凝土不容易流出的时候，一方面要降低浇灌速度，一方面可将导管的埋入深度减为 1m 左右。如果混凝土灌注不下去，可将导管作上下运动，但是上下运动的幅度不能超过 30cm。在浇灌过程中，导管不能够做横向运动，否则会使沉渣或泥浆混入混凝土内。在灌注过程中不能使混凝土溢出或流进槽内。

混凝土要连续灌注，不能长时间中断，一般可允许中断 5~10min，最长允许中断时间为 20~30min，以保持混凝土的均匀性。混凝土搅拌好之后，以 1.5h 灌注完毕为宜。在夏天由于混凝土凝结较快，所以必须在拌好之后 1h 内灌注完毕，否则应掺入适当的缓凝剂。

在浇灌过程中，要经常量测混凝土灌注质量和上升高度。量测混凝土上升高度可用测锤。由于混凝土上升面一般都不是水平的，所以要在 3 个以上的位置进行量测。

（5）接头处理　为了使地下连续墙槽段和槽段之间很好地连接，保证有良好的止水性和整体性，应根据地下连续墙的使用目的来选择适当的接头形式。一般情况下接头避免设在转角处以及墙内部结构的连接处，常用接头处理如图 6-8 所示。下面介绍两种常用的接头施工方法。

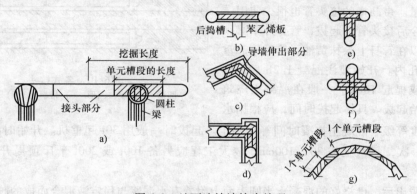

图 6-8　地下连续墙接头处理
a）接头部分设在柱与柱之间　b）接头设在与内部结构连接以外，预留插筋，用苯乙烯板覆盖
c）、d）接头设在拐角以外，拐角使用整体钢筋笼
e）、f）接头设在丁字和十字连接处以外，连接处使用整体钢筋笼
g）圆形、多边形结构连接

1）接头管（连锁管）接头。这是最常用的槽段接头施工方法，其施工顺序如图 6-9 所示。

为了使施工时每一个槽段纵向两端受到的水、土压力大致相等，一般可沿地下连续墙纵向将槽段分为一期和二期两类槽段跳挖。先开挖一期槽段，待槽段内土方开挖完成后，在该槽段的两端用起重设备放入接头管，然后吊放钢筋笼和浇筑混凝土。这时两端的接头管相当于模板的作用，将刚浇筑的混凝土与还未开挖的二期槽段的土体隔开。待新浇

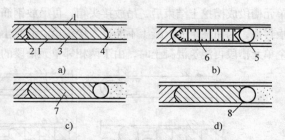

图 6-9　用接头管接头的施工顺序
a）槽段开挖　b）安放接头管及钢筋笼
c）混凝土灌注　d）接头管拔出、单个槽段竣工
1—导墙　2—已完工的混凝土地下墙　3—正在开挖的槽段
4—未开挖槽段　5—接头管　6—钢筋笼
7—刚完工的混凝土地下墙　8—接头管拔出后的孔洞

混凝土开始初凝时，用机械将接头管拔起。这时，已施工完成的一期槽段的两端和还未开挖土方的二期槽段之间分别留有一个圆形孔。继续二期槽段施工时，与其两端相邻的一期槽段混凝土已经结硬，只需开挖二期槽段内的土方。当二期槽段完成土方开挖后，应对一期槽段已浇筑混凝土半圆形端头表面进行处理。

在接头处理后，即可进行二期槽段钢筋笼吊放和混凝土的浇筑。这样，二期槽段外凸的半圆形端头和一期槽段内凹的半圆形端头相互嵌套，形成整体。

除了上述将槽段分成一期和二期跳格施工外，也可按序逐段进行各槽段的施工。这样每个槽段的一端与已完成的槽段相邻，只需在另一端设置接头管，但地下连续墙槽段两端会受到不对称水、土压力的作用，所以两种处理方法各有利弊。

接头管的直径一般要比墙厚小50mm。管身壁厚一般为19～20mm。每节长度一般为5～10m，在施工现场的高度受到限制的情况下，管长可适当缩短。

接头管大多为圆形，此外还有缺口圆形、带翼形、带凸榫形的接头管（见图6-10）。接头管的外径应不小于设计混凝土墙厚的93%。除特殊情况外，一般不用带翼的接头管。因为使用这种接头管时，泥浆容易淤积在翼的旁边影响工程质量。带凸榫的接头管也很少使用。

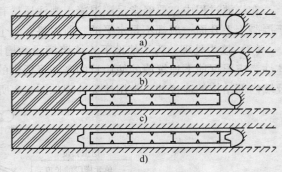

图6-10　各式接头
a）圆形　b）缺口圆形　c）带翼形　d）带凸榫形

为便于今后接头管的起拔，管身外壁必须光滑，还可以在管身上涂抹黄油，然后用起重机吊放入槽孔内。开始灌注混凝土2h后，旋转半圆周，或提起10cm。一般在混凝土浇筑后3～5h开始起拔。具体起拔时间，应根据水泥品种、强度等级、混凝土初凝时间等来确定。起拔时一般用30t起重机。开始时约每隔20～30min提拔一次，每次上拔30～100cm。较大工程应另备100t或200t千斤顶提升架，为应急之用。

接头管拔出后，已浇好的混凝土半圆表面上附着有水泥浆与稳定液混合而成的胶凝物，必须除去，否则影响接头处的止水性。

2）接头箱接头。采用接头箱接头可使地下连续墙形成整体接头，接头的刚度较好。

接头箱接头的施工方法与接头管施工方法相似，只是以接头箱代替接头管，如图6-11所示。一个单元槽段成槽挖土结束后，吊放接头箱，再吊放钢筋笼。由于接头箱的开口面被焊在钢筋笼端部的钢板封住，因而浇筑的混凝土不能进入接头箱。混凝土初凝后，与接头管一样逐步吊出接头箱，待后一个单元槽段再浇筑混凝土时，由于两相邻单元槽段的水平钢筋交错搭接，而形成整体接头。

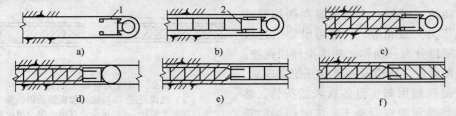

图6-11　接头箱接头的施工方法
a）插入接头箱　b）吊放钢筋笼　c）浇筑混凝土　d）吊出接头箱
e）吊放后一槽段钢筋笼　f）浇筑后一槽段混凝土形成整体接头
1—接头箱　2—焊在钢筋笼端部的钢板

6.2.3　围护桩及支锚结构

1. 板桩

板桩法是明挖法施工中维护坑壁稳定的一种手段，特别是在施工场地受到限制的条件下为基坑开挖经常采用的一种临时支护方法。

（1）板桩的类型　根据基坑的深度与宽度，板桩形式可分为无支撑板桩和有支撑板桩。若基坑深度较浅，在地质条件允许时，即地下水位很低且土质密实时，可采用无支撑的悬壁式板桩，如图 6-12a 所示。当基坑较深且基坑宽度不大时，可设一道或多道水平支撑，如图 6-12b、c 所示。

为了减小板桩长度或土压力，可将基坑四周适当卸荷，采用图 6-12d 所示的形式；基坑宽度比较大，或支撑影响施工时，可采用图 6-12e、f 所示的形式，用拉锚代替水平支撑，或采用斜撑。

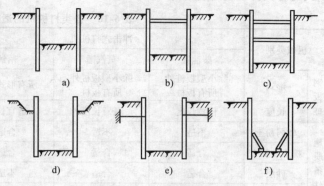

图 6-12　基坑的支撑结构

根据板桩材料不同，主要有钢板桩和钢筋混凝土板桩。

1）钢板桩。钢板桩常用的截面形式为 U 形、Z 形和直腹板式，如图 6-13 所示。

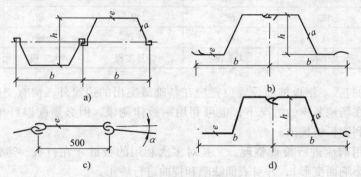

图 6-13　常用钢板桩截面形式

a）U 形　b）Z 形一　c）直腹板式　d）Z 形二

钢板桩支护结构是将钢板桩打入土层，设置必要的支撑或拉锚，抵抗土压力和水压力并保持周围地层的稳定。钢板桩支护的优点是：板桩材料质量可靠，在软弱土层中施工速度快，施工也较简单，并且有较好的挡水性，临时性结构的钢板桩可拔出重复使用，降低成本。

2）钢筋混凝土板桩。钢筋混凝土板桩常采用矩形截面槽榫结合形式，桩尖部分做成三面斜坡以利于打入并使桩能挤紧。这种板桩的槽和榫不能做到全长紧密结合，因为在打入土中时，往往有小块泥砂在槽口内嵌紧，迫使桩逐步分离。因此在实际工作中，榫只能在桩脚上部做 1.5 ~ 2.0 m 高度，其余部分槽口留出空隙，使两块板桩合拢后形成孔洞；孔洞内可压水泥浆等填塞。钢筋混凝土板桩施工简易，造价相对低廉，往往在工程结束后不再拔出，不致因拔桩对附近建筑物产生影响和危害，但打桩时对附近建筑物的影响必须充分考虑。

（2）板桩的施工程序

目前在基坑支护中，多采用钢板桩，下面以钢板桩为例介绍板桩施工的主要程序。

1）钢板桩的施工机具。钢板桩施工机具有冲击式打桩机（包括自由落锤、柴油锤、蒸汽锤等）和振动打桩机，此外还有静力压桩机等。

为使钢板桩施工顺利进行，应选择合适的施工机械，其主要依据是钢板桩的质量、长度及数量；地基土质应有利于钢板桩的打入和拔出；此外还要满足噪声、振动等公害控制要求。表6-10所列为各类打桩机的适用情况。

表6-10　各类打桩机的适用情况

机械类别		冲击式打桩机			振动锤	油压式压桩机
		柴油锤	蒸汽锤	落锤		
钢板桩	形式	除小型板桩外所有板桩	除小型板桩外所有板桩	所有形式板桩	所有形式板桩	除小型板桩外所有板桩
	长度	任意长度	任意长度	适宜长度	很长桩不合适	任意长度
地质条件	软弱粉土	不适	不适	合适	合适	可以
	粉土、黏土	合适	合适	合适	合适	合适
	砂层	合适	合适	不适	可以	可以
	硬土层	可以	可以	不可以	不可以	不适
施工条件	辅助设施	规模大	规模大	简单	简单	规模大
	噪声	高	较高	高	低	几乎没有
	振动	大	大	小	大	无
	贯入能量	大	一般	小	一般	一般
	施工速度	快	快	慢	一般	一般
费用		高	高	便宜	一般	一般
工程规模		大工程	大工程	简易工程	大工程	大工程

2）钢板桩的打入。钢板桩的设置位置应在基础最突出的边缘外，留有支模、拆模的余地，便于基础施工。在场地紧凑的情况下，也可利用钢板作侧模，但必须配以纤维板（或油毛毡）等隔离材料，以利钢板桩拔出。

钢板桩在使用前应进行检查整理，尤其对多次利用的板桩（在打拔、运输、堆放过程中，容易受外界因素影响而变形），并对表面缺陷和挠曲进行矫正。

为确保施工后的板桩轴线符合设计要求，打桩前应设置导向装置。导向桩或导向梁可采用型钢，也可用木材代替，导向梁间的净距即板桩墙宽度。导向装置在用完后，可拆出移至下一段连续使用。钢板桩的打入方法主要是：

① 单根桩打入法：是将板桩一根根地打入至设计标高。这种施工法速度快，桩架高度相对可低一些，但容易倾斜，当板桩打设要求精度较高、板桩长度较长（大于10 m）时，不宜采用。

② 屏风式打入法：将10~20根板桩成排插入导架内，使之成屏风状，然后桩机来回施打，并使两端先打到要求深度，再将中间部分的板桩顺次打入。这种屏风施工法可防止板桩的倾斜与转动，对要求闭合的围护结构常用此法，缺点是施工速度比单桩施工法慢且桩架较高。

3）钢板桩的拔除。钢板桩拔除时的拔桩阻力由土对桩的吸附力与桩表面的摩擦阻力组成。拔桩方法有静力拔桩、振动拔桩和冲击拔桩3种。不论何种方法都是克服拔桩阻力。

钢板桩拔除的难易，多数场合取决于打入时顺利与否，如果在硬土或密实砂土中打入板桩，则板桩拔除很困难，尤其是当一些板桩的咬口在打入时产生变形或垂直度很差时，拔除就会碰到很大阻力。此外，在开挖基坑时，若支撑不及时，使板桩变形很大，拔除也很困难。板桩拔除时应注意：

① 拔桩起点和顺序。可根据沉桩时的情况确定拔桩起点，必要时也可以用间隔拔的方法。拔桩的顺序最好与打桩时相反。

② 拔桩过程中必须保持机械设备处于良好工作状态。加强受力钢索检查，避免突然断裂。

③ 当钢板桩拔不出时，可用振动锤或柴油锤复打一次，来克服土的黏聚力或将板桩上的铁锈等消除，以便顺利拔出。

④ 拔桩会带出土粒形成空隙，并使土层受到扰动，特别在软土地层中，会使基坑内已施工的结构或管道发生沉降，并引起地面沉降而严重影响附近建筑和设施的安全，对此必须采取有效措施。对拔桩造成的土的空隙要及时用中粗砂填实，或用膨润土浆液填充。当对土层位移有较高要求时，必须采取在拔桩时跟踪注浆等填充法。

2. 挖孔桩

挖孔桩是依靠人工挖掘成孔的桩，随着桩孔的下挖，逐段浇捣钢筋混凝土护壁，直到所需深度，如图 6-14 所示。土层好时，也可不用护壁，一次挖至设计标高，最后在护壁内一次浇筑混凝土。在作为基坑支护时，依靠多个桩组成桩墙而起挡土作用。挖孔桩的优势主要表现在：

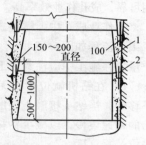

图 6-14 人工挖孔桩
1—混凝土护壁
2—连接钢筋 $\phi 8 \sim \phi 12$mm

开挖机具简单，不受设备和工作面限制，若干个孔可同时开工；无振动、无噪声、无泥浆，对周围环境不会产生污染；成桩质量好，桩底干净，持力层清楚；对邻近结构和地下设施的影响小，场地干净，适用于建筑物拥挤的地区；对劳动力相对廉价的地区而言较为经济。

挖孔桩适用于无水或地下水较少的土层中，对具有流动性淤泥、流砂和地下水较丰富的地区不宜采用。桩的直径一般不宜小于 1.4m，最大可达到 5.0m，孔深一般不宜超过 20m。

挖孔桩施工，必须在保证安全的基础上不间断地快速进行。每一桩孔开挖、提升出土、排水、支撑、立模板、吊装钢筋骨架、灌注混凝土等作业都应事先准备好，紧密配合，及时完成。

（1）开挖桩孔 一般采用人工开挖，开挖之前应清除现场浮土，排除一切不安全因素，做好孔口四周临时围护和排水措施。孔口应采取措施防止土石掉入孔内，并安排好排土提升设备（卷扬机或绞车等），布置好运土通道及弃土地点，必要时孔口应搭雨篷。挖孔过程中要随时检查桩孔尺寸和平面位置，防止误差。应注意施工安全，下孔人员必须配戴安全帽和安全绳，提取土渣的机具必须经常检查。孔深超过 10m 时，应经常检查孔内 CO_2 浓度，如超过 0.3% 应增加通风措施。孔内如用爆破施工，应采用浅眼爆破法，且在炮眼附近要加强支护，以防止震坍孔壁。桩孔较深时，应采用电引爆，爆破后应通风排烟，经检查孔内无毒后施工人员方可下孔。

（2）护壁和支撑 挖孔桩开挖过程中，开挖和护壁两个工序必须连续作业，以确保孔壁不坍。挖孔桩能否顺利施工，护壁起决定性作用，应根据地质、水文条件、材料来源等情况因地制宜选择支撑及护壁方法。桩孔较深，地质较差，出水量较大或遇流砂等情况时，宜采用就地灌注混凝土护壁，每下挖 1~2m 灌注一次，随挖随支。护壁厚度一般采用 0.15~0.20m，混凝土强度等级为 C15~C20，必要时可配置少量的钢筋，也可采用下沉预制钢筋混凝土圆管护壁。如土质较松散而渗水量不大时，可考虑用木料作框架式支撑或在木框架后面铺架木板作支撑。

（3）排水 孔内渗水量不大，可采用人工排水；渗水量较大，可用高扬程抽水机或将抽水机吊入孔内抽水。遇到混凝土护壁坍塌或漏水，用水泥干拌堵塞，效果良好。

（4）吊装钢筋骨架及灌注桩身混凝土 挖孔到达设计深度后，应检查和处理孔底、孔壁。清除孔壁及孔底浮土，孔底必须平整，符合设计条件及尺寸，以保证桩身混凝土与孔壁及孔底密贴，受力均匀。遇到地下水较难抽干，但可清孔时，可先铺砌条石、块石封底或采用水下混凝土封底。浇灌桩身混凝土时应一次浇灌完毕，不留施工缝。

挖孔桩在挖孔过深（超过 15～20m），或孔壁土质易坍塌，或渗水量较大的情况下，都应慎重考虑挖孔工艺。

3. 钻孔灌注桩

钻孔灌注桩常作为地铁基坑开挖中的围护结构，钻孔灌注桩成孔施工分为干作业和湿作业。

（1）钻孔灌注桩干作业成孔施工　对于地下水位以上的一般黏性土、砂土及人工填土地基的钻孔灌注桩，可采用干作业成孔法施工，即非泥浆无循环钻进法。这种施工方法一般采用螺旋钻孔机进行成孔。螺旋钻孔机由主机、滑轮、螺旋钻杆、钻头、出土装置等部分组成。主要利用螺旋钻头切削土体，被切出的土块随钻头旋转，并沿螺旋叶片上升而被推出孔外。该类钻机结构简单，使用可靠，成孔作业效率高，质量好，无震动，无噪声，最宜用于均质黏性土，并能较快穿透砂层。

干作业成孔中，螺旋式成孔应用最多，其施工工艺流程如图 6-15 所示。为了保证最终成桩的质量，在施工中应注意以下问题：

1）在钻机就位检查无误后，使钻杆慢慢向下移动，当钻头接触土面时，再开动电动机，开始的钻速要慢，以减少钻杆的晃动，并易于校正桩位及垂直度。

2）如发现钻杆不正常的摆动或难于钻进时，应立即提钻检查，排除地下块石或障碍物，避免设备损坏或桩位偏斜。

3）遇硬土层时，应慢速钻进，以保证孔型及垂直度。

4）钻到设计标高时，应在原深度处空转清土，停钻后，提出钻杆弃土，空转清土时，不可进钻，提钻弃土时，不可回转钻杆。

5）钻出的土不可堆放在孔口边，应及时清运。

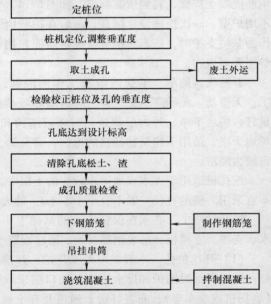

图 6-15　干作业法成孔施工工艺流程

6）吊放钢筋笼时，应防止变形和碰撞孔壁。钢筋笼外侧应设有预制的混凝土垫块，以保证混凝土保护层厚度。

7）经检查合格的孔，应及时浇筑混凝土。混凝土从吊持的串桶内注入，一般深度大于 6m 时，靠混凝土自身重力下冲压实，小于 6m 时，应以长竹竿人工插捣，当只剩下 2m 时，用混凝土振捣器捣实。常采用的混凝土坍落度为：一般黏性土宜用 5～7cm，砂类土宜用 7～9cm，黄土 6～9cm。混凝土强度等级不低于 C15。

8）桩顶标高低于地面时，孔口应有盖板，以防人、物坠落。

最近引起国内重视的是从日本、意大利等国家引进的钻斗钻进设备，主要适用于软土层中，其最大的优点是避免泥浆大量外运和泥浆造成的污染。钻斗既是土的切削破碎工具，又是暂时存土容器。钻进时不采用泥浆循环，但钻进时为了保护孔壁稳定，孔内要注满优质泥浆（又叫稳定液）。钻斗机对黏性土、粉土、部分砂性土及淤泥有很高的效率。

（2）钻孔灌注桩湿作业成孔施工　利用钻机水下钻孔，同时借助泥浆护壁、携渣的成孔施工，称为湿作业成孔法。此法适用于一般黏性土、淤泥和淤泥质土、砂性土和碎石类土，尤其适用于地下水位较高的土层中。

灌注桩湿作业成孔施工工艺流程如图 6-16、图 6-17 所示。

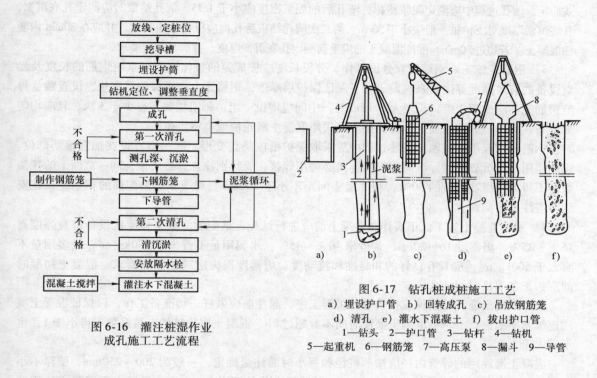

图 6-16 灌注桩湿作业
成孔施工工艺流程

图 6-17 钻孔桩成桩施工工艺
a) 埋设护口管 b) 回转成孔 c) 吊放钢筋笼
d) 清孔 e) 灌水下混凝土 f) 拔出护口管
1—钻头 2—护口管 3—钻杆 4—钻机
5—起重机 6—钢筋笼 7—高压泵 8—漏斗 9—导管

湿作法主要施工过程如下：

1) 成孔施工。成孔工艺应根据工程特点、地质条件和设计要求合理选择。成孔直径必须达到设计桩径，钻头应有保径装置。钻头直径应根据施工工艺和设计桩径合理选定。在成孔施工过程中应经常检查钻头尺寸，必要时应进行修理。

在正式施工前应进行试成孔，数量不少于 2 个。核对地质资料，检验所选的设备、机具、施工工艺以及技术要求是否适宜。当孔径、垂直度、孔壁稳定和沉淤等检测指标不能满足设计要求时，应拟定补救技术措施，或重新选择成孔工艺。

成孔施工应一次不间断地完成，成孔完毕至灌注混凝土的间隔时间不应大于 24h。

护壁泥浆可采用原土造浆或人工造浆。根据不同的成孔工艺和地质情况，在表 6-11 所列范围内选定。

表 6-11 注入、排出孔口泥浆技术性能指标

项次	项目		注入泥浆指标	排出泥浆指标
1	泥浆相对密度	正循环成孔	≤1.15	≤1.30
		反循环成孔	≤1.10	≤1.15
2	泥浆黏度	正循环成孔	18 ~ 22s	20 ~ 26s
		反循环成孔	16 ~ 18 s	18 ~ 22s

成孔至设计深度后，应对孔径、孔深、垂直度及泥浆密度进行检查，确认符合要求后，方可进行下一道工序施工。

2) 清孔。清孔应分两次进行，第一次清孔在成孔后立即进行；第二次在下钢筋笼和安装导

管后进行。

常用的清孔方法有正循环清孔、泵吸反循环清孔和气举反循环清孔,通常随成孔时采用的循环方式而定。清孔过程中应测定泥浆指标,清孔后的泥浆密度应小于1.15。清孔结束时应测定孔底沉淤,孔底沉淤厚度对支护桩一般应小于30cm。第二次清孔结束后孔内应保持水头高度,并应在30min内灌注混凝土。若超过30min,灌注混凝土前应重新测定孔底沉淤厚度,并满足规定要求。

3) 钢筋笼施工。钢筋笼宜分段制作,分段长度应按成笼的整体刚度、来料钢筋的长度及起重设备的有效高度等因素来确定。为了保证保护层厚度,钢筋笼上应设保护层垫块,设置数量每节钢筋笼不应少于2组,长度大于12m时,中间应增设一组。每组块数不得少于3块,且应均匀地分布在同一截面的主筋上,保护垫块可采用混凝土滑轮块或扁钢定位体。

钢筋笼在起吊、运输和安装过程中应采取保护措施防止变形。起吊点宜设在加强箍筋部位。钢筋笼用分段沉放法时,纵向主筋的连接必须用焊接,要特别注意焊接质量,同一截面上的接头数量不得大于纵筋数量的50%,相邻接头间距不小于500mm。对于非均匀配筋的钢筋笼,在安装时应注意方向性。

4) 水下混凝土施工。正式拌制混凝土前应进行试配,试配的混凝土强度比设计桩身强度高15% ~25%,坍落度16 ~20cm,含砂率40% ~45%,水泥用量不得少于380kg/m³,最多用量不宜大于500kg/m³,应具有良好的和易性和流动度。坍落度损失应满足灌注要求。混凝土初凝时间应为正常灌注时间的2倍。

水下混凝土灌注是确保成桩质量的关键工序,灌注前应做好一切准备工作,以保证混凝土灌注连续紧凑地进行。单桩混凝土灌注时间不宜超过8h。混凝土灌注桩的充盈系数不得小于1,也不宜大于1.3。

混凝土灌注用的导管内径应按照桩径和每小时灌注量确定,一般为200 ~250mm,壁厚不小于3mm。导管第一节底管长应大于4.0m,导管标准节长度以3m为宜。浇灌水下混凝土所用的隔水塞可采用混凝土浇制,混凝土强度不低于C20级。外形应规则光滑并配有橡胶垫片。

混凝土浇灌时,导管应全部安装入孔,安装位置应居中。导管底口距孔底高度以能放出隔水塞和混凝土为宜,一般控制在50cm左右。隔水塞应采用钢丝悬挂于导管内。混凝土灌入前应先在灌斗内灌入0.1 ~0.2m³的1:1.5水泥砂浆,然后再灌入混凝土。等初灌混凝土足量后,方可截断隔水塞的系结钢丝将混凝土灌至孔底。混凝土初灌量应能保证混凝土灌入后,导管埋入混凝土深度不小于1.3m,导管内混凝土柱和管外泥浆柱压力平衡。

在水下混凝土灌注中,导管埋入深浅对于灌注能否顺利进行从而保证成桩质量至关重要。导管埋入过浅,操作稍一疏忽会将导管拔出混凝土面,或因孔深压力差大,导管埋入浅时发生新灌入混凝土冲翻顶面,造成夹泥甚至断桩事故。导管埋入过深,因顶升阻力大而产生局部涡流造成夹泥,或因混凝土出管上浮阻力大,上部混凝土长时间不动,流动度损失而造成灌注不畅或其他质量问题。因此,混凝土灌注过程中导管应始终埋在混凝土中,严格控制导管提升高度。导管埋入混凝土面的深度以3 ~10m为宜,最小埋入深度不得小于2m。导管应勤提勤拆,一次提管拆管不得超过6m。

混凝土灌注中应防止钢筋笼上浮。

混凝土实际灌注高度应比设计桩顶标高高出一定高度。高出的高度应根据桩长、地质条件和成孔工艺等因素确定,其最小高度不宜小于桩长的5%,且应保证支护结构圈梁底标高处及以下的桩身混凝土强度满足设计要求。

当然,用灌注桩作为排桩支护,桩体排列应是一条直线,以便开挖后坑壁整齐。桩一般应间隔两根跳挖施工。

4. 旋喷桩

（1）概述　旋喷法，又称高压旋喷，是用钻机钻孔至需要深度以后，用高压脉冲泵，通过安装在钻杆底端的喷嘴旋转向四周喷射化学浆液。旋转同时钻杆缓慢上提，用高压射流破坏土体结构并使破坏的土体与化学浆液混合、胶结硬化而形成上、下直径大致相同且具有一定强度的圆柱体。

高压旋喷法用途较广，不仅可以用于深基坑开挖，也可做成连续墙用于防渗止水，以提高地基抗剪强度，以及加固地基，改善土的变形性质，稳定边坡等。

旋喷法所用高压泵为往复式活塞泵，工作压力在 20MPa 以上，喷嘴由耐磨钨钴合金制成，喷出口径为 2 ~ 3mm，化学浆液目前常用水泥浆加速凝剂，旋喷柱的直径可达 50cm 以上，柱体的极限强度为 3 ~ 5MPa。

高压旋喷法的旋喷管可分单管、二重管、三重管 3 种。单管旋喷法用单一的固化浆液射流进行工作，浆液从喷嘴喷出冲击破坏土体，借助旋转、提升运动进行搅拌混合。二重管旋喷法，使用同轴双重喷嘴，同时喷出高压浆液和空气双介质射流，冲击破坏土体，即将 20 MPa 左右压力的浆液，从内喷嘴高速喷出，从外喷嘴中喷出 0.7 MPa 左右压力的压缩空气。此法可使固结体的直径明显增加。三重管旋喷法使用输送水、气、浆三种介质的三重注浆管，利用 20MPa 左右的高压水射流和气流同轴喷射冲切土体，形成较大的空隙，同时由泥浆泵注入压力为 2 ~ 5MPa 的浆液填充，三重管边旋转边提升，最后形成直径较大的圆柱状固结体。

（2）旋喷注浆加固地基的原理

1）高压喷射流对土体的破坏作用。高压喷射流对土体的破坏作用机理比较复杂，目前在理论上尚未充分研究明确，可用图 6-18 作大致说明，具体如下：

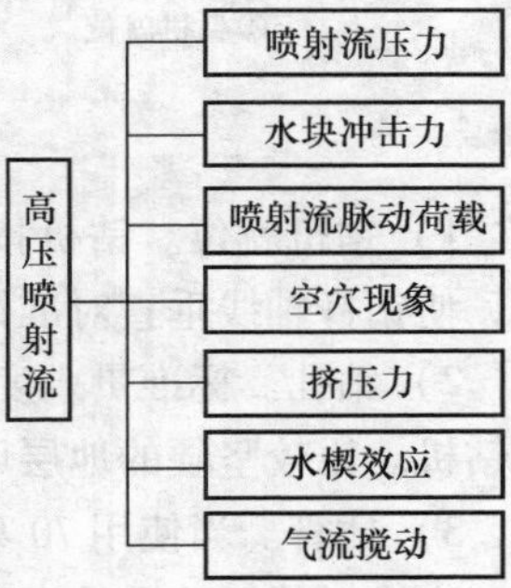

① 喷射流压力。高压喷射流冲击土体时，由于能量高度集中地冲击一个很小的区域，在很大的压应力作用下，当外力超过土颗粒结构破坏临界应力值时，土体便破坏。由喷射流的运动方程得出其理论破坏力公式为

图 6-18　高压喷射流对土体的破坏作用

$$F = \rho A V_{\mathrm{m}}^2 \qquad (6\text{-}2)$$

式中　F——喷射流的破坏力；

ρ——喷射流介质的密度；

A——喷射流截面面积；

V_{m}——喷射流的速度。

式（6-2）说明，当喷射流介质的密度和喷嘴截面面积一定时，破坏力和速度的平方成正比。喷射压力越高，速度便越大。因此增加高压泵的压力，是增大高速喷射流破坏力的合理途径。

② 水体的冲击力与喷射流脉动荷载的作用。由于喷射流间歇冲击土体，产生冲击力，土粒受脉动负荷影响，失去平衡，从而促使土体破坏，并促进破坏的发展。

③ 空穴现象。土体在压力差大的部位产生孔洞，呈现类似空穴现象，空穴中喷射流呈紊流状，而把较软弱土体进一步掏空，造成空穴扩大，使更多的土颗粒遭受剥离破坏。

④ 水楔效应。由于喷射流的反作用力，会产生水楔效应。在垂直于喷射流轴线的方向上，水楔入土体裂隙或薄弱部位，这时喷射流的动压变为静压，使土体发生剥落，加宽裂缝。

⑤ 挤压力。喷射流在终了区域，能量衰减，不再能使土粒剥落，但对有效射程的边界土产生挤压力，压密土体，部分浆液进入土粒间的空隙，不再产生脱离现象。

⑥ 气流搅动。在水或浆与气的同轴喷射作用下，由于空气流的搅动使水或浆射流的喷射条

件得到改善，阻力减小，能耗降低，从而增大了高压喷射流的破坏能力。

2）旋喷成桩机理。旋喷加固的范围为以喷射距离加上渗透部分与压缩部分为半径的圆柱体。部分细小的土粒被浆液置换，随液流被带至地面，其余的土粒与浆液搅拌混合，在旋喷动压、离心力和重力的共同作用下，在横断面上土粒按质量大小有规律地排列，小颗粒在中部居多，大颗粒在外侧或边缘，经过一定时间成为固结体。

大砾石和腐殖土的旋喷固结机理有别于砂类土和黏性土。因砾石体积大、密度重，射流通过空隙使浆液填充固结。

固结体的形状与喷嘴移动的方向和持续的时间有密切关系。随旋喷管旋转和提升，便形成圆柱状或异型圆柱状固结体。

（3）旋喷注浆施工　旋喷注浆的施工工艺如图 6-19 所示，具体介绍见下。

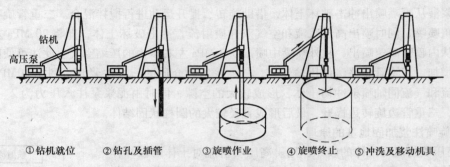

图 6-19　旋喷注浆的施工工艺

1）钻机就位。钻机按设计孔位就位，关键问题是保证钻孔的垂直度。为此必须做水平校正，使钻杆轴线垂直对准钻孔中心位置。

2）钻孔。标准贯入度 N 小于 40 的砂类土和黏性土层，钻孔机具多采用 70 型或 76 型旋转振动钻机。比较坚硬的地层可用地质钻机钻孔。

3）插管。当使用 70 型或 76 型钻机时，插管与钻孔两道工序合二为一，钻孔完毕，插管作业即完成。使用地质钻机时，钻孔完毕，取出岩芯管将旋喷管换上，插入预定深度。为防止泥砂堵塞喷嘴，可一边射水，一边插管，水压力一般不超过 1 MPa。

4）旋喷作业。按设计配合比搅拌浆液，开始旋喷，旋转并提升旋喷管。此时应按设计要求检查注浆量、风量、压力、旋转提升速度，并做好记录。

5）冲洗。旋喷提升到设计高程，即施工完毕应及时在地面用水代替浆液将机具冲洗干净。

6）移动机具。把钻机等设备移动到新孔位上。对于旋喷深层长桩，须按地质剖面等资料，在不同深度，针对不同的土层调整旋喷参数，以获得均匀密实的长固结柱体。

在旋喷过程中，一定数量的土粒随部分浆液沿注浆管管壁流出地面，称为冒浆。根据经验，冒浆量小于注浆量的 20%，为正常现象。若超过 20% 或完全不冒浆，须查明原因并采取相应措施。如因土层空隙较大而引起不冒浆，可采取改变浆液配合比，缩短固结时间的方法。若冒浆量过大，可采取提高喷浆压力，适当缩小喷嘴孔径或加快提升、旋转速度等措施。

5. 水泥土搅拌桩

水泥土深层搅拌桩是利用水泥、石灰等材料作为固化剂，通过深层搅拌机械，将软土和固化剂如浆液或粉体强制搅拌，利用固化剂和软土之间所产生的一系列物理化学作用，使软土硬结成具有整体性、水稳定性和一定强度的桩体。

深层搅拌法最适用于饱和软黏土，包括淤泥、淤泥质土、黏土和粉质黏土等。加固深度从数米至 60m，国内最大深度可达 20m。一般认为对含有高岭石、多水高岭石与蒙脱石等黏土矿物的软土加固效果较好，对含有伊利石、氯化物等黏性土以及有机质含量高、酸碱度（pH 值）较低的黏性土的加固效果较差。

深层搅拌桩支挡结构不透水，不设支撑，基坑能在敞开的条件下开挖，使用的材料仅为水泥而已，因此具有较好的经济效益。深层搅拌桩的主要缺点是其抗拉强度低，因而常排列成格栅形式，成为重力坝式挡墙，或在其中插入型钢增强其抗弯性能。

（1）深层搅拌桩的施工方法　深层搅拌桩的施工工艺流程如图 6-20 所示，其施工过程大致为：

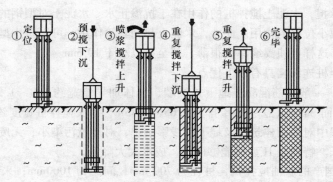

图 6-20　深层搅拌桩的施工工艺流程

1）桩架定位及保证垂直度。

2）预搅下沉。待深层搅拌机的冷却水循环正常后，启动搅拌机电动机，放松起重机钢线绳，使搅拌机沿导向架搅拌切土下沉，下沉速度可由电动机的电流表控制。

3）制备水泥浆。按设计要求的配合比拌制水泥浆，待压浆前将水泥浆倒入集料斗中。

4）提升、喷浆并搅拌。深层搅拌机下沉到设计深度后，开启灰浆泵将水泥浆压入地基土中，并且边喷浆、边旋转，同时严格按照设计确定的提升速度提升搅拌头。

5）重复搅拌或重复喷浆。搅拌头提升至设计加固深度的顶面高程时，集料斗中的水泥浆应正好排空。为使软土和水泥浆搅拌均匀，可再次将搅拌头边旋转边沉入土中，至设计加固深度后再将搅拌头提升出地面。

根据需要，还可以再次复搅、复喷即二次喷浆。一般在第一次喷浆至顶面高程时，喷完总浆量的 60%，将搅拌头边搅边沉入土中，至设计深度后，再将搅拌头边提升边搅拌，并喷完余下的 40% 水泥浆。喷浆搅拌时搅拌头的提升速度不应超过 0.5 m/min。

6）移位。桩架移至下一桩位施工。

（2）质量控制与检验　搅拌桩的施工质量可通过施工记录、强度试验和轻便触探进行间接或直接的判断。

1）成桩施工期的质量检查。包括力学性能、原材料质量、掺合比的检查等。成桩时逐根检查桩位、桩底标高、桩顶标高、桩身垂直度、喷浆提升速度、外掺剂掺量、喷浆量均匀度、搭接厚度及搭接施工间歇时间等。

2）施工记录。施工记录是现场隐蔽工程的施工实录，反映了施工工艺的执行情况和施工中发生的各种问题。施工记录应详尽、完善、如实记录并由专人负责。与施工前预定的施工工艺进行对照，很容易判断施工操作是否符合要求。对工程中发生的如停电、机械故障、断浆等问题通过分析记录，也容易判断事故的处理是否得当。

3）强度检验。在施工操作符合预定工艺要求的情况下，桩身强度是否满足设计要求是质量控制的关键。

4）基坑开挖期的检测。观察桩体软硬、墙面平整度和桩体搭接及渗漏情况，如不能符合设计要求，应采取必要的补救措施。

6. 劲性水泥土搅拌桩

劲性水泥土连续搅拌桩支护结构，又称 SMW（Soil Mixing Wall），它是在水泥土搅拌桩中插入型钢或其他芯材形成的同时具有承载力与防渗两种功能的围护结构。

在设计分析上，目前对水泥土与型钢之间粘结强度的研究还不充分。通常认为，水、土侧压力全部由型钢单独承担，水泥土搅拌桩的作用在于抗渗止水。水泥土对型钢的包裹作用提高了型钢的刚度，可起到减小位移的作用。此外，水泥土起到套箍作用，可以防止型钢失稳，H 型钢还可以防止翼缘失稳，这样可使翼缘厚度很薄，甚至可以小于 10 mm。

劲性水泥土搅拌桩连续墙具有以下优点：

① 占用场地小。一般钢筋混凝土地下连续墙，墙体加导墙宽约 1.0 ~ 1.2m，双头搅拌桩加灌注桩宽 2m 以上，而 SMW 工法一般单排为 0.65 ~ 0.85m，双头搅拌桩宽度约为 1.2 m。②施工速度快。③施工过程中对周围建筑物及地下管线影响小，对环境污染小，无废弃泥浆。④耗用水泥、钢材少，造价低。特别是 H 型钢能够回收，成本大大降低。

SMW 工法采用国产的双轴搅拌机，桩径为 700 mm，间距为 1000mm；采用进口的长螺旋多轴多组叶片的搅拌机，有桩径 650 mm、间距 900mm 和桩径 850mm、间距 1200mm 两种。插入型钢有轧制 H 型钢、槽钢、拉森板桩，也有用钢板焊接而成的 H 型钢。桩体布置有单排、双排两种基本形式，均可以对 H 型钢进行隔孔设置（间隔布置）、全孔布置（连续布置）和隔孔与连续设置（间断布置），如图 6-21 所示。

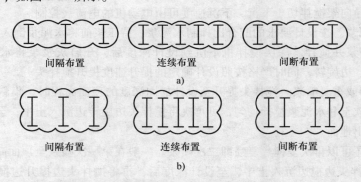

图 6-21 SMW 搅拌桩内型钢的布置方式
a）单排 SMW 工法搅拌桩　b）双排 SMW 工法搅拌桩

SMW 支护结构的施工以水泥土搅拌桩为基础，因此凡是适合应用水泥土搅拌桩的场合都适合使用，特别是以黏土和粉质土为主的软土地区。

SMW 结构适用的基坑深度与施工机械有关，我国一般在基坑开挖深度 6 ~ 10m 时采用，国外已有开挖深度 20m 的例子。经过不断的工程实践，它极有可能逐步代替钻孔灌注桩围护，在某些工程中也有可能代替地下连续墙。

劲性水泥土连续搅拌桩支护结构施工要点如下：

1）开挖导沟，设置围檩导向架。沿 SMW 墙体位置开挖导沟，设置围檩导向架。导沟可使搅拌机施工时的涌土不致冒出地面，导向架则确保搅拌桩及 H 型钢插入位置的准确，这对设置支撑的 SMW 墙尤为重要。围檩导向架应采用型钢制作，导向围檩间距比型钢宽度增加 20 ~

30mm，导向桩间距 4～6m，长 10m 左右。围檩导向架施工时应控制好轴线与高程。

2）搅拌桩施工。搅拌桩施工工艺与深层搅拌桩相同。水泥掺入量和水胶比是确保工程质量的重要指标。水泥掺入量一定时，采用较小的水胶比，水泥土强度就能保证。然而水胶比小，水泥土的黏稠度高，H 型钢插入的阻力大。水胶比大时 H 型钢一般能依靠自重插入，但水泥土强度达不到预定要求。为确保水泥土强度大于或等于 1.2MPa，又使 H 型钢能顺利插入，一般水泥掺入量大于 20%，水胶比取 1.6～2.0 为宜。在水泥浆液中适当增加木质素黄酸钙的掺量，以减少水泥浆液在注浆过程中的堵塞现象。也可掺入一定量的膨润土，利用其保水性提高水泥土的变形能力，不致引起墙体开裂，对提高 SMW 墙的抗渗性能有很好的效果。

3）型钢的压入与拔出。型钢可采用压桩设备压入搅拌桩内。H 型钢应平直、光滑、无弯曲、无扭曲。型钢在插入前应校正平直度，有时在表面涂抹油脂以减小插入与拔出时的摩阻力。当基坑开挖深度小于 10m 时，可考虑 H 型钢的完整回收。施工前应进行型钢抗拔验算与拉拔试验，以确保型钢的顺利回收。

7. 支锚工程施工

基坑围护体系由两部分组成，一部分是围护结构，另一部分就是内支撑或者土层锚杆。它们与围护结构紧密连接，以增强支护结构的整体稳定性。支锚工程不仅直接关系到基坑的安全和土方开挖，对基坑的工程造价和施工速度的影响也很大。

作用在围护结构上的水、土压力可以由内支撑有效地传递和平衡，也可以由坑外设置的土锚维持其平衡，它们能减小支护结构的位移。

内支撑可以直接平衡两端围护结构上所受的侧压力，构造简单，受力明确。土锚设置在围护结构的背后，为挖土、结构施工创造了空间，有利于提高施工效率。因而，在基坑较宽、横撑刚度不足，或因坑内作业需要不宜采用支撑时，可采用锚拉形式。在我国目前的地铁施工中，基坑工字钢桩、钢板桩、钢筋混凝土灌注桩以及地下连续墙等围护结构，应用比较多的是使用横撑和锚杆加以支撑。除壁式地下连续墙根据设计沿纵向设置各道支撑暗梁外，其他围护结构的支撑点全部作用在紧贴桩的水平腰梁上，腰梁一般采用工字钢或槽钢背靠背并排制成。

区间较窄的基坑的横撑，一般采用型钢加焊缀板制成；而车站或较宽的基坑横撑，常采用多节串联并且两端长短可以调整、使用灵活的钢管或钢桁架代替。

（1）内支撑结构　目前在我国地铁施工中采用的内支撑系统，按其材料可以分为钢管支撑、型钢支撑、钢筋混凝土支撑。根据工程情况，有时在同一个基坑中也采用钢和钢筋混凝土的组合支撑。

钢结构支撑具有自重小，安装和拆除方便，而且可以重复使用的优点。根据土方开挖进度，钢支撑可以做到随挖随撑，并可以施加预应力。因此，在一般情况下应该优先考虑使用钢支撑。但是钢支撑也具有整体刚度较差，安装节点较多的缺点，当节点构造不合理，或施工不当不符合设计要求时，往往容易因节点变形导致钢支撑变形，进而造成基坑过大的水平位移。有时甚至由于节点破坏，造成断一点而破坏整体的后果。对此应通过合理设计、严格现场管理和提高施工技术水平等措施加以控制。

现浇钢筋混凝土结构支撑具有较大的刚度，适用于各种复杂平面形状的基坑。现浇节点不会产生松动以致增加墙体位移。工程实践表明，在钢结构支撑施工技术水平不高的情况下，钢筋混凝土支撑具有更高的可靠性。但是混凝土支撑有自重大，材料不能重复使用，安装和拆除需要较长工期的缺点。当采用爆破方法拆除支撑时，会出现噪声、振动以及碎石飞出等危害，在市区施工时应充分注意这个问题。由于混凝土支撑从钢筋、模板、浇捣至养护的整个施工过程需要较长的时间，因此不能做到随挖随撑，这对控制墙体变形是不利的。

1）内支撑体系的结构形式。

① 单跨压杆式支撑。当基坑平面形状为窄长条式，短边的长度不是很大时，采用这种形式具有受力明确，施工安装方便等优点，图6-22为这种形式的示意图。

② 多跨压杆式支撑。当基坑平面尺寸较大，支撑杆件在基坑短边长度下的极限承载力不能满足围护系统的要求时，需要在支撑杆件中部设置支点，组成了多跨压杆式支撑系统，如图6-23所示。

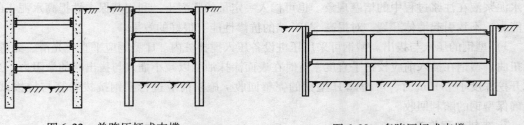

图6-22 单跨压杆式支撑   图6-23 多跨压杆式支撑

2）支撑布置的基本形式。一般情况下，支撑布置的基本形式有水平支撑体系、水平斜支撑体系和竖向斜支撑体系三种。

① 水平支撑体系。水平支撑体系由围檩（即支护在围护墙内侧，并沿水平方向四周兜转的圈梁）、水平支撑和立柱组成，水平支撑体系整体性好，水平力传递可靠，平面刚度大，适合于大小深浅不同的各种基坑，适用范围较广。

② 水平斜支撑体系。在长条形基坑的短边，不宜设置水平支撑时，可沿基坑拐角设置水平斜向（对角）支撑。

③ 竖向斜支撑体系。竖向斜支撑体系由围檩、竖向斜支撑、水平联系杆及立柱等组成，竖向斜支撑体系要求土方采取"盆形"开挖，即先开挖中部土方，沿四周围护墙边预留土坡，待斜支撑安装好之后，再挖除四周土坡。基坑变形受到土坡和斜支撑基础变形的影响，一般适用于环境保护要求不高，开挖深度不大的基坑。

3）支撑结构的构造。

①钢结构支撑的构造。钢支撑和钢围檩的常用截面有钢管、H型钢、工字钢和槽钢，以及它们的组合截面，如图6-24所示。

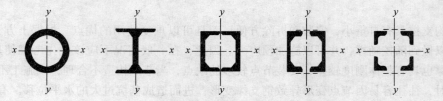

图6-24 钢支撑的常用截面形式

节点构造是钢支撑设计中需要充分注意的一个重要内容，不合适的连接构造容易使基坑产生过大变形。

H型钢和钢管的拼接方法有螺栓连接和焊接。焊接连接一般可以达到截面等强度的要求，传力性能较好，但是现场工作量较大。螺栓连接的可靠性不如焊接，但是现场拼装方便。

用H型钢作围檩时，虽然在它的主平面内抗弯性能很好，但是它的抗剪和抗扭性能较差，需要采用合适的构造措施加以弥补。在钢围檩和围护墙之间填充细石混凝土可以使围檩受力均匀，避免受偏心力作用和产生扭转；在围檩和支撑的腹板上焊接加劲板可以增强腹板的稳定性和提高截面的抗扭刚度，防止局部压屈破坏。

② 现浇钢筋混凝土支撑的构造。钢筋混凝土支撑体系应在同一平面内整体浇筑。支撑及围檩一般采用矩形截面。支撑截面高度除应满足受压构件的长细比要求（不大于 75）外，还应不小于其竖向平面内计算跨度的 1/20。围檩的截面高度（水平向尺寸）不应小于其水平方向计算跨度的 1/8，围檩的截面宽度（竖向尺寸）不应小于支撑的截面高度。

混凝土围檩与围护墙之间不应留水平间隙。在竖向平面内围檩可采用吊筋与墙体连接，吊筋的间距一般不大于 1.5m，直径可根据围檩及水平支撑的自重由计算决定。

当混凝土围檩与地下连续墙之间需要传递水平剪力时，应在墙体上沿围檩长度方向预留剪力筋或剪力槽。

③ 立柱构造。一般情况下，在基坑开挖面以上采用格构式钢柱，以方便主体工程基础底板钢筋施工，同时也便于和支撑构件连接。为防止立柱沉降或坑底土回弹对支撑结构的不利影响，立柱的下端应支承在较好的土层中。在软土地区，应设置立柱桩基础。

④ 内支撑结构施工要点。内支撑结构设置合理后，确保施工质量也是非常重要的。支撑的安装和拆除顺序必须与支护结构的工况相符合，并与土方开挖和主体结构的施工顺序密切配合。所有支撑应在地基上开槽安装，在分层开挖原则下做到先安装支撑，后开挖下部土方。在主体结构底板或楼板完成，并达到一定的设计强度后，可借助底板或楼板构件的强度和平面刚度，拆除相应的支撑，但在此之前必须先在围护墙与主体结构之间设置可靠的传力构造。传力构件的截面应按斜撑工况下的内力确定。当不能利用主体结构施作斜撑时，安装好替换的支持系统后，才能拆除原来的支撑系统。

对于采用混凝土支撑的基坑，一般应在混凝土强度达到设计强度的 80% 后，开挖支撑以下的土方。混凝土支撑拆除一般采取爆破方法，爆破作业应事先做好施工组织设计，严格控制药量和引爆时间，并对周围环境和主体结构采取有效的安全防护措施。

支撑的施工，必须制定严格的质量检查措施，保证构件和连接节点的施工质量。

根据现场条件、起重设备能力和具体的支撑布置，尽可能在地面把构件拼装成较长的安装段，以减少基坑内的拼装节点。对于使用多年的钢支撑，应通过检查确认其尺寸等符合使用要求方能使用。钢围檩的坑内安装段长度不宜小于相邻 4 个支撑点之间的距离。拼装点宜设置在主支撑点位置附近。支撑构件穿越主体工程底板或外墙时，应设计止水片。

钢支撑安装就位后，应按设计要求施加预应力，有条件时应在每根支撑上设置有计量装置的千斤顶，这样可以防止预应力松弛。当逐根加压时，应对邻近支撑预应力采取复校。当支撑长度超过 30m 时，宜在支撑两端同时加压。支撑预应力应分级施加，重复进行。一般情况下，预应力应控制在轴力的 50%，不宜过高。当预应力取支撑轴力的 80% 以上时，应防止围护结构外倾、损坏和对坑外环境的影响。

（2）土层锚杆的设计与施工　土层锚杆是在岩石锚杆的基础上发展起来的，在 1950 年前岩石锚杆就在隧道中应用。1985 年德国首先在深基坑开挖中用土层锚杆挡土墙支护，锚杆进入非黏性土层。

锚杆是一种新型的受拉杆件，它的一端与工程结构物或挡土桩墙连接，另一端锚固在地基的稳固土层或岩层中，以承受结构物的上托力、拉拔力、倾侧力或挡土墙的土压力、水压力，它利用地层的锚固力维持围护结构物的稳定。

锚杆的优点有：

1）用锚杆代替内支撑，因其设置在围护墙背后，故在基坑内有较大的空间，有利于挖土施工。

2）锚杆施工机械及设备作业空间不大，因此可以为各种地形及场地所选用。

3）锚杆的设计拉力可由抗拔试验来获得，因此可保证设计有足够的安全度。

4）锚杆施工可采用预加拉力，以控制结构的变形量。

5）施工时的噪声和振动均很小。

我国地铁工程中最早使用锚杆是在 20 世纪 70 年代。在天然土层中，锚固方法以钻孔灌浆为主，一般称为灌浆锚杆。受拉杆件有粗钢筋、高强钢丝束和钢绞线等不同类型，锚杆层数从一层发展到多层。

1）锚杆构造。锚杆支护体系由挡土结构物与土层锚杆系统两部分组成。

挡土结构物包括地下连续墙、灌注桩、挖孔桩以及各类型的板桩等。

灌浆土层锚杆系统由锚杆（索）、自由段、锚固段及锚头、垫块等组成。

锚固段的形式有圆柱形、扩大端部形及连续球形。拉力不高、临时挡土结构可采用圆柱形锚固体；锚固于砂质土、硬黏性土层并要求较高承载力的锚杆，可采用端部扩大形锚固体；锚固于淤泥质土层并要求有较高承载力的锚杆，可采用连续球形锚固体。

2）锚杆的施工。土层锚杆的施工过程包括钻孔、安放拉杆、灌浆和张拉锚固。在基坑开挖至锚杆埋设标高时，按施工顺序进行，然后循环进行第二层等的施工。

① 钻孔。土层锚杆的施工工艺直接影响到土层锚杆的承载能力、施工效率和整个支护工程成本。

土层锚杆钻孔用的钻孔机械，有旋转式钻孔机、冲击式钻孔机和旋转冲击式钻孔机三种。

② 锚杆的制作与安放。作用于支护结构（钢板桩、地下连续墙等）上的荷载是通过拉杆传递给锚固体，再传给锚固土层的。土层锚杆用的拉杆有：粗钢筋、钢丝束和钢绞线。当土层锚杆承载能力较小时，一般采用粗钢筋；当承载能力较大时，一般选用钢丝束或钢绞线。

为了承受荷载而需要采用 2 根以上的粗钢筋拉杆时，应将所需长度的拉杆定位焊成束，间隔 2 ~ 3m 定位焊一点。为了使拉杆钢筋能放置在钻孔的中心以便插入，可在拉杆下部焊船形支架，间距 1.5 ~ 2.0m 一个。为了插入孔时不至于从孔壁带入大量的土体到孔底，可在拉杆尾端放置圆形锚靴。

最上层锚杆的覆土厚度一般不小于 4m。锚杆间距通过计算确定，一般竖直间距为 2 ~ 4m，水平间距为 1.5 ~ 3m。锚杆倾角为 13° ~ 35°。位于滑动土体以外的锚固段长度应满足锚固力要求。锚杆长度为滑动土体长度和滑动体外锚固段长度之和，常用 15 ~ 30m。

在孔口附近的拉杆应事先涂一层防锈油漆并用两层沥青玻璃布包扎做好防锈层。

国内常用钢绞线锚束，一般钢绞线由 3 根、5 根、7 根、9 根成束。

③ 灌浆。灌浆材料用强度等级大于 32.5 级硅酸盐水泥，浆液配合比可按照表 6-12 采用。

表 6-12 土层锚杆注浆浆液配合比

注浆次序	浆液	32.5 级硅酸盐水泥	水	砂（$d < 0.5mm$）	早强剂
第一次	水泥砂浆液	1	0.4	0.3	0.035
第二次	水泥浆			—	

锚固段注浆应分两次进行，第一次灌注水泥砂浆，第二次应在第一次注浆初凝后进行，压注纯水泥浆，注浆压力不大于上覆压力的 2 倍，也不大于 0.8MPa。

④ 预应力张拉。锚固体强度达到 75% 的水泥砂浆设计强度后可进行预应力张拉。为避免相邻锚杆张拉的应力损失，可采用"跳张法"即隔一拉一的方法。

正式张拉前，应取设计拉力的10%～20%对锚杆预张1～2次，使每个部位接触紧密，杆体与土层紧密，产生初剪。

正式张拉应分级加载，每级加载后应恒载3min记录伸长值。张拉到设计荷载（不超过轴力），恒载10min，再无变化可以锁定。

锁定预应力应以设计轴力的75%为宜。

6.2.4　土钉墙围护结构

土钉就是置于基坑边坡土体中，以较密间距排列的细长金属杆。土钉依靠它与土体接触面上的粘结力或摩擦力，与其周围土体形成一个有自承能力的挡土墙体系，承受未加土钉土体施加的侧压力，以保持基坑边坡的整体稳定性。土钉墙支护是在基坑开挖过程中，将土钉置入原状土体中，并在支护面上喷射钢筋网混凝土面层，通过土钉、土体和喷射的混凝土面层的共同作用，可形成土钉墙支护结构。

土钉墙支护适用于地下水位以上或经过人工降水后的黏性土、粉土、杂填土及非松散砂土和卵石土等。对于淤泥质土及饱和软土应采用复合型土钉墙支护。

最常用的土钉是钻孔注浆型土钉。钻孔注浆型土钉是先在土中成孔，置入变形钢筋或钢管，然后沿全长注浆填孔。土钉墙支护利用置入土层中的土钉，改善天然土体抗拉、抗剪强度的不足，约束土体变形，并与土体共同承担外荷载。在土体进入塑性变形阶段后，发生的应力重分布使得土钉承受更大的拉力，而喷射混凝土面层调节支挡结构表面的应力分布，体现整体作用。土钉墙的破坏有内部稳定破坏（或称局部滑动面破坏）和外部稳定破坏（或称整体滑移与倾覆破坏）。可见，土钉墙破坏具有明显的平移和转动性质，类似于重力式挡墙。

土钉墙支护中喷射混凝土面层的作用，除了可以稳定开挖面上的局部土体外，还可以防止土钉崩落和受到侵蚀。土钉及面层构造如图6-25所示。

这种围护结构，近年来在北京、广州、深圳等城市的高层建筑深基坑中采用较多，在北京地铁西客站预埋区间隧道的明挖基坑中也已采用，取得较好的效果。土钉墙的施工流程如图6-26所示。

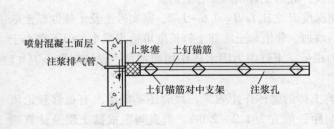

图6-25　钻孔注浆型土钉及面层构造

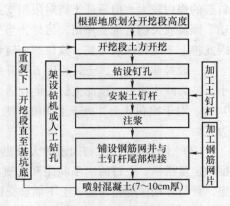

图6-26　土钉墙的施工流程

土钉墙支护的特点有：

1）土钉墙支护是通过土钉与周围土体接触而形成的复合体。在土体发生变形的条件下，通过土钉与土体接触界面上的粘结力或摩擦力，使土钉被动受拉，并通过受拉工作面给土体约束加固，提高整体稳定性和承载能力，增强土体变形的延性。

2）土钉墙是原位土中的加筋技术，是在从上至下的开挖过程中将土钉置入土中，形成以土钉和它周围加固了的土体为一体的类似重力式挡土墙结构。

3）土钉墙支护是边开挖边支护，流水作业，不占独立工期，施工快捷。

4）设备简单，操作方便，施工所需场地小，材料用量和工程量小，经济效益好。

5）土体位移小，采用信息化施工，发现墙体变形过大或土质变化，可及时修改、加固或补救，确保施工安全。

土钉墙支护的一般施工顺序为：在设计的基坑位置开挖一定的深度；在开挖面上设置一排按梅花形布置的土钉；注浆、喷射混凝土面层；继续向下开挖一定深度；重复上述步骤，直至所需的深度。有时根据需要还可以喷射第2层混凝土面层。土钉墙支护施工过程如图6-27所示。

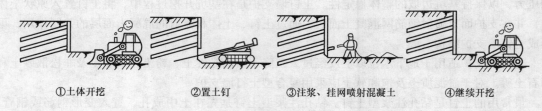

①土体开挖　　②置土钉　　③注浆、挂网喷射混凝土　　④继续开挖

图6-27　土钉墙支护施工过程

最常用的土钉材料是变形钢筋、圆钢、钢管及角钢等。土钉材料的置入可分为钻孔置入或打入方式。

打入土钉是用机械如振动冲击钻、液压锤等将角钢、钢筋或钢管打入土体。打入的土钉不注浆时，与土体接触面积小，且钉长受限制，所以布置较密。其优点是不需预先钻孔，施工速度快。对于注浆土钉一般是先钻孔，再置入土钉并注浆。注浆土钉是将周围带孔、端部密闭的钢管打入土体后，从管内注浆，并透过钢管上的孔眼将浆体渗到周围土体。

土钉墙支护的设计参数如下：

(1) 土钉长度　沿支护高度，土钉内力相差较大，一般为中部大，上部和底部小。中部土钉起的作用较大，但顶部土钉对限制支护结构最大水平位移更为重要，而底部土钉对抵抗基底滑动、倾覆或失稳有重要作用。另外，当支护结构邻近极限状态时，底部土钉的作用会明显加强。因此将上下土钉取成等长，或顶部土钉稍长，底部土钉稍短是合适的。

一般对非饱和土，土钉长度 L 与开挖深度 H 之比 $L/H = 0.6 \sim 1.2$，密实砂土及干硬性黏土取小值。为减小变形，顶部土钉长度宜适当增加。非饱和土底部土钉长度可适当减小，但不宜小于 $0.5H$。对于饱和软土，由于土体抗剪能力很低，土钉内力因水压作用而增加，设计时取 $L/H > 1$ 为宜。

(2) 土钉间距　土钉间距的大小影响土体的整体作用效果，目前还不能给出有足够理论依据的定量指标。土钉的水平间距和垂直间距一般宜为 1.2 ~ 2.0m。垂直间距根据土层及计算确定，且与开挖深度相对应。上下插筋交错排列时，在局部软弱土层的情况下，间距可小于 1.0m。

(3) 土钉直径　当采用钢筋时，一般为 $\phi 18 \sim \phi 32mm$ 的 HRB335 级以上螺纹钢筋。当采用角钢时，一般为 $\angle 50mm \times 50mm \times 5mm$ 角钢。当采用钢管时，一般为 $\phi 50mm$ 钢管。

(4) 土钉倾角　土钉水平倾角一般为 0° ~ 20°，倾角大小取决于注浆钻孔工艺与土体分层特点等多种因素。研究表明，倾角越小，支护的变形越小，但注浆质量较难控制。倾角越大，支护的变形越大，但倾角大有利于土钉插入下层较好的土层内。

(5) 注浆材料　注浆材料一般用水泥砂浆或水泥浆。水泥采用不低于 42.5 级普通硅酸盐水泥，水胶比为 1 :（0.4 ~ 0.5）。

（6）支护面层　临时性土钉支护的面层通常用 50 ~ 150mm 厚的钢筋网喷射混凝土，混凝土强度等级不低于 C20，钢筋网常用 $\phi6$ ~ $\phi8mm$ 的 HPB300 级钢筋焊成 15 ~ 30cm 方格的钢筋网。永久性土钉墙支护面层一般厚度为 150 ~ 250 mm，设两层钢筋网，分两次喷成。

此外还可以根据地质条件采用复合型土钉墙支护。对自稳性很差的软弱土体，普通土钉墙支护有困难时应当考虑采用复合型土钉墙支护。所谓复合型土钉墙支护，就是以钢管、钢板桩、水泥搅拌桩等作为挡土防渗帷幕，并与土钉一起共同组成的支护结构。它可以解决土体的自稳性、隔水性以及喷射面层与土体的粘结问题。复合型土钉墙显然比普通土钉墙支护效果更好，可满足较大的基坑开挖深度，复合型土钉墙如图 6-28 所示。

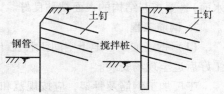

图 6-28　复合型土钉墙简图

6.2.5　基坑开挖与回填

1. 基坑监控量测

地下空间工程多位于城市，同时又邻近建筑物和交通要道，为确保施工安全，对于围护桩（工字钢桩、钢板桩、钢筋混凝土支护桩等）、地下连续墙和土钉墙等支护的基坑，在墙体上应设置观测点，观测水平位移和侧向位移，并绘制出时间-位移曲线。如需要，还可以进行土压力和结构应力测试，以获得综合资料。

2. 基坑土方开挖

（1）基坑土方开挖应具备的条件

1）已拟订出可行的开挖施工实施方案。

2）基坑内地下水水位已降至开挖面下 0.5m 以下。

3）弃（存）土地点已经落实。

4）地下管线已经改移或做好加固处理。

5）运输道路及行走线路已经确定并且取得了有关管理部门的同意和认可。

6）现场拆迁工作已经完成，场地清洁干净，排除地面水并做好量测工作。

7）施工机械、车辆已维修保养好。

（2）基坑开挖常用的机械设备和车辆　一般常用的机械设备有推土机、挖掘机、铲运机和大型翻斗运输车等。

（3）设置运输马道　为满足机械车辆出入基坑的需要，应设置马道，其坡度一般为 1 : 7，设置位置要因地制宜，通常 300m 左右设置一条，并尽量利用车站出入口通道和通风道处作为马道，以尽量减少土方的开挖数量。

（4）土方开挖　土方应分层开挖，每层开挖深度一般为 3 ~ 4 m，如果采用有围护结构的基坑，土方开挖还需要与支撑、锚（钉）杆的施工相配合。为防止基底扰动和超挖，当机械挖至设计标高以上 10 ~ 20cm 时，应采取人工清底。

3. 基坑回填

基坑回填前，应选好土料（砂性土为宜）、清理基底、做好质量控制等准备工作。

基坑回填应分层，并从低处开始逐层回填、压实。基坑边坡与主体结构之间狭窄之处，应采取人工回填。地下管线处应从两侧用细土均匀回填。特殊部位处理好之后，再采用机械进行大面积回填。为确保回填密实度，在回填过程中，应根据相关规定进行密实度检查，合格后方可回填上层土。

6.2.6 主体结构施工

1. 防水层施工

我国明挖法施工的地下结构，其防水多为两道防线，第一道为地下结构本身的防水混凝土，第二道为附加防水层（外贴卷材、防水涂料、防水砂浆等）。通常防水层都做在结构的外侧（迎水面），要求与结构的表面粘贴良好。

2. 钢筋工程

（1）钢筋加工　地下空间工程位于城市内施工时，场地狭窄。因此，钢筋一般采用工厂加工好后运至现场安装。

工厂加工钢筋及骨架，应按规范和设计要求进行，出厂前进行检查验收，合格后运往现场进行绑扎施工。

（2）钢筋绑扎与安装　为保证钢筋绑扎质量，绑扎前要做好以下工作：

1）认真熟悉设计图样，拟订成熟的施工方案，确定绑扎顺序，做好技术交底。

2）核对并检查钢筋质量、类别、型号、直径是否与设计相符。

3）检查结构位置、标高和模板支立情况，无误后测设钢筋位置。

4）清理结构物内杂物并准备好钢筋绑扎所需钢丝和工具等。

施工准备做好之后，按照规范和设计要求进行绑扎。若施工采用套筒冷挤压、锥螺纹、电渣压力焊等施工技术连接钢筋，要按照相应的规范进行施工，以确保工程质量。

钢筋绑扎完，应进行隐蔽工程检查，合格后方可进入下道工序施工。

3. 模板工程

（1）模板的选择　为保证钢筋混凝土质量，应尽量采用钢模板或胶制叠合板，有条件的地段，可采用整体模板。但在地铁结构特别是车站、通风道和车站出入口等处，预埋件较多，应考虑采用钢、木模板的结合，以利预埋件的固定和穿出。

对于方形或矩形柱可采用组合钢模板，而圆形柱多采用对装成节的钢模板或玻璃钢模板；变形缝处的端头模板要便于设置和固定止水带和填缝板，因此应采用木模板。模板支架多采用钢管，其边、顶模板支架如图6-29所示。

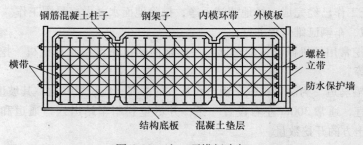

图 6-29　边、顶模板支架

（2）模板基本要求

1）模板应事先设计并进行计算，保证模板及支架的强度、刚度及稳定性。

2）模板接缝严密不漏浆并涂隔离剂，以利拆模。

3）模板必须保证结构各部位形状尺寸和相互间位置的正确性。

4）模板要考虑多次周转使用及方便安装和拆除，对混凝土无损伤，并方便钢筋绑扎和混凝土灌注。

5）结构顶板模板支立时应考虑 1～3cm 的沉落量。

（3）模板支立程序如图 6-30 所示。

（4）模板台车　明挖法施工的地铁区间隧道断面是定型的，而且结构长，因此应采用模板台车灌注混凝土，以实现模板拆装、运输机械化，加快施工进度，减轻劳动强度，保证工程质量。

模板台车是利用钢模板铰接折叠原理，采用设于台车上的机械手的推、拉、顶的作用来实现拆支模板的，其施工程序和操作要点为：

1）支模板：台车载着模板运至安装地点—分别伸出垂直、水平、斜拉千斤顶，将模板顶出并就位。

2）拆模板：台车运至拆模地点—分别伸出垂直、水平、斜拉千斤顶与模板铰相连—分别收缩斜拉千斤顶和垂直、水平千斤顶，将模板拆下。

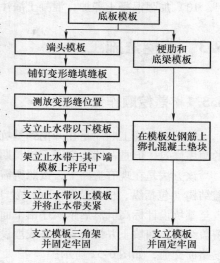

图 6-30　模板支立程序

4. 混凝土工程

地下空间工程结构的材料、配合比、搅拌、运输和混凝土灌注等均应符合防水混凝土的要求。在城市范围施工时，混凝土多为商品混凝土，采用搅拌站集中生产，搅拌车运送，输送泵车输送至灌注地点。

（1）地下空间结构施工程序

1）隧道（洞室）：底板—中、边墙及顶板。

2）地下空间结构：底板—柱子—边墙及顶（楼）板，或底板—柱子及边墙和顶（楼）板。因此，混凝土灌注也必须按此程序进行。

（2）钢筋混凝土工程施工要点

1）结构底板、墙、顶（楼）板钢筋混凝土施工，均应以变形缝划分区段间隔施工并一次灌注完毕。

2）顶（楼）板、底板以台阶分层进行灌注，墙及柱子分层水平灌注，并保证上下层覆盖时间不超过 2h。

3）钢筋与模板间必须用砂浆或塑料垫块垫紧，以保证钢筋保护层厚度。

4）如混凝土产生离析现象，应进行二次搅拌，均匀后方可灌注。混凝土灌注高度超过 2m 时应加串筒。

5）混凝土采用高频振捣器振捣，并在底、顶（楼）板混凝土初凝之前用平板振捣器再进行一次振捣，以消除泌水，确保混凝土密实。

6）在预埋件多和钢筋密集处需采用同强度等级细石混凝土灌注，保证不漏振。

7）变形缝止水带处，顶、底板应掀起止水带灌注其下混凝土，并认真振实，将止水带缓慢压在下层混凝土上后，再灌注其上混凝土。边墙处止水带应采用钢丝将其拉紧于边墙立筋上，防止混凝土灌注时将止水带压偏。

8）施工缝尽量少留或不留，地下结构底板与边墙施工缝留在底板表面以上 20～30cm 处，并尽可能做成凹、凸形或台阶形。混凝土灌注之前，清除浮渣和杂物，用水清洗并保持湿润。灌注混凝土时，先铺放 20～30mm 厚的同强度等级砂浆，再正式灌注混凝土。

9）在灌注墙、柱与板交界处应停歇 1～1.5h 后再继续灌注混凝土，在灌注混凝土过程中，派专人观测模板、支架、钢筋、预埋件和留洞处的情况，发现变形、移位等，应及时采取措施进行处理。

10）加强混凝土养护，混凝土灌注终凝后，及时采取措施保持混凝土表面湿润。

6.3 盖挖法施工

6.3.1 盖挖顺作法施工

明挖法的施工顺序是在开挖到基坑预定深度后，按照结构底板、侧墙（中柱或中墙）、顶板的顺序修筑。但是在路面交通不能长期中断的道路下修筑地下结构时，则可采用盖挖顺作法。

该方法是在现有道路上，按照所需宽度，在地表完成基坑围护结构后，以定型的预制标准覆盖结构（包括纵、横梁及路面板）置于围护结构上维持交通，往下反复进行开挖和加设横撑，直至基坑设计标高。然后依次序由下而上建筑主体结构和防水，顶板施工完毕后，拆除预制标准覆盖结构，回填土并恢复管线路或埋设新的管线路。最后，视需要拆除围护结构的外露部分及恢复路面交通，如图 6-31 所示。

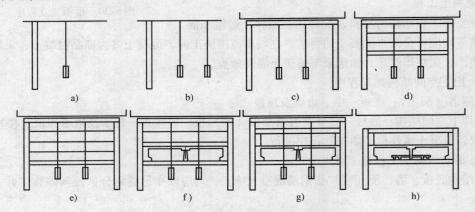

图 6-31　盖挖顺作法施工步骤
a) 构筑连续墙和中间支撑桩　b) 构筑中间支撑桩　c) 构筑连续墙及覆盖板
d) 开挖及支撑安装　e) 开挖及构筑底板　f) 构筑侧墙、柱及楼板
g) 构筑侧墙及顶板　h) 构筑内部结构，拆除盖板和临时中桩，路面恢复

盖挖顺作法的临时盖板主要支撑在稳定的围护结构上。根据现场条件、地下水位高低、开挖深度以及周围建筑物的邻近程度，可以选择钢筋混凝土钻（挖）孔灌注桩或地下连续墙。对于饱和的软弱地层，应以刚度大、止水性能好的地下连续墙为首选方案。随着施工技术的不断进步，工程质量和精度更易于掌握，故现在盖挖顺作法中的围护结构常用作主体结构边墙的一部分或全部。

如开挖宽度很大，为了缩短横撑的自由长度，防止横撑失稳，并承受横撑倾斜时产生的垂直分力以及行驶于覆盖结构上的车辆荷载和悬挂于覆盖结构下的管线重力，经常需要在修建覆盖结构的同时建造中间桩柱以支承横撑。中间桩柱可以是钢筋混凝土的钻（挖）孔灌注桩，也可以采用预制的打入桩（钢或钢筋混凝土的）。中间桩柱一般为临时性支撑结构，在主体结构施工完成时将其拆除。为了增加中间桩柱的承载力和减小其入土深度，可采用底部扩孔桩或挤扩桩。

定型的预制覆盖结构一般由型钢纵横梁和钢—混凝土复合盖板组成。为便于安装和拆卸，路面板上均设吊装孔。

6.3.2　盖挖逆作法

　　如果开挖面较大、覆土较浅、沿线建筑物过于靠近,为尽量防止因开挖基坑而引起邻近建筑物的沉陷,或需及早恢复路面交通,临时覆盖结构难以实现或成本较高时,可采用盖挖逆作法施工。

　　先在地表面向下做基坑的围护结构和中间桩柱,和盖挖顺作法一样,基坑围护结构多采用地下连续墙,或钻孔灌注桩,或人工挖孔桩。中间桩柱则多利用主体结构本身的中间立柱以降低工程造价。随后即可开挖表层土至主体结构顶板底面标高,利用未开挖的土体作为土模浇筑顶板。浇筑后的顶板还可以作为一道强有力的横撑,以防止围护结构向基坑内变形,待回填土后将道路复原,恢复交通。以后的工作都是在顶板覆盖下进行,即自上而下逐层开挖并建造主体结构直至底板。在特别软弱的地层中,且邻近地面建筑物时,除以顶、楼板作为围护结构的横撑外,还需设置一定数量的临时横撑,并施加不小于横撑设计轴力 70% ~80% 的预应力,如图 6-32 所示。

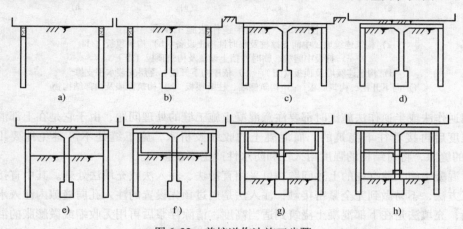

图 6-32　盖挖逆作法施工步骤
a)构筑围护结构　b)构筑主体结构中间立柱　c)构筑顶板　d)回填土,恢复路面
e)开挖中层土　f)构筑上层主体结构　g)开挖下层土　h)构筑下层主体结构

　　为了减小围护结构及中间桩柱的入土深度,可在做围护结构和中间桩柱之前,用暗挖法预先做好它们下面的底纵梁,以扩大承载面积。当然,这必须在工程地质条件允许暗挖施工时才可能实现,而且在开挖最下一层土和浇筑底板前,由于围护结构和中间桩柱都无入土深度,必须采取措施,如设置横撑以增加稳定性。

　　采用盖挖逆作法施工时,若采用单层墙和叠合墙,结构的防水层较难做好。只有采用双层墙,即围护结构与主体结构墙体完全分离,无任何连接钢筋,才能在两者之间敷设完整的防水层。但需要特别注意中层楼板在施工过程中因悬空而引起的稳定和强度问题,一般可在顶板和楼板之间设置吊杆予以解决。

　　盖挖逆作法施工时,顶板一般都搭接在围护结构上,以增加顶板和围护结构之间的抗剪能力和便于敷设防水层。所以需将围护结构外露部分凿除,或将围护结构仅做到顶板搭接处标高,其余高度用便于拆除的临时挡土结构进行围护。

6.3.3　盖挖半逆作法

　　类似逆作法,其区别仅在于顶板完成及恢复路面后,向下挖土至设计标高后先修筑底板,再依次序向上逐层建筑侧墙、楼板。在半逆作法施工中,一般都必须设置横撑并施加预应力,如

图 6-33所示。

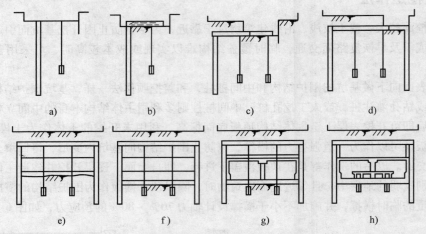

图 6-33　盖挖半逆作法施工步骤

a）构筑连续墙、中间支撑桩及临时性挡土设备　b）构筑顶板（Ⅰ）

c）打设中间桩、临时性挡土设备及构筑顶板（Ⅱ）

d）构筑连续墙及顶板（Ⅲ）　e）依序向下开挖，逐层安装水平支撑

f）向下开挖、构筑底板　g）构筑侧墙、柱及楼板　h）构筑侧墙及内部结构物

采用逆作法或半逆作法施工时都要注意混凝土施工缝的处理问题，由于它是在上部混凝土达到设计强度后再接着往下浇筑的，而混凝土的收缩及析水，施工缝处不可避免地要出现 3～10mm 宽的缝隙，将对结构的强度耐久性和防水性产生不良影响。

针对混凝土施工缝存在的上述问题，可采用直接法、注入法或充填法处理。其中直接法是传统的施工方法，不易做到完全紧密接触；注入法是通过预先设置的注入孔向缝隙内注入水泥浆或环氧树脂；充填法是在下部混凝土浇筑到适当高度，清除浮浆后再用无收缩或微膨胀的混凝土或砂浆充填。充填的高度，用混凝土充填为 1.0m；用砂浆充填为 0.3m。为保证施工缝的良好充填，一般在柱中最好设置 V 形施工缝，其倾角以小于 30°为宜。

根据结构试验，证明注入法和充填法能保证结构的整体性，在构件破坏前不会出现施工缝滑移破坏。

在逆作法和半逆作法施工中，如主体结构的中间立柱为钢管混凝土柱，柱下基础为钢筋混凝土灌注桩时，需要解决好两者之间连接问题。一般是将钢管柱直接插入灌注桩的混凝土内 1.0m左右，并在钢管柱底部均匀设置几个孔，以利混凝土流动，同时也加强桩、柱之间连接。有时也可在钢管柱和灌注桩之间插入 H 型钢加以连接。

由上述可知，盖挖顺作法与明挖顺作法在施工顺序上和技术难度上差别不大，仅挖土和出土工作因受覆盖板的限制，无法使用大型机具，需采用特殊的小型、高效机具。而盖挖逆作法和半逆作法与明挖顺作法相比，除施工顺序不同外，还具有以下特点：

1）对围护结构和中间桩柱的沉降量控制严格，以免对上部结构受力造成不良影响。

2）中间柱如为永久结构，施工精度要求高，施工工艺较难。

3）为了保证不同时期施工构件相互之间的连接能达到预期的设计状态，必须将各种施工误差控制在较小的范围内，并有可靠的连接构造措施。

4）除在非常软弱的地层中，一般不需再设置临时横撑，不仅可节省大量钢材，也为施工提供了方便。

5）由于是自上而下分层建筑主体结构，故可利用土模技术，可以节省大量模板和支架。

6）和盖挖顺作法一样，其挖土和出土往往会成为决定工程进度的关键程序。但同时又因为施工是在顶板和边墙保护下进行的，安全可靠，并不受外界气象条件的影响。

尽管盖挖施工法有很多特点和应注意的地方，但其基本工序的施工方法、技术要求和明挖顺作法的都大同小异。

6.3.4　工程实例一

1. 工程概况

北京地铁黄庄站位于中关村大街与知春路、海淀南路交叉口处，为四号线与十号线的十字换乘站，四号线车站位于中关村大街下，呈南北走向，横跨知春路大街，为两端双层、中间单层的岛式站台车站；十号线车站位于知春路下，横跨中关村大街，为双层三跨侧式站台车站。两站在平面上斜交，十号线在四号线上方通过。四号线车站纵向由五部分组成：车站两端为盖挖竖井，两层多跨矩形框架结构，长为 15.75m，净宽为 46.0m，覆土厚度 4.5m 左右；车站两端厅是顶部为三连拱的两层三跨框架结构，暗挖施工；中间为单层三跨三连拱结构，暗挖施工。

黄庄站设有 6 个出入口、1 个安全出口、1 个残疾人电梯和消防出口、4 条环行换乘通道以及 3 座风亭（井）。

根据本工程施工场地的分布特点、设计概况以及施工过程控制要素，总体的施工组织要以保证交通疏导通畅为前提，以主体结构区域施工为主线，兼顾附属区域。将工程分为三期施工。一期先施工四号线和十号线车站两端的盖挖段，一至四号风道和风井；二期暗挖十号线和四号线车站的主体结构；三期施工各出入口及通道、换乘通道、地面建筑物、路面恢复等工程。总体施工安排如图 6-34 所示。

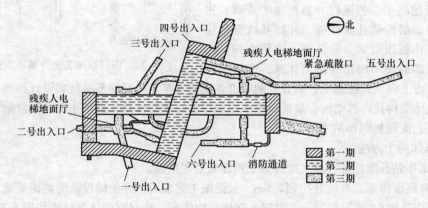

图 6-34　总体施工安排

对盖挖车站两端的施工竖井进行降水施工，共布置抽水井 82 眼，沿基坑围护结构外侧 2～3m 布置，间距 5～7m。

2. 车站结构端头段盖挖施工

车站处在现状道路的中部，有绿地可供利用，地下管线没有侵入主体结构内，具有盖挖施工的条件，故四号线车站端头段采用盖挖法施工。施工过程中，仅车站端头设置盖挖井，且仅设置围护桩和路面盖板施工时占用主干道，采用军用梁体系对盖挖基坑进行铺盖，盖挖段出土、进料均通过施工竖井进行。盖挖施工范围及盖挖盖板施工顺序如图 6-35 所示。

四号线车站盖挖段主体结构尺寸为横向 47.7m，纵向 15.75m。基坑开挖宽度横向 47.9m，纵向 19.95m。基坑采用 ϕ1000@1500mm 钻孔灌注桩加内支撑作为围护结构，桩顶设冠梁，桩间采

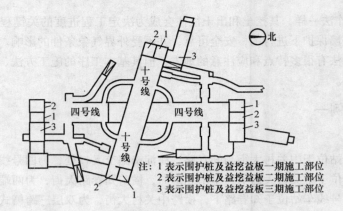

注：1 表示围护桩及盖挖盖板一期施工部位
    2 表示围护桩及盖挖盖板二期施工部位
    3 表示围护桩及盖挖盖板三期施工部位

图 6-35 盖挖施工范围及盖挖盖板施工顺序

用挂网喷射混凝土保持桩间土稳定。冠梁为 1000mm×800mm 钢筋混凝土梁；桩间喷 C20 混凝土 8cm，挂 φ6@200mm×200mm 钢筋网片。沿基坑竖向设四道钢支撑，第一道支撑设在冠梁上，其他三道钢支撑通过钢围檩设在结构底板、楼板上 1.5~2.5m 处。基坑平面内一般采用对撑，在端部与角部采用斜撑。基坑支护布置如图 6-36 所示。

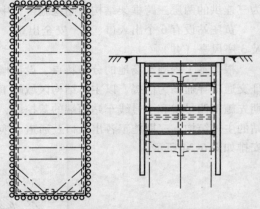

图 6-36 四号线施工竖井基坑支护布置

（1）盖挖施工工艺流程 盖挖施工步骤：先施作基坑围护结构钻孔灌注桩，开挖基坑至结构顶板下，施作桩顶冠梁，架设第一道钢支撑，在支护结构顶部铺设军用梁等路面体系，恢复路面交通，然后由上向下开挖基坑，随开挖随架设各道钢支撑，待开挖至基坑底设计标高后，再由下向上施作主体结构及内部结构，最后拆除军用梁等临时路面体系，回填土方，恢复地面。

施工工艺流程如图 6-37 所示。

（2）具体施工方法

1）先施作钻孔灌注桩，施工时注意加强泥浆处理措施。

2）临时路面体系。基坑开挖到 2.6m，冠梁施工完成后，开始铺设临时路面系统。盖挖施工时，临时路面采用 64 式军用梁+工字钢+钢板结构体系。临时路面体系结构如图 6-38 所示。

具体施工时，先在冠梁顶部作支座，然后沿基坑纵向铺设 64 式军用梁，军用梁中对中间距 2.0m，再在军用梁上沿基坑横向架设工 18 工字钢，间距 500mm，最后在工字钢上部满铺 20mm 厚的钢板。

3）土方开挖。土方开挖分层进行，从上到下、按层顺序进行开挖。由于在土方开挖的第一、第二、第四、第六层需安装钢管横撑，所以这四层每层向下挖至相应的钢支撑底下 500mm。用挖掘机挖土方，与此同时，顺序施作钢管支撑。

第一层土体可采用垂直开挖，采用网喷混凝土临时支护，基坑边缘设 30cm 高砖砌挡水墙，防止地表水流入基坑，坑底设集水坑，汇集雨水抽出后排入市政排水系统。第一层土体开挖后，开始架设路面系统。之后，进行以下土体的开挖。

在每步开挖后及时进行桩间土的喷射混凝土面层施工。

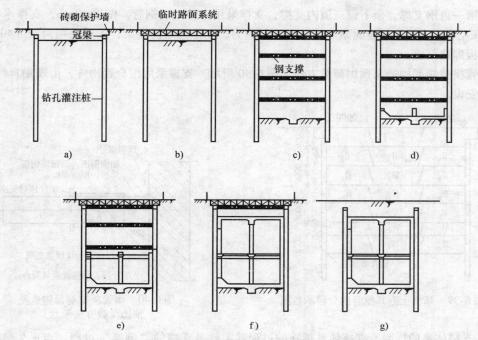

图 6-37 盖挖施工竖井施工工艺流程示意图

a) 施作钻孔灌注桩, 开挖基坑并施作桩顶冠梁
b) 架设第一道钢支撑, 敷设临时路面系统
c) 随开挖随架设钢支撑 (基坑开挖至支撑中心线下 0.5m 处, 必须架设钢支撑), 至基坑底设计标高处
d) 铺设底板素混凝土垫层, 敷设防水层, 施作底板结构
e) 拆除第四道钢支撑, 敷设侧墙防水层, 施作侧墙和中楼板结构
f) 拆除第三、二道钢支撑, 敷设侧墙防水层, 施作侧墙及顶板结构
g) 拆除临时路面系统, 回填恢复路面

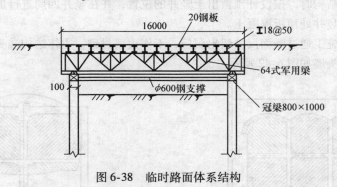

图 6-38 临时路面体系结构

竖向分层高度按立体结构尺寸、横撑排距及竖向层距以及挖掘机最大挖土能力确定。中部拉槽时沿围护桩两侧各留 5.0m 宽平台, 既可充分利用土体抗力保证围护结构的稳定, 又可为钢支撑安装提供平台, 同时可以确保在钢支撑施工时土方开挖正常进行, 以加快施工速度。在进行下面一层土方开挖前再铲除预留平台部位的土方。分层开挖如图 6-39 所示。

4) 钢管内支撑施工方法。基坑围护结构体系以钢管作为内支撑, 钢管支撑的施工包括支撑安装与拆除。

① 钢管支撑的安装。钢管支撑为横向支撑。基坑采用 ϕ1000mm 间隔桩围护, 桩间净距500mm, 桩间土体采用 150mm 厚网喷混凝土支护, 顶部 2m 左右放坡开挖, 桩顶设冠梁, 在冠梁

处设置第一道钢支撑，余下设三道内支撑，支撑采用 $\phi600mm$ 钢管，壁厚 10mm，支撑水平间距 3000mm 左右，支撑在规定时限施加 500kN 预应力。支撑两端设腰梁，腰梁采用两根 ［40C 槽钢加缀钢板焊接而成。

钢管横撑端部构造及预加荷载方法如图 6-40 所示。支撑采用组合钢构件，由现场自行设计、加工、安设。

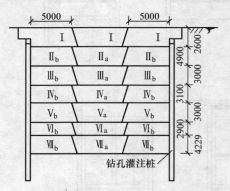

图 6-39　基坑土方开挖竖向分层示意图

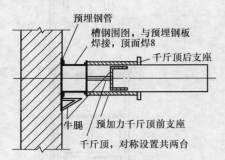

图 6-40　钢管横撑端部构造及
预加荷载方法示意

② 支撑体系的拆除。支撑体系拆除的过程其实就是支撑的"倒换"过程，当永久结构达到设计强度后拆除钢管支撑，把钢管横撑所承受的土压力转至永久支护结构。

5）盖挖主体结构施工。土体开挖至基底后，即可铺设底板素混凝土垫层，敷设底板防水层，施作底板结构。然后敷设负二层侧墙防水层，自下而上施作负二层侧墙、中柱及中楼板结构。在中层楼板混凝土达到设计强度后，即可在中楼板上架设钻机，进行车站暗挖部分拱部大管棚的施工。然后施作负一层侧墙防水层、侧墙及顶板，铺设顶板防水层，拆除临时路面系统，回填基坑。施作顶板结构时，按设计预留出土竖井的位置，并在竖井四周进行加固，等主体结构施工完成后，再浇筑竖井处顶板混凝土。

在马头门处按施工通过断面尺寸留出洞门，不作边墙衬砌，主体结构端头墙如图 6-41 所示，盖挖与风道相接端头墙如图 6-42 所示。

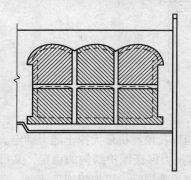

图 6-41　主体结构端墙大样图
（图中阴影部分为预留开口位置）

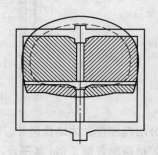

图 6-42　盖挖与风道相接端头墙

6）回填及路面恢复。顶板结构以上土体回填在结构顶板混凝土施工完成并达到设计强度后进行，回填之前先进行侧墙和顶板的外包防水层封闭和保护层的施作。回填料选择应严格控制，在结构顶板采用每层厚度小于 0.5m 的黏土回填，回填前对各类回填土进行密度及含水量试验，确定其最优铺土厚度及压实密度等。

基坑回填沿纵向分层，对称同时进行，每层厚度小于 0.5m，回填时避免机械碰撞结构及防水保护层，在结构两侧和顶板 50cm 范围内采用人工使用小型机具夯填；采用机械碾压时做到薄填、满行，先轻后重，反复压碾，并按机械性能控制行驶速度，压碾时的搭界长度应大于 20cm。人工夯填时夯底重叠，重叠宽度不小于 1/3 夯底宽度。

3. 注意事项

1）在基坑开挖之前，进行测量放样，确定基坑开挖线，轴线定位点、水准基点、变形观测点等，并在设置后、施工过程中加以妥善保护。

2）喷锚支护及内撑应按规定的分层开挖深度，按作业顺序施工，在完成上层作业面的喷锚支护及支撑架设之后，进行下一层深度的开挖。基坑开挖采用中间部分小型挖掘机开挖，周边部分人工开挖，开挖时注意防止桩间土体出现超挖或造成土体松动。

3）在完成分层喷锚支护且支护达到强度后，按设计要求架设钢支撑。

4）在每步开挖后及时施作锚杆及挂网喷射混凝土。

6.3.5 工程实例二

1. 工程概况

澳门氹仔成都街地下停车场及公园建造工程位于澳门特别行政区成都街、基马拉斯大马路、哥英布拉街、广东大马路围合地块内，地面为公园，地下为二层停车场，无梁楼盖体系。基坑面积约为 26019m²。基坑外自然地面绝对标高为 + 3.5m，基坑开挖深度约为 9.8m。

地基土层自上而下依次分为：吹填砂层、淤泥层、淤泥质（粉质）黏土层、砂层、岩层。地下水稳定水位深度约为 1.5 ~ 2.0m。

2. 工程施工方案

根据本工程自身特点并综合考虑基坑施工安全性、施工方式、工期及工程造价等因素，结合以往大量深基坑工程的实践经验，在本基坑工程中采用了中心岛顺作—周边顶板结构环板逆作的围护设计方案。将基坑分成中部顺作区和周边逆作区两部分，基坑外侧浅层采用卸土放坡，卸土高度为 2.5m，在坑外卸土放坡坡底设置轻型井点降水；基坑深层采用 φ850 型钢水泥土搅拌墙（SMW 工法）作为围护体，墙顶落低至地面下 1.47m；基坑内侧土方开挖至顶板结构底标高，首先施工周边逆作区顶板结构环板，形成环状支撑，然后在基坑周边留土，并采用多级放坡使中心岛区域开挖至基底；在中心岛结构向上顺作施工并与周边顶板结构环板贯通后，再以结构梁板作为水平支撑，逆作施工周边留土放坡区域。周边逆作区结构环板采用一柱一桩作为竖向支承构件。该方案减小了周边放坡高度，在中心岛施工过程利用周边结构环板刚度和周边留土共同约束围护墙位移，以控制基坑变形，保护周边环境。

3. 围护结构设计

（1）浅层围护体设计　为了给周边顶环板逆作创造条件，根据本工程基坑与红线距离约为 5 ~ 10m 的情况，在基坑外侧浅层采用卸土放坡。该方法施工方便，造价也比较经济，由于放坡高度不高，对周边环境的影响不大。本工程卸土放坡后可实现落低施工围护墙和一柱一桩等。周边放坡高度为 2.6m，坡度为 1:2。在基坑开挖过程中保持降水，以增强坡体的稳定性，同时也减小了悬臂段型钢水泥土搅拌墙的侧向压力。

（2）深层围护体设计　本工程深层采用 φ850 型钢水泥土墙作为基坑围护结构，长为 20m，搅拌桩桩身采用 32.5 级普通硅酸盐水泥，水泥掺量为 20%，水胶比为 1.8，28d 无侧限抗压强度不小于 1.0MPa。型钢采用 Q235B，300mm × 700mm 热轧 H 型钢，"插一跳一"的布置形式。

本工程通过顶圈梁与顶板主筋连接，其余楼板与围护体之间设置可靠的水平传力支撑体系。

（3）坑内周边留土放坡设计　在中心岛施工阶段，基坑周边留土，向中心岛方向逐渐形成三级放坡开挖至基底。三级放坡高度分别为2.6m、2.6m、2.25m。一级平台宽度为8.0m，二级平台宽度为4.0m，三级平台宽度为3.0m，放坡坡度均为1:2，坡面设置50mm厚配筋混凝土护坡面层。由于在基坑施工的过程中留土放坡长期存在，并对约束围护墙的变形发挥着非常重要的作用，因此，整个施工过程中都必须确保土坡的稳定性。

由于放坡范围内的软土存在流变和蠕变特性，为提高被动区土体抗力，增强坡体的稳定性，基坑施工过程中在二级平台和三级平台上设置轻型井点降水，以提高土体自身的抗剪强度，进一步增强坡体的稳定性。周边逆作区三级放坡剖面图如图6-43所示。

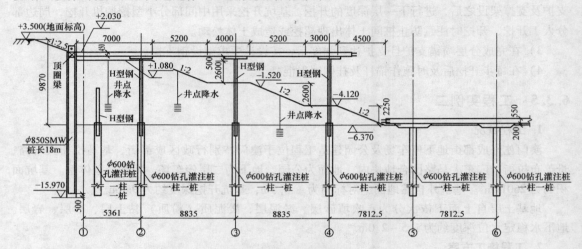

图6-43　围护结构横剖面

6.4　矿山法施工

6.4.1　矿山法施工方法分类

1. 矿山法概述

矿山法施工是我国隧道工程的主要施工方法，也是城市地下空间工程的施工方法之一。它适用于不宜明挖施工，地层自身具有一定自稳能力，或通过降水、加固等措施后地层具有一定自稳能力的各种地层。在城市中心区域建筑物密集、交通运输繁忙、地下管线密布时，地下暗挖法施工可避免大量建筑物和地下埋设物撤迁。

传统的矿山法施工，为地下结构暗挖施工技术奠定了基础。到20世纪60年代，由于喷射混凝土和锚杆技术的出现，创造了新奥地利施工法（New Austria Tunneling Method），简称新奥法（NATM）。新奥法的基本思想是充分利用围岩的自承能力和开挖面的空间约束作用，采用锚杆和喷射混凝土为主要支护手段，及时对围岩进行加固，约束围岩的松弛和变形，并通过对围岩和支护的量测和监控来指导地下工程的设计与施工。新奥法的推行，引起了传统矿山法在开挖方法、施工技术以及设计思路等方面的大变革。新奥法是一种"概念"或"原则"而不是一种固定不变的具体施工方法。

我国的隧道工作者运用新奥法原理修建了大量隧道工程，特别是在软弱地层中有不少发展，不仅利用锚杆和喷射混凝土，还有地层注浆、格栅、管棚等手段的配合使用，有许多技术创新，使我国在软弱地层的施工技术进入世界先进行列。从北京地铁 1 号线开始，在城市软弱围岩条件下，以改造地质条件为前提，以控制地表沉降为重点，以锚喷和钢架为主要支护手段，辅以必要的地层加固配套技术，总结了"管超前、严注浆、短开挖、强支护、快封闭、勤量测"十八字原则，应用于地铁区间和车站施工中，逐渐形成一套"浅埋暗挖"工法，在我国地铁和隧道工程中发挥了重要作用。

近年来，意大利学者 Pietro Lunardi 提出隧道岩土控制变形分析工法（Analysis of Controlled Deformation in Rocks and Soils，简称 ADECO-RS 工法），该工法是在隧道预支护工艺基础上，将隧道开挖过程中的变形状况按三维空间进行分析，结合大量理论和试验研究形成的。该工法特别适用于浅埋松软地层、变形控制要求高的隧道工程。过去十余年中，在意大利铁路、公路及大型地下工程建设项目中将此工法纳入设计规范并广泛采用，传入我国后有人称之为"新意大利法"。

最早由比利时的 Smet Boring 公司开发的新管幕法（New Tubular Roof Method，简称 NTR 工法）是我国从韩国引进的新型地下结构建造方法，并于 2010 年成功应用于沈阳地铁二号线新乐遗址站施工中。新管幕法是沿拟建结构部位顶进多根大直径钢管，并采用管间切割支护或利用结构环梁将钢管相互连接，在相互连接的钢管内部空间施作永久结构后开挖结构内部土体。新管幕法相对管幕法是一种改进，管幕法在日本、美国、新加坡和中国台湾地区等已有较多的应用实例，新管幕法在意大利、韩国等获得广泛应用。

2. 开挖方法分类

开挖方法根据断面分块情况和开挖顺序分类如下：

（1）全断面法　常用在Ⅰ～Ⅲ级硬岩中，Ⅳ级围岩在采用有效措施后，也可采用全断面开挖。施工时应组织大型机械化作业，提高施工速度，可采用深孔爆破。

（2）台阶法　台阶法适用于Ⅲ～Ⅳ级围岩，Ⅴ级围岩区间隧道在采用有效措施后也可用台阶法施工。台阶法是最为常用的施工方法，根据台阶长度又可分为长台阶法、短台阶法和超短台阶法，根据台阶数量又可分为两台阶法、三台阶法，以及派生的带临时仰拱的台阶法等类型。

（3）分部开挖法　在地铁车站或过渡线、折返线上的大断面双线或多线隧道及地质极差的地层中常用分部开挖法。它们又分为：

1）环形开挖预留核心土法，适用于Ⅳ～Ⅴ级围岩的一般土质或易坍塌的软弱围岩地段。核心土支挡开挖工作面，拱部开挖后应及时施作拱部初期支护，增强开挖工作面稳定。在拱部支护的保护下开挖核心土，安全性好，一般环形开挖进尺为 0.5～1.0m，不宜过长，拱部多以人工开挖，核心土及下台阶以小型机具或人工开挖。上下台阶距离在洞跨为 10m 左右时取 1 倍洞跨，洞跨为 5m 左右时可取 2 倍洞跨。

2）双侧壁导坑法，适用于Ⅳ～Ⅵ级围岩浅埋大跨度隧道，地表下沉量要求严格，导坑断面宜近于椭圆形，及时支护封闭成环。围岩条件差时配合辅助施工方法。此法安全可靠，但是施工速度慢、造价高。

3）中洞法，适用于双连拱隧道，先施作中墙混凝土，后开挖两侧。中洞开挖后及时施作初期支护。短隧道可先贯通中洞，后开挖两侧。施工中要注意力的转换，两侧均衡开挖，设临时横向支撑。

4）中隔壁法（CD），适用于Ⅳ～Ⅴ级围岩的浅埋大跨度隧道。中隔墙开挖时沿一侧自上而下分二或三部进行，每开挖一部应及时施作锚喷支护，安设钢架，施作中隔壁。每部开挖高度约为 3.5m，中隔壁设置为圆弧或弧形。

5）交叉中隔壁法（CRD），适用于Ⅳ～Ⅵ级围岩的浅埋双线或多线隧道。自上而下左右两侧交叉进行开挖，仍部部封闭成环。

（4）洞桩法　洞桩法是分部开挖的一种演变，主要是先在两侧或中部开小导洞，在洞内作钻孔灌注桩，作为初期支护，或永久衬砌边墙，或结构立柱的一部分，再开挖拱部。拱部的初期支护架立在桩柱顶的纵梁上，有效地传递地层竖直压力，控制地表沉降。针对使用场合不同，又可分为：

1）双侧壁边桩导洞法，用于土层及不稳定的单拱隧道。

2）多导洞桩、柱、梁法，用于双拱以上的连拱结构，在桩柱顶部施作顶梁及底梁以传递地层压力。

3）双侧壁及梁、柱导洞法，与上法的差别在于车站边墙及中柱不是用钻孔灌注桩施作，而是在挖好的导洞内施作。

各种开挖方法见表6-13。

表 6-13　地铁隧道暗挖开挖方法

开挖方法分类	图例	适用范围	主要开挖方法
全断面法		稳定岩体中的单拱单线区间隧道	采用光面或预裂爆破开挖
台阶法		稳定岩体、土层及不稳定岩体	1）稳定岩体：采用光面爆破或预裂爆破，台阶留置长度不宜大于$5B$（B为隧道开挖跨度）或50m，下台阶开挖后适时施工仰拱 2）土层及不稳定岩体：拱部开挖后及时施工初期支护结构，根据地质及隧道跨度采用短台阶（$B \sim 1.5B$）或超短台阶（$3 \sim 5m$），下台阶开挖后，适时施工仰拱
中隔壁法		土层及不稳定岩体单拱隧道	1）以台阶法为基础，将隧道分成左右两个导洞 2）分别施工左右侧导洞，并施工初期支护结构
交叉中隔壁法		土层及不稳定岩体单拱隧道	1）以台阶法为基础，将隧道分成左右两个导洞 2）交叉开挖左右侧导洞，每侧导洞均设临时仰拱封闭支护
双侧壁导坑法		土层及不稳定岩体单拱隧道	1）以台阶法为基础，先开挖双侧壁导洞并施工初期支护结构 2）开挖拱部并施工初期支护结构 3）开挖核心土体并做仰拱
洞桩法		土层及不稳定岩体大跨隧道	1）在隧道两侧墙顶处先施工小导洞 2）在小导洞内施工边墙支护桩 3）开挖拱部并施工拱部初期支护结构 4）开挖下台阶并施工底板结构

（续）

开挖方法分类	图例	适用范围	主要开挖方法
环形留核心土法		土层及不稳定岩体单拱隧道	1) 以台阶法为基础，先分别开挖上台阶的环形拱部，施工完初期支护结构后开挖核心土 2) 开挖下台阶，施工墙体初期支护结构后并做仰拱
中洞法		土层及不稳定岩体多拱（双拱以上）隧道	1) 以台阶法为基础，施工双侧壁及中导洞，然后在中导洞内施工梁柱结构 2) 开挖拱部并施工初期支护结构 3) 开挖下台阶，施工墙体初期支护后并做楼板和底板

注：1. 图注阿拉伯数字为开挖顺序，罗马数字为初期支护结构或仰拱结构施工顺序。
　　2. 土层及不稳定岩体开挖，必要时应采取预加固措施。

6.4.2　岩石地层的矿山法施工

岩石地层的地下洞室一般都采用钻爆法开挖，此时应根据工程地质条件、开挖断面、掘进循环进尺、分部开挖方法、钻眼机械和爆炸材料等进行钻爆设计。设计内容包括炮眼布置、数目、深度和角度、装药量和装药结构、起爆方法等。在实施过程中还应根据爆破效果调整爆破参数。岩石地层当采用钻爆法开挖时，应采用光面爆破或预裂爆破技术，尽量减少欠挖和超挖。在硬岩中宜采用光面爆破，软岩中宜采用预裂爆破，分部开挖时，可采用预留光爆层的光面爆破。

1. 光面爆破与预裂爆破

根据围岩特点合理选择周边眼间距及周边眼的最小抵抗线，严格控制周边眼的装药量和装药结构，采用小直径药卷和低爆速炸药，采用毫秒微差有序起爆，爆破参数可采用工程类比或根据爆破漏斗及成缝试验确定，无条件试验时，可参考表 6-14 选用。

表 6-14　爆破参数值

爆破类别	岩石类别	岩石单轴饱和抗压强度/MPa	周边眼间距 E/cm	周边眼抵抗线 W/cm	相对距 E/W	周边眼至内排崩落眼间距/cm	周边眼集中度 q/(kg/m)
光面爆破	硬岩	>60	55~70	60~80	0.7~1.0	—	0.30~0.35
	中硬岩	30~60	45~65	60~80	0.7~1.0	—	0.20~0.30
	软岩	<30	35~50	45~60	0.5~0.8	—	0.07~0.12
预裂爆破	硬岩	>60	40~50	—	—	40	0.30~0.40
	中硬岩	30~60	40~45	—	—	40	0.20~0.25
	软岩	<30	35~40	—	—	35	0.07~0.12
预留光面层的光面爆破	硬岩	>60	60~70	70~80	0.7~1.0	–	0.20~0.30
	中硬岩	30~60	40~50	50~60	0.8~1.0	–	0.10~0.15
	软岩	<30	40~50	50~60	0.7~0.9	–	0.07~0.12

注：1. 表中参数适用于炮眼深度 1.0~1.5m，炮眼直径 40~50mm，药卷直径 20~25mm。
　　2. 当断面较小或围岩软弱、破碎或对曲线、折线开挖成形要求较高时，周边眼间距 E 应取较小值。
　　3. 周边眼抵抗线 W 值在一般情况下均应大于周边眼间距 E 值。软岩在取较小 E 值时，W 值应适当增大。
　　4. E/W：软岩取小值，硬岩及断面小时取大值。
　　5. 表列装药集中度 q 为 2 号岩石硝铵炸药，选用其他型炸药时，应修正。

2. 爆破振动速度要求

在城市地下工程进行爆破施工时，为确保地面建筑物及地下管线的安全，要进行爆破振动速度测试，以控制振速。已衬砌结构的爆破振动速度应小于下列数值：硬岩 15cm/s、中硬岩 10cm/s、软岩 5cm/s。隧道上方有建筑物时，爆破振动对建筑物的破坏，取决于爆破地震波到达建筑物时的强度，爆破振动地震波的传播方向与建筑物相对位置，爆破地震波延续时间，建筑物的类型、形状、高度、完整程度，爆破振动频率与建筑物固有频率之间的关系等。虽然评价爆破振动对建筑物的破坏作用是一项极其复杂的工作，但是人们通过一系列爆破对建筑物破坏影响的调查研究，仍然提出了相应的破坏判据，安全允许标准见表 6-15。

表 6-15　爆破振动安全允许标准

序号	保护对象类别	安全允许振速/（cm/s）		
		< 10Hz	10 ~ 50Hz	50 ~ 100Hz
1	土窑房、土坯房、毛石房屋[①]	0.5 ~ 1.0	0.7 ~ 1.2	1.1 ~ 1.5
2	一般砖房、非抗震的大型砌块建筑物[①]	2.0 ~ 2.5	2.3 ~ 2.8	2.7 ~ 3.0
3	钢筋混凝土结构房屋[①]	3.0 ~ 4.0	3.5 ~ 4.5	4.2 ~ 5.0
4	一般古建筑与古迹[②]	0.1 ~ 0.3	0.2 ~ 0.4	0.3 ~ 0.5
5	水工隧道[③]	7 ~ 15		
6	交通隧道[③]	10 ~ 20		
7	矿山巷道[③]	15 ~ 30		
8	水电站及发电厂中心控制室设备	0.5		
9	新浇大体积混凝土[④] 龄期：初凝 ~ 3d 龄期：3 ~ 7d 龄期：7 ~ 28d	2.0 ~ 3.0 3.0 ~ 7.0 7.0 ~ 12		

注：1. 表列频率为主振频率，指最大振幅所对应波的频率。
　　2. 频率范围可根据类似工程或现场实测波形选取。选取频率时也可参考下列数据：硐室爆破小于 20Hz；深孔爆破 10 ~ 60Hz；浅孔爆破 40 ~ 100Hz。
　　① 选取建筑物安全振速时，应综合考虑建筑物的重要性、建筑质量、新旧程度、自振频率、地基条件等因素。
　　② 省级以上（含省级）重点保护古建筑物与古迹的安全允许振速，应经专家论证选取，并报相应文物管理部门批准。
　　③ 选取隧道、巷道安全允许振速时，应综合考虑构筑物的重要性、围岩情况、断面大小、埋深大小、爆源方向、地震振动频率等因素。
　　④ 非挡水新浇大体积混凝土的安全允许振速，可按本表给出的上限值选取。

为了减少爆破对环境的影响，国外发明了岩石隧道全断面掘进机（简称 TBM）和悬臂式掘进机。TBM 掘进机，使隧道掘进速度加快，效率提高，大大减轻劳动强度，最高月进度达到 1km 以上。此外，采用隧道掘进机还有施工安全、开挖面平整、超挖小、节约衬砌混凝土、没有爆破振动、对围岩振动破坏小等优点。但在较短的隧道中使用是不经济的，一般要求隧道长度与直径之比大于 600、岩石单轴饱和抗压强度为 60 ~ 250MPa 时才适用。隧道掘进机对有溶洞、断层的地层适应能力差，因此在选用前应对工程地质进行详细调查。

对于较软的岩石也可使用机械带锯预切槽法及排钻预切槽法形成爆破隔振层。

3. 初期支护

围岩开挖后应立即进行必要的支护，并使围岩与支护尽量密贴，以稳定围岩。围岩条件比较好时，可简单支护或不支护。采用喷射混凝土、锚杆作为初期支护时的施工顺序，一般为先喷射混凝土后打锚杆；围岩条件恶劣时，则采用初喷射混凝土→架钢支撑→打锚杆→二次喷射混凝土。锚杆杆位、孔径、孔深及布置形式应符合设计要求，锚杆杆体露出岩面的长度不宜大于喷混凝土层厚度，锚杆施工质量应符合有关规范要求。

对有水地段的锚杆施工经常采取以下措施：如遇孔内流水，可在附近另钻一孔，再设锚杆，也可采用管缝锚杆；或采用速凝早强药包锚杆；或采用管形锚杆并向围岩压力注浆等。

初期支护是新奥法施工的重要环节之一，有关工艺技术将在后面一并介绍。

6.5　浅埋暗挖法施工

6.5.1　松散地层的浅埋暗挖法施工

近年来，采用浅埋暗挖法施工的地铁工程已越来越多，它的优越性也越来越明显，目前已经成为城市地下工程施工常用的方法之一。

浅埋暗挖法是在新奥法的基础上，针对城市地下工程的特点发展起来的。城市浅埋地下工程的特点主要是：覆土浅、地质条件差（多数是未固结的土砂、黏性土、粉细砂等）、自稳能力差、承载力小、变形快，特别是初期变形增长快，稍有不慎极易产生坍塌或过大的下沉，而且在隧道附近往往有重要的地面建筑物或地下管网，给施工带来严格的要求等。浅埋暗挖法是以超前加固、超前支护软弱地层为前提，采用足够刚性的复合式衬砌（由初期支护和二次衬砌及中间防水层所组成）为基本支护结构的一种用于软土地层近地表隧道的暗挖施工方法。它以施工监测为手段，指导设计与施工，保证施工安全，控制地表沉降。在应用范围上，不仅可用于小断面隧道（如地铁区间隧道、管线网隧道），也可用于大跨、多跨、多层结构的修建。在结构形式上，不仅有圆拱曲墙、大跨度平拱直墙，还有平顶直墙等形式。在与其他施工方法的结合上，有浅埋暗挖法与盖挖法的结合，还有与半断面插刀盾构的结合。近年来我国隧道工作者将浅埋暗挖法应用到一些不良地质地段和极其困难的施工环境中，取得了宝贵的经验。

与其他施工方法相比，浅埋暗挖法具有许多特点。

1）适用于各种地质条件和可降水的含水地层条件。

2）具有适合各种断面形式（单线、双线及多线、多层等）和变化断面（过渡段、多层断面等）的高度灵活性。

3）通过分部开挖和辅助施工方法，可以有效地控制沉降变形和坍塌。

4）与盾构法相比较，在较短的开挖地段使用，也很经济。

5）与明挖法相比较，可以极大地减轻对地面交通的干扰和对商业活动的影响，避免大量的拆迁。

6）从综合效益观点出发，是一种比较经济的施工方法。

7）以人工施工为主，作业环境差，施工管理难度大。

1. 施工的基本原则

1）管超前：指采用超前管棚或小导管注浆等措施先行支护及加固，实际上就是采用超前的各种手段，提高掌子面的稳定性，防止围岩松弛和坍塌。

2）严注浆：开挖支护后，立即对周边围岩进行压注水泥浆或其他化学浆液，填充围岩空隙，使隧道周围形成一个具有一定强度的支护壳体及掌子面加固体，以增强围岩的自稳能力。

3）短开挖：指一次注浆，多次开挖，即限制一次进尺的长度，减少对围岩的松动。

4）强支护：指在浅埋的松软地层中施工，初期支护必须十分牢固，具有较大的刚度，以控制开挖初期的变形。

5）快封闭：指施工中，各分部必须采用临时仰拱封闭，开挖一环，封闭一环，提高初期支护的承载能力。

6）勤量测：指对隧道施工过程进行经常性的量测，掌握施工动态，及时反馈，及时修正支护和施工参数。

2. 地层预加固和预支护技术

在城市地下工程浅埋暗挖法施工中，经常遇到砂砾土、砂性土、黏性土或强风化基岩等不稳定地层。这类地层在隧道开挖过程中自稳时间短暂，隧道开挖工程中往往引起较大的地面沉降，初期支护也往往未来得及施作，或喷射混凝土还未获得足够强度时，拱墙的局部地层已经开始坍塌。为此需要采用地层预支护和预加固方法，来提高地层自稳能力，减小地表沉降。目前我国采用较多的预支护手段为小导管超前注浆和管棚。在国外行之有效的水平旋喷预支护和预切槽支护，已在国内试验成功并开始应用。

（1）小导管超前支护　这是在地下工程施工中常采用的方法。注浆小导管采用 $\phi 38 \sim \phi 50$mm 的焊缝钢管制成，导管沿上半断面周围轮廓线布置，间距 0.2~0.3m，仰角控制在 10°~15°，如图 6-44 所示。

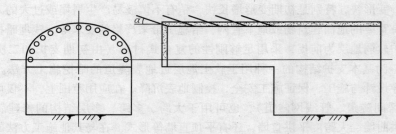

图 6-44　小导管注浆施工示意图

注浆小导管管头为 10°~30° 的锥体，管长 3~5m，并应大于循环进尺的 2 倍，其中端头花管长 2.0~2.5m，花管部分钻有 $\phi 6 \sim \phi 10$mm 的孔眼，每排 2 个孔，交叉排列，间距 10~20cm。注浆小导管可用液压钻机或风钻打入。

注浆材料及配合比应根据地质条件和施工要求，通过现场试验确定。多采用水泥浆或水泥-水玻璃浆液。主要用于渗透系数大于 10^{-4}cm/s 的填土层、砂土层和夹砂的黏土层；对于渗透系数小于 10^{-5}cm/s 的细砂层可采用化学浆液（聚氨酯类、丙烯酰胺类）。在北京砂性土中曾采用过水泥-水玻璃双液浆，水胶比控制在 0.8:1~1:1，水玻璃浓度 35~40°Bé，水泥浆与水玻璃浆的体积比为 1:0.6~1:1，凝胶时间在 1min 左右。经过注浆，在浆液扩散范围内，砂石均被胶结，7d 抗压强度可达到 0.5~1.5MPa。在隧道轮廓线以外，形成一个厚 0.3~0.5m 的硬壳。提高了施工安全条件，减小了地表沉降，方便了初期支护的锚杆喷射混凝土作业。

控制注浆压力是这项作业的又一重要技术环节。注浆压力应根据地质条件、周围建筑物情况及施工要求，通过现场试验确定，一般控制在 0.3~0.7MPa 之间。

（2）开挖面深孔注浆　在含水砂层、软塑或流塑状黏土、淤泥质地层中，因注浆小导管加固范围有限，掌子面地层不稳，故一般采用开挖面深孔注浆。一次注浆长度 10~15m，注浆孔间距 0.5~1.0m，注浆压力 0.7~2.0MPa，如图 6-45 所示。注浆管可采用钢管，也可采用玻璃纤维锚管。水泥浆的配合比及注浆压力通过现场试验确定，其工艺流程如图 6-46 所示。

注浆量应根据地层孔隙率确定，一般可按照下式计算

$$Q = \pi R H n \beta \alpha$$

式中 Q——浆液注浆量（m^3）；

　　　R——浆液有效扩散半径（m）；

　　　H——注浆段长度（m）；

　　　n——土体孔隙率（或岩体裂隙率）（%），土、砂土 $n = 30\% \sim 60\%$；

　　　β——浆液充填率：$\beta = 0.3 \sim 0.9$，土、砂土 $\beta = 0.3 \sim 0.5$；

　　　α——超耗系数（含超注量、冒浆、损耗等），$\alpha = 1.2 \sim 1.5$。

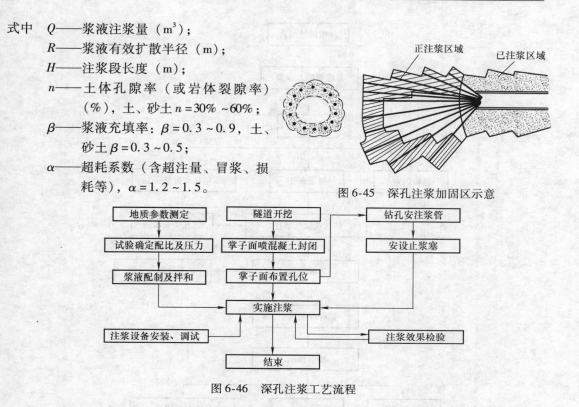

图 6-45 深孔注浆加固区示意

图 6-46 深孔注浆工艺流程

（3）大管棚超前支护　当地下工程隧道通过自稳能力很差的地层，或地表通过车辆荷载过大，威胁施工安全，或邻近有重要建筑物时，为防止由于地下施工造成坍塌或超量的不均匀下沉，往往采用大管棚超前支护。这是近年来我国在地下工程施工中采用较多的预支护之一，虽然技术复杂、造价较高，但能有效防止坍塌。

所谓管棚超前支护，就是把一系列直径为 70～250mm 的钢管，沿隧道外轮廓线或部分外轮廓线，顺隧道轴线方向依次打入开挖面前方的地层内，以支撑来自外侧的围岩压力。管棚排列的形状可依据工程需要及断面形式确定。而管棚设置的范围、间距、管径则应根据工程地质和水文地质条件以及隧道的埋置深度等因素确定。管棚间距多为 40～60cm，管棚长度不宜小于 10m，纵向两组管棚的搭接长度应大于 3m。

管棚施工的工艺流程，如图 6-47 所示。

由于每组管棚应有一定搭接长度，每次钻设管棚时移机定位等也费工费时，所以每组管棚长度应长些才经济。但是管棚越长，钻设精度越不易保证，对钻机要求也越高。管棚施工多用钻机引孔，钻孔时有设套管和不设套管两种，设置套管钻孔精度较高。目前我国矿山机械制造厂家开发的土星系列、金星系列等专用管棚钻机可提高钻孔精度。直接将管棚打入地层的方法导向较难控制，多用在处理塌方时结合注浆加固地层。

近年来不少单位在研究开发或引进长管棚导向控制设备。首都机场在飞机滑行道下方修建地下通道时，需要钻设 142m 长，$\phi 325mm \times 10mm$，总数 23 根的超长管棚。施工单位先用 FDP-15B 水平钻机，$\phi 60mm$ 钻头，前端装导向专用钻头，在地面用导向仪全程监控，随时纠偏。从一端到另一端全程打通后，然后先后换上 $\phi 200mm$ 及 $\phi 380mm$ 钻头扩孔两次。最后将焊接好的 $\phi 320mm$ 钢管拖拉入孔就位。这一办法在地面空旷（如街道下方）时较合适，若穿越建筑物下方，地面导向仪操作会有障碍，则需采用孔内有线导向仪。

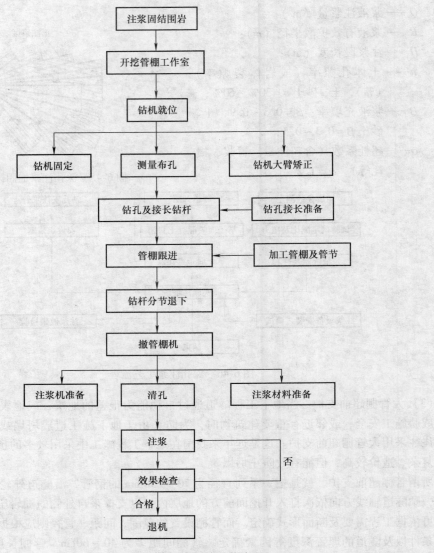

图 6-47　管棚施工的工艺流程

　　管棚的纵向加固作用是明显的，为了实现"纵向成梁、横向成拱"的理想空间加固效果，也避免泥水从管棚之间的空隙流入坑道，一般都要在管棚内注浆加固地层。有的从管棚壁上开孔注浆，有的在管棚之间另加小导管注浆，以保证效果。在地层更坏的淤泥等地层，在管棚之间用导槽或导管连接，使管棚的刚度大大增强，横向形成管拱（或管幕）使空间支护作用明显，还可有效防止泥水流入。管拱钢管咬合方式如图 6-48 所示。这时第一根打入管的中心和高程是关键，它起到导向作用，必须精确安装。

　　（4）水平旋喷超前预支护

　　1）水平旋喷技术研究应用概况。20 世纪 70 年代初，竖直旋喷技术已成功地应用于多种地层条件下的加固及防渗止水，并显示其优越性。若在某些条件下适于高压旋喷注浆，但竖直钻孔不可能时，人们自然想到用水平或倾斜钻孔旋喷。日本和意大利是研究开发水平旋喷技术较早的国家，意大利于 1983 年首次将水平旋喷技术用于隧道预支护。日本于 20 世纪 80 年代初制定了

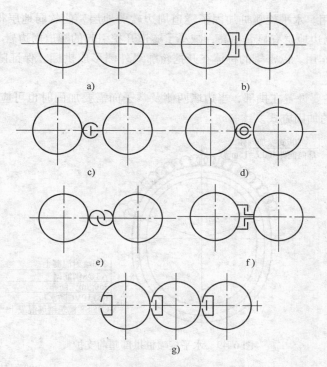

图 6-48　管幕钢管咬合方式
a）无连接件　b）导槽和 T 字形　c）管和 T 字形　d）双管
e）管和管　f）双 T 字形　g）导槽和 T 字形

应用水平旋喷的 CCP-H 工法，以后又发展为 RJFP 工法和 MJS 工法，在软弱松散不良地层的隧道中成功地进行预支护和预加固。水平旋喷施工步骤如下：①钻机定位；②按设计深度钻出旋喷孔；③自孔底喷射浆液，边喷、边转动、边后退，形成固结体；④喷毕，拔出喷头，将木塞塞入孔口，制止浆液外流；⑤视需要可插入芯材（如钢筋或钢管），以提高固结体的抗弯折能力。

我国铁道科学研究院 1987 年曾在内蒙古做过水平旋喷试验。石家庄铁道大学从 1994 年开始，在原铁道部科技发展计划支持下，立项开展水平旋喷机研制及水平旋喷技术研究。先后在黏土和松散砂层做过 4 次工艺试验及一系列测试，与工厂合作研制出 TGD-SD 型水平钻孔旋喷机，并在神延铁路两座隧道中实际应用，预支护及加固效果良好。在此基础上编制出水平旋喷工艺规则。此项目于 2004 年 8 月通过原铁道部的鉴定，认为技术先进可以推广使用。

深圳地铁一期工程大剧院—科学馆区间隧道穿越残积层和全风化花岗岩，并有流塑状饱和黏土层侵入的地层，在该区成功地运用水平旋喷桩对地层进行预支护及加固。施工前后做了一系列试验和分析，一致的结论是：除了在地层中凝固成一定尺寸、一定强度的固结体外，固结体周围土体也受到挤压和固结，物理力学性能得到相应改善。

2）水平旋喷的作用及钻孔布置。其原理是以高压泵为动力源，通过水平钻机钻杆前的喷嘴把配制好的有固结作用的浆液高压喷射到土体内，喷嘴边喷射边旋转，强制土颗粒与浆液搅拌混合。待浆液凝固后，形成水平圆柱状水泥土固结体，即水平旋喷桩，当旋喷桩相互咬合后，便以同心圆形式在隧道拱顶及周边形成封闭的水平旋喷帷幕体，起到防流砂、抗滑移、防渗透及预支护的作用。

① 隔水防渗作用。由于水平旋喷桩对隧道周边软弱地层的挤压固化作用，在隧道的周边超前形成水平旋喷帷幕体，提高了土体的抗渗能力，对地下水起到隔水帷幕的作用。

② 加固围岩作用。水平旋喷桩加固了隧道周边软弱地层，使软弱地层得到改良，固结体的强度和自稳能力比周边地层有显著提高，减小了隧道开挖引起的隧道周边岩、土体的收敛量。

③ 开挖预支护作用。以密排的桩体在开挖轮廓线外侧形成拱棚，保证隧道掘进施工安全和减小地面下沉。

水平旋喷桩体主要设置在拱部，当边墙两侧及掌子面需要加固时也可应用，图6-49和图6-50所示为深圳地铁的加固方式。

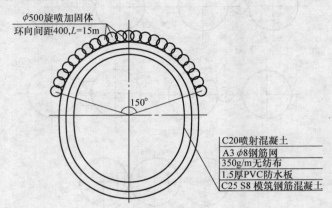

图 6-49 水平旋喷桩拱部超前支护

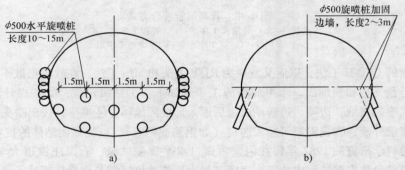

图 6-50 水平旋喷桩加固边墙及掌子面示意图
a）纵向水平旋喷桩加固边墙 b）斜向水平旋喷桩加固边墙

桩体采用密排 φ500mm 水平旋喷桩，环向间距400mm，为弥补旋喷桩咬合的施工误差，在咬合旋喷桩的界面交接处以 φ42mm 小导管注浆补充和加强。

④ 水平旋喷的技术要点。

a. 主要参数的确定。由于水平旋喷的机理及影响因素比较复杂加之实践经验还不丰富，故各参数宜先据经验类比确定，通过试喷及施工中再校正。

钻孔长度取决于隧道断面的大小、开挖进程、地层条件及钻孔机性能，后者常起制约作用。日本工法是钻13m，喷10m，前后环节搭接1.0～1.5m。深圳地铁是钻15m，神延铁路试验时钻到17m。就目前钻机性能，若孔深超过18m，钻机精度恐难保证。

固结体强度取决于地层物理力学性能及浆液配比。砂层、风化岩层旋喷固结体强度高于黏土层固结体。固结体强度比原状土提高几十倍、上百倍。一般都应试喷，取样做试验以确定本工程的数据。

固结体直径取决于土层性质、喷浆压力及喷嘴运动速度，目前采用的单管旋喷，要使固结体直径达到 500m 左右，喷浆压力必须在 22MPa 以上。

　　浆液配比有水泥浆液及混合浆液两种。水泥浆液固结体强度较高，但固结较慢。为了加快固结，使旋喷尽快发挥作用，常用水泥＋水玻璃浆液，但后期强度稍有影响。通常在每次喷射前都要作固结时间的测试。

　　b. 主要设备及布置。旋喷预支护所需的机械设备主要由 3 大部分组成：第 1 部分为旋喷钻机，其主要作用为钻孔及旋喷，要求移动、安装、操作方便，定位精确，工作稳定，能适应地下净空要求。第 2 部分为高压泵，其主要作用是提供旋喷浆液所需的高压，要求能产生 20MPa 以上高压浆液，最好能稳定在 25MPa 以上。若用双浆液，高压泵也应是双浆液泵。第 3 部分为浆液制备所需的设备，主要包括搅拌桶及储浆罐。由于隧道施工空间较狭小、细长，因此将机具设备按其功能一字排列，具体布置如图 6-51 所示。

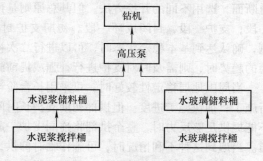

图 6-51　机具布置

　　c. 施工流程及各工序操作要点。水平旋喷桩的施工流程如图 6-52 所示。

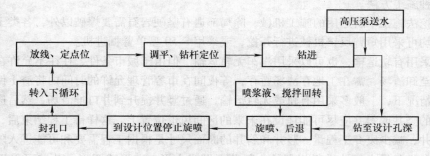

图 6-52　水平旋喷桩的施工流程

　　各工序的操作要点如下：

　　a. 准备工作。隧道采用台阶法施工，上台阶底部设在钻机能钻设最高孔的底座水平。准备工作主要包括以下几个方面：按设计高程开挖出工作面，平整工作平台，并预留各机具设备位置；在旋喷工作面给出隧道中线和上台阶地面高程，标出拱顶开挖线最高点；在上台阶设计高程按钻机工作要求平整地面，安设底座并作好钻机移动设施。

　　按场地布置图将钻机、高压泵及其他机具就位。

　　b. 旋喷浆液制备。按设计配合比（曾采用过 1:1 水泥浆液和 15°Bé 水玻璃浆液）分别制备旋喷所需的水泥浆及水玻璃浆液，浆液搅拌时间大于 2min。

　　c. 旋喷机定位。按预先计算好的每孔控制点高程及偏角用经纬仪校正，使钻机精确定位。

　　d. 钻孔。为减少中途装卸钻杆时间，在钻机后方先将每根钻杆接成大于钻孔深度的长钻杆，一次钻到孔底，再连续旋喷退出。

　　e. 旋喷。当钻进到设计深度时开始旋喷。为了保证端头旋喷质量，先旋喷 0.5min 后再开始后退，后退时旋转速度调整到 20r/min，旋喷端头 3 根杆时，后退速度为 15~18cm/min，以后几根杆为 20cm/min。每孔旋喷到距孔口 1.5m 左右时停止旋喷，退出钻头后立即用木塞堵住孔口，以防浆液外泄。

　　f. 清洗管路。旋喷完一个孔后，立即用清水清洗高压泵及输浆管路，以免浆液凝固堵塞管路，喷嘴喷出清水时停止。

g. 废浆液处理。为防止废浆液泡软拱脚及掌子面，在工作平台前端及中央开挖一排浆沟，使浆液流到下台阶，沿水沟排出洞外。

3. 隧道土方开挖

在松散不稳定地层中采用浅埋暗挖法开挖作业时，所选用的施工方法及工艺流程，应保证最大限度地减少对地层的扰动，提高周围地层自承作用和减少地表沉降。根据不同的地质条件及隧道断面，选用不同的开挖方法，但其总原则是预支护、预加固一段，开挖一段；开挖一段，支护一段；支护一段，封闭成环一段。初期支护封闭成环后，隧道处于暂时稳定状态，通过监控量测，确认达到基本稳定状态时，可以进行二次衬砌的混凝土灌注工作。如监测结果表明支护有失稳的趋势时，则需及时对支护进行补强或提前施作二次衬砌。

当周围地层稳定性较好时，可采用长台阶半断面施工方法，这时施工机械可布置到上台阶进行施工，加快施工进度。但拱部初期支护长时间无法封闭，当拱部地层压力较大，拱脚部位土体不能提供足够反力时，整个拱部将连同支护一起下沉，严重时拱脚部位土体将产生滑移，涌入隧道。当遇到这种不利情况时，可施作临时仰拱，形成半断面临时闭合结构，促使地层稳定。临时仰拱的安设与拆除必然将增加工程量，增大工程费用。因此，当土体稳定性并不十分可靠时，要慎重选用这种施工方法。

浅埋暗挖法施工中所选用的施工机械，除局部遇有坚硬岩石需要爆破以外，各类土层或严重风化的基岩均可采用短臂反铲机械进行开挖，或采用 S-50 型单臂掘进机。

出渣可采用有轨运输，也可以采用汽车无轨运输。但由于城市条件，往往不允许在白天用汽车将渣土运至卸渣场，需在工地存渣场暂存，等夜间在市容管理允许的时间内将渣土倒运至卸渣场。在这种情况下，一般多采用有轨或无轨运输，通过竖井提升到井口堆渣场，然后进行倒运。

施工用的竖井或斜井应尽可能地设在未来的区间风道位置上，这样待工程结束后，便于将其改建成通风井，减少废弃工程量。竖井和斜井的断面尺寸是根据工程需要和可能进入隧道内的最大部件或机具设备最大尺寸进行规划的。竖井可做成方形、矩形或圆形。井壁可采用地下连续墙、现浇模注混凝土或钢架锚喷混凝土，根据工程地质条件、工程需要和施工单位具有的施工经验确定。

隧道开挖轮廓线是根据隧道设计轮廓尺寸、施工误差及最大变形量而定的，施工中要严格控制开挖轮廓线，防止超挖，但是不得欠挖。当采用机械开挖时，沿轮廓线预留 10cm 人工找平层，用手工修边。

为保证区间隧道中线及水平标高准确无误，应加强施工测量工作。当有两个工作面相对开挖时，往往难以避免出现贯通误差，所以在接近贯通时，两侧应加强联系，统一指挥，待接近 20m 左右时，其中一个工作面停止开挖，由另一个工作面实现贯通，便于逐步调整中线及水平标高。

4. 初期支护

在软弱破碎及松散、不稳定的地层中采用浅埋暗挖法施工时，除需对地层进行预加固和预支护外，隧道初期支护施作的及时性和支护的刚度和强度，对保证开挖后隧道的稳定性、减少地层扰动和地表沉降，都具有决定性的影响。在诸多支护形式中，钢架锚喷混凝土支护是满足上述要求的最佳支护形式。

（1）喷射混凝土　喷射混凝土是借助喷射机械，利用压缩空气或其他动力，将一定配合比的拌合料通过管道输送并高速喷射到受喷面上，凝结硬化而成的一种混凝土。

喷射混凝土在高速喷射时（速度可达到 70m/s），水泥和集料反复连续撞击而使混凝土密实，故可采用较小的水胶比 0.4~0.5，以获得较高的强度和良好的耐久性。特别是与受喷面之间具有一定的粘结强度，可以在结合面上传递拉应力和剪应力。对于任何形状的受喷面都可以良好地结合，不留空隙。喷射混凝土拌合料中加入速凝剂后，可使水泥在 10min 内终凝，并很快获得强度，承受外界荷载，约束周围土体变形。

（2）锚杆 目前，锚杆的种类很多，据统计有 600 多种。浅埋暗挖法中常用的锚杆是有预应力或无预应力的砂浆锚杆或树脂锚杆。锚杆杆体由热轧钢筋制成，锚杆灌浆的水泥砂浆，其胶集比为 1:1～1:2，水胶比为 0.38～0.45。对水泥品种的要求与喷射混凝土相同，宜采用不低于 42.5 级普通硅酸盐水泥。砂子宜用中砂，采用后灌浆工艺时最大粒径应控制在 1mm；采用先灌浆工艺为 3mm。锚杆杆体的抗拉力不应小于 150kN。锚杆用的水泥砂浆强度不低于 M20，应密实灌满。锚杆必须安装垫板，垫板应与喷混凝土面密贴。

（3）钢架 在土层中采用浅埋暗挖法，由于地层开挖后的自稳时间短，而且对地表沉降控制要求严格，故在锚喷支护中钢拱架支撑是必要的。

钢架支撑的作用主要是在喷射混凝土还未达到必要强度以前，承担地层压力及约束地层变形。钢拱架支撑既是临时支撑也是永久支护的一部分。

钢拱架支撑按照材料可分为两大类：第一类是型钢拱架支撑，包括工字钢支撑、钢管支撑、H 型钢支撑、U 型钢支撑等；第二类是格栅拱架支撑。型钢拱架支撑的截面大、刚度大，能承受比较大的荷载，但是型钢拱架背后的喷射混凝土很难充填密实，这将影响支护效果和型钢拱架寿命。型钢拱架质量大，制作安装比较困难。格栅拱架，又称为格构钢拱架，由 3～4 根 φ18～φ22mm 的热轧钢筋焊接而成，质量小，便于制作、运输和安装。钢筋组成的格栅钢拱架具有足够的支撑刚度和强度，而且与混凝土接触面大、结合好，能够共同变形、共同受力，不会出现型钢拱架那样的收缩裂缝。格栅拱架中间空隙大，不会出现背后混凝土不密实的现象。再有一个优点就是造价低。目前，浅埋暗挖法施工中，较多使用的是格栅钢拱架。

5. 二次衬砌

（1）基本要求 在浅埋暗挖法施工中，一般情况下，二次衬砌可在围岩和初期支护变形基本稳定后施作，但在松散地层浅埋地段，宜及时施作二衬。通过监控量测，掌握初期支护及工作面动态，提供信息，指导二次衬砌施作时机，这是浅埋暗挖法施工与一般隧道衬砌施工的主要区别。其他灌注工艺和机械设备与一般隧道衬砌施工基本相同。

二次衬砌施工前应做好以下几点：

1）核对中线、水平、断面尺寸，所有检测数据均应符合设计要求。

2）为确保衬砌不侵入限界，允许放样时将设计外轮廓线尺寸扩大 5cm，作为施工误差及模板拱架的预留沉落量。

3）隧道断面和地质条件变化的交界处，应设沉降缝；洞口附近应设伸缩缝，对变形缝及施工缝均应作防水处理。

4）钢筋混凝土衬砌的钢筋保护层厚度应符合设计要求。

（2）衬砌模板 二次衬砌模板可采用临时木模板或金属定型模板，更多情况则使用衬砌台车，因为地下结构（如地铁区间隧道）的断面尺寸基本不变，便于使用衬砌台车，加快立模及拆模的速度。

衬砌所使用的模板、墙架、拱架均应式样简单、拆装方便、表面光滑、接缝严密。使用前应在样板台车上校核。重复使用时，应随时检查并整修。

（3）混凝土的浇筑与捣固 混凝土浇筑以前，应做好地下水引排工作，基础部位的浮渣、积水应清除干净，不允许带水作业。

浇筑混凝土时，自由落高不得超过 2m，应按搅拌能力、运输距离、浇筑速度、振捣等因素确定一次浇筑厚度、次序、方向，分层施工。一般情况应保持连续浇筑，允许间隙时间应符合表 6-16 要求。

表 6-16　灌注混凝土允许间隙时间

灌注时气温/℃	允许间隙时间/min	
	普通硅酸盐水泥	矿渣及火山灰水泥
20～30	90	120
10～20	135	180
5～10	195	—

注：1. 未考虑外加剂等特殊施工措施。
　　2. 仍应考虑混凝土本身的温度。

捣固所用振捣器的振幅、频率、振动速度等参数，应视混凝土的坍落度及集料粒径而定。

（4）浇筑施工的工艺要求

1）浇筑二次衬砌混凝土应尽可能采用混凝土输送泵。

2）应尽可能采用整环灌注的施工安排。当混凝土浇筑至墙拱交界处时，应间歇约 1h，以便于边墙混凝土沉实。拱圈封顶时，应随拱圈浇筑及时捣实。

3）所有施工缝应凿毛，按设计要求埋设遇水膨胀止水橡胶条进行防水。

4）振捣时，振捣器不得接触防水层及模板，且每次移动距离不宜大于振捣器作用半径的一半。

5）混凝土的拆模强度应符合设计要求。

6）养护方式应经济合理，如表面定期浇水、铺塑料薄膜或喷涂有机树脂等养护剂。

7）隧道拱、墙背后空隙必须回填密实，如达不到要求，可采用背后压浆回填。

6.5.2　不良地质及困难条件下修建地铁隧道的若干实例

近几年我国在用矿山法修建城市地铁工程实践中，遇到过不少地质条件极为恶劣、施工环境条件极为困难的工点。工程技术人员发挥了创造性精神，将新奥法原理与工程实际相结合，成功地完成任务，这些宝贵经验值得借鉴。

1. 软～流塑状淤泥地层并在地面楼群下的地铁施工

南京地铁珠江路站至鼓楼站区间，长 303m 段穿越软～流塑状淤泥质地层，该地层具有高压缩性、高灵敏度，强度低，易产生蠕动，地下水丰富，又极难排水疏干，围岩基本无自稳能力。该地层条件下，近 100m 段穿越地面建筑楼群（见图 6-53），该楼群 2～7 层的房屋，均为 20 世纪 70～80 年代的建筑，基础均为条基，砖混结构，抵抗基础不均匀沉降能力低。各办公、营业和居住大楼不能搬迁，须维持正常经营与居住。在繁华商业中心无法采用安全的房屋搬迁后再明挖的方法，又受区间规模较小、软～流塑地层区段较短的限制，采用盾构法施工极不经济。在这种恶劣环境下成功地修建了软～流塑状淤泥质地层中穿越地面建筑楼群下的城市地铁隧道，主要采取了下列技术

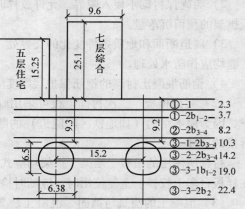

图 6-53　综合楼和 1# 住宅楼
与隧道的关系剖面图（单位：m）

措施：

（1）确定了地面建筑物的允许地表沉降　以《建筑地基基础设计规范》规定的基础允许的不均匀沉降为基础，结合隧道工程本身特点，即隧道埋深、断面大小、地质状态和施工方法等，根据地面沉降槽曲线规律，结合地面楼房状态和强度现状，确定了该工程楼房地基基础允许的地表沉降值为 30 ~ 48mm。

（2）大、小管棚结合超前预支护和方案定量优选　本工程可供选择的预支护方案有大、小管棚结合超前预支护，水平旋喷拱棚超前预支护和水平冻结超前预支护等方案。经对各方案的造价、控制地表沉降的效果、技术的可行性及可靠性、工期、施工难易程度及对环境的影响等指标进行定量和定性分析，以多目标模糊决策理论，进行了预支护方案的多目标优化决策。最后确定以大、小结合管棚作为该工程的超前预支护。

大管棚超前支护，采用 φ108mm 钢管，环向间距 0.3m，管棚长 18m，搭接长度 4m，如图 6-54 所示。大管棚注浆材料为 42.5 级水泥-水玻璃双浆液，水玻璃浓度为 25 ~ 35°Bé，模数 2.6 以上，水泥浆水胶比 0.8:1 ~ 1:1，水泥浆与水玻璃浆体积比 1:1。

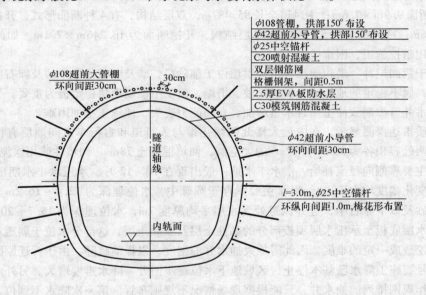

图 6-54　超前大管棚和超前小导管

工程实践证明，大管棚刚度大，一次施作距离长，小管棚注浆加大了围岩固结体范围，增大了预支护拱棚的厚度，实现了围岩的稳定；同时工法成熟、工艺简单、工效高、工期短、造价低。发挥了大管棚和小管棚的预支护的各自优点，形成了软 ~ 流塑状淤泥质地层下有效、可靠的预支护形式。

（3）软 ~ 流塑状淤泥质地层注浆加固　软 ~ 流塑状地层具有压缩性高、灵敏度高，强度低、易产生蠕动，地下水丰富，孔隙率低、透水性差的特点。而该种淤泥质粉土地层，传统的渗透性注浆及水泥注浆材料可注性差，注浆效果难以保证。根据本工程的特点，进行了大量的浆材选择和配比室内试验，选择了 HC-T 凝结时间可调的高强早凝水泥作为主要注浆材料，以高压劈裂分段后退注浆方式进行围岩加固注浆，注浆有效扩散半径 0.75m，形成了注浆孔周边渗入和压密的浆液固结体以及较大范围的浆脉固结体，有效地加固了围岩、挤出疏干了地下水，掌子面稳定，减少了地表沉降量。

（4）系统完整的信息化施工　施工中成立了专门的监测及信息反馈队伍，制订了科学严密的安全量测实施计划，在本段施工过程中，针对软流塑地层高压缩性、地面建筑物密集等一些施工难点，共布置了近 2000 个测点进行了地表沉降、拱顶沉降、净空收敛等量测项目的监测，收集了大量的监测资料，及时掌握了各过程中的动态，有效地指导和控制了施工过程，保证了施工及地面建筑物和管线的安全。

2. 松散含水地层邻楼大断面浅埋洞室施工

（1）工程概况及难度　北京地铁 1 号线王府井站西南风道位于东长安街下，其出口在北京饭店对面，中国远洋运输总公司和长安俱乐部大楼之间夹道中，所处位置极为显要，施工场地极为狭窄。风道结构距中远公司大楼 3.0m，该楼高 6 层，砖混结构；距长安俱乐部大楼 4.5m，该大楼 8 层，混凝土结构。风道西侧有 2 根 ϕ50mm 煤气管线，距结构 0.5m。隧道开挖及降水对附近建筑物及地下管网的影响不可忽视。结构覆土内部有一根 ϕ40mm 污水管道，因年久失修，已渗漏严重。

风道由竖井、主风道、冷风机房、污水泵房和联络通道及排污专用竖井组成。其中竖井深 22m，开挖断面 9.9m×7.6m；主风道全长 95.487m，双层结构，有 4 种断面形式，开挖最大断面 13.1m×12.6m；冷风机房长 52.096m，单层结构，开挖断面为 10.246m×7.1m。如此特大断面的浅埋洞室用暗挖施工，困难极大。

风道处于第四纪冲、洪积地层，结构拱顶位于细砂层，墙及底板处于中砂及卵石层中，围岩级别为Ⅵ级，属不稳定的地质体，极易松散、坍塌，施工中控制地层稳定极为重要。另外，由于污水管和下水井管渗漏致使土质含水量增加，自稳能力丧失，使施工更加困难。

根据地质雷达探测显示，在中远大楼北侧绿化带与人行道和自行车道间地层有很多大小空洞，其中有两处容积各为 36m³ 和 42m³ 的大空洞，回填混凝土 78m³，回填注浆用水泥 210t。

地下水主要靠侧向径流补给，潜水丰水期一般出现在 10～12 月，承压水丰水期出现在 1～2 月，其水位变化幅度均大于 1m。潜水主要赋存于圆砾中，水位埋深为 12.4～16.2m。承压水主要赋存于中砂及以下卵石中，竖井风道处含水层平均厚度 7m，水位埋深为 15.7～20.4m。夹层水存在于潜水层底板至承压水层顶板部分的黏性土层及亚黏土层，这部分水位于弱透水层，水量小，但给开挖造成一定的难度，因此需加大抽水井的密度，以提前疏降。由于拆迁原因，风道竖井开工时 1 号线施工降水已基本停止，区域地下水位逐步回升，降水难度增大。另外由于场地狭窄，无法施作规则排列的抽水井，只能根据现场情况不规则布置。第一次降水不到位，第二次只能从结构内打井，降水对周围地层影响可达到 500～600m，甚至更大，因而要慎重处理降水问题。

（2）工程施工实践　施工人员坚持以科学理论分析为先导，以监控量测、信息反馈为手段，积极应用施工新技术，成功实现了高跨大断面洞室的暗挖施工，解决了极不利条件下非规则排列的井点降水，钻孔灌注桩隔断墙对邻近楼房建筑的成功保护，有效地控制了地面沉降。在施工中未出现坍塌及涌水事故，管网线路不断裂、不渗漏，保持了地面交通和办公等各种社会活动的正常进行，保持了良好的环卫、环保条件。经验收风道工程质量上乘，全部支护、衬砌结构尺寸标准，强度高，表面平整，基本做到无渗漏水。主要技术措施有：

1）浅埋暗挖高大断面施工。上、下层进、回风道结构高 12m，最大开挖跨度达 12.6m，直边墙遵循短开挖、快支护、强支撑、早封闭、勤量测的施工原则。考虑到高跨结构的特点，采用临时中壁法并设置二道临时抑拱的三层六部开挖方法，如图 6-55 所示。其中各分部开挖再次划分为弧形开挖留核心土的二台阶。这种三层六部二台阶形式，将高跨洞室分割成了极小导坑施工，各导坑支护及时封闭，从而在松散富含地下水条件下，最大限度地减少了掌子面及边墙的涌泥、涌砂的发生，减少了洞室施工对周边地层的扰动，控制了地表的过量沉降。

2）钻孔灌注桩隔断墙对邻近楼房的保护。邻近暗挖隧道的建筑物常因过量的水平位移和不均匀沉降而导致损坏。因此，在暗挖隧道对周边地层严重影响区域内的楼房建筑基础，通常要求进行基础托换或地基加固处理。中远公司大楼侧墙距风道结构距离仅为3.0m，处于暗挖隧道对周边地层严重影响区域内。该大楼采用扩大条形基础，基础埋深浅，砖混凝土结构，建筑结构可靠性低。根据楼房结构和人员办公的实际情况，采用钻孔灌注排桩隔断墙，如图 6-56 所示。

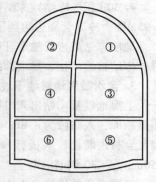

图 6-55　风道开挖施工工序分部

钻孔桩隔断墙有效地起到了洞室暗挖施工对地层扰动的隔断作用，明显减少了风道施工引起的隔断外侧的土体位移，保证了楼房建筑的安全。

3）极不利条件下非规则排列的井点降水。由于场地狭窄，无法在风道两侧布置规则的降水井，能够设置降水井的位置仅有紧邻风道结构外侧一侧及风道结构本身位置。

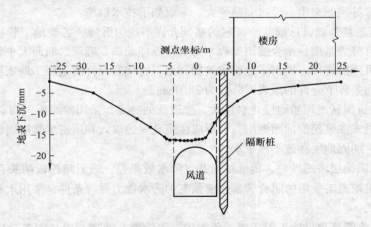

图 6-56　有隔断桩段最终地表沉降与风道、楼房结构关系

利用渗流理论对非规则排列的地面井点降水进行了深入分析。

采用洞边井点、洞内井点以及离风道结构较远的地铁 1 号线废弃井点综合井群进行降水，使得在极其困难条件下，降水至需要水位。

在降水过程中对承压水采用深井降水回灌技术，潜水采用洞内注浆堵水、排水相结合，上层滞水采用注浆挤压、封堵的技术，实现了无水施工条件，减小了降水引起的地面沉降。

（3）洞内钻机静压注浆和洞内地层竖直冻结技术及失败教训　考虑到富水砂层钻孔注浆过程中的成孔困难，在第二层底板上，利用地质钻机钻孔至设计深度后，利用钻机水龙头、钻杆及钻头出水孔直接注浆新技术。注浆孔间距 1.2m，风道结构内竖直钻孔注浆，结构外侧倾斜钻孔注浆，采用水泥水玻璃双浆速凝浆液，实现了 1.0~1.5MPa 的注浆压力。

注浆止水加固后开挖，发现涌水量仍然很大。分析其原因，掌子面前方无止水帷幕，仍然有透水面存在；在大水量并有部分活动水条件下，注入的浆液被水稀释或部分被水冲走，无法达到良好的固结效果，同时，粉细砂层密实，一般用于注浆的国产超细水泥颗粒大、可灌性差。因而在有承压水的含砂地层中静压注浆止水是极其困难的，也是难以成功的。

曾在洞内第二层分部底板上以竖直冻结孔进行地层冻结，冻结孔开孔横向间距为 900mm，排间距1000mm，每段两端横向封头隔墙横向间距450mm。

经30d积极冻结，冻结壁四周冻结厚度达到了$1.8 \sim 2.2m$，冻结体的单轴抗压强度达到了4.95MPa，冷冻管周边达到了$-30℃$。洞内竖直冻结效果良好，冻结施工本身是成功的。

地层冻结后进行隧道开挖与支护施工，因冻结方案考虑不周，维护冻结与开挖施工相矛盾，维护冻结被迫停止，导致冻结配合隧道施工失败。

3. 含水淤泥地层地下过街道的施工

上海地铁某车站出入口通道由过街段和出入口段组成。原设计为明挖施工的$7.2m \times 3.65m$矩形断面，人防段为$4.8m \times 4.25m$矩形断面。后因街道交通不能中断，改为暗挖，采用平拱直墙复合衬砌断面，底板标高不变，初期支护为C20的300mm厚格栅钢架喷射混凝土，二衬为350mm厚C30钢筋混凝土。

该通道所处地层自上而下为人工填土、褐黄色黏土、灰色淤泥质粉质黏土、灰色黏质粉土等。地下水埋深$0.80 \sim 1.10m$，在下层粉砂中还有承压水，埋深在底板面以上。

工程在含水淤泥地层中，应进行预加固和预支护，但地层可注性差，一般的注浆加固效果不稳定，传统的小导管或管棚超前预支护技术因其刚度小、管间缝隙还会流泥流水，施工洞内安全、街道地面沉降等问题突出。经过专题研究，采取如下技术措施：

1）以《建筑地基基础设计规范》规定的基础允许不均匀沉降、各类地下管接头技术标准规定的管线不均匀沉降为基础，结合隧道工程本身的特点即地质、埋深、断面大小和施工方法，确定隧道施工地面沉降槽规律，提出了地面建筑物和地下管线所允许隧道施工地表沉降值的确定方法，本工程最不利条件下允许的地表沉降值为28.0mm。

2）针对含水流塑状淤泥质地层含水量大、渗透低的特点，采用凝结时间可调的高强早凝水泥、劈裂分段后退式注浆超前加固地层，可形成注浆孔周边渗入和压密的浆液固结体以及较大范围的浆脉固结体，加固地层并疏干地下水。

3）针对淤泥质地层渗透性差，传统地面井点降水效果差，通道暗挖段两头存在施工竖井和已建车站基坑，暗挖施工采用的闭合管幕超前预支护防水能力强等条件，采用水平渗水管、注浆挤排水的降水方式。

4）创新性地将管幕顶进施工引入隧道预支护，用管棚在通道全段长距离一次施作，所谓管幕是使管棚紧密排列，管间咬合，不仅支护纵向刚度大，横向也具有较大刚度，管间不渗水、不流泥。实现隧道全包预支护，不仅隧道暗挖施工安全，更有效地控制地层位移，可实现浅埋暗挖隧道施工地面沉降30mm，隆起10mm以内的指标。

长管幕布置如图6-57所示，管棚钢管间的连接如图6-58所示，图中6-58b、c所示连接可多管同时顶入，不仅加快进度，还可减少管间接缝。

预支护管幕施工是本工程的重点，其施工步骤为：安装反力座和推进装置→钢管推进→清孔→灌注管内混凝土→封孔→工作面深孔注浆加固→进行隧道开挖。

管幕顶进系统包括后背、千斤顶系统和顶进架。系统布置形式如图6-59所示。其中，后背由竖井喷混凝土护壁和垫铁组成；千斤顶采用RR-5020型，外形尺寸为$\phi127mm \times 733mm$，顶力为50t，冲程为51cm；顶进架由定位装置和导向装置组成，采用拼装式，可实现不同顶进次序的管位定位和导向。

当顶进后背和顶进架安装完毕后，根据管幕顶进次序布置顶进千斤顶，因支撑架上各孔位已按设计图确定，导向架精确就位后同时具有定位功能。导梁与前后支架通过螺栓（支架上的栓孔位置根据管幕的分布情况，加工时预留）连接，保证在顶进过程中导梁的稳定性和方向性。上述工序结束后即可进行预支护管幕的顶进工作。

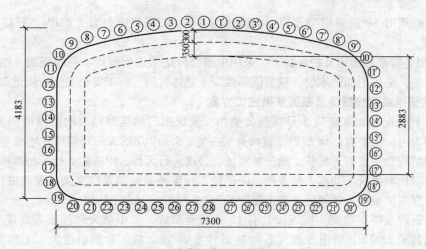

图 6-57　管幕预支护钢管布置构造

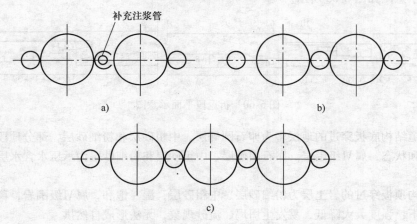

图 6-58　流塑状淤泥质地层预支护管幕管间连接

原则上管幕施作由上而下进行，具体施工时可根据施工场地和顶进设备情况视顶进要求按下列三种方式调整施作次序：方式一，单管单点序次顶入，管幕由上而下逐根施作，两侧对称进行；方式二，单管多点序次顶入，先施作定位管幕，然后由上而下施作其他管幕；方式三，多管单点序次顶入，同时施作多根（2~3 根）管幕，对称由上而下进行。根据竖井尺寸，顶进工作采用分节推入的办法，每节 6m，节间通过螺扣连接。管幕就位后，随即进行清孔工作。由于地层事先进行了预加固处理，因此可采用洛阳铲人工清孔，当人工清孔困难时，采用 MGY 型水平螺旋钻机清孔。

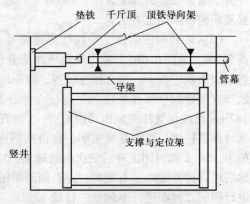

图 6-59　管幕顶进系统布置示意

管内混凝土灌注采用后退式，混凝土强度等级为 C15，混凝土输送管从孔底灌注，混凝土灌注至管口位置时，采用预先准备好的木塞封口。

管幕间连接钢管须进行补充注浆处理，以加强连接效果和管间止水性能。注浆材料可采用速凝水泥浆。选用 HC-P 高强早凝水泥，水胶比为 0.8∶1；注浆压力为 1.0MPa，分段后退式补充注浆。

5）在闭合管幕超前预支护保护下，采用中壁台阶法短进尺开挖、格栅钢架、钢筋网、喷混凝土联合支护，全包附加防水层，模筑钢筋混凝土整体衬砌，施工安全，结构质量高。

4. 地铁折返线四线隧道及断面变换施工方案

（1）工程概况　北京地铁 5 号线蒲黄榆站—天坛东门站区间经过的路段两侧建筑物林立，以居民住宅为主。主要有：18 层的蒲黄榆高层住宅，5～12 层的天坛房管所住宅楼等。区间经过的路段其他结构物主要有玉蜓桥、南护城河桥、公寓人行天桥、中医院人行天桥等构筑物，其中区间隧道与南护城河桥、公寓人行天桥、中医院人行天桥的桩基发生交叉，需要进行桩基托换；区间隧道下穿南护城河，区间隧道覆土深度约为 14～18m。本区间设有折返线，全长 477.152m，具有双向折返线及停车功能。折返段共有 12 种断面形式，其中最大开挖断面高度为 10.299m，开挖跨度达到了 23.2m。折返段施工各种断面转换 28 次，施工组织难度大、工期紧、任务重。折返段平面示意图如图 6-60 所示。

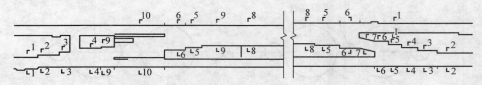

图 6-60　折返段平面示意图

区间隧道结构底板穿过的地层多为卵石圆砾层、中粗砂层和粉细砂层，部分地段为粉质黏土层，均属饱和状态，属Ⅵ级围岩。卵石圆砾层、中粗砂层和粉细砂层为承压水含水层，易发生涌水、流砂等。

隧道结构顶板穿过的岩土层为粉细砂层、中粗砂层，湿～饱和，属Ⅵ级围岩，稳定性低。在地下水作用下，强度大大降低，易发生坍塌、流砂现象，无法形成自然拱。

制约折返线施工的重、难点为：横通道进入折返线的施工方案；临时通道位置选定；折返线各大小断面转换的施工方法；3 线及 4 线隧道施工方案。本书着重介绍该工程的 4 线隧道施工步骤及断面转换施工方法。

（2）四线断面的施工　四线隧道编号 10—10 断面是折返线上最大的施工断面，宽 23.2m，高 9.2m（见图 6-61），采用双侧导洞法分部施工，即将断面分为左、中、右三大块。由于分块后断面面积仍较大，加之地层较弱，故每块又由中隔壁分成 4 部。左、右两块相当于侧壁导洞，故曰双侧导洞分部开挖法。先进行左侧导洞 1～4 部的施工，开挖前沿导洞的开挖轮廓线打设 φ42mm 超前导管注浆加固周围地层。1 部开挖应先挖两侧土，预留核心土，及时安装 1 部格栅和临时仰拱格栅，焊接连接钢筋，加设钢筋网片，喷混凝土封闭，1 部施工完成 5.0m 再进行 2 部施工，1、2 部封闭成环后依次向前施工，2 部与 3 部间隔 5.0m，3 部施工 5.0m 后进行 4 部施工。然后以同样方法施工右侧洞，左右侧洞相错 20～40m。两侧洞施工通过 4 线断面全长后，应及时进行侧洞二衬跟进，左侧壁二衬施工完成后再进行右侧导洞二衬施工。两侧导洞二衬施工完成后，中导洞 4 分部由上到下依次施工（施工步骤如图 6-62 所示）。

（3）折返线断面转换方法　折返线段共有 8 次断面转换过程。依据断面转换特点，可将其分为三类：一类为大小断面尺寸相近，可直接过渡转换，易于施工；二类为大断面向小断面转换，工序转换快，施工难度小；三类为小断面向大断面转换，转换尺寸较大，工序转换慢，施工难度大。

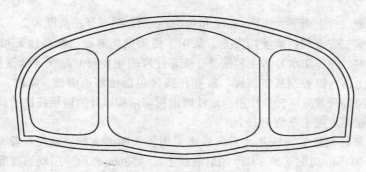

图 6-61　四线断面衬砌全图

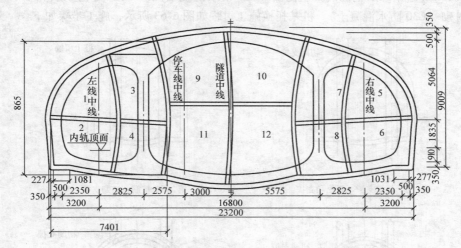

图 6-62　四线隧道双侧导洞施工工序

1）大断面向小断面转换施工方法。

方法一：大断面各分部施工完成后，测量组放样，在封闭的掌子面上标注开挖轮廓线，打设超前导管注浆加固土体后，各分部依次破除钢筋混凝土进入小断面各分部施工。

方法二：大断面上部施工至封堵端后，测量组放样，打设超前导管注浆加固土体，如大断面已经到达封堵端头的施工部分能够满足小断面分部开挖要求，小断面可在已经注浆加固的土体的保护下提前进入小断面上部施工，待大断面下部到达封堵端头，做完堵头后，再突变为小断面下分部，进行施工。

2）小断面向大断面转换施工方法。

方法一：如小断面与大断面宽度差距较小，高差较大，可先上挑小断面高度，不进行加宽处理，通过连续的上挑达到相应的高度后，再向两侧加宽达到相应的宽度。如小断面与大断面高度相近，宽度相差较大，可一次挑高到相应高度，再逐步拓宽，达到相应的宽度。此方法可减小格栅加工难度。

方法二：小断面各单元半径增加，小断面各单元均匀外扩，外扩变换中变成大断面形状，再逐步外扩，达到大断面的尺寸。此方法可以保证格栅整体的协调性。

5. 桥梁桩基隧道洞内托换技术

（1）工程概况及整体施工方案　北京地铁五号线蒲黄榆站—天坛东门站区间左线隧道穿越南护城河，同时需要截断护城河桥墩三排共 4 根桩。护城河桥为简支梁结构，共三排 12 根桩，桩为摩擦桩，桩径 800mm，埋深约 19.5m（自河床底下）。地铁隧道位于河床底下 8.8～17.0m

范围，隧道上方地层自上而下为 4.0m 粉土和 4.8m 砂层，隧道开挖高度 8.2m。

为确保地铁施工安全和桥梁使用安全，采用了桥梁设施地面、帷幕注浆和桩基托换（包括植筋、切桩、断桩、施作防水）等主要措施。帷幕注浆的主要目的是保证地铁施工时无水作业，预加固桥桩周围土体，以控制桥桩沉降。桩基托换（包括植筋、切桩、断桩、施作防水）的主要作用是逐步将桥桩荷载分解转换作用到地铁隧道衬砌结构以外的两层托拱结构体系上，保证桥梁设施安全和地铁隧道施工及使用安全。

（2）洞内桩基托换施工　桩基托换段隧道采用扩大断面支护、两层托拱和衬砌四层结构，由外向内依次为 400mm 初期支护（C20 喷射混凝土）、450mm 厚第一层钢筋混凝土托拱（C30 混凝土）、300mm 厚第二层钢筋混凝土托拱（C30 防水混凝土）、1.5mm 厚防水层和 300mm 厚钢筋混凝土衬砌（C30 防水混凝土）。桩基托换施工过程如图 6-63 所示，施工步骤如下：

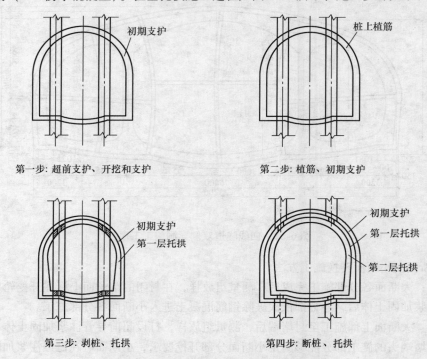

图 6-63　桩基托换施工过程示意图

1）辅助工作和施工前的准备。施工前的准备工作包括：辐射井降水、护城河围堰导流和帷幕注浆。为保证地铁施工在无水条件下进行，该地段采用了辐射井水平管降水技术，对穿越护城河段的地铁隧道施工范围进行降水施工，同时对护城河进行了围堰导流，在地铁施工段将护城河水导入铺设在河床上的封闭管道，确保地铁施工安全。采用帷幕注浆工艺有两方面作用，一是注浆止水，提高施工安全性；二是加固隧道周边桩基范围内的地层，减少隧道开挖引起的周围土体的变形，有效控制桥桩沉降。

2）初期支护和植筋。采取双层密排 $\phi 42mm$ 小导管超前注浆加固，然后以标准断面开挖轮廓外扩 950mm 为开挖轮廓，分上、下台阶开挖。

环向在桩与初期支护相交部分向桩内植 $\phi 25$ 螺纹钢筋，所植环向钢筋与支护格栅主筋焊接，形成整体，并在初期支护中架设临时仰拱和竖隔壁；沿线路纵向，使用冲击钻在桩体上钻孔，孔深 600mm，孔间距 150mm，上下两层（与格栅内外主筋对应），然后向孔内灌注锚固剂，清孔后

将 Φ25 螺纹钢筋插入孔中，尾端与格栅主筋焊接牢固，完成纵向植筋。随后进行初期支护，喷射 C20 混凝土 400mm。

3）剥桩和第一层托拱。完成植筋和初期支护后，凿除洞内桥桩外层混凝土，保留 300mm 核心桩，绑扎托拱衬砌钢筋，并与桩体周边钢筋焊接，浇筑 450mm 厚 C30 混凝土，作为第一层托拱拱圈，部分完成桥墩荷载的体系转换。

4）断桩和第二层托拱。待第一层托拱拱圈混凝土达到设计强度后，断除隧道衬砌范围内的桩体部分，模筑 300mm 厚 C30 第二层托拱，完成桥桩荷载向隧道外托拱拱圈体系的转换，从支护植筋开始，分部转换桩体荷载，限制桩基变形，同时释放完成了托换过程中的桩基变形，从而可确保隧道衬砌质量和安全。

5）地铁隧道防水层和衬砌。待第一层与第二层托拱混凝土达到设计强度后，铺设一层 1.5mm 厚 EVA 防水板，绑扎衬砌钢筋，模筑 300mm 厚衬砌混凝土，完成隧道施工。

（3）桩基托换受力变形分析　在施工过程中，各托换工序的衔接转换过程，对地层的扰动、地表的位移、支护结构的内力都会产生较大的影响。采用有限元数值模拟方法对桩基托换方案的施工过程进行了平面动态模拟计算分析。

1）计算模型和计算参数的确定。选取典型断面，建立平面应变条件下的计算模型，并进行求解。

平面计算模型均采用四边形等参单元，桩土间采用接触单元，超前支护和地层加固区按提高地层参数的方法考虑，小导管注浆的加固范围取 0.4m。计算范围：隧道左右两边各取 50m，下底边取距隧道底 9m 处，上部取至地面。所有材料均服从（Drucker-Prager）屈服准则。

结合本工程的具体情况，计算中假定当开挖荷载释放 30% 时，施作初期支护，当开挖荷载释放 50% 时，施作第一层托拱结构，当开挖荷载释放 80% 时，施作第二层托拱结构，隧道二次衬砌作为安全储备不在计算中体现出来。

公路桥梁自重荷载为 551.25kN，荷载分项系数取为 1.0；公路桥上的人行荷载，根据 JTG D60—2004《公路桥涵设计通用规范》，取值为 3.0kN/m^2，荷载分项系数取值为 1.4，且假定同一排桩的 4 根桩平均分担桩顶荷载，即单桩顶上的人行荷载为 $1.4 \times 2 \times 2 \times 15 \times 3000N/4 = 6.3kN$。根据 JTG D60—2004《公路桥涵设计通用规范》，公路- I 级和公路- II 级汽车荷载采用相同的车辆荷载标准值，即取车辆重力标准值为 550kN，荷载分项系数取为 1.4，冲击系数取为 0.05。由于该桥为 4 车道，还应考虑折减系数，按规范取为 0.67，且假定同一排桩的 4 根桩平均分担桩顶荷载，这样桩顶的汽车荷载取值为 $(0.67 \times 1.05 \times 4 \times 1.4 \times 5.5 \times 10^5)N/4 = 541.695kN$。

2）计算结果。计算结果表明，隧道初期支护施工完成，地表最大沉降发生在左桩与地面交接处，沉降值为 3.5212mm，拱顶下沉 4.446mm，桩顶最大沉降为 3.6221mm。第一层托拱结构施工完并断桩后，最大地表沉降发生在左桩与地面交接处，沉降值为 7.966mm，拱顶下沉 9.193mm，桩顶最大沉降为 9.1929mm。第二层托拱结构施工完，最大地表沉降发生在左桩与地面交接处，沉降值为 15.86mm，拱顶下沉 17.544mm，桩顶最大沉降为 16.999mm。

桩基托换过程地表沉降曲线汇总如图 6-64 所示。

我国《公路桥涵地基与基础设计规范》规定，墩台均匀总沉降值（不包括施工中的沉降）不得大于 $2.0\sqrt{L}$（cm），相邻墩台均匀总沉降差值（不包括施工中的沉降）不得大于 $1.0\sqrt{L}$（cm），其中，L 为相邻墩台间最小跨径长度，以 m 计，且跨径小于 25m 时仍以 25m 计。南护城河桥是一座跨护城河的四孔（5m + 15m + 15m + 5m）简支桥，因此取 L 为 25m，桩顶总沉降值不得大于 $2.0\sqrt{25}cm = 10cm$，相邻桩顶总沉降差值不得大于 $1.0\sqrt{25}cm = 5cm$。有限元模拟计算表明，桩基托换完，桩顶最大沉降为 1.7cm。

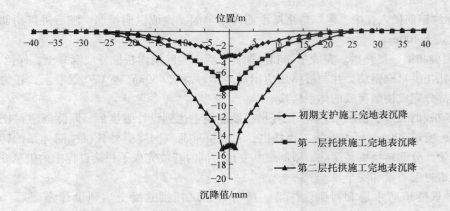

图 6-64 地表沉降曲线

计算结果表明，在初期支护内最大压应力为 0.4078MPa，与《铁路隧道设计规范》中 C20 喷射混凝土的弯曲抗压强度为 11.0MPa 相比，初期支护压应力较小；初期支护在边墙底出现局部拉应力 0.5995MPa，与《铁路隧道设计规范》中 C20 喷射混凝土的抗拉强度为 1.1MPa 相比，初期支护拉应力较小。

第一层托拱结构最大压应力为 9.63MPa，与《铁路隧道设计规范》中 C30 混凝土的弯曲抗压强度为 16.5 MPa 相比，结构压应力较小；在仰拱出现局部拉应力，最大为 7.39MPa，与《铁路隧道设计规范》中 C30 混凝土的抗拉强度为 1.47MPa 相比，二次衬砌需配筋以满足规范要求。

在第二层托拱结构内最大压应力为 9.52MPa，未超过混凝土抗压强度；第二层托拱结构在仰拱出现局部拉应力，最大为 8.78MPa，第二层托拱结构需配筋以满足规范要求。

6. 浅埋暗挖洞桩法的应用

（1）洞桩法的首次应用　北京地铁东单车站东南风道与车站主体结构正交，风道全长 43.4m，北侧在长安街下，中部及南侧穿过居民区。拱形直墙断面，如图 6-65 所示。地面建筑均为砖砌平房，部分房屋年久失修，已出现墙体开裂；另有一个 20 世纪 60 年代修建的小型人防洞，为砖墙结构，因塌陷回填过渣土，密实情况不清。由于拆迁安置费用极高，拆迁不可能及时到位，而风道必须按时为"东单—建国门"区间开挖提供出土通道。该风道的大部分结构位于地下承压水和潜水层中。受特殊地理位置的制约，必须采用暗挖法施工，施工的技术关键在于如何有效地控制地表沉降量来满足民房安全的要求，以及如何防止人防洞土体坍塌，确保周围地层的稳定。但由于风道覆土浅（9m），跨度大（10m），覆跨比小，因而施工难度大，

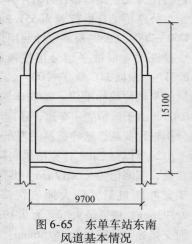

图 6-65　东单车站东南风道基本情况

对方案的可靠性和地表沉降量提出了较高的要求；该处地下水丰富，水位高，施工受地下水影响大，若采用传统的浅埋暗挖法施工，有可能出现涌水和流砂现象。

据此，考虑了台阶法、双侧壁导坑法和浅埋暗挖洞桩法三种施工方案。由于台阶法施工引起的地表沉降量较大，不能满足基本要求，因此不予采用。在此基础上，从地表沉降量、方案可靠性、造价、工期等多方面对双侧壁导坑法和浅埋暗挖洞桩法进行了比选，最后确定采用浅埋暗挖洞桩法施工。

浅埋暗挖洞桩法是通过在导洞内施作的钻孔灌注桩来支撑和维护暗挖大断面洞室的稳定，其

主要工序结合图 6-66 叙述如下：

1）在风道上半断面拱脚部位的无水地层中开挖两侧钻孔桩的作业导洞（①）。

2）在两侧小导洞内施作钻孔灌注桩（Ⅱ）。

3）清理桩头并检查桩的质量后，浇筑桩顶纵梁钢筋混凝土（Ⅲ）。

4）在导洞内施作顶拱初期支护下部的格栅拱架，然后进行导洞外侧混凝土回填（Ⅳ）。

5）在对拱部地层进行必要的预加固和预支护处理后进行拱部开挖和支护，并与导洞内已施作好的支护结构连成一体。

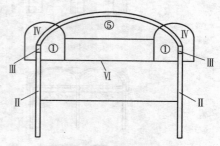

图 6-66　浅埋暗挖洞桩法的主要施工工序

6）在整体支护结构的保护下进行洞室主体部分的开挖直至洞底，并同时设置临时横支撑（Ⅵ）。

7）自下而上进行永久结构的现场浇筑。

该工程主要具有如下技术特点：

1）依靠钻孔桩与大管棚超前支护保证拱部施工的安全，使地表沉降量控制在允许范围内。

2）拱部开挖时，初期支护落在桩顶纵梁上，直接将力传至桩基，避免了其他施工方法有的格栅钢架分段多，架设、转换频繁且"生根"不易控制的情况。

3）开挖洞身下部土方后，钻孔桩在边墙全高范围内承受土体侧向压力，通过设置两排横向钢支撑，减小土体向结构内的位移，控制地表沉降量。

4）土方开挖过程中，钻孔桩能防止含水层可能出现的涌水、流砂。

5）结构二次衬砌分段浇筑，工序简单，作业面宽敞，能较好地保证防水层及二次衬砌混凝土的质量。

本工程地表沉降为 15mm，有效地保证了环境和施工的安全，而且节省拆迁安置费 300 多万元，取得了显著的经济和社会效益。

（2）浅埋暗挖洞桩法在王府井和东单车站的工程中的应用　王府井车站和东单车站的主体结构均为三拱两柱双层结构，车站结构顶面覆土厚度分别为 7m 和 9m 左右，两站的横断面分别如图 6-67 和图 6-68 所示，主要施工工序如图 6-69 所示。技术关键是要在 2/3 车站结构置于地下承压水和潜水中的情况下，如何有效地控制地表沉降，防止洞室顶部土体坍塌和施工中出现流砂、涌水，确保施工过程中地层的稳定，使结构受力合理，作业安全。通过各种方案的综合比选，最后确定采用浅埋暗挖洞桩法施工，主要是考虑到该工法具有以下优点：

1）能合理地利用车站上部无水地层，进行车站下部有水地层中护壁桩和中间柱的作业。

2）能够可靠地在松散地层中进行超浅埋大洞群多方位、多层次施工，保证地层空间和洞体

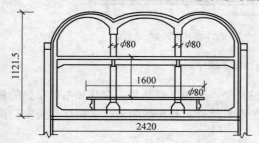

图 6-67　王府井车站横断面图（单位：cm）

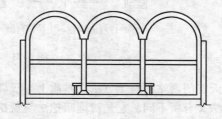

图 6-68　东单车站横断面

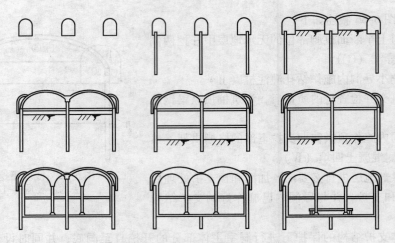

图 6-69　王府井和东单站施工顺序

结构的整体稳定性，符合安全、稳妥的原则。

3）开挖引起的地表沉降量经计算分析不超过 30mm，符合控制地表沉降的原则。

4）造价适中，经济合理，可减少初期支护的拆除工程量（较中隔壁法减少 15%～20%，较眼镜法减少 5%）。

5）可展开大作业面施工，充分发挥大型机械的作用，便于加快工程进度。

（3）洞桩、梁、柱法在天安门西站工程中的应用　天安门西站设计为暗挖三拱两柱双层直墙平底结构，车站的横断面如图 6-70 所示，总体施工顺序如图 6-71 所示。

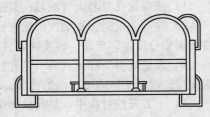

图 6-70　天安门西站横断面图

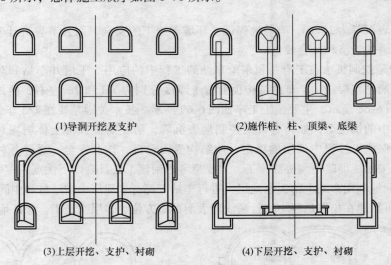

(1)导洞开挖及支护　　　　　　(2)施作桩、柱、顶梁、底梁

(3)上层开挖、支护、衬砌　　　　(4)下层开挖、支护、衬砌

图 6-71　天安门西站施工顺序

天安门西站的施工方法在本质上与浅埋暗挖洞桩法是一致的，但是与王府井和东单车站的施工方法又有所不同。它是浅埋暗挖法与盖挖逆筑法的有机结合，与传统的暗挖法相比，天安门西站在施工上具有如下特点：

1）利用既有成熟技术进行合理组合，减少了施工的风险性，使大型、复杂的地下结构的施工方便、容易。

2）采用这种方法可以修建多跨、多层的地下结构；与传统的工法（CRD、CD、双侧壁导坑法等）相比，减少了因施工工序引起的地表沉降量的叠加。

3）受力明确，简化了力的多次转换过程。

4）可以多工作面、多工序地平行作业，有利于缩短工期。

5）与修建大型地下结构传统采用的 CRD 法相比，废弃的临时支护少，有利于降低工程造价。

6）施工中安全性较高。

（4）浅埋暗挖洞桩法的特点　浅埋暗挖洞桩法是在浅埋暗挖法的基础上吸收盖挖法的特点改进而来的，在本质上仍应属于浅埋暗挖法的一种，因此它必然要遵循浅埋暗挖法的规律，但同时又在某种程度上弥补了传统浅埋暗挖法的一些不足之处，所采用的施工技术则基本上是现有的成熟技术。浅埋暗挖洞桩法的核心思想在于设法形成由侧壁导坑中先施作好的桩或柱和拱部初期支护组成的整体支护体系，代替传统的预支护和初期支护结构，以保证在进行洞室主体部分开挖时具有足够的安全度，并有效地控制地层沉降。在具体实施的过程中又可以根据实际情况采取不同的措施。例如，当洞室跨度较小时可以采用单跨结构，而当洞室跨度较大时则可通过增设导洞采用多跨结构。对于侧壁支撑结构目前采用的都是钻孔桩加顶纵梁的桩梁结构，随着施工技术的不断进步，可以考虑采用地下桩墙。对于永久结构的修建，既可以像天安门西站那样采用逆筑法直接修建，也可以像王府井和东单站那样通过两拱一柱到三拱两柱的转换，采用顺筑法修建。

根据浅埋暗挖洞桩法在工程中的实际情况总结，具有以下特点：

1）浅埋暗挖洞桩法利用小导洞的空间，施作侧壁支撑结构（钻孔桩加顶纵梁）、中桩（柱）和连拱的顶拱，以组成垂直受力体系，可以做到不占用地面空间，减少了对城市正常生活的影响。

2）小导洞施工有利于洞室的自稳，对地层的扰动小，引起的地表沉降小。避免了地面施工作业对环境的影响。当然，它也使侧壁支撑结构施工的复杂性和难度相应增大。

3）侧壁支撑结构可作为永久结构和作为永久结构的一部分，视地基承载能力，侧壁支撑结构可施作不同深度，避免结构地基基础加固，提高了结构的整体稳定性；在施工阶段不仅可作为支撑结构，还可以作为施工防水帷幕，在含水地层无地面井点降水条件或含水量大，降水困难以及降水对环境影响较大时，其优点更加突出。

4）侧壁支撑结构强度高，稳定性好，直墙式洞室结构内有效净空大，节省了曲墙和仰拱结构的工程投入。连拱支撑在稳定的侧壁支撑结构上，减小了施工中和施工后结构的整体下沉。侧壁支撑结构和顶拱初期支护构成的整体支护体系形成后，洞室主体部分可以采用大型机械进行全断面开挖，不需要分部进行，工序简单，施工干扰小，并减少了临时支护的废弃工程量。

5）施工中导洞尺寸应满足桩、梁、柱施工的要求。

6.5.3　浅埋暗挖技术的发展

1. 岩土控制变形分析工法（ADECO—RS 工法）

（1）工法概述及基本原理　岩土控制变形分析工法是意大利 Pietro Lunardi 教授在研究围岩压力拱理论和新奥法施工理论的基础上提出的。该工法在过去十余年间，被意大利公路及铁路领域广泛采用并纳入规范，现在主要欧洲国家的大型隧道项目施工也广泛采用此工法。目前国内外将此法称为"新意大利法"，简称"新意法"。

地下洞室的长期和短期稳定与拱效应的形成之间有着密切联系，而拱效应是否形成以及形成拱效应的位置取决的唯一因素是岩体对开挖的变形响应。该工法正是在此认识的基础上，通过对1000 多例隧道的研究而形成的。

（2）一些基本概念

1）超前核心土：隧道与开挖面前方一定体积的土体呈柱形，柱体的高度和直径与隧道的直径相等。

2）收敛变形：已经开挖的隧道轮廓发生向隧道内的变形。

3）挤出变形：掌子面发生向外挤出的变形。

4）预收敛变形：未开挖的隧道轮廓发生向隧道内的变形（见图 6-72）。

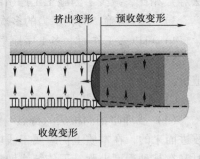

图 6-72　三种变形类型

通过三个阶段的研究得到以下结论，同时也是该方法的核心思想：

1）挤出变形和预收敛变形发生在前，洞周收敛变形发生在后，前者是后者发生的真正原因。因此隧道塌方也一般是由超前核心土的滑动引起的。

2）超前核心土的变形大小取决于地层强度和刚度，因此可以通过调节地层的强度和刚度控制其变形，进而控制隧道的洞周收敛变形，从而确保隧道的长期稳定。

（3）工法流程　该工法主要分为勘察、评价、理论、施工及监控 5 个步骤，进行动态施工，工法流程如图 6-73 所示。

1）勘察阶段。勘察阶段就是要获取开挖介质的信息，然后将这些信息量化以便于设计。其目的为：

图 6-73　岩土控制变形分析工法流程

① 对主要的地质、地貌、水文问题进行详细评价。

② 对设计的地质单元进行准确分类。

③ 获得充分的岩土和地质参数。

勘察的方式包括表面勘察、深度勘察和导洞勘察，其内容有地层、岩性、岩层形态、结构和构造、表层的岩土地质和水文条件等。

2）评价阶段。岩土控制变形分析工法的核心思想是通过调节超前核心土的刚度和强度（采用超前预加固）确保隧道的稳定。因此，要确定隧道在什么情况下进行超前预加固（判断隧道的稳定情况），且要确定其加固的程度（加固参数）。研究者在研究围岩压力拱理论时，发现地下洞室的长期和短期稳定与拱效应的形成之间有着密切联系。而拱效应是否形成以及形成拱效应的位置，则决定了隧道的稳定情况。其中拱效应的形成和位置可以通过岩体开挖的变形响应来判断。隧道的成拱类型有 3 种（见表 6-17）：

① 拱效应接近开挖轮廓，这种情况下应力为弹性，围岩变形小，隧道是稳定的，新意法将其定为 A 类应力应变行为。

② 拱效应远离开挖轮廓，应力为弹塑性，围岩变形较大，隧道短期内可以保持稳定，将其定为 B 类应力应变行为。

③ 不能形成拱效应，围岩处于松弛状态，变形很大，隧道不能稳定，将其定为 C 类应力应变行为。

表 6-17　拱效应分类

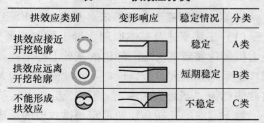

拱效应类别	变形响应	稳定情况	分类
拱效应接近开挖轮廓		稳定	A 类
拱效应远离开挖轮廓		短期稳定	B 类
不能形成拱效应		不稳定	C 类

因此新意法依据在勘察阶段获取的信息和参数，预测隧道在无支护干预情况下的变形响应（挤出、预收敛和收敛）来确定拱效应的类型，从而判断隧道的稳定情况（分类），如图 6-74 所示。分类所依据的手段有实验室试验、数值模拟和现场测试，其结果都是得到挤出压力 P_i 和挤出量 E_x 之间的关系，并绘成曲线。通过曲线的类型，即可以判定围岩所处的类别并确定超前支护参数（见图 6-75）。

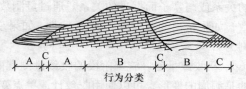

图 6-74 划分标准断面

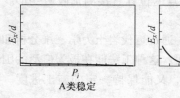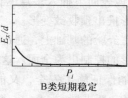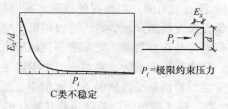

图 6-75 判断围岩类别

3）理论阶段。理论阶段就是设计人员在预测隧道开挖可能产生的变形现象的类型、大小和位置的基础上，确定施工参数和支护参数。开挖方式等施工参数的选择与普通的工法相同，不同的是支护参数的选择。在评价阶段已经将围岩分为 A、B、C 三类标准的应力应变行为。每一类均有一些支护措施，将这些措施组合即得到支护方案。但这个分类很粗糙，仅凭此确定的支护方案是不准确的，或是支护强度不够，或是富余量太大。因此，还需要对各类进行细分。

例如 A 类围岩的应力均为弹性，但有的围岩整体性好，常规支护即可；有的围岩内有较大的断裂带，需要加设钢架以防止落石。

B 类围岩的应力为弹塑性，但塑性区的范围却有很大的区别。对于塑性区较小的围岩采用常规支护即可（需较早施作仰拱），但对于塑性区较大的围岩则需要采用超前支护，新意法常用的超前支护是打玻璃锚杆或注浆来加固超前核心土。

C 类围岩一般都要采用玻璃锚杆加固超前核心土，再根据围岩条件辅以其他加固措施。但有的围岩条件很差，采用以上方法均不可行时，就要考虑超前水平旋喷技术或冻结法。

4）施工阶段。施工阶段主要内容与常规方法一致，不同之处在于有些围岩在开挖之前要进行超前支护并安装监控设备。由于超前支护可以保证掌子面稳定，岩土控制变形分析工法中要求尽量使用全断面开挖，因为全断面开挖可以提高开挖效率，同时减少对围岩的扰动次数，且仰拱能及时闭合，导致的掌子面的挤出和洞周收敛等变形也较小，有利于隧道的短期稳定。另外，还要求掌子面能保持凹状形态，因为这样能使得超前核心围岩在纵向上形成拱效应，从而保证其稳定。

5）监控阶段。开挖工作开始之后，监控就开始进行，目的是检测在评价阶段及理论阶段预测岩体开挖变形响应的可靠性，并对设计进行修正和优化。

① 挤出变形量测（见图 6-76）。挤出变形量测的测试方法是在掌子面上插入测管并锚固，采

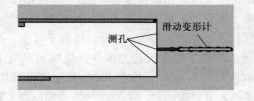

图 6-76 挤出变形量测

用滑动变形计或滑动测微计伸入测管读数并计算得到挤出变形。量测中能得到挤出变形量与时间的关系或与掌子面掘进的关系。通过量测数据可以判断掌子面—核心土的实际类别是否同预测一致，如果挤出变形为零，则为 A 类，如果变形速度在减小，则为 B 类，如果变形速度在增加，则为 C 类。

② 收敛量测。施工阶段的收敛量测有两种：即表面收敛量测和深度收敛量测。第一种量测的是洞周的变形，可以使用收敛计或单点变位计；第二种量测的是从隧道轴线沿径向一定深度岩体的收敛，使用多点变位计，要将其锚头深入到岩体未被隧道开挖影响的区域。

③ 预收敛量测。当埋深较浅时，可以从地表向下插入多点变位计直接测预收敛变形。当埋深较深无法直接测预收敛时，可以用挤出变形推出预收敛变形。

新意法是在总结前人对新的不良地层施工经验的基础上，通过近代岩土力学三维分析和试验研究，升华提炼出来的，它对施工中围岩变形的控制更为全面，这种工法能在极为广泛的围岩类型中运用，特别是浅埋软弱不良地层中，既能保证施工安全，又能保持一定的施工进度。因而"新意法"是"新奥法"后隧道修建理念的又一新进展。

2. 压气浅埋暗挖法地铁施工技术

压气浅埋暗挖法是在浅埋暗挖法施工中配合使用压缩空气。压缩空气不仅可用来排除地下水，而且作用在喷层上，可分担一部分支护承受的外荷，改善支护受力条件，降低支护造价，减小地表沉降。同时，压缩空气对开挖面的支撑作用，也增加了开挖面土体的稳定性。

1979 年澳大利亚的墨尔本环城地铁广泛使用了压缩空气配合浅埋暗挖法，解决了含水松软地层的施工问题。

20 世纪 80 年代，英国也在许多城市地下工程中，重新使用压缩空气配合浅埋暗挖法，而且与传统的盾构法形成强有力的竞争局面。

1983 年开工的奥地利维也纳二期地铁 U3 和 U6 两条线，线路总长度的 60% 均采用了压气浅埋暗挖法施工。

1984 年日本横滨市地铁 3 号线采用压气浅埋暗挖法通过了有承压水的砂土地层。

最近 10 年不下 10 个城市先后采用压气浅埋暗挖法修建地铁，工程实践使人们对压缩空气配合浅埋暗挖法有了新的认识。慕尼黑地铁在相同地质条件下，对采用压气和不采用压气施工的隧道进行比较，见表 6-18，结果表明压气浅埋暗挖法平均施工进度比不用压气的快得多。

表 6-18　慕尼黑地铁隧道开挖进度

工地	隧道长/m		平均周进尺/m · W^{-1}	
	常压	压气	常压	压气
1 号	200	930	11.1	16.0
2 号	100	740	11.6	19.1

慕尼黑地铁隧道工程采用压气浅埋暗挖法，加快施工进度的原因是洞内无需采取其他排水措施，简化了洞内施工程序。另外通过优化施工组织和设备选型，把原材料和出渣经过气闸室花费的时间减到最低限度。压气浅埋暗挖法工程费用比非压气隧道施工的工程费用低 6% 左右。压气浅埋暗挖法的地表沉降为 9mm，而非压气法的地表沉降为 18mm，相当于减小一半。这个工程采用的气压为 1.8×10^5Pa。采用压缩空气，加快了粉尘沉淀速度，还使喷射混凝土的粉尘浓度降低。据观测，在工作面 30m 处，粉尘浓度为 3.2mg/m^3，作业 12min 后就降低到 0.1mg/m^3。

当然，采用压气的常规问题，如施工人员健康问题、突发性气体泄漏问题、施工安全问题等还要采取相应对策。

3. 隧道预切槽法

预切槽隧道施工法最近有了新的发展。钻爆法不可避免地要造成围岩超挖和扰动，并将产生较大的地震动和噪声，因此在市区隧道施工中不得不受到限制。为消除钻爆法在城市地铁施工中的上述缺点，法国在20世纪70年代开发了预切槽隧道施工技术。在软弱破碎地层或土层中，预切槽以后，向槽内喷射混凝土，形成初期支护，并在它的保护下进行后续作业。一个典型的隧道预切槽机由以下三部分构成：切割头，一个超前的链锯；机架和齿轮轨道；门架和门架支座。

根据地质条件，切割头可以装备不同类型的链条，切槽深度可达4.5m，切槽宽度为75～350mm。

日本预切槽的机械是带有履带走行装置的钻孔机，其上装有2～3个立柱式工作机构，每个立柱上有5个同时工作的液压冲击钻构成的工作部件，后者长5.5m、宽0.5m、高0.58m，钻杆直径31.5mm、长2.2m，并装有φ6.0mm的十字钻头。互相重叠的钻孔形成槽。日本这种类型的预切槽机很明显地可以在硬岩中使用。

在浅埋软弱地层中修建地铁隧道，如果环境要求十分严格，或者用其他方法风险比较大时，可以考虑采用预切槽隧道施工法。但在非黏性土体如砂砾石层中，要进行地层预注浆加固，然后再进行预切槽。不过比传统预注浆地层加固的注浆量要大大地减少，因注浆只局限在隧道轮廓周边。

法国地下工程施工部门为了进行预切槽隧道施工法与浅埋暗挖法效果的比较，在相同地质条件下进行了试验。风天尼隧道采用预切槽法，哥里格尼隧道采用浅埋暗挖法。预切槽法的混凝土支护壳体是在地层松动前硬化的，开挖工作是在混凝土壳的支护下进行的；而浅埋暗挖法的喷射混凝土是在开挖后施作的。虽然风天尼隧道断面比哥里格尼隧道大20%，但风天尼隧道地表下沉比哥里格尼隧道小70%。

4. 水平冻结法

在地下工程掘进之前，沿开挖线周边钻冷冻孔，安装冷冻管，通过管路连接冷冻机，泵入冷冻液，不断循环，使周围土体冷冻，将地下工程周围岩土冻结成封闭的冻土结构物——冻结壁，用以承受地压和隔绝地下水或砂的涌入。然后在冻结壁的保护下进行掘进与支护的施工方法称为冻结法，如图6-77所示。不稳定含水砂层经过冻结形成冻土后，强度可显著提高，并具有良好的隔水效果，且对周围环境不产生污染，因而此技术有广泛的适用性，工程中遇流砂、淤泥、卵

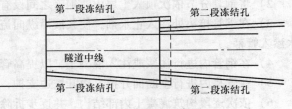

图6-77　冻结法示意图

石、砂砾等含水不稳定冲击层，或裂隙中含水的岩层时都可采用。水平冻结法在施工期间控制地面沉降和拱顶下沉的效果较好，但施工工期长、造价昂贵，解冻对地层的影响和对负温混凝土结构的影响较大。

冻结法采用的冻结方式一般可分为直接冻结方式和间接冻结方式两类，通常分别简称为直接冻结法和间接冻结法。

1）直接冻结法一般靠低温液化气直接制冷。目前使用的液氮的温度通常是 -196℃，经工厂加工后用储罐车将其运送到工地，并输送入预先埋设在地层中的冻结管内。液氮在气化过程中大量吸收热量，使冻结管周围的地层冻结。经气化的氮气在逸入大气层后可自由扩散，浓度迅速降低。这类冻结方式有冻结速度快、冻结时间短、冻结后周围地层温度低的特点。

2）间接冻结法又称盐水冻结法。采用这类冻结方式时地面建有冷冻站，其内设有氨压缩调

节制冷装置和输送泵，将盐水冷却到 -30 ~ -20℃，输送到埋设在土层中的冻结管中，然后回到冷冻站，经重新冷却后再输入冻结管，形成循环流动。冷却盐水在循环不息的流动过程中产生热交换，使冻结管周围的土层逐渐冻结，先形成冻土圆柱体，然后连成冻土圈，并达到设计规定的强度和厚度。盐水冻结法的费用一般较直接冻结法便宜，常用于冻土量大、施工期较长的工程。

水平冻结法的施工难点有：冻结管的施工精度难以精确控制；后期低温混凝土结构施作困难；解冻对地层沉降有影响。

1997 年 11 月至 1998 年 4 月，在北京地铁 1 号线大北窑车站南隧道首次采用水平冻结法施工，顺利通过了粉细砂困难地段。洞顶冻土厚壳和下部黏土层形成封闭防水结构，有效地提高了暗挖隧道土体的稳定性，降低了开挖引起的空间效应，使得在施工期间地表下沉量降低了 1/3。

5. 新管幕工法（NTR 工法）

新管幕工法（New Tubular Roof Method，简称 NTR 工法），最早由比利时的 Smet Boring 公司开发。新管幕工法相对于管幕工法是一种改进。

（1）管幕工法简介　管幕工法是利用小口径顶管机建造大断面地下空间的施工技术，已有 30 余年的发展历程，在日本、美国、新加坡和我国台湾地区等均有成功的应用实例，2004 年我国上海首次引进管幕结合箱涵施工工艺应用于上海中环线虹许路地道施工。

管幕工法以单管顶进为基础，各单管间依靠锁口在钢管侧面相连形成管排，并在锁口空隙注入止水剂以达到止水要求。管排顶进完成后，形成管幕，然后对管幕内的土体视土质情况决定是否进行加固处理；随后在内部一边支撑一边开挖，直至管幕段开挖贯通，再浇筑结构体。管幕可以为多种形状，包括半圆形、圆形、门字形、口字形等。管幕由刚性的钢管形成临时挡土结构，以减少开挖时对邻近土体的扰动并相应地减小周围土体的变形，达到开挖时不影响地面活动并维持上部建（构）筑物与管线正常使用功能的目的。

管幕工法的施工步骤一般可分为如下 6 步：

1）构筑顶管始发井和接收井。

2）将钢管分节依次顶入土层中，钢管之间设有锁口，使钢管彼此搭接，形成管幕。

3）在钢管接头处注入止水剂，使浆液沿纵向流动充满整个锁口侧的间隙，防止开挖时周围水渗入管幕。

4）在钢管内进行注浆或注入混凝土，以提高管幕的刚度，减小开挖时管幕的变形。

5）在管幕内进行全断面开挖，边开挖边支护，直至形成从始发井到接收井的通道。

6）依次逐段构筑混凝土内部结构，并逐步拆除管幕内支撑，最终形成完整结构。

（2）新管幕工法概述　新管幕工法是对管幕工法的一种改进，但与管幕工法有很大的区别。新管幕工法所顶钢管均为大直径钢管（直径一般在 1800mm 以上）。采用大直径钢管的目的，就是可以在施工后期直接将拟建结构物外轮廓（结构底板、顶板、墙体）施作于所顶钢管形成的管排内，从而完成地下结构的构筑。而管幕工法所顶钢管直径一般较小，拟建结构物的外轮廓也只是构筑在管排的内侧。广义地说，其施工原理与矿山开挖中的管棚法相似，一般只作为施工的临时支撑使用。

新管幕工法可广泛地应用于穿越城市公路、铁路的地下车道或人行道的施工，还可用于地下大断面结构物的施工，如地铁车站地下车库等的施工。

图 6-78、图 6-79 为新管幕工法应用的具体实例图。

新管幕工法适用于回填土、砂土、黏土、岩层等各种地层，必要时工程还需降水，在施工中采取止水措施处理。

图 6-78　国外某穿越城市道路的地下人行通道　　　　图 6-79　国外某地铁车站

（3）新管幕工法工程实例　在国外新管幕工法技术已经很成熟，有很多成功的案例，但在我国大陆还没有相关工程实例的报道。沈阳地铁某标段车站施工决定引进该工法，目前已经展开相关工作。

1）工程简介。该车站为地下二层岛式车站，主体结构形式为单拱钢筋混凝土结构。车站总长 179.8 m，标准段宽度 26.2m，高度 18.9 m；标准段结构顶部覆土 7.6 ~ 11.2 m，底板埋深 26.5 ~ 30.1 m。车站设三个出入口、一个消防专用出入口和两组风亭（见图 6-80），总建筑面积约 9800m²。

整个车站决定采用新管幕工法施工，施工分为两期进行。第一期，以两组风亭作为

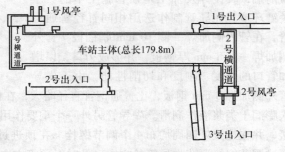

图 6-80　车站总平面图

施工作业面，钢管顶进方向为垂直于车站主体轴线方向，完成 1 号横通道和 2 号横通道施工；第二期，以横通道端头处作为车站主体施工作业面，钢管顶进方向平行于车站主体轴线。

2）新管幕工法的具体实施方法。以 2 号横通道施工为例，简介新管幕工法的具体实施方法。

2 号竖井区地面标高为 47.5 m，地下水位埋深约为 12.7 m。地层情况见表 6-19。

表 6-19　2 号竖井地层情况

地层名称	地层情况
杂填土层	层底埋深 1.5m，层厚 1.5m
粉质黏土④-1	层底埋深 8.5m，层厚 7m，可塑，$f_{ak}=150kPa$
砾砂④-4	层底埋深 13.2m，层厚 4.7m，中密 ~ 密实，$f_{ak}=500kPa$
圆砾④-5、⑤-5	层底埋深 24.2m，层厚 11m，中密 ~ 密实，$f_{ak}=600kPa$
泥砾⑦-1	层底埋深 40m，层厚 15.8m，饱和、密实，$f_{ak}=500kPa$

注：f_{ak} 为地基承载力特征值。

横通道结构外包尺寸（高度×宽度）为 22.149m×11.8m。所顶钢管共 23 根，形成门字形；顶部一排 5 根钢管及底角 2 根钢管直径为 2300mm，其余 16 根钢管直径为 2200mm，钢管壁厚为

18mm。1 号横通道钢管顶进长度为 35.4m，2 号横通道钢管顶进长度为 46.8 m（见图 6-81）。

针对该车站横通道的具体情况，制定了新管幕工法的具体施工流程，如图 6-82 所示。

3）新管幕工法的一些关键控制措施。由于首次在国内引用新管幕工法，为了保证引进成功，需要一些严格的质量技术控制措施。现对施工中新管幕工法的一些关键点控制措施作简单介绍。

① 钢管顶进。

a. 顶进力选择。根据施工具体条件，上部断面几排钢管顶进时采用 700t 顶进力；下部断面考虑覆土深度，采用 1000t 顶进力，并根据施工具体条件适当调节顶进力。

b. 先导管设置。先导管位于整根顶管的最前端，其设计及加工是顶管施工中的一个关键环节。先导管制作选用相同直径普通钢管，在管内侧加焊一圈 10 mm 厚钢板，管外侧加焊一圈 8 mm 厚钢板，并形成刃口，以增加管口的强度、刚度和切削性能。由于先导管外侧加焊 8 mm 钢板，比普通钢管直径略大，在钢管四周与土层之间形成空隙。空隙内同步注入膨润土类浆液作润滑。先导管另外一个重要作用就是导向。先导管与后续标准管之间为活动连接，并在连接处四周均布 4 个调节螺栓。在顶进过程中，每顶进 1m 就要对顶管轴线进行测量，通过调节螺栓调节先导管的方向，及时对顶管方向进行调整，以实现顶管轴线的动态控制。这一点与管幕法的微型顶管机控制导向截然不同。

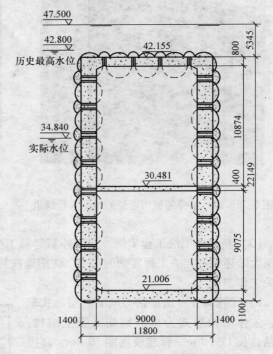

图 6-81　2 号横通道横断面图

c. 管前注浆。当顶管前端土层条件较差时，易发生水土流失。为了顶管中掌子面的安全，减小地面沉降，需对先导管前端掌子面实施注浆。顶管及注浆循环作业。每循环注浆止水加固区长度为 1.5m，顶进长度为 1m。注浆范围为纵向 3m。其中前端 1.5m 范围内为止水加固区，必须具备止水功能；再向前 1.5m 范围为延伸加固区，其作用是保证掌子面土体稳定。注浆孔沿先导管四周均匀布置。注浆孔数量为 8 个，外插角为 5°～10°，每个孔的注浆扩散范围直径不小于 1m（见图 6-83）。

d. 顶进过程中大砾石的处理。由表 6-19 可知该地区下部地层有砾石层存在。前期打 H 型钢围护桩时曾打出直径约 20～30cm 的砾石。顶进施工中如遇到此类砾石可能会导致顶进困难。对此，可根据顶进力变化情况，在管中进行人工操作，将砾石破碎取出。

② 管排间注浆止水。钢管顶进完成后，为保证后期无水施工，需对钢管壁后进行注浆加固。注浆材料、参数均与先导管超前注浆相同。注浆孔的轴向间距为 1m。

③ 钢管切割及止水钢板焊接。钢管顶进完成后形成管排。将相邻钢管之间部分切割后连通，在切割部位顶部和底部焊接止水及支护钢板，用钢管或型钢进行支护，最后形成廊道。钢管切割进行跳段施工，分两次完成：第一次切割后，焊接止水钢板和固定钢板、钢管支护，形成支护体系；第二次切割其余部分。切割间距为 2400mm。第一次切口宽度为 1400mm，第二次切口宽度为 1000mm。

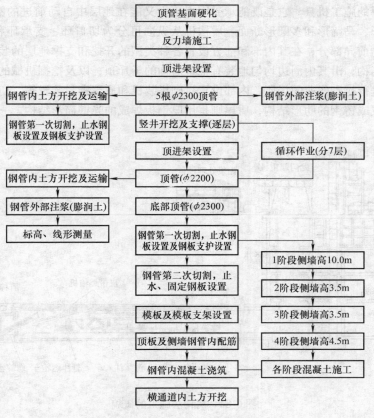

图 6-82　横通道施工流程

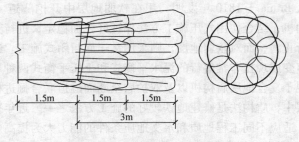

图 6-83　注浆范围及注浆孔布置

6.6　盾构法施工

6.6.1　概述

盾构施工法是"使用盾构机在地下掘进,在护盾的保护下,在机内安全地进行开挖和管片衬砌作业,从而构筑成隧道的施工方法"。按照这个定义,盾构施工法是由稳定开挖面、盾构机挖掘和管片衬砌三大部分组成。

盾构法施工的概貌如图 6-84 所示。在隧道的一端建造竖井或基坑,将盾构安装就位,盾构从竖井或基坑的墙壁开孔出发,在地层中沿着设计轴线,向另一竖井或基坑的孔壁推进。盾构推进中所受到的地层阻力,通过盾构千斤顶传至盾构尾部已经拼装好的衬砌管片上。盾构机是这种施工方法中主要的施工机具。它是既能承受围岩压力又能在地层中自动前进的圆筒形工程机械，但有少数为矩形、马蹄形和多圆形断面。盾构机从纵向可分为切口环、支承环和盾尾三个部分。切口环是盾构的前导部分，在其内部和前方设置各种类型的开挖和支撑地层的装置；支承环是盾构的主要承载结构，沿其内周边均匀地装有推进盾构的千斤顶，以及挖掘机械的驱动装置和排土装置；盾尾是进行衬砌作业的场所，内部设置衬砌拼装机和盾尾密封装置等。切口环和支承环都是用厚钢板焊成或铸钢的肋形结构，盾尾则是用厚钢板焊成的光壁筒形结构。

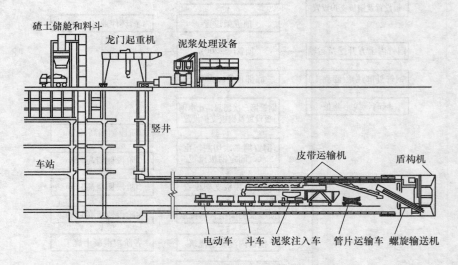

图 6-84 盾构法施工的概貌

盾构工法由英国人 Brune 于 1810 年发明，用在软弱地层中开挖隧道。初期的盾构法是用手掘式或机械开挖式盾构机，结合使用气压施工方法保证开挖面稳定，进行开挖。在地下水较丰富的地区，用注浆法进行止漏，而对软弱地层，则采用掌子面封闭式施工。经过多年对盾构技术的研究开发和应用，已演变成现在非常盛行的泥水平衡式和土压平衡式两种盾构机。目前，为适应地层的软硬变化，出现了复合地层盾构机以及双护盾全断面隧道联合掘进机。

在市区或软弱地层中，盾构法是修建地铁较好的施工方法之一。近年来盾构机械设备和盾构法施工工艺不断发展，适应不同工程地质和水文地质条件的能力大为提高。各种断面形式和具有特殊功能的盾构机械（地下对接盾构等）的相继出现，使盾构法的应用范围不断扩大，由于盾构法施工工具有作业在地下进行，不影响地面交通，减少对附近居民的噪声和振动影响；施工费用不受埋深的影响，有较高的技术经济优越性；盾构推进、出土、拼装衬砌等主要工序循环进行，易于管理，施工人员较少；穿越江、河、海时，不影响航运；施工不受风雨等气候条件影响等有利特点，将对地下结构的施工技术的发展起到有力的推进作用。

盾构法施工稳定开挖面技术的历史，是从气压施工法的"气"演变到泥水式的"水"和土压式的"土"。"开挖面稳定"和"盾构开挖"的技术已达到较完善的地步。目前盾构一般指密封式泥水平衡式和土压平衡式盾构。

最近，盾构技术的发展动向是：开发了超大断面的盾构机和异型断面以及多断面等盾构机，加上在衬砌和开挖方面使用了挤压混凝土衬砌施工法的技术，采用管片自动组装装置，以及采用自动测量技术进行开挖控制，用计算机进行各种施工管理实现管理系统化等的开发研究。对提高盾构施工的安全性、适应性和经济性展示了更为广阔的应用前景。

6.6.2 盾构机的种类

盾构机是盾构法施工的主要施工机械，按开挖面与作业室之间的隔墙构造可分为全开敞式、半开敞式及密封式三种。种类划分如下：

1. 全开敞式

全开敞式盾构机是指没有隔墙、开挖面敞露状态的盾构机。根据开挖方式的不同，又分为手掘式、半机械式及机械式三种。这种盾构机适用于开挖面自稳性好的围岩。在遇到开挖面不能自稳的地层时，则需进行地层超前加固等辅助施工，以防止开挖面坍塌。

（1）手掘式盾构机　如图 6-85 所示，手掘式盾构机的正面是开敞的，通常设置防止开挖顶面塌陷的活动前檐及上承千斤顶、工作面千斤顶及防止开挖面塌陷的挡土千斤顶。开挖采用铁锹、镐、碎石机等开挖工具，人工进行开挖。

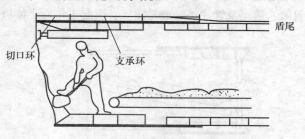

图 6-85　手掘式盾构构造

这种盾构机适应的土质是自稳性强的洪积层的压实砂、砂砾、固结粉砂和黏土。对于开挖面不能自稳的冲积软弱砂层、粉砂和黏土，施工时必须采用稳定开挖面的辅助施工法，如气压施工法、改良地基、降低地下水位等措施。目前手掘式盾构机一般用于开挖断面有障碍物、巨砾石等特殊场合，而且应用逐渐减少。

（2）半机械式盾构机　如图 6-86 所示，半机械式盾构机进行开挖及装运石渣都采用专用机械，配备液压铲土机、臂式刀盘等挖掘机械和皮带运输机等出渣机械，或配备具有开挖与出渣双重功能的机械，以图省力。

为防止开挖面顶面塌陷，盾构机内装备了活动前檐和半月形千斤顶。由于安装了挖掘机，再设置工作面千斤顶等支挡设备是较困难的。

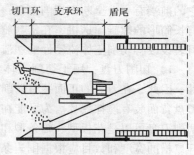

图 6-86　半机械式盾构构造

与手掘式盾构机一样，应有确保开挖面稳定的措施。适应土质以洪积层的砂、砂砾、固结粉砂和黏土为主。也可用于软弱冲积层，但须同时采用超前加固，或采取降低地下水位、改良地基等辅助措施。

（3）机械式盾构机　如图 6-87 所示，机械式盾构机前面装备有旋转式刀盘，增大了盾构机的挖掘能力，切削下的土石靠刀盘上的料斗装载，通过螺旋输送机卸到带式输送机上，用矿车运出洞外。

在开挖自稳性不好的围岩时，机械式盾构机适应的土质与手掘式盾构机、半机械式盾构机一样，须采用辅助施工方法。

2. 半开敞式

半开敞式盾构机是指挤压式盾构机，它是在开放型盾构的切口环与支承环之间设置胸板，以支挡正面土体，但在胸板上有一些开口，当盾构向前推进时，需要排出的土体将从开口处挤入盾构内，然后装车外运，如图 6-88 所示。这种盾构适用于软弱黏土层，在推进过程中控制不好经常引起较大

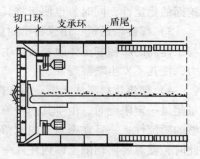

图 6-87　机械式盾构构造

的地面隆起。

3. 密封式

密封式盾构机是指在机械开挖式盾构机内设置隔墙，进入土仓的土体，由泥水压力或土压提供足以使开挖面保持稳定的压力。密封式盾构机又分成局部气压式、土压平衡式和泥水加压式等。

(1) 局部气压式盾构　在机械式盾构支承环的前边装上隔板，使切口环成为一个密封舱，其中充满压缩空气，达到疏干和稳定开挖面土体的作用，如图 6-89 所示。压缩空气的压力值可根据工作面下 1/3 点的地下静水压力确定。由于这种盾构是靠压缩空气对开挖面进行密封，故要求地层透水性小，渗透系数 K 小于 1×10^{-5} m/s，静水压力不大于 0.1MPa。另外，这种盾构在密封舱、盾尾及管片接缝处易漏气，引起工作面土体坍塌，造成地面沉陷。

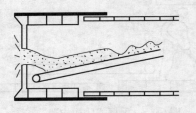

图 6-88　部分开放型盾构构造

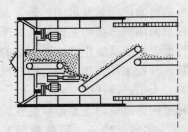

图 6-89　局部气压式盾构构造

(2) 土压平衡式盾构　土压平衡式盾构又称削土密封式或泥土加压式盾构，如图 6-90 所示。它的前端有一个全断面切削刀盘，在它后面有一个储存切削土体的密封舱，在其中心处或下方装有长筒形的螺旋输送机，在密封舱和螺旋输送机以及在盾壳四周装设土压传感装置，根据需要还可装设改善切削土体流动性的塑流化材料的注入设备。各装置的主要功能如下：

1) 切削刀盘：用于切削土体，同时将切削下来的土体搅拌混合，以改善切削土体的流动性。因此，在刀盘的正面装有切削刀具，其中齿形刀适用于软弱地层，盘形刀适用于坚硬地层。刀盘背面装有搅拌翼片。为了能在曲线上施工，刀盘周边还装有齿形的超挖刀。根据围岩条件，切削刀盘可以是花板型、辐条型和砾石破碎型，如图 6-91 所示。采用花板型刀盘时，其面板上开口槽的宽度和数目应根据围岩条件（粘结力、障碍物），以不妨碍土体的排出为原则而确定。根据盾构直径的大小，刀盘的主轴可以采用中空轴式、中间支承式和周边支承式，如图 6-92 所示。其中第一种构造简单，搅拌效果好，适用于中小直径盾构；中间支承式的强度和搅拌效果好，适用于大直径盾构；周边支承式强度高，消除砾石容易。

2) 密封舱：用于存储被刀盘切削下来的土体，并加以搅拌使其成为不透水的，具有适当流动性的塑流体，使其能及时充满密封舱和螺旋输送机的全部空间，对开挖面实行密封，以维持开挖面的稳定性，同时，也便于将其排出。

3) 螺旋输送机：用来将密封舱内的塑流状土体排出盾构，并在排土过程中，利用螺旋叶片与土体间的摩擦和土体阻塞所产生的压力损失，使螺旋输送机排土口的泥土压力降至仓外空气压力，使其不发生喷漏现象。

4) 塑流化材料注入器：用来向密封舱、刀盘和螺旋输送机内注入添加剂。当土体中的含砂量超过一定限度时，由于其内摩擦角大，流动性差，单靠刀盘的旋转搅动很难使这种土体达到足够的塑流性，一旦在密封舱内贮留，极易产生压密固结，无法对开挖面实行有效的密封和排土。此时，就需要向切削土体内注入一种促使其塑流化的添加剂，经刀盘混合和搅拌后能使土体成为流动性好、不透水的塑流体。

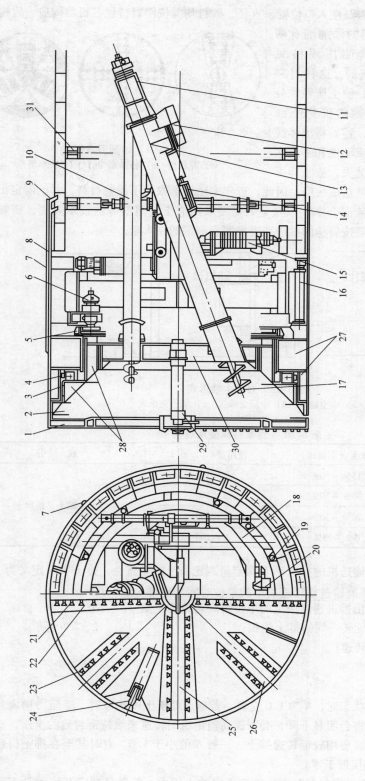

图 6-90　土压平衡式盾构的开挖原理

1—切削刀盘　2—泥土仓　3—密封装置　4—支承轴承　5—小螺旋输送机　6—液压马达
7—注浆管　8—盾壳　9—盾尾密封装置　10—大螺旋输送机　11—大螺旋输送机驱动液压马达
12—闸门　13—大螺旋输送机　14—闸门滑阀　15—拼装机构　16—盾构千斤顶
17—大螺旋输送机叶轮轴　18—拼装机转盘　19—支承滚轮　20—举升梁　21—切削刀　22—主刀盘
23—前刀槽　24—超挖刀　25—主刀梁　26—前刀梁　27—主刀梁　28—中心轴　29—定鼓　30—隔板　31—真圆保持器

塑流化添加剂的种类，以及注入口位置、直径、数目均需按围岩特性、机器构造、盾构直径等条件进行选择。目前常用的添加剂有两类：一类为泥浆材料，其使用规格见表6-20；另一类为化学发泡剂，这种材料可以在土体内形成大量泡沫，使土壤颗粒分开，从而降低了土体的内摩擦角和渗透性。又因其比重小，搅拌负荷轻，容易将土体搅拌得均匀，从而提高土体的流动性和不透水

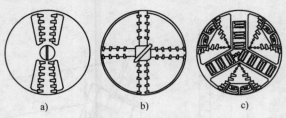

图6-91 切削刀盘形式
a）花板型 b）辐条型 c）砾石破碎型

性。而且泡沫会随时间自然消失，渣土即可还原到初始状态，不会对环境造成污染。因此，近年来已逐渐取代了泥浆材料，并已制定出决定泡沫量、发泡度（空气、溶液混合率）以及是否需要采用渣土消泡剂等的技术规则，研制了化学发泡剂自动注入系统，以便按盾构的掘进速度控制发泡剂的注入量。

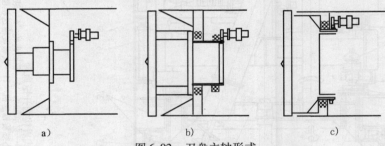

图6-92 刀盘主轴形式
a）中空轴式 b）中间支承式 c）周边支承式

表6-20　泥浆材料使用规格

土　　质	浓度（质量比）	使用量/（L/m³）	成　　分
砂	15%～30%	≤300	水、黏土、膨润土
砂　砾	30%～50%	≤300	
白色砂质沉积层	20%～30%	≤200	
砂质粉土	5%～15%	≤100	

在实际施工中常用螺旋输送机的排土率 K 来定量判定渣土的塑流性，排土率 K 定义为

$$K = \frac{\text{由螺旋输送机转速决定的单位时间理论排土量}}{\text{由推进速度决定的单位时间理论排土量}} = \frac{V_s N}{AV} \qquad (6-3)$$

式中　V_s——螺旋输送机每旋转一周的排土体积；

　　　N——螺旋输送机的转速；

　　　A——切削断面积；

　　　V——推进速度。

当渣土处于良好的塑流状态时，K 为 1.0 左右。若渣土处于干硬状态时，摩阻力增大并产生拱效应，螺旋输送机的效率将会明显下降，必须提高输送机的转速来维持密封舱的土压。对于柔软而富有流动性的渣土，只需要用较低转速排土，一般 K 值小于 1.0。有时甚至在排土口还会产生喷涌现象，此时 K 值可以接近于零。

5）土压传感器：用于测量密封舱和螺旋输送机内的土压力，前者是判定开挖面是否稳定的依据，后者用来判断螺旋输送机的排土状态，如喷涌、固结、阻塞等。

土压平衡式盾构维持开挖面稳定的原理是依靠密封舱内塑流状土体作用在开挖面上的压力（P）（它包括泥土自重产生的土压力与盾构推进过程中盾构千斤顶的推力）和盾构前方地层的静止土压力与地下水压力（F）相平衡，如图 6-93 所示，由图上可看出：螺旋输送机排土量大时，密封舱内土压力 P 就减小，当 $F>P$ 时，开挖面可能塌方而引起地面沉降；相反，排土量小时，P 值就加大，一旦 $F<P_{max}$，地面将会隆起。因此，要控制土压平衡式盾构在推进过程中开挖面的稳定，可以用两种方法来实现：其一是控制螺旋输送机排土量（调节其转速）；但研究表明，对于黏性土来说，开挖面不破坏的排土量波动值必须控制在理论掘进体积的 2.8% 左右，这就需要量测精度在 1% 以内的切削土体积的监测系统。其二是用调节盾构千斤顶的推进速度和螺旋输送机转速，直接控制密封舱内的土压力 P，一般情况下，不对开挖面产生影响的渣土压力 P 的波动范围如下

$$主动土压力 + 地下水压力 < P < 被动土压力 + 地下水压力 \qquad (6-4)$$

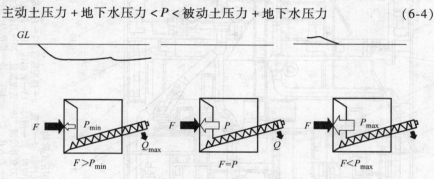

图 6-93　土压平衡式盾构维持开挖面稳定示意图

对于花板型刀盘，若刀盘面板开口率为 x，刀盘上和密封舱内的渣土压力分别为 P_1 和 P_2，则式（6-4）可改写为

$$主动土压力 + 地下水压力 < P_1(1-x) + P_2 x < 被动土压力 + 地下水压力 \qquad (6-5)$$

应该认为，直接控制土压的方法比较容易实现。从理论上讲，通过注入塑流化添加剂和强力搅拌能将各种土质改良成土压平衡式盾构工作所需的塑流体，故这种盾构能适用于各种围岩条件。但在含水的砂层或砾砂层，尤其在高水压的条件下，土压平衡式盾构在稳定开挖面土体、防止和减小地面沉降、避免土体移动和土体流失等方面都较难达到理想的控制。

（3）泥水加压式盾构（图 6-94）　泥水加压式盾构的总体构造与土压平衡式盾构相似，仅支护开挖面方法和排渣方式有所不同。在泥水加压式盾构的密封舱内充满特殊配制的压力泥浆，刀盘（花板型）浸没在泥浆中工作。对开挖面支护，通常是由泥浆压力和刀盘面板共同承担，前者主要是在掘进中起支护作用，后者主要是在停止掘进时起支护作用。对于不透水的黏性土，泥浆压力应保持大于围岩主动土压力。对透水性大的砂性土，泥浆会渗入土层内一定深度，并在很短时间内，于土层表面形成一层泥膜，有助于改善围岩的自承能力，并使泥浆压力能在全开挖面上发挥有效的支护作用。此时，泥浆压力一般以保持高于地下水压 0.2MPa 为宜。而刀盘切削下的渣土在密封舱内与泥浆混合后，用排泥泵及管道输送至地面处理，处理后的泥浆再由供泥泵和管道送回盾构重复使用，所以在采用泥水加压式盾构时，还需配备一套泥浆处理系统。

泥水加压式盾构按泥浆系统压力控制方式可分为直接控制型（日本型）和间接控制型（德国型）两种基本类型。

1）直接控制型（日本型）泥水加压式盾构的泥浆压力控制由一套自动控制泥浆平衡的装置来实现，如图 6-95 所示。p_1 为供泥泵，从泥浆处理厂的泥水调整槽将泥浆压入盾构密封舱，供入

1—中部搅拌器 2—切削刀盘 3—转鼓凸台 4—下部搅拌器 5—盾壳 6—排泥浆管 7—刀盘驱动马达
8—盾构千斤顶 9—举重臂 10—真圆保持器 11—盾尾密封 12—闸门 13—衬砌环 14—药液注入装置
15—支承滚轮 16—转盘 17—切削刀盘内齿圈 18—切削刀盘外齿圈 19—送泥浆管 20—刀盘支承密封装置
21—转鼓 22—超挖刀控制装置 23—刀盘箱形环座 24—进入孔 25—泥水室 26—切削刀 27—超挖刀
28—主刀梁 29—副刀控制刀盘 30—主刀槽 31—副刀槽 32—固定鼓 33—隔板 34—刀盘

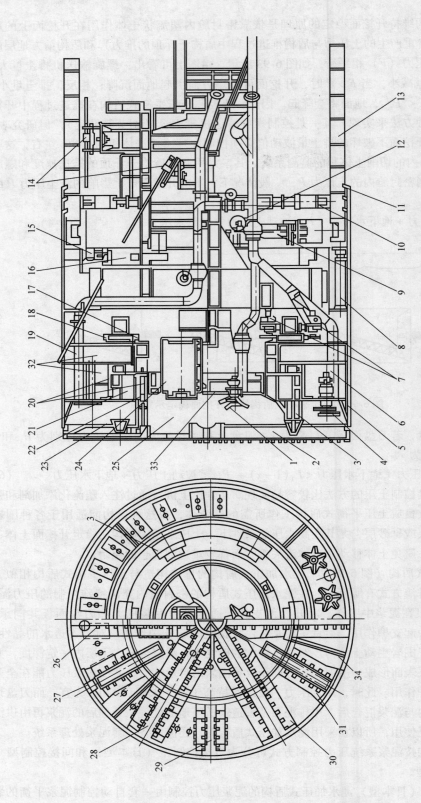

图 6-94　泥水加压式盾构

1—中部搅拌器　2—切削刀盘　3—转鼓凸台　4—下部搅拌器　5—盾壳　6—排泥浆管　7—刀盘驱动马达　8—盾构千斤顶　9—举重臂　10—真圆保持器　11—盾尾密封　12—闸门　13—衬砌环　14—药液注入装置　15—支承滚轮　16—转盘　17—切削刀盘内齿圈　18—切削刀盘外齿圈　19—送泥浆管　20—刀盘支承密封装置　21—转鼓　22—超挖刀控制装置　23—刀盘箱形环座　24—进入孔　25—泥水室　26—切削刀　27—超挖刀　28—主刀梁　29—副刀控制装置　30—主刀槽　31—副刀槽　32—固定鼓　33—隔板　34—刀盘

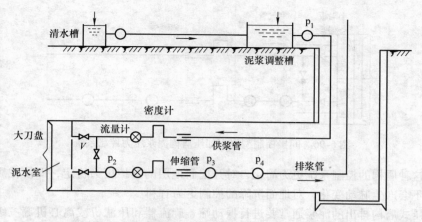

图 6-95　直接控制型泥水加压盾构泥浆自动控制输送系统

泥浆相对密度在 1.05 ~ 1.25 之间，在密封舱内与开挖渣土混合后的重泥浆由排泥泵 p_2、p_3、p_4 排至泥浆处理厂，排出泥浆相对密度在 1.1 ~ 1.4 之间。密封舱的泥浆压力是通过调节供浆泵 p_1 的转速或节流阀的开口比值来实现控制的。

泥浆管中的泥浆流速，必须保持在临界值以上，否则泥浆中的颗粒会产生沉淀而堵塞管路，尤其是在排泥管中，堵塞将更为严重。按管道流理论，临界流速 V_L（m/s）可按 Durand 公式计算

$$V_L = F_L \left[2gd \left(\frac{\gamma}{\gamma_0} - 1 \right) \right]^{\frac{1}{2}} \tag{6-6}$$

式中　F_L——流速系数，按颗粒直径和泥浆浓度而定，当颗粒直径大于 1mm 时，$F_L = 1.34$；

　　　g——重力加速度，$g = 9.8 \mathrm{m/s^2}$；

　　　γ_0——泥浆母液相对密度，一般在 1.05 ~ 1.25；

　　　γ——渣土相对密度；

　　　d——管子内径（m）。

在盾构推进时，进、排泥管需不断延长，管阻也随之增大。为了保证管内的流速恒大于临界流速，排泥浆泵 p_2 的转速应随时调整，故排泥浆泵 p_2 必须是自动调速的。当 p_2 泵达到最大扬程时，再加 p_3、p_4 接力泵。

为了保证盾构推进质量、减少地面沉降量，需要严格控制排土量，故应在进、排泥浆管路上分别装设流量计和比重计，根据监测数据即可计算实际排土量。

2）间接控制型（德国型）泥水加压式盾构的泥浆压力控制由空气和泥水双重系统实现，如图 6-96 所示。在盾构的密封舱内，装有半道隔板，将密封舱分隔成两部分。在隔板的前面充满压力泥浆，隔板后面盾构轴线以上部分充满压缩空气，形成气压缓冲层，因此，在隔板后面的泥浆上表面作用有空气压力。由于在两者的接触面上气压和液压相等，故仅需调节空气压力，就可确定全开挖面上的支护压力。在盾构推进时，由于泥浆流失或盾构推进速度变化，进、出泥浆量将会失去平衡，空气和泥浆接触面的位置就会发生上下波动现象。通过液位传感器，即可根据液位变化来控制供泥浆泵的转速和流量，使液位恢复到设定位置，以保持开挖面支护压力的稳定。当液位达到最高极限位置时，供泥浆泵自动停止；当液位达到最低极限位置时，排泥浆泵则自动停止。

密封舱空气室的空气压力是根据开挖面需要的支护泥浆压力而确定的。不论盾构是否掘进或液面位置产生波动，空气压力终究可以通过空气调节阀使压力保持恒定。而且由于空气缓冲层有弹性作用，所以在液位波动时，也不会影响开挖面的支护液压。因此，和直接控制型泥水加压式

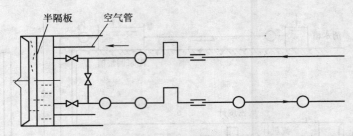

图 6-96　间接控制型泥水加压盾构泥浆压力控制系统

盾构相比，这种盾构的控制系统更为简化，对开挖面地层的支护更为稳定，即使在盾构推进时，支护压力也不会产生脉动变化，对地面沉降的控制更为有利。

泥水加压式盾构排出的泥浆通常要进行振动筛、旋流器和压滤机或离心机等三级分离处理，才能将渣土从泥浆中分离出来以便排除。清泥水回到调整槽重复循环使用。

泥水加压式盾构中所使用的泥浆为膨润土泥浆，在黏性土层中掘进时，还可用原土造浆以减少成本。膨润土泥浆的主要成分和地下连续墙施工中使用的泥浆的主要成分相同，其物理力学特性：相对密度、黏性、沉降性、含砂率等应根据地层特性（粒度、硬度、渗透性等）以及地下水状况（水位、所含离子种类与浓度等）而定。

为了增加排土效率和防止排泥口堵塞，在密封舱内可以设置螺旋搅拌器和砾石破碎装置，以及供工作人员进入开挖面（在泥浆排空情况下）排除障碍物的气闸。

（4）混合盾构（Mix Shield）　混合盾构是近几年在欧洲发展起来的一种新型盾构。这种盾构本机可以构成一台泥水加压式盾构、气压式盾构或土压平衡式盾构，当地层条件变化时，盾构的刀具类型和面板开口率可以随地层变化而相应改变。

（5）多圆盾构（Multi-Circular Face Shield）　多圆盾构是近年日本开发的新型盾构，其中的双圆盾构可以用来修建区间隧道，一次开挖完成双线区间隧道，可以比两个单独的圆形隧道降低工程成本共10%，减小开挖面积15%。三圆盾构既可用来修建地铁车站隧道，拆下中间盾构后又成为两个单独盾构，可以修建区间隧道，如图 6-97 所示。

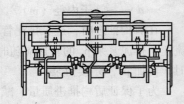

图 6-97　三圆盾构机

（6）MF 盾构　这种盾构机的开挖机构将数个刀头面板前后错开布置，使每个刀头有一个独立的泥土室。因此，可进行泥水式及水压式两种方式开挖。圆盘形的刀头可以独自改变转数和旋转方向，采用这种组合，可以控制盾构机的姿势，如图 6-98 所示。

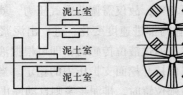
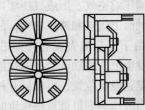

图 6-98　MF 盾构机

（7）DOT 盾构　这种盾构机的挖掘机构将两个刀头布置在同一平面上，采用一个泥土室。

刀头形式为标准轮辐形，当直径较大或开挖砂砾层时，可选用寿命长的扇叶形状。因此，开挖面的保持仅限于土压式。刀头分别由不同的电动机拖动，相互反方向旋转，且呈与齿轮咬合相似的状态，但由于对其进行同步控制，不会发生刀头接触或碰撞，如图6-99所示。

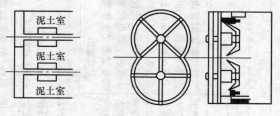

图 6-99　DOT 盾构机

（8）矩形盾构　采用矩形盾构机，其驱动装置在多个旋转轴上，由偏心轴支承的矩形切削刀进行矩形断面开挖。

（9）椭圆形盾构　采用椭圆形盾构机，椭圆面是靠圆形旋转切削刀和带有联动的计算机控制的行星切削刀完成的。

非圆形盾构机的开挖机构需根据隧道断面形状及其大小、土质条件、施工条件等进行研究设计。切削刀头的运动形态应符合不同土质，刀头形状及配置和数量也需充分研究。

6.6.3　盾构机机型的选择

1. 选型的根据

根据不同的工程地质、水文地质条件和施工环境与工期的要求，合理地选择盾构机类型，对保证施工质量，保护地面与地下建（构）筑物安全和加快施工进度是至关重要的。因为只有在施工中才能发现所选用的盾构是否适用，一种不适用的盾构将对工期和造价产生严重影响，但此时想更换已不可能了。

（1）工程地质与水文地质条件

1）隧道沿线地层围岩分类、各类围岩的工程特性、不良地质现象和地层中含沼气状况。

2）地下水位，穿越透水层和含水砂砾透镜体的水压力、围岩的渗透系数以及地层在动水压力作用下的流动性。

（2）地层的参数

1）表示地层固有特性的参数：颗粒级配、最大土粒粒径、液限 w_L、塑限 w_P、塑性指数 I_P（$I_P = w_L - w_P$）。

2）表示地层状态的参数：含水量 w、饱和度 S_r、液性指数 $I_L\left(I_L = \dfrac{w - w_P}{I_P}\right)$、孔隙比 e、渗透系数 K、湿土重度 γ_e。

3）表示地层强度和变形特性的参数：不排水抗剪强度 S_u、粘结力 c、内摩擦角 φ、准贯入度 N、压缩系数 α、压缩模量 E_s；对于岩层则有：无侧限抗压强度 σ_c、RQD 值等。

（3）隧道尺寸　长度、直径、永久衬砌的厚度。

（4）经验　承包商的经验、有无同类工程的经验。

此外，盾构选型的根据还包括地面环境、地面和地下建（构）筑物对地面沉降的敏感度，工期，造价等。

2. 选型的方法

盾构选型的依据项目很多，且相互联系。因此，很难找到一个简单的选型方法和程序，只能在综合分析比较的基础上，从技术角度来探讨最适宜的盾构形式，最终的选择仍取决于经济和企业的施工能力。

表6-21总结了各类盾构的适用范围，表6-22给出了控制地面沉降的不同要求和不同地质条件对盾构选型的大致参考意见。由于隧道掘进机主要用于岩层，故表6-21、表6-22中未论及。

表 6-21　各种盾构工法一览表

工法	全面开放型			部分开放型	封闭型		
	人工挖掘式	半机械挖掘式	机械挖掘式	闭胸式	土压式		泥水加压式
					削土加压式	泥土加压式	
工法概要	靠人工开挖土砂，以皮带运输机等设备出渣，根据地层性质的不同安装衬砌或斗斗顶挡土机构，以稳定开挖面	采用机械进行大部分土砂的开挖和装运，以下斗顶挡土支撑等机构稳定开挖面，与人工挖掘式相比，对地层的稳定性要求高	盾构前部安装切削刀头，用机械连续开挖土砂，切削刀面板也起支撑开挖面的作用	开挖面密闭，在土上设有可调的出入口，开挖时有的前部置人土砂之中，土部呈塑性流动并从开口中排出	在切削密闭舱内把满开挖下来的土砂，以盾构的推进力对这个个工作面加压，来抵衡开挖面上的压力，在保持开挖面稳定的同时，用螺旋输送机出渣	在切削密闭舱内注入添加材料，制泥原料土等，使其与切削土搅拌混合，形成泥状土并用盾构密闭舱填满，用盾构推进力对工作面加压来抵抗开挖面上的土压，在保持螺旋输送的同时用螺旋旋输送机出渣	向切削密闭舱内循环填充泥浆，用干抵抗开挖面的土压、水压，保持开挖面的稳定，开挖下来的土砂以泥浆的形式通过流体输送方式运出
开挖方式	人工	机械+人工	全断面切削刀盘	盾构挤压贯入	全断面切削刀盘	同左	同左
开挖面的管理	设置挡土支撑机构稳定开挖面	部分靠支撑机构稳定开挖面	未设置挡土支撑机构	调节排土阻力速度及开口大小，保持开挖面稳定	调节土舱内土压及排土量，控制开挖面稳定	调节土舱内泥土压及土量，控制开挖面稳定	调节泥水的压力，控制开挖面稳定
地层变化的适应性	可适应土质变化不适应地层	土质变化时有可能不适应	不适应土质变化地层	一般只适用于砂、黏土	粗砂、砂砾层较难适应	通过调节添加材料浓度和用量适应不同地层	粗砂、砂砾层较难适应
障碍物的处理	能目视开挖面，处理容易	同左	能目视开挖面，但处理稍难	同左	看不到开挖面，处理困难	同左	同左
盾构机的故障处理	故障少且容易处理	同左	发生故障时影响大	故障少且容易处理	发生故障时影响大	同左	同左
施工现场	一般	一般	一般	一般	一般	一般	大
作业环境	人工开挖、作业环境差	作业环境稍差	同左	无人工开挖、比较安全	人工作业少、环境良好	同左	同左
对周围环境影响	空压机噪声及渣土运输影响	同左	同左	同左	渣土运输影响	同左	泥浆处理设备噪声及振动、渣土运输、占地多
辅助设施	为保证开挖面稳定需降水、压气及地层改良等措施	同左	同左	为防止地表下沉需进行地层改良	为改善开挖性能需对砂层进行改良	不需要辅助设施	易坍塌的粗砂及砂砾层需进行改良
施工进度	进度慢且变化幅度小	介于手掘式与封闭型之间	如土质适合，不变化，与封闭型接近	同左	快	同左	后方能力强则进度快，但设备故障影响大

表 6-22　盾构选型地质参数

土类别		黏性土					粉性土		砂性土			
土名称		硬塑性黏土	可塑性黏土	软塑性黏土	流塑性黏土	淤泥	黏质粉土	砂质粉土	粉砂	细砂	中粗砂	砾石
盾构类型 主要土壤系数	N	18～35	4～7	2～4	0～2	0	0～5	5～10	5～15	15～30	40～60	40～60
	$K/(\mathrm{cm/s})$	$<10^{-7}$	$<10^{-7}$	$<10^{-6}$	$<10^{-6}$	$<10^{-7}$	$<10^{-5}$	$<10^{-4}$	$<10^{-4}$	$<10^{-3}$	$<10^{-3}$	$<10^{-2}$
	$W(\%)$	20～30	30～35	35～40	40～45	>50	<50	<50	<50	<50	<50	<50
手掘式盾构	辅助工法	A	A	A	A	A	A	A	A	B、C	B、C	B、C
	沉降程度	S	S～M	M	M～L	L	M	M	M	M	M	M
网格盾构	辅助工法		A	A	A	A	A					
	沉降程度		S～M	S～M	M (S～M)	L	M					
机械化盾构	辅助工法	A	A	A	A、B	A	A、B		B、C	B、C	B、C	
	沉降程度	S	S～M	M	L	L	M	M～L	L (M)	L (M)	L (M)	M
土压平衡盾构	辅助工法							D	D	D	D	D
	沉降程度		S	S	S	S～M	S～M	S～M	M～L	M	M	M
泥水盾构	辅助工法									B	B	B
	沉降程度		S	S	S	S (S～M)	S～M (S)	S	S	S	S	S

注：1. 还有一种闭胸式盾构只适用于淤泥质地层。

2. 表格中沉降程度空白的表示不适用，如网格盾构不适用于粉砂地层。

3. 括号表示有地下水情况的沉降程度。

4. 辅助工法：A 气压法、B 降低地下水位法、C 加固法、D 填料。

5. 沉降程度（盾构直径为 6m，覆土厚 6m 情况）：L、M、S 分别代表不同的最大沉降量范围值，其中：$L>15\mathrm{cm}$，$3\mathrm{cm}<M<15\mathrm{cm}$，$S<3\mathrm{cm}$。

6. N 为标贯数，K 为渗透系数，W 为含水量。

6.6.4　盾构法施工过程

盾构法施工的内容包括盾构的始发和到达、盾构的掘进、衬砌、注浆等。现分别介绍如下：

1. 盾构的始发和到达

（1）竖井　盾构法施工的隧道，在始发和到达时，需要有拼装和拆卸盾构用的竖井，当盾构需要调头时，需要设置调头的地下空间。施工过程中，这些地下空间可以从地面开辟一个竖井，如果地铁车站采用明挖法施工，则在站端部留出盾构井，该部分结构暂不封顶和覆土，同时降低底板高度。拼装、拆卸和调头空间尺寸根据盾构直径、长度及作业方便确定。

1）封门。在竖井的端墙上应预留出盾构通过的开口，又称为封门。这些封门最初起挡土和防止渗漏的作用，一旦盾构安装调试结束，盾构刀盘抵住端墙，要求封门能够尽快拆除或打开。根据拼装（拆卸）竖井周围的地质条件，可采用不同的封门制作方案：

① 现浇钢筋混凝土封门。一般按照盾构外径尺寸在井壁或连续墙的钢筋笼上预埋环形钢板，板厚 8～10mm，宽度同井壁厚。环向钢板切断了连续墙或竖井壁的竖向受力钢筋，故封门的周边要求作构造处理。环向钢板内的井壁可按周边弹性固定的钢筋混凝土圆板进行内力分析或截面配筋设计。这种封门制作和施工简单，结构安全。但是拆除时要用大量的人力铲凿，费工费时。如条件允许将静态爆破技术引入封门拆除作业，将加快施工速度，降低劳动强度。

② 钢板桩封门。这种封门结构较适宜用于沉井法修建的盾构工作竖井。在沉井制作时，按设计要求在井壁上预留圆形孔洞，沉井下沉之前，在井壁外侧密排钢板桩，封闭预留的孔洞，以挡住侧向水土压力。沉井较深时，钢板桩可接长。盾构刀盘切入洞口靠近钢板桩时，用起重机将其逐根拔起。用过的钢板桩经过修理后可重复使用。钢板桩通常按简支梁计算。钢板桩封门受埋深、地层特性、环境要求等影响较大。

③ 预埋 H 型钢封门。将位于预留孔洞范围内的连续墙或沉井壁的竖向钢筋用塑料管套住，以免其与混凝土粘结，同时，在连续墙或沉井壁的外侧预埋 H 型钢，抵抗侧向水土压力。盾构刀盘抵住墙壁时，凿除混凝土，切断钢筋，逐根拔起 H 型钢。

2）始发竖井。始发竖井的任务是为盾构机出发提供场所，用于盾构机的固定、组装及设置附属设备，如反力座、引入线等；与此同时，也作为盾构机掘进中出渣、掘进物资器材供应的基地。因此，始发竖井的周围是盾构施工基地，必须要有搁置出渣设备、起重设备、管片、输变电设备、回填注浆设施和物资器材的场地。

在没有限制占地的情况下，始发竖井的功能越多越好，但功能越多费用就越高，因此一般都采用满足基本功能所必需的最小净空。一般在盾构外侧留下 0.75 ~ 0.80m 的空间，能容纳一个拼装工人即可。盾构的覆土随始发方法而异。一般竖井的大小按以下方法决定：除盾构机外，还考虑承压墙、临时支护、始发洞口大小，另外再加上若干余量。

3）到达竖井。两条盾构隧道的连接方式有到达竖井连接方式和盾构机与盾构机在地下对接的方式。其中，地下对接方式在特殊情况下采用，例如连接段在海中难以建造竖井，或者没有场地不能设置竖井等。但在正常情况下，一般都以到达竖井连接。

采用盾构修建的隧道的长度一般超过 1000m，不论隧道的用途如何，这样长的距离都应考虑设置隧道的出入口，如人员通行孔、换气孔、阀室、车站等。因此，盾构的到达竖井常常既是盾构管道的连接段，又是设置这些设施的场所。因而，到达竖井的尺寸既要满足盾构机的要求又要满足上述各设施所必需的尺寸。

4）中间竖井。以前，在隧道沿线经常设置换向竖井，最近由于急弯段施工技术的进步，采用这种办法的实例大为减少。设计的换向竖井，既要作为到达竖井用，又要作为始发竖井用。所以到达方向的内净空长度等于盾构机长加富余量，始发方向的内净空长度取出发所需要的长度。大直径盾构机不能用起重机转换方向时，要在竖井内用千斤顶使盾构机转换方向，所以必须考虑足够的空间。一般，换向长等于盾构机的对角线长加上 1.0m 以上的富余量。

其他需要设置换向竖井的场合，有设施方面要求的，如在下水道的汇流处、电力线的连接处等地方，常设置中间竖井。此时，竖井的尺寸由这些设施需要的空间决定。

5）竖井的施工。竖井的平面形状一般为矩形、圆形和其他形状，主要由竖井深度、挡土支护、建筑强度等决定。从净空使用角度而言，圆形竖井是不利的，主要是从建筑的强度考虑才采用圆形。例如，在竖井较深的情况下，优先考虑竖井整体结构的刚性，所以采用在结构上有利的圆形，如果将挡土墙做成刚性的地下连续墙，用矩形支护也是可以的，此时也容易使用内部空间。

对受用地制约或一座竖井用作几条隧道的始发和到达场所的情况，竖井的平面形状不能设计成矩形或圆形，而应根据实际需要设计成特殊的形状。

目前常用的竖井施工方法及竖井挡土墙施工方法中，沉箱系列的有压气沉箱法和开口沉箱法；基础挡土墙系列的有喷锚法、钢板桩法、SMW 法（注入水泥浆在原位混合，建成的薄排柱式连续墙）和地下连续墙法。

这些方法中，喷锚法、钢板桩法、SMW 法是与横撑固壁支护结合使用的方法。在矩形形状时用横撑固壁支护，井壁衬砌后拆除横撑。采用圆形时可不设支护，压气沉箱和开口沉箱不需要横撑固壁。

根据土质条件竖井施工法有所不同，但深度小于 15m 的竖井，多采用喷锚法、钢板桩法和 SMW 施工法。特别是要求低噪声、低振动的场合，不需要拆除时，采用喷锚施工法的较多。

深度超过 20m 的竖井，根据挡土墙的强度常采用护壁桩、地下连续墙或开口沉箱法等施工方法。

（2）盾构拼装 盾构在拼装前，先在拼装室底部铺设 50cm 厚的混凝土垫层，其表面与盾构外表面相适应，在垫层内埋设钢轨，轨顶伸出垫层约 5cm，可作为盾构推进时的导向轨，并能防止盾构旋转。若拼装室将来要作其他用途，则垫层将凿除，费工费时。此时可改用由型钢拼装的盾构支撑平台，其上也需要有导向和防止旋转的装置。

由于起重设备和运输条件限制，通常将盾构机拆成切口环、支承环、盾尾三节运到工地，然后用起重机将其逐一放到井下的垫层或支承平台上。切口环与支承环用螺栓连接成整体，并在螺栓连接面外圈加薄层电焊，以保持其密封性。盾尾与支承环之间则采用对接焊连接。

在拼装好的盾构后面，还需设置由型钢拼成的、刚度很大的反力支架和传力管片。根据推出盾构需要开动的千斤顶数目和总推力进行反力支架的设计和传力管片的排列。一般来说，这种传力管片都不封闭成环，故两侧都要将其支撑住。

（3）洞口地层加固 当盾构工作井周围地层为自稳能力差、透水性强的松散砂土或饱和含水黏土时，如不对其进行加固处理，则在凿除封门后，必将会有大量土体和地下水向工作井内坍陷，导致洞周大面积地表下沉，危及地下管线和附近建筑物。目前，常用的加固方法有：注浆、旋喷、深层搅拌、井点降水、冻结法等，可根据土体种类（黏性土、砂性土、砂砾土、腐殖土）、渗透系数和标贯值、加固深度和范围、加固的主要目的（防水或提高强度）、工程规模和工期、环境要求等条件进行选择。加固后的土体应有一定的自立性、防水性和强度，一般以单轴无侧限抗压强度 $q_u = 0.3 \sim 1.0$ MPa 为宜，太高则刀盘切土困难，易引发机器故障。加固土体的范围和需要达到的强度，可参照下述方法计算确定：

1）强度验算。将加固土体视为厚度为 t 的周边自由支承的弹性圆板，如图 6-100 所示，在外侧水土压力作用下，板中心处的最大弯曲应力，按弹性力学原理求得，并可写出强度验算公式

$$\sigma_{max} = \pm\beta\frac{\omega r^2}{t^2} \leqslant \frac{\sigma_t}{K_1} \\ \beta = \frac{3}{8}(3+\mu) \quad (6-7)$$

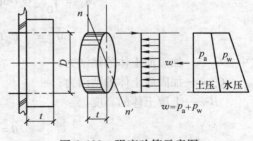

图 6-100 强度验算示意图

式中 r——工作井端墙开洞的半径，$r = D/2$；

t——加固土体的厚度；

σ_t——加固土体的极限抗拉强度，一般可取其极限抗压强度的 10%，$\sigma_t = \frac{q_u}{10}$；

K_1——安全系数，一般取 $K_1 = 1.5$；

ω——作用于开洞中心处的侧向水土压力，对于砂性土，水压力和土压力分别计算；对于黏性土，水土压力合算；土压力按静止土压力考虑，土的计算参数按加固前的选用；

μ——加固后土体的泊松比，一般取 $\mu = 0.2$。

周边自由支承的圆板，其支座处的最大剪力也可按弹性力学原理求得，并写出其抗剪强度的

验算公式

$$\tau_{max} = \frac{3\omega r}{4t} \leqslant \frac{\tau_c}{K_2} \qquad (6\text{-}8)$$

式中　τ_c——加固后土体的极限抗剪强度，根据经验，$\tau_c = \frac{q_u}{6}$；

　　　K_2——抗剪安全系数，一般取 $K_2 = 1.5$。

2）整体稳定验算。洞外加固土体在上部土体和地面荷载 p 等作用下，可能沿某滑动面向洞内整体滑动，假定滑动面是以端墙开洞外顶点 O 为圆心，开洞直径 D 为半径的圆弧面，如图 6-101 所示，此时，引起下滑的力矩为

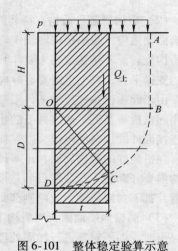

$$M = M_1 + M_2 + M_3 \qquad (6\text{-}9)$$

式中　M_1——地面堆载 p 引起的下滑力矩，$M_1 = pD^2/2$；

　　　M_2——上覆土体自重 $Q_上$ 引起的下滑力矩，$M_2 = \frac{Q_上 D}{2}$；

　　　M_3——滑移圆弧线内土体的下滑力矩，$M_3 = \frac{\gamma_t D^3}{3}$，$\gamma_t$ 为加固后土体的重度。

图 6-101　整体稳定验算示意

抵抗下滑的力矩为

$$\overline{M} = \overline{M_1} + \overline{M_2} + \overline{M_3} \qquad (6\text{-}10)$$

式中　$\overline{M_1}$——滑移圆弧线 AB 段的抗滑力矩，$\overline{M_1} = C_u HD$；

　　　$\overline{M_2}$——滑移圆弧线 BC 段的抗滑力矩；

　　　$\overline{M_3}$——滑移圆弧线 CD 段的抗滑力矩。

$$\overline{M_2} = \int_0^{\frac{\pi}{2}-\theta} C_u D d\theta \cdot D = C_u D^2 \left(\frac{\pi}{2} - \theta \right) \qquad (6\text{-}11)$$

$$\overline{M_3} = \int_0^{\theta} C_{ut} D d\theta \cdot D = C_{ut} \theta D^2 \qquad (6\text{-}12)$$

式中　C_u——加固前土体的粘结力；

　　　C_{ut}——加固后土体的粘结力；

　　　H——上覆土体的高度。

$$\theta = \arcsin \frac{t}{D}$$

抗滑移的安全系数 K_3 为

$$K_3 = \frac{\overline{M}}{M} \geqslant 1.5 \qquad (6\text{-}13)$$

由于影响加固土体强度的因素很多，加固土体的受力情况又十分复杂，目前的一些计算方法仅是一种简化处理，实践中还需根据类似的工程经验予以核定。例如，有文献指出对于深埋、高水头、易于液化的砂性土，应取加固土厚度 $t = l + a$，此处，l 为盾构长度；a 为安全储备，通常取 1m。

根据理论分析和工程实践经验，孔洞口周围土体的最小加固宽度和高度可参考表 6-23。

为了确保加固质量，必须对加固土体钻孔取样，以检查其强度、透水性以及均质性，钻孔数目视地层种类、加固方法以及施工技术水平而定，一般不小于 1 个/m²。必要时也可采用标准贯入度和静力触探等方式进行检测。

表 6-23　土体加固最小尺寸　　　　　　　　　（单位：m）

参数	直径/m				简图
	$D<1.0$	$1.0<D<3.0$	$3.0\leqslant D<5.0$	$5.0<D<8.0$	
B	1.0	1.0	1.5	2.0	
H_1	1.0	1.5	2.0	2.5	
H_2	1.0	1.0	1.0	1.0	

2. 盾构的掘进

盾构掘进时必须根据围岩条件，保证工作面的稳定，适当地调整千斤顶的行程和推力，沿所定路线方向准确地进行掘进。

（1）盾构千斤顶总推力与刀盘扭矩计算　由于土压平衡式盾构和泥水加压式盾构的开挖、支护方式不尽相同，因此，两者所需的千斤顶推力和刀盘扭矩的计算方法也不同。

1）土压平衡式盾构。

① 盾构千斤顶总推力。推进土压平衡式盾构所需克服的阻力有：

a. 盾构与地层之间的摩阻力

$$F_1 = \frac{\pi}{4}\mu DL(p_0 + p_0' + p_1 + p_2) \tag{6-14}$$

式中　μ——地层与钢板的摩擦系数，一般取 $0.4\sim0.5$；

D、L——盾构的外径和长度；

p_0——盾构拱顶处的匀布围岩竖向压力，浅埋一般按全土柱计算，深埋情况下也可按太沙基公式计算；

p_0'——盾构底部的均布反力，$p_0' = p_0 + \dfrac{W}{DL}$，$W$ 为盾构重力；

p_1——盾构拱顶处的侧向水土压力；

p_2——盾构底部的侧向水土压力。

b. 刀盘正面的侧向土压力

$$F_2 = \frac{\pi}{4}D^2 p_d \tag{6-15}$$

式中　p_d——刀盘中心处的侧向土压力，可按下式计算

$$p_d = K_0(\sigma_v + \gamma' R) \tag{6-16}$$

K_0——侧压力系数；

γ'——地层的浮重度；

R——盾构的外半径；

σ_v——按太沙基公式计算的盾构拱顶处的松动围岩压力。

c. 刀盘正面的地下水压力

$$F_3 = \frac{\pi}{4}D^2 p_w \tag{6-17}$$

式中　p_w——刀盘中心处的地下水压力。

对于黏性土来说，刀盘中心处水、土侧向压力可以合算，即采用地层的饱和重度计算土的侧向压力，不再单独计算水压力。

d. 盾尾内部与管片衬砌之间的摩阻力

$$F_4 = \mu_c W_S \tag{6-18}$$

式中　μ_c——管片与钢板之间的摩擦系数，一般取 $\mu_c = 0.30$；

　　　W_S——压在盾尾上的管片衬砌重力，最大可取 2~3 环管片的自重。

总的阻力 F 为

$$F = F_1 + F_2 + F_3 + F_4 \tag{6-19}$$

则盾构千斤顶所需的总推力 T 为

$$T = K_c F \tag{6-20}$$

式中　K_c——安全系数，一般取 $K_c = 1.5$。

② 刀盘扭矩：

a. 刀具切削土体所需的扭矩

$$\left. \begin{array}{l} T_1 = \int_0^{r_0} q_u h r \mathrm{d}r = \dfrac{1}{2} q_u h r_0^2 \\ h = v/N; \end{array} \right\} \tag{6-21}$$

式中　h——刀具的穿透深度

　　　v——开挖速度；

　　　N——刀盘转速；

　　　q_u——地层单轴无侧限抗压强度；

　　　r_0——刀盘的外半径。

b. 由于刀盘自重所产生的抵抗旋转的扭矩

$$T_2 = GR_1\mu_2 \tag{6-22}$$

式中　G——刀盘自重；

　　　R_1——自重抵抗旋转的半径；

　　　μ_2——转动摩擦系数。

c. 刀盘正面推力所产生的抵抗旋转的扭矩

$$T_3 = W_r R_2 \mu_2 \tag{6-23}$$

式中　W_r——刀盘正面的推力，可按下式计算

$$W_r = x\pi r_0^2 p_d + \frac{\pi}{4}(d_2^2 - d_1^2)p_w \tag{6-24}$$

　　　x——刀盘的开口率；

　　　p_d——刀盘中心处的土侧向压力；

　　　d_2——刀盘上设置刀具的外环直径；

　　　d_1——刀盘上设置刀具的内环直径；

　　　p_w——刀盘中心处的地下水压力；

　　　R_2——正面推力抵抗旋转的半径。

d. 刀盘密封装置抵抗旋转的扭矩

$$T_4 = 2\pi\mu_3 F (n_1 R_{s1}^2 + n_2 R_{s2}^2) \tag{6-25}$$

式中　μ_3——密封材料与钢的摩擦系数；

　　　F——密封压力；

　　n_1、n_2——第 1、2 道的密封条数；

　R_{s1}、R_{s2}——相应的密封装置的平均回转半径。

e. 刀盘正面的摩擦扭矩

$$T_5 = \frac{2}{3} x \pi \mu r_0^3 p_d \tag{6-26}$$

式中　μ——地层与刀盘的摩擦系数，由于刀盘与地层之间充满含水的渣土，所以此时的摩擦系数较低，一般取 $\mu = 0.15$。

　　f. 刀盘周边的摩擦扭矩

$$T_6 = 2\pi \mu r_0^2 l_k p_r \tag{6-27}$$

式中　l_k——刀盘厚度；

　　　p_r——作用在刀盘周边上的平均压力，一般取 $p_r = (p_0 + p_0' + p_1 + p_2)/4$，其中 $p_0 + p_0' + p_1 + p_2$ 见式（6-14）。

　　g. 刀盘背面的摩擦扭矩，假定密封舱内渣土压力值为刀盘正面侧向土压力值的80%，则上述扭矩为

$$T_7 = \frac{2}{3} x \pi \mu r_0^3 \cdot 0.8 p_d \tag{6-28}$$

　　h. 刀盘开口处切削渣土所需的扭矩

$$T_8 = \frac{2}{3} \tau \pi r_0^3 (1 - x) \tag{6-29}$$

式中　τ——渣土的抗剪强度，因渣土饱和含水，故抗剪强度较低，可近似地取其 $c = 0.01\text{MPa}$，$\varphi = 5°$。

　　i. 刀盘在密封舱内搅拌渣土所需的扭矩

$$T_9 = 2\pi (r_1^2 + r_2^2) l \tau \tag{6-30}$$

式中　r_1、r_2——刀盘梁的内、外半径；

　　　l——刀盘梁的长度。

以上 3 个值可参见图 6-102。

驱动切削刀盘所需的总扭矩即为

$$T = \sum_{i=1}^{9} T_i \tag{6-31}$$

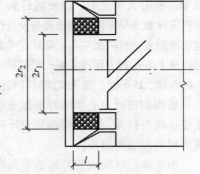

2）泥水加压式盾构。

①千斤顶总推力。泥水加压式盾构千斤顶总推力的计算方法与前述的相同，只是在计算刀盘正面侧向土压力（F_2）时，要增加泥浆充填压力 Q_3（$Q_3 = 0.0015\text{MPa}$），即

$$F_2 = \frac{\pi}{4} D^2 (p_d + Q_3) \tag{6-32}$$

以及根据具体情况，可能还要增加一项后方台车的牵引阻力（F_5），即

图 6-102　密封舱内渣内搅拌梁

$$F_5 = \mu_b W_b \tag{6-33}$$

式中　μ_b——滚动阻力系数，一般取 $\mu_b = 0.1$；

　　　W_b——后方台车的重力。

②刀盘扭矩。泥水加压式盾构刀盘扭矩比土压平衡式盾构小，只需克服：刀具切削土体的抵抗扭矩（T_1）、刀盘正面推力所产生的抵抗旋转的扭矩（T_3）、刀盘密封装置与衬砌之间的旋转摩擦阻力扭矩（T_4）以及刀盘旋转时所产生的摩擦阻力扭矩（T_5、T_6）。

《日本隧道标准规范（盾构篇）》（1986 年 6 月）根据大量工程实践的统计资料，推荐下列经验值为设计密封型盾构推力和扭矩的控制标准：

千斤顶总推力

$$F = \frac{1}{4}\pi D^2 p_j \tag{6-34}$$

式中　p_j——单位掘削断面上的经验推力，取值范围为 700～1300kN/m²；

　　　D——盾构外径（m）。

刀盘扭矩

$$T = \alpha D^3 \tag{6-35}$$

式中　α——刀盘的扭矩系数，随盾构类型、土质条件而变，但其平均值在下列范围之内：

　　　　土压平衡式盾构，$\alpha = 14～23$kN/m³；泥水加压式盾构，$\alpha = 9～15$kN/m³；

　　　D——盾构外径（m）。

（2）盾构掘进注意事项

1）正确选择千斤顶的台数和确保所需的推力的位置，使盾构能按设计的线路方向行走，并能进行必要的纠偏。

2）不应使开挖面的稳定受到损害，一般是在开挖后立即推进，或在开挖的同时进行推进。每次推进的距离可为一环衬砌的长度，也可为一环衬砌长度的几分之一，推进速度约为 10～20mm/min。衬砌组装完毕后，应立即进行开挖或推进，尽量缩短开挖面的暴露时间。

3）不应使衬砌等后方结构受到损害，推进时应根据衬砌构件的强度，尽力发挥千斤顶的推力作用。为使每台千斤顶的推力不致过大，最好用全部千斤顶来产生所需推力。在曲线段、上下坡、修正蛇行等情况下，有时只能使用局部千斤顶，要尽量多增加千斤顶的使用台数。当采用的推力可能损坏衬砌等后方结构物时，应对衬砌进行加固，或者采取一定的措施。

4）为使盾构能在计划路线上正确推进，预防偏移、偏转及俯仰现象的发生，盾构隧道施工前，应在地表进行中线及纵断面测量，以便建立施工所必需的基准点。施工时必须精密地把中心线和高程引入竖井中，以便进行施工中的管理测量，使组装的衬砌和盾构在隧道的计划位置上。测量时应注意及早掌握盾构推进与设计位置之间的偏差，随时进行监视，毫不迟疑地修正盾构推进的方向。原则上一日两次左右。测量应考虑与其他工序的关系，力求简化和合理。管片与盾构的相对位置，可以从上下左右千斤顶活塞的差值确定出大致的情况，盾构本身的俯仰、偏移、偏转等可用装在盾构上的垂球、U 形管、振子式倾斜仪和经纬仪等进行测量，现代盾构机上已装备激光指向测量仪。

盾构掘进时，必须随时掌握盾构的位置和方向，在适当的位置施加推力，通过曲线、变坡点来修正蛇行行为，可使用部分千斤顶，为尽力使千斤顶中心线与管片表面垂直，在掘进时可采用楔形衬砌环或楔形环。

由于地层软弱或管片构造等原因，盾构前倾，推进时可在盾构前方的底部铺筑混凝土，或用化学注浆法加固地基，或在盾构前面的底部加设翘曲板等。

在需进行超前开挖的土壤中，而且方向急剧变化时，有时是进行超前开挖后再推进。当盾构的直径与长度之比小时，盾构转向较难，故有时采用阻力板。在推进过程中土质发生急剧变化时会产生很大的蛇行，故在土质变化点必须特别注意。

在偏转的情况下，调节平衡板的角度，或在偏转方向的反侧加设压铁，或在盾构千斤顶和衬砌间插入垫块。如可以进行超前开挖，在切口环外面加设与横向推进轴具有某一角度的支撑后再行推进，使盾构承受回转力矩，从而达到修正偏移的目的。

（3）盾构掘进施工管理　　目前，盾构机发展方向的主流已由开挖面开敞型向泥水式和土压式的开挖面密封型转变。掘进时的施工管理也不得不由直接目视变为利用数据资料的方法，随着传感器和计算机的发展，在掘进管理的概念下已可将开挖、回填、线形、辅助设备的管理系统化，集中地、实时地进行综合管理。

　　盾构掘进通过传感器传递信息进行管理时，根据数据资料掌握围岩状态和掘进状态的技术（掘进管理系统）变得日益重要。由于盾构机掘进时洞内、竖井、地面的各类设备与开挖面作业密切相关，所以管理系统是比较复杂的。尤其处理异常情况时，管理系统通常是多个系统的组合。

　　盾构掘进管理的目的是在保持隧道线形和开挖面稳定的同时，尽早进行尾隙处理，以防止围岩松弛和下沉等。掘进管理可分为四大项，即开挖管理、线形管理、注浆管理、管片拼装管理。构成内容见表 6-24。

表 6-24　盾构掘进管理的内容

项　目		内　　容
开挖管理	开挖面稳定	开挖面泥水压力保持
	泥水加压式	检查开挖面泥浆压力、泥浆相对密度和溢泥情况
	土压平衡式	检查开挖面土压、腔体内泥土状态
	切削、排土	检查开挖土量和排土性态
	盾构机	检查总推力、推进速度和切削转矩
线形管理	盾构机	控制纵向振动、横向摆动和偏转
	位置、姿态	检查铰接的相对转角、超挖量和蛇行量
注浆管理	注入状况	控制水泥浆注入量、注浆压力
	注入材料	检查浆液稠度、离析性、胶凝时间、强度、配合比
管片拼装管理	拼装	检查正圆度、拧螺栓的扭矩
	防水	抽查漏水、管片缺损、裂缝
	位置	检查蛇行量和垂直度

3. 衬砌、注浆

　　（1）一次衬砌　在推进完成后，必须迅速地按设计要求完成一次衬砌的施工。一般是在推进完成后将几块管片组成环状，使盾构处于可随时进行下一次推进的状态。

　　一次装配式衬砌依照组装管片的顺序拼装。管片的环向接头一般均错缝拼装。组装前彻底清扫泥土，防止错台存有杂物，管片间应互相密贴。注意对管片的保管、运输及在盾尾内进行安装时，管片的临时放置问题，应防止变形及开裂的出现，防止翻转时损伤防水材料及管片端部。

　　保持衬砌环的真圆度，对确保隧道断面尺寸，提高施工速度及防水效果，减小地表下沉等甚为重要。组装时要保证真圆度。从离开盾尾至注浆材料凝固，应采用真圆度保持器，保持管片的真圆度。

　　紧固和再次紧固螺栓，紧固衬砌接头螺栓必须按规定执行，以不损害组装好的管片为准。由于盾构推进时的推力要传递到相当远的距离，故必须在此推力的影响消失后，再次紧固螺栓。

　　除用螺栓接头的管片外，还有榫头接头，这样管片间做成柔软的转向结构。以错缝拼装及数环间的共同作用来保持稳定，不能用暗榫头对接结构。由于组装是从前方插入，故使推力与隧道方向平行是极为重要的。

　　（2）回填注浆　采用与围岩条件完全相适合的注浆材料及注浆方法，在盾构推进的同时或其后立即进行注浆，将衬砌背后的空隙全部填实，防止围岩松弛和下沉，增加结构的整体性和抗震性。回填注浆是工程成败的关键因素之一。

　　回填注浆除可以防止围岩松弛和地表下沉之外，还有防止衬砌漏水、漏气，保持衬砌环早期稳定的作用，故必须尽快进行注浆，且应将空隙全部填实。

　　注浆材料需具有下列特点：不产生材料离析；具有流动性；压注后体积变化小；压注后的强

度很快就超过围岩的强度，保证衬砌与周围地层的相互作用，减少地层移动；具有一定的动强度，以满足抗震要求；具有不透水性等。

一般常用的注浆材料有：水泥砂浆、加气砂浆、速凝砂浆、小砾石混凝土、纤维砂浆、可塑性注浆材料等，可因地制宜地选择，表6-25给出了几种常用浆体的配合比。

表6-25 同步注浆材料配合比 （单位：kg）

材料	黏土	粉质黏土	粉质黏土	砂砾石层	砾石层	火山灰层	
						A液	B液
水泥	200	163		200	320		210
砂	200	1118	1132	680	560		
黏土	200						25
水泥、粉煤灰			440				
水	375	352	420	536	400	400	422
发泡剂	1.25				1.51		
缓凝剂			1.3				
锯末					15		
水玻璃						400	

注浆可在推进盾构的同时进行，也可在盾构推进终了后迅速进行。一般通过设在管片上的注浆孔进行。作为特殊方法，也有通过在盾构上的注浆孔同时注浆的方法。

采用同步注浆时，要求在注入口的注浆压力大于该点的静水压力和土压力之和，做到尽量充填而不是劈裂。注浆压力过大，对地层扰动大，将会造成较大的地层后期沉降和隧道本身沉降，还容易跑浆。注浆压力过小，则浆液充填速度慢，填充不充分。一般来讲，注浆压力可取1.1~1.2倍的静止土压力。

（3）二次衬砌 二次衬砌须在一次衬砌、防水、清扫等作业完全结束后进行。依据设计条件的不同，二次衬砌可用无筋或有筋混凝土浇筑，有时也用砂浆、喷射混凝土。浇筑二次衬砌时，特别是在拱顶附近填充混凝土极为困难时，对此必须注意。必要时应预先备有砂浆管、出气管等，用注入的砂浆等将空隙填实。

二次衬砌施工前，必须紧固管片螺栓，清扫衬砌并对漏水采取止水措施。脱模应在所浇筑的混凝土强度达到设计要求时进行。以防过早脱模导致混凝土裂纹等有害影响的发生。达到所需强度的时间，应根据与现场同一条件下养生的混凝土试件的抗压试验确定。脱模后，应进行充分养护。

如果对衬砌的漏水处理不彻底，或者虽然彻底但又出现了新的漏水处所，将在二次衬砌中出现漏水现象。此时，漏水多发生在二次衬砌施工缝和裂纹处。为了防止二次衬砌漏水，需防止裂纹的产生和对施工缝进行防水处理。为了防止产生裂纹，可在混凝土的配合比和施工方面采取措施。

在配合比方面的措施有：减少水泥用量或使用粉煤灰水泥、高炉水泥等；为防止干燥裂纹的发生，可降低单位用水量，使用AE减水剂等。在施工方面的措施有：选择合适的脱模时间；一次浇筑长度不要过长；进行充分养生；在施工缝处使用隔离层等。

施工缝的防水处理可采用：在施工缝中放置止水带；在施工缝内喷涂特殊的油灰；在施工缝表面设导水槽等方法。

6.6.5　ECL 施工法

ECL 是英文 Extrude Concrete Lining 的缩写，意为加压灌注混凝土衬砌，即在盾构法工程中以现浇混凝土做衬砌代替传统的管片衬砌的一种施工方法，故又称为挤压混凝土衬砌法。由于采用盾构在前端挖掘，在后端衬砌，两道工序同时进行，通常是掘进多少，衬砌也向前推进多少，因而称之为"并进技术工法"。

ECL 施工法的概念出现较早，德国在 1910 年、法国在 1911 年、俄国在 1912 年就提出了这一施工的概念，由于该工法需要输送混凝土的机械和专门的开挖设备，限于当时的技术水平，未获得开发和推广。1965 年前苏联克服许多技术问题后，开始将其用于建造涅格宁河总水管，获得成功后，又将其用于莫斯科、第比利斯、明斯克、高尔基、古比雪夫等地铁隧道。在总结上述工程经验时发现：这是一种奇特的施工方法，能解决盾构施工中的很多问题，并可提高施工速度，是一种十分有发展前途的城市地下工程的施工方法。日本在 1987 年以来，成功地用钢筋加强的挤压混凝土衬砌施工了三座排水隧洞和电缆隧洞，使得 ECL 施工法在技术上获得了很多成熟的经验。

ECL 施工法综合考虑了盾构法的三大要素即地层稳定技术、盾构机械技术和衬砌技术。衬砌技术为该施工法的"龙头"，若和各种盾构结合，可用于一切地层。ECL 法与盾构工法相比，具有长距离快速施工、工期短、沉降极小、无须降水、防水优越、机械化程度高、节省人员和安全经济等诸多优点。日本把密闭盾构技术和 ECL 衬砌技术有机结合，在软土地层施工中获得了显著的环境效益和优良的施工质量。

6.6.6　盾构法施工地面沉降机理、预测和防治

国内外实践表明，盾构法施工多少都会扰动地层而引起地表沉降，即使采用目前最先进的盾构技术，要完全消除地表沉降也是不可能的。地表沉降量达到一定的程度就会危及周围地下管线和建筑物的安全。因此，必须研究盾构法施工时引起的地层移动、造成地表沉降的机理。要掌握沿线的地下管线和建筑物的构造、形式等，对地面沉降量和影响范围进行预测。预测图如图 6-103 所示，在设计和施工中通过现场反馈资料，采取相应的防治对策和措施。

1. 地表沉降的规律

在饱和软黏土地层中采用盾构法施工时，在隧道纵轴线上产生的地表变形一般可分为三个阶段，即盾构前方地表隆起或沉降、施工沉降和固结沉降（图 6-103）。

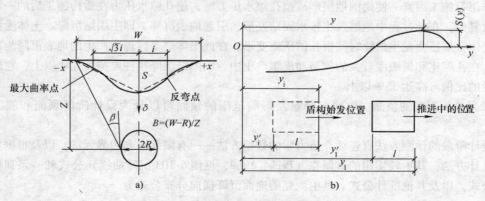

图 6-103　地面沉降量和影响范围预测原理
a）横向分布　b）纵向分布

通常，当盾构前方土体受到挤压时，盾构前方的地表有微量隆起；但当开挖面土体支护力不足时，盾构前方土体发生向下向后移动，从而使地表下沉。当盾构推进时，盾构两侧的土体向外移动，在隧道衬砌脱离盾尾时，由于衬砌外壁与土壁之间有建筑空隙，地表会有一个较大的下沉，且沉降速率也较大，同时隧道两侧土体向隧道中线移动，这一阶段沉降为施工沉降，常在1~2个月内完成。由于施工过程中对周围土体的扰动，土中孔隙水压力上升，随着孔隙水压力的消散，地层会发生主固结沉降；在孔隙水压力趋于稳定后，土体的骨架仍会蠕变，即次固结，地层还会产生次固结沉降。主固结与次固结沉降为第三阶段沉降即固结沉降。

（1）地面沉降原因　盾构施工时，导致地表下沉的原因是多方面的，主要有以下几个原因。

1）地层原始应力状态的变化。当采用敞胸式盾构，在盾构掘进时，开挖面应力处于释放状态，开挖面土体受到的水平支护应力小于原始侧向应力，则开挖面上方土体失去平衡向盾构内侧移动，引起盾构上方地表的沉降。盾构推进时，如果作用于正面土体的推应力大于原始侧向应力，则正面土体受到盾构的挤压作用，使其向上向前滑动，造成欠挖引起盾构前方土体隆起。对于闭胸式挤压盾构，出土过多或过少，或工作面上土压力或泥浆压力不稳定，都会造成工作面土体松弛或挤压，使工作面土体原始应力状态发生改变而导致地表下沉或隆起。

2）地下水位的变化。盾构隧道施工中往往要采取降低地下水位的措施，由于降水会使土体产生固结沉降，采用井点降水引起的地表沉降将涉及井点降水的漏斗曲面范围，其沉降量和沉降时间与土的孔隙比及渗透系数有关，渗透系数较小的黏性土，固结时间较长，因而沉降较慢。

3）盾尾空隙充填压浆不足。盾尾后面隧道外围建筑空隙必须及时充填压浆，充填压浆不及时，或压浆量不足，压浆压力不适当时，会使盾尾后土体失去原始三维平衡状态，而向盾尾空隙中滑动，造成地层损失，特别是对含水不稳定地层，盾尾空隙充填压浆不足造成的地层损失很容易导致地表沉降。

4）盾构为修正蛇行和在曲线上推进而进行超挖，也会使周围土体松弛范围扩大，助长了地表下沉。有时，由于盾构千斤顶漏油回缩可能引起盾构后退，开挖面土体失去支撑造成土体塌落或松动，也会引起地表沉降。

5）衬砌变形。隧道衬砌脱离盾尾后，作用于衬砌上的土压力和水压力使衬砌产生变形，也会导致地表产生少量的沉降。

6）受扰动土体的固结。盾构隧道周围土体受到盾构施工的扰动后，便在盾构隧道周围形成超孔隙水压力区，在盾构离开后的地层中，由于土体表面的应力释放，隧道周围的超孔隙水压力便下降，孔隙水排出，引起地层移动和地表沉降。此外，由于盾构推进中的挤压作用和盾尾后的压浆作用等施工因素，使周围地层形成超孔隙水压力区，超孔隙水压力在盾构施工后的一段时间内消散复原，在此过程中地层发生排水固结变形，引起地表沉降，即主固结沉降。土体受到扰动后，土体骨架还会发生持续时间很长的压缩变形，在此土体蠕变过程中产生的地表沉降为次固结沉降。在孔隙比和灵敏度较大的软塑和流塑性土中，次固结沉降往往要持续几年以上，它所占总沉降量的比例可高达35%以上。

（2）地面沉降的预测　地面沉降量及影响范围的预测可以分为设计阶段预测和施工阶段预测。

设计阶段的预测方法有连续介质力学的数值方法——有限元法和边界元法；以及根据实测数据的统计方法，其中较实用的有派克（Peck，1969，见图6-103沉降曲线）公式和一系列修正的派克公式，以及其他统计公式。其中派克的地面沉降横向分布公式为

$$S(x) = S_{max} e\left(-\frac{x^2}{2i^2}\right) \tag{6-36}$$

式中 $S(x)$——距隧道中线 x 处的地面沉降量（m）；

  S_{max}——隧道中线处（即 $x=0$）的地面沉降量（m）；

  x——距隧道中线的距离（m）；

  i——沉降槽宽度系数，即沉陷曲线反弯点的横坐标（m），派克假定横向沉陷曲线为正态分布曲线。

在确定 x 点的地面沉降量时，必须知道 S_{max} 和 i 两个参数。当横向沉陷曲线为正态分布曲线时，S_{max} 和沉降槽体积 V_s 有下列关系

$$S_{max} = \frac{V_s}{\sqrt{2\pi}i} \approx \frac{V_s}{2.5i} \tag{6-37}$$

通过 Cording 和 Hansmire（1970）对紧密砂层做的统计分析，可以认为横向沉降槽体积等于盾构隧道单位长度的地层损失 V_L，即 $V_s = V_L = v_L V$。V 为盾构隧道单位长度的理论体积；v_L 为损失系数，在技术良好和操作正常条件下，据统计 v_L 约为 $-1.1\% \sim 11\%$。

横向沉降槽宽度系数 i 取决于接近地表的地层的强度、隧道埋深和隧道半径。根据在均匀介质中的试验，可以从几何关系中近似地得出

$$i = K\left(\frac{Z}{2R}\right)^n \tag{6-38}$$

式中 Z——隧道开挖面中心至地面的距离；

  R——盾构外半径；

 K、n——试验系数，$K = 0.63 \sim 0.82$；$n = 0.36 \sim 0.97$。

O'Reilly 和 New（1982）根据英国盾构隧道的现场实测数据进行多元线性回归分析，发现沉降槽宽度系数 i 和隧道外半径无关，他们给出的关系式为

$$\left.\begin{array}{l}黏性土 \quad i = 0.43Z + 1.1 \\ 非黏性土 \quad i = 0.38Z - 0.1\end{array}\right\} \tag{6-39}$$

派克纵向沉降分布（根据上海软土隧道情况修正）公式

$$S(y) = \frac{V_{L1}}{\sqrt{2\pi}i}\left[\varPhi\left(\frac{y-y_i}{i}\right) - \varPhi\left(\frac{y-y_l}{i}\right)\right] + \frac{V_{L2}}{\sqrt{2\pi}i}\left[\varPhi\left(\frac{y-y'_i}{i}\right) - \varPhi\left(\frac{y-y'_l}{i}\right)\right] \tag{6-40}$$

式中 $S(y)$——地面沉降量（m）；

  y——沉降点至坐标原点的距离（m）；

  y_i——盾构推进起点处盾构开挖面至坐标原点的距离（m），$y'_i = y_i - l$；

  y_l——盾构开挖面至坐标原点距离（m），$y'_l = y_l - l$；

  l——盾构长度；

  $\varPhi$——正态分布函数。

式（6-39）、式（6-40）的几何意义，如图 6-103 所示。

周文波（1993）在潘杰梁（1989）工作的基础上根据 120 余座已竣工的隧道的实测数据，用统计方法整理出横向最大沉降量的估算公式

在砂砾土中

$$S_{max} = 140.6242\left(\frac{Z}{2R}\right)^{-2.2574} \tag{6-41a}$$

在砂性土中

$$S_{max} = 1.032e\left(\frac{2.8655}{Z/2R}\right) \tag{6-41b}$$

在黏性土中
$$S_{\max} = 29.0806 - \frac{12.173}{\ln\left(\dfrac{Z}{2R}\right)} + 7.4223 OFS^{1.1556} \tag{6-41c}$$

沉降影响范围估算公式

$$W = 1.5RK\left(\frac{Z}{2R}\right)^n \tag{6-42}$$

式中　Z——地面至开挖面中心距离（m）；

　　　R——隧道外半径（m）；

　　OFS——简单超载系数，地层损失率在 1% 时，$OFS = 1 \sim 2$，损失率在 $(1.0 \sim 11.0)\%$ 时，
　　　　　　$OFS = 2 \sim 4$；

　　K、n——系数，见表 6-26。

表 6-26　系数 K、n

盾构类型	砂砾土		砂性土		黏性土	
	K	n	K	n	K	n
气压式盾构	0.90	0.55	0.60	1.15	1.25	0.65
土压平衡式盾构	0.95	0.60	0.65	1.20	1.30	0.70
泥水加压式盾构	1.00	0.65	0.70	1.25	1.35	0.75

施工阶段的地面沉降大致发生在 5 个阶段：盾构到达前、盾构到达时、盾构通过后、管片脱出盾尾时及土体长期固结变形。关于各个阶段地面沉降的预测，一般可结合前一施工阶段地面沉降的实测资料，进行反馈推求。

2. 地表沉降的监测与控制

盾构施工期间由于上述各种原因引起的地表沉降对周围环境具有一定的不良影响，为了保护周围的地面建筑、地下设施的安全，必须进行施工监测，在监测的基础上提出控制地表沉降的措施和保护周围环境的处理方法。

（1）地表沉降的监测

1）施工监测的作用。

① 监测和诊断各种施工因素对地表变形的影响，提供改进施工、减小沉降的依据。

② 根据观测结果预测下一步地表沉降对周围建筑物及其他设施的影响，进一步确定保护措施。

③ 监测施工结果是否达到控制地表沉降和隧道沉降的要求。

④ 研究土壤特性、地下水条件、施工方法与地表沉降的关系，以作为改进设计的依据。

2）施工监测项目。

① 监测地下水位的变化。地下水位的变化是影响地表沉降的重要因素，特别是对埋置在地下水位以下的隧道尤为重要，应在隧道中心线和隧道两侧设置水位观测点并进行观测。还应监测井点降水效果和监测隧道开挖面等渗流处渗流情况。

② 监测土体变形。在控制地表沉降要求较高的地区，往往在盾构推出竖井的起始阶段进行以土体变形为主的监测，以合理确定和调整盾构施工参数。土体变形观测主要有以下几个内容：

a. 地表变形观测。用水准仪对隧道中线及两侧预埋的地表桩进行沉降观测，根据观测数据绘制隧道纵、横断面的地表沉降观测图。根据观测反馈资料，调整、控制盾构施工参数，从而使地面建筑基础处的土体垂直和水平位移得到有效控制。

b. 地下土体沉降观测。观测盾构顶部正上方土体中一点的沉降量和盾构正上方的垂线上几点的沉降量，以诊断影响地层损失的因素。有时还要观测盾构中心线以外的深层土体的沉降量。

c. 盾构各个衬砌环脱出盾尾后的沉降观测。在各个衬砌环设置量测标志点，按时测量其高程变化，根据各环沉降曲线的沉降速率大小和沉降速率的变化，结合土体变形观测数据，分析不利施工因素，提出改进意见。衬砌环的沉降也会增加地表沉降。

d. 盾尾空隙中坑道周边向内位移观测。通过衬砌环上的压浆孔，在衬砌环外的土体中埋置观测桩，观测坑道周边土体开始自动脱离盾尾后的位移发展过程，以便了解土体挤入盾尾空隙的速度。根据观测结果调整隧道内的气压或改进压浆施工工艺，从而减小盾尾空隙周边坑道的内移，使周围土体的扰动及地表沉降减小。

e. 对附近建筑物的观测。主要观测地表沉降对周围建筑物的影响，观测附近建筑物在盾构穿越前后的高程变化、位移变化、裂缝变化等。

（2）地表沉降的控制

1）减少对开挖面地层的扰动。

a. 施工中采取灵活合理的正面支撑或适当的土压值来防止土体坍塌，保持开挖面土体的稳定。条件许可时，尽可能采用泥水加压式盾构、土压平衡盾构等基本上不改变地下水位的施工方法，以减少由于地下水位的变化而引起的土体扰动。

b. 在盾构掘进时，严格控制开挖面的出土量，防止超挖。即使对地层扰动较大的局部挤压盾构，只要严格控制其出土量，仍有可能控制地表变形。根据上海地铁盾构法在软土中的施工经验，当采用挤压式盾构时，其出土量控制在理论土方量的 80% ~ 90%，地表可不发生隆起现象。

c. 控制盾构推进一环的纠偏量，以减少盾构在地层中的摆动和对土体的扰动。同时尽量减少纠偏需要的开挖面局部超挖。

d. 提高施工速度和连续性。实践证明，盾构停止推进时，会因正面土压力的作用而产生后退，因此提高隧道施工速度和连续性，避免盾构停搁，对减小地表变形非常有利。若盾构要中途检修或因其他原因必须暂停推进时，务必做好防止盾构后退的措施，正面及盾尾要严密封闭，以尽量减少搁置时间对地表沉降的影响。

2）做好盾尾建筑空隙的充填压浆。

a. 确保压注工作的及时性，尽可能缩短衬砌脱出盾尾的暴露时间，以防止地层坍塌。

b. 确保压浆数量，控制注浆压力。注浆材料会产生收缩，因此压浆量必须超过理论建筑空隙体积，一般超过 10% 左右，但是过量的压浆会引起地表隆起及局部跑浆现象，对管片受力状态也有不利影响。

c. 改进压浆材料的性能。施工时，地面搅拌站要严格控制压浆浆液的配合比，对其凝结时间、强度、收缩量要通过试验不断改进，提高注浆材料的抗渗性，这样有利于隧道防水，相应也会减小地表沉降。

（3）地面沉降的模糊控制系统　在广州地铁盾构施工中，中铁十三局和石家庄铁道大学研制开发了盾构施工地面沉降模糊控制系统，有效控制了地面沉降。本系统利用隧道力学原理，针对工程各区段具体条件进行了详细施工变形预测模拟分析，提出了区段的理论掘进参数。应用模糊控制学理论，根据盾构前后地面沉降变形量值与土仓压力值、盾尾注浆量的关系，建立了施工变形模糊控制模型。当施工变形大于或小于理论设定值时，首先减小或增大土仓压力值，再根据施工变形变化值调整盾尾注浆量。这种调整控制是利用模糊控制程序、盾构控制计算机来执行的，即根据每天地面变形检测结果，进行适时自动控制。施工实践证明，在街道下方开挖，土仓压力在 0.127 ~ 0.141MPa 和注浆量在 5.25 ~ 5.65m³ 范围内进行调整、控制时，其地面沉降为 1.0 ~ 16.2mm，地面隆起为 0 ~ 6.5mm。而在官州河底段，土仓压力在 0.124 ~ 0.142MPa 和注浆量在 5.3 ~ 5.6m³ 范围内调整、控制时，其地面沉降为 6.5 ~ 23.2mm，地面隆起为 0.5 ~ 8.4mm。

盾构施工地面变形控制可表达为：一定客观条件和控制目标条件下，首先根据经验初步拟定盾构施工控制参数进行盾构施工，观察施工变形效果，并与控制变形目标进行比较，不断调整施工控制参数，最终实现变形控制目标。其理论框图如图 6-104 所示，图 6-105 为模糊控制的系统结构图。

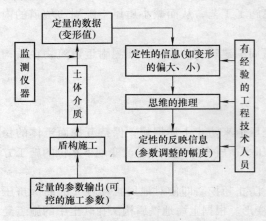
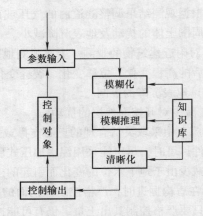

图 6-104　变形控制问题的理论框图　　　　图 6-105　模糊控制的系统结构图

3. 盾构穿越建筑物时的保护技术

盾构法施工无一例外地将产生或多或少的地表沉降，在不同程度上影响隧道沿线地面建筑物和地下管线的安全，应予以适当的保护。另外，为了确保已建成隧道的正常运行，对隧道上方一定范围内的工程活动必须严格控制。

（1）建筑物保护技术　盾构施工的影响范围，一方面可根据地层损失、隧道埋深、隧道尺寸以及盾构类型和地层情况进行估算，另一方面也可用地面建筑物基底压力扩散对隧道的影响来确定。假定基底压力按照 45°向下扩散，影响范围边线定在隧道扰动区之外，并认为隧道扰动区为 2R（R 为隧道半径），如图 6-106 所示。研究表明，在影响范围 I 区内的建筑物基础，通常要求进行托换或加固地基。在区域 II 范围内的建筑物基础，通常不必托换；虽然对建筑物有一定的损害，但是不会影响结构正常使用。在区域 III 范围内建筑物不会受到施工影响，托换基础必须支撑在该区域内。

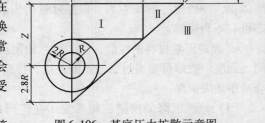

图 6-106　基底压力扩散示意图

1）保护对象的确定。在施工前应确定哪些建筑物需要保护、如何保护，在施工中对保护的建筑物要严格监测，以信息反馈确保建筑物和施工安全。所以在施工前要做好以下几项工作：

a. 对已有建筑物和地下管线进行调查。对沿线影响范围区域 I 内的建筑物和地下管线一一编号，根据档案资料和现场调查，列表标明建筑物的规模、形式、基础构造、建筑年代、使用状况等，对地下管线则标明其种类、材料、修建年代、接头形式和使用情况等。对有必要保护的建筑物还需查清有无进行保护工程所必需的工作场地和与邻近建筑物的关系。

b. 确定已有建筑物的允许变形量。确定建筑物和地下管线的允许变形量，需从结构和使用功能两方面加以考虑，也就是说应在考虑地基条件、基础形式、上部结构特性、周围环境、使用要求后，在不产生结构性损坏和不影响使用功能的前提下予以确定。一般各地区的地基基础设计规范中对此都有规定。

c. 估算已有建筑物由于盾构施工可能产生的变形量。盾构法施工中，地基变形的大小随地层条件、隧道埋深和尺寸、施工方法和水平而异，一般可根据理论分析和已有施工实践资料的积累，对处于不同位置的建筑物可能产生的变形量作出预测，并将其与它自身的允许变形相比较，以判断是否需要保护。但最终的决策还得从经济和社会效益等方面综合考虑决定。

2）保护方法及其运用。保护方法可分为基础托换、结构补强等直接法和地基加固、隔断法、冻结法等间接法两大类。

a. 基础托换法。当盾构施工中需要将建筑物的桩基切断或可能使其产生过大的变形时，常采用基础托换予以保护。该法需要预先在隧道两侧或单侧影响范围外设置新桩基和承载梁，以代替或托换原基础。托换法按其对建筑物的支承方式又可分为下承式、补梁式、吊梁式等。

广州地铁 1 号线在中山七路处，盾构在楼房下通过，需切断原桩基，就是采用下承式托换法加以保护的。

b. 地基加固。目前常用的地基加固方法有：注浆、树枝桩、旋喷桩、深层搅拌桩等。经使用证明，都能取得控制地表变形，保护建筑物的良好效果。地基加固范围，应根据隧道与建筑物的相对位置、隧道覆盖层厚度以及建筑物基础结构形式而定。

c. 隔断法。在靠近已有建筑物进行盾构施工时，为避免或减少盾构施工对建筑物基础的影响，而在两者之间设置隔断墙加以保护。隔断墙可以采用钢板桩、地下连续墙、连续旋喷桩和挖孔桩等构成。它们应按承受盾构通过时的侧向土压力和地基下沉产生的负摩擦力进行验算，以确定适当的配筋和埋置深度。为防止隔断墙侧向位移，还可在墙体顶部构筑连系梁并以地锚支承。

（2）隧道沿线新建建筑物的控制　为使已建地铁隧道不产生有害的附加沉陷以致影响其正常运行，在地铁路线经审批之后，就应对沿线控制范围内所有拟建建筑物加以控制。一般情况下不允许在此范围内任意新建建筑物和新加大于 20kPa 的地面荷载，以及进行有害隧道安全的一切工程活动。因此，凡需在此范围内修建建筑物时，均需经建设单位、设计单位审查同意，并选用合适的处理方法，以确保隧道和建筑物安全。对此，除应设立专门的审理档案制度外，更重要的是确定新建建筑物的控制要求。当然，这些要求适用于用其他方法修建的隧道。

1）区间隧道建成前，新建建筑物的控制要求。

a. 建筑物基础不得进入隧道断面内，若为桩基应使隧道位于桩侧摩擦阻力扩散范围外。

b. 建筑物基底压力不得大于设计中规定的地面荷载。

c. 加强结构和基础的整体刚度和强度，以适应隧道施工所产生的沉降和不均匀沉降。若为桩基，还要考虑桩承受盾构施工所产生的附加侧压力。

2）区间隧道建成后，拟建建筑物的控制要求。

a. 新建建筑物在隧道顶部所产生的附加应力小于天然地基的允许承载力。

b. 不得在控制范围内进行明挖或降水施工（若产生的附加应力小于天然地基允许承载力，则不再控制范围之列）。

c. 不得在隧道外侧 7～10m 范围内进行挤压成桩，包括打桩、压桩，只能采用钻孔或挖孔桩，桩尖至少应在隧道底部以下 5m。

6.7 沉埋法施工

6.7.1 水底隧道的修建方法

当城市道路或公路遇到江河、港湾时，渡越的方法很多，最常见的有渡轮、桥梁与水下隧道。对于渡轮来说，虽说它的基本建设投资少，但由于受其自身交通运输量小的限制，与城市现代化建设不相适应。因此，对于城市现代化交通发展而言，当要横渡水路的时候，一般是在桥梁与水下隧道之间作出选择。

对于是选择桥梁还是水下隧道，传统的观点认为：如果河岸较高的话，选择桥梁；如果河岸较低的话，选择水下隧道。在国外由于高速公路与铁路的坡度受到应小于3%的限制，从而使水下隧道的引道部分显得过长，而削弱了其竞争优势。但是我们应该认识到，由于地质和航路条件的关系，桥梁的跨长、梁下空间高度、引道部分也是随之变化的。假设在桥下要通过的船舶质量在 1×10^5t 以上的话，就需要 50m 以上的垂直净空，这意味着需要长距离连续的 4% ~ 5% 的上行坡度引桥，对于交通容量与燃料消耗都产生了消极影响。因此，可以否定水下隧道的总造价与桥梁相比较昂贵的传统观点。另外，由于水下隧道的运营具有完全不受气候条件影响的优点，及随着技术的进步，水下隧道的总造价具有大幅度降低的趋势，水下隧道可能是比较经济、合理的。

在水下隧道建设中，由于水道（水宽、水深、航道状况等）和工程地质条件的不同可以采用多种施工方法，以下介绍的是具有代表性的水下隧道施工方法。

1. 围堰施工法

围堰施工是指在相当宽度的河道漫滩上，在堤坝或板桩围堰防护下进行开挖，逐次筑造隧道主体结构，最终形成防水的隧道。这项工作一般可以分为两个阶段。第一阶段，将航道宽度的一半多一点封闭起来，隧道在堤坝或用板桩围堰的防护设施下进行开挖施工。第二阶段，采用同样的方法，进行另一半隧道的施工。由于施工使航道变窄，不但限制了船只的通过量，而且会产生危险。因此，对于交通繁忙的航道而言，这种施工方法不是很适用。

2. 沉箱施工法

这种施工方法适用于不太深的中小水道场合，一般先在水道中筑岛，并在其上建造作为隧道一部分的箱体，在两端用临时隔墙封住，用通常的沉箱施工法，使其下沉到隧道的设计标高。在各箱体间的接头部分，留 1 ~ 1.5m 的空间用板桩等加以围护，在其间浇筑混凝土之后，拆除临时隔墙，隧道即建成。

3. 盾构施工法

盾构施工法是在地表以下暗挖隧道的一种常用方法，它的埋设深度可以很深，且不受地面建筑物与交通影响。近年来由于盾构法技术的不断改进（研制了局部气压、泥水加压、土压平衡等形式的盾构），机械化程度越来越高，对地层的适应性也越来越好，因此运用也较广泛。

4. 沉埋施工法

沉埋施工法是先在隧址以外的预制场（船坞与干坞）制作沉放管段（长度一般为 100 ~ 200m），管段两端用临时封墙密封，待混凝土达到设计强度后拖运到隧址，此时设计位置已预先进行了沟槽的浚挖，设置了临时支座，然后沉放管段。待沉放完毕后，进行管段水下连接，处理管段接头及基础，然后覆土回填，再进行内部装修及设备安装，以完成隧道。这种建造隧道的方法称为沉埋施工法（也可叫做预制管段沉埋法）。沉埋施工法不仅可建造各种穿越江河的隧道，同样也可用于陆地隧道的建设，只是在建造中需用钢板桩围护开挖一条临时性的运河。

沉埋技术在 20 世纪经历过多次革新。荷兰发明了闻名的吉那止水带,使得水力压接法更加简捷有效,这是管段水下连接的重大革新。在基础处理方面,丹麦发明了喷砂法;瑞典首先成功采用灌囊法,荷兰发明更为先进的压砂法,这是沉埋技术的又一项重大革新;日本推出压注混凝土法和压浆法。我国大陆第一条沉管隧道——广州珠江隧道已于 1993 年年底通车,随后,宁波甬江隧道建成通车。港珠澳大桥的主航道段采用了沉管隧道形式。

由于近期世界经济的高速发展,各大都市、临海工业区纷纷采用沉放施工法建设诸如公路、铁路、上下水道等大规模水下隧道,使其成为水底隧道最主要的施工方法之一,而且还被应用于地铁工程中。

水下隧道施工方法的比较,见表 6-27。

表 6-27　水下隧道施工方法的比较

项目	围堰施工法	沉箱施工法	盾构施工法	沉埋施工法
断面形状	大断面以及特殊形状断面	大断面矩形断面	基本是圆形	各种大断面
水深与隧道深度	随着深度增加,施工变得越来越困难	随着深度的增加,筑岛将变得困难,其深度受压气作业的限制	隧道作业受压气作业限制,且需要相当覆土厚度	对于水深较大的河流也可适用
航道条件	通常必须确保水路宽度	通常必须确保水路宽度	与航道条件、水路宽度无关	应确保沟槽的开挖与沉放作业的进行
河水流速及潮汐	对于施工场所河堤应有充分防护	对于施工场所河堤应有充分防护	无关系	随河流流速的增加对沉放拖运作业系统应确保安全
地质	施工的难易多数受地质条件的控制,对于软弱地质,需要围护桩、支撑桩以及抗拔桩基础	软弱地质时,基础面处理较困难	与地质条件密切相关(为防止压缩空气的泄漏与喷发,需有相应的覆土厚度)	与地质条件关系不大,但如碰到岩礁时,沟槽的开挖将变得困难
接头与防水	很容易	施工时,接头部分的可靠性略差	要达到完全防水有困难	比较容易

一般来说,用沉埋施工法施工的水下隧道全长最短,而且由于受地质条件的影响较小,隧道管段又是预制的,整个工期显得相对较短,这些方面都是比较有利的,但在施工过程中应注意,对航路不要产生太大的影响。

6.7.2　干坞修筑和管段制作

修建沉管水下隧道时,应先修筑专门的预制管段的场地,这个场地既能分节预制管段,又能在管段制成后灌水将其浮起,我们把这个场地称为干坞。干坞的位置应选择在距离隧址较近,且地质条件较好,便于浮运的地方。干坞一般由坞墙、坞底、坞首及坞门、排水系统、车道组成。干坞施工一般采用"干法"进行干坞内的土方开挖,具体步骤为:先沿干坞的四周作混凝土防渗墙,隔断地下水,然后用推土机、铲运机从里面向干坞口开挖,挖出的一部分土用来作为回填干坞堤,大部分土外运。坞底和坞外设置排水沟、截水沟和集水井。坡面用塑料膜满铺并压砂袋,以防雨水冲刷。坞底铺砂、碎石,再用压路机压实并平整,坞内修筑车道。坞内还包括混凝土拌和站、砂石料堆场及配套材料码头、半成品加工场、供水设施、供电设施、场内配套道路以及生活区和办公区等临时设施。

在干坞内修筑混凝土管段基本工艺与在地上预制类似混凝土结构大体相同,但由于管段预制完还要在水中浮运并沉埋于河底基槽中,因此在灌注混凝土管段时应保证管段混凝土的均质性和水密性。为了保证管段的水密性，就要解决好管段防水问题，以避免任何渗水现象。管段防水措施有三种：结构物自身防水、结构物外侧防水和施工接缝防水。

6.7.3　基槽开挖

1. 基槽开挖要求

在隧址处水中沉埋管段前需在水下开挖基槽，要求基槽纵坡与管段设计纵坡相同。基槽的断面尺寸应根据管段断面尺寸和地质条件确定，开挖基槽的底宽一般比管段宽度大 4～10m（即管段每边大 2～5m）。这个宽余量，视土质情况、基槽搁置时间及河道水流情况而定，一般不宜定得太小，以免边坡坍塌后，影响管段沉放的顺利进行。开挖基槽的深度应为管顶覆土厚度、管段高度和基础处理所需超挖深度三者之和。通过对环境、地质、经济和技术等多方面的比较，选择合理的浚挖方式。浚挖作业一般分层分段进行。在基槽断面上，分成二层或三层逐层开挖。在平面上沿隧道纵轴方向，划成若干段，分段分批进行浚挖。基槽开挖边坡与土层的地质条件有关，对于不同土层应采取不同的坡度，表 6-28 列出不同土层的稳定坡度参考值。此外，基槽在水中留置时间长短、水流情况等因素均对基槽边坡的稳定坡度有很大影响，不可忽视。

表 6-28　基槽开挖坡度

土 层 种 类	荐用坡度	土 层 种 类	荐用坡度
硬黏土	1：0.5～1：1	紧密的细砂、软弱的砂夹黏土	1：2～1：3
砂砾、紧密的砂夹黏土	1：1～1：1.5	软黏土、淤泥	1：3～1：5
砂、砂夹黏土、较硬黏土	1：1.5～1：2	极稠软的淤泥、粉砂	1：8～1：10

2. 基槽开挖方法

泥质基槽开挖的挖泥工作分为两个阶段进行，即粗挖和精挖。粗挖时应挖到离管底标高约 1m 处；精挖时，精挖的长度只要超前 2～3 节管段长度，精挖层应在邻近管段沉放前再挖，以避免淤泥沉积。挖到基槽底的标高后，应将槽底浮土和淤渣清除。

水中基槽开挖一般可用吸泥船疏浚，自航泥驳运泥。当土层坚硬，水深超过 20m 时，可用抓斗挖泥船配小型吸泥船清槽及爆破。粗挖时也可用链斗式挖泥船，其挖泥深度可达 19m，对硬质黏土层可采用单斗挖泥船。

岩石基槽开挖，首先清除岩石面以上的覆盖层，然后用水下爆破方法挖槽，最后清礁。水下炸礁采用钻孔爆破法，根据岩性及产状决定炮眼直径、排距和孔距。排炮的排与排要错开。炮眼深度一般超过开挖面以下 0.5m，用电爆网路连接起爆。水下爆破要注意冲击波对过往船只和水中人员的安全允许距离符合规定，同时加强水上交通管理，设置各种临时航标以指引船只通过。

6.7.4　管段浮运与沉放

1. 航道进行疏浚

航道疏浚包括临时航道和管段浮运航道的疏浚，通常用回声探测法检查。临时航道疏浚必须在基槽开挖以前完成，以保证施工期间河道上正常的安全运输。浮运航道是专门为管段从干坞到隧址浮运时设置的，管段出坞拖运之前，浮运航道要疏浚好，浮运路线的中线应沿着河道的深槽，以减少疏浚河道的挖泥工作量。浮运航道要有足够的水深，根据河床地质情况应考虑一定的富余水深（0.5m 左右），并使管段在低水位（平潮时）能安全拖运。

2. 管段浮运

管段在干坞预制完成后，就可在干坞内灌水使预制管段逐渐浮起，浮起过程中利用在干坞四周预先为管段浮运布设的锚位，用地锚绳索固定上浮的管段，然后通过布置在干坞坞顶的绞车将管段逐节牵引出坞。管段出坞后，先在坞口系泊。当分批预制管段时，也可在临时拖运航道边选一个具备条件的水域临时抛锚系泊，这样管段沉放之前都可以出坞，而不会影响下批管段按期预制。管段拖运要保证有足够的水深，防止管段搁浅。

在托运的过程中通常需要船只护航，以保证管段安全。

管段向隧址浮运时，可采用拖轮拖运或岸上绞车拖运。当水面较宽，拖运距离较长时一般采用拖轮拖运。拖轮的大小和数量应根据管段的几何尺寸、拖航速度及航运条件等，通过计算分析后选定。拖轮布置形式一般有以下几种：

（1）四船拖运　一种形式是两船并排在管段前面拖领，另两船并排在后面反拖并制动转向；另一种形式是前一艘主拖轮拖领，管段两边各用一拖轮帮拖，后一艘拖轮反拖并制动转向。

（2）三船拖运　一种形式是两艘在前拖带，一艘在后反拖，并制动转向；另一种是一艘主拖轮在前面拖带，两艘动力较小的拖轮系靠在管段后面两侧控制导向。

当水面较窄时，可采用岸上设置绞车拖运。例如，宁波甬江水底沉管隧道的预制沉管浮运过江时，由于江面窄、水流急，且受潮水的影响，采用绞车拖运"骑吊组合体"浮运过江。要求浮运一节管段必须在一个平潮期完成，并要求在一定的流速下，横向稳定的缆绳的强度应能抵抗管段的侧向阻力，为此专门对管段侧向阻力与流速的关系及组合的航速与主拖绞车的关系进行了水力试验，根据试验结果选择横向缆绳的强度和主拖绞车的大小。

管段浮运时，应在临时航道设置导航系统，加强对水上交通的管理，要选择良好的气候条件，水流速度小于 0.8m/s，一般要求风力小于 5 级，晴天，能见度应大于 1000m。

3. 管段沉放

当管段浮运就位后，需将管段沉放至水底，在事先开挖的基槽中与相邻管段对接。管段沉放是沉管隧道施工的重要环节，它受气象、水流、地形等自然条件的直接影响，还受到航运条件的制约。因此，在施工时需要根据自然条件、航道条件、沉管本身的规模以及沉管的设备条件因地制宜地选用合适的沉放方法，详细制定水中作业方案，安全稳定地将管段沉放到设计位置。

（1）沉放方法　国内外已建成的沉管隧道所采用的沉管沉放方法归纳起来可分为两大类，一类是吊沉法，一类是拉沉法。到目前为止采用吊沉法较多。根据吊沉法所采用的不同设备，吊沉法又可分为起重船吊沉法、浮箱吊沉法、自升式平台吊沉法和船组扛吊沉法。

吊沉法需四艘小型方驳船或方形浮箱，其浮力只需要 1000～2000kN 就已足够，这种方法通常称为四驳扛吊法，如图 6-107 所示，另有浮箱吊沉法（图 6-108）和双驳扛吊法（图 6-109）。吊沉法中的船组扛吊沉法浮运时抗倾覆稳定性和安全性高，因此采用较多。

（2）沉放作业　管段的沉放作业全过程可分为以下三个阶段进行。

1）沉放前的准备。在沉放前应事先和港务、港监部门商定航道管理事项，并及早通知有关方面。

管段沉放作业开始的前 1～2d，检查沟槽的回淤情况。把管段基槽范围内和附近的淤泥、砂清除干净，避免沉放中途搁浅，保证管段能顺利沉放到预定位置。同时应事先埋设好管段作业与作业船组定位用的水下地锚，地锚上需设置浮标。

水上交通管制开始之前，需抓紧时间布置好封锁线标志。暂短封锁的范围：上下游方向隧道轴线两边各 150～200m，沿隧道中线方向的封锁距离视定位锚索的布置方式而定。为防止误入封锁区的船只急于抛锚后仍然刹不住，有的现场还沿着封锁线在河底布设钩锚链，以策安全。

2）管段就位。将管段浮运到距规定沉放位置纵向约 10～20m 处，并挂好地锚，校正好方向，使管段中线与隧道中线重合，误差不应大于 10m，管段纵坡调整到设计坡度。定好位后即可开始灌水压载，至消除管段全部浮力为止。

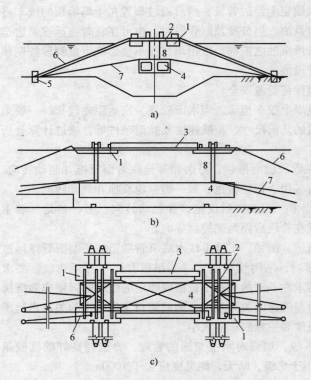

图 6-107 四驳杠吊法
a) 方驳与管段定位 b) 管段沉设（立面图）
c) 管段沉设（平面图）
1—方驳 2—"杠棒" 3—纵向联系桁架 4—管段
5—地锚 6—方驳定位索 7—管段定位索 8—吊索

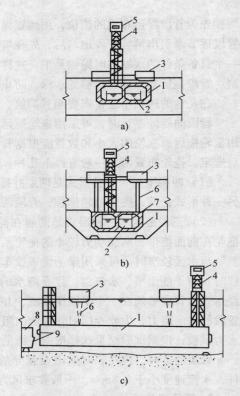

图 6-108 浮箱吊沉法的工艺过程
a) 就位前 b) 加载下沉 c) 沉放定位
1—管段 2—加载下沉 3—浮箱 4—定位塔
5—指挥塔 6—吊索 7—定位索
8—既设管段 9—鼻式托座

3）管段下沉。管段下沉全过程一般需要 2 ~ 4h，因此应在潮位退到低潮之前 1 ~ 2h 开始下沉。开始下沉时，水流速度宜小于 0.5m/s，如流速超过 0.5m/s，就要另外采取措施，如加设水下锚碇，使管段安全就位。

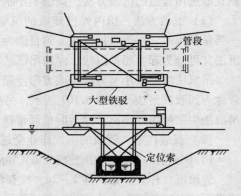

图 6-109 双驳杠吊法

管段下沉作业一般分三个步骤进行，即初步下沉、靠拢下沉和着地下沉。

① 初步下沉。先灌注压载水舱至下沉力达到规定值 50%，以 40 ~ 50cm/min 的速度下沉管段；随即进行定位校正，待前后左右位置都校正完毕，再继续灌注压载水舱至下沉力达到规定值的 100%，然后使管段按不大于 30cm/min 的速度下沉，直到管段底部离设计标高 4 ~ 5m 为止。下沉过程中要随时校正管段位置，如图 6-110 所示。

② 靠拢下沉。将管段向前节已设管段方向平移至前节管段 2 ~ 2.5m 处，再将管段下沉到管段底部离设计高程 0.5 ~ 1.0m，并再次校正管段位置。

③ 着地下沉。先将管段底降至距设计高程 0.1 ~ 0.2m 处，再将管段继续前移至既设管段 0.2 ~ 0.5m 处，校正位置后即开始着地下沉。这最后 0.1 ~ 0.2m 的下沉速度要很慢，并应随时校

正管段位置。着地时先将管段前端上鼻式托座搁在前节管段下鼻式托座上，然后将管段后端轻轻地搁置在临时支座上。搁好后，管段上各吊点同时卸载，先卸去 1/3 吊力，校正管段位置后再卸至 1/2 吊力，待再次校正管段位置后，卸去全部吊力，使管段下沉力全部作用在临时支座上。管段下沉后，用水灌满压载水舱以防止管段由于水密度的变化或过往船只的来往而升浮。

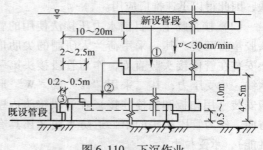

图 6-110　下沉作业
①—初步下沉　②—靠拢下沉　③—着地下沉

（3）沉放作业的主要设备　沉放作业的主要设备有管段吊装设备、拉合千斤顶、定位塔、地锚、测站和水文站、超声波测距仪、倾度仪、绳索测力计、压载水容量指示器、指挥通信器材等。

6.7.5　管段水下连接

管段沉放完毕后，应与既设管段（或竖井）紧密连接，形成一个整体。这项工作在水下进行，故称为管段水下连接。水下连接技术的关键是要保证管段接头不漏水。水下连接的施工方法有两种：一种是水下混凝土连接法，一种是水力压接法。管段接头根据施工先后顺序、连接方法不同，构造也各不相同，分为初始接头与最终接头。

1. 水下混凝土连接法

早期的沉管水底隧道，都采用灌注水下混凝土的方法进行管段间的连接，目前这种方法仅在管段的最终接头时采用。

采用水下混凝土连接法时，先在接头两侧管段的端部安设平堰板（与管段同时制作），待管段沉放后，在前后两块平堰板左右两侧水中安放圆弧形堰板，围成一个圆形钢围堰，同时在隧道衬砌的外边，用钢堰板把隧道内外隔开，最后往围堰内灌注水下混凝土，形成管段的连接。

水下混凝土连接法的主要缺点是水下作业工艺复杂，潜水工作量大，隧道一旦发生变形会导致接头处开裂漏水，故目前一般不再采用。但管段最终接头（最后一个接头）还必须采用水下混凝土连接。为确保接头混凝土质量，应对施工环境进行改进，即把围堰内有水的情况灌注水下混凝土变成在无水的情况下灌注普通混凝土。当水深较大时可对接头临时性封闭，排干管段间的水，进行无水条件下施工；当水深不大时（一般在岸边），可在接头处做围堰，排除围堰内的水后进行无水条件下施工。

2. 水力压接法

20 世纪 50 年代末，加拿大台斯隧道首创水力压接法；接着，20 世纪 60 年代初开工的荷兰鹿特丹市地铁沉管隧道工程采用了这种水力压接法，发明了吉那垫圈，使得水力压接更加完善。自此以后，几乎所有的沉管隧道都采用了这种简单可靠的水下连接方法。

（1）作用原理　水力压接法就是利用作用在管段上的巨大水压力使安装在管段前端面周边上的一圈胶垫发生压缩变形，形成一个水密性相当可靠的管段接头。施工时，当管段沉放就位完毕后，采用专用带有锤状螺杆的专用千斤顶先将新设管段拉向既设管段并紧密靠上，这时接头胶垫产生了第一次压缩变形，并具有初步止水作用。随即将既设管段后端的封端墙与新设管段前端的封端墙之间的水（此时已与河水隔离）排走。排水之前，作用在新设管段前、后端封端墙上的水压力是相互平衡的，排水之后，作用在前端封端墙上的压力变成了自然空气压力，于是作用在后端封端墙上的巨大水压力（30000～45000kN）就将管段推向前方，使接头胶垫产生第二次压缩变形，如图 6-111 所示。第二次压缩变形后的胶垫使管段接头具有非常可靠的水密性。

水力压接法工艺简单，施工方便，水密性好，基本上不用潜水工作，工料节省，施工速度快，因此得以迅速推广应用。

（2）接头胶垫　目前水力压接法使用的管段接头胶垫有两类：其一采用荷兰人研制的尖肋形橡胶垫安装在管段接头竖直面，作为管段接头第一道防水线，承受压力；其二采用"Ω"或"W"形橡胶板安装（用扣板和螺栓连接）在管段接头内壁水平方向，作为管段接头的第二道防水线（还具有抗渗性能），承受拉力。

（3）施工程序　用水力压接法进行管段水下连接主要工序为：对位、拉合、压接、拆除封端墙。

1）对位。管段沉放作业应按前述初步下沉、靠拢下沉和着地下沉三个阶段进行。着地下沉时须结合管段连接工作。对位精度后端水平方向为 ±5cm，垂直方向为 ±1cm。

2）拉合。拉合是利用安装在既设管段竖壁（外壁或内壁）上带有锤形拉钩的千斤顶将刚对好位的管段拉靠于既设管段（或竖井），使胶垫的尖肋产生初压变形和初步止水作用。

3）压接。拉合作业完成后，即可打开既设管段后封端墙下部的排水阀，排出前后两节沉管封端墙之间被胶垫封闭的水。排水阀用管道与既设管段的水箱连接。排水开始不久，须立即打开安设在既设管段后封端墙顶部的进气阀，以防封端墙受到反向真空压力而破坏。当封端墙间水位降低到接近水箱水位时，应开动排水泵助排，否则水位不能下降。

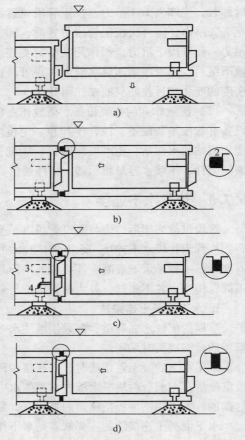

图 6-111　水力压接法
a）对位　b）拉合　c）压接　d）拆除封端墙
1—鼻式托座　2—接头胶垫
3—拉合千斤顶　4—排水阀

排水完毕后，作用在整个胶垫上的压力便等于作用在新设管段后封端墙和管段断面上的全部水压力。在全部水压力作用到胶垫上后，胶垫必然进一步压缩，而达到完全密封。这个阶段胶垫的压缩量相当于胶垫本身高度的1/3左右。

（4）拆除封端墙　压接完成后即可拆除封端墙，安装"Ω"形或"W"形橡胶板，使管段向岸边连通。由于没有盾构施工时出土和管片运输的频繁行车，隧道内安装工作（包括浇筑压载混凝土），如铺设路面、壁面装饰、安装永久性灯具等均可立即开始。这也是沉管隧道工期较短的一个重要原因。

6.7.6　基础处理及基槽回填

1. 基础处理

基础处理是沉管隧道水下施工的最后工序。由于沉管隧道在基槽开挖、管段沉放、基础处理和回填覆土后，其抗浮系数（管段总重与管段排水量之比）仅为 1.1～1.2，因此作用在地基上的荷载一般比开挖前要小，大约为 5～10kN/m²，故沉管隧道地基一般不会产生由于土质固结或剪切破坏而引起的沉降。沉管隧道施工是在水下开挖基槽，一般不会产生流砂现象，因而对地质条件的适应性很强。沉管隧道施工不像采用盾构法那样，须在施工前进行大量水中地质钻探工作。但在沉管隧道中，仍需进行基础处理。其原因是在管段沉放之前，基槽开挖不平整，使槽底表面与沉管底面之间存在很多不规则的空隙，而使地基受力不均匀，产生局部破坏，从而引起地基不均匀沉降，使沉管结构受到较大的局部应力而开裂。因此在沉管隧道施工中必须进行地基处理，其目的是使管段底面与地基之间的空隙充填密实。沉管隧道的基础处理主要是垫平基槽底部，其处理方法按垫平的途径不同有很多种，大致可以分为先铺法和后铺法。先铺法是在管段沉放之前进行，包括刮铺法和桩基法；后铺法是在管段沉放之后进行，包括喷砂法、压注法和灌囊法。桩基法主要用于特别软弱地基。此外，沉管隧道基础处理曾采用过灌砂法，灌砂法是沿管段两侧向基底灌砂，因不能使矩形管段底面中部充填密实，只适用于圆形管段。灌囊法是在管段底面系上囊袋，管段沉放后向囊袋内灌注砂浆填充，这种方法现已被压浆法取代。

（1）刮铺法　刮铺法是在管段沉放前采用专用的刮铺船上的刮板在基槽底刮平铺垫材料（粗砂或碎石或砂砾石）作为管段基础，如图 6-112 所示。

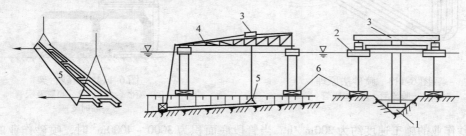

图 6-112　刮铺法
1—砂石垫层　2—驳船组　3—车架　4—桁架及轨道　5—刮板　6—锚块

采用刮铺法开挖，基槽底应超挖 60～80cm，然后在槽底两侧打数排短桩、安设导轨，以便在刮铺时控制高程和坡度，通过抓斗或刮板船的输料管将刮铺材料投放到海底，再用简单的钢刮板或刮板船刮平。安设导轨时要有较高的精度，否则影响基础处理的效果。

投放铺垫材料的范围为一节管段长，宽为管段底板宽加 1.5～2.0m。如铺垫材料为碎石或砂砾石，其最佳粒径分别为 15cm 和 2.6～3.8cm。

刮板船用沉到水底的锚块稳定，刮板支承在刮板船的导轨上，刮铺时刮平后垫层表面平整度为：刮砂 ±5cm，刮石 ±20cm。

为保证基础密实，管段就位后可加过量的压载水，使其产生超载，以使垫层压紧密贴。如铺垫材料为石料，可通过管段底板上预埋的压浆孔向垫层压注水泥膨润土混合砂浆。

1970 年美国旧金山海湾快速交通隧道在水深 41m，流速 1.5～2.0m/s 情况下成功地采用"张拉腿"刮板船将砂用输料管送到海底刮平。1980 年日本大厂隧道采用有顶升腿柱的平台上设置的平板刮平装置进行基础施工。

刮铺法也有其缺点：它需要专门的刮铺设备；作业时间长，干扰航道；刮铺完需经常清除回淤土或坍坡的泥土；在管段底宽较大时（超过 15m）施工困难。

（2）喷砂法　在管段宽度较大时，用刮铺法施工就很困难。1941 年荷兰玛斯隧道施工时创造了喷砂法。这种方法主要是从水面上用砂泵将砂、水混合料通过伸入管段底下的喷管向管段底部和开挖槽坑之间的空隙喷注，填满空隙。喷填的砂垫层厚度一般为 1m 左右。喷砂的材料要求平均砂粒径为 0.5mm 左右，混合料中含砂量一般为 10%（体积百分含量），有时可达到 20%，但喷出的砂垫层比较疏松，孔隙比为 40%～42%。

喷砂作业用一套专用的台架，台架顶部突出在水面上，可沿铺设在管段顶面上的轨道作纵向前后移动。在台架的外侧，悬挂着一组（三根）伸入管段底部的 L 形钢管，中间一根为喷管，直径为 100mm，旁边两根为吸管 80mm。作业时将砂、水混合物经喷管喷入管底下空隙中，喷管作扇形旋移前进，如图 6-113 所示。在喷砂进行的同时，经两根吸管同时抽吸回水，使管段底面形成一个规则有序的流动场，砂子便能均匀沉淀。从回水的含砂量中可以测定砂垫层的密实度。喷砂时从管段的前端开始，喷到后端时，用浮吊将台架移到管段的另一侧，再从后端向前喷填，如图 6-114 所示。

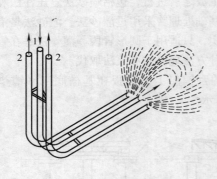

图 6-113　喷砂法原理
1—喷砂管　2—回吸管

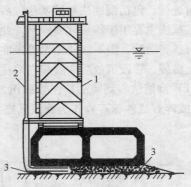

图 6-114　喷砂台架
1—喷砂台支架　2—喷管及吸管
3—临时支座

喷砂作业的施工速度约为 200m³/h。当管段底面积为 3000~4000m² 时，喷砂作业的实际时间仅为 15~20h，大约两天就可完成。喷砂作业完成后，随即松卸临时支座上的定位千斤顶，使管段的全部（包括压载物）重量压到砂垫层上进行压密。这时产生的沉降量，一般为 5~10mm。运营后的最终沉降量一般在 15mm 以内，喷砂法在欧洲使用得较多，适用于宽度较大的沉管隧道，德国汉堡市的易北河隧道（管段宽 41.5m）、比利时安特卫普市的肯尼迪隧道（管段宽约 47.85m）等大型隧道都用此法完成地基处理。

喷砂法在清除基槽底的回淤土时十分方便，可在喷砂作业前，利用喷砂设备逆向作业系统进行。

喷砂法的缺点是：喷砂台架体积庞大，占用航道影响通航；设备费用昂贵；对砂子的粒径要求较严，因而增加了喷砂法的费用。

（3）压注法　压注法是在管段沉放后向管段底面压注水泥砂浆或砂，作为管段基础，根据压注材料的不同分成压浆法和压砂法两种。

由于压注法具有不需要专用设备，操作简单，施工费用低，不受水深、流速、浪潮及气象条件的影响，且不干扰航运，不需潜水作业，便于日夜施工等方面的突出优点，因而在今后的发展中将会取代其他基础处理方法。

1）压浆法。压浆法是在开挖基槽时，先超挖 1m 左右，然后摊铺一层厚 40~60cm 的碎石，但不必刮平，只要大致整平即可，再堆放临时支座所需的石渣堆，完成后即可沉放管段。在管段沉放结束后，沿着管段两侧边及后端底边抛堆砂、石封闭栏，栏高至管底以上 1m 左右，以封闭管段底周边。然后从隧道内部，用压浆设备通过预埋在管段底板上的直径 80mm 压浆孔，向管底空隙压注混合砂浆，如图 6-115 所示。混合砂浆由水泥、膨润土、黄砂和缓凝剂配成，强度只要求不低于原地基强度，但流动性要好。压浆材料也可采用低强度、高流动性的细石混凝土。

掺用膨润土的目的是增加砂浆的流动性，同时还可以节约水泥。每立方米混合砂浆，可用水泥 150kg，膨润土 25~38kg，黄砂 600~1000kg。压浆时压力不必太大，一般比水压力大 20%，

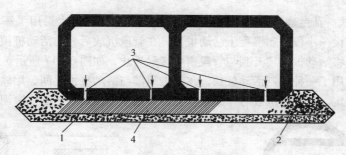

图 6-115　压浆法
1—碎石垫层　2—砂、石封闭栏　3—压浆孔　4—压入砂浆

压浆时对压力要慎加控制，以防顶起管段。压浆孔的间距（40～90cm）与布置、压注顺序、压入速度等均需慎重选定。同时在基槽开挖过程中，严格掌握开挖精度，务使平整度控制在 20cm 以内。

压浆法首先在日本东京第一航道水底道路隧道工程试验成功，不但突破了丹麦某公司对基础处理工艺的专利（喷砂法）的垄断，而且还解决了地震区液化问题，后来又在日本另一工程实例中试验成功压注混凝土法。

2）压砂法。此法与压浆法很相似，但压入材料不是砂浆，而是砂、水混合料。所用砂的粒径为 0.15～0.27mm，压力比静水压力大 50～140kPa。压砂法具体做法：在管内沿轴向铺设 φ200mm 输料钢管，接至岸边或水上砂源，通过砂泵装置及吸料管将砂水混合料泵送到已接好的压砂孔，打开单向球阀，混合料压入管底孔隙。停止压砂后，在水压作用下球阀自动关闭。每次只连接三个压砂孔，当一个压砂孔灌注范围填满砂子之后，返回重压以前的孔，其目的是填满某些小的空隙。完成一段后再连接另外的孔，进行下一段压砂作业。压砂顺序是从岸边到中间，这样可避免淤泥沉积在隧道两端。待整个基础压砂完成后，再用焊接钢板封闭压砂孔。采用此方法时应注意压砂前要通过试验，以合理选定压砂孔径、孔间距、砂水比、砂泵压力等系数，并确定砂积盘半径。一般宜选用大流量低压砂泵，压力稍大于管段水底压力即可。

此法设备简单，工艺容易掌握，施工方便。而且对航道干扰小，受气候影响小。但此法在管段底预留压砂孔时，要认真施工和处理，否则容易造成渗漏，危及隧道安全。此外，砂基经压载后会有少量沉降。

压砂法于 20 世纪 70 年代初期在荷兰弗拉克水底道路隧道首创成功，以后逐渐推广，压砂法在荷兰已取代喷砂法。我国广州珠江沉管隧道也成功地采用了压砂基础，其砂积盘半径为 7.5m，压砂孔出口净压强为 0.25MPa。

（4）桩基法　当沉管下的地基特别软弱时，其允许承载力很小，或者沿隧道轴线方向基地土层硬度变化较大以致不均匀沉降难以接受，此时仅作"垫平"处理是不够的。采用桩基础支撑沉管，承载力和沉降都能满足要求，抗震能力也较强，而且桩较短，花费不大，因而是一种适宜的方法。

沉管隧道采用桩基础后，由于在施工中桩顶标高不可能达到齐平，为使基桩受力均匀，必须在桩顶采取一些措施，这些措施大体有以下三种：

1）水下混凝土传力法。基桩打好后，在桩顶灌注水下混凝土，并在其上铺一层砂石垫层，使沉管荷载经砂石垫层和水下混凝土层均匀传递到桩上，如图 6-116 所示。1940 年建成的美国本克海特等水底道路隧道就采用此法。

2）砂浆囊袋传力法。在管段底部与桩顶之间，用大型化纤囊袋灌注水泥砂浆加以垫实，使所有基桩均能同时受力。1966 年瑞典廷斯达特隧道最先采用此法。

3）活动桩顶法。荷兰鹿特丹市地铁河中沉管隧道工程中，首次采用了一种活动桩顶法。该法在所有基桩顶端设一小段预制混凝土活动桩顶。在管段沉放后，向活动桩顶与桩身之间的空腔中灌注水泥砂浆，将活动桩顶顶升到与管段密贴接触为止，如图6-117所示。后来日本东京港航道水底道路隧道改用了一种钢制活动桩顶，在基桩顶部与活动桩顶之间，用软垫层垫实。垫层厚度按预计沉降来决定。在管段沉放后，在管段底部与活动桩顶之间，灌注水泥砂浆加以填实。

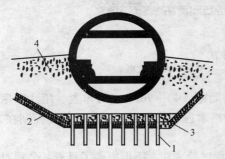

图6-116　水下混凝土传力法
1—基桩　2—碎石
3—水下混凝土　4—砂石垫层

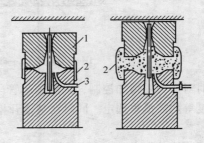

图6-117　活动桩顶法
1—活动桩顶　2—尼龙布套　3—压浆孔

2. 基槽回填

回填工作是沉管隧道施工的最终工序，回填工作包括沉管侧面回填和管顶压石回填。沉管外侧下半段，一般采用砂砾、碎石、矿渣等材料回填，上半段则可用普通土砂回填。

覆土回填工作应注意以下几点：

1）全面回填工作必须在相邻的管段沉放后方能进行，采用喷砂法进行基础处理或采用临时支座时，则要等到管段基础处理完，落到基床上再回填。

2）采用压注法进行基础回填处理时，先对管段两侧回填，但要防止过多的岩渣存落管段顶部。

3）管段上、下游两侧（管段左右侧）应对称回填。

4）在管段顶部和基槽的施工范围内应均匀回填，不能在某些位置投入过量而造成航道障碍，也不得在某些地段投入不足而形成漏洞。

6.8　顶进法施工

6.8.1　顶进法概论

1. 顶进法简述

顶进法是地下建筑物施工的一种基本方法。它的特点是不挖开地面或不中断地面交通，在地面以下工作坑内将预制好的圆形涵管或矩形箱体，用机械力量顶入地层中（见图6-118）。此法主要用于不用爆破开挖的土质地层中，适于修建各种地下管道和穿越铁路或街道的各种桥涵、地道等。

顶进法可分为后顶法（顶入法）、牵引法、对拉法和顶拉法等几种，当管道较长需分段制作时，常需用中继间的分段顶入法（中继间法）。

按照顶进的地下结构的大小，可以分成箱涵顶进、管涵顶进及小口径管道顶进三大类。箱涵结构尺寸比较大，顶进工艺较复杂，顶进技术要求较高，是本节要着重介绍的，至于顶管技术则

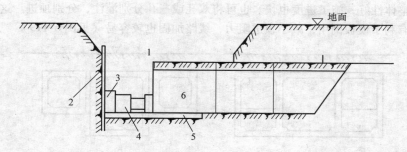

图 6-118　顶进法示意
1—工作坑　2—后背　3—后背梁　4—千斤顶　5—底板　6—箱体或涵管

针对其特点结合箱涵顶进作一般介绍。

在决定采用何种顶进施工方法之前，应对下列几个方面作充分调查：

1）地形、地貌及工程地质、水文情况。

2）是否有需要拆迁的建筑物。

3）铁路路基及工作坑中是否埋置管路、电缆及其他障碍物，其位置、结构以及使用情况。

4）施工场地、交通运输及供水、供电等情况。

5）现有平交道的交通及铁路运行情况。

6）周围地面排水情况。

根据调查情况，结合所需顶进的结构形式、尺寸，施工技术条件，机具设备能力等综合研究，经过技术和经济比较后决定合适的施工方法。

2. 箱涵顶进

（1）箱涵顶进法的适用条件及其优越性　箱涵顶进是指在铁路、公路或其他地面建筑物下方，顶入预制的钢筋混凝土箱形框架（箱涵），建成各种地下通道或地下建筑物。这种方法适用于：原有铁路和公路平交道口不能适应交通安全和车流畅通的要求而要改建为立交道口；有些客运量大的车站需要增设地道；农田灌溉或通航需要增建穿越铁路的过水桥涵或过船桥涵；在处理既有桥涵病害时，要求扩建或增建新桥涵；明挖法修建地铁，某些地段不能挖开路面等。箱涵顶进法用得最多的是在既有交通线上增设立交桥。

修建立交桥的方法有许多种：①中断交通，在拟定桥位处挖开路基建桥；②修筑便线、便桥维持通车，在预定桥位处开挖路基建桥；③用便梁承托线路维持通车，然后挖开路基建桥；④先修建桥梁墩台，待桥梁墩台建成后架梁，最后开挖桥下土方；⑤采用箱形墩台顶入路基再架梁，最后挖除桥下土方；⑥限速行车，直接顶入桥涵。

上述方法中，顶进法具有很多优点，主要是不中断行车，安全可靠，施工进度较快，质量也易保证，因此目前应用最多。

（2）箱形框架结构形式简介　顶入法采用箱形结构的原因是：

1）箱形结构整体性好，刚度大，便于顶进施工。

2）变截面刚架结构跨中弯矩比简支梁小得多，因而顶板厚度可以做得较薄，建筑高度小。

3）基底应力小，易于适应地基较差的场合。

4）有利于防止地面水、地下水渗入桥孔。

5）抗震性能好。

箱形框架的横断面按使用要求可以分为单孔、双孔和三孔，个别情况还做成四孔。

当用双孔或三孔框架断面时，根据施工现场设备能力，一般将双孔或三孔整体一次浇筑，一次顶进，这样整体性好，施工进度也快。也可将双孔或三孔分别灌注，分别顶进。这时三孔可做成不同高度，有利于模板倒用，减小顶进阻力，线路加固也较容易（见图6-119）。

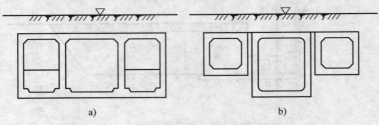

图6-119　整体式和独立式框架结构
a）整体式　b）独立式

由于箱形框架采用整体底板，它与一般梁式体系相比，用料有所增加，因此在地基较好、地下水位较低处，也可采用图6-120所示的分离式结构。它由单孔箱形框架和双孔简支梁及桥台组合而成，框架、桥台和简支梁可分别预制，分别顶入，其优点是用料省，挖土量少，进度也快。

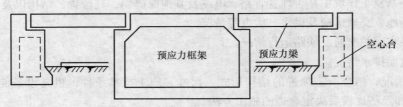

图6-120　分离式结构

由于框架结构截面尺寸较薄，配筋较密，增加了箱体制作的难度，应注意加强钢筋及混凝土的施工质量。为提高抗裂性，减轻自重，便于顶进，对跨度大的箱涵应考虑采用预应力钢筋混凝土结构，这时更应重视质量。

3. 管涵顶进

随着国民经济的发展，城市建设和工矿企业中铺设各类地下管道的情况日益增多。如城市污水排水管道、雨水排水管道、给水工程中的自来水管道、农田水利的引水渠道、煤气热力管网中的套管、通信电缆管的外套管等。特别是市政设施的改善常要在城市地下敷设许多新管道。上述各种管道如果都用开沟埋设，势必影响地面交通和城市生活。在铁路、主要街道和地面建筑物下边敷设管道时挖沟法几乎是不可行的。顶进法则是适宜的方法，早在新中国成立初期我国的一些大城市就已开始用顶进法埋设污水管道。顶进法的采用使得管路能按合理路线设置而又不影响或少影响城市生活，所以很受市政建设方面的欢迎。为推动顶管技术的发展，一些大城市的市政设计院作出了钢筋混凝土圆管的标准图，一些单位翻译出版或据我国经验编写了顶管技术专著。一些专业厂定点生产各种不同直径的钢筋混凝土管。北京市政设计院和北京铁路局联合设计的"铁路顶管通用图"1965年年初即已使用，1980年年底以后北京市政工程局对直径大于1000mm的顶管进行产品更新，更适用于铁路下顶进。北京局管内已施工的铁路顶管长达14km。1982年施工的北京南郊污水干线工程中，穿越铁路编组场时，一次顶进管道205m，管材质量完好。北京第三印染厂的污水排放工程，穿过一些街道、工厂和铁路，最后到达通惠河，全长3.3km，埋深1.5m左右，分几段顶成。

目前铁路顶管专用管道的规格见表6-29。

表 6-29　铁路顶管专用管道的规格

内径 ϕ/mm	1050	1150	1350	1550	1750	1950	2150
管壁厚/mm	117	125	142	160	175	190	210
控制顶力/kN	2600	3000	4000	5000	5900	6500	7700
最大顶力/kN	4300	5000	6600	8200	10200	12000	14800

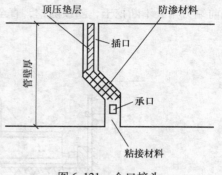

图 6-121　企口接头

管顶覆土分 4m、8m、12m 三种。接头以企口为主（见图 6-121）。保留钢板内涨圈接口形式作为管道补强的一种措施。表 6-29 中控制顶力是企口式接头面上一个插口承压面所能承受的顶力，最大顶力是加垫平板式橡胶环以后，企口的插口和承口两个面都承压时的数值。

顶管施工和箱涵顶进施工作业相同，只是由于顶管口径较小，顶程较长，管体一般都是工厂预制，故在设备布置上稍有不同。一般要求管顶覆土厚度不小于 2.0m。工作坑一般应有以下设备：导轨——保证顶进方向；后背——承受顶力；下管设备——卷扬机或吊链；顶进设备——包括油泵或摇镐机；出土设备——水平牵引及垂直牵引；照明设备——低压照明；通风设备——长距离顶进时需要；工作坑上上设工作平台。

管涵顶进各项作业中如何防止塌方和保证顶管的方向位置是两个中心环节。有的在首节前端部上半圆设钢板保护罩切土顶进，有的还事先加固上方土壤等。管节下部 135° 范围不超挖，上部 225° 范围超挖不得大于 15mm。顶镐着力中心位于管子总高的 1/4 左右；用一台顶镐时其平面位置应使顶镐中心与管道中心一致，用多台顶镐时顶镐中心应与管线中心对称布置。

北京地区的抽样调查表明，1953 年最早顶进的涵洞至今运用情况良好。可以预料，今后利用顶进法修建的涵管还会大大增加。

4. 小口径管道顶进

关于小口径管道与一般管道的区别，目前还没有一个统一的划分标准，一般指管径较小，人工无法进入或进入后很难进行操作的管道。这类管子最初用"硬顶法"直接顶入地层，土体挤向四周，这种方法一般只用于管径在 300mm 以内的钢管、铸铁管的小距离顶进。20 世纪 20 年代美国开发了水平钻机，先钻出孔眼，随即将管子敷设于孔内。到了 20 世纪 70 年代，小口径顶管技术发展迅速，日趋完善，至今已有多种施工方法与设备。

目前利用振动、冲击或静压将土体挤向四周的贯入式方法有日本的铁鼠法、土箭法等。此法敷设的管径为 250～900mm，顶进距离一般为 50～80m。利用螺旋钻机将土切除运走，应用范围较广，效率也较高，管径为 250～1000mm，顶管距离 50～100m。水平钻机一般用于敷设钢管，顶距较短。小直径盾构是专用设备，顶进距离可达 150m，管径可为 250～2000mm，但不能一机多用，费用较高。

小口径顶管技术发展的趋势是：设备小型化，提高设备的适应性、可靠性，设备标准化、系列化，增长顶进距离等。

6.8.2　顶入法

顶入法是最早使用的桥涵顶进施工方法，由于它工序简单，施工方便，因而也是目前用途最广的一种方法。其特点是：主体结构整体一次预制完成，只要顶力设备许可，不论桥涵位置正交、斜交，覆土厚薄，一般都能一次顶入就位。但由于是铁路一侧整体顶进，因而后背大，所需传力设备也多。

1. 施工程序

顶入法是在铁路一侧设置工作坑，坑底做滑板，在滑板上预制钢筋混凝土箱涵，箱涵的前端做成突出的刃角，再在离箱涵尾部不远处修筑后背，然后在后背梁与箱涵底板之间安设千斤顶（或称顶镐），同时对铁路进行临时加固，最后顶镐借后背的反力将箱涵顶入路基。顶进时，箱涵前端刃角处不断挖土，随顶随挖，直至箱涵全部顶入路基为止，如图 6-122 所示。

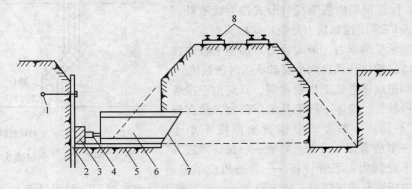

图 6-122　顶入法示意
1—后背　2—钢桩　3—后背梁　4—千斤顶　5—底板　6—箱涵　7—刃角　8—线路

箱涵顶入法施工工艺流程如图 6-123 所示。

（1）开挖工作坑　工作坑是预制和顶进箱涵的工作基地。工作坑内设有滑板，其上铺设润滑隔离层，箱涵在工作坑内预制。箱涵顶进工作能否顺利进行与工作坑的布局关系很大。

工作坑的开挖深度视铁路路基与地面的高差以及箱涵的埋深而定。工作坑靠铁路一侧的边坡，其上角应距铁路钢轨约 2.5m。工作坑的位置应根据铁路线路、材料堆放、铁路两侧的地面高程、土质和地形等情况全面考虑。如地道穿越多股线路时，最好将工作坑放在靠近铁路正线一侧；如穿越的铁路为曲线地段，则工作坑最好选择在曲线外侧。工作坑布置如图 6-124 所示。

工作坑的尺寸主要根据滑板的尺寸决定，在有地下水的地区，应考虑排水沟及集水井等的位置。工作坑的开挖应与后背的修筑一并考虑，当后背采用钢桩时，应先打钢桩，然后开挖工作坑，这样既节省土方量，又能保证桩后土的密实性。

（2）排除地表水及降低地下水位　工作坑四周应挖排水沟，防止地表水流入工作坑内。并根据地质条件及地下水情况在顶进范围内布置井点，采用人工降低地下水位。其做法是在工作坑开挖前，在工作坑四

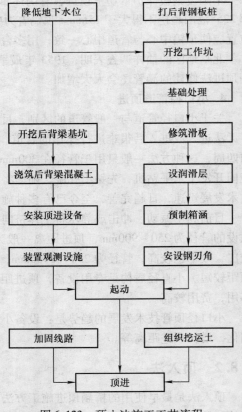

图 6-123　顶入法施工工艺流程

周埋设一定数量的滤水管（井），用抽水设备抽水，使地下水位降落到坑底以下 0.5 ~ 1.0 m，同时在工作坑开挖和使用过程中不断抽水。

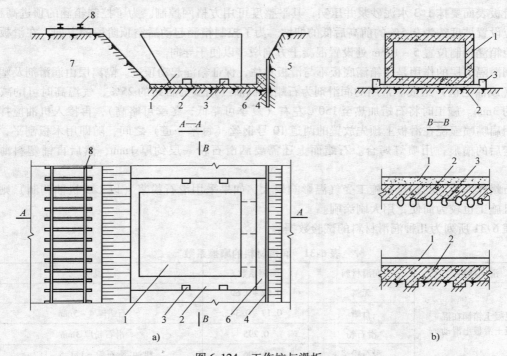

图 6-124　工作坑与滑板

a）工作坑：1—箱涵　2—滑板　3—方向墩　4—铜板桩　5—后背　6—后背梁　7—路基　8—铁路

b）滑板：1—找平层　2—滑板　3—片石

人工降低地下水位的方法有轻型井点、喷射井点、电渗井点、管井井点及深井泵井点等，可根据土的渗透系数、要求降低水的深度、工程特点及设备条件等，参照表 6-30 选择。

表 6-30　各种井点的适用范围

井点类型	土层渗透系数/（m/d）	降低水位深度/m	土的类别
单层轻型井点	0.1 ~ 50	3 ~ 5	轻亚黏土、细砂、中砂、粗砂
多层轻型井点	0.1 ~ 50	5 ~ 12，由井点层数定	轻亚黏土、粉砂、细砂、中砂、粗砂
电渗井点	0.1	根据选用的井点定	黏土、亚黏土
管井井点	20 ~ 200	3 ~ 5	粗砂、砾石、卵石
喷射井点	0.1 ~ 20	8 ~ 20	轻亚黏土、细砂、中砂、粗砂
深井泵井点	10 ~ 250	76	中砂、粗砂、砾石

（3）修筑滑板及设置润滑隔离层　滑板是顶进工艺极为重要的设施。除了要求具有一定的强度与刚度外，还要求有较高的平整度，以便在润滑隔离层的作用下，使箱涵易于起动，并脱离滑板而滑进。当灌注箱涵底板时，其底面如能得到相应的平整度，便可减小顶力。如滑板平整度不良将使箱涵起动困难，过大的起动顶力会使滑板拉断并被箱涵带走，造成严重工程事故。

滑板采用 10 ~ 20 cm 厚的 C15 混凝土。滑板是否需要配筋应根据地基情况及后背设计而定。如需要配筋，一般采用 $\phi8$ mm 钢筋做成的 20 cm × 20 cm 钢筋网格。若地基软弱，为了增强滑板底面的抗滑能力，可在灌注混凝土前在坑底插片石，略加夯实，然后灌注混凝土成为整体；也可直接在基坑内挖槽（中距 3～5m）灌注混凝土锚梁或在滑板的前端加一道锚梁，以提高抗滑力，锚梁要按起动力验算抗剪强度。

滑板表面要抹 1:3 水泥砂浆并压实，其平整度可用方格网控制。为了控制箱涵的顶进高程，滑板应设置坡度约为 0.5%的前高后低的仰坡。为了控制箱涵起动后空顶阶段的方向，在滑板的两边距箱涵预制位置 5～10cm 处设置混凝土方向墩，以便于导向。

润滑隔离层的作用是使箱涵底板不与滑板粘住，保证箱涵起动顶进。隔离层由润滑剂及塑料薄膜（或油毛毡）组成。常用的润滑剂为石蜡掺机油（用量为石蜡的 25%，气温高时可酌减），厚度约 3mm。施工时将石蜡加热至 150℃ 左右（夏季可略低，冬季可略高），再掺入机油搅拌均匀，用扁嘴喷壶浇在滑板上预先放置的两道 10 号钢丝（每米一道）之间，随即用木板刮平，钢丝取走后的槽痕，用喷灯烤合。石蜡面上还需要洒滑石粉一层约厚 1mm，然后再铺塑料薄膜一层。

石蜡作润滑剂的缺点是施工受气温影响较大，如果采用滑石粉浆（以 1/3 机油调制）则较好，且施工也较为简便，用大刷涂刷。

表 6-31 所列为几种润滑材料的试验数据。

表 6-31　润滑材料的摩擦系数

滑动材料	润滑材料	摩擦系数 f	说明
混凝土箱涵在混凝土滑板上滑动	无料	0.52～0.69	—
	石蜡	0.17～0.34	石蜡厚 4～5mm
	滑石粉	0.295	滑石粉厚 3mm
	滑石粉浆	0.196	机油:滑石粉 = 1:1.5～1:2

（4）预制箱涵　在滑板塑料薄膜隔离层上绑扎钢筋以预制钢筋混凝土箱涵。应注意按设计要求将箱涵各部位预埋件安装齐全，避免遗漏。

（5）安设刃角　采用钢筋混凝土刃角时，在三角形顶端安装钢刃尖。采用钢刃角时则安装在结构前端预埋的螺栓上，要求安装位置准确。

（6）修筑后背　后背是顶进的依托，应做到牢固可靠，以保证顶进的顺利进行。后背的修筑可与开挖工作坑同时进行，若采用钢板桩作后背时，应先打桩再开挖工作坑，以节省挖方并保证桩后土壤的密实性。

如土质较好时，可采用简易后背。北京北辛安地道桥试验证明，后背土抗力潜力很大，出现塑性变形后并不马上破坏，还可提供相当大的抗力。

（7）安设顶进设备　顶进设备分液压系统和传力设备两部分。液压系统由高压液压泵、控制阀、调节阀、千斤顶、油箱、油管压力表等组成。千斤顶应以箱涵中心线为轴，对称布置。传力设备由顶铁、顶柱、横梁等组成。

（8）铁路线路临时加固　根据线路、行车、地质和地下水情况及箱涵结构尺寸大小、覆土厚薄等综合考虑，确定恰当的线路加固形式，以保证顶进时的行车安全。

（9）起动顶进　起动时，需逐渐加压，并对设备及滑板、后背等进行检查。起动后要掌握好箱涵顶进方向。顶入路基时应安排在列车运行间隙时进行顶进，随挖随顶。同时用仪器对顶进方向及高程进行观测，并注意及时纠正偏差，以保证顺利地把箱涵按设计要求的位置顶入路基。

2. 开顶前的准备工作

（1）线路加固的检查　顶进工作的顺利进行，首要条件是保证铁路行车的安全，因此在开顶前必须对线路加固的质量进行检查。如加固是否符合设计图样的要求，加固部件有无侵入限界的情况，加固扣件是否有松动脱落，工字钢与既有线钢轨接触处的绝缘是否良好等，都必须引起施工人员的足够重视。

（2）顶进设备的检查　顶进设备主要是高压液压泵、千斤顶和顶铁，安装前应加以整修并做压力试验。油压管路安装完毕后，要进行试运转，检查压力能否达到规定标准，油管是否漏油，顶铁的长短规格、数量配置是否符合施工要求。

（3）箱涵外表的润滑处理　箱涵外表涂以石蜡及机油（4:1）熬制而成的润滑剂。润滑剂的熬制温度夏季为 120~150℃，冬季为 150~180℃。润滑剂须乘热涂刷，使其渗入混凝土孔隙内以保证不易擦掉或剥落，减小摩阻力和加强混凝土的防水性能。

（4）降低地下水位　地下水处理不当必然给施工增加许多困难，尤其在顶进中，因基底土壤被水浸泡变软而造成箱涵下沉或严重塌方，甚至影响铁路安全和工程质量。因此，当箱涵底板处在地下水位以下时，必须采取降水措施。在箱涵顶进中，按规定地下水位应降至箱涵底面以下 0.5~1.0m，严禁带水作业。

（5）故障处理措施及材料的准备　"扎头"是桥涵顶进中较普遍出现的问题，在软土地基中尤为严重，因此要求预先拟定处理措施。一般可以选用的有：换填土壤、打短木桩加固土壤、铺设预制钢筋混凝土板或废钢筋混凝土轨枕等，根据选用的方法准备好所需要的材料。

（6）安装观测仪器　为检查箱涵是否在顶进中按预定位置走行，千斤顶每顶进一个行程应用仪器测量箱涵的中线位置与水平高差，以便及时采取调整措施。

（7）起动试顶　箱涵起动是使其与滑板分离，也是对顶进设备及后背的一次检验。起动顶力，在没有使用减阻措施的情况下约为箱涵自重的 20%~100%。起动时，液压泵应逐渐加压，每次升压后还要稳定 10min，并对设备及滑板、后背梁等发生的裂缝情况，进行检查。升压大小及间隔时间可按表 6-32 取值。

表 6-32　升压大小及间隔时间

设计起动顶力（%）	30	50	70	90
累计时间/min	20	40	50	60

在加压过程中，如发现油压突然下降，则表明箱涵已与滑板脱离。倘若在起动顶力的作用下，发现后背的变形与设计顶力出入较大，则应立即采取加强措施，以避免在顶进中途后背破坏，造成施工上的困难。

箱涵起动后，开始为不切土的空顶，但此时需要注意控制好箱涵顶进的方向，切不可麻痹大意，以免产生较大偏差造成纠正困难。顶进桥涵施工在做好各项准备工作后，应以最短时间顶完，组织快速施工，为此要求做到：

1）合理安排施工期。要尽量避开雨季和冬季，因为雨季增加顶进困难，而冬季不但要增加防寒保温费用而且工程质量也不易保证。

2）做好施工组织计划。根据实地调查情况，研究施工方案，布置施工场地，编制出详细的施工组织计划。

3）挖、运土工序与顶进密切配合，措施得当，组织合理。

4）加强组织指挥，及时解决设备、技术问题。

3. 顶进工艺

开镐顶进是现场顶进工作的中心环节，每次开镐前应检查液压泵等液压系统有无故障，挖土部位及尺寸是否符合要求，顶铁安装是否合格和后背变形情况有无发展等。这些方面倘有一个环节发生问题，都会给顶进带来困难，甚至造成事故。顶进工作的过程是：当前方刃角处挖土完成一个顶程后,即开动高压液压泵,使千斤顶产生顶力,通过传力设备(顶铁、顶柱),借助于后背的反作用力,推动箱涵前进。箱涵前进后,用拉镐将千斤顶活塞拉回复原(如用双作用千斤顶时则可自动回镐)。然后在空挡处填放顶铁,以待下次开镐。如此循环往复,直至箱涵就位,顶进结束。

顶进应利用列车运行的间隙进行,为了保证安全,应在顶进施工人员和线路防护人员之间,临时安装电话、电铃和信号灯等。规定一定的联络办法,以密切配合,步调一致。

(1)挖土及运土 框架桥涵的顶进速度主要取决于洞内的挖、运土速度。故应尽可能为挖、运土创造条件,提高效率。由于箱涵高度一般在6m左右,故人工挖土宜分成上下两层进行,即在箱涵内设置挖土平台——中间平台。

中间平台的构造可分为钢质和木质两种。采用钢质平台,可直接安装在箱涵的预埋螺栓上;采用木质平台时,则安装在箱涵的端部侧墙预埋螺栓固定的型钢上。平台的主要设计荷载为:在平台上的作业人员和工具重力,并考虑堆放少量弃土等,按简支梁计算。

跨度较大的箱涵为了增加平台的刚度,应设置中柱或支架。

当使用机械挖土时,可不设置中间平台。

一般每米宽工作面上布置1~1.5人挖土作业。其操作要求如下:

1)每次挖掘进尺应根据土质情况决定,一般约为20~50cm,在松散的或软塑性的土层中顶进严禁"超挖",必须保证刃角切入土层内10cm以上。

2)挖土时应掌握土坡的平整,并保持与刃角坡度一致,或根据路基土质情况选用适当坡度,严禁出现倒坡,以策安全。

3)列车通过时不得挖土。又如发现机械设备有故障不能顶进时,应立即停止挖土。

4)挖土工作必须与观测工作紧密配合,根据偏差分析,决定挖土方法。

有条件的地方可以采用小型挖土机械挖土,以提高速度。运土一般最好用小型自卸车从洞内装土、运土,最好直接装卸,避免倒运。

(2)安放顶铁、顶柱 每行顶铁(柱)与千斤顶应成一直线,并与后背梁垂直,各行长度应力求一致。顶进时,顶铁上不准站人。注意观察顶铁的受力情况,防止崩出伤人。顶铁行数,决定于总顶力与顶铁(柱)的允许承压能力,并要求有一定的安全储备。

(3)接长车道 为保证运土工作的连续进行,可采用活动车道栈桥。活动车道栈桥由在两个互相穿插的木垛上铺方木作为路面而建成。前木垛与箱涵底板相连,可随箱涵一同前进。后木垛放在滑板上。活动车道栈桥前端搭在前木垛上,后端连接在后木垛上。当箱涵前进时,车道在前木垛上滑动伸长,每顶进一定距离用卷扬机将后木垛拉进一次,并将后面的车道接长。活动车道如图6-125所示。

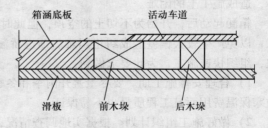

图6-125 活动车道

(4)测量工作 为了准确掌握箱涵顶进的方向和高程,应在箱涵的后方设置观测点以观测箱涵顶进时中线和水平偏差。观测点应离后背稍远,以免后背变形影响观测仪器的稳定,在箱涵洞内四个角上进行高程测量。顶进方向偏差的观测可在箱涵一侧的前后端各设一个标尺进行。为了观测顶进中后背的变形情况,可在后背梁两端设立标尺,进行后背变形观测。

测量工作对箱涵顶进很重要,必须每顶一镐测量一次高程和左右方向偏差,并做好记录,以便及时纠正偏差,保证顶进顺利进行。

6.8.3　对顶法

对顶法是在铁路两侧各挖一工作坑，将箱涵分成两半，分别在两侧工作坑内预制，并修筑后背，同样各借后背反力将箱涵顶入路基，如图 6-126 所示。

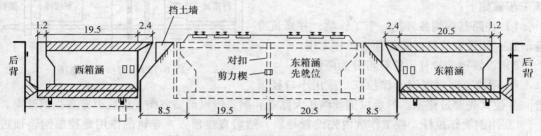

图 6-126　对顶法顶进图式（单位：m）

对顶法顶进箱涵，一般先顶进一侧的箱涵。就位后在刃角处用支撑封住，防止塌方。然后再将顶进设备移至铁路的另一侧，顶进另一侧的箱涵，使之与先顶进的箱涵对接。箱涵对接位置应选择在两股线路间距较大的地方。随即可以拆除钢刃角，并设置止水沉降缝。拆除钢刃角时，应注意避免发生塌方，最好将刃角分块安装，拆除时即可分块进行，施工程序如图 6-127 所示。

箱涵对接时，接缝处应采取可靠的止水措施。这个措施既要适应接缝两侧结构可能产生不均匀下沉的要求，又要能止水防漏，以保持桥孔内干燥，达到方便行人和车辆的目的。一般采用预留缺口设橡胶止水带的方法，具体做法是在最后一镐顶进至接缝约 70mm 宽间隙时停止顶进，在接缝内塞直径 50mm 的沥青麻筋辫，安设止水带并用预埋螺栓加扁钢压紧。再开动千斤顶挤实，最后用防水混凝土将缺口补平，如图 6-128 所示。

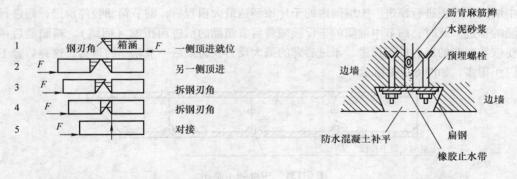

图 6-127　拆钢刃角顺序　　　　　　　　图 6-128　接缝处理

对顶法主要是当箱涵过长，而顶进距离也很长，需要顶力大，致使后背修建及顶进设备发生困难，或工作坑长度受限制，而设置中继间也有困难时才采用的。这个方法虽具有分建后背和减小顶力的优点，但要修建两处后背并需最后"对接"合拢，故对顶进方向和高程有较高的要求，通常在地基较好又有切实纠偏措施时才考虑采用。

6.8.4　对拉法

对拉法也是先在铁路两侧工作坑内各预制一节箱涵，然后利用小口径顶管法，将高强钢丝束或其他拉杆穿过路基，使两节箱涵连接上，互为地锚，对拉前进，直至对接合拢，如图 6-129

所示。

对拉法不需要后背，因此可在后背修筑困难
或不经济时采用。目前主要用于涵身不长，且底
板置于原地面附近的单孔小孔径箱涵。对拉法的
施工步骤如下：

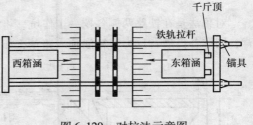

图 6-129　对拉法示意图

1）在路基两侧各开挖一个工作坑，并修筑滑
板。在一侧设置简易后背作顶进拉杆之用。

2）设置顶进拉杆。拉杆可分为两种：

① 用成束高强度钢丝作拉杆。采用小口径顶
管，并使其先穿过路基，然后以钢丝绳扩大路基孔洞，借以调整方向，最后引穿高强钢丝束。

② 用钢轨作拉杆。在工作坑内先设置导轨，然后直接顶入。导轨的作用是控制钢轨顶进的
方向，钢轨的顶力约 20kN/m，即顶入一根 12.5m 长的钢轨的顶力约 250kN。采用钢轨作为拉杆
时，对于钢轨的锚具，最好做成钢楔卡具，这样，移动比较方
便，如图 6-130 所示。

3）对拉顶进。

4）对接接缝的处理与对顶的做法相同。

对拉法的缺点与对顶法大致相同，据了解国内很少采用
此法。

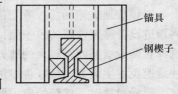

图 6-130　钢轨锚具

6.8.5　中继间法

1. 工作原理

当箱涵较长时可分成若干节，用中继间法顶进。即前节箱涵利用后节箱涵作后背，用节间设
置的中继间千斤顶进行顶进。中继间内的千斤顶到达最大顶程后，前节箱涵暂停前进，而进行后
节箱涵的顶进。此时，前节中继间的千斤顶随着后节箱涵的前进而压缩（回镐）。箱涵最后一节
还是要依靠后背的反力进行顶进，不过后背的最大反力仅为最后一节箱涵的顶力，这样后背工程
就可以小很多，如图 6-131 所示。

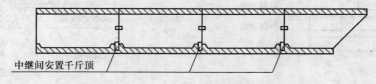

图 6-131　中继间示意图

2. 布置形式

（1）并列式　如图 6-132 所示，箱涵在靠铁路一侧并排预制好。先
将箱涵 1 顶入，然后将箱涵 2 平移，安装第一个中继间。当箱涵 2 也顶
入路基后再平移箱涵 3，安装第二个中继间，再继续顶进，直至全部
就位。

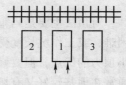

图 6-132　并列式

箱涵横移的方法：①可用顶推法，但需要设置横向后背；②在工作
坑底板上设滑道，用卷扬机及滑轮组牵引。但牵引又需要若干设备。另外还有一种在箱涵内穿进
桁梁的横移方法，如图 6-133 所示。

根据施工经验，用拆装梁杆件组拼成桁梁，穿入箱涵内，在支座处用千斤顶将箱涵抬起，放

在滑道上，用圆钢作为滚轮，由卷扬机拖拉就位，工效较快。

（2）串联式　如图 6-134 所示，将数节箱涵在顶进轴线上按先后次序预制好，将各个中继间一次安装完成。起动后即可中途不停顿地连续顶进，直至全部就位。

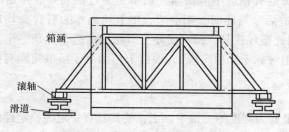

图 6-133　箱涵内穿进桁梁横移法　　　　图 6-134　串联式

并列与串联两种布置形成，各有优劣，并列式虽可减小滑板长度及传力顶柱，但要增加横移作业。一般施工场地布置无困难的情况下多采用串联式布置。

3. 接缝处理

（1）防错牙　前后节箱涵在顶进中，其重心的运动轨迹不易重合，产生垂直分力，使重心线高差增大，前后节箱涵就会产生错牙。为使前后节箱涵能互传剪力，并随时掌握顶进时的高程，不产生较大的高程误差，以减小剪力值，防止错牙，常在涵节间设置剪力楔、传力钢筋及钢搭榫等，如图 6-135 所示。

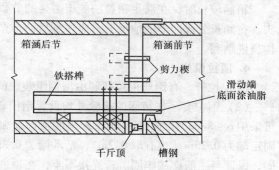

图 6-135　节间剪力楔、传力筋及钢搭榫

（2）防水　节间沉降缝防水与对顶法一样，也采用预留缺口，顶进就位后装内贴式止水带。

6.8.6　顶拉法

1. 适用条件

箱涵穿越股道较多，涵身较长，顶部无覆盖土或土层不厚，在顶进时能将线路架空时，采用顶拉法较为合适。一般中、小型箱涵采用顶拉法施工效果较好，对后背修筑困难的情况，顶拉法更显示其优越性。

2. 工作原理

顶拉法施工，是将整座箱涵分为若干节，用通长的钢筋束或用螺栓连接起来的型钢作为拉杆，将各节箱涵串联起来，根据中继间的工作原理，利用其中两节或更多节箱涵的摩阻力，借助于千斤顶克服另一节箱涵顶进时的摩阻力，依次逐节顶拉前进，做到不设固定后背而将箱涵顶入路基。

某立交箱涵采用顶拉法施工，箱涵全长分成三节，如图 6-136 所示。

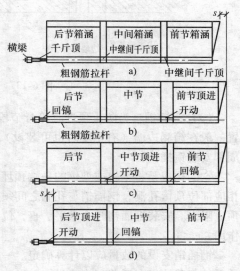

图 6-136　顶拉法施工

在每节后端于底板部位安放两台千斤顶，每台千斤顶两侧各安放一根钢筋束。钢筋束前端锚固在箱涵最前端，后端锚固在钢横梁上。横梁距箱涵最后端为活塞伸出后的千斤顶总长。顶拉施工程序：首先开动前面千斤顶，此时后面两节箱涵作为后背顶进前节箱涵，后面千斤顶自动回油；开动中间千斤顶，此时前、后两节作为后背顶进中节箱涵（前节是通过钢筋束起作用的），前面千斤顶自动回油；开动后面千斤顶顶进后节箱涵时，用前节、中节箱涵作为后背（均通过钢筋束起作用），中间千斤顶自动回油。如此循环往复，每一循环三节箱涵前进千斤顶一个顶程的距离。后节箱涵对于前节箱涵有顶的作用（靠千斤顶实现），而前节箱涵对于后节箱涵有拉的作用（靠千斤顶实现），故此法称为顶拉法。

3. 分节要求

一般情况，分节长度应不小于高度，最好为高度的一倍半以上，使其具有一定的稳定性以避免倾覆。最少分三节，尽可能分为四节或四节以上，以防止顶进时静止摩阻力不够，出现倒退现象。使用气垫减阻时，最少分为两节，顶进节开气，后节闭气，交替进行。另外还要注意使铁路线路尽量位于同节框构上，节缝位置最好设在两线间距的中间。

箱涵较长时，在满足顶拉法施工需要的节数和顶力许可的前提下，分节最好长些，以减少接头。在涵长分成四节的情况下，应注意后两节节长最好是前一、二节的 1.2 ~ 1.5 倍，以确保框构顶进顺利。

4. 顶拉设施

（1）拉杆 有钢筋束拉杆和由型钢组装成的拉杆两种。

（2）钢护套 在箱涵的接缝处均设置钢护套，除箱涵底板接缝采用 10mm 厚的钢板外，其余可采用 6 ~ 8mm 厚的钢板。当千斤顶的顶程为 20cm 时护套宽度为 0.55m（也有取 0.5m），其中固定端为 0.25m（也有取 0.2m），活动端为 0.3m。固定端设在前节箱涵，利用 ϕ19mm 钩螺栓锚固，保证与主筋连接牢固。若连接不牢，在顶进过程中钢护套部分丢掉，使接缝内入土，将给顶进带来很大困难，钢护套设置如图 6-137 所示。

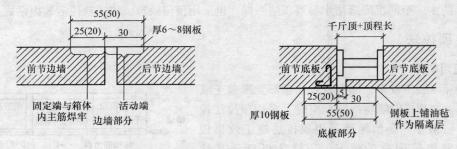

图 6-137 钢护套设置（单位：cm）

（3）钢插销 为防止顶进时箱身节段错牙，可在箱涵前、后节接缝处设置钢插销。安装位置一般在箱涵边墙（有中墙时也可装设），也有的在顶板、底板和边墙上，即上、下、左、右四周都安装钢插销。

它的构成是将钢轨或型钢的一端预埋在后节箱涵圬工内，另一端伸出圬工以外，前节箱涵于相应部位预留孔洞，钢插销与孔洞之间须留有活动间隙，此活动间隙不应被异物堵塞，以免增加顶进阻力。安装钢插销时力求平、直，位置正确，这样在顶进过程中，可起到导向及防止错牙的作用。

钢插销安设的数量应以计算确定。一般当前节箱涵离开滑板时，插销受力较大，此时插销所承受的荷载按机车活载（考虑冲击，冲击系数按 1.5 计）与箱涵自重之和的一半计算。

5. 接缝止水处理

与对顶法相同，如图 6-138 所示。

顶拉法施工是逐节顶拉前进，因此所需顶力小，千斤顶易于布置。对滑板表层润滑要求也不高，只需铺一层油毡或者涂一层黄油再铺一层油毡即可。在"扎头"严重时还可退回原位以便对地基进行处理，这些都是其优点。但顶拉法分节至少三节又增加了接头防水处理。而为了保持顶进中的稳定要求，分节长度应大于其高度，这就使得应用顶拉法的范围也受到了一定限制。

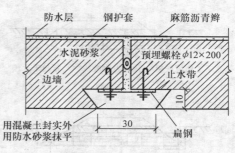

图 6-138　接缝止水图

6.8.7　牵引法

1. 施工方法及其特点

牵引法是在计划埋设结构物位置的对面设置特殊的张拉千斤顶，用千斤顶拖动穿过水平钻孔的预应力钢绞线，通过钢绞线将置于对面的结构物拉入路基中的方法。由于顶入法是在埋设的结构物的后面设置千斤顶，而牵引法是将千斤顶设置在结构的前方，人们常将牵引法称作"前置千斤顶法"，如图 6-139 所示。

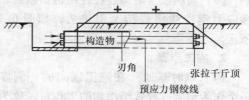

图 6-139　牵引法

牵引法的主要特点是：

1）不必专门建筑后背，可利用下一步待牵引的结构物或原路基等当后背。

2）由于不必设专门的后背，因而使在建筑后背很困难的松软地层地段，也能顶入大型结构物。

3）方向性较好。

4）覆土极薄的地方也能施工。

5）采用分段牵引法时，可用较小的牵引力进行大型结构物的施工。

牵引法除图 6-139 所示的前置千斤顶法外，还有双向牵引法、分段牵引法、盾构法等方法。

（1）双向牵引法　此法在施工地段的两侧，将结构物预制好以后，先用路基一侧的结构物做反力台去牵引另一侧的结构物，然后反过来进行。这样互相牵引数次，最后，在大约中间的地方会合。由于箱涵两端的结构物都可用来做反力台，所以不用专门设置后背，但两端的结构物的前端都要安装刃角，并且路基两侧都要有制作结构物的底板，如图 6-140 所示。

图 6-140　双向牵引法

（2）分段牵引法　在结构物较长，需要的牵引力较大时，可以将结构物分成几段预制，逐段顺次牵引。这样所需要的牵引力便与牵引一段结构物相同，但是采用这种牵引法时，要求固定装置能把各段结构物牢固地锚固在预应力钢绞线上，同时还要求这种固定装置能够方便地解脱。此外，还需加设拦挡外边砂土进入的套环，如图 6-141 所示。

有时，因工作场地狭窄，可在施工场地以外分节预制涵体，依次拉进去连接好，如图 6-142 所示。

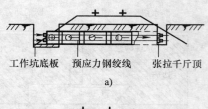

图 6-141　分段牵引法

a）分段一侧牵引法　b）分段相互牵引法

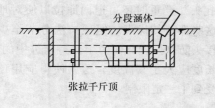

图 6-142　分节连接

（3）盾构法　盾构连接在结构物前面，用预应力钢绞线将盾构牵引进去，如图 6-143 所示。

2. 施工步骤

（1）临时基地　在施工区间的一侧修建一个作为预制或放置结构物的工作坑，称为出发工作坑。在另一侧修建设置牵引结构物设备的工作坑，称为到达工作坑。

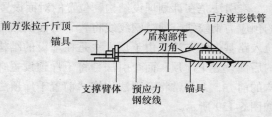

图 6-143　盾构法

（2）水平钻孔　使用水平钻机在路基上钻水平孔，用以穿过牵引用的钢绞线。水平钻孔直径通常为 127～152mm。根据钢绞线配置情况，有时也可以在一个钻孔穿两条钢绞线。

（3）结构物制造　结构物质量较小时，可以预制后运来进行牵引；质量大时，就要在施工现场灌注。灌注在混凝土制成的工作底板上进行，这就需要采取隔离措施，以防止结构物与工作底板粘连在一起。另外，在构件前端要装好钢刃角。

（4）牵引设备　在牵引工作坑一侧的反力台或当后背用的结构物后面安装张拉千斤顶，将通过水平钻孔的预应力钢绞线的一端在构件后面用夹具锚定，再将另一端穿过千斤顶的中心孔在其后端锚定好。

（5）牵引掘进　刃角在牵引下切入路基一定量后，将进入刃角内的土壤挖出，每次掘进的深度因刃角长度和土质而异，一般在 20～40cm，另外绝对禁止开挖刃角前面的土方。

每次挖完，要立即用端面千斤顶把挡土板紧压在开挖面上，然后再开动张拉千斤顶进行下一次牵引。

在反复进行上述作业的过程中，每次牵引之前都要检查刃角内部的断面开挖是否整齐。如果不整齐，在牵引时就会造成方向偏差。同样也可以利用这一点，有意识地造成挖掘不均，进行方向调整。

（6）牵引完毕后刃角内部的处理　一侧牵引时，有时在牵引完毕后将刃脚拆下来。但一般都不再将刃角取下，而和结构一起埋入土中。这种场合，牵引完成后，一面将刃角内部临时支顶好，并将妨碍配置钢筋的工作台和加劲肋等切断除去，从内侧按照要求施工箱形框构。

（7）各段的联络　采用互相牵引法或分段牵引法时，构件被分成两段以上，在牵引完毕后须用钢筋混凝土将各段联成一体。施工顺序如图 6-144 所示。

3. 牵引设备

牵引设备包括张拉千斤顶、预应力钢绞线及夹具。张拉千斤顶需采用 1500kN 有中心孔的穿心千斤顶，其行程为 850mm。这种千斤顶带有液压泵和油压控制盘，中间分别用高压软管连接。

过去每个千斤顶用 12 根直径 12.4mm 或 12.7mm 的预应力钢绞线作为牵引拉索，最近改用 3 根直径 15.2mm 的预应力钢绞线作为牵引拉索。

预应力钢绞线的夹具根据使用的钢绞线直径来选定，当使用的钢绞线直径为 12.4mm 和 12.7mm 时，采用钢制的弗氏锥形锚具。使用直径 15.2mm 的预应力钢绞线时，采用单股钢绞线锚具。弗氏锚具一旦夹紧后就很难解脱，而单股钢绞线锚具夹紧和解脱的操作均较容易。所以后者用于分段牵引等锚紧和解脱高强度钢绞线作业频繁的地方。

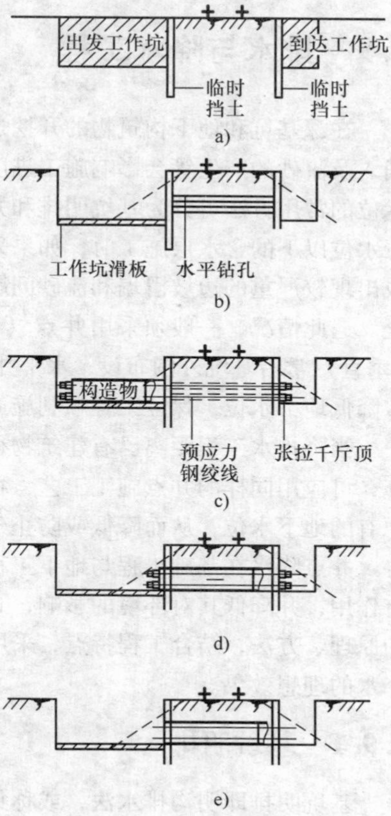

6.8.8　多箱分次顶入法

大型箱涵，如三跨连续框架一次顶进的顶力大，且边孔往往净高要求低，三个单孔可做成不等高。为减小顶力以简化顶进附属设备，并节省投资，有时采用将三跨连续框架改为三个单个箱涵分次顶入的施工方法。另外一种情况是分期投资，先顶进中孔，使用一段时间后，需要时再在两侧顶进边孔。

对于三个单箱的三孔式箱涵，分次顶入时，可先顶入两个边孔，再顶入中孔。这样，两边孔起导向作用，可避免横向侧斜。但必须严格控制边孔的左右方向偏差，若偏差过大，则中孔箱涵不能顶进。因此，除多箱要求箱间距

图 6-144　牵引法施工步骤
a) 临时基坑
b) 工作坑滑板与水平钻孔的施工
c) 预制结构物及安装千斤顶设备
d) 开挖牵引　e) 灌注刃角部分混凝土

离较大外，一般都先顶中箱，然后顶入边孔。但此时顶入的边孔箱涵，因边墙单侧受土压，往往使箱涵向中孔侧斜，故边箱与中箱间缝隙不宜留得太大。

多箱分次顶入法具备一定优点，但同时也存在缺点。选用时应注意：

1）在预制阶段，多跨连续框架结构（简称连续式），中孔、边孔需要一次完成预制工作。而多孔分离框架结构（简称分离式）则可先预制中孔，再预制边孔。前者工期短，后者工期长。前者需要周转料（指模板、支撑等）多，后者需要少。由于边孔多为人行道、慢车道，要求净高低，因而分离式结构主体坯工也较连续式少。

2）在线路加固方面，连续式需要一次将加固设备准备齐全，而分离式则可按先中孔后边孔顺序进行加固，有时也可将中孔加固设备移到边孔用。前者要求限速时间短，后者则较长；前者一次用料多，后者少；前者加固范围大，线路相对来说容易变形，后者加固范围小，因而线路容易保持稳定状态。

3）在顶进就位阶段，连续式一次顶进延续时间短，分离式分次顶进时间长。前者需要的辅助性施工设施多，后者则少。

4）顶进就位后外观，连续式整齐美观，而分离式则不易做到。

5）中线水平，连续式偏差小，分离式相对地容易偏差。

6.9 排水与降水工程

在深基坑和地下构筑物的开挖过程中往往会遇到地下水位高于施工作业面的情况，地下水的涌入及流砂的产生等会影响施工进度和质量，甚至无法施工，这时需要人工降水。人工降低地下水位的常用方法可分为基坑明排和井点降水两类。具有一定规模的地下构筑物或深基础工程在地下水位以下的含水层施工时，如果采用敞口开挖施工，基坑明沟排水，常会遇到大量地下水渗入或出现较严重的边坡滑塌和流砂问题，使基坑或地下构筑物无法施工，甚至影响邻近建筑物的安全。遇此情况，一般须采用井点（垂直）和水平井点（包括辐射井）降水法进行降水。井点（垂直）常沿基坑外围布设，水平井点则可穿越基坑底部，井点深度大于基坑深度，通过井点抽水降低地下水位，保证工程顺利施工。

当降排水工程距离已有建筑物很近，将引起邻近建筑物的沉降，危及安全时，应采取防治措施，可应用同样的井点施工工艺，在已有建筑物附近布设井点，进行回灌，保持已有建筑物下部原有的地下水位，从而降低或防止建筑物沉降。

井点降水在基础工程与地下工程中的作用日益得到重视与发展，为了充分发挥井点降水的应有作用，并降低其对环境的影响，必须很好地研究降水地区的水文地质条件，熟悉各种降水技术的原理、方法，结合工程特点，采用合理的降水方案与施工工艺，进行严格的科学管理，以达到降水的理想效果。

6.9.1 基坑明排

基坑明排即明沟排水法，或称集水明排法，常应用于一般工程中，其设备费和保养费均较井点降水低，同时适合于各种土层，然而这种方法由于集水井通常设置在基坑内部以吸取流向基坑的各种水流（如边坡和坑底渗出的水、雨水等），最后将导致细粒土边坡面被冲刷而塌方。但尽管如此，如能仔细施工以及采用支撑系统，所抽水量能及时排除基坑内的表面水，明沟排水未尝不是一种经济的方法。明沟排水用于密砂、粗砂、级配砂和硬的裂隙岩石比用于黏土好。但若用在松散砂和软岩石时，则将遇到边坡稳定问题。

明沟排水法是在开挖基坑时，在坑底设置集水井，并沿坑底周围或中央挖掘排水沟，使水流入集水井中，然后用水泵排至坑外（见图6-145）。在挖掘基坑过程中，要随挖土的深度，不断加深排水沟和集水井，使坑底标高保持高于排水沟中水位0.5m。明沟排水法可根据排水沟和集

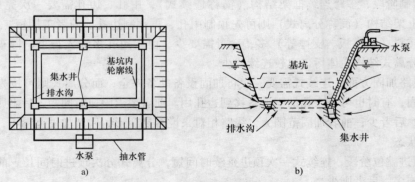

a)   b)

图 6-145 集水明排法示意

a）平面布置图 b）剖面图

水井的设置不同分为普通明沟法、分层明沟排水法、深沟排水法、板桩支撑集水井排水法及综合降水法等。在工程实际中，可根据具体情况选择确定排水沟和集水井的设置。

开挖基坑时，可根据现场地形状况，在基坑四周挖掘截水沟和构筑防水堤，以防止地表水流入基坑。场地的排水应尽量利用原有的沟渠，施工用水和废水要用临时排水管泄水。基坑附近的灰池和防洪疏水等储水构筑物不得漏水。一般各种设施与基坑之间要有一定的安全距离。同时，在基坑内要设置集水沟，并保证水流通畅，以便定时将积水排出。

1）四周排水沟和集水井应设置在拟建地下构筑物边缘以外净距 0.4 m 处，并设在地下水走向的上游。根据地下水量大小、基坑平面形状及水泵能力，集水井每隔 30 ~ 40m 设置一个。

2）排水沟深为 0.3 ~ 0.4m，沟底宽度不小于 0.3m，坡度为 0.1% ~ 0.5%。排水沟边缘层离开边坡坡脚不小于 0.3m。

3）集水井的容积须保证水泵停转 10 ~ 15min 时集水不至于溢出，集水井距构筑物边线的距离必须大于井的深度。为防止井壁塌落，可用挡土板加固或用砖干砌加固。集水井的深度随着挖土的加深而加深，要经常低于挖土面 0.7 ~ 1.0m。当基坑挖到设计标高后，井底应低于坑底 1 ~ 2m，并铺设 30cm 碎石作反滤层，以免在抽水时将泥砂抽出，并防止坑底的土被搅动。

4）当基础较深且地下水位较高，以及多层土中上部有渗水性较强的土层时，可在基坑边坡上设置多层明沟，分层排除上部土中的地下水，以避免上层地下水流出冲刷边坡造成塌方。

5）沟、井截面根据排水量确定。常用于排水的水泵有离心泵和潜水泵，水泵的总排水量一般为基坑总涌水量的 1.5 ~ 2.0 倍，当涌水量小于 20m³/h 时，可用隔膜式泵、潜水泵；涌水量为 20 ~ 60m³/h 时，可用隔膜式泵、离心泵、潜水泵；涌水量大于 60m³/h 时，用离心泵。选择时应按水泵技术条件选用。

6.9.2　井点降水

1. 井点降水方法类型和适用范围

在深基坑和地下构筑物的施工中，几乎每年都有因流砂、管涌、坑底失稳、坑壁坍塌而引起的工程事故，造成周围地下管线和建筑物不同程度的损坏。采用井点降水可以防范这类工程事故，井点降水是目前地下工程开挖施工的一项重要辅助措施。井点降水作为一种必要的工程措施，在避免流砂、管涌和底鼓，保持干燥的施工环境，提高土体强度与基坑边坡稳定性方面都有着显著的效果，在实际工程中被广泛采用。

井点降水方法有轻型井点、喷射井点、管井井点、电渗井点和深井井点等方法，其中以轻型井点、管井井点采用较为普遍。各种井点的适用范围见表 6-33。施工中要根据土层的渗透系数、降低水位的深度、现场的施工条件等选用不同方法。

表 6-33　各类井点的适用范围

井点类型	渗透系数/(m/d)	降低水位深度/m	适用岩（土）性
一级轻型井点	0.1 ~ 80	3 ~ 6	轻亚黏土、细砂、中砂和粗砂
二级轻型井点	0.1 ~ 80	6 ~ 9	轻亚黏土、细砂、中砂和粗砂
喷射井点	0.1 ~ 50	8 ~ 20	轻亚黏土、细砂、中砂和粗砂
管井井点	20 ~ 200	3 ~ 5	黏土、亚黏土、粗砂、砾石、卵石
电渗井点	<0.1	5 ~ 6	黏土、亚黏土、粗砂、砾石、卵石
深井井点	10 ~ 80	>15	中砂、粗砂、砾石

2. 井点降水方法

（1）轻型井点　轻型井点是沿基坑的四周或一侧将直径较细的井点管沉入深于坑底的含水层内，井点管上部与总管连接，通过总管利用抽水设备（真空作用）将地下水从井点管内不断抽出，使原有的地下水位降低到坑底以下。本法适用于渗透系数为 0.1～80m/d 的土层，而对土层中含有大量的细砂和粉砂层特别有效，可以防止流砂和增加土坡稳定，且便于施工，如土壁采用临时支撑还可减小作用在其上的侧向土压力。

轻型井点系统由井点管、连接管、集水总管及抽水设备等组成。轻型井点降低地下水位全貌如图 6-146 所示。

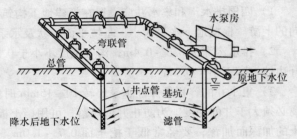

图 6-146　轻型井点降水示意

采用轻型井点降水，其井点间距小，能有效地拦截地下水流入基坑内，尽可能地减小残留滞水层厚度，对保持边坡和桩间的稳定比较有利，因此降水效果较好。其缺点是：占用场地大、设备多、投资大，特别是对于狭窄的施工场地，其占地和施工费用一般使建设和施工单位难以接受，在较长的降水过程中，对供电、抽水设备的要求高，维护管理费用复杂等。

轻型井点系统的平面布置由基坑的平面形状、大小、要求降水深度，地下水流向和地基岩性等因素决定，可布置成环形、U 形或线形等，一般沿基坑周围 1.0～1.5m 布置，井点系统可设置多级。

在地铁施工过程中，对于区间部分，其降水一般是沿线路两侧布置井点；对于车站部分，常采用 U 形或环形封闭式井点布置。当降水深度在 6m 以内时，采用单级井点降水，当降水深度较大时，可采用下卧降水设备或多级井点降水。一般情况下，降水深度不大于 8m 时，采用下卧降水设备较好，即先挖土 1～2m 后再布置井点；降水深度大于 8m 时，采用多级井点降水，每级以阶梯状接力抽水来降低地下水位，每级井点的降水深度可按照 4.5～5.0 m 设计。

轻型井点的间距应根据场地的水文地质条件（如渗透系数、含水层厚度和含水层底板埋深等）和降水深度及降水面积综合考虑确定。

（2）喷射井点　喷射井点由高压水泵、供水总管、井点管、喷射器、排水总管及循环水箱组成，如图 6-147 所示。

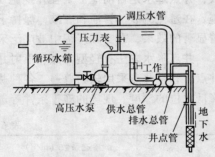

图 6-147　喷射井点降水系统

喷射井点是采用高压水泵将压力工作水经供水管压入井点内外之间环形空间，并经过喷射器两边的侧孔流向喷嘴。由于喷嘴截面的突然变小，喷射水流速加快（一般流速达 30m/s 以上），这股高速水流喷射之后，在喷嘴射出水柱的周围形成负压，从而将地下水和土中空气吸入并带至混合室。这时地下水流速加快，而工作水流速逐渐变缓，二者流速在混合室末端基本上混合均匀。混合均匀的水流射向扩散管，扩散管截面是逐渐扩大的，其目的是减少摩擦损失。当喷嘴不断喷射水流时，就推动水沿管内不断上升，混合水流由井点进入回水总管至循环水箱。部分作为循环水用，多余部分（地下水）溢流排至现场之外，如此循环，以达到深层降水的目的。

喷射井点主要适用于渗透系数较小的含水层和降水深度较大（8～20m）的降水工程。其主要优点是降水深度大，但由于需要双层井点管，喷射器设在井孔底部，有两根总管与各井点管相连,地面管网敷设复杂,工作效率低,成本高,管理困难。

喷射井点的平面布置和轻型井点基本相同,纵向上因其抽水深度较大,只需要单级井点降水即可,井点间距一般为 3~5m,井点深度视降水深度而定,一般应低于基坑底板 3~5m。

(3) 电渗井点　电渗井点降水是利用轻型井点或喷射井点的井点作为阴极,另埋设金属棒(钢筋或钢管)作为阳极,在电动势的作用下构成电渗井点抽水系统。

当接通电流在电势的作用下,使带正电荷的孔隙水向阴极方向流动,使带负电荷的黏土颗粒向阳极方向移动,通过电渗和真空抽吸的双重作用,强制黏土中的水向井点管汇集,并由井点管吸取排出,使地下水位逐渐下降,达到疏干含水层的目的。

电渗井点一般只适用于含水层渗透系数较小 (<0.1m/d) 的饱和黏土,特别是在淤泥和淤泥质黏土之中的降水。由于黏性土的颗粒较小,地下水流动十分困难,其中仅自由水在孔隙中流动,其他部分地下水则处于被毛细管吸附的约束状态,不能在压力水头作用下参与流动,当向土中通以直流电流后,不仅自由水而且被毛细管约束的粘滞水也能参与流动,增加了孔隙水流动的有效断面,其渗透系数提高数倍,从而缩短降水时间,提高降水效果。

电渗井点工程在与轻型井点或喷射井点结合降水时,将井点管沿基坑周围 1~2m 布设,另外以直径 38~50mm 的钢管或直径不小于 20mm 的钢筋作阳极,埋设在井点管排的内侧,与井点管保持平行,但不能与井点管相接触,上部露出地面 0.2~0.3m,下部应比井点管深 0.5m 左右。井点管的间距和深度与采用轻型井点或喷射井点降水时相同,在非降水段或渗透性能稍大的地层中无须电渗时,可在这些部位给电极上涂上绝缘材料,使之与地面隔绝,以节省电能。井点管(阴极)与阳极平行排列,其数量应相等,必要时阳极数量可多于阴极。将阴、阳极分别用电线或钢筋连接成通路,并接到直流发电机的相应电极上。井点管与阳极的间距一般为:采用轻型井点时 0.8~1.0m;采用喷射井点时 1.2~1.5m。

(4) 管井井点　管井降水即利用钻孔成井,多采用单井单泵(潜水泵或深井井点)抽取地下水的降水方法。当管井深度大于 15m 时,也称为深井井点降水。

管井井点直径较大,出水量大,适用于中、强透水含水层,如砂砾、砂卵石、基岩裂隙等含水层,可满足大降深、大面积降水要求。

管井的结构如图 6-148 所示。管井的孔径一般为 400~800mm,管径为 200~500mm,当井深较浅,地层水量较大时,孔径可为 800~1200mm,管径为 500~800mm。井管一般采用钢管、铸铁管、水泥管、塑料管或竹木管等,滤水管有穿孔管和钢筋骨架管外缠钢丝或包尼龙网或金属网的,也有水泥砾石滤水管,目前用于降水的管井点多采用后者。

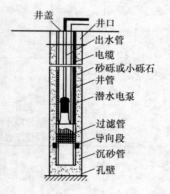

图 6-148　管井结构示意

抽降管井一般沿基坑周围距基坑外缘 1~2m 布置;在场地宽敞或采用垂直边坡或有锚杆和土钉护坡等条件下,应尽量距离基坑边缘远一点,可用 3~5 m;在基坑边部设置围护结构及止水帷幕的条件下,可在基坑内布置管井,采用坑内降水方法。

管井的间距和深度应根据场地水文地质条件、降水范围和降水深度确定。管井的间距一般为 10~20m;当降水层为中等透水层或降水深度接近含水层底板时,其间距可为 8~12m;当降水层为中等到强透水层或降水深度接近含水层底板时,可采用 12~20m;当降水深度较浅,含水层为中等以上透水层,具有一定厚度时,井点间距可大于 20m。井点深度要大于设计井中的降水深度或进入非含水层中 3~5m,井中的降水深度由基坑降水深度、降水范围等计算确定。

（5）深井井点　深井井点是将深井泵放入管井内，依靠水泵的扬程把地下水送至地面，从而达到降低地下水位的目的。它适用于水量大、降水深的场合，当土粒较粗、渗透系数很大，而透水层厚度也大时，一般用井点系统或喷射井点不能奏效，采用深井点较为适宜。它的优点是降水的深度大、范围也大，因此可布置在基坑施工范围以外，使其排水时的降落曲线达到基坑之下，深井点可单用，也可和井点系统合用。

3. 井点降水系统计算

井点降水系统计算的目的，是求出在规定的水位降深时每昼夜排出的地下水流量，确定井点数量与间距，选择抽水设备等。

对于多层井点系统、渗透系数很大或非标准的井点系统，特别是对于埋深大或地下水位高的地下工程，进行完整的井点系统计算是非常必要的。在进行井点计算前应掌握以下两方面的情况。

1）现场水文地质资料：①含水层性质（承压水、潜水）；②含水层厚度；③含水层渗透系数；④含水层的补给条件，地下水流方向，水力坡度；⑤原有地下水埋藏深度，水位高度和水位动态变化资料；⑥井点系统的性质（完整井、非完整井）。

2）所建地下工程对降低地下水位的要求：①建筑工程的平面布置、范围大小，周围建筑物的分布和结构情况；②建筑物基础埋设深度、设计要求的水位下降深度；③由于井点排水引起土层压缩变形的允许范围和大小。

在掌握以上基础资料之后，可按以下步骤进行井点降水系统设计计算。

（1）单井点涌水量计算　井点系统涌水量是以地下水动力学理论为基础进行计算的，水井根据井底是否达到隔水层，分为完整井与非完整井，井底到达隔水层为完整井，井底未到达隔水层为非完整井。根据地下水有无压力，又分为承压井和潜水井，有水压时为承压井，无水压时为潜水井。表6-34列出了五种井的涌水量计算公式。

表6-34　单井涌水量计算

地下水类型	水井类别	涌水量计算公式	剖面示意图	符号意义
潜　水	完整井	$Q = \dfrac{1.366k(H^2 - h^2)}{\lg \dfrac{R}{r}}$		H——含水层厚度 s——井中水位下降 h——井中水位深度 k——渗透系数 R——影响半径 r——井的半径
	非完整井	$Q = \dfrac{2.73kls}{\lg \dfrac{\alpha l}{r}}$ 适用于 $l/H_0 < 0.3$，当进水段紧靠隔水层时 α 取 1.32，当进水段位于含水层中央时 α 取 0.66		H_0——有效带深度 h_0——井中水位到有效带的距离 l——过滤器的工作部分的长度 其他符号意义同上
承压水	完整井	$Q = \dfrac{2.73kM(H - h)}{\lg \dfrac{R}{r}}$		H——承压水头高度，由含水层底板算起 M——含水层厚度 其余符号意义同上
	非完整井	$Q = \dfrac{2.73kls}{\lg \dfrac{\alpha l}{r}}$ 适用于 $l/M < 0.3$，当进水段紧靠隔水层时 α 取 1.32，当进水段位于含水层中央时 α 取 0.66		符号意义同上

（续）

地下水类型	水井类别	涌水量计算公式	剖面示意图	符号意义
承压水—潜水	完整井	$Q = 1.366k \dfrac{(2MH - M^2) - h^2}{\lg \dfrac{R}{r}}$		符号意义同上

计算各种水井的流量时，还要先确定土层的渗透系数 k 和抽水影响半径 R。凡属软土地区地下工程，在其工程地质勘察报告的土工试验资料部分，均应有渗透系数资料，在井点排水时可直接用于计算。也可通过现场抽水试验，取得单井的涌水量及水位下降值资料后，利用有关公式计算求得渗透系数。渗透系数的参考值见表 6-35。

表6-35　井土层的渗透系数参考值　　　　（单位：m/d）

土层名称	渗透系数 k	土层名称	渗透系数 k
黏土	<0.005	中砂	5~20
粉质黏土	0.005~0.1	均质中砂	35~50
黏质粉土	0.1~0.5	粗砂	20~50
黄土	0.25~0.5	圆砾	50~100
粉砂	0.5~1.0	卵石	100~500
细砂	1.0~5.0	无充填物的卵石	500~1000

确定井的影响半径最可靠的方法也是抽水试验，可根据抽水资料绘制 $s \sim \lg R$ 曲线，而后将各个观测孔的水位值用平滑曲线连接起来，并延长与原地下水位相交，即可得影响半径。影响半径也可按土层特征与经验公式计算结果对照比较后确定。常用公式有：

潜水含水层　　　　　　　　　$R = 2s\sqrt{Hk}$

承压水含水层　　　　　　　　$R = 10s\sqrt{k}$

式中　s——原地下水位到井内动水位的距离（m）；

　　　H——含水层厚度（m）；

　　　k——土层的渗透系数（m/d）。

（2）井点系统涌水量计算　井点系统是由许多井点同时抽水，各个单井水位降落漏斗彼此发生干扰，因而使各个单井的涌水量比计算的单井涌水量要小，但总的水位降低值大于单个井点抽水时的水位降低值，这种情况对于以疏干为主要目的的地下工程施工较有利。

1）潜水完整井环形井点系统。潜水完整井环形井点系统如图 6-149 所示，总涌水量计算公式为

$$Q = \frac{1.366k(2H - s')s'}{\lg R' - \lg r_0} \qquad (6\text{-}43)$$

潜水完整井环形井点系统中任一单井的涌水量计算公式为

$$Q' = \frac{1.366k(2H - s)s}{n\lg R' - \lg(rnr_0^{n-1})} \qquad (6\text{-}44)$$

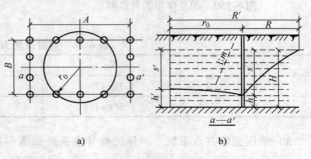

图 6-149　潜水完整井（基坑）涌水量计算

如基坑呈不规则形状，井点系统也呈不规则分布，则可按任意排列的井点系统中任一点单井涌水量计算，公式为

$$Q' = \frac{1.366k(2H-s)s}{n\lg R - \lg(r_1 r_2 \cdots r_n)}$$ (6-45)

式中　　　r_0——井群的等效半径（m）；

$\quad\quad\quad R'$——井群的等效影响半径（$R' = R + r_0$）（m）；

$\quad\quad\quad s'$——基坑底的水位降深（m）；

$\quad\quad\quad Q'$——井点系统中任一单井的涌水量（m^3/d）；

$\quad\quad\quad r$——某一井的半径（m）；

$\quad\quad\quad n$——井数；

$\quad\quad\quad s$——某一井中的水位降深（m）；

$r_1, r_2, \cdots, r_n$——基坑内任意点至各井点管的水平距离（m），如图 6-150 所示。

如井点系统布置成矩形，为了简化计算，也可用式（6-45）进行计算，但式中的 r_0 应为井点系统的引用半径。对矩形基坑，根据长度 A 与宽度 B 之比，可将其平面形状化成一个引用半径为 r_0 的圆井按下式进行计算。

当 $A/B < 3$ 时　　　　　　　　$r_0 = \sqrt{\dfrac{F}{\pi}}$

当 $A/B > 3$ 时或基坑呈不规则形状时　　　$r_0 = \dfrac{P}{2\pi}$

式中　F——井点系统包围的基坑面积（m^2）；

$\quad\quad P$——不规则基坑的周长（m）。

2）潜水非完整井点系统。潜水非完整井点系统如图 6-151 所示，为了简化计算，总涌水量仍可按式（6-43）和式（6-44）进行计算，但式中 H 应换成有效深度 H_0，H_0 是经验数值，由表 6-36 查得。当算出的 H_0 大于含水层厚度 H 时，仍按 H 取值。

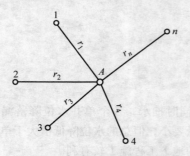

图 6-150　相互作用的井点群

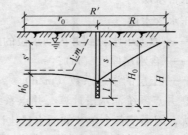

图 6-151　潜水非完整井
（基坑）涌水量计算

表 6-36　有效深度 H_0 取值

$s/(s+l)$	H_0	$s/(s+l)$	H_0
0.2	$1.3(s+l)$	0.5	$1.7(s+l)$
0.3	$1.5(s+l)$	0.8	$1.85(s+l)$

3）承压完整井点系统。承压完整井点系统如图 6-152 所示，总涌水量计算公式为

$$Q = \frac{2.73kMs'}{\lg R' - \lg r_0}$$ (6-46)

承压完整井环形井点系统中任一单井涌水量计算公式为

$$Q' = \frac{2.73kMs}{n\lg R - \lg(rnr_0^{n-1})} \qquad (6-47)$$

对于任意排列的完整井点系统中任一单井涌水量的计算公式为

$$Q' = \frac{2.73kMs}{n\lg R - \lg(r_1 r_2 \cdots r_n)} \qquad (6-48)$$

式中 M——承压含水层厚度（m）。

其余符号意义同前。

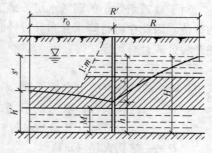

图 6-152 承压完整井
（基坑）涌水量计算

（3）井点管的埋置深度计算 井点管的埋置深度取决于施工作业面深度（见图 6-153）、降水区内的水力坡度、降水水面距作业面的深度以及在降水期间地下水位的变化幅度等。井点管的埋置深度（L）与井点管长度（L'）可用下式确定

$$L = h + C + ir_0 + Z + y \qquad (6-49)$$

$$L' = L + a \qquad (6-50)$$

式中 h——基坑深度（m）；

C——降水后地下水位距基坑底的安全距离（m）；

i——水力坡度，在井点封闭圈内一般为 1/10 左右；

r_0——井群的等效半径（m）；

Z——降水期间地下水位变幅（m）；

a——井点管露出地面的高度，一般不宜大于 0.3m；

y——过滤器工作部分长度（m）；

L——井点管的埋置深度（m）。

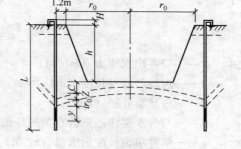

图 6-153 井点埋设深度

检查井点管埋设深度是否合适，最好通过降水区降深场水位计算后确定。

（4）单井出水量计算 单井出水量即单井的出水能力，与前述井点涌水量不同，实际井点出水量不但与所在地区的水文地质条件、井点类型和结构有关，还与抽水设备能力有关，因此，单井出水量按井点的类型及型号根据经验确定。

1）轻型井点和喷射井点。我国目前使用的井点结构与抽水设备在渗透系数较小、地下水补给来源充足的地区，单井点出水量的经验值为：轻型井点 $q = 1.5 \sim 2.5 \mathrm{m^3/h}$；喷射井点 q 见表 6-37。

表 6-37 喷射井点的工作特性

型号	外管直径/mm	喷射器		工作水压力/MPa	工作水流量/(m³/h)	吸入水流量/(m³/h)	适用地层渗透系数/(m/d)
		喷嘴/mm	混合室直径/mm				
1.5	38	7	14	0.6～0.8	4.7～6.8	4.22～5.76	—
2.5	68	7	14	0.6～0.8	4.6～6.2	4.30～5.76	0.1～5
4.0	100	10	20	0.6～0.8	9.6	10.80～16.20	8～10
6.0	162	19	40	0.6～0.8	30	25.00～30.00	20～50

喷射井点降水应用于渗透系数较小的地层较多，而对渗透系数较大的地层，则很少使用。

对于渗透系数小的弱透水层，地下水补给来源不足时，井点的实际出水量将远小于上述提供的数值。因此在进行降水井布井设计时，必须根据具体情况进行具体分析，合理选用。也可按下述经验公式计算确定

$$q' = \alpha ikDH \tag{6-51}$$

式中　q'——单井点的出水量（m^3/h）；

　　　α——经验系数，取 $1.0 \sim 1.5$；

　　　i——水力坡度，开始抽水时 $i = 1$；

　　　D——钻孔直径（m）；

　　　H——含水层厚度（m）；

　　　k——渗透系数（m/d）。

2）管井出水量可按下列经验式计算

$$q' = \frac{ld}{\alpha'} \times 24 \tag{6-52}$$

$$\varphi = \frac{q'}{l} = \frac{d}{\alpha'} \times 24 \tag{6-53}$$

式中　q'——管井出水能力（m^3/d）；

　　　l——过滤器浸没长度（m）；

　　　d——过滤器外径（mm）；

　　　α'——与含水层渗透系数有关的经验系数，按表6-38确定；

　　　φ——单井单位长度出水量（m^3/d）。

表6-38　经验系数 α' 值

含水层渗透系数/（m/d）	含水层厚度/m	
	>20	<20
2 ~ 5	100	130
5 ~ 15	70	100
15 ~ 30	50	70
30 ~ 70	30	50

（5）确定井点数量和间距　井点数量（n）和井点间距（a）分别按下式确定

$$n = 1.1 \frac{Q}{q'} \tag{6-54}$$

$$a = \frac{l'}{n-1} \tag{6-55}$$

式中　l'——沿基坑布置井点边的长度（m）；

　　1.1——考虑堵塞等因素的井点管备用系数。

求得的井点间距一般应大于 $15d$（d 为滤水管直径），并尽可能与轻型井点、喷射井点的总管的间距相配合。

（6）检验井点的出水性能　在井点系统中选择受干扰抽水影响最大的井点，对于管井降水系统的布设，用上述方法可以提供井点数量与井点间距的初值，但是否能满足降水要求，还必须经过在满足基坑降水深度的条件下，群井抽水时井点出水能力的检查计算，并确定井点数量。按

式（6-56）、式（6-57）进行计算，如果该井点的出水量 $y_0\varphi$ 或 $M\varphi > \dfrac{Q}{n}$，则成立。

对于潜水完整井

$$\left.\begin{array}{c} y_0 = \sqrt{y^2 - \dfrac{Q}{1.366kn}\lg\dfrac{r_0}{nr_w}} \\[3mm] y_0\varphi > \dfrac{Q}{n},\ y_0\varphi < \dfrac{Q}{n-1} \end{array}\right\} \tag{6-56}$$

式中　y_0——井点管进水部分长度，即前述 l 值（m）；

　　　y——基坑中心降水要求下的含水层厚度（m）；

　　　r_w——降水井直径（m）；

　　　φ——单井单位长度出水量（m³/d）。

对于承压完整井

$$\left.\begin{array}{c} S_w = S' - \dfrac{0.366Q}{kMn}\lg\dfrac{r_0}{nr_w} \\[3mm] M\varphi > \dfrac{Q}{n} \end{array}\right\} \tag{6-57}$$

式中　S_w——水位降深（m）；

　　　S'——基坑中心的水位下降值（m）。

当求得的 $y_0\varphi$ 值或 $M\varphi$ 值不大于 $\dfrac{Q}{n}$ 值和不小于 $\dfrac{Q}{n-1}$ 值时，应重新确定井点数量和井点间距，再进行计算检验。只有满足了上述条件，才能验算下面降水区的水位降深。

当求得的 $y_0\varphi$ 值或 $M\varphi$ 值远大于 $\dfrac{Q}{n}$ 值时，可调减井点数量或适当减小井点深度（减小过滤器工作部分长度）来调整。当过滤器工作部分长度不大于含水层厚度的 2/3 时，要用非完整井公式计算。

（7）检验水位降深　检验基坑中心点或两端部受井点系统抽水影响最小处的水位降深，衡量其是否满足设计降深要求。井点数量、井点间距及排列方式初步确定之后，便可根据以上公式计算基坑的水位降深，主要计算基坑内抽水影响最小处的水位降深值，检查其是否满足设计水位降深的要求。

对于潜水含水层

$$S = H - \sqrt{H^2 - \dfrac{Q}{1.366k}\Big[\lg R - \dfrac{1}{n}\lg(r_1 r_2 \cdots r_n)\Big]} \tag{6-58}$$

对于承压含水层

$$S = \dfrac{0.366Q}{kM}\Big[\lg R - \dfrac{1}{n}\lg(r_1 r_2 \cdots r_n)\Big] \tag{6-59}$$

式中　S——在井点抽水影响范围内某点的水位下降值（m）。

如果计算的 S 值大于并接近设计降深值，则计算结果成立。如果计算的 S 值小于设计降深值，则须调整井点数量和井点布局，再重新计算，直至符合要求为止。

6.9.3　降水对邻近建筑物的影响与预防措施

1. 基坑开挖与降水对邻近建筑物的危害

基坑开挖与降水必须考虑邻近建筑物的安全，特别是在细颗粒的软弱土层中，必须认真对待。在软弱土层中降水，会使土层中含水量减小，相应浮托力减小，等于增加了附加荷重，使土体产生固结、压缩，使建筑物基础和地面发生不均匀沉降，其沉降量应控制在建筑物允许限度以内，不得超出。

在粉土和粉细砂层中降水，井点钻探施工，应防止塌孔、涌砂，过滤器设计加工不应产生涌砂，松动土层，防止构筑物基础局部下沉，影响安全。

2. 防止降水对建筑物影响的措施

（1）防止土颗粒带出

1）加长井点管的长度，减慢降水速度，使降水曲线较为平缓，使邻近建筑物均匀沉降，以防裂缝产生。

2）合理设计加工井点过滤器，防止抽水涌砂。

3）控制抽水量。

（2）将建筑物与基坑"隔断"或"回灌"　采用旋喷桩、混凝土桩、钢板桩形成阻水帷幕以隔断建筑物与基坑；采用回灌井技术，即在建筑物沿基坑一侧钻一排回灌井，在基坑降水的同时，向回灌井点注入一定水量，形成一道阻渗水幕，使基坑降水的影响范围，不超过回灌井点的范围，阻止地下水向降水区的流失，保持已有建筑物所在地原有的地下水位，土压力仍处于原有平衡状态，从而有效地防止降水的影响，使建筑物的沉降达到最低程度。

如果建筑物离基坑稍远，且为较均匀的透水层，中间无隔水层，则可采用最简单的回灌沟的方法进行回灌，这较为经济易行，如图6-154所示。

如果建筑物离基坑近，且为弱透水层或透水层中间夹有弱透水层和隔水层时，则须用回灌井点进行回灌，如图6-155所示。

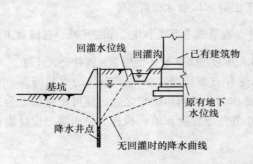

图6-154　井点降水与回灌沟回水示意图

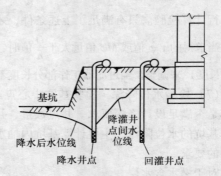

图6-155　井点降水与井点回灌示意图

回灌井点系统的工作条件恰好和抽水井点系统相反，将水注入井点以后，水从井点向四周土层渗透，在井点周围形成一个和抽水相反的倒转漏斗，有关回灌系统的设计，也应按地下水动力学理论进行计算和优化。

回灌井点的结构应有利于注入的水向降水深度内渗流，回灌井点的滤水管工作部分的长度应大于抽水井点，最好从自然水位以下直至井点管底部均为过滤器。

回灌井点的施工技术要求与降水井点相同。

回灌井点与抽水井点之间应保持一定的距离，一般不宜小于5m。回灌井点的埋设深度根据透水层的深度而定，以确保基坑施工安全和回灌效果为准。回灌水量应根据实际地下水位的变化及时调节，保持抽、灌平衡，既要防止回灌水量过大而渗入基坑影响施工，又要防止回灌水量过小，使地下水位失控影响回灌效果，因此要求在其附近设置必要数量的水位观测孔和沉降观测点，定时进行观测和分析，以便及时调整回灌水量。

回灌水量一般通过水箱中的水位差自流注入回灌井中，回灌水箱的高度，可根据回灌水量来配置，调节水箱高度来控制回灌水量。回灌水必须是清水，以防回灌井点过滤器的堵塞，影响回灌渗透能力。

回灌井点必须在降水井点抽水前或在抽水同时向土中注水，不得中断。如其中一方因故停止工作，另一方也应停止工作，恢复工作也应同时进行。

受降水影响不太严重的建筑物，也可采取快速施工，缩短降水时间，以减轻降水影响；或在已有建筑物旁施作隔水墙，以减缓地下水的渗透流速；或对已有建筑物基础与上部结构进行加固处理。这需要根据具体情况采取不同的预防措施。

6.10　施工监控量测

6.10.1　施工监测目的与要求

1. 监控量测目的

1）掌握围岩、支护结构和周边环境的动态，利用监测结果为设计和施工提供参考依据。

2）监测数据经分析处理与必要的计算和判断后进行预测和反馈，以便为工程和环境安全提供可靠信息。

3）积累资料和经验，为今后的同类工程提供类比依据。

2. 一般要求

1）采用浅埋暗挖法、盾构法、明挖法或盖挖法等工法进行设计和施工的地下工程，必须将现场监控量测纳入工程设计文件和施工组织设计文件中。

2）监控量测的设计文件应根据工程地质及水文地质条件、地铁周边环境条件、埋深及结构形式等进行编制，同时考虑监测工作的经济性。

3）监测项目分为应测项目和选测项目两类。

4）地下工程隧道结构的监测范围一般为隧道结构外沿两侧各 30m 范围内，但在空间结构（如地铁车站）施工地段，监测范围应视地下结构周围环境和建（构）筑物情况予以适当加大。

5）监测频率应与施工进度密切配合，并针对不同工法和不同施工步序分别制定相应的监测频率。施工中应按施工进度及时进行监测，对监测数据进行分析处理后，及时反馈给建设、设计、监理和施工单位。

3. 沉降监测基本要求

沉降监测测量点可分为控制点和观测点（或测点）。控制点包括基准点、工作基点等。基准点的选设必须保证点位地基坚实稳定、通视条件好、利于标石长期保存与观测。基准点的数量应不少于 3 个，使用时应做稳定性检查或检验。工作基点应选设在靠近观测目标且便于联测观测点的稳定或相对稳定位置。观测点应选设在变形体上能够反映变形特征的位置，并便于工作基点或邻近的基准点和其他工作点对其进行观测。应定期对基准点、工作基点进行检测。

地表沉降观测点的埋设可采用标准方法和浅层设点的方法。对于设计确定的重要施工地段、地层中存在空洞的施工地段、施工中地表发生塌陷并经过修补的地段、地面交通和环境条件允许采用标准方法设点的道路地段应采用标准方法进行地表沉降观测点埋设，即所设测点应穿透道路表面结构层，将其埋设在较坚实的地层中（通常深度不小于 1m），同时应设置保护套管及盖板。在城市交通特别繁忙并且不允许进行钻孔的地段，其地表设置的一般沉降测点可采用道路浅层设点的方法。

沉降监测的等级划分、精度要求和适用范围见表 6-39。

表 6-39 沉降监测的等级划分、精度要求和适用范围

监测等级	观测点的高程中误差/mm	相邻观测点高差中误差/mm	适用范围
I	±0.3	±0.1	线路沿线变形特别敏感的超高层、高耸建筑、精密工程设施、重要古建筑物、重要桥梁、管线和运营中结构、轨道、道床等
II	±0.5	±0.3	线路沿线变形比较敏感的高层建筑物、桥梁、管线；地铁施工中的支护结构、隧道拱顶下沉等
III	±1.0	±0.5	线路沿线的一般多层建筑物、桥梁、地表、管线、基坑隆起等

注：观测点的高程中误差是相对于最近的沉降控制点的误差而言。

4. 地下结构穿越工程监测基本要求

地下结构穿越工程指地下工程施工时须上穿、下穿或侧穿地铁既有线、铁路隧道、铁道线路、立交桥梁、人行天桥、房屋、地下管线、城市道路、河流或其他城市建（构）筑物等的穿越工程。

地下结构穿越工程应按所穿越工程的重要程度、穿越类型、周边环境条件等情况分成不同等级，并针对不同等级进行监测设计。

对于穿越重要建（构）筑物的地下工程，除应对地铁本身进行施工监测外，还应对所穿越工程进行穿越施工期间 24h 不间断监测，在穿越一般建（构）筑物时应按要求进行较高频率的监测。

1）在穿越地铁既有线时，应对既有线地铁结构、道床和轨道进行穿越施工全过程监测，其中对结构沉降及沉降缝的错台变形、轨道沉降、轨道横向差异沉降、轨距变化和道床纵向沉降等内容应进行 24h 的远程实时监测。穿越铁路隧道和铁道线路时可参照穿越地铁既有线的要求进行监测。

2）在穿越城市桥梁时，应对桥梁墩台、盖梁、梁板结构进行穿越施工全过程监测，并应按要求加密监测频率，对变形敏感的重要桥梁应根据设计要求进行 24h 的远程实时监测。监测内容应包括：桥梁墩台的沉降及倾斜、盖梁及梁板结构的沉降及差异沉降。

3）在穿越河流时，应对上覆土层的渗漏状况、河水与隧道工作面之间的水力联系、河床变形等进行检查和监测。

4）在穿越房屋及其他建（构）筑物时，沉降观测点的位置和数量应根据工程地质和水文地质条件、建（构）筑物的体型特征、基础形式、结构种类、建（构）筑物的重要程度及其与地铁结构的距离等因素综合考虑。对于烟囱、水塔、油罐等高耸建（构）筑物，应沿周边在其基础轴线上的对称位置布点。

5）建（构）筑物倾斜监测，建（构）筑物倾斜监测原则上只在重要的高层、高耸建筑物或桥墩上进行。

6）建（构）筑物裂缝监测，对于建（构）筑物的一般裂缝应采用裂缝宽度板或游标卡尺进行监测的直接观测法，其精度为 0.2mm。对于比较重要和细微的裂缝，应采用裂缝观测仪进行监测。

7）在地下管线沉降测点设计和设置前，应对地铁施工影响范围内的重要地下管线进行实地调查，其中特别应了解有压管线的结构、材料情况和雨污水管的接头和渗漏状况，在调查的基础上作出本施工标段管线平、断面图和管线状况报告。

地下管线测点重点布置在有压管线（如煤气管线、给水管线等）上，对抗变形能力差、易于渗漏和年久失修的雨污水管也应重点监测。测点布置在管线的接头处，或者对位移变化敏感的部位。

6.10.2　浅埋暗挖法施工监控量测

1. 浅埋暗挖法施工监测项目

地下工程采用浅埋暗挖法施工时，其监控量测项目包括应测项目和选测项目。应测项目包括：洞内及洞外观察，地表沉降，邻近建（构）沉降、倾斜、开裂，地下管线沉降，初期支护结构拱顶（部）沉降，初期支护结构净空收敛和地下水位。选测项目包括：围岩压力及支护接触应力，土体分层沉降及水平位移，格栅应力，支护、衬砌应力和钢管柱应力等。

2. 洞内及洞外观察

地层的工程地质特性及其描述，包含开挖面地质描述和掌子面预测探孔的地质描述；地下水类型、渗漏水状况、涌水量大小、位置、水质气味和颜色等；开挖工作面的稳定状态，有无剥落现象；初期支护完成后对喷层表面的观察、裂缝状况及渗漏水状况的描述，同时记录喷射混凝土是否产生剥离；与施工段相应的地表和建（构）筑物状况。

对开挖后还未支护的围岩土层及掌子面探孔应随时进行观察并作记录，对开挖后已支护段的支护状态以及与施工段相应的地表和建（构）筑物，每施工循环应进行观察和记录。

3. 地表沉降监测

地表沉降测点沿线路方向的布设，通常应沿隧道的中线布设一行监测点；对于多导洞施工的结构工程，应在每一导洞中线和整体结构中线的正上方地表各布设一行监测点。监测点的纵向间距可按地表和地中的实际状况在 5~30m 之间选择。

横向监测断面可按照地表和地中的实际状况确定，车站在 2~3 个断面、区间在 3~5 个断面之间选择。每个横向监测断面布置 7~11 个测点，但其最外点应位于结构外沿不小于 1 倍埋深处；在特殊地质地段和周围存在重要建（构）筑物时，监测断面应加密。横断面上各测点应依据"近密远疏"的原则布设。

在工法变化的部位、车站与区间结合部位、车站与风道结合部位以及马头门处等均应设置沉降测点，测点数按工程结构、地层状况和周边环境确定。

地表沉降监测频率详见表 6-40，开挖面距监测断面距离 L 和监测时间两者频率取小值。出现情况异常时，应增大监测频率。

表 6-40　地表沉降监测频率

项目名称	监测频率			测试频率		
	$L<2B$	$2B<L<5B$	$L>5B$	0~15d	16~30d	31d 后
地表沉降	1~2 次/d	1 次/2d	1 次/周	1 次/d	1 次/d	1 次/d
净空收敛量测	1~2 次/d	1 次/2d	1 次/周	1 次/2d	1 次/2d	1 次/周
拱顶下沉	1~2 次/d	1 次/2d	1 次/周	1 次/2d	1 次/2d	1 次/周
围岩压力	1 次/d	1 次/2d	1 次/周			

4. 支护结构拱顶（部）沉降及净空收敛监测

初期支护结构拱顶（部）沉降，每 10~30m 一个断面，每断面 1~3 个测点，对于浅埋暗挖多跨地下结构（如地铁车站），每个导洞均应布置断面。对于小断面隧道（如标准断面的地铁单线区间隧道），每个断面可布置一个拱顶沉降测点。拱顶（部）沉降监测的纵向间距，多跨隧道为 10~20m，小断面（地铁区间隧道）为 15~30m。支护结构拱顶（部）沉降测点与地表沉降测点应互相对应，以便进行比对分析。

初期支护结构净空收敛，每 10~30m 一个断面，每断面 1~3 根基线，对于浅埋暗挖多跨地下结构（如地铁车站），每个导洞均应布置断面。对于小断面（如标准断面的地铁单线区间）隧道，可在隧道拱脚处（全断面开挖时）或拱腰处（半断面开挖时）布置水平收敛测线。支护结构收敛的监测断面间距，多跨隧道为 10~20m，小断面隧道为 15~30m，并与地表和初期支护结构拱顶沉降监测断面互相对应。监测断面应尽量靠近开挖工作面，测点一般设置在距离开挖面 2m 的范围内，如遇核心土长度较大时，可在其端部设置，并在开挖后 12h 内获取初读数。

监测频率见表 6-40，当拆除临时支撑时以及出现情况异常时，均应增大监测频率。

5. 地下水位监测

取代表性地段设置。每个浅埋暗挖车站布置不少于 4 个水位观测孔，可利用降水井作部分观测孔。

监测频率一般为 1 次/2d。出现情况异常时，应增大监测频率。

6. 围岩压力及支护间接触应力监测

围岩压力及支护间接触应力一般采用土压力盒进行监测。应在地下结构具有代表性的地段选择应力变化大或地质条件较差的部位各布置 1~2 个主测断面，每一断面 5~11 个测点。

围岩压力及支护间应力的监测工作，应与拱顶沉降和支护结构净空收敛监测工作同步进行。监测频率见表 6-40。

7. 土体分层沉降及水平位移监测

土体分层沉降应采用钻孔埋设分层沉降标或杆式多点位移计进行监测。埋设测点时，在隧道两侧的钻孔深度应超过隧道底板 2~3m，而位于隧道顶部的钻孔深度应在隧道拱顶之上 1~2m。测点的埋设稳定期应视不同地层情况在 10~30d 之间。

土体水平位移应采用钻孔埋设测斜管并配合测斜仪进行监测。测斜管的埋设必须与周围土体紧密相连，埋设稳定期应视不同地层情况在 10~30d 之间。

土体分层沉降监测时应同时对管口沉降进行测量，并将测得的变化值用来对分层沉降值进行修正。土体水平位移监测应以测斜管管口为基准点，在监测的同时必须对管口进行水平位移监测，并将测得的变化值用来对土体水平位移值进行修正。当测斜管管底位于结构底板以下大于 5m 时，也可以管底作为基准点。土体分层沉降，如采用磁性沉降标的分层沉降仪，则磁性沉降标的设置间距 1~2m；测斜时每 0.5m 或 1.0m 读数一次。

深层土体垂直位移和水平位移的初始值应在测点埋设稳定后进行。

8. 钢管柱受力监测

对于浅埋暗挖多跨结构（如地铁车站），可对部分钢管柱进行受力监测。每个工程受测钢管柱数量不得少于 4 根，每柱 4 个测点，在同一水平断面内，按间隔 90°布置。

6.10.3 盾构法施工监控量测

地下工程采用盾构法施工时，应对土体介质、隧道结构（主要为管片衬砌）和周边环境进行监控量测，其具体监控量测项目分为应测项目和选测项目。应测项目包括：洞内及洞外观察，地表沉降（或隆起），邻近建（构）筑物沉降、倾斜、开裂，地下管线沉降，管片衬砌变形。选测项目包括：土体分层沉降及水平位移，管片衬砌与地层接触压力，管片应力等。

监控量测应在盾构掘进前测得初始读数。在对土体、隧道结构和周围环境进行监测的同时，应对盾构开挖面土压力、推力、推进速度、盾构姿态、注浆量、注浆压力、出土量等施工参数同步采集，及时进行监测数据的分析和反馈。

1. 洞内及洞外观察

隧道施工过程中应进行洞内和洞外的观察。洞内观察主要是对已安装的管片衬砌的工作状态

（包括管片变形、开裂、错台、拼装缝、掉块以及漏水状况等）、盾构机和出土情况进行观察和记录；洞外观察主要是地表开裂，地表隆起、沉降，建（构）筑物开裂、倾斜、隆起、沉降等状况的观察和记录。

洞内观察和洞外观察应根据隧道内和周边建（构）筑物环境情况确定其观测频率，但每天观测应不少于一次。

2. 地表沉降（或隆起）监测

纵向地表测点沿盾构推进轴线设置，测点间距为 10 ~ 30m，在地层或周边环境较复杂地段布置横向监测断面。横向地表测点的布置范围应根据预测的沉降槽确定，一般可在地下结构外沿两侧各 30m 范围内布设。一排横向地表测点不宜少于 7 个，且应依据"近密远疏"的原则布置。

在盾构始发的 100m 初始掘进段内，监测布点宜适当加密，并宜布置一定数量的横向监测断面。在工法和结构断面变化的部位如车站与区间结合部位、车站与风道结合部位等应设置监测点。

监测频率应根据盾构施工情况、监测断面距开挖面的距离和沉降速率来确定。出现异常情况时，应增大监测频率。一般情况下可选用表 6-41 所列监测频率。

表 6-41　监控量测项目监测频率

项目名称	监测频率		
	$L < 20m$	$L \leq 50m$	$L > 50m$
地表沉降	1 ~ 2 次/d	1 次/2d	1 次/周
管片变形	1 ~ 2 次/d	1 次/2d	1 次/周
土体分层沉降及水平位移	1 ~ 2 次/d	1 次/2d	1 次/周
围岩压力	1 次/d	1 次/2d	1 次/周

3. 管片衬砌变形

管片衬砌变形监测主要包括隆起、沉降、水平位移监测及断面收敛变形监测。

盾构施工的每一条隧道设 1 ~ 2 个主测断面。如采用收敛仪进行管片衬砌收敛监测，主测断面的拱顶（0°）、拱底（180°）、拱腰（90°和 270°）处共埋设 4 个测点，量测横径和竖径的变化，并以椭圆度表示管片圆环的变形，实测椭圆度 = 横径 – 竖径。

管片衬砌变形应分别在衬砌拼装成环还未脱出盾尾即无外荷载作用时和衬砌环脱出盾尾承受外荷作用且能通视时进行监测。

4. 土体分层沉降及水平位移监测

监测断面应与管片衬砌变形所设主测断面相对应，以监测盾构施工对地层的影响。土体分层沉降应采用钻孔埋设分层沉降标，用分层沉降仪进行监测；也可采用多点位移计等进行监测。土体水平位移应采用钻孔埋设测斜管，用测斜仪进行监测。

对于土体分层沉降，磁性沉降标的设置间距为 1 ~ 2m。埋设沉降标测点时，在隧道两侧的钻孔深度应超过隧道底板 2 ~ 3m，而位于隧道顶部的钻孔深度应在隧道拱顶之上 1 ~ 2m。测点的埋设稳定期应视不同地层情况在 10 ~ 30d 之间。

测斜时每 0.5m 或 1.0m 读数 1 次。测斜管的埋设必须与周围土体紧密相连，埋设稳定期应视不同地层情况在 10 ~ 30d 之间。

分层沉降采用分层沉降仪、多点位移计等监测；监测频率应根据盾构施工情况、监测断面距开挖面的距离和沉降速率来确定。监测频率见表 6-41，出现异常情况时，应增大监测频率。

5. 管片衬砌和地层的接触应力

管片衬砌和地层间的接触应力采用压力盒进行监测。压力盒应在管片预制时安设在管片背面,压力盒外膜应与管片背面在一个平面上。

监测频率应根据盾构施工情况、监测断面距开挖面的距离和沉降速率来确定,参照土体分层沉降监测执行,出现异常情况时,应增大监测频率。

6. 管片内力监测

监测断面应与管片变形主测断面相对应,每一断面不少于 5 个测点。钢筋应力计和混凝土应变计应在管片预制时安装。

监测频率应根据盾构施工情况、监测断面距开挖面的距离和沉降速率来确定,可参照土体分层沉降监测执行。

6.10.4 地铁明(盖)挖法及竖井施工监控量测

监控量测项目包括应测项目和选测项目。应测项目包括:基坑及周围环境描述,地表沉降或隆起,邻近建(构)筑物沉降、倾斜、开裂,地下管线沉降,围护桩(墙)顶水平位移和垂直位移,支撑轴力,地下水位,盖挖法顶板内力,盖挖法立柱内力及沉降,竖井井壁净空收敛,围护桩(墙)变形。选测项目包括:围护桩(墙)内力,孔隙水压力,土体分层沉降及水平位移,基坑底部隆起,锚杆(锚索、土钉)受力等。

1. 基坑及其周围环境描述

观察基坑开挖后地层的工程地质特性,地表及地表裂缝情况;地下水类型、渗水量大小、位置、水质气味、颜色等;围护结构(含桩)及支撑结构状况;盖挖法施工时,桩、柱与盖板的连接及混凝土状况;基坑周边建筑物及其基础状况。

基坑开挖后,观察频率为 1 次/天;情况异常时,加密观察频率。

2. 地表沉降或隆起监测

在基坑四周距坑边 10m 的范围内沿坑边设 2 排沉降测点,排距 3~8m,点距 5~10m。当基坑邻近处有建(构)筑物或地下管线时,应按有关规定增加沉降测点。在工法变化的部位、车站与区间结合部位、车站与风道结合部位以及风道、马头门处等均应增设测点。

监测频率见表 6-42,拆撑时频率适当加密,同时如出现位移值明显增大时,也应增加监测次数。盖挖法施工时,其监测频率可按盖挖深度比照上述基坑开挖深度执行。

表 6-42   监测频率

施工阶段		基坑开挖深度			
		$H \leqslant 5m$	$5m < H \leqslant 10m$	$10m < H \leqslant 15m$	$H > 15m$
基坑开挖期间		1 次/3d	1 次/2d	1 次/1d	2 次/1d
开挖完成以后时间	≤7d	1 次/1d	1 次/1d	1 次/1d	1 次/1d
	7~15d	1 次/2d	1 次/2d	1 次/2d	1 次/2d
	15~30d	1 次/3d	1 次/3d	1 次/3d	1 次/3d
	>30d	1 次/7d	1 次/7d	1 次/7d	1 次/7d
变形基本稳定后		1 次/月	1 次/月	1 次/月	1 次/月
地下水位监测		1 次/3d	1 次/2d	1 次/1d	1 次/1d

3. 围护桩（墙）顶的水平位移和垂直位移监测

沿基坑长边设置 3～4 个主测断面，断面在基坑两侧的围护桩（墙）顶设测点。对于水平位移变化剧烈的区域，宜适当加密测点，有水平横支撑时，测点宜布置在两道水平支撑的跨中部位。同一测点可以兼作水平位移和垂直沉降观测使用。监测频率同地表沉降监测。

4. 支撑轴力监测

与桩（墙）顶的水平位移中相应位置设 3～4 个主测断面，该断面位置的全部支撑均设测点。受力较大的斜撑和基坑深度变化处宜增设测点。测点一般布置在支撑的端部或中部，当支撑长度较大时也可安设在 1/4 点处。对监测轴力的重要支撑，宜同时监测其两端和中部的沉降和位移。监测频率与桩（墙）顶的水平位移相同。

5. 地下水位监测

测点宜布置在基坑的四角点以及基坑的长短边中点；对于长大的基坑，沿长边每 30～40m 布置一个测点，测点距基坑围护结构 1.5～2m。可利用部分降水井作监测孔。

6. 盖挖法顶板内力监测

选择具有代表性的断面进行顶板内力监测。在立柱（或边桩）与顶板的连接部位以及两根立柱（或边桩与立柱）的跨中部位各布置 2 个测点。

在开挖及结构施工期间，监测频率为 1 次/2d；结构完成后，1 次/周；经数据分析确认达到基本稳定后，1 次/月。出现异常情况时，增大监测频率。

7. 盖挖法立柱内力及沉降监测

立柱内力监测，标准段选择 4～5 根具有代表性的立柱进行内力监测，测点布置在立柱中部。一般可沿立柱外周边均匀布置 4 个测点。

立柱沉降监测，测点一般布置在与立柱刚性连接的顶板表面上，采用铆钉枪打入或钻孔埋设膨胀螺栓。

8. 竖井井壁净空收敛监测

竖井结构的长、短边中点，沿竖向原则上按 3～5m 布置一个监测断面。每个监测断面最少布置 2 条测线。

9. 围护桩（墙）变形监测

围护桩（墙）的水平方向变形监测与地表沉降监测相应位置设 3～4 个主测断面，该断面在基坑两侧对应的围护桩（墙）均设测点。沿围护桩（墙）竖直方向上监测间距为 0.5m 或 1.0m。监测总深度应与围护桩（墙）深度一致。基坑的深度变化处宜增加测点。

测斜管应埋设在围护桩体或墙体内，并应采用绑扎方法固定在钢筋笼上与其一起沉入孔（槽）中。测斜管应在基坑开挖前埋设完毕，在开挖前的 3～5d 内重复测量 2～3 次，待判明测斜管已经处于稳定状态后，将其作为初始值，开始正式监测工作。

10. 围护桩（墙）内力监测

围护桩（墙）内力监测与地表沉降监测相应位置设 3～4 个主测断面，该断面在基坑两侧对应的围护桩（墙）均设测点。测点数量和位置按设计要求执行。

11. 孔隙水压力监测

在基坑的四角点以及基坑的长短边中点布置，对于长边较大的基坑，每 30～40m 布置一个测点，测点距基坑围护结构 1.5～2m。

12. 土体分层沉降及水平位移监测

在特殊地质地段和周围存在重要建（构）筑物时，应按设计要求进行土体分层沉降监测和土体水平位移监测，这两项工作一般需同时布置。

土体分层沉降监测宜采用钻孔埋设分层沉降标。沉降标的设置间距为 1~2m；测斜时每 0.5m 或 1.0m 读数一次。在竖向位置上主要布置在各土层的分界面，当土层厚度较大时，在地层中部增加测点。埋设沉降标时，钻孔的深度应大于基坑底的标高。沉降标的埋设稳定期不应少于 30d。

分层土体垂直位移和水平位移的初始值应在分层标和测斜管埋设稳定后进行监测，一般不少于 7d。每次监测应重复进行两次，两次误差值不大于 ±1.0mm。

13. 基坑底部隆起监测

在特殊地质地段和周边存在高大建（构）筑物时，应按设计要求进行基坑底部隆起监测。测点布置可根据基坑长度在其中线处设 2~3 点。监测应视土层和环境的不同情况，在开挖距坑底 5~8m 时开始初读数。

14. 锚杆（锚索、土钉）受力监测

在特殊地质地段、周边存在高大建（构）筑物和基坑深度较大时，应按设计要求进行锚杆（锚索、土钉）受力监测。监测数量为每 100 根锚杆选取 1~3 根，监测锚杆应与监测桩和支撑位于相应的位置。

6.10.5 地铁工程监控量测值控制标准

根据北京地铁施工经验并参考相关规程，对浅埋暗挖法施工、盾构法施工、地铁明（盖）挖法施工以及竖井施工而引起的地表沉降等监控量测项目建立相应的控制值标准。

地铁穿越工程、地铁周边建（构）筑物及地下管线的监控量测控制值标准应根据地铁工程及周边环境的实际状况和现场监控量测值的综合分析结果，并经评估后予以确定。对于特别重要或者周边环境十分复杂的地铁工程应进行专项设计，以确定其安全控制标准。

1. 地铁浅埋暗挖法施工监控量测值控制标准（见表 6-43）

表 6-43　地铁浅埋暗挖法施工监控量测值控制标准

序号	监测项目及范围		允许位移控制值/mm	位移平均速率控制值/(mm/d)	位移最大速率控制值/(mm/d)
1	地表沉降	区间	30	2	5
		车站	60		
2	拱顶沉降	区间	30	2	5
		车站	40		
3	水平收敛		20	1	3

注：1. 位移平均速率为任意 7d 的位移平均值；位移最大速率为任意 1d 的最大位移值（下同）。

2. 本表中区间隧道跨度小于 8m；车站跨度大于 16m 或大于等于 25m。

3. 本表中拱顶沉降指拱部开挖以后设置在拱顶的沉降测点所测值（下同）。

2. 地铁盾构法施工监控量测值控制标准（见表 6-44）

表 6-44　地铁盾构法施工监控量测值控制标准

序号	监测项目及范围	允许位移控制值/mm	位移平均速率控制值/(mm/d)	位移最大速率控制值/(mm/d)
1	地表沉降	30	1	3
2	拱顶下沉	20	1	3
3	地表隆起	10	1	3

3. 地铁明（盖）挖法施工监控量测值控制标准（见表6-45）

表 6-45　地铁明（盖）挖法施工监控量测值控制标准

序号	监测项目及范围	允许位移控制值/mm			位移平均速率控制值/(mm/d)	位移最大速率控制值/(mm/d)
		一级基坑	二级基坑	三级基坑		
1	围护桩（墙）顶部沉降	≤10			1	1
2	地表沉降	≤0.15H% 或 ≤30，两者取小值	≤0.2H% 或 ≤40，两者取小值	≤0.3H% 或 ≤30，两者取小值	2	2
3	围护桩（墙）水平位移	≤0.15H% 或 ≤30，两者取小值	≤0.2H% 或 ≤40，两者取小值	≤0.3H% 或 ≤30，两者取小值	2	3
4	竖井水平收敛	50			2	5
5	基坑底部土体隆起	20	25	30	2	3

注：H 为基坑开挖深度。

表 6-45 中所列基坑安全等级（一级基坑、二级基坑、三级基坑）的划分见表6-46。

表 6-46　地铁明（盖）挖法基坑及其分级

安全等级	周边环境保护要求
一级基坑	1. 基坑周边以外 0.7H 范围内有地铁结构、桥梁、高层建筑、共同沟、煤气管、雨污水管、大型压力总水管等重要建（构）筑物或市政基础设施 2. $H \geqslant 15m$
二级基坑	1. 基坑周边以外 0.7H 范围内无重要管线和建（构）筑物；而离基坑 0.7H ~ 2H 范围内有重要管线或大型的在用管线、建（构）筑物 2. $10 \leqslant H < 15m$
三级基坑	1. 基坑周边 2H 范围内没有重要或较重要的管线、建（构）筑物 2. $H < 10m$

6.10.6　地下工程监控量测管理及信息反馈

1. 监控量测管理

监控量测工作实行项目经理负责制，在其领导下成立监测组，责任落实到人。监测组应保证下列各项工作的正常实施。

1）根据设计文件要求编制监控量测实施方案。

2）监控量测工作必须建立完备的管理制度和信息反馈制度，建立及时和畅通的信息沟通渠道。

3）监控量测过程中应做好测点的保护工作。

4）监控量测过程中使用的仪器设备必须保证其精度和可靠性。

5）监测数据及资料必须有完整清晰的记录，包括图表、曲线、文字报告等，以保证监控量测资料的完整性和连续性。

6）及时对各种数据进行整理分析，判断工程的稳定性，并及时将有关信息反馈到施工中。

2. 监控量测的信息处理与反馈

1）取得监测数据后，应及时进行整理和校对。施工监控量测的各类数据均应及时绘制成时态曲线，同时应注明开挖方法和施工工序及开挖面距监测断面的距离等信息。

2）监控量测数据的计算分析工作中除应对每个项目进行单项分析外，还应进行多项目的综合分析。

3）当监测时态曲线呈现收敛趋势时，应根据曲线形态选择合适的函数，对监测结果进行回归分析，以预测该测点可能出现的最终位移值和预测结构和建（构）筑物的安全性，据此确定施工方法及判定施工方法的适应性。

4）监测项目应按"分区、分级、分阶段"的原则制定监控量测控制标准，并按黄色、橙色和红色三级预警进行反馈和控制。

5）当实测数据出现任何一种预警状态时，监测组应立即向施工主管、监理、建设和其他相关单位报告，获得确认后应立即提交预警报告。

第7章 地下工程防护

7.1 概述

凡以抵抗一定杀伤兵器的破坏作用（或其他偶然爆炸事故）为目的，并满足一定抗力要求的工程建筑物，均称为防护结构。防护结构、防护设备和保证完成与防护职能有关的其他系统（风、水、电等）的总体，称为防护工程。防护工程按适用对象不同，分为供军队使用的国防工程和供居民使用的民防工程；按防护效应特征分为地面工程、浅埋工程和深埋工程；按施工开挖方法不同还可分为明挖式、暗挖式等。

本章着重介绍地下民防工程的防护原理、防护措施及结构特点等方面的基本知识。

7.1.1 现代战争的特点

在产生战争的根源没有消除以前，发生各种形式和规模的战争都是可能的。在现代战争中，对城市和城市居民的防护越来越为交战双方所重视，防御已被视为与进攻处于同等重要的地位。长期以来，处在世界政治、军事中心地位的国家，无不在研究一旦爆发全面核战争或大规模常规战争后的防御战略，使之符合现代战争的特点，包括以下几个方面：

1. 发生核战争的可能性仍然存在

有越来越多的国家掌握了核武器技术，不仅存在大规模核战争的可能性，还存在着在局部战争中使用核武器的可能性。因此在民防战略中，对核武器的防护仍然是必要的，但应考虑在核武器质量提高的情况下，在使用核武器时打击战略的变化。在命中精度提高后，已没有必要对整个城市进行全面的破坏，而集中打击重要目标却可以取得效费比的最佳结果。

2. 常规战争的可能性增大

近几十年间世界上并未发生核战争，但不同规模的常规战争从未间断。1991年的海湾战争和2003年的伊拉克战争更是现代常规战争的全面展示。在这种情况下，各国都在致力于常规兵力的加强和常规武器的改进与更新，如果发生大规模常规战争，其杀伤和破坏力将大大加强。因此在民防战略中，对常规战争应做好充分准备，在工程防护中，对常规武器的防护应放在重要的地位。

3. 武器的改进增大了战争的突发性和打击的准确性

现代武器正迅速向体积小，威力大，运距长，精度高的方向发展。运载工具的进步，使打击的距离加大，时间缩短，命中率提高。在战争中已难于区分前方和后方，趋于立体化。因此，战争的征兆越来越不明显，在战争发生前所能争取到的预警时间越来越短，这些都使民防战略和防护措施要作相应的转变。

4. 战争成为综合国力的较量

在武器大体上处于均势的情况下，战争的胜负在很大程度上取决于对人口资源和经济潜力的保存能力。因此，民防的任务不仅是保护城市居民免遭伤亡，而应对城市进行全面的防护，提高城市的总体抗毁能力，把战争对城市机能的破坏减到最低限度。

7.1.2　民防工程建设的战略意义

地下防护结构要有足够的强度来抵御常规武器（炮弹、普通装药的火箭、导弹、航弹）和核武器的破坏。还要有完善的通风系统和防毒密闭措施来防护生物和化学武器的破坏。

民防作为战争中的一种防御手段，具有一定的战略地位，随着形势的发展而发生变化。在过去，民防只是减少战争损失的一种手段，对战略形势和战争进程没有明显的影响。但是在核武器和常规武器高度发展的情况下，在受到战争的互相摧毁后能够生存下来并迅速恢复的能力，即民防实力，成为影响战略均势天平上的重要砝码，民防的战略地位已提高到了影响战争最终结局的程度。美国发现前苏联的民防实力大大强于美国，使许多美国战略家惶恐不安，要求政府采取加强民防的措施，由此也可见民防地位的重要性。

自第二次世界大战以来，就世界而言，局部的、小规模的战争从来就没有停止过。因此，从"立体战争""核战争""星球大战"来看，不做战争准备，一旦战争邻近，后果不堪设想。因此，在争取和平的同时，不能忘记对战争的防御。而作为"防御体系"中的民防工程，在战时具有巨大作用，对于保护城市的整体力量，增强人民的安全感则是十分重要的。

世界上许多国家为了本国的利益，都在研究保障安全的战略，并采取措施加强民防实力，使自己在变化中的世界战略形势下，保持有利的地位。例如，瑞士成为一个中立国已有170多年历史，从自己的国情出发，为了保持自己的中立地位，国土不为交战国所利用和防御遭到各种现代武器的袭击，经过几十年的努力，建立起完整的民防系统。在1984年年初，人员掩蔽位置已有5505个，占当时全国人口的36%，还有各级民防指挥所1500个，各类地下医院病床8万张。瑞典在20世纪80年代初，已为全国800万人口的70%提供了掩蔽位置。此外，这些国家的民防战略，也在随世界战略形势的变化而不断调整，例如针对常规战争危险的增加和预警时间的缩短，对待诸如疏散与掩蔽的关系等问题的策略就有所改变，更多地强调就地分散掩蔽的重要性，就反映了防护重点的变化。此外，瑞士等国的民防系统，各种机构和工程，在平时都处于使用状态，在发生灾害和事故时可充分起到抗灾救灾的作用。在前苏联发生核电站爆炸，造成核泄漏后，瑞典民防系统首先监测到放射性云迹并迅速做出了反应，说明民防系统的高度有效。

美国、俄罗斯、日本及西欧各国根据本国情况，都建立了较完备的民防体系，其中一项重要工作就是构筑具备多种防御能力的民防工程。在建设方针上各国强调从经济、实效、长期发展着眼，地下工程都注意平战结合。日本在大中城市兴建的地下街、地铁，平时解决交通问题，战时转为防空掩体。瑞典的地下停车场、地下剧院、地下仓库，瑞士的地下急救站都是按平战两用设计的。各国还积极修建各种级别的民防掩体，加强民防基本建设，将军工厂的重要车间转入地下，对其余厂房采取措施。

我国的人防建设是从20世纪60年代后期起大规模展开的，已经建立起比较完整的人防体系和大量人防工程。尽管还存在许多问题，但已取得了令世人瞩目的成就，提高了我国的战略地位和在现代战争中的防御能力。近几年随着国际局势的变化，我国的人防建设发展战略也做了相应的转变，强调了人防工程的平战结合，及人防建设与城市建设相结合，使我国的人防建设进入了新的发展阶段。

7.1.3　我国民防工程发展战略

《中华人民共和国人民防空法》明确规定："人民防空实行长期准备、重点建设、平战结合的方针，贯彻与经济建设协调发展、与城市建设相结合的原则"。这一方针与原则是统揽人民防空建设事业，具体组织与实施人民防空建设的基本依据和行动指南。长期准备，就是在和平时期，居安思危，有计划、有步骤地实施人民防空建设；重点建设，就是在服务经济建设大局的前提下，区分轻重缓急，有重点、有层次地实施人民防空建设；平战结合，就是人民防空建设要在平时和战时发挥作用，实现战备效益、社会效益、经济效益的统一。

民防工程与开发利用城市地下空间关系十分密切。在和平时期，民防工程本身就是城市地下建筑的一个重要组成部分。从城市规划考虑，二者构成地下空间开发利用的一个整体，平时能协调发展，战时发挥战备效益。另一方面，城市地下空间的开发利用有利于战备，在战时可弥补民防工程的不足。

7.2　武器效应

地下防护工程的根本要求就是要能抵抗一定威力的杀伤兵器的破坏作用。武器的杀伤破坏作用及其对工程的破坏特征称为武器效应。

7.2.1　常规武器一般知识

核武器以外具有爆炸作用的武器，统称为常规武器。目前常规武器主要是指普通装药的炮弹、火箭、导弹及航空炸弹。

1. 炮弹

炮弹按对工程结构的破坏特征不同，可分为榴弹、混凝土破坏弹、穿甲弹和半穿甲弹几种。

榴弹装药量大，弹壳薄。一般装有瞬发引信，不能侵入坚固目标，主要用于杀伤有生力量和表面爆炸破坏工程结构。

混凝土破坏弹是苏军专用于破坏工程的弹种，它装药量大，弹体坚固，装有延期引信，能侵入混凝土工程。

穿甲弹的特点是装药量小，弹壳厚，用特种钢材制成。能侵入钢筋混凝土工程，主要以其冲击作用破坏混凝土工程。

半穿甲弹介于榴弹和穿甲弹之间，既有一定冲击侵彻作用，又有一定装药爆炸作用。美军常用以破坏混凝土工程。

地面火炮发射的炮弹一般药量小，射程短，对民防工程的破坏远不及航空炸弹大。民防工程设计中一般不考虑炮弹的作用。

2. 航空炸弹

航空炸弹的基本构造如图 7-1 所示。苏军航弹按圆径分，圆径指炸弹名义质量，单位为 kg。美军航弹按质量分，单位为 lb⊖。按其对工程破坏作用不同，分为普通爆破弹、混凝土破坏弹、半穿甲弹、穿甲弹四种。

普通爆破弹的特点是装药量大，弹头钝，弹壳薄，通常使用瞬发引信。只能侵入土中，不能

⊖ 1 lb = 0.45359237 kg。

侵入坚硬岩石和混凝土，只能破坏地面建筑和坑道工程口部。这是袭击城市大量使用的弹种。高级民防要考虑普通爆破弹的直接命中。

穿甲弹的特点是弹头尖，弹壳厚，装药量小，使用延期引信，能侵入装甲、混凝土及坚硬岩石中爆炸。

混凝土破坏弹和半穿甲弹的特征介于普通爆破弹和穿甲弹之间，既能侵入混凝土、岩体等坚硬材料中，又有一定爆炸威力。美军有一种低阻式爆破弹，弹体细长，投掷时空气阻力较小，落速较大，弹壳较厚，其侵彻力及爆炸威力都较大。

3. 火箭弹破坏作用

火箭弹一般对松软介质有冲击破坏作用，可侵入介质内爆炸，但对坚硬介质则无侵彻作用，主要以其烈性炸药爆炸产生爆炸局部破坏作用。

对坚硬目标的冲击破坏作用可用图7-2来表示。

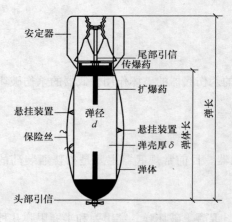

图 7-1　航空炸弹的基本构造

图 7-2　火箭弹破坏作用

当钢筋混凝土墙壁较厚时，形成漏斗孔，火箭弹侵入并嵌在混凝土内。当厚度减薄时墙壁反面出现裂缝；厚度再减薄时，墙壁单面出现混凝土碎块脱落并以一定速度飞出，产生冲击震塌现象；当厚度再次减薄时冲击孔贯穿。

各种装有瞬发引信的普通爆破弹不能侵入坚硬材料中，爆破作用主要在目标表面进行，其破坏现象和上述冲击相类似。视目标物的厚度不同，分别出现爆炸压缩漏斗坑。目标物出现反面裂缝、爆炸震塌（反面产生震塌漏斗，碎块以一定速度飞出）及爆炸贯穿等。

7.2.2　核武器的杀伤、破坏作用

核武器按装药反应不同可分为原子弹、氢弹和中子弹三种。原子弹是利用重原子核裂变瞬间进行链式反应，释放出大量能量，造成爆炸作用的杀伤性武器。氢弹是轻原子核聚合反应瞬间释放出巨大能量，造成杀伤破坏作用，其威力一般比原子弹大得多。中子弹又称"强辐射核武器"，它利用聚变和裂变反应产生强辐射的中子流和丙种射线来杀伤有生力量。

核武器的杀伤破坏因素主要有光辐射、冲击波、早期核辐射和放射性沾染。前三者作用时间均在爆炸后几十秒钟以内，后者可持续几天或更长时间。这四种杀伤破坏因素在总能量中所占的比例，冲击波约为50%，光辐射约为35%，早期核辐射约为5%，放射性沾染约为10%。

1. 冲击波

核爆反应区内形成几十亿大气压的压力和几千万度的高温，使爆心与周围空气间形成极大压力差，周围形成厚达几百米到几千米的压缩空气层。由于惯性，压缩区后边出现负压区。空气压缩区与负压区一起以超音速向外传播，就叫核爆空气冲击波，如图 7-3 所示。

图 7-3　核爆空气冲击波

冲击波有如下特征：既有超压又有负压，波阵面上的超压大于大气压几十倍，负压一般为 $0.2 \sim 0.4 \mathrm{kg/cm^2}$。作用在地面上的超压可以通过地层介质（产生压缩波）传到地下结构上；超压突增，负压缓增；虽然是一次瞬时作用，但作用时间比炮弹、航弹时间长，对结构的破坏作用更大；遇孔即入，遇障反射。由于超压时间长，故冲击波无孔不入，且衰减较慢。高速运动的空气分子撞击障碍物的迎波面时，产生反射。作用在障碍物反射面上的压力称反射压力 Δp_t，其值由下式计算

$$\Delta p_t = \Delta p_d \left(1 + 7\frac{\Delta p_d + 1}{\Delta p_d + 7} \right) \tag{7-1}$$

式中，Δp_d 为入射冲击波超压（$\mathrm{kg/cm^2}$）。

冲击波所到之处对于有生力量、装备器材和工程设施均可产生杀伤、破坏作用。一个百万吨级 TNT 当量核武器爆炸时，冲击波对地面建筑、装备器材、有生力量破坏、杀伤半径为 7 ~ 10km，而人员致死半径为 2 ~ 3km，见表 7-1。

表 7-1　核爆炸冲击波的杀伤、破坏作用

杀伤和破坏特征	冲击波阵面压力/（kg/cm²）	100 万 t 能量地面爆炸时的杀伤半径/km
玻璃窗破坏	0.03	31
房顶、隔墙、木梁楼盖破坏	0.18 ~ 0.10	7 ~ 11.5
木房屋破坏	0.2 ~ 0.14	7 ~ 10
人受轻度内伤和外伤	0.4 ~ 0.2	4.5 ~ 7
砖（石）房屋破坏	0.45 ~ 0.35	4.5 ~ 5
人员受中度伤	0.3 ~ 0.4	4 ~ 4.5
人员受重度伤	1 ~ 0.5	4 ~ 4.5
工业厂房破坏	1 ~ 0.8	2.8 ~ 4
居住建筑条形基础破坏	4	2.8 ~ 3.2
直径 1.5m 壁厚 0.2m 的地下钢筋混凝土管道破坏	15 ~ 12	0.8 ~ 1.0

2. 光辐射

核武器在爆炸的瞬间释放出巨大能量，使弹体物质迅速受热气化，并加热周围空气，形成一个发光的高温、高压火球。火球在整个发展过程中，不断地向周围辐射强烈的光和热，这就是核爆炸的光辐射。光辐射对暴露人员引起烧伤或衣物着火；在一定距离上直视闪光，会使眼睛暂时或永久失明；光辐射还能引起一般地面建筑物和装备物资燃烧，但稍加遮挡或涂以浅色反光材料，即可大大降低其燃烧破坏。光辐射对地面以下的民防工程不产生破坏作用。

3. 早期核辐射

早期核辐射是在核裂变和聚变过程中放出各种人眼看不见却能穿透一定厚度的射线，其中主要是中子流和丙种射线。早期核辐射作用时间在几秒至几十秒之间，它能使底片感光，半导体元件改变参数。人体受到早期核辐射照射之后，白细胞大量减少，造血组织受到损伤，使其他组织失能，所以称为"造血型急性放射性病"。根据吸入量大小，分别产生潜伏性杀伤、暂时性杀伤或瞬时永久性杀伤。

早期核辐射穿过一定厚度的材料时，其辐射强度将明显降低。1m 厚的土壤或 0.7m 厚的混凝土，就可将其计量削弱 99%。因此，一定厚的覆土、混凝土、砖石结构均能有效地防早期核辐射。

4. 放射性沾染

放射性沾染是指核爆后在爆区和烟云经过的地区残存一定数量的落下灰，它能在较长时间内不断放出各种射线。人体吸入或食入放射性沾染物后会引起内照射，主要危害的器官是甲状腺，引起其功能低下及进行性变化。

放射性沾染对各种建筑物不起破坏作用，主要通过各种孔口进入工程内部伤害人员、生物，沾污水源、粮食。

5. 地震动效应的破坏作用

核爆炸释放出的巨大能量，相当于一个震源，对地壳的一定深度范围内产生震动效应，并以波（铅垂和水平两个方向）的形式通过介质向周围传递。这种现象与自然界发生的地震很相近，不过由于空气冲击波在传递过程中，不断作用于地面，有可能先于或后于介质中的震动波到达地下建筑界面，同时空气冲击波的动压作用于地面建筑时，对附建其中的地下室又成为一个震源，因此比震源在地壳深部的自然地震要复杂得多。为了区别这两种情况，故称之为地震动（Earth Shock）或地运动。

地震动的强度以其震动的加速度与重力加速度 g（9.8m/s^2）的倍数关系表示，与爆炸当量和工程所在地的地面冲击波超压大小有关。震动波作用于地下建筑后，引起整个结构的震动，同样包括加速度、速度、位移三个因素。

地震动的强度在地表附近最高，随深度的增加而有所衰减。震动波在岩石中的传递，同样也是随深度增加而强度减弱。由于建在岩层中的地下建筑顶部以上都有相当厚度（一般大于 20m）的自然岩石覆盖层，不但可以承受较高的超压和动压，结构底板上的震动加速度也不致过大，如果有 30～40m 厚的自然覆盖层，则满足抗震要求并不困难。

当地震动效应作用于土中或岩石中的地下建筑时，围护结构开始震动，并产生位移，除对结构构件成为一种荷载外，凡是与结构构件直接接触的人和物，都会受到震动的作用，严重到一定程度时，即可造成危害。

地震动对地下建筑内部的人员，可能造成直接和间接两种伤害。直接伤害是当人体附着于结构表面时，直接受到震动加速度的作用，例如在地面上处于卧姿的人员，骨骼和内脏就可能被震伤，如果震动加速度大于 10g，可立即致死。但是这种情况并不会经常发生，因为人在室内常处于立姿或坐姿，即使卧姿也会有床铺作为缓冲。因此，震动对人的伤害主要是间接性质。例如，处于无约束状态下的人员，不论立姿或坐姿，在震动加速度作用下，首先在铅垂方向与底板脱离，然后自由下落，同时又受到水平方向震动波的作用而倾倒，造成摔伤或碰伤。此外，即使人员自身并未被震伤，但可能由于处在高位的物件（如吊顶、灯具、管道等）受震后脱落而被砸伤，这也是一种间接伤害。

对于地下建筑物本身，如在设计中已考虑了震动荷载，则不致破坏，但可能在薄弱部位出现裂缝，影响建筑的密闭性能。室内的设备可能会受到损坏。此外，与各种设备相连的各种管、线和穿过墙或楼板的管、线，如采用刚性连接方式，则可能因位移而产生脆性破坏，造成断、裂。

从地震动的特性和可能对人、物造成的危害看，地下建筑在不同使用条件下应具备与其防护等级相当的抗震能力。为了保障内部人员和设备的安全，应有一定的抗震设计标准。

美国的抗震标准规定，地下建筑中直接承受铅垂方向震动作用的加速度控制极限值为 $10g$，结构初始向下运动的位移量限制为 $13cm$，水平方向震动加速度应控制在 $5g$ 以内。

瑞士用于人员掩蔽的防空地下室的抗震标准见表 7-2。

表 7-2　瑞士防空地下抗震标准

地面冲击波超压/MPa	抗震指标			
	加速度	速度/(m/s)	位移/cm	地下室与土壤的相对位移/cm
0.1	$2g$	0.5	50	±5.0
0.3	$6g$	1.5	70	±7.0

芬兰的人员掩蔽所定型设计抗震标准见表 7-3。

表 7-3　芬兰的人员掩蔽所定型设计抗震标准

介　质	地面冲击波超压/MPa	震动加速度允许值
岩石	0.1	$0.3g$
	0.3	$0.7g$
	0.6	$0.9g$
土	0.3	$0.5g$

从以上几个国家民防工程抗震标准看，在震动加速度 g 的控制值上差异较大，而且在后两国的标准中，看不出在震动波方向上的不同。根据对情况的综合分析，对于室内的人员来说，加速度控制值与人在室内的姿势和有无约束条件有关，应按最不利情况考虑。例如，当人员处于毫无戒备的立姿时，如果结构底板上铅垂方向震动加速度超过 g 就会出现人与底板脱离的现象，加上水平方向加速度的作用，就会使人失去平衡而摔倒致伤。因此，在无约束状态下，无论立、坐、或卧姿，铅垂方向震动加速度值均不宜超过 g，水平方向分别不宜超过 $0.5g$（立）、$1.0g$（坐）和 $0.7g$（卧）；如果是有约束的坐姿或卧姿，伤害程度会有较大的减轻，两个方向的震动加速度值只要控制在 $1.5g$ 之内，人员就不致受到直接和间接伤害。

按照一定防护标准建在土层或岩层中的民防工程，其所能承受的地面冲击波超压值是固定的，因此同一抗力等级的工程，只能在埋深上反映出底板震动加速度的区别。在这一点上，建在岩层中的工程，如果土体部分有 30m 以上的自然覆盖层，是比较有利的，一般不需采取特殊措施即可满足抗震要求；但是土中浅埋工程的有关震动参数，则与抗震标准存在较大距离，特别是当地面超压大于 0.1MPa 后，必须采取适当的隔震、减震措施，才能达到标准。

隔震是降低震动加速度值的有效方法，但一般代价较高。当抗震要求特别高时，必须使建筑物完全与介质脱开，底部因无法脱开，故需支承在弹簧减震器上。另外一种做法是围护结构不与介质脱开，仅将地面做成架空地板，四周与墙壁脱开，下面支承在减震器上，减震效果虽不如前者，但造价较低。

如果减震要求不高，可通过做弹性地面，在室内适当位置创造供人员扶、拉的条件，在坐椅和床铺上加安全带，在坚硬物件上加软垫等措施，达到一定的减震目的。

地下建筑内部的机、电设备，都有一定的耐震性能，例如电机类为 $3g$，电子设备为 $1.5g$，电子计算机为 $0.25g$ 等，应分情况采取隔震或减震措施，特别是固定在底板上的机、电设备，及与之相连接的管道、电线等，均需采取减震措施。

7.2.3　化学、生物武器的杀伤效应

在战争中用以毒害人畜、毁坏植物的毒剂，通过炮弹、炸弹发射或飞机洒布，以杀伤对方有生力量，叫化学武器。军用毒剂可分为神经性、糜烂性、全身中毒性、失能性、刺激性、窒息性六类。化学武器的特点是杀伤范围较大；能通过各种途径伤害人员；伤害作用能持续一段时间；受气象条件、地形、地物的影响较大。

对战争中可能使用的化学、生物武器的防护，一直与防放射性沾染一起（以下统称防化），作为主要防护内容之一，但是防护措施仅限于在袭击后初期实行隔绝和在此之后对引入的外部空气进行过滤。这些措施已不能完全适应现代化学、生物武器的发展，因此有必要对这类武器的类型、性能、危害等有一个新的认识，并相应地在防护措施上加以改进。

首先，地下建筑的出入口位置，在地形和风向上应不利于毒剂的聚集；其次应保证围护结构的密闭质量，特别应加强出入口的密闭性能，使建筑物内部保持一定的超压。

在大规模化学、生物武器袭击的情况下，在初期浓度很高的阶段，地下建筑停止通风，与外界完全隔绝是必要的。但是应当指出的是，防化隔绝时间仅以放射性沾染的剂量作为控制指标是不全面的。因为很可能出现放射性沾染剂量很小，而化学毒剂浓度很高和持续作用时间很长的情况，以致规定的隔绝时间不能满足防化要求。因此，必须根据可能使用的化学、生物武器性能，可能的袭击方式和规模，结合工程的重要程度和场地条件，综合确定合理的隔绝时间。当然，隔绝时间越长，所需的内部空气储存量越大，如果为此而扩大建筑的容积是不经济的。因此应提高地下建筑的机动性，必要时减少内部人员数量，经通道疏散到污染程度较轻的地区去；对留下的少数人员，则应配备有效的空气再生装置。

经过一段时间的隔绝后，在恢复通风前，必须有外部空气污染程度的准确情报，重要的工程应各有自动监测系统。恢复通风后，初期仍须对引入的空气进行过滤。由于滤毒设备在长期不使用后会损坏或失效，过滤通风系统的设备应高效、低价、轻便和容易拆装。在这方面，我国与一些民防先进国家相比，还存在较大差距。

除防止室内空气受到污染外，对于饮用水和食品的防化问题，也应引起足够的重视，在地下建筑中保持必要的储量。对于重要工程，应在内部备有水源深井，平时封闭不用。瑞典把有无可能打成深水井作为民防指挥所选址的条件之一，可见其对防止水污染的高度重视。

7.2.4　城市火灾

火灾是城市遭受核袭击和重型轰炸后不可避免的后果。第二次世界大战中大型火灾是房屋破坏和人员死亡的一个重要原因。受空袭的大居民点中，破坏总数的80%是由火灾引起的。

根据城市建筑物密度和大气条件，火灾通常可分为单个的、整片的、暴风式的及火龙卷风式等。

火灾对民防工程的作用主要有下列特征：

大型火灾的起火、大火阶段温度很高，对民防工程围护结构产生热作用。因此，民防应为全埋式并覆盖一定土层，以减少热作用。

建筑物倒塌不仅会堵塞工程出入口，燃着的倒塌物还会使口部材料燃烧。因此，第一道密闭门应稍向里设置，门前掩体通道应保持一定长度。

大型火灾会连成片，着火面积很大。因此，民防工程要相对分散，并要连通搞活，以便相互转移。

大型火灾还会产生强大上升气流，强力抽走周围空气，当工程孔口密闭不严时，工程内可能被抽真空，使人员窒息。因此，要确保孔口的密闭性，还要有一定的抗负压强度。

7.3　地下工程防护原理及措施

地下工程是具有防护要求的建筑物，与一般地下结构所受的静荷载作用相比，各种武器对地下工程的作用具有许多特点：①具有随机性，有各种各样的可能，一般难以预料；②具有相互联系的多参数，各种武器的各种破坏因素之间都有联系，各因素都会影响破坏后果；③具有一次性或少次性，核武器的作用一般是一次，常规武器只是少次；④具有瞬时性或短时性，冲击波、早期核辐射、航弹等的作用都不过几秒或几十秒。

地下工程的防护设计必须与这些特点相适应。

7.3.1　对炮（航）弹的防护

有很多地下工程没有必要按炮（航）弹直接命中要求来设计，但也要尽量提高工程的防弹能力；使炮（航）弹不易命中工程，命中后损失尽量小。主要措施是使工程容量缩小，分散布置；防护层适量增厚。

有炮（航）弹直接命中要求的地下工程，设计上不允许工程主体部位局部遭到破坏。主体掩蔽部位的防护层，应力求达到或超过最小安全防护层厚度。受地形及地下水条件限制时，才宜考虑由防护层及支撑结构共同抗预定的炮（航）弹破坏作用。按被炸后不震塌要求，防护层的厚度按下式确定

$$H_震 = r_震 - \frac{d}{2} \tag{7-2}$$

式中　$H_震$——防护层的厚度；

$r_震$——爆炸不震塌半径，$r_震 = mK_震\sqrt[3]{c}$；

m——填塞系数，与弹种有关；

$K_震$——不震塌系数，与结构种类有关；

c——装药质量，与弹种有关；

d——炮（航）弹直径。

上述各系数可从军事工程手册中查得。

先侵彻后爆炸所需的结构厚度 H 为

$$H = h_侵 + r_震 - e \tag{7-3}$$

式中　$h_侵$——侵彻深度，与弹种、弹着形式、防护材料等因素有关，可由经验统计公式估算；

e——装药中心高，与弹种有关。

地下工程的出入口抗弹能力较弱，应增加出入口数量，加大间距；选择利于防护隐蔽的地形位置；适当加强口部支撑结构等。

7.3.2　对早期核辐射的防护

掩蔽工程内的人员及某些物品允许早期核辐射的剂量为：人员一次照射，允许 50R⊖；半导体器件，允许 10000R；药品允许 20000R。

⊖ 伦琴（R），$1R = 2.58 \times 10^{-4}C/kg$。

工程类型和规模不同，早期核辐射的威胁和防护措施有很大差异。一般要考虑从孔口和防护层射入工程的剂量在允许范围之内。

工程上部防早期核辐射所需防护层厚度按下式计算

$$D_Y = D \cdot 2^{-\frac{h}{d_0}} \tag{7-4}$$

式中　D_Y——剩余的早期核辐射量（R）；

　　　D——地面早期核辐射量（R），与弹当量、爆高级地面超压值等有关；

　　　h——介质材料厚度（cm）；

　　　d_0——介质材料对早期核辐射的半削弱层，一些物质的半削弱层见表7-4。

表7-4　某些物质的半削弱层　（单位：cm）

射线种类	土壤	混凝土	木材	玻璃钢	钢	砖	空气	特种混凝土
丙射线	14.0	10.0	25	12	3.2	14	17000	8
中子流	13.8	10.3	11.7	13.8	4.7	—	—	8.2

对掘开式工程所需防早期核辐射的防护层厚度（土壤厚度）见表7-5。当防护层由几种不同材料组成时，应将各层厚度分别乘以表7-6中系数再相加。

表7-5　防早期核辐射最小土壤防护层厚度

地面超压/(kg/cm)	1	3	6
土壤厚度/cm	100	130	150

表7-6　几种材料换算为土壤厚度系数

材料名称	砖砌体、干砌乱毛石	岩石	钢筋混凝土、混凝土、乱毛石混凝土、料石砌体、混凝土块砌体
系数	1.0	1.5	1.4

计算表明，只有当爆心与孔口连线同孔口通道轴线共线时，早期核辐射才对孔口造成较大威胁，不共线时则威胁急剧减小。无论从单个工程看，还是从工程群看，一次核爆出现上述共线的概率是极低的。

7.3.3　对冲击波的防护

地下工程在预定冲击波作用下，不应丧失其基本使用性能，即工程内的人员、设备不被杀伤和破坏；掩蔽部支撑结构的变形不危及人员和设备的安全；出入口结构的破坏不影响进出。为此，掩蔽部的防护层和支撑结构要能抵抗冲击波的动载作用；各种孔口应有相应的防冲击波设备；工程的各个出口不被同时破坏。

1. 出入口

防护门是出入口防冲击波的主要或唯一设备。只要门扇、门窗质量合格，接缝处正常密合，一般只设一道门就能阻挡住预定的冲击波。重要工程或战术上有必要的工程才设第二道门。

作用在门上的荷载（Δp_m），影响因素较多，主要有地面冲击波的大小和入射方向；出入口外地形；出入口形式和门的位置等。当冲击波平行防护门而过时，$\Delta p_m = \Delta p_d$（Δp_d 为地面冲击波）。冲击波扩入孔口则超压折减，但折减后的冲击波遇到门扇形成反射时，超压又要增大（见图7-4）。当地面坡度大于50°或出入口直通地面且冲击波从正前方袭来时，可按下式计算

$$\Delta p_m \approx \Delta p_d \left(1 + 7 \frac{\Delta p_d + 1}{\Delta p_d + 7} \right) \tag{7-5}$$

Δp_{m} 通常在战术技术要求资料中给定。

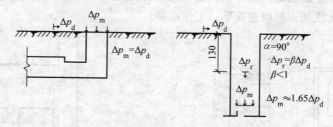

图 7-4　作用在防护门上的超压荷载的变化

和普通门相仿，防护门一般由门扇、门框（墙）、铰页和闭锁组成。门扇为主要挡波构件，可用钢筋混凝土、钢丝网水泥、玻璃钢或钢材制成，小型门扇还可以用木材。中小型门扇通常用人力立转式启闭。工程设计手册中有定型门扇，按 Δp_{m} 和门孔尺寸查得各种数据。门框承受门扇传来的荷载，并传给门后支撑结构或围岩，有时也起挡波作用。门框可分为伸式（见图 7-5a）、平齐式（见图 7-5b、c）、外伸式（见图 7-5d）和混合式四种。为便于通车，下部用平齐式，上、左、右用内伸式则为混合式门框。

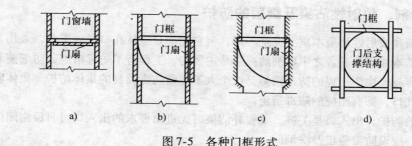

图 7-5　各种门框形式

2. 通风口、给（排）水口等的防护

自然通风口的防冲击波设备与出入口相同，但要经常开启，在核袭击前迅速关闭，因而不甚可靠。运用机械通风并安装能不间断通风的防冲击波设备是较为妥善的办法。机械通风口的防波设备采用"削弱"原理。通风口入射超压（Δp_{r}）与防护门荷载确定原理相同，经过防波设备而被削弱后的冲击波余压不能破坏通风系统上的设备，扩散到室内不致伤人。机械通风和排风系统如图 7-6 所示。试验证明，密闭活门、风机或除尘器的抗冲击波能力都比较高。这套系统的允许余压取 $0.5\mathrm{kg/cm^2}$ 是足够安全的。

目前，通风系统防冲击设备有悬摆式活门及扩散室等，它们可单独或组合使用。悬摆式活门（见图 7-7）的底板与活门板之间平时张开一定角度，风从二者之间通过，风压不能改变活门板张角。冲击波到来时可使活门板关闭。冲击波过后，活门板靠重力作用而恢复原位。民防手册上有各种定型悬摆式活门的数据。扩散室是使冲击波中高压气流突然扩散的空间（见图 7-8），冲击波扩

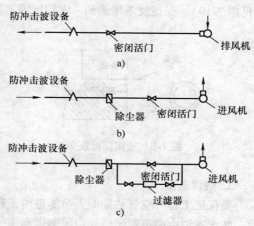

图 7-6　机械通风和排风系统
a）机械排风系统
b）无过滤设备的机械进风系统
c）有过滤器的机械通风系统

散后压力降低，扩散室断面宽与高尽量接近，长度为宽度的 2~3 倍，断面面积应大于入口面积的 9 倍。扩散室削波较低，但构造简单，工作可靠。

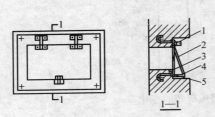

图 7-7　悬摆式活门
1—铰页　2—活动板　3—底板　4—限位器　5—底框

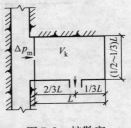

图 7-8　扩散室

冲击波从给水管进入工程的可能性很小或不存在，一般设闸门即可。自流排水口在地面时，口部设砾石堆即可。

排烟系统防冲击波措施同通风口。

7.3.4　对毒剂、放射性沾染及细菌的防护

毒剂、细菌和放射性沾染本质上完全不同，但它们都只能从孔口进入工程，杀伤人员，故防护原理和措施基本相同。三者之中毒剂的威胁是主要的，工程有了防毒措施，防细菌和防沾染也就基本解决或容易解决。工程的防毒措施是指个人不穿戴防毒器材的集体防护。集体防护要求各种不同用途的孔口，都有相应的防毒措施。

对毒剂等的防护，出入口是关键。工程外沾染时无进出要求的出入口可只设密闭门。若还有人员进出要求，应设防毒通道及洗消间。

1. 密闭门

民防手册中有各种定型密闭门资料。一般采用 1~2 条各种断面的橡胶条进行密闭（见图 7-9）。各种出入口根据隔绝能力要求，设 1~2 道密闭门。既防冲击波又能密闭的门称防护密闭门，应尽量采用，以省设备和面积。防护密闭门在门扇和门框贴合处的胶条外侧要有承压和限位措施（见图 7-10），保证胶条压缩到一定程度而不被冲击波压坏或冲掉。

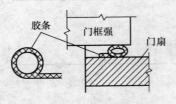

图 7-9　密闭门橡胶条

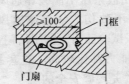

图 7-10　门扇和门框贴合处

2. 防毒通道

要保证工程外空气沾染时人员能进出工程，而毒剂等基本上不进入密闭范围，必须设防毒通道。防毒通道由两道密闭门、门闸通道和换气设备组成。人员带入防毒通道内的沾染空气，主要靠换气设备（进入无毒空气，排出有毒空气）使浓度降低。因此，防毒通道必须要有机械通风设备和可靠的过滤设备。计算分析表明，在满足使用条件下，防毒通道的体积要尽量小。而采用多个防毒通道可使人员较迅速地出入。

3. 洗消间

为消除进入工程人员皮肤上的沾染，一般须在防毒通道之后设置洗消间。洗消间通常由脱衣、淋浴、检查穿衣三部分组成（见图 7-11）。洗消间每小时可通过 16 人，其中应有换气措施，使空气中毒剂浓度始终在允许浓度之下。地面和墙面应光滑，以便冲洗。还应有给水排水设备和水加热设备。

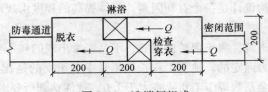

图 7-11　洗消间组成

设在防毒通道侧面的洗消间，当设一个防毒通道时，洗消间从防毒通道进，从清洁区出；当设两个防毒通道时，洗消间从第 I 通道进，第 II 通道出。淋浴室的进出口均设密闭门。设在防毒通道一侧的洗消间的两种布置方案如图 7-12 所示。

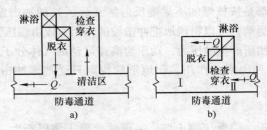

图 7-12　洗消间的两种布置方案

若采用局部洗消，洗消区可不必分隔，与防毒通道合并。需要重点考虑防细菌时，可在洗消间脱衣室前增设泡池，人员脱衣前先进泡池，池内有三合一杀菌溶剂。

通风、排水等孔口设置密闭活门和过滤器就可实现防毒及防沾染。

7.4　地下防护结构动力计算基本原理

本节主要讨论在核爆炸或普通炸药爆炸条件下，地下防护工程结构的特征，解决地下防护结构的设计问题。

7.4.1　动力结构的基本特征

地下动力结构的设计步骤仍和民用结构一样，先确定荷载，据之计算内力，然后验算截面强度。力学分析的原则和方法也基本是一致的。只是防护结构承受爆炸动荷载，结构产生运动加速度，从而产生一系列特征。

1. 承受爆炸荷载

爆炸在大气中产生冲击波，冲击波压缩地面，使地面以下的土壤逐层受压形成压缩波，地下工程受压缩波作用，这是地下工程设计中的重点问题。当工程覆土较薄（厚度小于或等于 50cm）时，作用于顶盖上的荷载，就是地面冲击波的超压 Δp_d。

2. 结构产生运动

结构在爆炸荷载作用下产生振动，振动的频率每秒可达几十次甚至数百次。严格地说，结构受动载反应的根本特征就是产生加速度，迫使结构从相对静止转入运动状态。求解承受荷载的结构的内力，属于结构动力学问题。在工程中常把动荷载变换为一种等效静载，然后用静力学方法求解内力。这也是地下动力结构常用的静力等效方法。

3. 材料强度提高

实践证明，在动荷载作用下，各种建筑材料的强度都有不同程度的提高。一般可提高 20%~40%。这对防护工程结构设计是一个有利因素。具体提高的程度由规范确定。

4. 安全系数降低

爆炸动载对整个结构来说，属于偶然性荷载，不是经常出现的和不变的荷载。这种荷载是基于要求工程必须达到的抗力而定的。地下工程长年累月主要承受的是比动力荷载低得多的静载。因此，对动荷载来说，安全系数等于 1.0 或略大于 1.0，就能达到所要求的抗力。

7.4.2 压缩波及其参数的确定

地下防护工程所受的动载，主要是由冲击波引起的地层压缩波。目前按核爆直接命中设计的地下防护工程极少。因为这样的工程必须很深或者要极高的造价。而且核弹直接命中的概率也很低。大多数地下防护工程都是按核爆的不规则反射区（远区）的冲击波影响来考虑的。这时冲击波阵面垂直于地面向前运动，可以粗浅地把冲击波的作用看成由超压及动压两部分组成。超压为施加于介质上的高压气团所产生的压力，动压为高速运动的气体分子冲击目标时产生的压力。地面结构就是要受到这两种因素的作用。而地下结构则只受地面冲击波引起的地层压缩波的作用。

1. 压缩波的特征

核爆冲击波作用于地面，一面压缩土壤，一面使地面土壤层产生一定的速度。上层土壤受压，继续压缩下层土壤，并使下层土壤也获得一定速度。这种土壤压缩状态由上向下逐层传递的过程，就叫压缩波。

图 7-13 是核爆条件下，离地面不同深度各点实测记录下来的波形图（压力随时间变化曲线）。从试验结果看出：随深度增加，最大压力逐渐减小；压缩波已没有陡峭的波阵面，压力值由零逐渐增加到最大值；压力增长时间（$t_升$）随深度的增加而增加。这些就是压缩波区别于空气冲击波的主要特征。也可看出，工程埋得越深，对冲击波的防护越有利。

岩中传递的压缩波也有上述特征，只不过随深度增加压力的衰减梯度较小，而升压时间的增长速度也较慢。

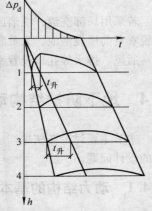

图 7-13 核爆条件下压力随时间变化曲线

2. 压缩波参数的确定

压缩波的波形，可近似看作三角形（见图 7-14）。一般地下结构出现最大变形的时间，十分接近升压时间，而远远小于正压作用时间 t_+。在工程处理中，往往把压缩波简化成具有一升压时间的平台波形，这样并不带来明显的误差。这样，压缩波参数主要就是离地面 h 深处的升压时间 $t_{升h}$，及最大超压值 p_{hm}。

距地面深度 h 处，压缩波的升压时间 $t_{升h}$，按下式计算

$$t_{升h} = \frac{h}{c_1} - \frac{h}{c_0} \tag{7-6}$$

式中 c_1 及 c_0——土壤的塑性及弹性波速，由试验资料表选取。

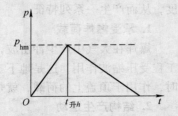

图 7-14 压缩波的波形

c_0 / c_1 一般岩石约为 2，土壤约为 3。

压缩波的最大压力值 p_{hm} 为

$$p_{hm} = \Delta p_d e^{-\alpha h} \tag{7-7}$$

式中　p_{hm}——压缩波的最大压力值（kg/cm^2）；

　　　Δp_d——地面空气冲击波最大超压值（kg/cm^2）；

　　　h——离地面深度（m）；

　　　α——衰减系数，一般为 $0.03 \sim 0.07$，与土壤性质、爆炸状况等有关，按规范选取。

7.4.3　按弹性阶段计算等效荷载

地下结构受到压缩波的作用，属于动载。这种动载突然（快速）施加在结构上，引起结构振动；振动的状况和效果不仅与荷载最大值、加载方式和作用时间有关，还和结构本身的动力性能有关。

1. 质点振动方程及其通解

当动载 $p(t)$ 加至质点 m 时（见图 7-15），产生加速度，按达朗贝尔原理，用静力平衡方法推出质点的动力平衡方程

$$p(t) = I - R(t),\ I = Ma = M\frac{d^2 y}{dt^2},\ R(t) = Ky$$

$$\frac{d^2 y}{dt^2} + \frac{K}{M}y = \frac{p(t)}{M}$$

当外力 $p(t) = 0$ 时，质点作自由振动，其通解为

$$y = C_1 \cos\omega t + C_2 \sin\omega t \tag{7-8}$$

$$\omega = \sqrt{\frac{K}{M}}$$

可见位移 y 是以 2π 为周期的周期性函数。

当外力 $p(t) \neq 0$ 时，质点做强迫振动，设 $p(t) = P \cdot F(t)$，则其通解为

$$y = C_1 \cos\omega t + C_2 \sin\omega t + \frac{1}{\omega}\int_0^t \frac{P}{M}F(t)\sin(t - t_1)dt_1 \tag{7-9}$$

2. 核爆冲击波波形简化

为便于计算，在保证安全，误差尽量小的前提下，将冲击波曲线荷载简化成直线形荷载。简化后得直线通过产生最大变形时间 t_m 的 B 点，由图 7-16 中的几何关系并略去高次无穷小得

$$t_{效} = \frac{t_+}{1 + \alpha}$$

式中　t_+——核爆冲击波正压作用时间；

　　　α——核爆冲击波的衰减系数，由表 7-7 取值。

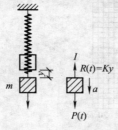

图 7-15　质点振动

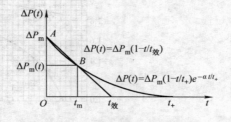

图 7-16　冲击波曲线荷载几何关系

表 7-7　核爆冲击波的衰减系数

工程等级	三	四	五
α	2.26	1.75	1.25

3. 弹性体系动力计算的等效静载法

弹性体系受到动载作用时产生最大位移 $W_动$，如果能找到一个静载，它所产生的静位移 $W_静$ 和动载产生的最大位移 $W_动$ 完全相等，可把动力学问题简化成静力学问题来解决。弹性体系结构动力计算中，当结构在某一静载作用下所产生的变位、内力与给定的动载作用所产生的最大变位、内力相等，则称这个静载为已知动载的等效静载。

在求解动力平衡时，设动载 $P(t) = P \cdot F(t)$，对于冲击波简化后的动荷载

$$P(t) = \Delta P_m \left(1 - \frac{t}{t_效}\right)$$

这里动载最大值 ΔP_m 相当于 P，把它看做静载。将强迫振动的位移方程式（7-9），由初始条件求得积分常数并加以整理，得到

$$y = \frac{P}{K}\omega \int_0^T F(t_1) \sin\omega(t - t_1)\,\mathrm{d}t_1 \tag{7-10}$$

把 $P = \Delta P_m$ 看做静载，则 $\dfrac{P}{K} = \dfrac{\Delta P_m}{K}$ 即为在此静载作用下的位移 $y_静$，代入式（7-10）得

$$y = y_静\, \omega \int_0^t F(t_1) \sin\omega(t - t_1)\,\mathrm{d}t_1$$

令 $K(t) = \omega \int_0^t F(t_1)\sin\omega(t - t_1)\,\mathrm{d}t_1$，则 $y_动 = y_静 K(t)$

式中，$K(t)$ 就是 $y_动$ 与 $y_静$ 的比值。也可以将式（7-10）写成

$$y_动 = \frac{\Delta P_m}{K}K(t)$$

$\Delta P_m \cdot K(t)$ 就是前面定义过的等效静载，把它当成静载，所产生的位移与动载最大位移相等。把一定形式的荷载时间函数 $F(t)$ 代入 $K(t)$ 式中，求出 $K(t)$ 的最大值 $K_动$，则得等效静载的表达式

$$q_{等效} = K_动\, \Delta P_m$$

这里已把冲击波最大超压 ΔP_m 当成静载，而 $K_动$ 称作动载系数，不同的荷载可求得不同的 $K_动$。

核爆冲击波作用下的动载系数值可查图 7-17 所示的曲线。

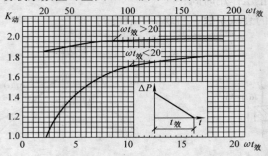

图 7-17　核爆冲击波作用下的动载系数曲线

从图 7-17 可知，$K_{动}$ 值随 $\omega t_{效}$ 的增大而增加，当 $\omega t_{效} > 20$ 时 $K_{动}$ 趋近于 2。一般钢筋混凝土结构的 $\omega \geqslant 200$，$t_{效}$ 对核冲击波为 1s 左右，故核爆对混凝土防护门直接作用时，直接取 $K_{动} = 2$。同样，当突然加载而 $t_{效}$ 趋近于无穷大时，$K_{动} = 2$。

当有升压时间 $t_{升}$ 的压缩波作用于结构时，$K_{动}$ 值可查图 7-18 所示的曲线。从图可知，$K_{动}$ 值随 $\omega t_{升}$ 的增加而减小。$\omega t_{升} = 20$ 时，$K_{动} = 1.1$。当 $\omega t_{升} \geqslant 25$ 时，可取 $K_{动} = 1$，相当于静载作用。

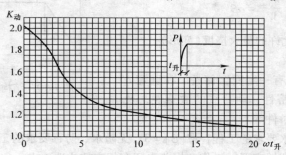

图 7-18　压缩波作用下的动载系数曲线

4. 结构的自振频率

求动力系数 $K_{动}$ 时，必须确定结构的自振频率 ω。它是在 $2\pi s$ 内结构振动的次数，只和结构材料、尺寸、形状和支座条件有关，和荷载大小等无关。

在推导动力方程时，令

$$\omega = \sqrt{\frac{K}{M}}$$

式中　K——结构刚度，$K = \dfrac{1}{\delta_{11}} = \alpha \dfrac{EI}{l^3}$；

　　　M——结构质量，$M = ml$；

　　　m——质量集度；

　　　EI——结构截面的抗弯刚度。

上式还可写成

$$\omega = \sqrt{\frac{\alpha EJ}{l^4 m}} = \frac{\Omega}{l^2} \sqrt{\frac{EJ}{m}}$$

式中　Ω——频率系数，反应结构形式和支座条件的一个参数，不同结构可查表求得。

7.4.4　按弹塑性阶段计算的计算静载

在一定条件下，实际的结构可能产生塑性变形。从试验得知，钢筋混凝土构件及钢结构是在产生了相当大的塑性变形后才失去承载能力的。如果结构在动载作用下，允许出现塑性变形的话，就可进一步发挥结构承载能力，具有很大经济意义。承受爆炸动载的动力结构，由于动载作用时间短暂，即使出现塑性变形，只要最大变形不超过破坏时的极限变形，结构也不会失去承载能力，从而可减小配筋率或截面厚度。

1. 延性比的概念

一个结构塑性变形能力的大小用延性比 β 来衡量，其定义为结构极限挠度与最大弹性挠度的比值，即

$$\beta = \frac{W_{极}}{W_{T}}$$

式中 W_T——结构最大弹性挠度（见图 7-19）；

$\quad\quad W_{极}$——结构失去承载能力时达到的最大挠度。

考虑一定的安全储备，设计中常用允许延性比 $[\beta]$ 来控制，即

$$[\beta] = \frac{W_{max}}{W_T} = \alpha\beta$$

式中 W_{max}——结构被允许的最大挠度（变形）；

$\quad\quad \alpha$——安全系数。

由于 $W_{max} < W_{极}$，故有一定安全储备。在确定 α 时，主要考虑结构的经济性，动荷载的敏感性，及结构的战术要求和使用条件等。

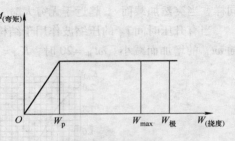

图 7-19 结构挠度与弯矩关系

对一般有防毒、防水要求的工程，取 $[\beta] = 3$；无防水、防毒要求的工程，取 $[\beta] = 5$。

为确保结构能进入塑性变形区工作，规范中还有相应的构造要求。

2. 结构按弹塑性阶段工作动力计算的荷载系数法

弹塑性体系的动力计算就是计算一定抗力的结构在动载作用下的最大动挠度。而在极限状态时，最大动挠度应等于允许的极限挠度。这样就可以得出极限挠度（W_{max}）、结构最大抗力 q_m 与动载的最大值 ΔP_m 三者之间的关系式，进而可确定结构所需的最大抗力值，据此设计断面及配筋。经分析推导后得

$$K_q = \frac{q_m}{\Delta P_m}$$

即

$$q_m = K_q \cdot \Delta P_m$$

式中 q_m——给定冲击波荷载作用下，对应给定结构的最大允许极限挠度，结构所需抗力，又称结构按塑性阶段计算的计算静载；

$\quad\quad \Delta P_m$——作用的动载峰值；

$\quad\quad K_q$——荷载特性系数，它和荷载波形及允许延性比有关。

对核爆冲击波荷载（见图 7-20 所示理想波形）

$$K_q = \frac{2[\beta]}{2[\beta] - 1}$$

当 $[\beta] = 3$ 时，得 $K_q = 1.2$。

对图 7-21 所示压缩波，可由图 7-22 查得 K_q。

当 K_q 小于 1.05 时，取 $K_q = 1.05$。如 $[\beta] = 3$，当 $\omega t_{升} \rightarrow \infty$，取 $K_q = 1.05$。

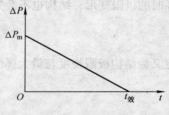

图 7-20 核爆冲击波波形

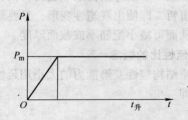

图 7-21 核爆压缩波波形

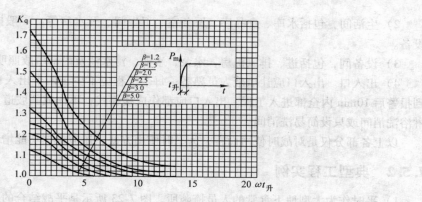

图 7-22　核爆压缩波作用下的荷载特性系数

7.4.5　材料的动力强度

大量试验证明，在爆炸动荷载作用下，结构材料强度比静荷载作用下有一定提高，各种材料动力强度提高程度和变形速度 ε 有关；对混凝土、砖石砌体等脆性材料，核爆炸荷载作用时的强度提高，比普通装药爆炸荷载作用时的提高值低 5% 左右。

具体设计时，只要知道每种材料在一定条件下强度提高的比值 K——称作"强度提高系数"，就可按下列关系求出动载作用下材料的强度

$$R_{动} = KR_{静}$$

式中　$R_{动}$——钢筋、混凝土、砖砌体等的动荷载材料强度；按 GB 50225—2005《人民防空工程设计规范》取值；

$R_{静}$——上述各种材料的静强度；

K——各种材料的强度提高系数，由最大应变时间查《人民防空工程结构设计手册》，或按《人民防空工程设计规范》值取用。

《人民防空工程设计规范》规定按掩蔽所人员每人使用面积 $1m^2$ 设计。

7.5　战时人员掩蔽所

民防工程建设的主要目的是为城市人民群众在战时提供必要的掩蔽场所。因此，人员掩蔽工程是最大量的。这些工程应尽量做到平战两用，平时充分发挥它们的经济效益。设计时应在确保战时任务完成的前提下，符合平时使用的工艺要求，使平时使用方便。

人员掩蔽所的主要任务是在战时保护人民群众的生命安全和保存有生力量，它包括一般群众的掩蔽所和专业分队的掩蔽所以及坚持生产人员的掩蔽所。规范规定按掩蔽所人员每人使用面积 $1m^2$ 设计。室内应设一定数量的单层或双层床铺，能使 $1/2 \sim 1/3$ 人员有睡觉的位置。工程内还应设一些仓库，包括食品、武器、衣物等的储藏仓库。

普通人员掩蔽所的防护等级一般为五级，若上部自然防护层较厚，防护等级可适当提高。

7.5.1　组成部分

一般人员掩蔽所应包括以下几个部分：

1）防护间，又称休息间。掩蔽人员按人数和身体状况分住各室，有一定铺位、座位和活动余地，专业分队按建制分防护室。

2）生活间，包括水库、食品库、医务室、卫生间、开水房等。一般掩蔽部不设厨房以简化设备。

3）设备间，包括进、排风机房，水泵，水池，污水池及内部事故照明设施等。

4）出入口。出入口应让掩蔽人员熟悉，每个工程应不少于两个出入口。要让掩蔽人员在听到报警后10min内全部进入工程。出入口应都作成楼梯式，不作成斜坡道式。一般掩蔽所可不设淋浴洗消间或只设简易洗消间。

以上各部分仅是对战时使用而言，为平时使用方便，还应根据功能增设一些设备和房间。

7.5.2 典型工程实例

1）平时作为大型地下食堂的人员掩蔽所。图7-23所示是平战结合的大型地下食堂，明挖方法修建，平时供1000人用餐，地上厨房做饭，用电梯运到地下餐厅，战时在地下厨房加工主食，饭厅做人员掩蔽、不划分防护单元，有较大采光窗井，井口有电动防护盖板。该工程有三个出入口，平时使用方便。

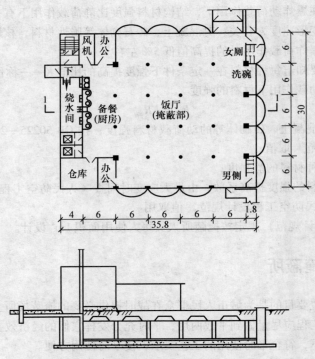

图7-23 平战结合的大型地下食堂（单位：m）

2）平时作为旅馆的人员掩蔽所。图7-24所示为一双层人员掩蔽工程，平时做旅馆使用。平面布置用集中制与回廊式相结合，使用面积达1027m²，中央为8.5m跨度双曲拱小会堂，两侧为双层掩蔽室，可容纳500人。

3）坑道式人员掩蔽所。图7-25所示为以两个平行通道为骨干的坑道式掩蔽所。设进、排风口和一个自然通风竖井以利用空气自然高差通风。坑道轴线短，房间较集中紧凑，便于组织通风。但水库在中心，潮湿气体不利排出。

4）前苏联人员掩蔽所。图7-26所示为前苏联建在一座单层厂房下面的大容量掩蔽所。地面厂房柱网12×12m，地下室内柱距为4×4m。防护室中心设隔墙，便于平时使用。战时围绕柱子

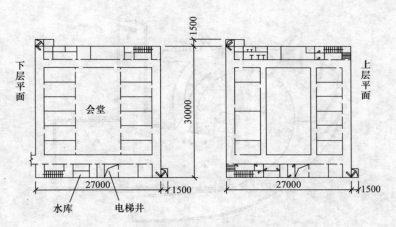

图 7-24 双层人员掩蔽工程

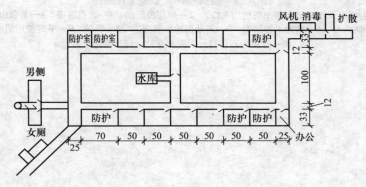

图 7-25 坑道式掩蔽工程（单位：m）

摆满双层床铺，可供 400 人掩蔽，1/2 人员卧床休息。

5）瑞典一处大型地下掩蔽所。图 7-27 所示为瑞典一处大型地下掩蔽所，可容纳数千人至一万人。洞顶上方岩石厚 15m 以上，各出入口都有几道防护门，按不同角度安装在螺旋式通道里。各门可在 30s 内同时关闭。洞内通风、供电、调温、给水排水设施齐全，还有供几天生活的物资储备，平时又可作为地下停车场。

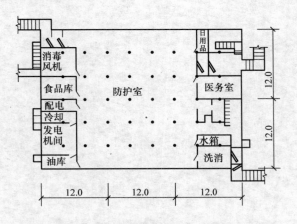

图 7-26 前苏联人员掩蔽所（单位：m）

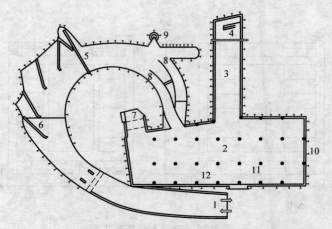

图 7-27　瑞典一处大型地下掩蔽所

1—主要出入口（平时停车场的出入口）　2—双层掩蔽部　3—岩石隧道　4—紧急出入口
5—防户口　6—防冲击波结构　7—与地面建筑物通道　8—斜坡　9—平时使用的电梯
10—周围岩石　11—混凝土支柱　12—混凝土墙

参 考 文 献

[1] 朱永全, 宋玉香. 地下铁道 [M]. 2版. 北京: 中国铁道出版社, 2012.

[2] 朱永全, 宋玉香. 隧道工程 [M]. 2版. 北京: 中国铁道出版社, 2007.

[3] 陶龙光, 刘波, 侯公羽. 城市地下工程 [M]. 2版. 北京: 科学出版社, 2011.

[4] 徐辉, 李向东. 地下工程 [M]. 武汉: 武汉理工大学出版社, 2009.

[5] 朱建明, 王树理, 张忠苗. 地下空间设计与实践 [M]. 北京: 中国建材工业出版社, 2007.

[6] 刘增荣. 地下结构设计 [M]. 北京: 中国建筑工业出版社, 2011.

[7] 朱合华. 地下建筑结构 [M]. 2版. 北京: 中国建筑工业出版社, 2011.

[8] 崔京浩. 地下工程与城市防灾 [M]. 北京: 中国水利水电出版社, 2007.

[9] 穆保岗, 陶津. 地下结构工程 [M]. 2版. 南京: 东南大学出版社, 2012.

[10] 仇文革. 地下空间利用 [M]. 成都: 西南交通大学出版社, 2011.

[11] 童林旭. 地下建筑学 [M]. 济南: 山东科学技术出版社, 1994.

[12] 施仲衡. 地下铁道设计与施工 [M]. 西安: 陕西科学技术出版社, 1997.

[13] 张庆贺, 朱合华, 庄荣, 等. 地铁与轻轨 [M]. 北京: 人民交通出版社, 2002.

[14] 夏明耀, 曾进伦. 地下工程设计与施工手册 [M]. 北京: 中国建筑工业出版社, 1999.

[15] 陈忠汉, 程丽萍. 深基坑工程 [M]. 北京: 机械工业出版社, 1999.

[16] 侯学渊, 钱达仁, 杨林德. 软土工程施工新技术 [M]. 合肥: 安徽科学技术出版社, 1999.

[17] 土木学会. 日本隧道标准规范（盾构篇）及解释 [M]. 刘铁雄, 译. 成都: 西南交通大学出版社, 1986.

[18] 刘钊, 余才高, 周振强. 地铁工程设计与施工 [M]. 北京: 人民交通出版社, 2004.

[19] 张风祥, 傅德明, 等. 盾构隧道施工手册 [M]. 北京: 人民交通出版社, 2005.

[20] 陈韶章. 沉管隧道设计与施工 [M]. 北京: 科学出版社, 2002.

[21] 余志成, 施文华. 深基坑支护设计与施工 [M]. 北京: 中国建筑工业出版社, 1997.

[22] 黄强. 建筑基坑支护技术规程应用手册 [M]. 北京: 中国建筑工业出版社, 1999.

[23] 中华人民共和国住房和城乡建设部. GB 50157—2013 地铁设计规范 [S]. 北京: 中国建筑工业出版社, 2014.

[24] 中国城建集团有限责任公司. GB 50299—1999 地下铁道工程施工及验收规范（2003年版）[S]. 北京: 中国计划出版社, 2003.

[25] 总参工程兵科研三所. GB 50108—2008 地下工程防水技术规范 [S]. 北京: 中国计划出版社, 2008.

[26] 李文江, 刘志春, 朱永全. 建筑群下软~流塑地层隧道施工地表沉降控制分析 [J]. 铁道标准设计, 2005 (6): 84–86, 110.

[27] 李文江, 刘志春, 贾晓云. 淤泥质地层浅埋暗挖通道管幕预支护施工效应分析 [J]. 石家庄铁道学院学报, 2005, 18 (3): 1–4, 16.

[28] 刘志春, 朱永全. 任意排列的承压-潜水完整型干扰井群计算理论及应用 [J]. 岩石力学与工程学报, 2004 (19): 3359–3364.

[29] 刘志春, 刘勇, 朱永全. 南京地铁珠江路站-鼓楼站区间监控量测数据分析 [J]. 石家庄铁道学院学报, 2004 (4): 17–21.

[30] 刘志春, 刘勇. 一个基于稳定流理论的干扰井群计算实例 [J]. 石家庄铁道学院学报, 2001 (1): 1–6.

[31] 刘志春, 李文江, 朱永全. 松散含水地层紧邻建筑物大断面浅埋洞室综合施工技术 [J]. 铁道标准设计, 2003 (12).

[32] 刘志春，朱永全，刘勇. 北京地铁王府井站西南风道降排水方案设计与施工 [J]. 建井技术，2003 (5)：36 – 40.

[33] 刘志春. 井点降水引起地面沉降的简便计算方法研究及应用 [J]. 石家庄铁道学院学报，2001 (3)：12 – 15.

[34] 孙星亮，刘勇，王朝建. 国内外水平旋喷注浆加固技术的应用发展 [J]. 探矿工程：岩土钻掘工程，2001 (1)：8 – 11.

[35] 孙星亮，王海珍. 水平旋喷固结体力学性能试验及分析 [J]. 岩石力学与工程学报，2003，22 (10)：1695 – 1698.

[36] 刘勇，孙星亮，朱永全，等. 水平旋喷预支护技术在铁路隧道中的应用 [J]. 岩石力学与工程学报，2002 (6).